컴퓨터응용가공
산업기사 필기

국가기술자격시험연구회 엮음

# 일진사

머리말 PREFACE

산업의 본질은 인간에게 유용한 생산품을 만들어 제공하는 것이다. 제품을 만드는 과정은 구상, 재료 선택, 설계, 제작 등의 기획 단계와 도면에 의하여 제품을 만드는 생산 단계 및 제품을 평가하고 개선하여 양산하는 단계로 이루어지며, 그 이면에는 반드시 산업의 발달이 뒤따랐음을 알 수 있다. 또한, 많은 산업이 자동화됨에 따라 CAD/CAM 시스템이 모든 산업의 중추적인 역할을 담당하게 되면서 더욱 성능이 우수하고 경제성이 있는 생산 시스템이 요구되고 있다.

따라서 이러한 시스템을 효과적으로 적용하고 응용할 수 있는 컴퓨터응용가공 분야의 인력 수요는 앞으로도 지속적으로 증가할 전망이다.

이러한 흐름에 맞추어 이 책은 컴퓨터응용가공산업기사 필기시험을 준비하는 수험생들의 실력 배양 및 합격을 위하여 다음과 같은 부분에 중점을 두어 구성하였다.

- **첫째**, 최신 출제기준에 따라 반드시 알아야 하는 핵심 이론을 과목별로 이해하기 쉽도록 일목요연하게 정리하였다.
- **둘째**, 기출문제를 철저히 분석하여 적중률 높은 예상문제를 수록하였으며, 각 문제마다 상세한 해설을 곁들여 이해를 도왔다.
- **셋째**, 부록에는 CBT 대비 실전문제와 CBT 복원문제를 수록하여 줌으로써 출제경향을 파악하고 자신의 실력을 점검할 수 있도록 하였다.

끝으로 이 책으로 컴퓨터응용가공산업기사 필기시험을 준비하는 수험생 여러분께 합격의 영광이 함께 하길 바라며, 내용상 미흡한 부분이나 오류가 있다면 앞으로 독자들의 충고와 지적을 수렴하여 더 좋은 책이 될 수 있도록 수정 보완할 것을 약속드린다. 또한 이 책이 나오기까지 여러모로 도와주신 모든 분들과 도서출판 **일진사** 임직원 여러분께 깊은 감사를 드린다.

저자 일동

출제기준 컴퓨터응용가공산업기사

직무 분야	기계	중직무 분야	기계제작	자격 종목	컴퓨터응용가공산업기사	적용 기간	2022.1.1. ~ 2026.12.31.

○ 직무내용 : CNC 선반, CNC 밀링(머시닝센터) 기계를 이용하여 제품을 가공하기 위해 CNC 프로그램을 작성 및 생성하고, 공정별 절삭 가공에 맞는 공구 선정 및 절삭 조건을 설정하여 가공, 측정, 유지·보수하는 직무 수행

필기검정방법	객관식	문제 수	60	시험시간	1시간 30분

필기 과목명	문제 수	주요항목	세부항목	세세항목
도면 해독 및 측정	20	1. 도면 검토	1. 주요 치수 및 공차 검토	1. 조립 관계 파악
			2. 도면 해독 검토	1. 요소 부품의 특성
		2. 측정기 유지 관리	1. 측정기 관리	1. 측정기 점검 요령
			2. 측정기 취급 주의	1. 측정기 사용 방법
			3. 측정기 교정	1. 측정기 교정 판단
		3. 정밀 측정	1. 측정 방법 결정	1. 측정 원리 2. 측정 작업 순서 3. 측정기 선정 4. 측정 방법
			2. 정밀 측정 준비	1. 측정기 점검 2. 측정 환경 조성
			3. 정밀 측정	1. 측정기 사용법 2. 측정 결과 분석 및 조치 3. KS, ISO 규격 통칙 4. 길이 및 각도 측정 5. 표면 거칠기와 기하 공차 측정 6. 윤곽 측정, 나사 및 기어 측정
		4. 기계 제도	1. 기계 제도 일반	1. 일반 사항 2. 투상법 및 도형 표시법 3. 치수 기입법 4. 표면 거칠기 5. 공차와 끼워맞춤 6. 기하 공차 7. 가공 기호 및 약호
			2. 기계요소 제도	1. 전달용 기계요소 2. 체결용 기계요소 3. 제어용 기계요소
CAM 프로그래밍	20	1. CAD/CAM 시스템	1. CAD/CAM 시스템의 개요	1. CAD/CAM 시스템의 개요 2. CAD/CAM 시스템의 활용 3. 데이터 관련 용어 정의 4. 컴퓨터 이용 제도 시스템

필기 과목명	문제 수	주요항목	세부항목	세세항목
			2. CAD/CAM 시스템의 구성	1. 하드웨어 구성 요소 2. 소프트웨어 구성 요소
			3. CAD 데이터 표준	1. CAD/CAM 데이터 교환을 위한 표준 종류와 특징 2. 데이터 교환
		2. 컴퓨터 그래픽 기초	1. 기하학적 도형 정의와 처리	1. 그래픽 라이브러리 2. 좌표계 3. 윈도 및 뷰포트 4. 그래픽 요소
			2. CAD 모델링을 위한 좌표 변환	1. 2차원 좌표 변환 2. 3차원 좌표 변환
			3. CAD 모델링을 위한 기초 수학 및 디스플레이	1. 기초 수학 2. 은선과 은면 처리 3. 렌더링 4. GUI 등
		3. 3D 형상 모델링 작업	1. 3D 형상 모델링 작업 준비	1. 3D CAD 프로그램 환경 설정 2. 3D 투상 능력 3. 3D 형상 모델링 종류 4. 3D 형상 모델링 특성(곡선 표현, 곡면 표현)
			2. 3D 형상 모델링 작업	1. 3D 형상 모델링 방법 2. 3D CAD 프로그램 활용
		4. CAM 가공	1. CAM 가공 일반	1. CAM 가공 및 CAM 시스템 특성 2. CNC 공작 기계의 종류 및 역사 3. 데이터 전송 방법 : DNC, 통신
			2. CAM 관련 절삭 이론	1. 곡면 가공을 위한 절삭 이론 일반 2. 3축, 5축 곡면 가공
			3. 가공 경로 계산	1. 가공 공정 계획 2. 밀링 가공 경로 계산 이론 3. 가공 경로 계산 조건 4. 가공 경로의 종류 및 특성
			4. 적층 가공, 측정, 가상 가공	1. 적층 제작 시스템(RP, RT) 2. 측정, 가상 가공 등의 CAM 전반 3. FMS
		5. CNC 가공	1. CNC의 개요	1. CNC의 정의와 경제성 2. CNC 공작 기계의 구조 3. 자동화 설비 및 발전 방향

필기 과목명	문제 수	주요항목	세부항목	세세항목
컴퓨터 수치 제어(CNC) 절삭 가공	20		2. CNC 공작 기계의 제어 방식	1. 제어 방식 2. 서보 기구 3. 이송 기구 등
			3. CNC 공작 기계에 의한 절삭 가공	1. 기계 조작반 사용법 2. 좌표계 설정 및 가공 조건 설정 3. 절삭 조건 및 가공 방법
		1. 기계 가공	1. 공작 기계 및 절삭제	1. 공작 기계의 종류 및 용도 2. 절삭제, 윤활제 및 절삭 공구 재료
			2. 선반 가공	1. 선반의 개요 및 구조 2. 선반용 절삭 공구, 부속품 및 부속장치 3. 선반 가공
			3. 밀링 가공	1. 밀링의 종류 및 부속품 2. 밀링 절삭 공구 및 절삭 이론 3. 밀링 절삭 가공
			4. 연삭 가공	1. 연삭기의 개요 및 구조 2. 연삭기의 종류(외경, 내경, 평면, 공구, 센터리스 연삭기 등) 3. 연삭숫돌의 구성 요소 4. 연삭숫돌의 모양과 표시 5. 연삭 조건 및 연삭 가공 6. 연삭숫돌의 수정과 검사
			5. 기타 기계 가공	1. 드릴 가공 및 보링 가공 2. 브로칭, 슬로터 가공 및 기어 가공 3. 셰이퍼 및 플레이너 등
			6. 정밀 입자 가공 및 특수 가공	1. 래핑 2. 호닝 3. 슈퍼 피니싱 4. 방전 가공 5. 레이저 가공 6. 초음파 가공 7. 화학적 가공 등
			7. 손다듬질 가공법	1. 줄 작업 2. 리머 작업 3. 드릴, 탭, 다이스 작업 등
		2. 안전 규정 준수	1. 안전 수칙 확인	1. 안전 수칙 확인
			2. 안전 수칙 준수	1. 안전 보호 장구 착용 2. 안전 수칙 적용

차 례 CONTENTS

제1편 도면 해독 및 측정

1장 도면 검토

1. 주요 치수 및 공차 검토
   - 1-1 조립 관계 파악 ······ 12

2. 도면 해독 검토
   - 2-1 요소 부품의 특성 ······ 17

2장 측정기 유지 관리

1. 측정기 관리
   - 1-1 측정기 점검 요령 ······ 23

2. 측정기 취급 주의
   - 2-1 측정기 사용 방법 ······ 27

3. 측정기 교정
   - 3-1 측정기 교정 판단 ······ 35

3장 정밀 측정

1. 측정 방법 결정
   - 1-1 측정 원리 ······ 40
   - 1-2 측정 작업 순서 ······ 40
   - 1-3 측정기 선정 ······ 42
   - 1-4 측정 방법 ······ 43

2. 정밀 측정 준비
   - 2-1 측정기 점검 ······ 47
   - 2-2 측정 환경 조성 ······ 48

3. 정밀 측정
   - 3-1 측정기 사용법 ······ 54
   - 3-2 길이 및 각도 측정 ······ 56
   - 3-3 표면 거칠기 및 기하 공차 측정 ······ 67
   - 3-4 윤곽 측정, 나사 및 기어 측정 ······ 68

4장 기계 제도

1. 기계 제도 일반
   - 1-1 일반 사항 ······ 75
   - 1-2 투상법 및 도형 표시법 ······ 82
   - 1-3 치수 기입법 ······ 91
   - 1-4 표면 거칠기 ······ 99
   - 1-5 공차와 끼워맞춤 ······ 105
   - 1-6 기하 공차 ······ 115

2. 기계요소 제도
   - 2-1 전달용 기계요소 ······ 122
   - 2-2 체결용 기계요소 ······ 132
   - 2-3 제어용 기계요소 ······ 138

차례 CONTENTS

제2편 CAM 프로그래밍

1장 CAD/CAM 시스템

1. **CAD/CAM 시스템의 개요**
   - 1-1 CAD/CAM 시스템의 개요 ········ 144
   - 1-2 CAD/CAM 시스템의 활용 ········ 144
   - 1-3 데이터 관련 용어 정의 ········ 145
   - 1-4 컴퓨터 이용 제도 시스템 ········ 145

2. **CAD/CAM 시스템의 구성**
   - 2-1 하드웨어 구성 요소 ········ 149
   - 2-2 소프트웨어 구성 요소 ········ 155

3. **CAD 데이터 표준**
   - 3-1 CAD/CAM 데이터 교환을 위한 표준 종류와 특징 ········ 159

2장 컴퓨터 그래픽 기초

1. **기하학적 도형 정의와 처리**
   - 1-1 그래픽 라이브러리 ········ 165
   - 1-2 좌표계 ········ 166
   - 1-3 윈도 및 뷰포트 ········ 167
   - 1-4 그래픽 요소 ········ 167

2. **CAD 모델링을 위한 좌표 변환**
   - 2-1 도형의 좌표 변환 ········ 170
   - 2-2 2, 3차원 좌표 변환 ········ 172

3. **CAD 모델링을 위한 기초 수학 및 디스플레이**
   - 3-1 기초 수학 ········ 181
   - 3-2 은선과 은면 처리 ········ 184
   - 3-3 렌더링 ········ 185
   - 3-4 GUI ········ 185

3장 3D 형상 모델링 작업

1. **3D 형상 모델링 작업 준비**
   - 1-1 3D CAD 프로그래밍 환경 설정 ········ 190
   - 1-2 3D 투상 능력 ········ 190
   - 1-3 3D 형상 모델링의 종류 ········ 193
   - 1-4 3D 형상 모델링의 특성 ········ 205

2. **3D 형상 모델링 작업**
   - 2-1 3D 형상 모델링 방법 ········ 219
   - 2-2 3D CAD 프로그램 활용 ········ 220

4장 CAM 가공

1. **CAM 가공 일반**
   - 1-1 CAM 가공 및 CAM 시스템 특성 ········ 224
   - 1-2 CNC 공작 기계의 종류와 역사 ··· 225
   - 1-3 데이터 전송 방법 ········ 226

2. **CAM 관련 절삭 이론**
   - 2-1 곡면 가공을 위한 절삭 이론 일반 ········ 230
   - 2-2 3축, 5축 곡면 가공 ········ 231

3. **가공 경로 계산**
   - 3-1 가공 공정 계획 ········ 234

3-2 밀링 가공 경로 계산 이론 ······ 234
3-3 가공 경로 계산 조건 ··········· 235

4. 적층 가공, 측정, 가상 가공
4-1 적층 제작 시스템 ··············· 241

5장 CNC 가공

1. CNC 개요
1-1 CNC의 정의와 경제성 ········· 244
1-2 CNC 공작 기계의 구조 ········ 245

1-3 자동화 설비 및 발전 방향 ····· 246

2. CNC 공작 기계의 제어 방식
2-1 제어 방식 ······················ 253
2-2 서보 기구 ······················ 253
2-3 이송 기구 ······················ 255

3. CNC 공작 기계에 의한 절삭 가공
3-1 기계 조작반 사용법 ············ 259
3-2 좌표계 설정 및 가공 조건 설정 ·· 260
3-3 절삭 조건 및 가공 방법 ······· 266

제3편 컴퓨터 수치 제어(CNC) 절삭 가공

1장 기계 가공

1. 공작 기계 및 절삭제
1-1 공작 기계의 종류 및 용도 ····· 290
1-2 절삭제, 윤활제 및 절삭 공구 재료 ···························· 301

2. 선반 가공
2-1 선반의 개요 및 구조 ··········· 307
2-2 선반의 절삭 공구, 부속품 및 부속장치 ······················ 312
2-3 선반 가공 ······················ 318

3. 밀링 가공
3-1 밀링의 종류 및 부속품 ········ 322
3-2 밀링 절삭 공구 및 절삭 이론 ·· 327

3-3 밀링 절삭 가공 ················ 333

4. 연삭 가공
4-1 연삭기의 개요 및 구조 ········ 340
4-2 연삭기의 종류 ·················· 340
4-3 연삭숫돌의 구성 요소 ········· 345
4-4 연삭숫돌의 모양과 표시 ······ 347
4-5 연삭 조건 및 연삭 가공 ······· 352
4-6 연삭숫돌의 수정과 검사 ······ 355

5. 기타 기계 가공
5-1 드릴 가공 및 보링 가공 ······· 359
5-2 브로칭, 슬로터 가공 및 기어 가공 ······················ 367
5-3 셰이퍼 및 플레이너 ············ 373

6. 정밀 입자 가공 및 특수 가공

- 6-1 래핑 ········· 376
- 6-2 호닝 ········· 377
- 6-3 슈퍼 피니싱 ········· 377
- 6-4 방전 가공 ········· 381
- 6-5 레이저 가공 ········· 384
- 6-6 초음파 가공 ········· 384
- 6-7 화학적 가공 ········· 385
- 6-8 기타 특수 가공 ········· 388

7. 손다듬질 가공법

- 7-1 줄 작업 ········· 392
- 7-2 리머 작업 ········· 395
- 7-3 탭, 다이스 작업 등 ········· 397

2장 안전 규정 준수

1. 안전 수칙 확인

- 1-1 기계 안전 수칙 ········· 400
- 1-2 통행 시 안전 수칙 ········· 400
- 1-3 수공구 작업 안전 수칙 ········· 401
- 1-4 기계 가공 시 안전 수칙 ········· 402

2. 안전 수칙 준수

- 2-1 안전 보호 장구 착용 ········· 409
- 2-2 안전 수칙 적용 ········· 410

부록 Ⅰ CBT 대비 실전문제

- 제1회 CBT 대비 실전문제 ········· 414
- 제2회 CBT 대비 실전문제 ········· 425
- 제3회 CBT 대비 실전문제 ········· 436
- 제4회 CBT 대비 실전문제 ········· 447

부록 Ⅱ CBT 복원문제

- 2022년 제1회 CBT 복원문제 ········· 460
- 2022년 제2회 CBT 복원문제 ········· 471
- 2023년 제1회 CBT 복원문제 ········· 482
- 2023년 제2회 CBT 복원문제 ········· 494
- 2024년 제1회 CBT 복원문제 ········· 505
- 2024년 제2회 CBT 복원문제 ········· 516

컴퓨터응용가공
산업기사

제 1 편

도면 해독 및 측정

- 1장 도면 검토
- 2장 측정기 유지 관리
- 3장 정밀 측정
- 4장 기계 제도

제 1 장 도면 검토

1. 주요 치수 및 공차 검토

1-1 조립 관계 파악

1 요소 부품들의 호환성 검토

(1) 베어링 조립체 검토

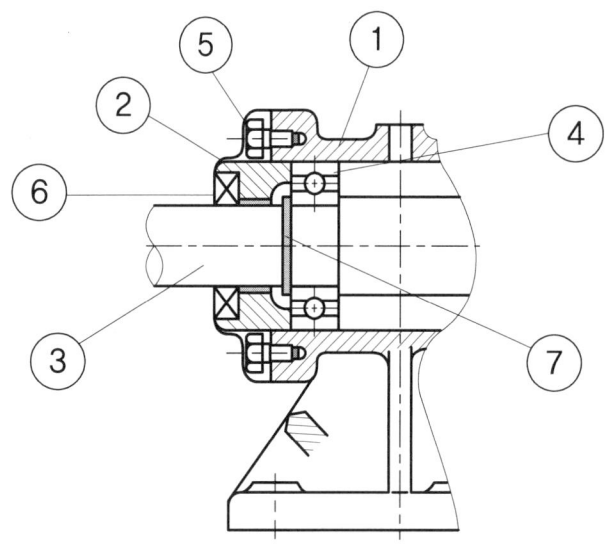

품번	품명
1	본체
2	커버
3	축
4	베어링
5	볼트
6	오일 실
7	멈춤링

베어링 조립체

베어링은 호칭 번호를 기준으로 하여 베어링과 결합되는 요소 부품의 치수가 결정된다. 베어링의 안지름 치수에 의해 축의 저널 부분의 치수가 결정되며, 베어링의 폭과 바깥지름의 치수에 의해 본체의 안지름과 폭의 치수 및 커버의 접촉부 바깥지름의 치수가 각각 결정된다.

(2) 베어링 파악

회전이나 왕복 운동을 하는 축을 받쳐 하중을 받는 구실을 하는 기계요소로 축 중에서 베어링과 접촉하여 축이 받쳐지고 있는 축 부분을 저널이라 한다. 베어링은 두 면 사이의 마찰력을 줄여서 회전 운동이나 직선 운동을 부드럽게 하는 역할을 한다. 베어링은 면과 면 사이 볼(ball)이나 롤러(roller)가 들어가서 마찰력을 줄이는 원리를 이용한 구름 베어링(rolling bearing)과 면과 면이 서로 미끄러지는 운동을 하는 미끄럼 베어링(sliding bearing)으로 구분된다.

① **호칭 번호** : 베어링은 호칭 번호에 의해 안지름(d), 바깥지름(D), 폭(B)이 정의되어 있으며, 호칭 번호 중 끝 번호 두 자리는 베어링의 안지름 번호이므로 그에 따른 계산 방법을 알아두면 데이터를 찾아보지 않더라도 안지름 치수만큼은 알 수 있다.

안지름 번호		안지름 치수
00	=	10 mm
01	=	12 mm
02	=	15 mm
03	=	17 mm
04 ×5	=	20 mm

안지름 번호 04부터 5를 곱한 값이 안지름 치수가 된다.

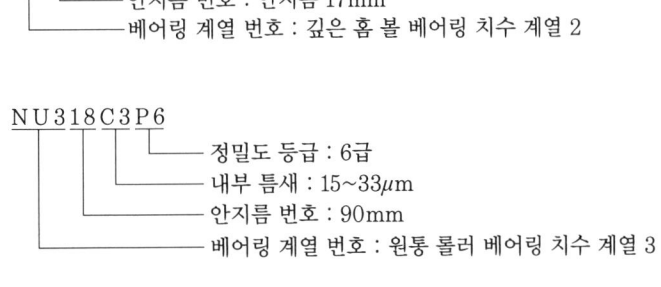

호칭 번호의 예

② **적용** : 깊은 홈 볼 베어링의 호칭 번호가 6202, 편람을 참고하여 치수를 확인한다. 베어링의 안지름 $d=15$, 바깥지름 $D=35$, 폭 $B=11$, 최소 허용 치수 $r=0.6$을 찾는다.

공차 기호

호칭 번호	치수			
	d	D	B	r
6200	10	30	9	0.6
6201	12	32	10	0.6
6202	15	35	11	0.6
6203	17	40	12	0.6
6204	20	47	14	1
62/22	22	50	14	1
6205	25	52	15	1
62/28	28	58	16	1

(3) 축의 정의와 종류

축은 주로 회전 운동에 의하여 동력을 전달하는 데 사용되며, 단면은 주로 원형이 많고 속에 구멍이 뚫려 있는 중공축과 속이 차 있는 중실축으로 나누어진다. 축의 전체 모양은 일직선인 직선축이 많으나 크랭크축과 같은 곡선축도 있으며, 축은 베어링으로 지지되고, 축과 축의 연결은 축이음이 사용된다.

- **축의 저널 치수** : 베어링 안지름에 축의 저널이 끼워 맞추어진다. 따라서 베어링 안지름 치수가 15mm이므로 축의 저널 치수도 15mm이다. 그리고 끼워맞춤을 고려하여 축의 저널에 공차 등급 h5를 부여한다.

(4) 본체 폭과 안지름 치수 파악

베어링 바깥지름이 본체의 구멍에 끼워 맞추어진다. 따라서 베어링 바깥지름 치수가 35mm이므로 본체의 구멍 치수도 35mm이다. 그리고 끼워맞춤을 고려하여 본체의 구멍에 공차 등급 H8을 부여한다.

(5) 축의 멈춤 링 치수 파악

멈춤 링은 축 위나 구멍의 내부 면에 부품들을 정확하게 고정시킬 때 자주 사용되는 부품이다. 멈춤 링을 찾을 때는 KS 기계제도 편람에서 축지름을 기준으로 멈춤 링이 들어갈 폭과 멈춤 링이 체결되어지는 안지름을 정하고, 각 부위의 허용차들을 찾아 적용할 수 있다.

(6) V 벨트 풀리 조립체 조립 관계

V 벨트에 조립되어 있는 축은 키(key)에 의해 고정되어 같은 방향으로 회전 운동을 하고 있으며, 축 다른 쪽 끝의 또 다른 동력전달장치에 회전 에너지를 전달하여 일을 할 수 있도록 되어 있는 조립체이다.

① **V 벨트 풀리의 표준 치수** : V형 홈이 파져 있는 V 풀리로 구동하는 방법이며, 단면은 사다리꼴의 단면을 가지고 있다.

② **키의 치수** : 축과 보스(풀리, 기어 등)를 결합하는 기계요소이다. 키의 치수를 선정하는 방법으로는 우선 KS B 1311에서 적용되는 축 직경(d)을 기준으로 축에 파져 있는 키 홈의 깊이(t_1)와 폭(d_1), 풀리 구멍에 파져 있는 키의 깊이(t_2)와 폭(d_2)을 찾을 수 있다.

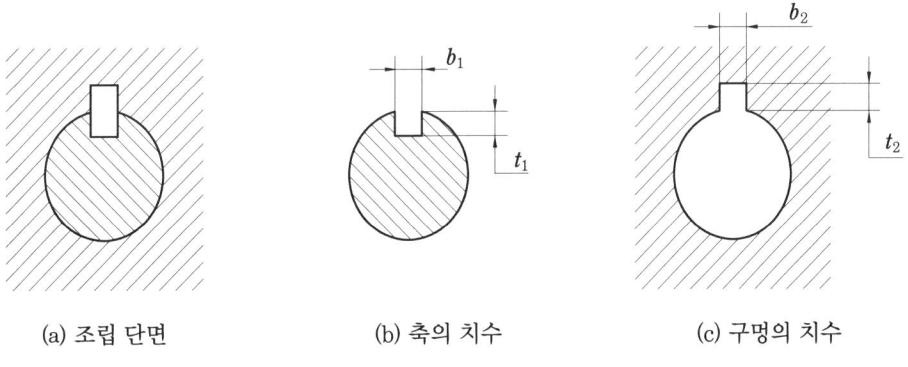

(a) 조립 단면　　　　(b) 축의 치수　　　　(c) 구멍의 치수

평행 키 및 키 홈의 치수

예상문제

1. 조립도에서 축의 단으로부터 볼 베어링의 내륜과 본체 사이의 간격을 유지시켜 결국 스프로킷 휠의 위치를 결정해 주는 부품은?
① 간격 링
② 오일 실
③ 오일 실 백업 링
④ 스프로킷 휠

해설 • 오일 실 : 보스의 안지름에 끼워져서 립이 축에 끼워진 볼 베어링의 오일이 새나가는 것을 예방하고, 밖으로부터 이물질이 유입되어 베어링이 파손되는 것을 방지해 준다.
• 오일 실 백업 링 : 실이 안쪽으로 말려 들어가 립의 손상 방지 차단 벽 기능을 한다.
• 스프로킷 휠 : 보스의 양쪽에 끼워져 리머 볼트에 의해 고정되며 하나는 원통 측으로부터 동력을 전달받고 다른 하나는 종동축에 회전력을 전달한다.

2. 축이 베어링과 접촉하여 받쳐지고 있는 축 부분을 무엇이라 하는가?
① 저널
② 리테이너
③ 하우징
④ 스프로킷 휠

해설 회전 또는 왕복 운동을 하고 있는 축을 받쳐 축에 작용하는 하중을 받는 기계요소를 베어링(bearing)이라 하고, 축 중에서 베어링과 접촉하여 축이 받쳐지고 있는 축 부분을 저널(journal)이라고 한다.

3. 성크 키(sunk key)에 관한 설명으로 틀린 것은?
① 머리붙이와 머리가 없는 것이 있다.
② 키에 $\frac{1}{10}$ 정도의 기울기가 있다.
③ 축과 보스에 같이 홈을 파는 것으로 가장 많이 쓴다.
④ 축과 보스의 양쪽에 모두 키 홈을 파서 토크를 전달한다.

해설 키에 $\frac{1}{100}$ 의 기울기를 가지고 있다.

4. 축에 풀리, 플라이 휠, 커플링 등의 회전체를 고정시켜 원주 방향의 상대적인 운동을 방지하면서 회전력을 전달시키는 기계요소는 어느 것인가?
① 키
② 볼트
③ 코터
④ 리벳

해설 키는 기계 부품을 축에 고정시켜서 토크를 전달하는 역할을 수행하는 기계요소이다.

5. 축의 홈 속에서 자유롭게 기울어질 수 있어 키가 자동적으로 축과 보스에 조정되는 장점이 있지만, 키 홈의 깊이가 깊어서 축의 강도가 약해지는 단점이 있는 키는?
① 반달 키
② 원뿔 키
③ 묻힘 키
④ 평행키

해설 • 원뿔 키 : 축과 보스에 홈을 파지 않고 갈라진 원뿔통의 마찰력으로 고정시킨다.
• 묻힘 키, 평행키 : 축과 보스에 같이 홈을 파는 것으로, 가장 많이 사용한다.
• 반달 키 : 축의 원호상에 홈을 파고, 키를 끼워 넣은 다음 보스를 밀어 넣는다. 축이 약해지는 단점이 있다.

정답 1.① 2.① 3.② 4.① 5.①

2. 도면 해독 검토

2-1 요소 부품의 특성

1 설계 요구 조건 분석

동력원으로부터 일정한 거리(약 5m 미만)에 있는 기계요소에 정확한 회전비를 요구하지 않으면서도 큰 회전력을 전달하기 위해 동력 전달 장치가 필요하다.

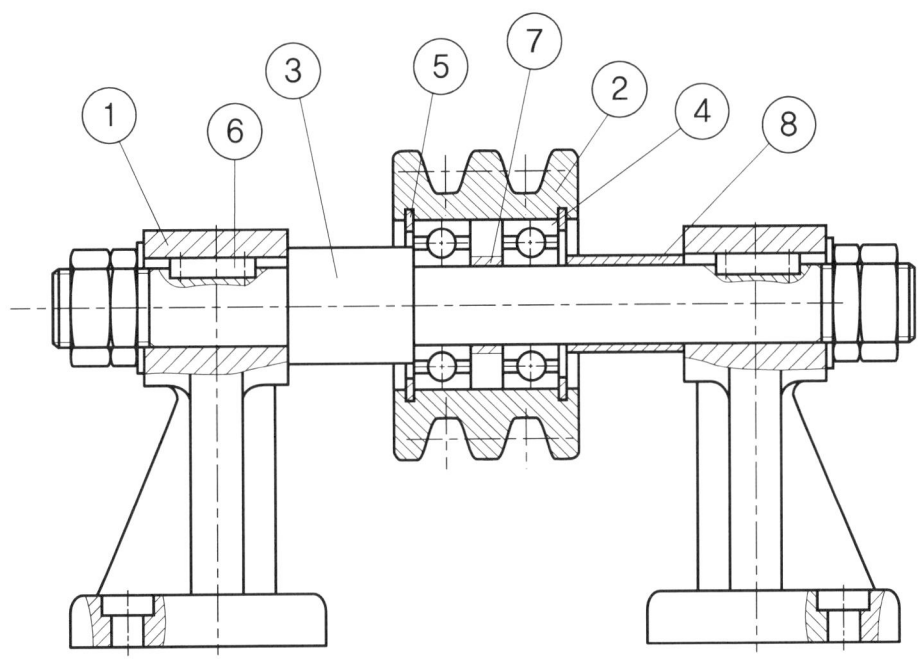

동력 전달 장치

2 동력 전달 장치 요소 선택

① 동력원에서 발생된 동력이 작업 요소에 전달되기 위해서는 그 사이에 동력을 전달해 주는 매개 요소가 필요하다. 기계를 구성하는 요소는 제한된 구속 운동을 하게 되므로 반복적인 회전 운동과 왕복 운동만을 할 수 있다.

② 회전비를 정확하게 변화시키거나 축선이 일정한 거리에 위치해 있는 축의 동력을 전달하는 데에는 기어 또는 체인이 사용된다. 또한 정확한 회전비를 요구하지 않을 때는 벨트와 풀리가 사용되고 있다.

③ 정확한 회전비를 요구하지 않고 단순하게 회전력을 전달하는 장치로 벨트 전동 장치(평벨트, V 벨트)와 로프 전동 장치 중에 로프 전동 장치는 보통 상당히 먼 거리(와이어로프는 50~100 m, 섬유질 로프는 10~30 m)에 있는 원동과 종동 간의 동력을 전달할 때 사용되므로 결국 요구 조건에 약 5 m 미만의 동력을 전달하므로 벨트 전동 장치를 선택하면 된다.

(개) 벨트 전동 장치 : 가죽, 직물 등으로 만든 벨트(belt)는 2개의 회전체를 감아 이들 사이의 마찰에 의하여 전동하는 장치로, 이때 회전체를 벨트 풀리(belt pulley)라고 한다. 벨트 전동 장치는 정확한 속도비를 얻지는 못하나 충격 하중을 흡수하여 진동을 감소시키고 갑자기 하중이 커질 때에는 미끄러짐에 의하여 안전장치의 역할도 한다.

(내) 요구 조건에 맞는 동력 전달용 벨트(belt) 선택 : 전동에 필요한 마찰력을 주기 위하여 벨트에 주는 장력을 초기 장력(T_0)이라 하며, 인장 쪽의 장력(T_t)과 이완 쪽의 장력(T_s)과의 차이를 유효 장력(P_e)이라 한다. 유효 장력은 풀리를 회전시키는 회전력이 된다. 큰 회전력 전달에 V 벨트를 선택하고, 설계에 의해 산출된 속도, 전달 동력에 의해 V 벨트 종류를 선택한다.

(대) V 벨트의 종류 : M, A, B, C, D, E

(라) 벨트(belt)의 풀리(pulley) 설계 : V 벨트 풀리의 홈부의 설계는 벨트의 형별(M, A, B, C, D, E)과 호칭 지름이 정해짐에 따라 KS 규격에 따라 설계한다.

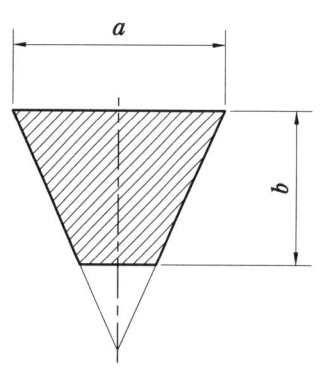

종류	a[mm]	b[mm]
M	10.0	5.5
A	12.5	9.0
B	16.5	11.0
C	22.0	14.0
D	34.5	19.0
E	38.5	15.5

3 회전체 요소 선택

벨트 풀리가 정상적으로 회전하기 위해서는 축의 설계를 고려해야 한다. 축은 주로 회전 운동에 의하여 동력을 전달하는 데 쓰이며, 단면은 주로 원형이 많고 속에 구멍이 뚫려 있는 중공축과 속이 차 있는 중실축으로 나누어진다. 풀리의 하중을 지지하면서 회전 중 발생되기 쉬운 진동에도 문제 없이 회전할 수 있는 축의 직경과 재질을 선정하는 것이 중요하다.

(1) 축의 설계 시 고려할 사항 검토

① **진동** : 축의 회전 속도가 어느 임계값 부근에 이르게 되면 축의 처짐과 비틀림 등의 변형이 급격히 반복하게 되고, 축은 탄성체이기 때문에 그 변형을 회복하려는 에너지를 발생시키게 된다. 이런 현상은 축의 중심으로 번갈아 발생되어 주기 운동이 되고, 이 주기가 축의 고유 진동수의 값과 일치하게 되면 파괴된다. 즉, 축 설계 시 회전 속도를 항상 축의 고유 진동수의 값보다 작은 약 25% 이내 위치시켜야 한다.

② **하중** : 축에 작용하는 하중과 방향이 변동하는 경우 큰 응력이 발생되므로 설계 시 이 점을 충분히 반영해야 한다.

③ **응력 집중** : 축에 키 홈을 만들 때 또는 단이 생길 때 이 부분에 응력 집중이 생겨 평균 응력보다 큰 응력이 생길 수 있다. 이 부분을 보완하기 위해 축의 지름의 변화를 완만하게 하고 가급적 지름이 변경되는 부분에는 라운딩 처리를 하여 응력 집중을 피하도록 한다.

④ **부식** : 축 유체에 항상 노출되어 있는 경우 화학적, 전기적 반응으로 부식되기 쉬우므로 내식성 재료로 만들거나 계산한 값보다 직경을 크게 제작한다.

⑤ **고온** : 고온에서 사용되는 축은 크리프와 열팽창의 영향을 많이 받기 때문에 설계 시 이 점을 고려해야 한다.

(2) 축의 직경 및 형상 설계

벨트를 안정적으로 지지하는 동시에 회전력을 전달하기 위해서는 굽힘에 의한 처짐과 비틀림을 동시에 고려하여 축의 직경과 재질을 선정해야 한다.

① 굽힘 모멘트만 받는 축

$$d = \sqrt[3]{\frac{32M}{\pi(1-x^4)\sigma_a}}$$

여기서, σ_a : 허용 굽힘 응력 M : 굽힘 모멘트 $x = \dfrac{d_i}{d_o}$

② 비틀림 모멘트만 받는 축

$$d = \sqrt[3]{\frac{16T}{\pi(1-x^4)\tau_a}}$$

여기서, τ_a : 허용 전단 응력 T : 비틀림 모멘트

(3) 축의 재료

축은 상시 회전을 하므로 재료 선정 시 비틀림과 휨에 대한 충분한 강도가 있어야 하며, 진동 발생에 의한 반복 하중과 충격 등에 대비한 인성을 고려해야 한다. 강도를 필요로 하지 않거나 축과 보스를 용접하는 소형 축에 일반구조용 압연강재 SS 재를 열처리하지 않고 사용하거나 기계구조용 탄소강 강재 중 SM10C~SM25C를 불림한 채로 사용한다. 강도를 요하는 소형 축류에는 기계구조용 탄소강 강재 중 SM30C~SM40C를 담금질 또는 뜨임해서 사용하며, 강력한 축의 재료에 사용되고 있는 기계구조용 탄소강 강재 중 SM45C~SM55C를 사용하고자 할 때에는 열처리 효과가 크기 때문에 조질해서 요구에 맞게 사용한다.

4 베어링 선택

V 벨트 풀리를 정밀하게 회전할 수 있도록 축과 풀리 사이에 베어링을 선정해야 하는데 베어링은 두 면 사이의 볼(ball)이나 롤러(roller)가 들어가서 마찰력을 줄여 회전 운동이나 직선 운동을 부드럽게 하는 역할을 한다.

예 | 상 | 문 | 제

1. 축의 설계 시 고려할 사항이 아닌 것은?
① 축의 강도   ② 피로 충격
③ 응력 집중   ④ 표면 조도

해설 축 설계 시 고려 사항은 강도, 강성도, 진동, 부식 및 열응력, 피로 충격, 응력 집중 등이다.

2. 축(shaft)을 설계할 때 고려할 사항으로 옳지 않은 것은?
① 전동축의 경우는 굽힘 응력과 비틀림에 의한 전단 응력이 같이 발생한다.
② 동일 재료의 경우 중공축은 동일 단면적을 갖는 중실축에 비해 전달할 수 있는 토크가 작다.
③ 축이 베어링으로 고정되었을 때는 축변형의 경사각도 고려하여 설계하여야 한다.
④ 기어 또는 벨트 풀리를 고정하여 사용하는 전동축은 상당 굽힘 모멘트와 상당 비틀림 모멘트를 이용하여 안전 여부를 판단한다.

해설 동일 재료, 동일 면적 중공축이 중실축에 비해 전달 회전력이 크다.

3. 연강제 볼트가 축 방향으로 8kN의 인장 하중을 받고 있을 때, 이 볼트의 골지름은 약 몇 mm 이상이어야 하는가? (단, 볼트의 허용 인장 응력은 100MPa이다.)
① 7.4   ② 8.3
③ 9.2   ④ 10.1

해설 $d = \sqrt{\dfrac{2W}{\sigma_t}} = \sqrt{\dfrac{2 \times 8000}{100}} ≒ 12.65\,mm$

∴ $d_1 = 0.8d = 0.8 \times 12.65 ≒ 10.1\,mm$

4. 어떤 축이 굽힘 모멘트 M과 비틀림 모멘트 T를 동시에 받고 있을 때, 최대 주 응력설에 의한 상당 굽힘 모멘트 M_e는?

① $M_e = \dfrac{1}{2}(M + \sqrt{M+T})$

② $M_e = \dfrac{1}{2}(M^2 + \sqrt{M+T})$

③ $M_e = \dfrac{1}{2}(M + \sqrt{M^2+T^2})$

④ $M_e = \dfrac{1}{2}(M^2 + \sqrt{M^2+T^2})$

해설 $M_e = \dfrac{M + \sqrt{M^2+T^2}}{2}\,[N \cdot m]$

$T_e = \sqrt{M^2+T^2}\,[N \cdot m]$

5. 6000N·m의 비틀림 모멘트를 받는 연강제 중실축 지름은 몇 mm 이상이어야 하는가? (단, 축의 허용 전단 응력은 30N/mm로 한다.)
① 81   ② 91
③ 101 ④ 111

해설 $d = \sqrt[3]{\dfrac{5.1T}{\tau}} = \sqrt[3]{\dfrac{5.1 \times 6000000}{30}}$
$≒ 101\,mm$

6. 4kN·m의 비틀림 모멘트를 받는 전동축의 지름은 약 몇 mm인가? (단, 축에 작용하는 전단 응력은 60MPa이다.)
① 70   ② 80
③ 90   ④ 100

해설 $d = \sqrt[3]{\dfrac{5.1T}{\tau}} = \sqrt[3]{\dfrac{5.1 \times 4000000}{60}}$
$≒ 70\,mm$

정답 1.④ 2.② 3.④ 4.③ 5.③ 6.①

7. 구름 베어링의 호칭 번호가 6001일 때 안지름은 몇 mm인가?
① 12 ② 11
③ 10 ④ 13

해설 끝번호가 01이므로 안지름 치수는 12mm이다.

8. 지름 7cm의 중실축과 비틀림 강도가 같고, 안지름과 바깥지름의 비가 0.8인 중공축의 바깥지름은 몇 mm인가?
① 77.3 ② 83.4
③ 89.5 ④ 95.1

해설 $\dfrac{d_2^3}{d^3} = \dfrac{1}{1-x^4} = \dfrac{1}{1-0.8^4} \fallingdotseq 1.694$
$d_2^3 = 1.694 \times 70^3 = 581042$
$\therefore d_2 = 83.4\,\text{mm}$

9. 굽힘 모멘트만을 받는 중공축의 허용 굽힘 응력을 σ_b, 중공축의 바깥지름을 D, 여기에 작용하는 굽힘 모멘트가 M일 때, 중공축의 안지름 d를 구하는 식은?

① $d = \sqrt[4]{\dfrac{D(\pi\sigma_b D^3 - 16M)}{\pi\sigma_b}}$

② $d = \sqrt[4]{\dfrac{D(\pi\sigma_b D^3 - 32M)}{\pi\sigma_b}}$

③ $d = \sqrt[3]{\dfrac{D(\pi\sigma_b D^3 - 16M)}{\pi\sigma_b}}$

④ $d = \sqrt[3]{\dfrac{D(\pi\sigma_b D^3 - 32M)}{\pi\sigma_b}}$

해설 $d = \sqrt[4]{D^4 - \dfrac{32MD}{\pi\sigma_b}}$
$= \sqrt[4]{\dfrac{D(\pi\sigma_b D^3 - 32M)}{\pi\sigma_b}}$

10. 비틀림 모멘트를 받는 회전축으로 치수가 정밀하고 변형량이 적어 주로 공작기계의 주축에 사용하는 것은?
① 차축
② 스핀들
③ 플렉시블축
④ 크랭크축

해설 축은 베어링에 의해 지지되며, 주로 회전력을 전달하는 기계요소를 말하는데, 공작기계의 주축에 사용하는 축은 스핀들이다.

11. 축 지름이 변경되는 부분에 응력 집중을 피하는 방법 중 옳은 것은?
① 직각으로 처리한다.
② 홈으로 처리한다.
③ 라운딩으로 처리한다.
④ 구멍으로 처리한다.

해설 축의 각 부분에서의 국부응력을 감소시키려면 계단 부분에 둥근 모양의 윤곽을 형성하여 부드러운 면이 되도록 해야 한다.

정답 7.① 8.② 9.② 10.② 11.③

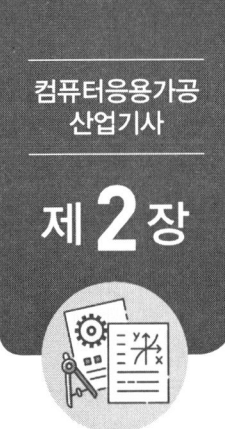

제 2장 측정기 유지 관리

1. 측정기 관리

1-1 측정기 점검 요령

(1) 측정기 관리 체계

국제표준화기구는 측정 프로세스와 측정기에 대한 요구 사항(ISO 10012 : 2004)을 제정·공포하였으며, 우리나라에서도 이 규격을 KS Q ISO 10012로 도입하여 측정기를 체계적으로 관리하여 품질 목표를 달성하도록 요구하고 있다.

① **국제규격(KS Q ISO 10012)의 요구 사항**
  ㈎ 규정된 측정학적 요구 사항을 충족시키기 위해 필요한 모든 측정 장비는 측정 관리 시스템에서 사용 가능하고 식별되어야 한다.
  ㈏ 측정 장비는 측정학적 확인 전에 유효한 교정 상태에 있어야 하며, 유효한 측정 결과를 보장하는 데 필요한 수준까지 관리되거나 알려진 환경 내에서 사용해야 한다.
  ㈐ 현장에서 사용되는 모든 측정기는 등록 관리해야 하며, 작업자는 국가측정표준으로부터 소급성이 입증된 측정기를 사용해야 한다.

② **측정기 관리 체계** : 측정기기는 주기적으로 교정하여 소급성을 확보해야 측정 결과의 신뢰성을 확보할 수 있으므로 절차에 따라 관리한다.

(2) 측정기의 종류

① **도기** : 일정한 길이나 각도를 측정하기 위해 눈금 또는 면으로 구체화한 것을 측정의 기준으로 사용한다.
  ㈎ 선도기 : 한 개의 도기가 여러 개의 눈금으로 나뉘어 있어, 눈금 간격을 치수 단위로 구체화한 것 예 표준자

(나) **단도기** : 양 단면의 간격으로 길이나 각도를 구체화한 것 **예** 게이지 블록 (gauge block), 직각자, 각도 게이지, 한계 게이지 등

② **지시 측정기** : 측정 시 눈금이 표점의 눈금을 따라 이동하여 측정물의 치수를 측정할 수 있도록 제작된 측정기로 버니어 캘리퍼스(vernier calipers), 마이크로미터(micrometer), 다이얼 게이지(dial gauge), 테스트 인디케이터(test indicator) 등이 있다.

③ **시준기** : 측정 시 기계적 접촉 방식이 아니라 시준점을 광학적인 방식으로 측정하기 위해 조준선 또는 목적물을 점 또는 목적물에 맞춰 확대한 측정기로 투영기, 공구 현미경, 오토콜리메이터(autocollimator) 등이 있다.

④ **게이지** : 가동 부분이 없는 구조의 측정기로 피측정물을 고정한 상태에서 측정하는 측정기기이며, 반지름 게이지(radius gauge), 드릴 게이지(drill gauge), 피치 게이지(pitchgauge), 와이어 게이지(wire gauge), 플러그 게이지(plug gauge), 위치 게이지(location gauge) 등이 있다.

(3) 측정의 종류

① **직접 측정** : 측정하고자 하는 양을 직접 접촉시켜 그 크기를 구하는 방법으로 버니어 캘리퍼스, 마이크로미터, 휘트스톤 브리지 등의 측정기, 줄자 등 거의 일반적인 측정을 말한다.

② **간접 측정** : 측정 후 계산에 의해 측정값을 유도해 내는 방법으로 사인 바에 의한 각도 측정, 3점식 나사 측정 등이 있다.

③ **영위법** : 기준량과 측정량을 평형시켜 측정기의 지시가 '0' 위치를 나타낼 때 기준량의 크기로부터 측정량의 크기를 알아내는 방식으로 정밀한 측정에 적합하며, 마이크로미터 등이 여기에 속한다.

④ **편위법** : 측정하려는 양의 작용으로 측정기의 지침에 편위를 일으켜, 이 편위를 비교함으로써 측정량의 크기를 알아내는 방식이며, 감도는 떨어지지만 취급하기 쉽고 신속하게 측정할 수 있으므로 산업 현장에서 많이 사용한다.

(4) 측정기 등록 관리

① **측정기 검수와 교정 여부 확인**

(가) 교정이 필요한 측정기는 교정 작업을 하여 성능을 확인한다.

(나) 외부 교정을 하는 경우, 측정기 담당자는 교정 범위, 교정 구간 등 교정 요구 사항을 제시하여야 한다.

(다) 교정이 필요하지 않은 측정기는 실제 조작하여 기능과 성능을 확인한다.

② **측정기 교정 주기** : 가장 보편적인 상황에서 측정기의 정확도가 유지될 수 있는 기간을 추정한 주기로 널리 사용되는 주요 측정기의 일반적인 교정 주기는 12~24개월이다.

③ **최초 교정 주기 설정 시 고려 사항**
  ㈎ 측정기 제조사의 권고에 따른다.
  ㈏ 예상되는 사용 한계와 가용 정도를 판단한다.
  ㈐ 환경 영향을 고려한다.
  ㈑ 요구되는 측정 불확도를 고려한다.
  ㈒ 최대 허용 오차를 고려한다. 예 법정 계량에 의한 것 등
  ㈓ 개별 측정기의 조정(변화)을 고려한다.
  ㈔ 측정량에 영향을 미치는 요소를 고려한다. 예 열전대에서 고온의 영향
  ㈕ 동일 또는 유사 측정기의 축적된 데이터 또는 공표 데이터를 참조한다.

(5) 측정기 보관 및 관리

① 자주 사용하지 않는 측정기도 1년에 2~3회 정도는 점검을 한다.
② 측정기 보관함에는 각 측정기의 관리 번호, 품명, 규격, 사용자 등을 기록한 현황판을 비치하여 측정기의 사용 실태를 파악할 수 있도록 한다.
③ 측정기는 온도 변화가 적고 습도가 낮은 곳에 보관해야 한다.
④ 측정기에 도포하는 방청유는 되도록 얇게 칠하고, 불필요한 곳에는 바르지 않는다.
⑤ 측정기를 보관할 때 측정기의 구조적인 특성을 고려하여 보관 방법을 달리하는 경우도 있다. 예를 들어, 온도가 높은 장소에서 마이크로미터를 보관하면 열팽창에 의해 마이크로미터의 프레임(frame)이 변형될 수 있기 때문에 스핀들과 앤빌(anvil) 면의 간격을 떼어서 보관해야 한다.
⑥ 측정기는 세심한 주의를 기울여 취급하며, 온도 변화가 적고 습도가 낮은 곳에 보관해야 한다. 습도는 철에 영향을 많이 주며, 습도가 70% R.H. 전후에서 녹이 발생하기 쉽다. 특히, 공기 중 가스 입자 등의 불순물은 측정기에 부착되어 녹 발생을 가속화시키므로 측정기를 사용한 뒤에는 반드시 점검하여 먼지나 지문을 없애고 방청유를 도포하여 표준 환경(온도 20℃, 습도 55%)에서 보관해야 한다.

예 | 상 | 문 | 제

1. 이미 치수를 알고 있는 기준편과의 차를 이용하여 측정값을 구하는 측정 방법은?

① 비교 측정 ② 직접 측정
③ 절대 측정 ④ 간접 측정

해설 측정의 종류는 직접 측정, 간접 측정, 비교 측정 등이 있으며, 측정 방식은 편위법, 영위법, 치환법, 보상법 등으로 분류된다.

2. 측정기 보관 및 관리에 대한 설명으로 틀린 것은?

① 측정기를 보관할 때 측정기의 구조적인 특성을 고려하여 보관 방법을 달리한다.
② 마이크로미터는 스핀들과 앤빌(anvil) 면의 간격을 붙여서 보관해야 한다.
③ 측정기는 온도 변화가 적고 습도가 낮은 곳에 보관해야 한다.
④ 자주 사용하지 않는 측정기도 1년에 2~3회 정도는 점검을 한다.

해설 마이크로미터를 보관하면 열팽창에 의해 마이크로미터의 프레임(frame)이 변형될 수 있기 때문에 스핀들과 앤빌(anvil) 면의 간격을 떼어서 보관해야 한다.

3. 버니어 캘리퍼스, 마이크로미터 등과 같이 측정기에 새겨진 눈금으로 직접 그 치수를 읽을 수 있는 측정 방식은?

① 직접 측정
② 간접 측정
③ 비교 측정
④ 형상 측정

해설
• 간접 측정 : 측정 후 계산에 의해 측정값을 유도해 내는 방법으로 사인 바에 의한 각도 측정, 3점식 나사 측정 등이 있다.
• 비교 측정 : 피측정물에 의한 기준량으로부터의 변위를 측정하는 방법으로 다이얼게이지, 안지름 퍼스 등이 있다.

4. 최초 교정 주기를 설정할 때 고려사항 중 틀린 것은?

① 예상되는 사용 한계와 가용 정도를 판단한다.
② 요구되는 측정 불확도는 고려하지 않는다.
③ 동일 또는 유사 측정기의 축적된 데이터 또는 공표 데이터를 참조한다.
④ 개별 측정기의 조정(변화)을 고려한다.

해설 요구되는 측정 불확도를 고려한다.

5. 도구 자체의 면과 면 사이의 거리로 측정하는 측정기가 아닌 것은?

① 버니어 캘리퍼스
② 한계 게이지
③ 블록 게이지
④ 틈새 게이지

해설 버니어 캘리퍼스는 측정 중에 표점이 눈금에 따라 이동하는 측정기이다.

정답 1.① 2.② 3.① 4.② 5.①

2. 측정기 취급 주의

2-1 측정기 사용 방법

1 측정기에 적용되는 기본 원리와 법칙
① **아베의 원리** : 높은 정밀도로 길이를 측정하기 위해서는 측정 길이와 측정 시스템의 눈금 선이 동일선상에 있어야 한다.
② **훅의 법칙(Hooke's law)** : 물체에 하중을 가하면 탄성한계 내에서 변형을 일으키는 변위량에 대한 법칙으로, 측정 시에는 측정 오차를 줄이기 위해 훅의 법칙을 이해하여야 한다.
③ **온도 차에 의한 길이 변화** : 모든 물체는 온도에 따라 고유의 팽창 계수만큼 변화하는데, 이를 방지하려면 측정하는 동안 손으로 마이크로미터를 잡을 경우 접촉 시간을 최소화하고, 방열 커버를 부착하거나 장갑을 착용한다.

2 측정기 사용 방법
(1) 버니어 캘리퍼스
  ① **사용 전 확인 사항**
    ㈎ 소량의 윤활유로 기준 단면과 슬라이드부를 닦는다.
    ㈏ 슬라이더(slider)를 전체에 걸쳐 움직여서 걸리는 곳이 없는지 확인한다.
    ㈐ 측정면을 청소하고 맞춘 뒤 외측 측정면, 내측 측정면 및 어미자와 아들자의 영점이 맞는지 확인한다.
  ② **사용 중 확인 사항**
    ㈎ 측정 시에는 일정한 힘으로 측정한다.
    ㈏ 눈금을 읽을 때 눈금의 정면에서 시선을 주어 시차가 생기지 않게 주의한다.
    ㈐ 낙하나 충격 등으로 파손 또는 파손이 의심되는 경우 그대로 사용하지 말고, 반드시 측정기 관리부서에서 정도 점검 후 사용한다.
  ③ **사용 후 확인 사항**
    ㈎ 사용이 끝난 뒤에는 각부에 손상이 없는지 확인하고 전체를 청소한다.
    ㈏ 수용성 절삭유 등이 있는 곳에서 사용한 경우 청소 후 반드시 방청 처리를 한다.
    ㈐ 디지털 버니어 캘리퍼스는 장기간 보관할 경우 배터리를 빼서 보관한다.

㈜ 고온 다습하지 않고, 먼지, 오일 미스트(oil mist)가 없는 장소에 보관한다.
㈏ 버니어 캘리퍼스를 온도가 높은 장소에 보관하는 경우 열팽창에 의해 변형될 수 있으므로, 고정 나사를 조이지 않고 전용 보관함에 넣어 보관한다.

(2) 마이크로미터

① 사용 전 확인 사항

㈎ 심블(thimble)을 전체에 걸쳐 회전시켜 걸림이나 작동이 균일한지 확인한다.
㈏ 래칫 스톱(ratchet stop)을 회전할 때 공회전이 없는지 확인한다.
㈐ 앤빌, 스핀들의 양 측정면에 흰 종이를 끼워 측정면의 먼지나 티끌을 제거한다.
㈑ 측정면을 맞추어 다음 사항을 확인한다.
- 양쪽 측정면을 천천히 맞추어 래칫 스톱으로 3~5회(1.5~2회전)의 정압을 주고 영점을 확인한다.
- 마이크로미터의 영점을 조정하려면 주기적으로 교정 작업을 한 게이지 블록이나 영점 조정용 마이크로미터 기준봉을 사용한다.
- 너무 힘이 들어가면 측정면이 눌려서 정도에 영향을 줄 수 있으므로, 천천히 접촉하도록 주의한다.
- 영점이 벗어난 경우에는 슬리브를 회전하여 영점을 맞춘다.
- 디지매틱(digimatic) 마이크로미터는 제로(zero) 버튼을 눌렀을 때 영점으로 변화하는지 확인한다.
- 디지매틱 마이크로미터는 on/off 기능과 버튼의 이상 유무, 디스플레이 장치의 결함 등이 없는지 확인한다.

㈒ 실린더 게이지 등의 셋업 시 주로 사용하는 클램프가 임의의 위치에서 작동하는지 확인한다.

② 사용 중 확인 사항

㈎ 측정기는 반드시 사용 범위 내에서 사용한다.
㈏ 측정기 사용 온도 조건은 제조사의 취급설명서를 참조하여 해당 범위 내에서 사용하는데, 일반적인 사용 온도는 5~40℃ 범위 내로 제한한다.
㈐ 눈금을 읽을 때는 정면에서 시선을 주어 시차로 인한 오차가 발생하지 않도록 하여야 하며, 슬리브 기준선과 심블 눈금이 일치되는 값을 슬리브 눈금, 심블 눈금 순으로 읽는다.

③ 사용 후 확인 사항

㈎ 보관 중 열팽창에 의한 변형을 방지하기 위해 측정면은 0.2~2mm 정도 벌리고, 클램프를 해제하여 보관한다.

⑷ 장기 보존할 경우에는 윤활유로 스핀들을 방청 처리한 뒤 보관하며, 디지매틱 마이크로미터는 배터리를 꺼내어 보관한다.

(3) 실린더 게이지

① 사용 전 확인 사항
⑺ 마른 천으로 측정자와 앤빌(교환용 로드)을 청소한다.
⑷ 지시기가 움직이지 않도록 클램프 나사를 확실히 조인다.
⑶ 지시기가 움직인 경우에는 지시기나 클램프 나사를 청소한다.

② 사용 중 확인 사항
⑺ 실린더 게이지를 측정물에 넣을 때는 가이드 축, 앤빌 축 순으로 삽입한다.
⑷ 실린더 게이지로 측정 중 측정물의 표면에 흠집에 생기는 경우 측정력이나 가이드 지지력, 접촉 구면을 변경하여 완화하도록 적절히 조치한다.

③ 사용 후 확인 사항
⑺ 측정자 내부나 슬라이드부에 이물질이 묻은 경우 헤드부만 알코올 등에 담그고, 스냅 링 플라이어로 풀어서 내부를 세척한다.
⑷ 세척 후에는 충분히 건조시키고, 측정자와 드라이버 핀에는 반드시 윤활유를 얇게 도포한다.

(4) 다이얼 게이지

① 사용 전 확인 사항
⑺ 스핀들은 기름을 주입하지 말고, 마른 천이나 소량의 알코올을 적신 천으로 청소한다.
⑷ 하사점(스핀들이 내려온 상태)에서 지침 위치가 벗어난 경우 스핀들이나 내부 손상 가능성이 있으므로, 분해하지 말고 측정기 관리부서에 문의하여 반드시 정도 점검 후 사용한다.

② 사용 중 확인 사항
⑺ 작동이나 정도에 영향을 미치므로 스핀들을 갑자기 움직이거나 가로 방향으로 힘을 주지 않는다.
⑷ 뒷면 커버의 러그는 측정면에 대해 스핀들이 직각이 되도록 고정한다.
⑶ 다이얼 게이지는 온도가 0~40℃, 습도는 30~70%의 결로되지 않는 장소에서 사용한다.

③ **사용 후 확인 사항**
  (가) 사용이 끝나면 각부에 손상 등이 없는지 확인하고, 전체를 마른 천 등으로 청소한다.
  (나) 청소 시 스핀들에는 윤활유를 바르지 않는다.

(5) 게이지 블록

① **사용 전 확인 사항**
  (가) 사용 온도에 충분히 적응시키지 않으면 측정 결과에 영향을 미치므로 열평형이 되도록 한다.
  (나) 옵티컬 플랫(optical flat)을 사용하여 측정면의 돌기 유무를 확인한다.
  (다) 돌기가 있는 경우에는 세사 스톤 숫돌을 사용하여 제거한다.

② **사용 중 확인 사항**
  (가) 밀착(wringing)을 할 경우 소량의 그리스 등을 균일하게 바른 뒤 유막이 거의 없어질 때까지 닦아 낸다.
  (나) 기름기가 없으면 밀착력이 약해지고, 또한 측정면에 상처를 내 마모를 일으킬 수 있으므로 주의한다.

③ **사용 후 확인 사항** : 스틸 게이지 블록을 사용한 뒤에는 게이지 블록의 오염을 깨끗이 닦고, 소량의 방청유를 천에 적셔 방청 처리를 한다.

(6) 메커니컬 디지트 하이트 게이지(mechanical digit height gauge)

① **사용 전 확인 사항**
  (가) 스크라이버(scriber)는 가급적 어미자의 지지 기둥에서 가까운 위치에 세팅한다.
  (나) 지지 기둥, 베이스 기준면, 스크라이버 부착면, 스크라이버 측정면을 청소한다.
  (다) 정밀 석정반 또는 작업대를 청소한다.
  (라) 슬라이더를 전체에 걸쳐 움직여 작동 상태를 확인한다.
  (마) 스크라이버 측정면을 정반 또는 작업대에 가볍게 접촉시켜 다이얼 눈금을 돌려 지침을 '0'으로 맞춘다.
  (바) 운반할 때에는 한 손을 슬라이더에 가볍게 대면서 베이스를 잡고 운반한다.

② **사용 중 확인 사항** : 눈금 읽기는 시선을 정면으로 두고 시차가 생기지 않도록 주의하여 읽는다.

③ **사용 후 확인 사항**
  (가) 스크라이버 끝이 정반에서 나오지 않도록 보관한다.
  (나) 스크라이버는 정반면에서 1mm 정도 띄운 상태에서 슬라이더 클램프를 조이지 않고 보관한다.

(7) 사인 센터(sine center)

① **사용 전 확인 사항**
  (가) 센터의 원활한 작동 상태를 확인한다.
  (나) 정밀 석정반을 청소한다.
  (다) 조합해서 사용할 다이얼 게이지 또는 테스트 인디케이터의 작동 상태와 영점을 확인한다.
  (라) 사인 센터를 사용할 때 공작물의 센터 측정 에러를 방지하기 위해 센터 면의 상태를 확인한다.

② **사용 중 확인 사항**
  (가) 흔들림이나 동심도 측정 시에는 공작물을 잡고 일정한 힘으로 천천히 회전시켜 측정한다.
  (나) 각도를 측정할 때 정반 위에서 하이트 게이지 이송 시 측정기에 급격한 충격이 가해지지 않도록 천천히 접근시켜 측정한다.

③ **사용 후 확인 사항** : 각도 측정의 경우, 롤러 밑에 받친 게이지 블록을 제거할 때 미끄러지거나 롤러를 정반면에 내려놓을 때 충격이 가해지지 않도록 주의한다.

예 | 상 | 문 | 제

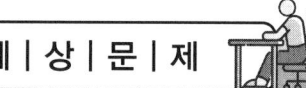

1. 정밀 측정에서 아베의 원리에 대한 설명을 나타낸 것은?
① 내측 측정 시 최댓값을 택한다.
② 눈금선의 간격은 일치해야 한다.
③ 단도기는 양 끝 단면이 평행하도록 지지한다.
④ 표준자와 피측정물은 동일 축선상에 있어야 한다.

해설 아베의 원리
- 측정기에서 표준자의 눈금면과 측정물을 동일 선상에 배치한 구조는 측정 오차가 작다는 원리이다.
- 외측 마이크로미터가 아베의 원리를 만족시킨다.

2. 다음 중 버니어 캘리퍼스 사용 후 확인 사항으로 틀린 것은?
① 수용성 절삭유 등이 있는 곳에서 사용한 경우 청소 후 반드시 방청 처리를 한다.
② 디지털 버니어 캘리퍼스는 장기간 보관할 경우 배터리를 빼서 보관한다.
③ 고온 다습하지 않고, 먼지, 오일 미스트(oil mist)가 없는 장소에 보관한다.
④ 버니어 캘리퍼스를 온도가 높은 장소에 보관하는 경우 열팽창에 의해 변형될 수 있으므로, 고정 나사를 조인 후 전용 보관함에 넣어 보관한다.

해설 버니어 캘리퍼스를 온도가 높은 장소에 보관하는 경우 열팽창에 의해 변형될 수 있으므로, 고정 나사를 조이지 않고 전용 보관함에 넣어 보관한다.

3. 마이크로미터 작업 순서에서 측정면을 맞추어 다음 사항을 확인한다. 틀린 것은 어느 것인가?
① 양쪽 측정면을 천천히 맞추어 래칫 스톱으로 3~5회(1.5~2회전)의 정압을 주고 영점을 확인한다.
② 마이크로미터의 영점을 조정하려면 주기적으로 교정 작업을 한 게이지 블록이나 영점 조정용 마이크로미터 기준봉을 사용한다.
③ 너무 힘이 들어가면 측정면이 눌려서 정도에 영향을 줄 수 있으므로, 빨리 접촉하도록 주의한다.
④ 디지매틱(digimatic) 마이크로미터는 제로(zero) 버튼을 눌렀을 때 영점으로 변화하는지 확인한다.

해설 너무 힘이 들어가면 측정면이 눌려서 정도에 영향을 줄 수 있으므로, 천천히 접촉하도록 주의한다.

4. 실린더 게이지 작업 시 사용 전 확인 사항이 아닌 것은?
① 마른 천으로 측정자와 앤빌(교환용 로드)을 청소한다.
② 지시기가 움직이지 않도록 클램프 나사를 확실히 조인다.
③ 지시기가 움직인 경우에는 지시기나 클램프 나사를 청소한다.
④ 외측 마이크로미터로 영점 조정을 할 경우 마이크로미터는 수직이 되도록 유지한다.

정답 1. ④ 2. ④ 3. ③ 4. ④

해설 측정 전 반드시 영점 조정을 하며, 외측 마이크로미터로 영점 조정을 할 경우 마이크로미터는 수평이 되도록 유지한다.

5. 다음 중 다이얼 게이지에 대한 설명으로 틀린 것은?
① 작동이나 정도에 영향을 미치므로 스핀들을 갑자기 움직이거나 가로 방향으로 힘을 주지 않는다.
② 뒷면 커버의 러그는 측정면에 대해 직각이 되도록 고정한다.
③ 다이얼 게이지는 온도가 0~20℃, 습도는 50~80%의 장소에서 사용한다.
④ 사용이 끝난 후 청소 시 스핀들에는 윤활유를 바르지 않는다.

해설 다이얼 게이지는 온도가 0~40℃, 습도는 30~70%의 결로되지 않는 장소에서 사용한다.

6. 다음 중 게이지 블록 사용 전 확인 사항으로 틀린 것은?
① 사용 온도에 충분히 적응시키지 않으면 측정 결과에 영향을 미치므로 열평형이 되도록 한다.
② 옵티컬 플랫(optical flat)을 사용하여 측정면의 돌기 유무를 확인한다.
③ 돌기가 있는 경우에는 연삭 숫돌을 사용하여 제거한다.
④ 먼지나 오염 등은 치수에 영향을 미치므로 세정지로 잘 닦아 준다.

해설 돌기가 있는 경우에는 세사 스톤 숫돌을 사용하여 제거한다.

7. 뎁스 게이지(depth gauge) 작업 시 사용 중 확인 사항으로 틀린 것은?
① 측정값은 어미자 눈금과 아들자 눈금의 값을 더해서 구한다.
② 어미자와 아들자의 눈금을 읽을 때 정면 방향에서 읽으면 시차가 발생하므로, 눈금의 측면에서 읽는다.
③ 홈을 측정할 때에는 측정물을 가급적 어미자의 가까운 안쪽에 측정면 전체를 밀착하여 측정한다.
④ 단차 측정의 경우 기준면을 가급적 측정면 전체에 밀착하고, 측정 부위에 직각이 유지되도록 하여 측정한다.

해설 어미자와 아들자의 눈금을 읽을 때 측면 방향에서 읽으면 시차가 발생하므로, 눈금의 정면에서 읽는다.

8. 다음 중 한계 게이지에 대한 설명으로 틀린 것은?
① 게이지는 통과측(GO)과 정지측(NOT GO)으로 구성되며, 정지측은 통과측보다 긴 것이 특징이다.
② 게이지를 장시간 사용하면 체온 전달에 의한 온도 차로 치수가 변할 수 있으므로, 접촉 시간을 최소화하거나 체온 전달 방지를 위해 장갑을 끼고 사용한다.
③ 수용성 절삭유 등이 있는 곳이나 맨손으로 취급하고 사용한 경우에는 청소 후 반드시 방청 처리한다.
④ 게이지 사용면의 찍힘과 돌기 유무를 확인하여 필요시 제거하고 깨끗이 청소한다.

해설 제품을 정확한 치수대로 가공한다는 것은 거의 불가능하므로 오차의 한계를 주게 되며, 이때의 오차 한계를 재는 게이지를 한계

정답 5. ③ 6. ③ 7. ② 8. ①

게이지라고 한다. 게이지는 통과측(GO)과 정지측(NOT GO)으로 구성되며, 정지측은 통과측보다 짧은 것이 특징이다.

9. 사인 센터(sine center)에 대한 설명으로 틀린 것은?

① 사인 센터는 공작물의 각도, 흔들림, 동심도 등을 측정하는 데 사용하는 보조구이다.
② 다이얼 게이지 또는 테스트 인디케이터와 정반, 블록 게이지 등과 조합하여 사용한다.
③ 사인 센터를 사용할 때 공작물의 센터 측정 에러를 방지하기 위해 센터 면의 상태를 확인한다.
④ 흔들림이나 동심도 측정 시에는 공작물을 잡고 일정한 힘으로 빠르게 회전시켜 측정한다.

해설 흔들림이나 동심도 측정 시에는 공작물을 잡고 일정한 힘으로 천천히 회전시켜 측정한다.

10. 버니어 캘리퍼스 사용법으로 틀린 것은?

① 버니어 캘리퍼스는 아베의 원리에 맞는 구조가 아니다.
② 원통의 축 방향에 대해 버니어 캘리퍼스가 직각이 되도록 조 부분을 접촉한다.
③ 바깥지름 측정 시 최댓값을 측정값으로 한다.
④ 눈금 표시 방향에서 수직으로 판독한다.

해설 바깥지름 측정 시 최솟값을, 안지름 측정 시 최댓값을 측정값으로 한다.

11. 하이트 게이지 사용법으로 잘못된 것은?

① 기준 단면에서 스크라이버 선단까지의 거리는 가능한 길게 한다.
② 슬라이드의 미끄럼 상태를 확인하고 이상이 있을 때는 세트나사, 압축나사를 조정하여 맞춘다.
③ 스크라이버의 앞끝을 상하지 않게 한다.
④ 금긋기 작업 시 고정나사를 충분히 죄어야 한다.

해설 기준 단면에서 스크라이버 선단까지의 거리는 가능한 짧게 한다.

정답 9. ④ 10. ③ 11. ①

3. 측정기 교정

3-1 측정기 교정 판단

(1) 측정기 관리
① **측정기 유지 관리** : 사용자의 신뢰를 바탕으로 기업 발전으로 이어질 수 있으며, 측정기 유지 관리의 필수 요소는 측정기의 교정을 통한 소급성 확보에 있다.
② **교정** : 측정기 정밀도와 정확도를 지속적으로 유지하기 위해 상위 표준과 주기적으로 비교하는 것을 말하는데, 반드시 국가측정표준을 토대로 측정의 소급성을 확보해야 측정 결과가 유효하다.

(2) 교정 주기 선정 기준
측정기의 교정 주기를 결정하는 방법으로는, 법적으로 제시된 교정 주기에 따르는 방법과 측정기의 사용 환경을 고려한 자체적인 교정 주기에 따르는 방법이 있다. 측정기의 교정 주기를 자체적으로 결정하는 경우에는 회사 규정에서 교정 주기를 표준화해야 하며, 규정이 없는 경우에는 통상적으로 12개월 주기로 교정을 시행하는 경우도 있다.

(3) 교정 주기 선정 방법
① 교정 대상을 선정한다.
② 교정 주기를 정한다.
③ 교정 주기는 일반적으로 측정의 경험 또는 피교정 장비에 대한 경험이 있는 자가 결정하며, 개별 측정기 또는 그룹 측정기의 교정 후 장비 교정 주기가 허용한계 내에 있는지 평가해야 한다.

(4) 측정실의 관리 등급
산업체에서는 생산 제품의 정밀도 및 정확도와 소요되는 비용(측정실의 설치비와 유지비) 간의 최적화를 고려하여 정밀 측정실의 등급을 나누어 관리하는 것이 바람직하다.
① **A급** : 환경 기준을 엄격하게 적용하는 수준
② **B급, C급** : 환경 기준을 느슨하게 적용하는 수준

(5) 측정기 교정

① 외측 마이크로미터 교정

외측 마이크로미터 교정 항목, 측정 범위 및 교정 방법

교정 항목	측정 범위	교정 방법
눈금의 정확도	전 구간	게이지 블록
평면도	앤빌 면, 스핀들 면	옵티컬 플랫, 단색 광원
평행도	앤빌 면, 스핀들 면	옵티컬 패럴렐, 단색 광원 또는 게이지 블록

② 버니어 캘리퍼스 교정

버니어 캘리퍼스 교정 항목, 측정 범위 및 교정 방법

교정 항목	측정 범위	교정 방법
눈금의 정확도(내·외측)	전 구간	캘리퍼스 검사기
측정면의 틈새 및 평행도	초기 접점 / 전 구간	게이지 블록

③ 다이얼 게이지 교정

다이얼 게이지 교정 항목, 측정 범위 및 교정 방법

교정 항목	측정 범위	교정 방법
눈금값(지시값)	전 구간	다이얼 게이지 시험기 또는 게이지 블록

④ 실린더 게이지 교정

실린더 게이지 교정 항목, 측정 범위 및 교정 방법

교정 항목	측정 범위	교정 방법
다이얼 게이지 눈금	전 구간	다이얼 게이지 시험기
실린더 게이지 눈금	일정 구간	다이얼 게이지 시험기

(6) 교정 결과에 따른 조치

① 측정 소급성을 확인한다.
② 도량형적 시방과의 적합성을 확인한다.
③ 교정 결과를 확인하여 보정계수를 적용한다.
④ 측정기 합격(사용) 여부를 판정한다.
⑤ 검사에 적합한 측정기 선정에 측정 불확도를 적용한다.
⑥ 제품 검사 후 합부 판정 기준 설정에 측정 불확도를 적용한다.
⑦ 측정기에 교정 식별 라벨을 부착한다.

(7) 측정기의 교정 기록 유지 관리

① 측정기 교정 성적서를 확보한다.
② 측정 기기 이력 관리대장을 작성한다.
③ 측정기의 교정 이력이 축적된 데이터를 교정 주기 조정에 활용한다.
④ 교정 및 점검 결과 부적합한 측정 기기로 판정되면 다음과 같이 조치한다.
  ㈎ 부적합으로 판정된 측정 기기에 부적합 식별 표시를 한다.
  ㈏ 부적합 측정 기기의 사용을 방지하기 위해 해당 측정 기기는 격리된 장소에 보관한다.
  ㈐ 부적합한 내용을 이력 관리 전산 프로그램 및 측정 기기 이력 관리대장에 기록한다.

예 | 상 | 문 | 제

1. 측정기 교정에 대한 설명으로 틀린 것은?
① 교정이란 측정기 정밀도와 정확도를 지속적으로 유지하기 위해 상위 표준과 주기적으로 비교하는 것이다.
② 측정기는 사용 횟수, 사용 환경, 내구연한 등 여러 요인으로 정밀도와 정확도가 변할 수 있으므로, 일상적으로 점검하고 주기적 교정을 통해 관리해야 한다.
③ 성능이 떨어졌다고 판단되면 지체 없이 새로 구매한다.
④ 사용하는 측정기의 정밀도는 지속적으로 교정해야만 유지된다.

해설 교정이 필요한 측정기는 교정을 한 후 성능을 확인하는데, 자체 교정시설이 없으면 공인 교정 기관에 의뢰하여 성능을 확인한다.

2. 주기적인 교정의 일반적 목적이 아닌 것은?
① 측정기를 사용해서 달성할 수 있는 불확도를 재확인할 수 있다.
② 경과 기간 중에 얻어지는 결과에 대해 의심되는 측정기의 변화가 있는가를 확인하는 것이다.
③ 기준값과 측정기를 사용해서 얻어진 값 사이의 편차의 추정값을 저하시킨다.
④ 측정기가 실제로 사용될 때 편차의 불확도를 향상시킨다.

해설 기준값과 측정기를 사용해서 얻어진 값 사이의 편차의 추정값을 향상시킨다.

3. 교정 주기에 대한 설명으로 틀린 것은?
① 교정 결과는 측정기의 차기 교정 주기를 정하는 데 기초로 하기 위해 이력 데이터로서 수집하여야 한다.
② 교정 주기는 일반적으로 측정의 경험 또는 피교정 장비에 대한 경험이 있는 자가 결정한다.
③ 위험과 비용이 균형을 이루도록 가능한 최적화해야 한다.
④ 기술자의 직감에 따라 설정된 주기를 원칙으로 한다.

해설 기술자의 직감이나 기술적 검토 없이 설정된 주기를 유지하는 시스템은 충분히 신뢰할 수 없다고 간주되므로 권고하지 않는다.

4. 측정의 소급성에 대한 설명으로 틀린 것은?
① 소급성이란 연구 개발, 산업 생산, 시험 검사 현장에서 측정한 결과가 명시된 불확정 정도의 범위 내에서 국가측정표준 또는 국제측정표준과 일치하도록 연속적으로 비교하고 교정하는 체계를 말한다.
② 미국의 미국표준기술연구소(NIST)에서는 '측정 장비의 정확도를 더 높은 정확도를 가진 다른 측정 장비 그리고 궁극적으로는 1차 표준으로 연결시키는 문서화된 비교 고리'로 측정 장비의 소급성에 대하여 정의하고 있다.
③ 측정의 소급성 체계를 확립시킨다는 의미는 국가 간, 국가와 기업 간, 기업 간, 기업 내 각 부문 간 각각의 단계에 대응할 수 있는 측정 표준을 확립하고, 유지·보급하여 기업 하층 부문까지 측정 정확도를 보증하는 것이다.
④ 측정의 소급성은 측정 기관의 인적 구성 및 시설에 따라 달라진다.

정답 1.③ 2.③ 3.④ 4.④

해설 측정의 소급성은 측정 장비의 정확도와 관계된다. 측정 장비의 지시값 또는 기기에 의해 주어지는 결과는 측정이 이루어지는 물리적 단위에서 정확해야만 하며, 궁극적으로 그 단위의 기본적 실현을 위하여 교정을 통한 측정 표준과의 소급성을 필요로 한다.

5. 버니어 캘리퍼스 교정에 대한 설명으로 틀린 것은?
① 교정하기 전에 교정할 장소로 교정 장비와 교정 대상 장비를 미리 옮겨서 열평형 상태를 이루게 한다.
② 적절한 세척제로 교정 대상 기기와 교정용 설비를 깨끗이 닦는다.
③ 교정 장비를 취급할 때 장갑을 착용하면 정확도가 떨어진다.
④ 슬라이더 이동 시 헐거움이 느껴지면 어미자와 아들자 사이에 있는 판 스프링 조절 나사로 탄성을 조정한다.

해설 교정 장비를 취급할 때에는 장갑을 착용하여 체온이 전달되지 않도록 한다.

6. 다음에 해당하는 교정 주기의 검토 방법은?

- 중요한 교정 포인트를 선정하고, 그 결과를 시간 축에 좌표화한다.
- 이 좌표로부터 분산과 드리프트를 계산하며, 드리프트는 어떤 교정 주기 동안, 또는 매우 안정된 측정기의 경우에서는 여러 주기 내에 나타난다.

① 관리도
② 자동 조정 또는 계단식
③ 실사용 시간
④ 서비스 체크 또는 블랙박스 시험

해설 관리도는 통계적 품질관리(SQC)의 가장 중요한 수단의 하나이다.

7. 다이얼 게이지의 교정 항목은?
① 눈금값(지시값)
② 측정면의 틈새 및 평행도
③ 다이얼 게이지 눈금
④ 센터 간의 평행도

해설 측정기별 교정 항목

측정기	교정 항목
외측 마이크로미터	눈금의 정확도 평면도, 평행도
버니어 캘리퍼스	눈금의 정확도(내·외측) 측정면의 틈새 및 평행도
실린더 게이지	다이얼 게이지 눈금 실린더 게이지 눈금
벤치 센터	센터 간의 평행도 양 센터 간 높이 차 베드의 평면도, 평행도
다이얼 게이지	눈금값(지시값)

8. 측정기의 교정 대상 및 주기를 고시하는 기관은?
① 미국표준기술연구소
② 국가기술표준원
③ 기계진흥원
④ 산업진흥원

해설 산업 현장에서 사용되는 계측기, 검사 장비의 교정 주기는 국가기술표준원에서 규정하고 있다.

9. 측정기의 교정 대상 또는 주기를 몇 년마다 검토하여 재고시할 수 있는가?
① 1년
② 2년
③ 3년
④ 4년

해설 측정기의 교정 대상 또는 주기를 2년마다 검토하여 재고시할 수 있다.

정답 5. ③ 6. ① 7. ① 8. ② 9. ②

제 3 장 정밀 측정

1. 측정 방법 결정

1-1 측정 원리

1 측정 대상물의 특성

① **제품의 형상** : 측정할 제품의 형상과 크기, 재질에 따라 접촉식 측정기 또는 비접촉식 측정기를 이용하여 측정한다. 동일한 제품을 반복하여 측정할 때는 비교 측정이 더 적절하다.

② **제품의 수량** : 측정할 제품이 소량인지 다량인지를 판단하여 연속적으로 측정할 때는 측정의 효율성을 고려해야 하며, 복잡한 형상 제품의 측정에는 3차원 측정기가 효과적이다.

③ **제품의 재질** : 측정할 제품의 재질이 거칠거나 부드러운 경우가 있는데, 부드러울 때는 측정력에 의한 변형이 크게 발생하므로 비접촉 측정기를 사용하는 게 더 적합하다.

④ **측정기의 성능** : 일정한 치수의 바깥지름을 측정할 때는 벤치 마이크로미터 또는 한계 측정기의 역할을 할 수 있는 측정기를 사용하는 게 더 적합하다.

1-2 측정 작업 순서

1 측정 보조 기구

(1) 측정기 고정 장치

① **마이크로미터 스탠드** : 마이크로미터를 고정하여 핀이나 작은 피측정물 측정에 효율적이다. 마이크로미터의 영점 조정, 평면도와 평행도 교정에 사용한다.

② **마그네틱 스탠드** : 다이얼 테스트 인디케이터나 다이얼 게이지를 부착하여 고정 장치로 널리 사용되며 직각도, 진원도, 평행도 등을 측정할 때 사용한다.
③ **다이얼 게이지 고정용 스탠드** : 정반의 형태에 따라 종류가 다양하며, 피측정물 용도에 맞게 조정하여 사용한다.

(2) 피측정물 고정 장치

① **중심 지지대**
  ㈎ 양 센터로 가공된 나사 제품을 설치할 때 사용한다.
  ㈏ 피측정물을 센터 구멍에 지지하는 보조 기구로, 중심축을 수평 위치로 이동시키고 경사지게 할 수 있는 구조이다.
② **편심 측정기** : 다이얼 게이지를 부착하여 편심 측정에 가장 많이 사용하며, 중앙에 피측정물을 설치하여 동심도, 편심량 등을 측정할 수 있다.
  ㈎ 편심 측정 방법
    • 횡 이송대의 좌우 이송 핸들을 돌려서 측정점에 다이얼 게이지의 측정자가 접촉되도록 한다.
    • 횡 이송대를 전후로 움직이면서 다이얼 게이지 눈금이 최대인 점에서 정지한다.
    • 피측정물을 회전시키면서 최대로 움직이는 값을 읽는다.
  ㈏ 편심량 $= \dfrac{\text{최댓값} - \text{최솟값}}{2}$

(3) 기타 고정 장치

V 블록 클램프, 바(bar) 클램프, 조합용 클램프 등이 있다.

> **참고**
>
> **측정용 보조기구의 사용 목적**
> • 측정기의 정밀도, 측정 범위 측정
> • 측정 부위의 형상, 치수, 정밀도 측정
> • 피측정물의 형상, 치수, 정밀도 측정

---

2 측정 작업 순서 결정 및 측정 시 주의 사항

(1) 측정을 위한 과정과 주의할 사항

① **도면 해독** : 부품의 용도를 파악하고 형상에 대해 정확히 정의하여야 한다.
② **측정** : 부품에 대해 측정기와 측정 방법을 올바르게 선택하여야 한다.

(2) 측정 방법, 정도, 선택과 종류

측정 방법, 측정 정도, 측정기의 종류와 선택 등의 기초 지식 및 주의 사항을 숙지한다.

1-3 측정기 선정

1 측정 대상에 따른 정밀 측정기 선정

① 측정 대상의 크기에 따라 측정 범위와 측정기의 사용이 달라진다.
   (가) 작은 제품의 측정 : 측정물이 작으면 취급하기가 어렵고, 측정 압력에 의한 변형의 비율도 발생한다. 작은 제품의 측정에는 상대적으로 측정 압력이 작은 측정기를 사용한다.
   (나) 큰 제품의 측정 : 측정물이 큰 치수 측정에는 측정기를 직접 측정하기가 어렵고, 일반적으로 비교측정하게 되는데, 적용되는 측정기는 변형에 의한 편차가 크게 발생하므로 자세 및 측정점을 동일하게 하는 것이 필요하다.
② 측정 대상물의 재질에 따라 측정기를 선정한다.
   (가) 금속, 플라스틱 등의 재질 : 강철, 주물, 동, 플라스틱과 같이 고체로 된 측정 대상물은 접촉식 3차원 측정기 등을 사용한다.
   (나) 변형이 쉬운 재질 : 고무, 얇은 재질은 직접 접촉에 의하여 변형이 큰 경우 비접촉식 3차원 측정기나 공구 현미경 등을 사용한다.

2 측정기 형식에 따른 측정기 선정

① **아날로그 방식** : 소량 제품을 직접 측정할 때 적합하다.
② **디지털 방식** : 다량의 제품을 단시간에 편리하게 측정하거나 검사하는 데 적합하다.

3 측정기 선정 시 고려 사항

① **측정 대상** : 측정 수량의 종류나 재질을 파악한다.
② **측정 환경** : 측정의 장소나 조건을 파악한다.
③ **측정 수량** : 측정물이 소량인지 다량인지를 파악한다.
④ **측정 방법** : 원격 측정, 수동 측정, 자동 측정, 지시나 기록 등을 확인한다.

⑤ **측정기의 성능** : 측정 범위, 정밀도, 감도, 내구성 등을 파악한다.
⑥ **경제적 상황** : 원가, 관리비, 측정에 드는 비용 등을 파악한다.

1-4 측정 방법

측정 방법은 영위법, 편위법, 치환법, 보상법 등으로 분류되며, 길이 측정에는 일반적으로 영위법과 편위법이 사용되고, 비교 측정에는 영위법, 보상법, 치환법 등이 복합되어 사용된다.

(1) 편위법

측정하려는 양의 크기에 의해 측정기의 지침에 편위를 일으켜 편위 눈금과 비교하는 방법으로 조작이 간단하여 가장 널리 사용된다.

(2) 영위법

측정하려는 양과 같은 종류의 크기 기준을 준비하여 직접 측정량과 비교하면서 균형을 맞추어 기준량으로 측정값을 구하는 방식으로, 정밀도가 높게 측정할 수 있는데, 일반적으로 널리 사용된다.

(3) 보상법

측정량을 기준량으로 뺀 후 나머지 값을 편위법으로 측정하는 방법이다. 오프셋(offset)을 하고 측정하는 것으로, 기준량으로부터 차이만을 측정하므로 상세한 측정값을 얻을 수 있다.

(4) 치환법

지시량의 크기를 미리 얻고, 동일한 측정기로부터 그 크기와 동일한 기준량을 얻어서 측정하거나 기준량과 측정량을 측정한 결과로 측정값을 알아내는 방법이다.

예상문제

1. 다음 중 측정 방법이 아닌 것은?
 ① 영위법　　② 편위법
 ③ 치환법　　④ 허용법

 해설 측정 방법은 영위법, 편위법, 치환법, 보상법 등으로 분류되며, 길이 측정에는 일반적으로 영위법과 편위법이 사용되고, 비교 측정에는 영위법, 보상법, 치환법 등이 복합되어 사용되며, 일반적으로 영위법이 널리 사용된다.

2. 측정량을 기준량으로 뺀 후 나머지 값을 편위법으로 측정하는 방법은?
 ① 영위법　　② 편위법
 ③ 치환법　　④ 보상법

 해설 편위법은 아날로그 신호를 이용한 측정 방법이고, 영위법은 측정 기준을 직접 측정량과 비교하여 측정값을 결정한다.

3. 도면의 치수에 따른 측정 방법에 대한 설명으로 틀린 것은?
 ① 제품 공차의 1/10보다 높은 정도의 측정기를 선택한다.
 ② 수량이 많은 경우 비교 측정 및 한계 게이지에 의한 측정이 유리하다.
 ③ 측정물이 비금속일 경우에는 접촉식 측정기를 사용한다.
 ④ 측정 범위가 너무 크거나 작은 경우 비교 측정을 한다.

 해설 측정물이 금속이 아니고 고무, 종이, 합성수지 등과 같이 연질인 경우에는 비접촉식 측정기를 사용한다.

4. 다음 중 측정기의 고정 장치가 아닌 것은 어느 것인가?
 ① 마이크로미터 스탠드
 ② 마그네틱 스탠드
 ③ 편심 측정기
 ④ 다이얼 게이지 고정용 스탠드

 해설 편심 측정기는 다이얼 게이지를 부착하여 편심 측정에 가장 많이 사용되며, 중앙에 피측정물을 설치하여 동심도 및 편심량 등을 측정할 수 있는 보조 기구이다.

5. 마이크로미터의 고정 장치의 사용 용도가 아닌 것은?
 ① 마이크로미터의 평면도와 평행도를 교정할 때 사용한다.
 ② 핀이나 작은 측정물을 측정하는 데 사용한다.
 ③ 실린더 게이지(보어 게이지)의 영점을 맞추거나 확인 시 사용한다.
 ④ 사용 시에는 정반을 함께 사용한다.

 해설 하이트 게이지 사용 시에는 정반을 함께 사용한다.

6. 다음 중 중심 지지대에 대한 설명으로 옳지 않은 것은?
 ① 양 센터로 가공된 나사 제품 등을 설치할 때 사용한다.
 ② 센터 구멍에 피측정물을 지지하는 보조 기구로서, 중심축을 수평 위치로 이동시키고 경사지게 할 수 있는 구조로 되어 있다.

정답　1. ④　2. ④　3. ③　4. ③　5. ④　6. ④

③ 나사인 경우 리드 각만큼 경사지게 설치해야만 뚜렷한 상을 얻을 수 있다.
④ 양 센터 간 거리는 100mm가 가장 널리 사용된다.

해설 양 센터 간 거리는 150mm가 가장 널리 사용된다.

7. 측정기 선정 시 고려 사항 중 틀린 것은?
① 제품 공차
② 측정 대상물의 재질
③ 제품의 수량
④ 측정물 경도

해설 측정기 선정 시 고려 사항
- 제품 공차 : 제품 공차의 1/10보다 높은 정도의 측정기를 선정한다.
- 제품의 수량 : 수량이 많은 경우 비교 측정 및 한계 게이지로 측정하는 방법을 선정한다.
- 측정 대상물의 재질 : 측정물이 금속이 아니고 고무, 종이, 합성수지 등과 같이 연질인 경우에는 측정 압력으로 변형이 발생할 수 있으므로, 비접촉식 측정기를 선정한다.
- 측정기 성능 : 측정 범위, 정밀도, 감도, 내구성 등을 고려하여 선정한다.
- 측정 방법 : 측정 제품의 수량 등을 고려하여 원격 측정, 자동 측정, 기록 등의 방법을 선정한다.

8. 미세 조정 핸들 등이 부착된 하이트 게이지 또는 전용 거치대를 측정 보조 도구로 선정하여 사용하는 장치는?
① 게이지 블록 고정 장치
② V 블록 고정 장치
③ 표면 거칠기 고정 장치
④ 형상 측정기 제품 고정 장치

해설
- 게이지 블록 고정 장치 : 일정한 단위로 명목 값이 주어진 도기로서, 필요한 측정량에 대하여 두 개 이상의 조합으로 원하는 수치를 구현한다.
- V 블록 고정 장치 : 측정 제품 형상의 특성을 고려하여 원형 제품의 고정이나 원주 흔들림 등과 같이 비교적 간단한 측정이나 고정할 때 선정한다.
- 형상 측정기 제품 고정 장치 : 미세 이송 및 각도를 조정할 수 있는 정밀 바이스를 측정 보조 도구로 선정하여 사용한다.

9. 비교 측정의 장점이 아닌 것은?
① 측정 범위가 넓고 표준 게이지가 필요 없다.
② 제품의 치수가 고르지 못한 것을 계산하지 않고 알 수 있다.
③ 길이, 면의 각종 형상 측정, 공작 기계의 정밀도 검사 등 사용 범위가 넓다.
④ 높은 정밀도의 측정이 비교적 용이하다.

해설 비교 측정은 측정 범위가 좁고 피측정물의 치수를 직접 읽을 수 없으며 기준이 되는 표준 게이지가 필요하다는 단점이 있다.

10. 비교 측정 방식의 측정기가 아닌 것은?
① 미니미터
② 다이얼 게이지
③ 버니어 캘리퍼스
④ 공기 마이크로미터

해설 비교 측정은 기준이 되는 일정한 치수와 피측정물을 비교하여 그 측정치의 차이를 읽는 방법으로 다이얼 게이지, 미니미터, 공기 마이크로미터(공기의 흐름을 확대 기구를 이용하여 길이를 측정하는 방식), 전기 마이크로미터 등이 있다.

11. 다이얼 게이지에 의한 측정은 다음 중 어느 계측법에 속하는가?
① 영위법　　② 편위법
③ 치환법　　④ 보상법

해설 편위법 : 측정하려는 양의 크기에 의해 측정기의 지침에 편위를 일으켜 편위 눈금과 비교하는 방법으로 조작이 간단하여 가장 널리 사용된다.

12. 마이크로미터는 어떤 측정 방식인가?
① 영위법　　② 편위법
③ 치환법　　④ 보상법

해설 영위법 : 측정하려는 양과 같은 종류의 크기 기준을 준비하여 직접 측정량과 비교하면서 균형을 맞추어 기준량으로 측정값을 구하는 방식으로, 정밀도가 높게 측정할 수 있는데, 일반적으로 널리 사용된다.

13. 다음 중 편심 측정 방법이 아닌 것은?
① 횡 이송대의 좌우 이송 핸들을 돌려 측정점에 다이얼 게이지 측정자가 접촉되게 한다.
② 횡 이송대를 전후로 움직이면서 다이얼 게이지 눈금이 최대인 점에서 정지한다.
③ 피측정물을 회전시키면서 최대로 움직이는 값을 읽는다.
④ 피측정물을 고정시킨 상태에서 값을 읽는다.

해설 다이얼 게이지를 부착하여 편심 측정에 가장 널리 사용하며, 피측정물을 고정시키지 않고 회전시키면서 최대로 움직이는 값을 읽는다.

정답 11. ② 12. ① 13. ④

2. 정밀 측정 준비

2-1 측정기 점검

1 측정기 0점 조정

(1) 측정 전 확인할 사항

① 측정기의 0점 상태를 살펴보고 이상이 없는지 판단 후 진행한다.
② 눈금의 마모로 인해 판독에 어려움이 없는지 확인한다.
③ 특정 부분만 지속적으로 사용함으로써 마모로 인한 오차가 발생하지 않는지 확인한다.
④ 지나치게 과도한 측정 압력을 가하고 있지 않은지 확인한다.

(2) 측정기 0점 설정의 목적

① 0점 설정은 측정 오류를 방지하여 도면의 요구 조건을 만족하게 하기 위함이다.
② 측정하려는 공작물에 적합한 장소와 환경 조건을 확인하여 환경 오차 요인을 방지하고, 특히 온도에 민감한 소재 또는 정밀도가 높은 공작물은 온도차에 의한 열팽창으로 측정 오차가 발생할 수 있으므로 주의해야 한다.
③ 외부의 측정 오차 요인을 미리 확인하면 측정값의 변화를 줄일 수 있다.

2 측정기 0점 설정 방법

(1) 버니어 캘리퍼스

① 조의 상태가 양호한지 0점에 위치되도록 밀착시켜 밝은 빛에서 서로 다른 조 사이로 고르게 미세한 빛이 들어오는지 확인한다.
② 깊이 바의 무딘 상태와 휨의 발생은 없는지 확인한다.
③ 슬라이드를 이송시켰을 때 지나치게 헐겁거나 또는 타이트한 느낌이 나지는 않는지 확인한다.
④ 0점에 위치시켰을 때의 상태가 양호하면 게이지 블록을 이용하여 최소한 버니어 캘리퍼스의 처음, 중간, 끝 부분에 해당되는 눈금의 정확도를 확인하고 값에 차이가 나면 보정값을 적용하여 측정에 임하도록 한다.

(2) 외측 마이크로미터(0~25mm)

① 앤빌과 스핀들의 측정면을 깨끗이 닦는다.

② 래칫 스톱을 회전시키면서 앤빌과 스핀들의 측정면이 접촉되면 약 3~4회 회전시킨다.
③ 슬리브의 기선과 심블의 0점 눈금선이 완전히 일치하고 동시에 슬리브의 0 눈금선이 절반 정도 보이는 것이 좋다.
④ 슬리브와 심블의 눈금이 서로 일치하는지 확인한 후 일치하지 않으면 훅 렌치를 이용하여 기선을 서로 맞추어 사용하면 된다.

(3) 외측 마이크로미터(25mm 이상)

① 게이지 블록이나 외측 마이크로미터 전용 기준 게이지를 이용하여 0점을 설정한다.
② 앤빌과 스핀들 면에 게이지 블록 또는 기준 게이지를 삽입하여 고정 클램프를 잠근 후 훅 렌치를 돌려 0점을 조정하여 사용하면 된다.

(4) 내측 마이크로미터(0~25mm)

링 게이지를 이용하는 방법, 게이지 블록 부속품을 이용하는 방법, 외측 마이크로미터를 이용하는 방법 등이 있다.

(5) 깊이 마이크로미터(0~25mm)

정반을 기준으로 정반면에 접촉시킨 후 0점을 점검한다.

2-2 측정 환경 조성

1 측정 환경

① **표준 온도** : 20±2℃(온도 변화에 따른 열팽창계수만큼 측정 대상품의 정밀도 편차가 발생하게 된다.)
② **습도** : 60±5%(습도가 높으면 부식이나 녹 발생이 쉽고, 장비의 오작동으로 고장 발생률이 높으며, 부품의 노후화로 장비의 내구성이 떨어지므로 수명이 단축된다. 공기 중에 습기가 많으면 가습기를 설치해서 사용하는 것이 좋다.)
③ **진동** : 50Hz 이하(측정 장비 설치는 진동이 있는 장소와 격리되어야 하며, 측정기가 충격을 받지 않도록 유지·관리되어야 한다.)

2 측정 오차

(1) 참값과 오차

① **참값** : 피측정물의 결정된 값으로, 이론적으로 존재하는 값이며 연속량은 실제 측정이 불가능하다.

② **오차** : 측정값과 참값의 차

(가) 오차율 $= \dfrac{오차}{참값}$

(나) 오차 백분율(%) $= \dfrac{오차}{참값} \times 100\%$

(2) 오차의 종류

① **계통 오차** : 동일한 환경 조건에서 측정값이 일정한 영향을 받아 측정 결과의 편차가 발생하는 원인이 되는 오차로, 항상 같은 크기와 부호를 가진다.

(가) 계기 오차 : 측정기의 구조상 오차와 사용 제한 등으로 발생하는 오차이다. 측정기 부품의 마모, 눈금의 부정확성, 지시 변화에 의한 오차이다.

(나) 환경 오차 : 실내 온도, 조명의 변화, 진동, 습도, 소음 등 측정 환경의 변화로 발생하는 오차이다.

(다) 이론 오차 : 공식의 오차나 근사적인 계산에 의한 오차이다.

(라) 개인 오차 : 측정자의 숙련도, 개인 습관, 불안전한 상태에 의한 오차이다.

② **우연 오차**

(가) 측정자와 관계없이 우연이면서도 필연적으로 발생하는 오차로, 원인 분석이 불가능한 경우에 나타난다.

(나) 측정 횟수를 늘리게 되면 정(+)과 부(-)의 우연 오차가 거의 비슷해져 전체 합에 의해 상쇄된다.

③ **과실 오차** : 측정값의 오독, 측정 결과 기록의 부주의 등으로 발생하는 오차이다.

④ **시차** : 측정자의 눈높이 위치에 따라 발생하는 오차이다. 그러므로 측정자 눈의 위치는 눈금판에 수직이 되도록 해야 정확한 값을 읽을 수 있다.

> **참고**
> - 계통 오차는 원인을 알 수 있는 측정기, 측정물의 불완전성, 측정 조건과 환경의 영향으로 발생하는 오차이다.

예│상│문│제

1. 측정기, 피측정물, 자연환경 등 측정자가 파악할 수 없는 변화에 의해 발생하는 오차는 어느 것인가?
① 시차　　　　② 우연 오차
③ 계통 오차　　④ 후퇴 오차

해설 우연 오차는 확인될 수 없는 원인으로 인해 발생하는 오차이며, 측정값을 분산시키는 원인이 된다.

2. 측정기에서 읽을 수 있는 측정값의 범위를 무엇이라 하는가?
① 지시 범위　　② 지시 한계
③ 측정 범위　　④ 측정 한계

해설 측정 범위 : 측정기에서 읽을 수 있는 측정값의 범위를 말하며, 마이크로미터의 측정 범위는 보통 25mm 단위로 되어 있다.

3. 측정 오차에 관한 설명으로 틀린 것은?
① 계통 오차는 측정값에 일정한 영향을 주는 원인에 의해 발생하는 오차이다.
② 우연 오차는 측정자와 관계없이 발생하며, 반복적이고 정확한 측정으로 오차 보정이 가능하다.
③ 개인 오차는 측정자의 부주의로 발생하는 오차이며, 주의해서 측정하고 결과를 보정하면 줄일 수 있다.
④ 계기 오차는 측정 압력, 측정 온도, 측정기 마모 등으로 발생하는 오차이다.

해설 우연 오차
• 측정자가 파악할 수 없는 변화에 의해 발생하는 오차이다.
• 완전히 없앨 수는 없지만 반복 측정하여 오차를 줄일 수는 있다.

4. 다음 중 확인될 수 없는 원인으로 인해 발생하는 오차로, 측정값을 분산시키는 원인이 되는 것은?
① 개인 오차　　② 계기 오차
③ 온도 변화　　④ 우연 오차

해설 우연 오차는 확인될 수 없는 원인으로 인해 발생하는 오차이며, 측정값을 분산시키는 원인이 된다.

5. 다음 중 측정 오차에 해당되지 않는 것은 어느 것인가?
① 측정 기구의 눈금, 기타 불변의 오차
② 측정자에 기인하는 오차
③ 조명도에 의한 오차
④ 측정 기구의 사용 상황에 따른 오차

해설 ①, ②, ④ 이외에도 확대 기구의 오차, 온도 변화에 따른 오차 등이 존재한다.

6. 마이크로미터의 측정 오차 중에서 구조상으로부터 오는 오차의 종류가 아닌 것은?
① 아베의 원리에 의한 오차
② 시차(parallax)에 의한 오차
③ 측정력에 의한 오차
④ 온도에 의한 오차

해설 • ④는 사용상 오차에 속한다.
• 구조상 오차에는 자세에 의한 오차, 휨에 의한 오차, 먼지에 의한 오차 등이 있다.

정답 1.② 2.③ 3.② 4.④ 5.③ 6.④

7. 부품 측정 시 일반적인 사항을 설명한 것으로 틀린 것은?

① 제품의 평면도는 정반과 다이얼 게이지나 다이얼 테스트 인디케이터를 이용하여 측정할 수 있다.
② 제품의 진원도는 V 블록 위나 양 센터 사이에 설치한 후 회전시켜 다이얼 테스트 인디케이터를 이용하여 측정할 수 있다.
③ 3차원 측정기는 몸체 및 스케일, 측정침, 구동장치, 컴퓨터 등으로 구성되어 있다.
④ 우연 오차는 측정기의 구조, 측정 압력, 측정 온도에 의해 발생하는 오차이다.

해설 우연 오차 : 측정자와 관계없이 우연이면서도 필연적으로 발생하는 오차로, 원인 분석이 불가능한 경우에 나타난다.

8. 가공 도면 치수가 50mm인 부품을 측정한 결과가 49.99mm일 때 오차 백분율(%)은 얼마인가?

① 0.01
② 0.02
③ 0.0001
④ 0.0002

해설 오차 백분율(%) = $\frac{오차}{참값} \times 100\%$

$= \frac{50-49.99}{50} \times 100 = 0.02\%$

9. 지름 30mm의 실리더 안지름을 측정한 결과가 30.03mm였다. 오차 백분율은 몇 %인가?

① 0.01
② 0.03
③ 0.1
④ 0.3

해설 오차 백분율(%) = $\frac{측정값-참값}{참값} \times 100\%$

$= \left(\frac{30.03-30}{30}\right) \times 100 = 0.1\%$

10. 오차가 +20µm인 마이크로미터로 측정한 결과 55.25mm의 측정값을 얻었다면 실제값은?

① 55.18mm
② 55.23mm
③ 55.25mm
④ 55.27mm

해설 오차=측정값-참값
참값(실제값)=측정값-오차
$= 55.25\text{mm} - 20\mu\text{m}$
$= 55.25\text{mm} - 0.02\text{mm}$
$= 55.23\text{mm}$

11. -18µm의 오차가 있는 블록 게이지에 다이얼 게이지를 영점 세팅하여 공작물을 측정하였더니 측정값이 46.78mm이었다면 참값(mm)은?

① 46.960
② 46.798
③ 46.762
④ 46.60

해설 $18\mu\text{m} = 18 \times 10^{-6}\text{m}$
$= 18 \times 10^{-3}\text{mm} = 0.018\text{mm}$
∴ 참값=측정값+오차=46.78+(-0.018)
$= 46.762\text{mm}$

12. 직접 측정의 장점에 해당되지 않는 것은?

① 측정기의 측정 범위가 다른 측정법에 비하여 넓다.
② 측정물의 실제 치수는 직접 읽을 수 있다.
③ 수량이 적고, 많은 종류의 제품 측정에 적합하다.
④ 측정자의 숙련과 경험이 필요 없다.

정답 7. ④ 8. ② 9. ③ 10. ② 11. ③ 12. ④

해설 치수 측정에는 직접 측정과 간접 측정의 2가지 방법이 있는데, 직접 측정은 버니어 캘리퍼스나 마이크로미터, 3D 측정기 등의 측정 기기를 이용하여 대상 물체의 치수를 직접 측정하는 방법으로 절대 측정이라고도 한다.
※ 측정기가 정밀할 때는 측정자의 숙련과 경험이 중요하다.

13. 마이크로미터의 0점 조정용 기준 봉의 방열 커버 부분을 잡고 0점 조정을 실시하는 가장 큰 이유는?

① 온도의 영향을 고려하여
② 취급이 간편하게 하기 위하여
③ 정확한 접촉을 고려하여
④ 시야를 넓게 하기 위하여

해설 기준 봉이 온도의 영향을 받아 팽창할 수 있으므로 방열 커버 부분을 잡고 조정한다.

14. 외측 마이크로미터(0~25mm)의 0점 설정에 대한 설명으로 틀린 것은?

① 앤빌과 스핀들의 측정면을 깨끗이 닦는다.
② 래칫 스톱을 회전시키면서 앤빌과 스핀들의 측정면이 접촉되면 약 3~4회 회전시킨다.
③ 슬리브의 기선과 심블의 0점 눈금선이 완전히 일치하고, 동시에 슬리브의 0점 눈금선이 절반 정도 보이는 것이 좋다.
④ 슬리브와 심블의 눈금이 서로 일치하는지 확인한 후 일치하지 않으면 폐기 처분한다.

해설 슬리브와 심블의 눈금이 일치하지 않으면 훅 렌치로 기선을 맞춘 후 사용한다.

15. 버니어 캘리퍼스의 0점 설정에 대한 설명으로 틀린 것은?

① 깊이 바의 무딘 상태와 휨의 발생이 없는지 확인한다.
② 슬라이드를 이송시켰을 때 지나치게 헐겁거나 타이트한 느낌이 나지 않는지 확인한다.
③ 0점에 위치시켰을 때 눈금의 정확도를 확인하고 값에 차이가 나면 훅 렌치를 이용하여 기선을 맞춘 후 사용한다.
④ 조의 상태가 양호한지 0점에 위치하도록 밀착시켜 밝은 빛에서 서로 다른 조 사이로 미세한 빛이 고르게 들어오는지 확인한다.

해설 0점에 위치시켰을 때의 상태가 양호하면 게이지 블록을 이용하여 최소한 버니어 캘리퍼스의 처음, 중간, 끝부분에 해당되는 눈금의 정확도를 확인하고, 값에 차이가 나면 보정값을 적용한다.

16. 다음 중 안지름 측정용 측정기의 0점 조정용으로 사용되는 것은?

① 실린더 게이지
② 텔레스코핑 게이지
③ 마스터 링 게이지
④ 스몰 홀 게이지

해설 마스터 링 게이지는 측정기의 기준으로 사용한다.

17. 측정기의 눈금과 눈의 위치가 같지 않은데서 생기는 측정 오차를 무엇이라 하는가?

① 샘플링 오차
② 계기 오차

정답 13. ① 14. ④ 15. ③ 16. ③ 17. ④

③ 우연 오차
④ 시차

해설 시차
- 측정기의 눈금과 눈의 위치가 같지 않아서 발생하는 오차이다.
- 측정자 눈의 위치는 반드시 눈금판에 수직이 되도록 해야 정확한 값을 읽을 수 있다.

18. 오차의 종류에서 계기 오차에 대한 설명으로 옳은 것은?
① 측정자의 눈의 위치에 따른 눈금의 읽음 값에 의해 생기는 오차
② 기계에서 발생하는 소음이나 진동 등과 같은 주위 환경에서 오는 오차
③ 측정기의 구조, 측정 압력, 측정 온도, 측정기의 마모 등에 따른 오차
④ 가늘고 긴 모양의 측정기 또는 피측정물을 정반 위에 놓으면 접촉하는 면의 형상 때문에 생기는 오차

해설 계기 오차
- 측정 기구 눈금 등의 불변의 오차 : 보통 기차(器差)라고 하며, 0점의 위치 부정, 눈금선의 간격 부정으로 생긴다.
- 측정 기구의 사용 상황에 따른 오차 : 계측기 가동부의 녹, 마모로 생긴다.

19. 측정기를 사용할 때 0점의 위치가 잘못 맞추어진 것은 어떤 오차에 해당하는가?
① 계기 오차
② 우연 오차
③ 개인 오차
④ 시차

해설 계기 오차
- 측정기의 구조상 오차, 사용 제한 등으로 발생하는 오차이다.
- 측정기 부품의 마모, 눈금의 부정확성, 지시 변화에 의한 오차이다.

20. 측정량이 증가 또는 감소하는 방향이 다름으로써 생기는 동일 치수에 대한 지시량의 차를 무엇이라 하는가?
① 개인 오차
② 우연 오차
③ 후퇴 오차
④ 접촉 오차

해설 후퇴 오차는 동일 측정량에 대하여 다른 방향으로부터 접근할 경우 지시의 평균값의 차로 되돌림 오차라고도 하며, 마찰력과 히스테리시스 및 흔들림이 원인이다.

3. 정밀 측정

3-1 측정기 사용법

1 측정기 사용법

(1) 버니어 캘리퍼스 측정

① **조(jaw) 사용** : 선단 쪽을 사용하면 변형에 의해 정확한 측정이 이루어지지 않을 수 있다. 측정력이 과다하면 변형으로 부정확한 측정이 되므로 주의한다.
② **측정물에 직각으로 측정** : 부척을 엄지손가락으로 가볍게 누른 채 가볍게 좌우로 움직이면서 측정면과 수직으로 밀착시킨다.
③ 측정면은 좁은 홈 등을 측정하는 데 편리하도록 얇게 되어 있어 비교적 마모가 빠르므로, 될 수 있으면 어미자에 가까운 쪽을 사용하여 정확히 접촉하여 측정한다.
④ 내측의 측정에서 안지름을 측정할 때는 측정의 최댓값을, 홈 너비의 측정에서는 최솟값을 구하는 데 유의한다.
⑤ 측정력을 일정하게 하는 장치(정압 장치)가 없으므로, 피측정물을 측정할 때는 무리한 측정력을 가하지 않도록 한다.
⑥ 시차를 생각하여 오차가 발생하지 않도록 눈금의 직각 위치에서 읽는다.

(2) 마이크로미터 측정

① 측정기를 깨끗이 닦은 후에 사용한다.
② 충격에 조심하고 떨어뜨려서는 안 되므로, 취급에 유의한다.
③ 측정 전 0점 확인 후 측정한다.
④ 눈금을 읽을 때는 측정 오차가 발생하지 않도록 눈금의 일직선상에서 측정한다.
⑤ 피측정물의 형상, 치수에 따라서 마이크로미터의 형식과 측정 범위를 선택한다.

(3) 한계 게이지 측정

① 게이지는 측정면 이외의 부분을 잡고 다루며, 측정면을 부딪히게 해서는 안 된다.

② 공작물을 게이지에 끼울 때 너무 과도하게 힘을 주면 오차가 생기므로 주의한다.
③ 플러그 게이지, 링 게이지를 사용할 때는 측정면에 얇은 유막을 남겨둔다.
④ 게이지가 끼워져 있을 때는 게이지를 항상 움직이게 하지 않으면 빠지지 않을 수 있으므로, 항상 주의한다.

(4) 블록 게이지 사용법

① 먼지가 적고 건조한 실내에서 사용한다.
② 목재 또는 작업대에 천이나 가죽을 놓고 위에서 취급한다.
③ 측정면은 반드시 세탁한 깨끗한 천이나 가죽 등으로 지문이 남지 않게 닦는다.
④ 필요한 치수의 것만을 꺼내고, 쓰지 않는 것은 바로 상자에 넣고 뚜껑을 덮는다.
⑤ 방청을 위하여 사용 후에는 벤젠, 알코올, 에테르, 휘발유 등으로 세척한 후 깨끗이 닦고 반드시 방청유를 발라둔다.

블록 게이지의 등급과 용도 및 검사 주기

등급	용도	검사 주기
K급(참조용, 최고기준용)	표준용 블록 게이지의 참조, 정도, 점검, 연구용	3년
0급(표준용)	검사용 게이지, 공작용 게이지의 정도 점검, 측정 기구의 정도 점검용	2년
1급(검사용)	기계 공구 등의 검사, 측정 기구의 정도 조정	1년
2급(공작용)	공구, 날공구의 정착용	6개월

(5) 삼침법을 이용한 유용한 유효지름 측정

① 나사 마이크로미터는 나사의 유효지름 측정 외에는 사용하지 않는다.
② 측정기 및 피측정물은 온도 변화에 따른 오차가 생길 수 있으므로 주의한다.
③ 외경 측정 시 한쪽 측정면에는 1산, 다른 쪽 면에는 2산이 접촉되지 않도록 한다.
④ 측정 시 측정력을 너무 과도하게 주지 않는다.

3-2 길이 및 각도 측정

1 직접 측정기

(1) 하이트 게이지

① 스케일(scale)과 베이스(base) 및 서피스 게이지(surface gauge)를 하나로 합한 것이며, 높이 게이지라고도 한다.
② 버니어 눈금을 붙여 정확한 측정을 할 수 있게 한 것으로, 스크라이버로 금긋기 할 때도 사용한다.
③ HM형 하이트 게이지, HB형 하이트 게이지, HT형 하이트 게이지, 다이얼 하이트 게이지, 디지트 하이트 게이지, 퀵세팅 하이트 게이지, 에어 플로팅 하이트 게이지 등이 있다.

(2) 버니어 캘리퍼스

① 길이 및 안지름, 바깥지름, 깊이, 두께 등을 측정할 수 있다.
② M형, CB형, CM형이 있으며 M형은 $\frac{1}{20}$mm까지, CB형은 $\frac{1}{50}$mm까지, CM형은 $\frac{1}{50}$mm까지 측정할 수 있다.
③ **아들자의 눈금** : 어미자(본척)의 $(n-1)$개의 눈금을 n등분한 것이다. 어미자의 최소 눈금을 A, 아들자(부척)의 최소 눈금을 B, 그 눈금의 차를 C라 하면 C는 다음과 같다.

$$(n-1)A = nB \text{이므로 } C = A - B = A - \frac{(n-1)}{n} \times A = \frac{A}{n}$$

④ **눈금 읽는 법** : 아들자의 0점이 닿는 곳을 확인하여 어미자를 읽은 후, 어미자와 아들자의 눈금이 만나는 점을 찾아 아들자의 눈금 수에 최소 눈금(예 M형에서는 0.05mm)을 곱한 값을 더한다.

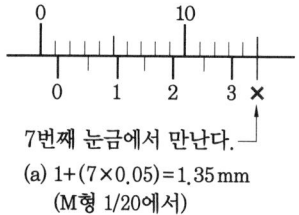

7번째 눈금에서 만난다.
(a) 1+(7×0.05)=1.35mm
    (M형 1/20에서)

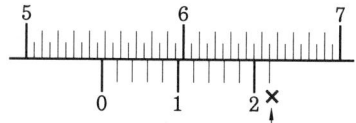

11번째 눈금에서 만난다.
(b) 54.72mm의 판독(1/50mm에서)
    54.5+(11×0.02)=54.72mm

버니어 캘리퍼스 눈금 읽기

(3) 마이크로미터

① **눈금 읽는 법** : 슬리브의 눈금을 읽은 후, 심블의 눈금을 읽어 더한 값을 읽는다.

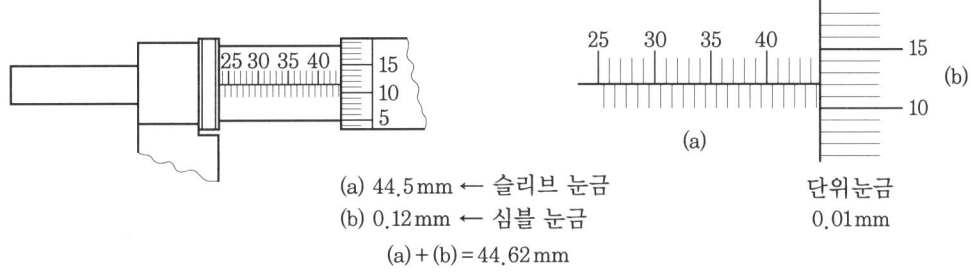

(a) 44.5mm ← 슬리브 눈금
(b) 0.12mm ← 심블 눈금
(a) + (b) = 44.62mm

단위눈금 0.01mm

마이크로미터 눈금 읽기

② **마이크로미터의 최소 측정값** : 슬리브의 최소 눈금이 S[mm]이고, 심블의 원주 눈금이 n등분되어 있다면 최소 측정값은 $\frac{S}{n}$이다.

2 비교 측정기

(1) 다이얼 게이지

다이얼 게이지는 기어 장치로서, 미소한 변위를 확대하여 길이 또는 변위를 측정하는 비교 측정기이며, 특징은 다음과 같다.
① 소형이고 경량이라 취급이 용이하며 측정 범위가 넓다.
② 연속된 변위량의 측정이 가능하며 읽음 오차가 적다.
③ 많은 곳을 동시에 측정하는 다원 측정 검출기로 이용이 가능하다.
④ 어태치먼트(attachment)의 사용 방법에 따라 측정 범위가 넓어진다.

(2) 기타 비교 측정기

측미 현미경, 공기 마이크로미터, 미니미터, 오르토 테스터, 전기 마이크로미터, 패소미터, 패시미터, 옵티미터 등이 있다.

3 각도 측정

(1) 사인 바(sine bar)

① 사인 바는 블록 게이지 등을 병용하며, 삼각함수의 사인(sine)을 이용하여 각도를 측정하고 설정하는 측정기이다.

② ϕ가 45° 이상이면 오차가 커지므로 45° 이하의 각도를 측정할 때 사용한다.

$$\sin\phi = \frac{H-h}{L} \qquad H-h = L \cdot \sin\phi$$

여기서, H : 높은 쪽 높이 h : 낮은 쪽 높이 L : 사인 바의 길이

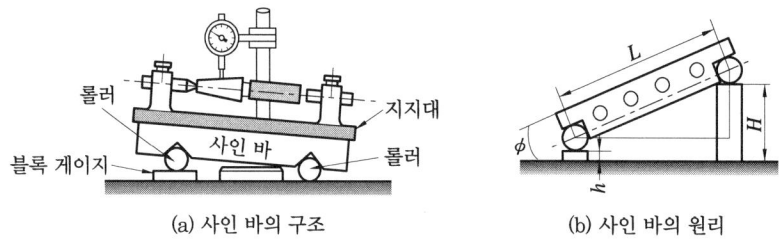

(a) 사인 바의 구조   (b) 사인 바의 원리

사인 바의 구조와 원리

(2) 수준기

① 수평 또는 수직을 측정하는 데 사용한다.
② 기포관 내의 기포 이동량에 따라서 측정한다.
③ 감도는 특종(0.01mm/m(2초)), 제1종(0.02mm/m(4초)), 제2종(0.05mm/m(10초)), 제3종(0.1mm/m(20초)) 등이 있다.

(3) 각도 게이지

길이 측정 기준으로 블록 게이지(block gauge)가 있는 것처럼 공업적인 각도 측정에는 각도 게이지가 있는데, 이것은 폴리곤(polygon)경과 같이 게이지, 지그(jig), 공구 등의 제작과 검사에 쓰이며, 원주 눈금의 교정에도 편리하게 쓰인다.

① **요한손식 각도 게이지** : 지그, 공구, 측정 기구 등의 검사에 사용되며, 길이는 약 50mm, 폭은 19mm, 두께는 2mm 정도의 판 게이지 49개 또는 85개가 한 조로 되어 있다.
② **NPL식 각도 게이지**
   ㈎ 쐐기형의 열처리된 블록으로 게이지를 단독 또는 2개 이상을 조합하여 사용한다.
   ㈏ 게이지 블록과 같이 밀착에 의해 각도를 조합하여 사용하며, 조합 후의 정도는 개수에 따라 2~3초 정도이다.

(4) 오토콜리메이터(autocollimator)

① 오토콜리메이션 망원경이라고도 부르며, 공구나 지그 취부구의 세팅과 공작 기계의 베드나 정반의 정도 검사에 정밀 수준기와 같이 사용되는 각도기이다.
② 각도, 진직도, 평면도 측정의 대표적인 것이다.
③ 주요 부속품으로는 평면경(반사경), 프리즘, 조정기, 변압기, 지지대가 있다.

(5) 테이퍼 측정

① 테이퍼의 측정법에는 테이퍼 게이지, 사인 바, 각도 게이지, 볼(강구) 또는 롤러에 의한 방법 등이 있다.
② 테이퍼 측정은 롤러와 블록 게이지를 접촉시켜서 M_1과 M_2를 마이크로미터로 측정하면 다음 식에 의하여 테이퍼 각(α)을 구할 수 있다.

$$\tan\frac{\alpha}{2} = \frac{M_2 - M_1}{2H}$$

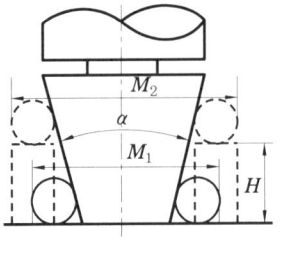 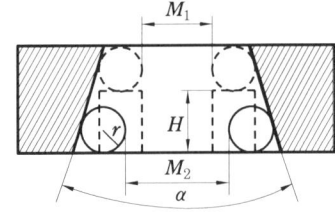

(a) 외경 테이퍼(롤러 사용)　　　(b) 구멍 테이퍼(강구 사용)

롤러를 이용한 테이퍼 측정

예 | 상 | 문 | 제

1. 버니어 캘리퍼스의 측정 시 주의 사항 중 잘못된 것은?
① 측정 시 측정면을 검사하고 본척과 부척의 0점이 일치하는가를 확인한다.
② 깨끗한 헝겊으로 닦아서 버니어가 매끄럽게 이동되도록 한다.
③ 측정 시 공작물을 가능한 힘 있게 밀어붙여 측정한다.
④ 눈금을 읽을 때는 시차를 없애기 위해 눈금면의 직각 방향에서 읽는다.

해설 측정 시 무리한 힘을 주지 않는다.

2. 마이크로미터에서 나사의 피치가 0.5mm, 심블의 원주 눈금이 100등분 되어 있다면 최소 측정값은 얼마가 되겠는가?
① 0.05mm
② 0.01mm
③ 0.005mm
④ 0.001mm

해설 $C = \dfrac{1}{N} \times A = \dfrac{1}{100} \times 0.5 = 0.005\,mm$
여기서, C : 최소 눈금
N : 심블의 등분
A : 슬리브의 최소 눈금

3. 다음 중 길이 측정에 사용되는 공구가 아닌 것은?
① 버니어 캘리퍼스
② 사인 바
③ 마이크로미터
④ 측장기

해설 사인 바는 블록 게이지 등을 병용하며, 삼각함수의 사인을 이용하여 각도를 측정하는 측정기이다.

4. 일반적인 버니어 캘리퍼스로 측정할 수 없는 것은?
① 나사의 유효지름
② 지름이 30mm인 둥근 봉의 바깥지름
③ 지름이 35mm인 파이프의 안지름
④ 두께가 10mm인 철판의 두께

해설 나사의 유효지름은 나사 마이크로미터로 측정하며, 버니어 캘리퍼스로는 길이, 안지름, 바깥지름, 깊이, 두께 등을 측정할 수 있다.

5. 어미자의 눈금이 0.5mm인 버니어 캘리퍼스에서 아들자의 눈금 12mm를 25등분했을 때 최소 측정값은 몇 mm인가?
① $\dfrac{1}{20}$
② $\dfrac{1}{50}$
③ $\dfrac{1}{24}$
④ $\dfrac{1}{100}$

해설 $\dfrac{0.5}{25} = \dfrac{1}{50} = 0.02\,mm$

6. 버니어 캘리퍼스로 어떤 물건을 측정하였더니 보기와 같이 되었다면 측정값은 얼마인가?

정답 1. ③ 2. ③ 3. ② 4. ① 5. ② 6. ④

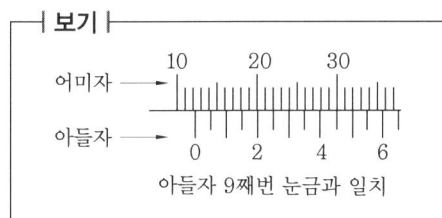

① 30mm ② 24.45mm
③ 14.25mm ④ 12.45mm

해설 어미자가 12이고, 아들자가 0.45이므로 12+0.45=12.45

7. 하이트 게이지 중 스크라이버 밑면이 정반에 닿아 정반면으로부터 높이를 측정할 수 있으며, 어미자는 스탠드 홈을 따라 상하로 조금씩 이동시킬 수 있어 0점 조정이 용이한 구조로 되어 있는 것은?

① HB형 하이트 게이지
② HT형 하이트 게이지
③ HM형 하이트 게이지
④ 간이형 하이트 게이지

해설 • HB형 : 스크라이버가 정반에 닿을 수 없고, 0점 조정이 불가능하다.
• HM형 : 0점 조정을 할 수 없다.
• HT형 : 스크라이버가 정반에 닿을 수 있으며, 0점 조정이 용이하다.

8. 공기 마이크로미터의 장점으로 볼 수 없는 것은?

① 안지름 측정이 가능하다.
② 일반적으로 배율이 1000배에서 10000배까지 가능하다.
③ 피측정물에 붙어 있는 기름이나 먼지를 분출 공기로 불어 내어 정확한 측정을 할 수 있다.
④ 응답 시간이 매우 빠르다.

해설 공기 마이크로미터의 응답 시간은 측정에 비해서 조금 늦어져 약 2초 걸리며, 경우에 따라 1초 가까이 걸리는 경우도 있다.

9. 마이크로미터 스핀들 나사의 피치가 0.5mm이고, 심블의 원주 눈금이 100등분되어 있으면 최소 측정값은 몇 mm인가?

① 0.05 ② 0.01
③ 0.005 ④ 0.001

해설 $\frac{0.5}{100}=0.005$ mm

10. 다음 마이크로미터의 종류 중 게이지 블록과 마이크로미터를 조합한 측정기는 어느 것인가?

① 공기 마이크로미터
② 하이트 마이크로미터
③ 나사 마이크로미터
④ 외측 마이크로미터

해설 공기 마이크로미터는 치수의 변화를 공기의 유량·압력의 변화로 바꾸고, 유량·압력의 변화량을 측정하여 치수를 재는 비교 측정기이다.

11. 다음 중 구멍용 한계 게이지가 아닌 것은 어느 것인가?

① 터보 게이지
② 스냅 게이지
③ 원통형 플러그 게이지
④ 판형 플러그 게이지

해설 • 축용 한계 게이지 : 링 게이지, 스냅 게이지 등
• 구멍용 한계 게이지 : 원통형 플러그 게이지, 판형 플러그 게이지, 봉 게이지, 터보 게이지 등

정답 7. ② 8. ④ 9. ③ 10. ② 11. ②

12. 다이얼 게이지의 일반적인 특징으로 틀린 것은?

① 눈금과 지침에 의해서 읽기 때문에 오차가 적다.
② 소형, 경량으로 취급이 용이하다.
③ 연속된 변위량의 측정이 불가능하다.
④ 많은 개소의 측정을 동시에 할 수 있다.

해설 다이얼 게이지는 연속된 변위량의 측정이 가능하며, 측정자의 직선 운동을 지침의 회전 운동으로 변화시켜 눈금으로 읽을 수 있다.

13. 스케일과 베이스 및 서피스 게이지를 하나의 기본 구조로 하는 게이지는?

① 버니어 캘리퍼스
② 마이크로미터
③ 옵티컬 플랫
④ 하이트 게이지

해설 하이트 게이지는 스케일과 베이스 및 서피스 게이지를 한데 묶은 구조로서 버니어 눈금을 이용하여 보다 정확하게 읽을 수 있으며, 높이를 측정하거나 금긋기 작업을 하기 때문에 어미자는 버니어 캘리퍼스에 비하여 견고하게 되어 있다.

14. 롤러의 중심에서 100mm인 사인 바로 5°의 테이퍼 값이 측정되었을 때 정반 위에 놓인 사인 바의 양 롤러 간의 높이의 차는 약 몇 mm인가?

① 8.72
② 7.72
③ 4.36
④ 3.36

해설 $\sin 5° = \dfrac{x}{100\,\text{mm}}$
$x = 100\,\text{mm} \times \sin 5° = 8.72\,\text{mm}$

15. NPL식 각도 게이지를 사용하여 다음 그림과 같이 조립하였다. 조립된 게이지의 각도는?

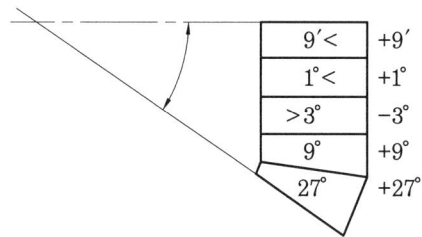

① 40°9′
② 34°9′
③ 37°9′
④ 39°9′

해설 각도 계산 시 >는 −를 하고 <는 +를 한다. $27° + 9° - 3° + 1° + 9' = 34°9'$

16. 그림에서 X가 18mm, 핀의 지름이 $\phi 6$이면 A값은 약 몇 mm인가?

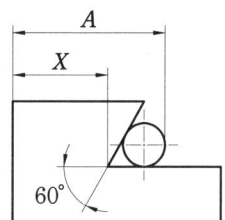

① 23.196
② 26.196
③ 31.392
④ 34.392

해설 $l = A - X$라 하면
$l = \dfrac{3}{\tan 30°} + 3 ≒ 8.196$
∴ $A = X + l = 18 + 8.196$
$= 26.196\,\text{mm}$

17. 원형 측정물을 V 블록 위에 올려놓은 뒤 회전하였더니 다이얼 게이지의 눈금에 0.5mm의 차이가 있었다면 그 진원도는 얼마인가?

① 0.125mm ② 0.25mm
③ 0.5mm   ④ 1.0mm

해설 진원도
= 다이얼 게이지 눈금 이동량 × $\frac{1}{2}$
= $0.5 \times \frac{1}{2} = 0.25$ mm

18. 편심량이 2.2mm로 가공된 선반 가공물을 다이얼 게이지로 측정할 때, 다이얼 게이지 눈금의 변위량은 몇 mm인가?

① 1.1 ② 2.2
③ 4.4 ④ 6.6

해설 다이얼 게이지 눈금의 변위량은 편심량의 2배이다.
∴ 변위량 = 2.2 × 2 = 4.4 mm

19. 오토콜리메이터(autocollimator)를 이용하여 측정하기 어려운 것은?

① 가공 기계 안내면의 진직도
② 가공 기계 안내면의 직각도
③ 가공 기계 안내면의 원통도
④ 마이크로미터 측정면의 평행도

해설 오토콜리메이터는 오토콜리메이션 망원경이라고도 부르며, 공구나 지그 취부구의 세팅과 공작 기계의 베드나 정반의 정도 검사에 정밀 수준기와 같이 사용되는 각도기로 각도, 진직도, 평면도 측정의 대표적인 것이다.

20. 마이크로미터 측정면의 평면도 검사에 가장 적합한 측정기기는?

① 옵티컬 플랫   ② 공구 현미경
③ 광학식 클리노미터 ④ 투영기

해설 옵티컬 플랫은 표면의 평면도를 측정하는 기구로 측정면에 접촉시켰을 때 생기는 간섭무늬의 수로 평면도를 측정한다.

21. 마이크로미터 측정면의 평면도를 검사하는 데 이용되는 정밀한 기구는?

① 광선 정반
② 공구 현미경
③ 하이트 마이크로미터
④ 투영기

해설 광선 정반에 빛을 투과시키면 측정면과 광선 정반 간의 접촉 상태, 즉 틈새에 의하여 무늬가 다르게 나타나며, 면의 평면도, 평행도 등을 검사하는 데 사용된다.

22. 직접 측정용 길이 측정기가 아닌 것은?

① 강철자
② 사인 바
③ 마이크로미터
④ 버니어 캘리퍼스

해설 치수 측정에는 직접 측정과 간접 측정의 2가지 방법이 있는데, 직접 측정은 버니어 캘리퍼스나 마이크로미터, 3D 측정기 등의 측정기기를 이용하여 대상 물체의 치수를 직접 측정하는 방법이며, 간접 측정은 게이지 블록이나 링 게이지 등의 기준기와 대상 물체와의 차이에서 다이얼 게이지 등의 계측기로 치수를 산출하는 방법이다.
※ 사인 바는 각도 측정기이다.

23. 한계 게이지의 특징이라 볼 수 없는 것은?

① 제품의 실제 치수를 알 수 없다.
② 조작이 어렵고 숙련이 필요하다.
③ 대량 측정에 적합하고 합격, 불합격의 판정이 용이하다.
④ 측정 치수가 결정됨에 따라 각각 통과측, 정지측의 게이지가 필요하다.

해설 취급이 간단하므로 미숙련공도 사용이 가능하나, 단점으로는 특정 제품에 한하여 제작되므로 공용 사용이 어렵다.

정답 18. ③ 19. ③ 20. ① 21. ① 22. ② 23. ②

24. 허용 한계 치수의 해석에서 "통과측에는 모든 치수 또는 결정량이 동시에 검사되고 정지측에는 각각의 치수가 개개로 검사되어야 한다."는 것은 무슨 원리인가?

① 아베(Abbe)의 원리
② 테일러(Taylor)의 원리
③ 헤르츠(Hertz)의 원리
④ 훅(Hook)의 원리

해설 테일러의 원리 : 한계 게이지에 의해 합격된 제품에 있어서도 축이 약간 구부러진 모양이나 구멍의 요철, 타원 등을 가려내지 못하기 때문에 끼워맞춤이 안 되는 경우 적용되는 원리이다.

25. 일반적으로 지름(바깥지름)을 측정하는 공구로 가장 거리가 먼 것은?

① 강철자
② 그루브 마이크로미터
③ 버니어 캘리퍼스
④ 지시 마이크로미터

해설 그루브 마이크로미터는 구멍 안쪽의 폭을 측정하는 공구이다.

26. 테이퍼 플러그 게이지(taper plug gage)의 측정에서 다음 그림과 같이 정반 위에 놓고 핀을 이용하여 측정하려고 한다. M을 구하는 식은?

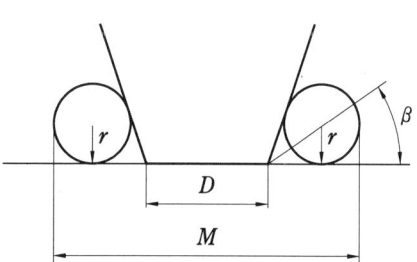

① $M = D + r + r \cdot \cot\beta$
② $M = D + r + r \cdot \tan\beta$
③ $M = D + 2r + 2r \cdot \cot\beta$
④ $M = D + 2r + 2r \cdot \tan\beta$

해설 $M = D + 2r + 2r \times \tan(90° - \beta)$
$= D + 2r + 2r \times \cot\beta$

27. 공기 마이크로미터를 그 원리에 따라 분류할 때 이에 속하지 않는 것은?

① 유량식   ② 배압식
③ 광학식   ④ 유속식

해설 공기 마이크로미터를 원리에 따라 분류하면 유량식, 배압식, 유속식, 진공식 등이 있다.

28. 공기 마이크로미터에 대한 설명으로 틀린 것은?

① 압축 공기원이 필요하다.
② 비교 측정기로서 1개의 마스터로 측정이 가능하다.
③ 타원, 테이퍼, 편심 등의 측정을 간단히 할 수 있다.
④ 확대 기구에 기계적 요소가 없어 장시간 고정도를 유지할 수 있다.

해설 공기 마이크로미터는 비교 측정기로, 큰 치수와 작은 치수 2개의 마스터가 필요하다.

29. 다이얼 게이지 기어의 백래시(back lash)로 인해 발생하는 오차는?

① 인접 오차   ② 지시 오차
③ 진동 오차   ④ 되돌림 오차

해설 주위의 상황이 변하지 않는 상태에서 동일한 측정량에 대하여 지침의 측정량이 증가하는 상태에서의 읽음값과 반대로 감소하는 상태에서의 읽음값의 차를 후퇴 오차 또는 되돌림 오차라 한다.

30. 다음 그림과 같이 피측정물의 구면을 측정할 때 다이얼 게이지의 눈금이 0.5mm 움직이면 구면의 반지름(mm)은 얼마인가? (단, 다이얼 게이지 측정자로부터 구면계 다리까지의 거리는 20mm이다.)

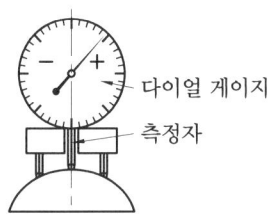

① 100.24　② 200.25
③ 300.25　④ 400.25

해설
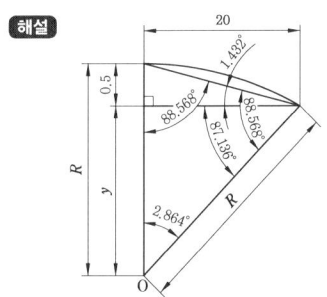

$\tan^{-1}\dfrac{0.5}{20} ≒ 1.432°$

$a = 88.568° - 1.432° = 87.136°$

$\tan a = \dfrac{y}{20}$, $y = \tan a × 20$

$y = \tan 87.136° × 20 ≒ 399.8$

∴ $R = 399.8 + 0.5 ≒ 400.3$

31. 기계 부품 또는 공구의 검사용, 게이지 정밀도 검사 등에 사용하는 게이지 블록은?

① 공작용　② 검사용
③ 표준용　④ 참조용

해설 게이지 블록의 등급과 용도

등급	용도
K급(참조용, 최고기준용)	표준용 블록 게이지의 참조, 정도, 점검, 연구용
0급(표준용)	검사용 게이지, 공작용 게이지의 정도 점검, 측정 기구의 정도 점검용
1급(검사용)	기계 공구 등의 검사, 측정 기구의 정도 조정
2급(공작용)	공구, 날공구의 정착용

32. 블록 게이지의 부속 부품이 아닌 것은?

① 홀더
② 스크레이퍼
③ 스크라이버 포인트
④ 베이스 블록

해설 스크레이퍼 : 기계로 깎거나 줄질한 면을 다시 정밀하게 다듬는 데에 쓰는 칼

33. 일반적인 블록 게이지 조합의 종류가 아닌 것은?

① 12개조　② 32개조
③ 76개조　④ 103개조

해설 블록 게이지는 103, 76, 47, 32, 8개가 한 세트로 조합되어 있다.

34. 게이지 블록을 사용하거나 취급할 때의 주의 사항이 아닌 것은?

① 천이나 가죽 위에서 취급할 것
② 먼지가 적고 건조한 실내에서 사용할 것
③ 측정면에 먼지가 묻어 있으면 솔로 털어 낼 것
④ 측정면의 방청유는 휘발유로 깨끗이 닦아서 보관할 것

정답　30. ④　31. ②　32. ②　33. ①　34. ④

해설 게이지 블록은 사용하지 않을 때 방청유를 발라야 하며, 장기간 사용하지 않은 게이지 블록은 세척 후 방청유로 재도장한다.

35. 양 센터로 지지한 시험봉을 다이얼 게이지로 측정을 하였더니 0.04mm 움직였다. 이때 시험봉의 편심량은 몇 mm인가?

① 0.01 ② 0.02
③ 0.04 ④ 0.08

해설 편심량 = $\dfrac{\text{다이얼 게이지의 움직인 양}}{2}$
= $\dfrac{0.04}{2} = 0.02$

36. 그림과 같이 테이퍼 $\dfrac{1}{3}$ 의 검사를 할 때 A에서 B까지 다이얼 게이지를 이동시키면 다이얼 게이지의 차이는 몇 mm인가?

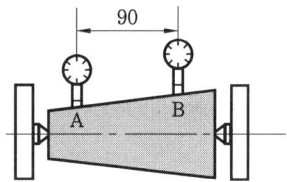

① 1.5mm ② 2mm
③ 2.5mm ④ 3mm

해설 $\dfrac{1}{30} = \dfrac{a-b}{90}$, $a-b = \dfrac{90}{30} = 3\text{mm}$
a는 A점의 지름이고, b는 B점의 지름이므로 A점에서의 높이와 B점에서의 높이의 차는 그 절반 값이 된다. 따라서 3÷2=1.5mm가 된다.

37. -16μm의 오차가 있는 블록 게이지에 다이얼 게이지를 영점 세팅하여 공작물을 측정하였더니 측정값이 48.53mm이었다면 참값(mm)은?

① 48.960
② 48.798
③ 48.514
④ 48.367

해설 참값=측정값+오차
=48.53+(-0.016)=48.514mm

38. 그림과 같이 더브테일 홈 가공을 하려고 할 때 X의 값은 약 얼마인가? (단, tan60°=1.7321, tan30°=0.57740이다.)

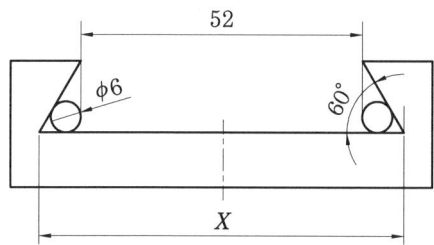

① 60.26
② 68.39
③ 82.04
④ 84.86

해설 $X = 52 + 2\left(\dfrac{r}{\tan 30°} + r\right)$
$= 52 + 2\left(\dfrac{3}{0.5774} + 3\right) ≒ 68.39$

정답 35. ② 36. ① 37. ③ 38. ②

3-3 표면 거칠기 및 기하 공차 측정

1 표면 거칠기 측정

① **광절단식 표면 거칠기 측정법** : 피측정물의 표면에 수직인 방향에 대하여 쪽에서 좁은 틈새(slit)로 나온 빛을 투사하여 광선으로 표면을 절단하도록 하는데, 최대 1000배까지 확대되며 비교적 거친 표면 측정에 사용한다.

② **현미 간섭식 표면 거칠기 측정법** : 빛의 표면 요철에 대한 간섭무늬의 발생 상태로 거칠기를 측정하는 방법이며, 요철의 높이가 $1\mu m$ 이하인 비교적 미세한 표면 측정에 사용된다.

③ **비교용 표준편과의 비교 측정법** : 비교용 표준편과 가공된 표면을 비교하여 측정하는 방법으로 육안 검사 및 손톱에 의한 감각 검사, 빛, 광택에 의한 검사가 쓰인다.

④ **촉침식 측정기** : 촉침을 측정면에 긁었을 때, 전기 증폭 장치에 의해 촉침의 상하 이동량으로 표면 거칠기를 측정한다.

2 기하 공차 측정

① **진직도 측정** : 나이프 에지를 측정면에 대고, 측정면과 나이프 에지 사이의 틈새로부터 진직도를 판정하는 방법, 강선에 의한 방법 등이 있다.

② **평면도 측정** : 투사된 광선의 간섭무늬로 평면도를 판정하는 옵티컬 플랫에 의한 방법, 정밀 정반 위에 측정면을 맞대고 문질러 나타나는 흔적을 보고 평면도를 검사하는 정반과의 접촉에 의한 방법, 다이얼 인디케이터를 사용하여 측정하는 정반과 지시계에 의한 방법 등이 있다.

③ **평행도 측정** : 정반 위에 측정물을 올려놓고 움직이면서 다이얼 인디케이터 등으로 측정하는 방법이 있다.

④ **직각도 측정** : 직각자로 직접 측정하거나, 측미기 또는 오토콜리메이터 등을 이용하는 방법이 있다.

⑤ **진원도와 원통도 측정** : 진원도 측정기로 측정한다.

> **참고**
>
> **진원도 측정기**
> - 테이블 회전 방식과 검출기 회전 방식으로 분류되는데, 테이블 회전 방식은 소형 측정물을 고정도로 측정하는 데 유리하고 검출기 회전 방식은 대형물 측정에 유리하다.

3-4 윤곽 측정, 나사 및 기어 측정

1 윤곽 측정

윤곽 측정기는 촉침에 의한 형상의 윤곽 변위를 자동 변압기에 의해 검출하고 확대, 기록하는 측정기로 낮은 비율로 세로 방향과 동일 배율로 측정해서 광범위한 윤곽 형상을 데이터와 도형으로 얻는 것이다.

(1) 공구 현미경

① **용도**
  ㈎ 현미경으로 확대하여 길이, 각도, 형상, 윤곽 등을 측정한다.
  ㈏ 정밀 부품 측정, 공구 치구류 측정, 게이지 측정, 나사 게이지 측정 등에 사용한다.

② **종류** : 디지털(digital) 공구 현미경, 레이츠(leitz) 공구 현미경, 유니언(union) SM형, 만능 측정 현미경 등이 있다.

(2) 투영기

광학적으로 물체의 형상을 투영하여 측정하는 방법이다.

2 나사 측정

(1) 나사의 기준 치수

바깥지름, 지름, 유효지름, 피치, 산의 각도

(2) 나사의 유효지름 측정법

① **나사 마이크로미터** : 나사의 유효지름을 측정하는 마이크로미터로 V형 앤빌과 원추형 조 사이에 가공된 나사를 넣고 측정하는 방법이며, 외측 마이크로미터로 측정하는 방법과 비슷하다.

② **삼침법** : 나사 게이지와 같이 정밀도가 높은 나사의 유효지름 측정에 사용되며, 나사의 종류와 피치, 나사산에 알맞은 지름이 같은 3개의 철심을 나사산에 삽입하여 바깥치수를 마이크로미터로 측정한다.

③ **나사 한계 게이지** : 나사를 치수 공차 내로 만들 때나 다량의 나사를 검사할 때 사용하는 방법으로 수나사는 링 게이지, 암나사는 플러그 게이지로 검사하는 방법이다.

④ **광학적 측정 방법** : 나사산의 확대상을 스크린을 통해서 읽는 방법으로 공구 현미경과 투영기를 사용하여 측정한다.

3 기어 측정

(1) 피치 측정

원주 피치, 법선 피치, 기초원 피치를 측정한다.
① **원주 피치** : 서로 인접한 대응하는 치면과 피치원과의 교점 간의 직선거리의 부동을 측정하거나, 2개의 교점이 기어의 중심에 대하여 이루는 각도를 측정한다.
② **법선 피치** : 인벌류트 곡선의 성질을 이용하여 기초원의 접선상에서 인접한 치면 사이의 거리를 측정한다.

(2) 치형 홈 오차 측정

기어를 센터로 지지하고 볼이나 핀 등의 측정자를 치형 홈의 양측 단면에 접촉시켰을 때의 측정자의 반경 방향 변위를 다이얼 게이지 등의 측미기로 읽으며, 최대치와 최소치의 차가 치형 홈의 오차이다.

(3) 이두께 측정

현장에서 기어 절삭 가공 시 기어가 정확하게 가공되었는지를 확인하기 위하여 사용하는 측정 방법으로 걸치기 이두께 측정법, 현 이두께 측정법, 오버 핀법 등이 있다.

예 | 상 | 문 | 제

1. 표면 거칠기를 작게 하면 다음과 같은 이점이 있다. 틀린 것은?
   ① 공구의 수명이 연장된다.
   ② 유밀, 수밀성에 큰 영향을 준다.
   ③ 내식성이 향상된다.
   ④ 반복 하중을 받는 교량의 경우 강도가 크다.

   [해설] 표면 거칠기는 극히 작은 길이에 대하여 단위 길이나 높이로서 구분하고 있으며 교량 등에는 적용할 수 없다.

2. 표면 거칠기의 측정법이 아닌 것은?
   ① 촉침법   ② 광절단법
   ③ 광파 간섭법   ④ 삼침법

   [해설] 표면 거칠기의 측정법에는 촉침법, 광선 절단법, 광파 간섭법(현미 간섭식) 등이 있다.

3. 다음 중 윤곽 측정기의 종류가 아닌 것은 어느 것인가?
   ① 사인 바   ② 투영기
   ③ 공구 현미경   ④ 3차원 측정기

   [해설] 윤곽 측정기는 형상의 윤곽 변위를 자동 변압기에 의해 검출하고 확대, 기록하는 측정기로 투영기, 공구 현미경 등이 있다.

4. 다음 중 나사의 피치 측정에 사용되는 측정기기는?
   ① 오토콜리메이터
   ② 옵티컬 플랫
   ③ 사인 바
   ④ 공구 현미경

   [해설] • 오토콜리메이터 : 반사경과 망원경의 위치 관계가 기울기로 변했을 때 망원경 내의 상의 위치가 이동하는 것을 이용하여 각도, 진직도, 평면도를 측정한다.
   • 옵티컬 플랫 : 광학적인 측정기로서 비교적 작은 면에 매끈하게 래핑된 블록 게이지나 각종 측정자 등의 평면 측정에 사용한다.

5. 평행 나사 측정 방법이 아닌 것은?
   ① 공구 현미경에 의한 유효지름 측정
   ② 사인 바에 의한 피치 측정
   ③ 삼선법에 의한 유효지름 측정
   ④ 나사 마이크로미터에 의한 유효지름 측정

   [해설] 사인 바는 블록 게이지 등을 병용하며 삼각함수의 사인(sine)을 이용하여 각도를 측정하고 설정하는 측정기이다.

6. 다음 중 나사의 유효지름 측정과 관계 없는 것은?
   ① 삼침법
   ② 피치 게이지
   ③ 공구 현미경
   ④ 나사 마이크로미터

   [해설] 피치 게이지는 나사의 산과 산 사이의 거리를 측정하는 기구이다.

7. 다음 중 기어의 측정 요소에 해당하지 않는 것은?
   ① 물림 피치원   ② 피치 오차
   ③ 치형 오차   ④ 이 홈의 흔들림

   [해설] 기어 측정 요소에는 피치 측정, 치형 홈 오차 측정, 이두께 측정이 있다.

정답 1. ④ 2. ④ 3. ① 4. ④ 5. ② 6. ② 7. ①

8. 지름이 같은 3개의 와이어를 나사산에 대고 와이어 바깥쪽을 마이크로미터로 측정하여 계산식에 의해 나사의 유효지름을 구하는 측정 방법은?

① 나사 마이크로미터에 의한 방법
② 삼선법에 의한 방법
③ 공구 현미경에 의한 방법
④ 3차원 측정기에 의한 방법

해설 나사의 유효지름 측정 방법 중 정밀도가 가장 높은 것은 삼선법(삼침법)이다.

9. 나사 측정 시 측정 대상이 아닌 것은?

① 유효지름   ② 나사산의 각도
③ 리드   ④ 피치

해설 나사의 리드 = 줄 수 × 피치로 측정 대상이 아니다.

10. 나사의 피치나 나사산의 각도 측정에 적합한 측정기는?

① 사인 바
② 공구 현미경
③ 내측 마이크로미터
④ 버니어 캘리퍼스

해설 공구 현미경은 공작용 커터나 게이지 나사 등의 치수, 각도, 윤곽 등을 측정하는 현미경이다.

11. 다음 중 나사의 피치를 측정하는 데 사용되는 것은?

① 드릴 게이지   ② 피치 게이지
③ 버니어 캘리퍼스 ④ 나사 마이크로미터

해설 피치 게이지는 미터용과 인치용이 있으며, 나사의 피치를 측정하는 데 사용된다.

12. 삼침법은 수나사의 무엇을 측정하는 방법인가?

① 골지름   ② 피치
③ 유효지름   ④ 바깥지름

해설 삼침법 : 나사 게이지와 같이 정밀도가 높은 나사의 유효지름 측정에 사용되며, 나사의 종류와 피치, 나사산에 알맞은 지름이 같은 3개의 철심을 나사산에 삽입하여 바깥 치수를 마이크로미터로 측정한다.

13. 삼침법으로 미터 나사의 유효지름 측정값이 다음과 같을 때 유효지름은 약 몇 mm인가?

- 3침을 끼우고 측정한 외측 지수 : 43mm
- 나사의 피치 : 4mm
- 측정 핀의 지름 : 5mm

① 18.53   ② 19.46
③ 24.53   ④ 31.46

해설 미터 나사의 유효지름
$d_m = M - 3W + 0.86603p$
$\therefore d_m = 43 - 3 \times 5 + 0.86603 \times 4$
$= 31.46412 \text{mm}$

14. 그림은 밀링에서 더브테일 가공 도면이다. X의 치수로 맞는 것은?

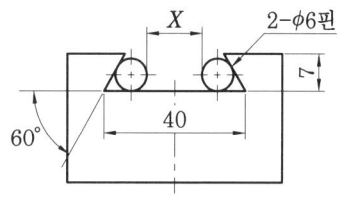

① 25.608   ② 23.608
③ 22.712   ④ 18.712

정답 8. ② 9. ③ 10. ② 11. ② 12. ③ 13. ④ 14. ②

[해설] $X = 40 - (\dfrac{3}{\tan 30°} \times 2 + 6)$
$\fallingdotseq 40 - 16.392 = 23.608$

15. 그림에서 플러그 게이지의 기울기가 0.05일 때, M_2의 길이는? (단, 그림의 치수 단위는 mm이다.)

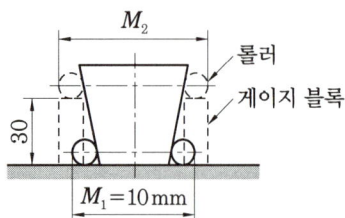

① 10.5　　② 11.5
③ 13　　　④ 16

[해설] $\tan \dfrac{a}{2} = \dfrac{M_2 - 10}{2 \times 30} = 0.05$
$M_2 - 10 = 3$
∴ $M_2 = 13 \text{mm}$

16. 트위스트 드릴의 각부에서 드릴 홈의 골 부위(웨브 두께)를 측정하기에 가장 적합한 것은?
① 나사 마이크로미터
② 포인트 마이크로미터
③ 그루브 마이크로미터
④ 다이얼 게이지 마이크로미터

[해설] 포인트 마이크로미터 : 스핀들과 앤빌의 측정면이 뾰족한 마이크로미터로서 드릴의 웨브(web), 나사의 골지름 측정에 주로 사용한다.

17. 표면 거칠기 표기 방법 중 산술 평균 거칠기를 표기하는 기호는?

① Rp　　② Rv
③ Rz　　④ Ra

[해설] 산술 평균 거칠기(Ra) : 중심선 윗부분 면적의 합을 기준 길이로 나누어 마이크로미터(μm)로 나타낸 것이다.

18. 다음 중 표면 거칠기 측정기가 아닌 것은 어느 것인가?
① 촉침식 측정기
② 광절단식 측정기
③ 기초 원판식 측정기
④ 광파 간섭식 측정기

[해설] 기초 원판식 측정기는 치형이나 리드의 측정을 응용한 기어 데이터용이므로 표면 거칠기 측정과는 관련이 없다.

19. 물체의 길이, 각도, 형상 측정이 가능한 측정기는?
① 표면 거칠기 측정기
② 3차원 측정기
③ 사인 센터
④ 다이얼 게이지

[해설] 검출기(probe)가 X, Y, Z축 방향으로 운동하고, 각 축이 움직인 이동량을 공간 좌푯값으로 읽어 피측정물의 위치, 거리, 윤곽, 형상 등을 측정한다.

20. 투영기에 의해 측정을 할 수 있는 것은?
① 진원도
② 진직도
③ 각도
④ 원주 흔들림

[해설] 투영기는 나사, 게이지, 기계 부품의 치수와 각도 측정이 가능하다.

[정답] 15. ③　16. ②　17. ④　18. ③　19. ②　20. ③

21. 시준기와 망원경을 조합한 것으로 미소 각도를 측정할 수 있는 광학적 각도 측정기는?

① 베벨 각도기
② 오토콜리메이터
③ 광학식 각도기
④ 광학식 클리노미터

해설 오토콜리메이터 : 공구나 지그 취부구의 세팅과 공작 기계의 베드나 정반의 정도 검사에 정밀 수준기와 같이 사용되는 각도기로, 오토콜리메이션 망원경이라고도 부르며, 각도, 진직도, 평면도 등을 측정한다.

22. 형상 공차의 측정에서 진원도의 측정 방법이 아닌 것은?

① 강선에 의한 방법
② 지름법에 의한 방법
③ 반지름법에 의한 방법
④ 3점법에 의한 방법

해설 진원도 측정 방법에는 2점법(지름법), 3점법, 반지름법이 있다.

23. 각도 측정을 할 수 있는 사인 바(sine bar)의 설명으로 틀린 것은?

① 정밀한 각도 측정을 하기 위해 평면도가 높은 평면에서 사용해야 한다.
② 롤러의 중심 거리는 보통 100mm, 200mm로 만든다.
③ 45° 이상의 큰 각도를 측정하는 데 유리하다.
④ 사인 바는 길이를 측정하여 직각삼각형의 삼각함수를 이용한 계산에 의하여 임의의 각의 측정 또는 임의의 각을 만드는 기구이다.

해설 ϕ가 45° 이상이면 오차가 커지므로 사인 바는 45° 이하의 각도를 측정할 때 사용한다.

24. 일반적으로 각도 측정에 사용되는 것이 아닌 것은?

① 콤비네이션 세트
② 나이프 에지
③ 광학식 클리노미터
④ 오토콜리메이터

해설 나이프 에지(knife edge)는 진직도, 평면도 등을 측정한다.

25. 수준기에서 1눈금의 길이를 2mm로 하고, 1눈금이 각도 5(초)를 나타내는 기포관의 곡률 반지름은?

① 7.26m
② 72.6m
③ 8.23m
④ 82.5m

해설 $1\text{rad} = 57.2958° = 3437.75' = 206265''$

$5'' = \dfrac{5}{206265} \text{rad}$

$L = R\theta$ (θ : radian)

$\therefore R = \dfrac{L}{\theta} = \dfrac{0.002}{5/206265} ≒ 82.5\text{m}$

26. 사인 바(sine bar)의 호칭 치수는 무엇으로 표시하는가?

① 롤러 사이의 중심 거리
② 사인 바의 전장
③ 사인 바의 중량
④ 롤러의 지름

해설 사인 바
- 삼각함수의 사인(sine)을 이용하여 각도를 측정하고 설정하는 측정기이다.
- 크기는 롤러 중심 간의 거리로 표시하며 호칭 치수는 100mm, 200mm이다.

정답 21. ② 22. ① 23. ③ 24. ② 25. ④ 26. ①

27. 게이지 종류에 대한 설명 중 틀린 것은?
① pitch 게이지 : 나사 피치 측정
② thickness 게이지 : 미세한 간격(두께) 측정
③ radius 게이지 : 기울기 측정
④ center 게이지 : 선반의 나사 바이트 각도 측정

[해설] radius 게이지 : 반지름 측정

28. 표준 게이지 종류와 용도가 잘못 연결된 것은?
① 드릴 게이지 : 드릴의 지름 측정
② 와이어 게이지 : 판재의 두께 측정
③ 나사 피치 게이지 : 나사산의 각도 측정
④ 센터 게이지 : 나사 바이트의 각도 측정

[해설] 나사 피치 게이지는 나사의 피치를 측정한다.

29. 나사산의 각도 측정 방법으로 틀린 것은?
① 공구 현미경에 의한 방법
② 나사 마이크로미터에 의한 방법
③ 투영기에 의한 방법
④ 만능 측정 현미경에 의한 방법

[해설] 나사 마이크로미터는 나사의 유효경을 측정하는 데 사용한다.

30. 광파 간섭법의 원리를 응용한 것으로 $1\mu m$ 이하의 미세한 표면 거칠기를 측정하는 데 사용하는 방법은?
① 촉침식　　　② 현미 간섭식
③ 광절단식　　④ 표준편 비교식

[해설] 현미 간섭식 표면 측정법은 빛의 표면 요철에 대한 간섭무늬 발생 상태로 측정하는 방법으로 비교적 미세한 측정에 사용한다.

정답　27. ③　28. ③　29. ②　30. ②

제4장 기계 제도

1. 기계 제도 일반

1-1 일반 사항

(1) KS

한국산업표준(KS : Korean Industrial Standards)은 대한민국의 산업 전 분야의 제품 및 시험, 제작 방법 등에 대하여 규정하는 국가 표준이다. 다음 표는 KS의 분류 기호를 표시한 것이다.

KS의 분류

기호	부문	기호	부문	기호	부문
A	기본(통칙)	D	금속	R	수송기계
B	기계	E	광산	V	조선
C	전기전자	F	건설	X	정보

(2) ISO

국제표준화기구(ISO : International Organization for Standardization)는 표준화를 위한 국제 위원회이며, 각종 분야의 제품/서비스의 국제적 교류를 용이하게 하고, 상호 협력을 증진시키는 것을 목적으로 하고 있다.

(3) 각국의 표준 규격

① **영국 규격** : BS(British Standards)
② **독일 공업 규격** : DIN(Deutsche Industrie Normen)
③ **미국 국가 표준** : ANSI(American National Standard Industrial)
④ **일본 공업 규격** : JIS(Japanese Industrial Standards)

(4) 도면의 크기

① 도면의 크기는 사용하는 제도용지의 크기로 나타낸다.
② 제도용지의 크기는 한국산업표준에 따라 'A열' 용지의 사용을 원칙으로 한다.
③ 제도용지의 크기는 세로(a)와 가로(b) 길이의 비가 $1:\sqrt{2}$이며, A0의 크기는 841×1189이다.
④ 큰 도면을 접을 때는 A4 크기로 접는 것을 원칙으로 한다.

(5) 도면의 척도

① 도면의 척도는 현척, 축척, 배척으로 나눌 수 있다.
② 도면에 그려진 대상물의 크기를 현척은 실제 크기와 같게 그리고, 축척은 실제 크기보다 작게, 배척은 크게 그린다.
③ 전체 그림을 정해진 척도로 그리지 못할 때는 표제란의 척도를 쓰는 자리에 '비례척이 아님' 또는 'NS(not to scale)'로 표시한다.

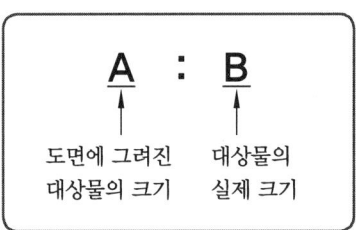

(6) 선의 종류

선의 종류 및 용도

명칭	선의 종류		선의 용도
외형선	굵은 실선	———	대상물이 보이는 부분의 모양을 표시하는 데 쓴다.
치수선	가는 실선	———	치수를 기입하기 위하여 쓴다.
치수 보조선			치수를 기입하기 위하여 도형으로부터 끌어내는 데 쓴다.
지시선			기술·기호 등을 표시하기 위하여 끌어내는 데 쓴다.
회전 단면선	가는 실선	———	도형 내에 그 부분의 끊은 곳을 90° 회전하여 표시하는 데 쓴다.

명칭	선의 종류		선의 용도
숨은선	가는 파선 또는 굵은 파선	------------	대상물의 보이지 않는 부분의 모양을 표시하는 데 쓴다.
중심선	가는 1점 쇄선	――――――	• 도형의 중심을 표시하는 데 쓴다. • 중심이 이동한 중심 궤적을 표시하는 데 쓴다.
기준선			위치 결정의 근거가 된다는 것을 명시하는 데 쓴다.
피치선			되풀이하는 도형의 피치를 취하는 기준을 표시하는 데 쓴다.
특수 지정선	굵은 1점 쇄선	――――――	특수한 가공을 하는 부분 등 특별한 요구 사항을 적용할 수 있는 범위를 표시하는 데 쓴다.
가상선	가는 2점 쇄선	――――――	• 인접 부분, 공구, 지그 등의 위치를 참고로 표시하는 데 쓴다. • 가동 부분을 이동 중 특정 위치 또는 이동 한계의 위치로 표시하는 데 쓴다. • 가공 전 또는 가공 후의 모양을 표시하는 데 쓴다.

🖎 가는 선, 굵은 선, 극히 굵은 선의 굵기의 비율은 1:2:4로 한다.

(7) 선의 우선순위

도면에서 두 종류 이상의 선이 같은 장소에 겹치게 될 경우 다음 순서에 따라 우선하는 종류의 선으로 그린다.

> 외형선 → 숨은선 → 절단선 → 중심선 → 무게 중심선 → 치수 보조선

> **참고**
> • 선은 같은 굵기의 선이라도 모양이 다르거나, 같은 모양의 선이라도 굵기가 다르면 용도가 달라지므로 모양과 굵기에 따른 선의 용도를 파악하는 것이 중요하다.

예│상│문│제

1. 표제란에 대한 설명으로 틀린 것은?
① 도면에 반드시 있어야 하는 항목이다.
② 회사 또는 학교에 따라 양식이 다소 차이가 있을 수 있다.
③ 설계자, 도명, 척도, 투상법 등을 기입한다.
④ 각 부품의 명칭 및 수량을 기입한다.

해설 각 부품의 명칭 및 수량은 부품란에 기재한다.

2. 다음 그림의 도면 양식에 관한 설명 중 틀린 것은?

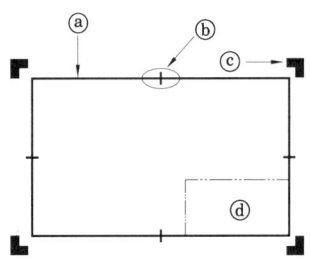

① ⓐ는 0.5mm 이상의 굵은 실선으로 긋고 도면의 윤곽을 나타내는 선이다.
② ⓑ는 0.5mm 이상의 굵은 실선으로 긋고 마이크로필름으로 촬영할 때 편의를 위하여 사용한다.
③ ⓒ는 도면에서 상세, 추가, 수정 등의 위치를 알기 쉽도록 용지를 여러 구역으로 나누는 데 사용된다.
④ ⓓ는 표제란으로 척도, 투상법, 도번, 도명, 설계자 등 도면에 관한 정보를 표시한다.

해설 ⓐ는 윤곽선, ⓑ는 중심 마크, ⓒ는 재단 마크, ⓓ는 표제란이다.

3. 도면 양식에서 용지를 여러 구역으로 나누는 구역 표시를 할 때 세로 방향은 대문자 영어로 표시한다. 이때 사용해서 안 되는 문자는?
① A ② H
③ K ④ O

해설 도면에서는 상세, 추가, 수정 등의 위치를 알기 쉽도록 용지를 여러 구역으로 나눈다. 각 구역은 용지의 위쪽에서 아래쪽으로는 대문자(I와 O는 사용 금지)로 표시하고, 왼쪽에서 오른쪽으로는 숫자로 표시한다.

4. 도면에 마련할 양식 중 반드시 설정하지 않아도 되는 양식의 명칭은?
① 표제란 ② 부품란
③ 중심 마크 ④ 윤곽(테두리)

해설 도면에 반드시 설정해야 하는 양식은 윤곽선, 표제란, 중심 마크이다.

5. 도면이 갖추어야 할 요건으로 타당하지 않는 것은?
① 도면에 그려진 투상이 너무 작아 애매하게 해석될 경우에는 아예 그리지 않는다.
② 도면에 담겨진 정보는 간결하고 확실하게 이해할 수 있도록 표시한다.
③ 도면은 충분한 내용과 양식을 갖추어야 한다.
④ 도면에 제품의 거칠기 상태, 재질, 가공 방법 등의 정보도 포함되어 있어야 한다.

해설 도면에 그려진 투상이 너무 작아 애매하게 해석될 경우 2~5배 확대하여 부품 근처에 그려서 배치한다.

정답 1. ④ 2. ③ 3. ④ 4. ② 5. ①

6. 실물에서 한 변의 길이가 25mm일 때 척도 1 : 5 도면에서 변이 그려진 길이와 그 변에 기입해야 할 치수를 순서대로 옳게 나열한 것은?

① 길이 : 5mm, 치수 : 5
② 길이 : 5mm, 치수 : 25
③ 길이 : 25mm, 치수 : 5
④ 길이 : 25mm, 치수 : 25

해설 척도가 1 : 5이므로 도면을 그릴 때는 $25\,\text{mm} \times \frac{1}{5} = 5\,\text{mm}$로 그리고, 기입해야 할 치수는 25로 표시한다.

7. 도면에서 굵은 선의 굵기를 0.5mm로 하였다. 가는 선과 아주 굵은 선의 굵기로 가장 적합한 것은?

① 0.18mm − 0.7mm
② 0.25mm − 1mm
③ 0.35mm − 0.7mm
④ 0.35mm − 1mm

해설 가는 선, 굵은 선, 아주 굵은 선의 굵기의 비율은 1 : 2 : 4이므로
가는 선은 $0.5\,\text{mm} \times \frac{1}{2} = 0.25\,\text{mm}$,
아주 굵은 선은 $0.5\,\text{mm} \times 2 = 1\,\text{mm}$이다.

8. 다음에 해당하는 선의 종류는?

> • 물품의 일부를 파단한 곳을 표시하는 선
> • 끊어낸 부분을 표시하는 선으로 불규칙한 파형의 가는 실선

① 절단선
② 해칭선
③ 파선
④ 파단선

해설 절단선은 단면도를 그릴 때 절단 위치를 대응하는 그림에 표시하는 데 사용하며, 해칭은 도형의 한정된 특정 부분을 다른 부분과 구별할 경우에 사용한다.

9. 가상선의 용도에 대한 설명으로 틀린 것은?

① 인접 부분을 참고로 표시하는 선
② 공구, 지그 등의 위치를 참고로 표시하는 선
③ 가동 부분의 이동 한계 위치를 표시하는 선
④ 가공면이 평면임을 나타내는 선

해설 가상선은 가는 2점 쇄선으로 나타내고, ①, ②, ③ 이외에 가공 전 또는 가공 후의 모양 표시와 도시된 단면의 앞쪽에 있는 부분 표시에 사용한다.

10. 특수 가공하는 부분이나 특별한 요구사항을 적용하도록 범위를 지정하는 데 사용되는 선의 종류는?

① 가는 1점 쇄선
② 가는 2점 쇄선
③ 굵은 실선
④ 굵은 1점 쇄선

해설 굵은 실선은 대상물이 보이는 부분의 모양을 표시하고, 가는 1점 쇄선은 중심선, 기준선, 피치선에 사용한다.

11. 도면에서 다음에 열거한 선이 같은 장소에 중복되었다. 어느 선으로 표시해야 하는가?

> 치수 보조선, 절단선, 무게중심선, 중심선

① 무게 중심선
② 중심선
③ 치수 보조선
④ 절단선

해설 겹치는 선의 우선순위
외형선 → 숨은선 → 절단선 → 중심선 → 무게 중심선 → 치수 보조선

정답 6. ② 7. ② 8. ④ 9. ④ 10. ④ 11. ④

12. 기계 도면을 용도에 따른 분류와 내용에 따른 분류로 구분할 때 용도에 따른 분류에 속하지 않는 것은?

① 부품도 ② 제작도
③ 견적도 ④ 계획도

해설 • 용도에 따른 분류 : 계획도, 제작도, 주문도, 견적도, 승인도, 설명도
• 내용에 따른 분류 : 부품도, 조립도, 기초도, 배치도, 장치도, 스케치도
• 표현 형식에 따른 분류 : 외관도, 전개도, 곡면 선도, 계통 선도, 입체도

13. 다음 중 KS 규격 중 기계 부문에 해당하는 것은?

① KS D
② KS C
③ KS B
④ KS A

해설 • KS D : 금속 부문
• KS C : 전기 부문
• KS A : 기본 사항

14. 도면에서 두 종류 이상의 선이 같은 장소에서 겹칠 경우 우선순위가 높은 순서대로 외형선부터 치수 보조선까지 옳게 나타낸 것은?

① 외형선 – 무게 중심선 – 중심선 – 절단선 – 숨은선 – 치수 보조선
② 외형선 – 숨은선 – 절단선 – 중심선 – 무게 중심선 – 치수 보조선
③ 외형선 – 중심선 – 무게 중심선 – 숨은선 – 절단선 – 치수 보조선
④ 외형선 – 절단선 – 무게 중심선 – 숨은선 – 중심선 – 치수 보조선

해설

외형선	굵은 실선
숨은선	가는 파선 또는 굵은 파선
절단선	가는 1점 쇄선으로 끝부분 및 방향이 변하는 부분을 굵게 한 것
중심선	가는 1점 쇄선
무게 중심선	가는 2점 쇄선
치수 보조선	가는 실선

15. 그림과 같은 도면에서 A, B, C, D 선과 선의 용도에 의한 명칭이 틀린 것은?

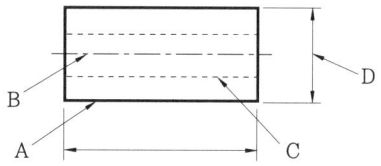

① A : 외형선
② B : 중심선
③ C : 숨은선
④ D : 치수 보조선

해설 D는 치수선이다.

16. 기계 제도에서 가동 부분을 이동 중의 특정한 위치 또는 이동 '한계의 위치로 표시하는 데 사용하는 선은?

① 지시선
② 중심선
③ 파단선
④ 가상선

해설 • 지시선 : 기술·기호 등을 표시하기 위하여 끌어내는 데 사용
• 중심선 : 도형의 중심 또는 중심이 이동한 중심 궤적을 표시하는 데 사용
• 파단선 : 대상물의 일부를 파단한 경계 또는 일부를 떼어낸 경계를 표시하는 데 사용

17. 기계 제도에서 굵은 1점 쇄선을 사용하는 경우로 가장 적합한 것은?

① 대상물의 보이는 부분의 겉모양을 표시하기 위하여 사용한다.
② 치수를 기입하기 위하여 사용한다.
③ 도형의 중심을 표시하기 위하여 사용한다.
④ 특수한 가공 부위를 표시하기 위하여 사용한다.

해설 굵은 1점 쇄선은 특수 지정선으로 특수한 가공을 하는 부분(예를 들면 수면, 유면 등의 위치를 표시하는 선) 등 특별한 요구 사항을 적용할 수 있는 범위를 표시하는 데 사용한다.

18. 도형의 한정된 특정 부분을 다른 부분과 구별하기 위해 사용하는 선으로 단면도의 절단된 면을 표시하는 선을 무엇이라고 하는가?

① 가상선   ② 파단선
③ 해칭선   ④ 절단선

해설 해칭선은 가는 실선으로 규칙적으로 줄을 늘어놓은 것이다.

19. 기계 제도에서 사용하는 다음 선 중 가는 실선으로 표시되는 선은?

① 물체의 보이지 않는 부분의 형상을 나타내는 선
② 물체의 특수한 표면 처리 부분을 나타내는 선
③ 단면도를 그릴 경우에 그 절단 위치를 나타내는 선
④ 절단된 단면임을 명시하기 위한 해칭선

해설 ① 가는 파선 또는 굵은 파선, ② 굵은 1점 쇄선, ③ 가는 1점 쇄선

20. 도면의 부품란에 기입할 수 있는 항목만으로 짝지어진 것은?

① 도면 명칭, 도면 번호, 척도, 투상법
② 도면 명칭, 도면 번호, 부품 기호, 재료명
③ 부품 명칭, 부품 번호, 척도, 투상법
④ 부품 명칭, 부품 번호, 수량, 부품 기호

해설 • 부품란 : 부품 명칭, 부품 번호, 수량, 부품 기호, 무게 등 부품에 관한 정보
• 표제란 : 도면 명칭, 도면 번호, 설계자, 각법, 척도, 제작일 등 도면의 정보

21. 다음 ( ) 안에 공통으로 들어갈 내용은?

> ㉠ 나사의 불완전 나사부는 기능상 필요한 경우 또는 치수 지시를 위해 필요한 경우 경사진 ( )으로 그린다.
> ㉡ 단면도가 아닌 일반 투영도에서 기어의 이골원은 ( )으로 그린다.

① 가는 실선   ② 가는 파선
③ 가는 1점 쇄선   ④ 가는 2점 쇄선

해설 불완전 나사부, 수나사의 골, 기어의 이뿌리원(이골원), 치수선, 치수 보조선, 해칭선 등에는 가는 실선을 사용한다.

22. 도면에서 가는 실선으로 표시된 대각선 부분의 의미는?

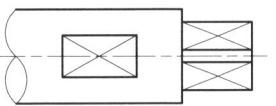

① 평면   ② 곡면
③ 홈 부분   ④ 라운드 부분

해설 도형 내 평면을 나타낼 때 대각선을 가는 실선으로 그린다.

1-2 투상법 및 도형 표시법

(1) 제1각법과 제3각법

① **제1각법** : 물체를 제1상한에 놓고 투상하며, 투상면의 앞쪽에 물체를 놓는다. 즉, 순서는 그림과 같이 눈 → 물체 → 화면이다.

② **제3각법** : 물체를 제3상한에 놓고 투상하며, 투상면의 뒤쪽에 물체를 놓는다. 즉, 순서는 그림과 같이 눈 → 화면 → 물체의 순서이다.

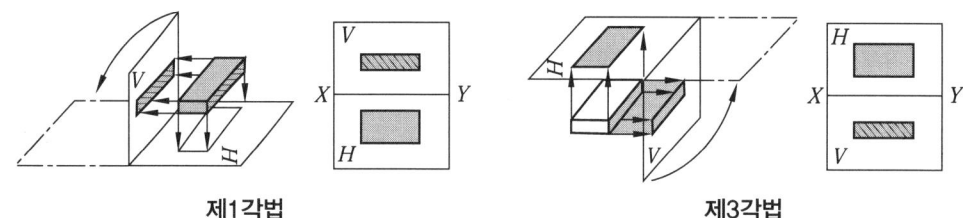

제1각법   제3각법

③ **제1각법과 제3각법의 비교와 도면의 기준 배치** : 그림에서와 같이 제1각법에서 평면도는 정면도의 바로 아래에 그리고, 측면도는 투상체를 왼쪽에서 보고 오른쪽에 그리므로 비교 대조하기가 불편하지만, 제3각법은 평면도를 정면도 바로 위에 그리고, 측면도는 오른쪽에서 본 것을 정면도의 오른쪽에 그리므로 비교·대조하기가 편리하다.

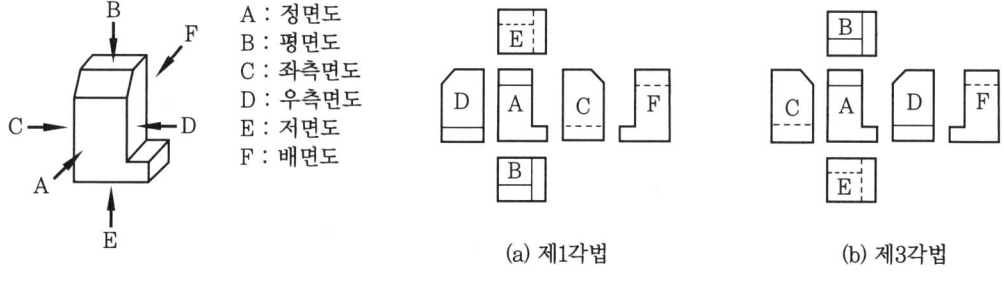

A : 정면도
B : 평면도
C : 좌측면도
D : 우측면도
E : 저면도
F : 배면도

(a) 제1각법   (b) 제3각법

도면의 표준 배치

④ **투상각법의 기호** : 제1각법, 제3각법을 특별히 명시해야 할 때에는 표제란 또는 그 근처에 "1각법" 또는 "3각법"이라 기입하고 문자 대신 그림과 같은 기호를 사용한다.

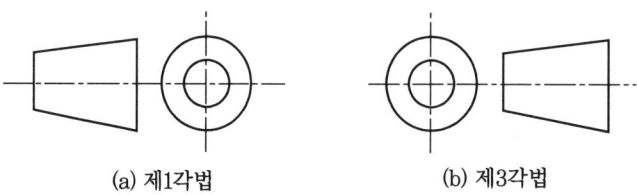

(a) 제1각법   (b) 제3각법

투상법의 기호

(2) 투상도의 선택

① 정면도에는 대상물의 모양과 기능을 가장 명확하게 표시하는 면을 그린다.
② 주투상도를 보충하는 다른 투상도는 되도록 적게 하고, 주투상도만으로 표시할 수 있는 것에 대해서는 다른 투상도를 그리지 않는다.
③ 서로 관련된 그림의 배치는 되도록 숨은선을 쓰지 않도록 하며, 비교·대조하기 불편한 경우는 예외로 한다.

(3) 도형 표시법

① **단면도의 표시 방법** : 물체 내부와 같이 볼 수 없는 것을 도시할 때, 숨은선으로 표시하면 복잡하므로 이와 같은 부분을 절단하여 내부가 보이도록 하면, 대부분의 숨은선이 없어지고 필요한 곳이 뚜렷하게 도시된다. 이와 같이 나타낸 도면을 단면도(sectional view)라고 하며 다음 법칙에 따른다.

㈎ 단면도와 다른 도면과의 관계는 정투상법에 따른다.
㈏ 절단면은 기본 중심선을 지나고 투상면에 평행한 면을 선택하되, 같은 직선상에 있지 않아도 된다.
㈐ 투상도는 전부 또는 일부를 단면으로 도시할 수 있다.
㈑ 단면에는 절단하지 않은 면과 구별하기 위하여 해칭이나 스머징을 한다. 또한 단면도에 재료 등을 표시하기 위해 특수한 해칭 또는 스머징을 할 수 있다.
㈒ 단면 뒤에 있는 숨은선은 물체가 이해되는 범위 내에서 되도록 생략한다.
㈓ 절단면의 위치는 다른 관계도에 절단선으로 나타낸다. 다만, 절단 위치가 명백할 경우에는 생략해도 좋다.

② **해칭과 스머징**

㈎ 해칭(hatching)이란 단면 부분에 가는 실선으로 빗금선을 긋는 방법이며, 스머징(smudging)이란 단면 주위를 색연필로 엷게 칠하는 방법이다.
㈏ 중심선 또는 주요 외형선에 45° 경사지게 긋는 것이 원칙이나, 부득이한 경우에는 다른 각도(30°, 60°)로 표시한다.
㈐ 해칭선의 간격은 도면의 크기에 따라 다르나, 보통 2~3mm의 간격으로 하는 것이 좋다.
㈑ 2개 이상의 부품이 인접할 경우에는 해칭의 방향과 간격을 다르게 하거나 각도를 다르게 한다.
㈒ 간단한 도면에서 단면을 쉽게 알 수 있는 것은 해칭을 생략할 수 있다.
㈓ 동일 부품의 절단면 해칭은 동일한 모양으로 해칭하여야 한다.

(사) 해칭 또는 스머징을 하는 부분 안에 문자, 기호 등을 기입하기 위하여 해칭 또는 스머징을 중단한다.

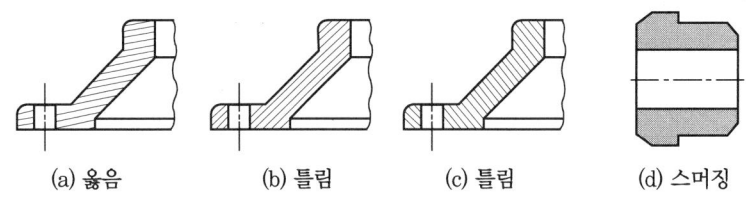

(a) 옳음   (b) 틀림   (c) 틀림   (d) 스머징

경사 단면의 해칭과 스머징 방법

(4) 투상도의 종류

① **주투상도**
  (가) 대상물의 모양이 가장 명확하게 표시되도록 그리는 투상도이다.
  (나) 3각법을 기준으로 정면도, 평면도, 우측면도를 배치하는 방법이 기본이지만 필요에 따라 좌측면도나 배면도 등을 추가할 수 있다.

② **보조 투상도** : 경사면이 있는 물체를 정투상도로 나타내면 실제 형상이 그대로 나타나지 않는다. 이때 필요한 부분만 실제 형상으로 나타낸다.

③ **회전 투상도** : 물체의 일부가 어떤 각도를 가지고 있기 때문에 실제 형상을 나타내지 못할 때는 그 부분을 회전시켜 실제 형상을 나타낸다.

④ **부분 투상도** : 물체의 일부를 그리는 것으로 충분할 때는 필요한 부분만 부분 투상도로 나타낸다.

⑤ **국부 투상도**
  (가) 물체의 구멍이나 홈 등 일부분의 모양은 특정 부분만 그려서 국부 투상도로 나타낼 수 있다.
  (나) 국부 투상도는 중심선이나 치수 보조선으로 주투상도에 연결하여 나타낸다.

⑥ **부분 확대도** : 특정 부분의 모양이 작아서 정확하게 나타내기 어려울 때는 가는 실선으로 둘러싸고, 영문 대문자로 표시하여 해당 부분의 가까운 곳에 확대하여 나타낸다.

예 | 상 | 문 | 제

1. 그림과 같이 하나의 그림으로 정육면체의 세 면 중 한 면만을 중점적으로 엄밀 정확하게 표현하는 것으로, 캐비닛도가 이에 해당하는 투상법은?

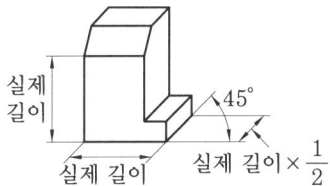

① 사투상법
② 등각투상법
③ 정투상법
④ 투시도법

해설 사투상법이란 기준선 위에 물체의 정면을 실물과 같은 모양으로 나타내고, 각 꼭짓점에서 기준선과 45°를 이루는 경사선을 나란히 그은 후 이 선 위에 물체의 안쪽 길이를 실제 길이의 $\frac{1}{2}$의 비율로 그려서 나타내는 투상법이다.

2. 제1각법에 관한 설명으로 옳은 것은?
① 정면도 우측에 좌측면도가 배치된다.
② 정면도 아래에 저면도가 배치된다.
③ 평면도 아래에 저면도가 배치된다.
④ 정면도 위에 평면도가 배치된다.

해설 제1각법

A : 정면도
B : 평면도
C : 좌측면도
D : 우측면도
E : 저면도
F : 배면도

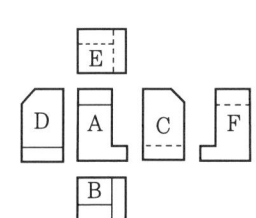

3. 다음의 도면 배치 중에서 제3각법에 의한 배치 내용이 아닌 것은?

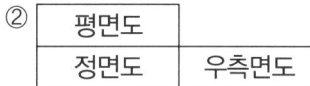

해설 제3각법

A : 정면도
B : 평면도
C : 좌측면도
D : 우측면도
E : 저면도
F : 배면도

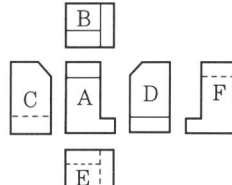

4. 그림과 같은 입체도를 화살표 방향에서 본 투상도로 가장 적합한 것은?

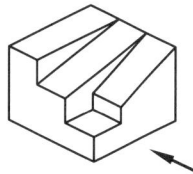

① 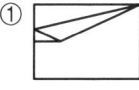　②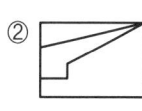

③ 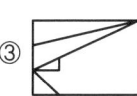　④

정답 1. ①　2. ①　3. ①　4. ②

5. 제3각법으로 그린 다음과 같은 3면도 중에서 각 도면 간의 관계가 바르게 그려진 것은?

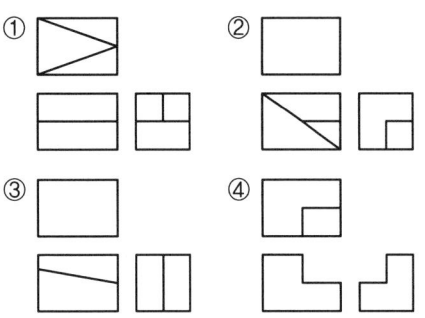

6. 그림과 같은 평면도에 대한 정면도로 가장 옳은 것은?

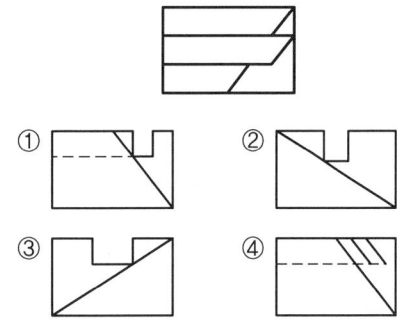

7. 그림과 같은 입체도를 제3각법으로 투상하였을 때 가장 적합한 투상도는?

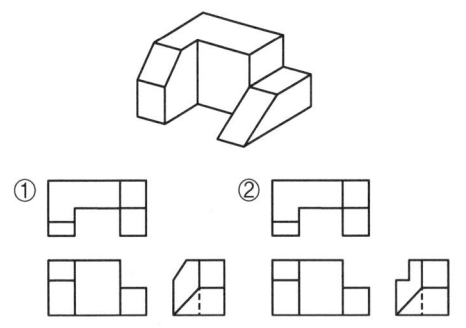

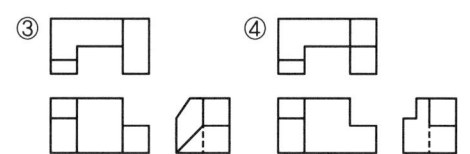

8. 제3각 투상법으로 정면도와 평면도를 그림과 같이 나타낼 경우 가장 적합한 우측 면도는?

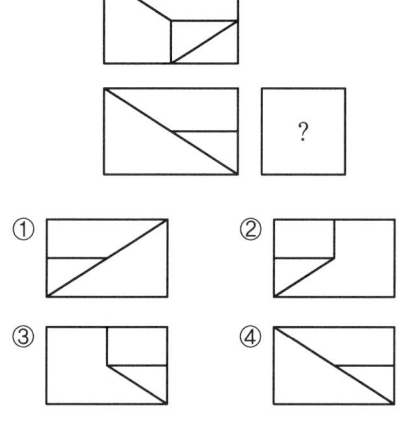

9. 제3각법으로 투상되는 다음 투상도의 좌측 면도로 가장 적합한 것은?

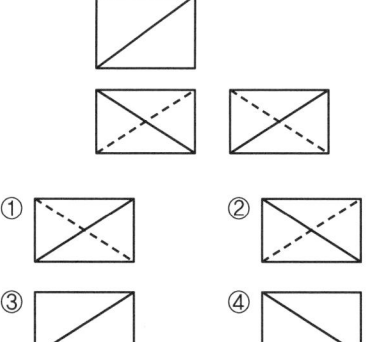

정답 5. ① 6. ④ 7. ① 8. ① 9. ①

10. 다음 도면에 대한 설명으로 옳은 것은?

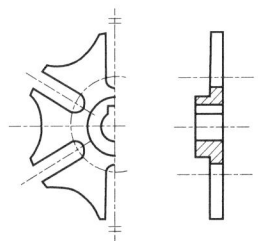

① 부분 확대하여 도시하였다.
② 반복되는 형상을 모두 나타내었다.
③ 대칭되는 도형을 생략하여 도시하였다.
④ 회전 도시 단면도를 이용하여 키 홈을 표현하였다.

해설 중심축에 대해 대칭인 경우에는 투상도의 대칭이 되는 중심선의 한쪽을 생략하여 도시할 수 있다.

11. 그림과 같은 평면도로 가장 적합한 것은?

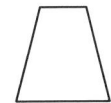 
(정면도)   (우측면도)

① 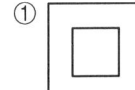 ②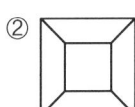

③  ④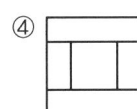

12. 그림과 같이 정면도와 평면도가 표시될 때 우측면도가 될 수 없는 것은?

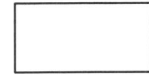

①  ②

③  ④

13. 다음과 같은 간략도의 전체를 표현한 것으로 가장 적합한 것은?

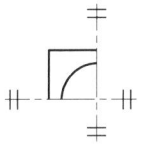

①  ②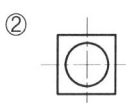

③ 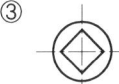 ④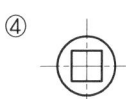

14. 그림과 같은 제3각 정투상도의 입체도로 적합한 것은?

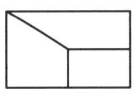

① 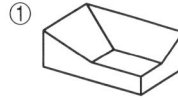 ②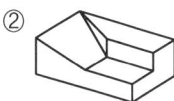

③  ④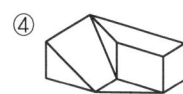

정답 10. ③ 11. ② 12. ② 13. ② 14. ①

15. 평행 투상법에 의한 3차원상의 표시법 중에서 경사 투상법에 속하지 않는 것은?

① 캐벌리어 투상법
② 캐비닛 투상법
③ 다이메트릭 투상법
④ 플라노메트릭 투상법

해설 경사 투상법
- 캐벌리어 투상법 : 투사선이 투상면에 45°인 경사진 투상법
- 캐비닛 투상법 : 투사선이 투상면에 60°인 경사진 투상법
- 플라노메트릭 투상법 : 투사선이 투상면에 30°인 경사진 투상법

16. 물체의 한쪽 면이 경사되어 평면도나 측면도로는 물체의 형상을 나타내기 어려울 경우 가장 적합한 투상법은?

① 요점 투상법 ② 국부 투상법
③ 부분 투상법 ④ 보조 투상법

해설
- 국부 투상법 : 물체의 구멍이나 홈 등 일부분의 모양을 특정 부분만 그려서 나타내는 투상법
- 부분 투상법 : 그림의 일부를 나타내는 것으로 충분할 때 그 필요한 부분만 나타내는 투상법

17. 일반적으로 길이 방향으로 단면하여 나타내어도 무방한 것은?

① 볼트(bolt)
② 키(key)
③ 리벳(rivet)
④ 미끄럼 베어링(sliding bearing)

해설 부시, 칼라, 베어링, 몸체 등은 길이 방향으로 단면할 수 있다.

18. 핸들이나 바퀴 등의 암 및 림, 리브 등 절단선의 연장선 위에 90° 회전하여 실선으로 그리는 단면도는?

① 온 단면도
② 한쪽 단면도
③ 조합 단면도
④ 회전 도시 단면도

해설 회전 도시 단면도 : 물체의 절단면을 그 자리에서 90° 회전시켜 투상하는 단면도법으로 주로 바퀴, 리브, 형강, 훅, 축, 림, 핸들, 벨트 풀리, 기어 등에 적용되는 단면 기법이며, 도형 안에 나타낼 때는 가는 실선, 도형 밖에 나타낼 때는 굵은 실선으로 표시한다.

19. 대칭인 물체의 중심선을 기준으로 내부 모양과 외부 모양을 동시에 표시하여 나타내는 단면도는?

① 부분 단면도
② 한쪽 단면도
③ 조합에 의한 단면도
④ 회전 도시 단면도

해설 부분 단면도는 물체의 일부분을 절단하고 필요한 내부 형상을 나타내기 위한 방법이고, 회전 도시 단면도는 암(arm), 리브(rib), 훅(hook), 축(shaft)과 구조물에 사용하는 형강 등의 절단면은 일반 투상법으로 표시하기 어려우므로 물체를 수직인 단면으로 절단하여 90°로 회전시켜 투상도의 안이나 밖에 그린다.

20. 투상도 중 KS 제도 통칙에 따라 올바르게 작동된 투상도는?

①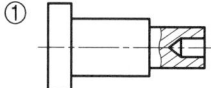

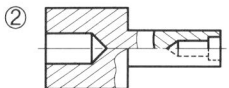
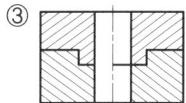
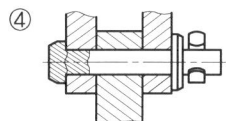

21. 그림과 같이 나타낸 단면도의 명칭은?

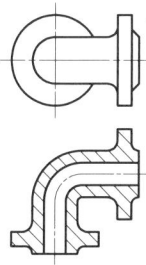

① 온 단면도　　② 회전 도시 단면도
③ 한쪽 단면도　④ 부분 단면도

해설 온 단면도는 물체 전체를 중심을 기준으로 1/2로 절단하여 앞부분은 잘라내고, 남은 뒷부분의 단면 모양을 도시한 단면도이다.

22. 다음 중 단면도의 특징이 다른 하나는?

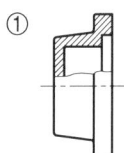
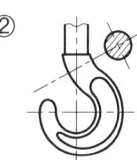

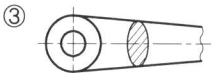
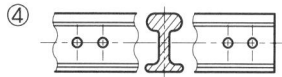

해설 ①은 부분 단면도, ②, ③, ④는 회전 도시 단면도이다.

23. 개스킷, 박판, 형강 등과 같이 절단면이 얇은 경우 이를 나타내는 방법으로 옳은 것은?

① 실제 치수와 관계없이 1개의 가는 1점 쇄선으로 나타낸다.
② 실제 치수와 관계없이 1개의 극히 굵은 실선으로 나타낸다.
③ 실제 치수와 관계없이 1개의 굵은 1점 쇄선으로 나타낸다.
④ 실제 치수와 관계없이 1개의 극히 굵은 2점 쇄선으로 나타낸다.

해설 개스킷, 박판, 형강 등의 얇은 제품의 단면은 1개의 극히 굵은 실선으로 나타낸다.

24. 투상도법에 대한 설명으로 올바른 것은?

① 제1각법은 물체와 눈 사이에 투상면이 있는 것이다.
② 제3각법은 평면도가 정면도 위에, 우측면도가 정면도 오른쪽에 있다.
③ 제1각법은 우측면도가 정면도 오른쪽에 있다.
④ 제3각법은 정면도 위에 배면도가 있고 우측면도는 왼쪽에 있다.

해설
• 제1각법은 물체가 눈과 투상면 사이에 있으며, 우측면도가 정면도 왼쪽에 있다.
• 제3각법은 정면도 위에 평면도가 있으며, 우측면도는 정면도 오른쪽에 있다.

25. 단면도의 절단된 부분을 나타내는 해칭선을 그리는 선은?

① 가는 2점 쇄선
② 가는 파선
③ 가는 실선
④ 가는 1점 쇄선

해설 해칭선은 가는 실선으로 그리며, 도형의 한정된 특정 부분을 다른 부분과 구별하는 데 사용한다.

26. 물체의 경사진 부분을 그대로 투상하면 이해가 곤란하므로 경사면에 평행한 별도의 투상면을 설정하여 나타낸 투상도의 명칭을 무엇이라 하는가?

① 회전 투상도
② 보조 투상도
③ 전개 투상도
④ 부분 투상도

해설 보조 투상도 : 경사면이 있는 물체를 정투상도로 나타내면 실제 형상이 그대로 나타나지 않으므로 필요한 부분만 실제 형상으로 나타내는 투상도이다.

27. 암, 리브, 핸들 등의 전단면을 그림과 같이 나타내는 단면도를 무엇이라 하는가?

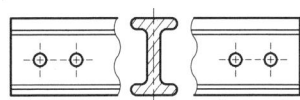

① 온단면도
② 회전 도시 단면도
③ 부분 단면도
④ 한쪽 단면도

해설 회전 도시 단면도 : 물체의 절단면을 그 자리에서 90° 회전시켜 투상하는 단면도로 바퀴, 리브, 형강, 훅 등의 절단면을 나타낼 때 주로 사용한다.

28. 절단면의 표시 방법인 해칭에 대한 설명으로 틀린 것은?

① 같은 절단면상에 나타나는 같은 부품의 단면에는 같은 해칭을 한다.
② 해칭은 주된 중심선에 대해 45°로 하는 것이 좋다.
③ 인접한 단면의 해칭은 선의 방향 또는 각도를 변경하거나 그 간격을 변경하여 구별한다.
④ 해칭을 하는 부분에 글자 또는 기호를 기입할 경우에는 해칭선을 중단하지 말고 그 위에 기입한다.

해설 치수, 문자, 기호는 해칭선보다 우선이므로 해칭이나 스머징을 중단하고, 그 위에 기입한다.

29. 그림과 같은 수직 원통형을 30° 정도 경사지게 일직선으로 자른 경우의 전개도로 가장 적합한 형상은?

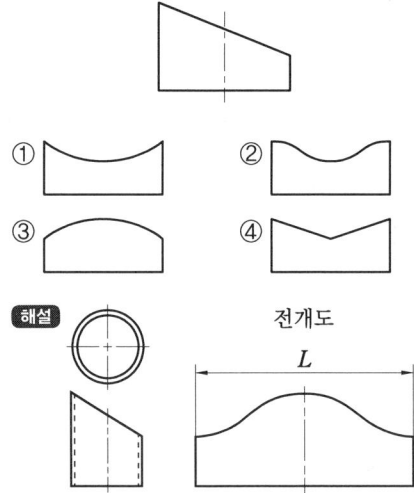

정답 25. ③ 26. ② 27. ② 28. ④ 29. ②

1-3 치수 기입법

(1) 치수 기입의 원칙

① 치수는 중복되지 않게 기입한다.
② 계산해서 구할 필요가 없도록 기입한다.
③ 각 투상도 간 비교나 대조가 쉽도록 기입한다.
④ 공정별로 배열하거나 분리하여 기입한다.
⑤ 정면도, 측면도, 평면도 순으로 기입한다.
⑥ 관련된 치수는 되도록 한곳에 모아서 보기 쉽게 기입한다.
⑦ 치수 중에서 참고 치수는 치수 수치에 괄호를 붙인다.
⑧ 전체 길이, 높이, 폭에 대한 치수는 반드시 기입해야 한다.
⑨ 기능상 조립을 고려하여 필요한 치수의 허용 한계를 기입한다.
⑩ 필요에 따라 기준이 되는 점, 선 또는 면을 기준으로 하여 기입한다.
⑪ 주 투상도에 기입하며, 아래쪽과 오른쪽에서 읽을 수 있도록 한다.
⑫ 대상물의 기능, 제작, 조립 등을 고려하여 치수를 명료하게 도면에 기입한다.

(2) 치수 기입 방법

① 치수 기입에는 그림과 같이 치수, 치수선, 치수 보조선, 지시선, 화살표, 치수 숫자 등이 쓰인다.

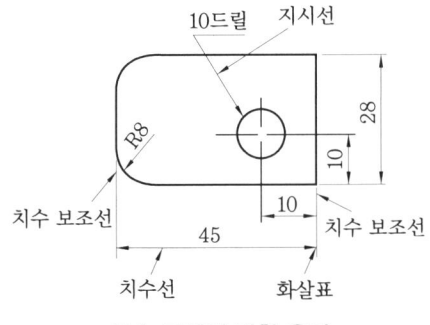

치수 기입에 관한 용어

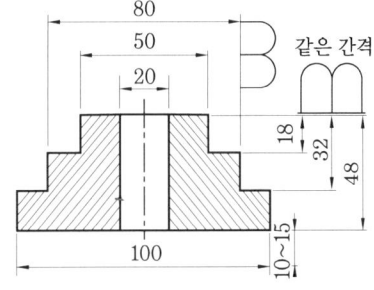

등간격 기입

② 치수선은 치수(길이, 각도)를 측정하는 방향에 평행하게 긋는다.
③ 치수 보조선은 지시하는 치수의 끝에 닿는 도형상의 점이나 선의 중심을 통과하도록 긋는다.
④ 치수 보조선은 치수선을 2~3mm(치수선 굵기의 8배) 지날 때까지 치수선에 직각이 되도록 가는 실선으로 그린다.

⑤ 치수선은 치수 보조선을 사용하여 기입하는 것을 원칙으로 하며, 치수 보조선과 다른 선이 겹칠 때는 선의 우선순위에 따라 표기한다.

(3) 치수 보조 기호

치수 보조 기호의 종류

기호	설명	기호	설명
ϕ	지름	⌒	원호의 길이
$S\phi$	구의 지름	C	45° 모따기
□	정육면체의 변	t=	두께
R	반지름	⊔	카운터 보어
SR	구의 반지름	∨	카운터 싱크(접시 자리파기)
CR	제어 반지름	⤓	깊이

(4) 누적 치수 계산

① **직렬 치수 기입법** : 직렬로 나란히 연결된 개개의 치수에 주어진 공차가 누적되어도 관계없는 경우에 사용한다.

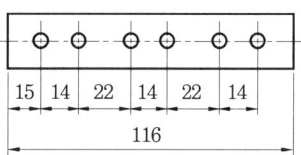

직렬 치수 기입

② **병렬 치수 기입법** : 기입된 개개의 치수 공차는 다른 치수의 공차에는 영향을 주지 않으며, 기준이 되는 치수 보조선의 위치는 기능, 가공 등의 조건을 고려하여 적절히 선택한다.

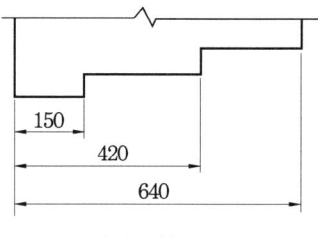

병렬 치수 기입

③ **누진 치수 기입법** : 치수 공차에 대해서는 병렬 치수 기입법과 같은 의미를 가지면서 한 개의 연속된 치수선으로 간단하게 표시할 수 있다. 이 경우 치수의 기준이 되는 위치는 기호(○)로 표시하고, 치수선의 다른 끝은 화살표를 그린다. 치수 수치는 치수 보조선에 나란히 기입하거나 화살표 가까운 곳의 치수선 위쪽에 쓴다.

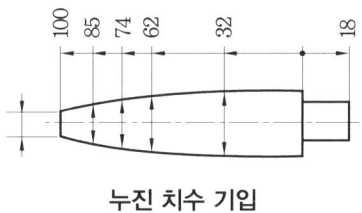

누진 치수 기입

④ **좌표 치수 기입법** : 구멍의 위치나 크기 등의 치수는 좌표를 사용하여 표로 기입하여도 좋다. 이때, 표에 표시한 X, Y의 수치는 기준점에서의 수치이다. 기준점은 기능 또는 가공 조건을 고려하여 적절히 선택한다.

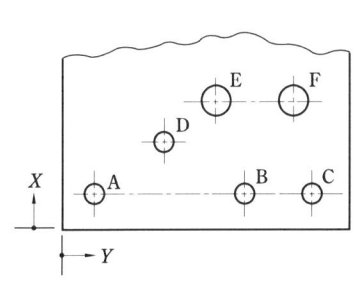

구분	X	Y	ϕ
A	20	20	13.5
B	140	20	13.5
C	200	20	13.5
D	60	60	13.5
E	100	90	26
F	180	90	26

좌표 치수 기입

예 | 상 | 문 | 제

1. 현의 길이를 올바르게 표시한 것은?

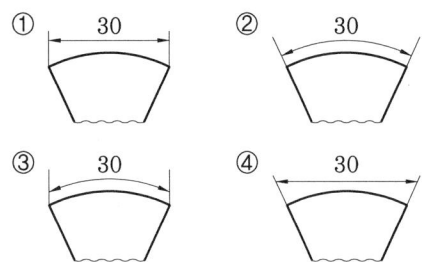

해설 ②는 각도 치수, ③은 호의 길이 치수를 표시한 것이다.

2. 다음 도면에서 L로 표시된 부분의 길이 (mm)는?

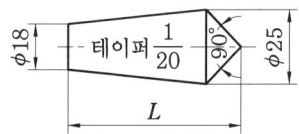

① 52.5 ② 85
③ 140 ④ 152.5

해설 $\dfrac{1}{20} = \dfrac{25-18}{l_1}$ 이므로

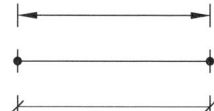

$l_1 = (25-18) \times 20 = 140$

$l_2 = \dfrac{25}{2} = 12.5$

$\therefore L = l_1 + l_2 = 152.5$

3. 그림과 같은 도면에서 테이퍼가 1/2일 때 a의 지름은 몇 mm인가?

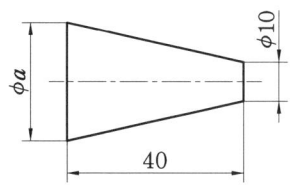

① 20 ② 25
③ 30 ④ 35

해설 $\dfrac{D-d}{l} = \dfrac{1}{2}$, $\dfrac{D-10}{40} = \dfrac{1}{2}$

$D - 10 = 20$
$\therefore D = 30$

4. 다음 도면에서 치수 기입이 잘못된 것은?

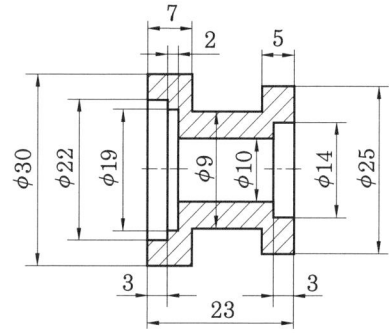

① 7 ② $\phi 9$
③ $\phi 14$ ④ $\phi 30$

해설 $\phi 9$는 바깥지름이므로 최소한 안지름 $\phi 10$ 보다는 커야 한다.

5. 기계 제도에서 치수선을 나타내는 방법에 해당하지 않는 것은?

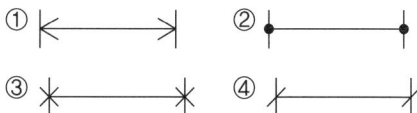

해설 보통 치수 기입

정답 1. ① 2. ④ 3. ③ 4. ② 5. ③

6. 치수 수치를 기입할 공간이 부족하여 인출선을 이용하는 방법으로 가장 올바른 것은?

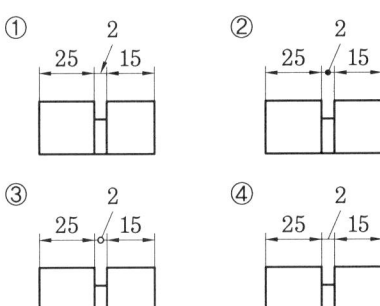

해설 인출선은 가는 실선으로 가공법, 구멍 치수, 품번 등을 표시한다.

7. 축의 도시 방법에 대한 설명으로 틀린 것은?

① 축의 바깥지름이 클수록 키 홈의 크기는 큰 것을 사용하는 것이 좋다.
② 축 끝의 센터 구멍의 도시 기호는 가는 1점 쇄선으로 표시한다.
③ 길이가 긴 축은 중간을 파단하고 짧게 그릴 수 있다.
④ 축 끝에는 일반적으로 모따기를 한다.

해설 축 끝의 센터 구멍의 도시 기호는 가는 실선으로 표시한다.

8. 다음과 같은 도면에서 플랜지 A 부분의 드릴 구멍의 지름은?

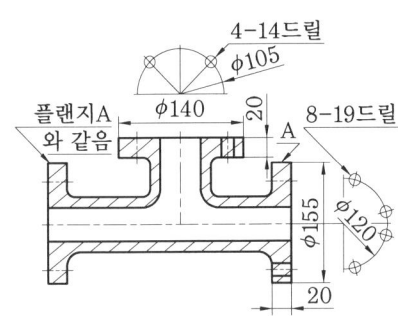

① $\phi 4$ ② $\phi 14$
③ $\phi 19$ ④ $\phi 8$

해설 8-19드릴은 지름 $\phi 19$로 구멍을 8개 가공한다는 의미이다.

9. 치수 20 부분의 굵은 1점 쇄선 표시의 의미로 가장 적합한 것은?

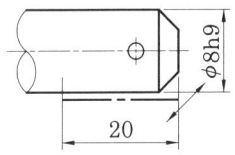

① 공차가 $\phi 8h9$ 되도록 축 전체 길이 부분에 필요하다.
② 공차 $\phi 8h9$ 부분은 축 길이가 20이 되는 곳까지만 필요하다.
③ 치수 20 부분을 제외하고 나머지 부분은 공차가 $\phi 8h9$ 되도록 가공한다.
④ 공차가 $\phi 8h9$보다 약간 적게 되도록 한다

해설 도면에서 치수 20 부분의 굵은 1점 쇄선은 특수 지정선으로, 공차 $\phi 8h9$ 부분이 축 길이가 20mm 되는 곳까지만 필요하다는 의미이다.

10. 도면에서 치수와 같이 사용하는 치수 보조 기호가 아닌 것은?

① □   ② t   ③ SR   ④ △

해설 □ : 정육면체의 변, t : 판의 두께
SR : 구의 반지름

11. 기계 제도에서 사용하는 기호 중 치수 숫자와 병기하여 사용하지 않는 것은?

① SR   ② □   ③ C   ④ ■

해설 C : 45° 모따기

12. 치수 보조 기호 중 구(sphere)의 지름 기호는?

① R   ② SR   ③ ϕ ④ Sϕ

해설 R : 반지름, ϕ : 지름

13. 치수 보조 기호의 설명으로 틀린 것은?

① R15 : 반지름 15
② t15 : 판의 두께 15
③ (15) : 비례척이 아닌 치수 15
④ SR15 : 구의 반지름 15

해설
- (15) : 참고 치수 15
- 15 : 비례척이 아닌 치수 15

14. 치수를 나타내는 방법에 관한 설명으로 틀린 것은?

① 도면에서 정보용으로 사용되는 참고(보조) 치수는 공차를 적용하거나 ( ) 안에 표시한다.
② 척도가 다른 형체의 치수는 치수값 밑에 밑줄을 그어서 표시한다.
③ 정면도에서 높이를 나타낼 때는 수평의 치수선을 꺾어 수직으로 그은 끝에 90°의 개방형 화살표로 표시하며, 수치값은 수평을 그은 치수선 위에 표시한다.
④ 같은 형체가 반복될 경우 형체 개수와 그 치수값을 'x' 기호로 표시하여 치수 기입을 해도 된다.

해설 ( )는 직접적으로 필요하지 않으나 참고로 나타낼 때 사용하는 참고 치수로 공차를 적용하지 않는다.

15. 그림과 같은 부품의 중량은 약 몇 g인가? (단, 부품 재질의 단위 부피당 중량은 7.21g이다.)

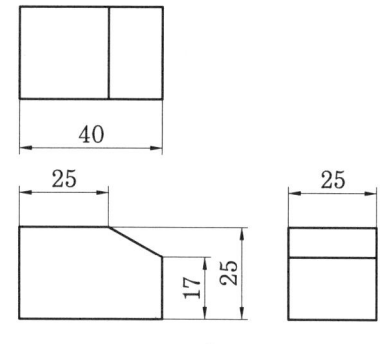

① 137.16g   ② 158.82g
③ 169.43g   ④ 180.47g

해설 $W_1 = 7.21 \times (2.5 \times 2.5 \times 4.0) = 180.25g$
$W_2 = 7.21 \times (1.5 \times 2.5 \times 0.8) \times 0.5 = 10.815g$
∴ $W_1 - W_2 = 180.25 - 10.815 ≒ 169.43g$

16. 도면과 같은 물체의 비중이 8일 때, 이 물체의 중량은 약 몇 kgf인가?

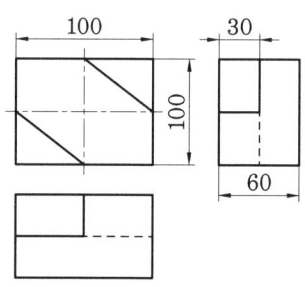

① 3.5   ② 4.2
③ 4.8   ④ 5.4

해설 부피 = $(100 \times 100 \times 60) - (50 \times 50 \times 30)$
= 525000

∴ 중량 = $\dfrac{부피 \times 비중}{1000000}$

= $\dfrac{525000 \times 8}{1000000} = 4.2kgf$

입체도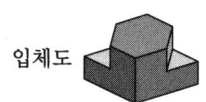

17. 그림과 같은 단면도로 표시된 물체의 부품은 모두 몇 개인가?

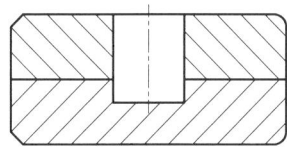

① 1개　　② 2개
③ 3개　　④ 4개

해설　해칭 각도가 2개이므로 물체의 부품은 2개이다.

18. 도면에서 참고 치수를 나타내는 것은?

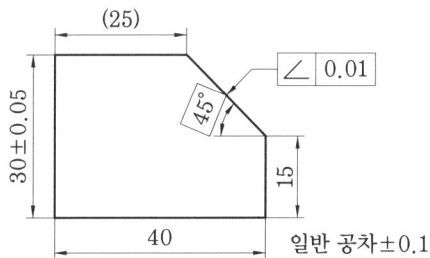

① (25)　　② ∠ 0.01
③ 45°　　④ 일반 공차±0.1

해설　( )는 참고 치수로, 다른 부분을 통해 치수를 구할 수는 있지만 참고 사항으로 보여주기 위해 표기해 놓은 치수이다.

19. 치수선과 치수 보조선에 대한 설명으로 틀린 것은?
① 치수선과 치수 보조선은 가는 실선으로 그린다.
② 치수 보조선은 치수를 기입하는 형상에 평행하게 그린다.
③ 외형선, 중심선, 기준선 및 이들의 연장선을 치수선으로 사용하지 않는다.
④ 치수 보조선과 치수선의 교차는 피해야 하나 불가피한 경우에는 끊김 없이 그린다.

해설　치수 보조선은 지시하는 치수의 끝에 닿는 도형상의 점이나 선의 중심을 통과하며, 치수선을 2~3 mm 지날 때까지 치수선에 직각이 되도록 그린다.

20. 치수 기입에 있어서 누진 치수 기입 방법으로 바르게 나타낸 것은?

①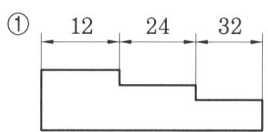

②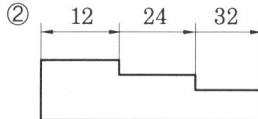

③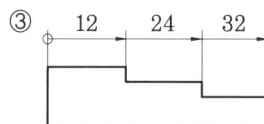

④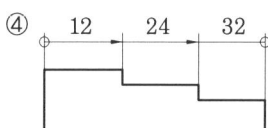

해설　누진 치수 기입법 : 치수의 기준점에 기점 기호(○)를 기입하고, 치수 보조선과 만나는 곳마다 화살표를 붙인다.

21. 축 중심의 센터 구멍 표현법으로 옳지 않은 것은?

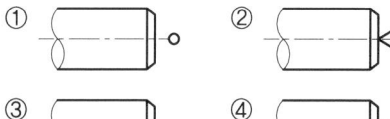

정답　17. ③　18. ①　19. ②　20. ③　21. ①

해설 ② 센터 구멍을 남겨둘 것
③ 센터 구멍의 유무에 상관없이 가공할 것
④ 센터 구멍이 남아 있지 않도록 가공할 것

22. 다음 도면에서 X 부분의 치수는?

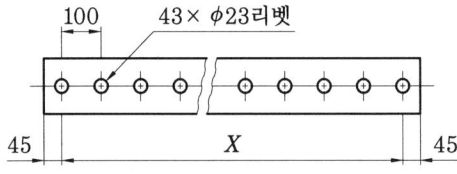

① 2200
② 2300
③ 4100
④ 4200

해설 $X = (43-1) \times 100$
$= 4200\,\text{mm}$

23. 축을 가공하기 위한 센터 구멍의 도시 방법 중 그림과 같은 도시 기호의 의미는?

① 센터의 규격에 따라 다르다.
② 다듬질 부분에서 센터 구멍이 남아 있어도 좋다.
③ 다듬질 부분에서 센터 구멍이 남아 있어서는 안 된다.
④ 다듬질 부분에서 반드시 센터 구멍을 남겨둔다.

해설 센터 구멍의 도시 방법

필요   남아 있어도 좋음   불필요

1-4 표면 거칠기

 부품 가공 시 절삭 공구의 날이나 숫돌 입자에 의해 제품의 표면에 생긴 가공 흔적 또는 가공 무늬로 형성된 요철(凹凸)을 표면 거칠기라 한다.

(1) 표면의 결 지시 기호

① 표면의 결은 60°로 벌어진, 길이가 다른 2개의 직선을 투상도의 외형선에 붙여서 지시한다.
② 제거 가공이 불필요하다는 것을 지시할 때는 지시 기호에 내접원을 추가한다.
③ 제거 가공이 필요하다는 것을 지시할 때는 지시 기호 중 짧은 쪽의 다리 끝에 붙여서 가로선을 추가한다.
④ 특별한 요구사항을 지시할 때는 지시 기호의 긴 쪽 다리에 가로선을 추가한다.

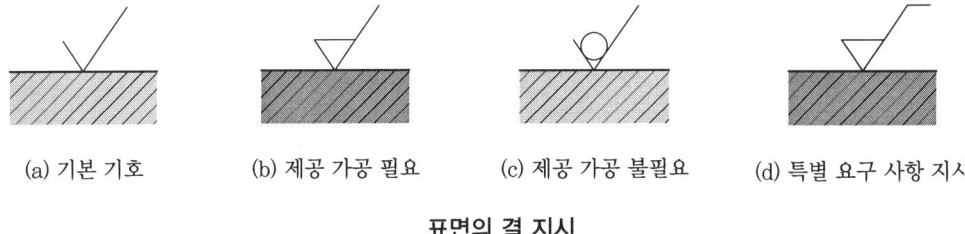

(a) 기본 기호 (b) 제공 가공 필요 (c) 제공 가공 불필요 (d) 특별 요구 사항 지시

표면의 결 지시

(2) 표면 거칠기의 지시 방법

① 표면 거칠기의 상한만을 지시하는 경우에는 면의 지시 기호의 위쪽이나 아래쪽에 숫자를 기입한다.
② 최대 높이(Ry) 또는 10점 평균 거칠기(Rz)로 지시하는 경우에는 면의 지시 기호의 긴 쪽 다리에 가로선을 붙여, 그 아래쪽에 약호와 함께 기입한다.

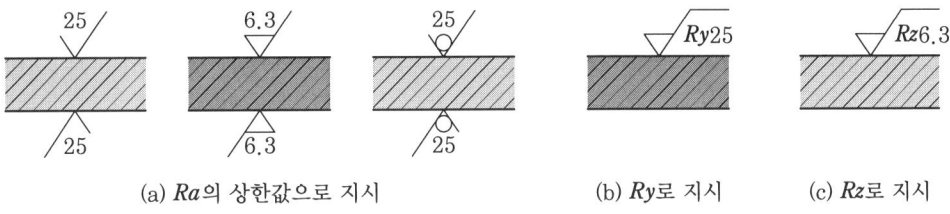

(a) Ra의 상한값으로 지시 (b) Ry로 지시 (c) Rz로 지시

표면 거칠기의 지시 방법

③ 면의 지시 기호에 대한 각 지시 사항의 기입 위치는 다음과 같다.

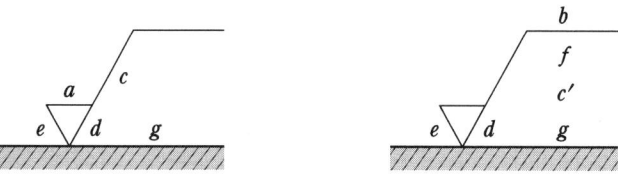

a : Ra의 값
c : 컷오프값, 평가 길이
d : 줄무늬 방향의 기호
f : Ra 이외의 파라미터

b : 가공 방법
c' : 기준 길이, 평가 길이
e : 다듬질 여유
g : 표면 파상도(KS B 0610)

지시 사항의 기입 위치

(3) 특수한 요구 사항의 지시 방법

① 어떤 표면의 결을 얻기 위해 특정한 가공 방법을 지시할 때 가공 방법의 지시 기호는 다음과 같다.

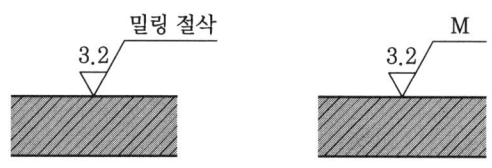

가공 방법 지시

가공 방법 및 약호(KS B 0107)

가공 방법	약호	가공 방법	약호	가공 방법	약호
선반 가공	L	연삭 가공	G	스크레이퍼 다듬질	FS
드릴 가공	D	호닝 가공	GH	벨트 샌딩 가공	GR
보링 머신 가공	B	액체 호닝 가공	SPL	주조	C
밀링 가공	M	배럴 연마 가공	SPBR	용접	W
평삭반 가공	P	버프 다듬질	FB	압연	R
형삭반 가공	SH	블라스트 다듬질	SB	압출	E
브로치 가공	BR	래핑 다듬질	FL	단조	F
리머 가공	FR	줄 다듬질	FF	전조	RL

② 줄무늬 방향을 지시할 때는 기호를 면의 지시 기호의 오른쪽에 기입한다.

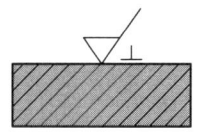

줄무늬 방향 지시

줄무늬 방향 지시 기호(KS A ISO 1302)

그림 기호	의미	그림
=	기호가 사용되는 투상면에 평행	커터의 줄무늬 방향
⊥	기호가 사용되는 투상면에 수직	커터의 줄무늬 방향
×	기호가 사용되는 투상면에 대해 2개의 경사면에 수직	커터의 줄무늬 방향
M	여러 방향	
C	기호가 적용되는 표면의 중심에 대해 대략 동심원 모양	
R	기호가 적용되는 표면의 중심에 대해 대략 반지름 방향	

예상문제

1. 재료의 제거 가공으로 이루어진 상태든 아니든 제조 공정에서의 결과로 나온 표면상태가 그대로인 것을 지시하는 것은?

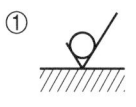 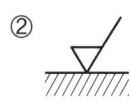

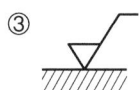 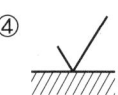

해설 표면의 결 도시

기본 기호   제거 가공 필요   제거 가공 불필요

2. 그림과 같은 표면의 상태를 기호로 표시하기 위한 표면의 결 표시 기호에서 d는 무엇을 나타내는가?

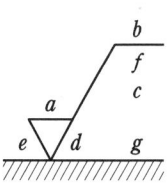

① a에 대한 기준 길이 또는 컷오프값
② 기준 길이, 평가 길이
③ 줄무늬 방향의 기호
④ 가공 방법

해설
• a : 산술 평균 거칠기값
• b : 가공 방법
• c : 기준 길이
• d : 줄무늬 방향 기호
• e : 다듬질 여유
• f : Ra 이외의 파라미터값
• g : 표면 파상도

3. 도면에 표면 거칠기 표시가 다음과 같을 때 $L=8$이 의미하는 것은?

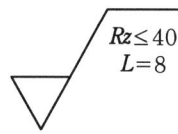

① 기준 길이
② 상한치
③ 가공 형태
④ 하한치

해설 기준 길이의 지시 방법 : 기준 길이에 규정하는 값에서 선택하여 표면 거칠기의 지시 값 아래쪽에 기입한다.

4. 표면의 결 도시 기호가 그림과 같을 때 설명으로 틀린 것은?

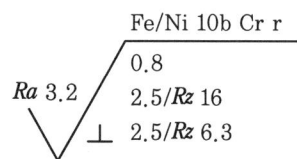

① 니켈-크롬 코팅이 적용되어 있다.
② 가공 여유는 0.8mm를 준다.
③ 샘플링 길이 2.5mm에서는 Rz 6.3~16μm 를 만족해야 한다.
④ 투상면에 대해 대략 수직인 줄무늬 방향이다.

해설 0.8은 컷오프값이다.

5. 다음 그림과 같은 기호에서 "G"가 나타내는 것은?

정답 1.① 2.③ 3.① 4.② 5.③

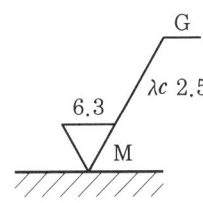

① 표면 거칠기의 상한치
② 표면 거칠기의 하한치
③ 가공 방법
④ 줄무늬 방향

해설 G는 가공 방법으로 연삭 가공을 의미한다.

6. 표면 결 도시 방법 및 면의 지시 기호에서 가공으로 생긴 선 모양의 약호로 "C"의 의미는?

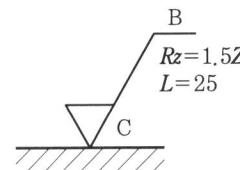

① 거의 동심원 ② 다방면으로 교차
③ 거의 방사상 ④ 거의 무방향

해설 B는 보링 머신 가공을 의미하고, C는 동심원을 뜻하며, 다방면으로 교차 또는 무방향은 M, 방사상은 R로 나타낸다.

7. 아래 그림은 가공에 의한 커터의 줄무늬 기호 그림에 대한 설명이다. 맞는 것은?

① 기호가 적용되는 표면의 중심에 대해 대략 동심원 모양이다.
② 기호가 적용되는 표면의 중심에 대해 대략 반지름 방향이다.
③ 기호가 사용되는 투상면에 대해 2개의 경사면에 수직이다.
④ 기호가 사용되는 투상면에 평행이다.

해설 ① : C
② : R
③ : ×
④ : =

8. 가공 방법에 따른 KS 가공 방법의 기호가 바르게 연결된 것은?

① 방전 가공 : SPED
② 전해 가공 : SPU
③ 전해 연삭 : SPEC
④ 초음파 가공 : SPLB

해설
• 전해 가공 : SPEC
• 전해 연삭 : SPEG
• 초음파 가공 : SPU

9. 가공 방법과 그 기호의 관계가 틀린 것은?

① 호닝 가공 : GH
② 래핑 : FL
③ 스크레이핑 : FS
④ 줄 다듬질 : FB

해설 줄 다듬질은 FF이다.

10. 가공 방법에 관한 약호에서 스크레이퍼 가공을 의미하는 것은?

① FR   ② FL
③ FF   ④ FS

해설
• FR : 리머 가공
• FL : 래핑 다듬질
• FF : 줄 다듬질

정답 6.① 7.① 8.① 9.④ 10.④

11. 가공 방법의 기호 중 주조의 기호는?

① D ② B
③ GS ④ C

해설
- D : 인발
- B : 보링 머신 가공
- GS : 평면 연삭

12. 다음과 같이 표면의 결 도시 기호가 나타났을 때, 이에 대한 해석으로 틀린 것은?

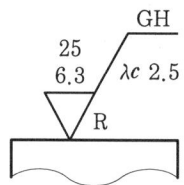

① 가공 방법은 연삭 가공
② 컷오프 값은 2.5mm
③ 거칠기 하한은 6.3μm
④ 가공에 의한 컷의 줄무늬가 기호를 기입한 면의 중심에 대해 거의 방사 모양

해설 GH는 가공 방법으로 호닝 가공이다.

13. 다음 중 가공에 의한 줄무늬 방향 기호와 그 의미가 맞지 않는 것은?

① M : 가공에 의한 컷의 줄무늬가 여러 방향으로 교차 또는 무방향
② X : 가공에 의한 컷의 줄무늬가 기호를 기입한 면의 중심에 대하여 거의 방사 모양
③ C : 가공에 의한 컷의 줄무늬가 기호를 기입한 면의 중심에 대하여 거의 동심원 모양
④ P : 줄무늬 방향이 특별하며 방향이 없거나 돌출(돌기가 있는)할 때

해설 X : 투상면에 경사지고 두 방향으로 교차되는 줄무늬 기호가 나타날 때

14. 도면에서 표면의 줄무늬 방향 지시 그림 기호 M은 무엇을 뜻하는가?

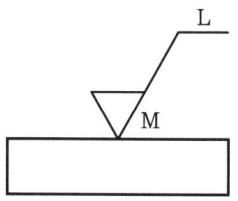

① 가공에 의한 커터의 줄무늬 방향이 기호를 기입한 그림의 투영면에 비스듬하게 두 방향으로 교차
② 가공에 의한 커터의 줄무늬가 기호를 기입한 면의 중심에 대해 거의 동심원 모양
③ 가공에 의한 커터의 줄무늬가 기호를 기입한 면의 중심에 대해 거의 방사 모양
④ 가공에 의한 커터의 줄무늬가 여러 방향으로 교차 또는 무방향

해설 ② : C, ③ : R

15. 가공 방법의 표시 기호에서 "SPBR"은 무슨 가공인가?

① 기어 셰이빙 ② 액체 호닝
③ 배럴 연마 ④ 쇼트 블라스팅

해설 가공 방법의 표시 기호

가공 방법	약호
기어 셰이빙	TCSV
액체 호닝 가공	SPLH
배럴 연마 가공	SPBR
쇼트 블라스팅	SBSH

정답 11. ④ 12. ① 13. ② 14. ④ 15. ③

1-5 공차와 끼워맞춤

1 치수 공차

치수 공차는 최대 허용 치수와 최소 허용 치수의 차로, 설계 의도에 따라 부품 기능상 허용되는 치수의 오차 범위를 말한다.

(1) 치수 공차의 용어

① **실치수** : 가공이 완료되어 제품을 실제로 측정한 치수이며 mm를 단위로 한다.
② **허용 한계 치수** : 허용할 수 있는 실치수의 범위를 말하며, 허용 한계 치수에는 최대 허용 치수와 최소 허용 치수가 있다.
③ **최대 허용 치수** : 허용할 수 있는 가장 큰 실치수이다.
④ **최소 허용 치수** : 허용할 수 있는 가장 작은 실치수이다.
⑤ **기준 치수** : 위 치수 허용차 및 아래 치수 허용차를 적용하는 데 있어서 허용 한계 치수가 주어지는 기준이 되는 치수이다. 기준 치수는 정수 또는 소수이다.
⑥ **기준선** : 허용 한계 치수 또는 끼워맞춤을 지시할 때의 기준 치수를 말하며, 치수 허용차의 기준이 되는 직선이다.
⑦ **구멍** : 주로 원통형의 내측 형체를 말하며 원형 단면이 아닌 내측 형체도 포함한다.
⑧ **축** : 주로 원통형의 외측 형체를 말하며 원형 단면이 아닌 외측 형체도 포함한다.

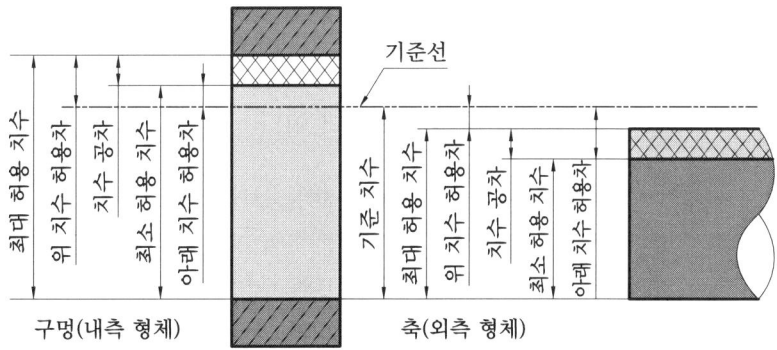

구멍과 축의 기준 치수와 치수 공차

(2) 치수 허용차

① **위 치수 허용차** : 최대 허용 치수 - 기준 치수
② **아래 치수 허용차** : 최소 허용 치수 - 기준 치수

2 기본 공차

기본 공차는 치수를 구분하여 공차를 적용하는 것으로, 각 구분에 대한 공차의 무리를 공차 계열이라 한다.

(1) IT(International Tolerance) 기본 공차

① 치수 공차와 끼워맞춤에 있어서 정해진 모든 치수 공차를 의미한다.
② 국제표준화기구(ISO) 공차 방식에 따라 IT 01, IT 0, IT 1, IT 2, …, IT 18의 20등급으로 나누고, 정밀도에 따라 다음 표와 같이 적용한다.
③ 기준 치수가 클수록, IT 등급의 숫자가 높을수록 공차가 커진다.

IT 기본 공차의 적용

용도	게이지 제작 공차	끼워맞춤 공차	끼워맞춤 이외의 공차
구멍	IT 01~IT 5	IT 6~IT 10	IT 11~IT 18
축	IT 01~IT 4	IT 5~IT 9	IT 10~IT 18
가공 방법	래핑, 호닝, 초정밀 연삭	연삭, 리밍, 밀링, 정밀 선삭	압연, 압출, 프레스, 단조
공차 범위	0.001 mm	0.01 mm	0.1 mm

(2) 구멍 및 축의 기초가 되는 치수 공차역의 위치

① 구멍의 기초가 되는 치수 허용차는 A부터 ZC까지 영문 대문자로 나타내고 축의 기초가 되는 치수 허용차는 a부터 zc까지 영문 소문자로 나타낸다.
② 구멍과 축의 위치는 기준선을 중심으로 대칭이다.

구멍과 축의 기초가 되는 치수 공차역

구멍 기호	최대 허용 치수는 기준 치수와 일치한다. ← 점점 커진다.　　　점점 작아진다. → A B C D E F G H JS K M N P R S T U V X Y Z ZA ZB ZC
축 기호	최대 허용 치수는 기준 치수와 일치한다. ← 점점 작아진다.　　　점점 커진다. → a b c d e f g h js k m n p r s t u v x y z za zb zc

3 끼워맞춤 공차

(1) 틈새

구멍의 치수가 축의 치수보다 클 때 구멍과 축과의 치수의 차를 틈새라 한다.

① **최소 틈새** : 헐거운 끼워맞춤에서 구멍의 최소 허용 치수와 축의 최대 허용 치수의 차
② **최대 틈새** : 헐거운 끼워맞춤에서 구멍의 최대 허용 치수와 축의 최소 허용 치수의 차

(2) 죔새

구멍의 치수가 축의 치수보다 작을 때 조립 전의 구멍과 축과의 치수의 차를 죔새라 한다.

① **최소 죔새** : 억지 끼워맞춤에서 조립 전의 구멍의 최대 허용 치수와 축의 최소 허용 치수의 차
② **최대 죔새** : 억지 끼워맞춤 또는 중간 끼워맞춤에서 조립 전 구멍의 최소 허용 치수와 축의 최대 허용 치수의 차

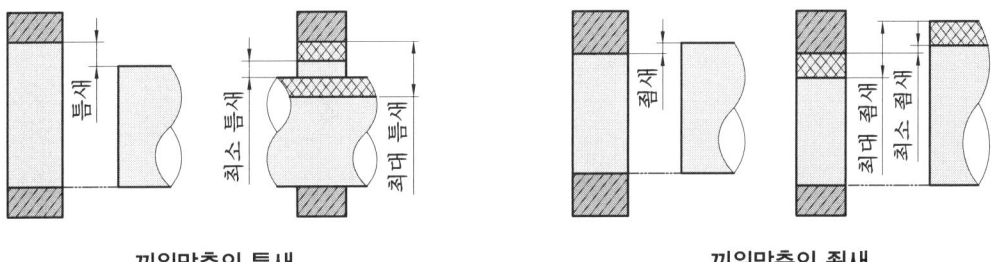

끼워맞춤의 틈새   끼워맞춤의 죔새

4 상용하는 끼워맞춤

(1) 구멍 기준 끼워맞춤

① 아래 치수 허용차가 0인 H등급의 구멍을 기준 구멍으로 하고, 이에 적합한 축을 선택하여 필요한 죔새나 틈새를 주는 끼워맞춤 방식이다.
② H6~H10의 5가지 구멍을 기준 구멍으로 사용한다.

상용하는 구멍 기준 끼워맞춤(KS B 0401)

기준 구멍	축의 공차역 클래스															
	헐거운 끼워맞춤						중간 끼워맞춤			억지 끼워맞춤							
H6						g5	h5	js5	k5	m5						
					f6	g6	h6	js6	k6	m6	n6[(1)]	p6[(1)]				
H7					f6	g6	h6	js6	k6	m6	n6	p6[(1)]	r6[(1)]	s6	t6	u6	x6
				e7	f7		h7	js7								
H8					f7		h7									
			e8	f8		h8										
		d9	e9													
H9			d8	e8		h8										
	c9	d9	e9			h9										
H10	b9	c9	d9													

주(1) 이들의 끼워맞춤은 치수의 구분에 따라 예외가 있다.

(2) 축 기준 끼워맞춤

① 위 치수 허용차가 0인 h등급의 축을 기준으로 하고, 이에 적합한 구멍을 선택하여 필요한 죔새나 틈새를 주는 끼워맞춤 방식이다.
② h5~h9의 5가지 축을 기준으로 사용한다.

상용하는 축 기준 끼워맞춤(KS B 0401)

기준 축	구멍의 공차역 클래스															
	헐거운 끼워맞춤						중간 끼워맞춤			억지 끼워맞춤							
h5							H6	JS6	K6	M6	N6[(1)]	P6				
h6					F6	G6	H6	JS6	K6	M6	N6	P6[(1)]				
					F7	G7	H7	JS7	K7	M7	N7	P7[(1)]	R7	S7	T7	U7	X7
h7				E7	F7		H7									
					F8		H8									
h8			D8	E8	F8		H8									
			D9	E9			H9									
			D8	E8			H8									
h9		C9	D9	E9			H9									
	B10	C10	D10													

주(1) 이들의 끼워맞춤은 치수의 구분에 따라 예외가 있다.

(3) 끼워맞춤 상태에 따른 분류

① **헐거운 끼워맞춤** : 구멍과 축을 조립했을 때 구멍의 지름이 축의 지름보다 크면 틈새가 생겨서 헐겁게 끼워맞춰지는데, 이를 헐거운 끼워맞춤이라 한다.

② **억지 끼워맞춤** : 구멍과 축을 조립했을 때 주어진 허용 한계 치수 범위 내에서 구멍이 최소, 축이 최대일 때도 죔새가 생겨 억지로 끼워맞춰지는데, 이를 억지 끼워맞춤이라 한다.

③ **중간 끼워맞춤** : 구멍과 축의 주어진 공차에 따라 틈새가 생길 수도 있고 죔새가 생길 수도 있도록 구멍과 축에 공차를 준 것을 중간 끼워맞춤이라 한다.

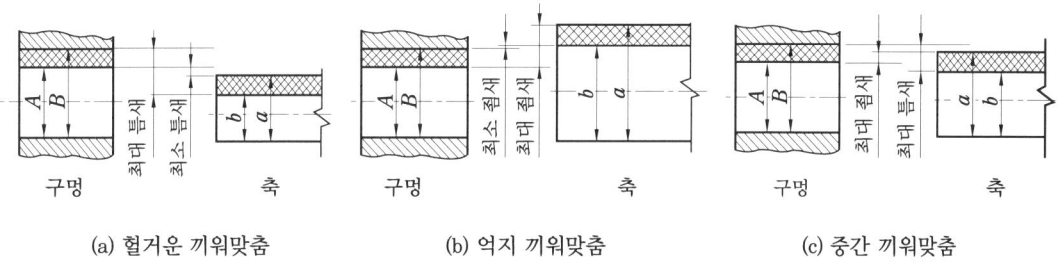

(a) 헐거운 끼워맞춤   (b) 억지 끼워맞춤   (c) 중간 끼워맞춤

끼워맞춤의 종류

○ 참고 ○

- 끼워맞춤은 구멍을 기준으로 할 것인지 축을 기준으로 할 것인지에 따라 구멍 기준식과 축 기준식으로 나누며, 기준 치수는 500mm 이하에 적용한다.

예 | 상 | 문 | 제

1. 다음 중 치수 공차가 가장 작은 것은?
① 50 ± 0.01
② $50^{+0.01}_{-0.02}$
③ $50^{+0.02}_{-0.01}$
④ $50^{+0.03}_{+0.02}$

해설 치수 공차는 ①은 0.02, ②는 0.03, ③은 0.03, ④는 0.01이다.

2. 치수가 $80^{+0.008}_{+0.002}$로 나타날 경우 위 치수 허용차는?
① 0.008
② 0.002
③ 0.010
④ 0.006

해설 위 치수 허용차
=최대 허용 치수-기준 치수
=80.008-80=0.008
예를 들어 $100^{+0.05}_{-0.03}$에서 위 치수 허용차는 0.05이고, 아래 치수 허용차는 -0.03이다.

3. 기준 치수 49.000 mm, 최대 허용 치수 49.011 mm, 최소 허용 치수 48.985일 때, 위 치수 허용차와 아래 치수 허용차는?

(위 치수 허용차) (아래 치수 허용차)
① + 0.011 mm   − 0.085 mm
② − 0.015 mm   + 0.011 mm
③ − 0.025 mm   + 0.025 mm
④ + 0.011 mm   − 0.015 mm

해설
• 위 치수 허용차=49.011-49.000
=0.011 mm
• 아래 치수 허용차=48.985-49.000
=-0.015 mm

4. 어떤 치수가 $50^{+0.035}_{-0.012}$일 때 치수 공차는 얼마인가?
① 0.013
② 0.023
③ 0.047
④ 0.012

해설 치수 공차=50.035-49.988=0.047

5. 치수가 다음과 같이 명기되어 있을 때 치수 공차는 얼마인가?

$$\phi 120^{+0.04}_{+0.02}$$

① 0.04
② 0.80
③ 0.06
④ 0.02

해설 치수 공차는 최대 허용 치수와 최소 허용 치수의 차이이므로 0.04-0.02=0.02이다.

6. 도면과 같이 A와 B 두 개 부품이 조립 상태에 있다. A와 B의 치수가 올바르게 설명된 것은?

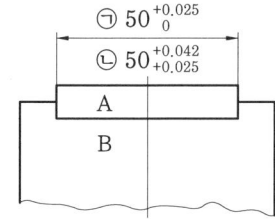

① ⓒ은 부품 A의 치수이고, 최대 허용 치수는 50.042 mm
② ㉠은 부품 A의 치수이고, 최소 허용 치수는 50.000 mm
③ ⓒ은 부품 B의 치수이고, 최대 허용 치수는 50.042 mm
④ ㉠은 부품 B의 치수이고, 최소 허용 치수는 50.025 mm

정답 1. ④ 2. ① 3. ④ 4. ③ 5. ④ 6. ①

해설 ㉠은 부품 B의 구멍의 치수이고, ㉡은 부품 A의 치수이다.

7. 치수 공차와 끼워맞춤 공차에 사용하는 용어의 설명이다. 이에 대한 설명으로 잘못된 것은?

① 틈새 : 구멍의 치수가 축의 치수보다 클 때 구멍과 축의 치수 차
② 위 치수 허용차 : 최대 허용 치수에서 기준 치수를 뺀 값
③ 헐거운 끼워맞춤 : 항상 틈새가 있는 끼워맞춤
④ 치수 공차 : 기준 치수에서 아래 치수 허용차를 뺀 값

해설 치수 공차 : 최대 허용 한계 치수에서 최소 허용 한계 치수를 뺀 값

8. 다음 중 최대 죔새를 나타낸 것은? (단, 조립 전 치수를 기준으로 한다.)

① 구멍의 최대 허용 치수 – 축의 최대 허용 치수
② 축의 최소 허용 치수 – 구멍의 최대 허용 치수
③ 축의 최대 허용 치수 – 구멍의 최소 허용 치수
④ 구멍의 최소 허용 치수 – 축의 최소 허용 치수

해설 최소 죔새 = 축의 최소 허용 치수 – 구멍의 최대 허용 치수

9. 구멍의 치수가 $\phi 50^{+0.005}_{-0.004}$이고 축의 치수가 $\phi 50^{+0.005}_{-0.004}$일 때 최대 틈새는?

① 0.004
② 0.005
③ 0.009
④ 0.008

해설 최대 틈새
= 구멍의 최대 허용 치수 – 축의 최소 허용 치수
= (50 + 0.005) – (50 – 0.004) = 0.009

10. 그림과 같은 축 A와 부시 B의 끼워맞춤에서 최소 틈새가 0.30 mm이고, 축의 공차가 0.20 mm일 때 축 A의 최대 치수와 최소 치수는?

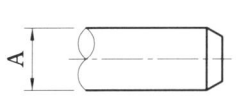 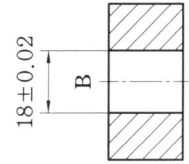

① 최대 : 17.58 mm, 최소 : 17.38 mm
② 최대 : 17.68 mm, 최소 : 17.48 mm
③ 최대 : 18.38 mm, 최소 : 18.08 mm
④ 최대 : 18.58 mm, 최소 : 18.38 mm

해설 • 최대 치수 = 18 – (0.30 + 0.02)
　　　　　　= 17.68
• 최소 치수 = 18 – (0.5 + 0.02) = 17.48

11. 구멍의 치수가 $\phi 50^{+0.025}_{0}$이고, 축의 치수가 $\phi 50^{-0.015}_{-0.050}$이면 무슨 끼워맞춤인가?

① 헐거운 끼워맞춤
② 중간 끼워맞춤
③ 억지 끼워맞춤
④ 가열 끼워맞춤

해설 구멍과 축을 조립했을 때 구멍의 지름이 축의 지름보다 크면 틈새가 생겨서 헐겁게 끼워맞춰지는데, 이를 헐거운 끼워맞춤이라 한다.

12. 기계 제도에서 치수선을 나타내는 방법에 해당하지 않는 것은?

① ⊢ φ12 h6/H7 ⊣

② ⊢ h6/H7 φ12 ⊣

③ ⊢ φ12 $\frac{H7}{h6}$ ⊣

④ ⊢ h6 φ12 H7 ⊣

13. 끼워맞춤에서 H7/r6은 어떤 끼워맞춤 인가?
① 구멍 기준식 중간 끼워맞춤
② 구멍 기준식 억지 끼워맞춤
③ 구멍 기준식 헐거운 끼워맞춤
④ 구멍 기준식 고정 끼워맞춤

해설 H는 대문자이므로 구멍 기호이며, r6는 억지 끼워맞춤이다.

14. H7 구멍과 가장 헐겁게 끼워지는 축의 공차는?
① f6   ② h6
③ k6   ④ g6

해설 헐거운 끼워맞춤은 e, f, g, h 순서이다.

15. 구멍 기준식(H7) 끼워맞춤에서 조립되는 축의 끼워맞춤 공차가 다음과 같을 때 억지 끼워맞춤에 해당되는 것은?
① p6   ② h6
③ g6   ④ f6

해설 f, h, g는 헐거운 끼워맞춤이다.

16. 끼워맞춤 공차 φ50H7/g6에 대한 설명으로 틀린 것은?
① φ50H7의 구멍과 φ50g6의 축의 끼워맞춤이다.
② 구멍 기준식 끼워맞춤이다.
③ 축과 구멍의 호칭 치수는 모두 φ50이다.
④ 중간 끼워맞춤의 형태이다.

해설 g는 헐거운 끼워맞춤이다.

17. 다음 축의 치수 중 최대 허용 치수가 가장 큰 것은?
① φ45n7   ② φ45g7
③ φ45h7   ④ φ45m7

해설 축의 최대 허용 치수가 크다는 것은 죔새가 크다는 것이고, 억지 끼워맞춤일수록 죔새가 크다. 억지 끼워맞춤에 가장 근접한 것은 n7이다.

18. 도면의 공차 치수는 어떤 끼워맞춤인가?

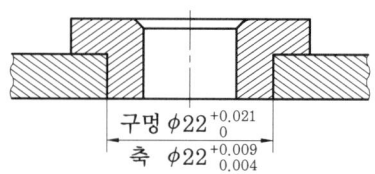

구멍 φ22 $^{+0.021}_{0}$
축 φ22 $^{+0.009}_{0.004}$

① 헐거운 끼워맞춤
② 가열 끼워맞춤
③ 중간 끼워맞춤
④ 억지 끼워맞춤

해설 구멍과 축의 허용 한계 치수의 범위 안에 φ20이 모두 존재하므로 중간 끼워맞춤이다.

19. 다음 중 억지 끼워맞춤에 해당하는 것은?
① H7/g6   ② H7/s6
③ H7/k6   ④ H7/m6

해설 • H7/g6 : 헐거운 끼워맞춤
• H7/k6, H7/m6 : 중간 끼워맞춤

정답 13. ② 14. ① 15. ① 16. ④ 17. ① 18. ③ 19. ②

20. 축의 치수 허용차 기호에서 위 치수 허용차가 0인 공차역 기호는?

① b ② h
③ g ④ s

해설 위 치수 허용차가 0인 h등급의 축을 기준으로 한다.

21. 헐거운 끼워맞춤에서 구멍의 최소 허용 치수와 축의 최대 허용 치수와의 차를 무엇이라 하는가?

① 최대 틈새
② 최소 죔새
③ 최소 틈새
④ 최대 죔새

해설
- 최소 틈새=구멍의 최소 허용 치수−축의 최대 허용 치수
- 최대 틈새=구멍의 최대 허용 치수−축의 최소 허용 치수
- 최소 죔새=축의 최소 허용 치수−구멍의 최대 허용 치수
- 최대 죔새=축의 최대 허용 치수−구멍의 최소 허용 치수

22. 기계 부품도에서 ∅50H7g6로 표시된 끼워맞춤의 설명으로 틀린 것은?

① 억지 끼워맞춤이다.
② 끼워맞춤 구멍이 H7 등급이다.
③ 끼워맞춤 축이 g6이다.
④ 구멍 기준식 끼워맞춤이다.

해설 H7은 헐거운 끼워맞춤이다.

∅50	H7	g6	형식
구멍 지름	구멍의 허용 공차	축의 허용 공차	구멍 기준식 헐거운 끼워맞춤

23. 다음 중 죔새가 가장 크게 발생하는 끼워맞춤은?

① 50H7e6 ② 50H7h6
③ 50H7k6 ④ 50H7m6

해설 구멍의 크기가 일정할 때 알파벳 순서가 늦을수록 죔새가 크다.

24. 축과 구멍의 끼워맞춤 도시 기호를 옳게 나타낸 것은?

①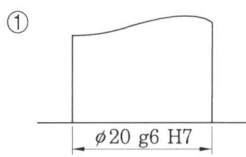
②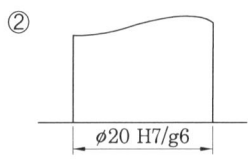
③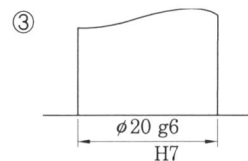
④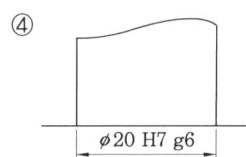

해설 H7/g6은 구멍 기준식 헐거운 끼워맞춤이다.

25. ∅50H7/g6으로 표시된 끼워맞춤 기호 중 "g6"에서 "6"이 뜻하는 것은?

① 공차의 등급
② 끼워맞춤의 종류
③ 공차역의 위치
④ 아래 치수 허용차

26. 기준 치수가 ∅50인 구멍 기준식 끼워맞춤에서 구멍과 축의 공차값이 다음과 같을 때 옳지 않은 것은?

구멍	위 치수 허용차	+0.025
	아래 치수 허용차	+0.000
축	위 치수 허용차	+0.050
	아래 치수 허용차	+0.034

① 최소 틈새는 0.009이다.
② 최대 죔새는 0.050이다.
③ 축의 최소 허용 치수는 50.034이다.
④ 구멍과 축의 조립상태는 억지 끼워맞춤이다.

해설 억지 끼워맞춤
• 최대 죔새=축의 최대 허용 치수
  −구멍의 최소 허용 치수
  =50.050−50=0.050
• 최소 죔새=축의 최소 허용 치수
  −구멍의 최대 허용 치수
  =50.034−50.025=0.009

27. 구멍 기준식 억지 끼워맞춤을 바르게 표시한 것은?

① ∅50X7/h6   ② ∅50H7/h6
③ ∅50H7/s6   ④ ∅50F7/h6

해설 구멍 기준식 끼워맞춤

기준 구멍	헐거운 끼워맞춤		중간 끼워맞춤			억지 끼워맞춤		
H7	g6	h6	js6	k6	m6	n6	p6	r6	s6

28. h6 공차인 축에 중간 끼워맞춤이 적용되는 구멍의 공차는?

① R7
② K7
③ G7
④ F7

해설 축 기준식 끼워맞춤

기준 축	헐거운 끼워맞춤		중간 끼워맞춤			억지 끼워맞춤		
h6	F6	G6	H6	JS6	K6	M6	N6	P6	
	F7	G7	H7	JS7	K7	M7	N7	P7	R7

29. 끼워맞춤 관계에 있어서 헐거운 끼워맞춤에 해당하는 것은?

① $\dfrac{H7}{g6}$
② $\dfrac{H7}{n6}$
③ $\dfrac{P6}{h6}$
④ $\dfrac{N6}{h6}$

해설 • 구멍 기준식 : H
• 축 기준식 : h
A(a)에 가까울수록 헐거운 끼워맞춤, Z(z)에 가까울수록 억지 끼워맞춤이다.

1-6 기하 공차

1 기하 공차의 종류와 기호

기하 공차의 종류 및 기호

적용 형체	종류		기호	공차 기입 틀	특성
단독 형체 (데이텀 없이 사용)	모양 공차	진직도	—	— 0.013 — φ0.013	공차값 앞에 φ를 붙여서 지시하면 지름의 원통 공차역으로 제한되며, 평면을 규제할 때는 φ를 붙이지 않는다.
		평면도	▱	▱ 0.013	평면상의 가로, 세로 방향의 진직도를 규제한다.
		진원도	○	○ 0.013	공차역은 반지름값이므로 공차값 앞에 φ를 붙이지 않는다.
		원통도	⌭	⌭ 0.011	원통면을 규제하므로 공차값 앞에 φ를 붙이지 않는다.
단독 또는 관련 형체		선의 윤곽도	⌒	⌒ 0.009 ⌒ 0.009 A	캠의 곡선과 같은 윤곽 곡선을 규제한다.
		면의 윤곽도	⌓	⌓ 0.009 ⌓ 0.009 A	캠의 곡면과 같은 윤곽 곡면을 규제한다.
관련 형체 (데이텀을 기준으로 사용)	자세 공차	평행도	//	// 0.015 A // φ0.015 A	공차역이 폭(평면) 공차일 때는 공차값 앞에 φ를 붙이지 않고, 지름 공차일 때는 φ를 붙인다.
		직각도	⊥	⊥ 0.013 A ⊥ φ0.013 A	중간면을 제어할 때는 공차값 앞에 φ를 붙이지 않고, 축 직선을 규제할 때는 φ를 붙인다.
		경사도	∠	∠ 0.011 A	이론적으로 정확한 각을 갖는 기하학적 직선 또는 평면을 규제한다.

적용 형체	종류		기호	공차 기입 틀	특성
관련 형체 (데이텀을 기준으로 사용)	위치 공차	위치도	⊕	⊕ | 0.009 | AB ⊕ | φ0.009 | AB	공차역이 폭(평면) 공차일 때는 공차값 앞에 φ를 붙이지 않고, 지름 공차일 때는 φ를 붙인다.
		동심도 (동축도)	◎	◎ | φ0.011 | A	데이텀 기준에 대한 중심축 직선을 제어하므로 공차값 앞에 φ를 붙인다.
		대칭도	═	═ | 0.011 | A	기능 또는 조립에 대칭이어야 하는 부분을 규제한다.
	흔들림 공차	원주 흔들림	↗	↗ | 0.011 | A	단면인 측정면이나 원통면을 규제하므로 공차값 앞에 φ를 붙이지 않는다.
		온 흔들림	↗↗	↗↗ | 0.011 | A	

➕ 모양 공차는 규제하는 형체가 단독 형체이므로 문자 기호를 붙이지 않는다.

2 데이텀 도시 방법

(1) 데이텀

데이텀은 관련 형체의 자세, 위치, 흔들림 등의 공차를 정하기 위해 설정된 이론적으로 정확한 기하학적 기준이다.

(2) 데이텀 도시 방법

① 형체에 지정되는 공차가 데이텀과 관련될 때 데이텀은 데이텀을 지시하는 문자 기호로 나타낸다.
② 데이텀은 알파벳 대문자를 정사각형으로 둘러싸고 데이텀 삼각 기호에 지시선을 연결하여 나타낸다.
③ 선 또는 면 자체에 공차를 지시할 때는 외형선의 연장선 위에 데이텀 삼각 기호를 붙인다[그림 (a)].
④ 치수가 지정되어 있는 형체의 축선 또는 중심 평면에 공차를 지시할 때는 치수선의 연장선이 공차 기입 틀로부터의 지시선이 되도록 한다. 이때 지시선은 가는 실선으로 한다[그림 (b)].

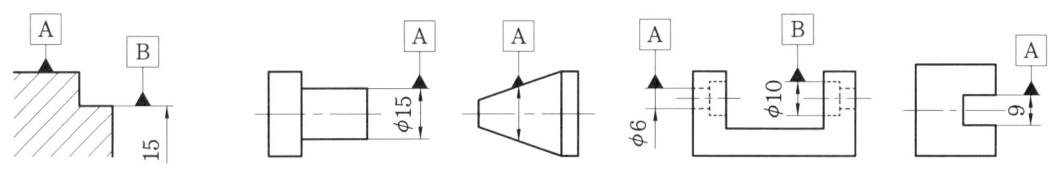

(a) 선 데이텀   (b) 치수가 지정되어 있는 형체의 축 직선 또는 중심 평면에 공차를 지시할 경우

데이텀 지시 방법

(3) 공차 기입 틀

① 공차에 대한 표시 사항은 공차 기입 틀을 두 구획 또는 그 이상으로 구분하여 그 안에 기입하는데 왼쪽에서부터 오른쪽으로 내용을 기입한다.

② 데이텀을 지시하는 문자 기호는 그림 (b), (c)와 같이 나타내고 규제하는 형체가 단독 형체일 때는 그림 (a)와 같이 문자 기호를 붙이지 않는다.

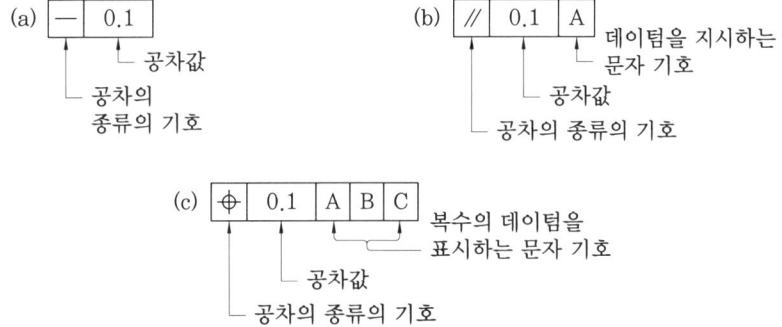

공차의 종류를 나타내는 기호와 공차값

예│상│문│제

1. 기하 공차 중 단독 형체에 관한 것들로만 짝지어진 것은?
① 진직도, 평면도, 경사도
② 평면도, 진원도, 원통도
③ 진직도, 동축도, 대칭도
④ 진직도, 동축도, 경사도

해설 경사도, 동축도(동심도), 대칭도는 관련 형체이다.

2. 다음 도면에서 기하 공차에 관한 설명으로 가장 적합한 것은?

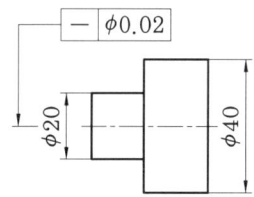

① φ20 부분만 원통도가 φ0.01 범위 내에 있어야 한다.
② φ20과 φ40 부분의 원통도가 φ0.02 범위 내에 있어야 한다.
③ φ20과 φ40 부분의 진직도가 φ0.02 범위 내에 있어야 한다.
④ φ20 부분만 진직도가 φ0.02 범위 내에 있어야 한다.

해설 데이텀 없이 사용되는 단독 형체 모양이 공차 진지도는 공차값 앞에 φ를 붙여서 지시하면 지름의 원통 공차 영역으로 제한되며, 평면(폭 공차)을 규제할 때는 φ를 붙이지 않는다.
• ─ : 진직도
• φ0.02 : φ20과 φ40 부분의 진직도 공차가 0.02mm 이내라는 의미이다.

3. 그림과 같은 기하 공차의 해석으로 가장 적합한 것은?

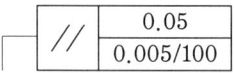

① 지정 길이 100mm에 대하여 0.05mm, 전체 길이에 대해 0.005mm의 대칭도
② 지정 길이 100mm에 대하여 0.05mm, 전체 길이에 대해 0.005mm의 평행도
③ 지정 길이 100mm에 대하여 0.005mm, 전체 길이에 대해 0.05mm의 대칭도
④ 지정 길이 100mm에 대하여 0.005mm, 전체 길이에 대해 0.05mm의 평행도

해설 //는 평행도, 0.05는 형상의 전체 공차값, 0.005는 지정 길이의 공차값, 100은 지정 길이를 의미한다.

4. 기하학적 형상 공차를 사용하는 이유로 거리가 먼 것은?
① 최대 생산 공차를 주어 생산성을 높인다.
② 끼워맞춤 부품의 호환성을 보증한다.
③ 직각 좌표의 치수 방법을 변환시켜 간편하게 표시한다.
④ 끼워맞춤, 조립 등 그 형상이 요구하는 기능을 보증한다.

해설 기하학적 형상 공차는 제품을 가장 경제적이고 효율적으로 생산할 수 있도록 하며, 검사를 용이하게 한다.

5. 다음과 같은 기하 공차에 대한 설명으로 틀린 것은?

| ◎ | φ0.01 | A |

정답 1. ② 2. ③ 3. ④ 4. ③ 5. ③

① 동심도의 허용 공차가 0.01 이내이다.
② 데이텀 A에 대한 기하 공차를 나타낸다.
③ 데이텀 A는 생략할 수 있다.
④ 데이텀 A에 대한 중심의 편차가 최대 0.01 이내로 제한된다.

해설 동심도는 위치 공차이며, 위치 공차는 관련 형체이므로 데이텀을 생략할 수 없다.

6. 기하 공차 기호 중 데이텀을 적용해야 되는 것은?

① ○   ② ∠∕
③ ∠   ④ □

해설 ① 진원도, ② 원통도, ④ 평면도는 데이텀 없이 사용한다.

7. 다음 기하 공차에 대한 설명으로 틀린 것은 어느 것인가?

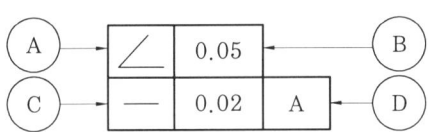

① Ⓐ : 경사도 공차
② Ⓑ : 공차값
③ Ⓒ : 직각도 공차
④ Ⓓ : 데이텀을 지시하는 문자 기호

해설 ── : 진직도 공차

8. 그림과 같은 도면에서 "×" 부분에 들어갈 가장 적절한 기하 공차 기호는?

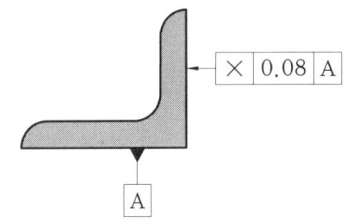

① //   ② ⊥
③ ∠   ④ ⌖

해설 도면상에 직각을 이루는 형상이므로 데이텀 A를 기준으로 직각도 공차를 지시한다.

9. 그림과 같이 지시선의 화살표에 온 흔들림 공차를 적용하고자 할 때 옳게 나타낸 것은?

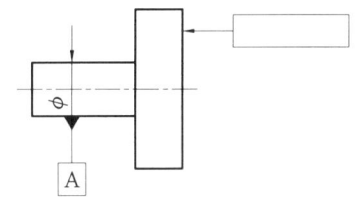

①    ②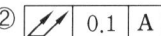
③ 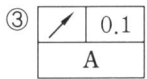   ④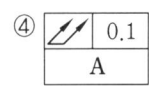

해설 ∕는 원주 흔들림, ∕∕는 온 흔들림을 나타낸다.

10. 다음 중 MMC(최대 실체 조건) 원리가 적용될 수 있는 기하 공차는?

① 진원도
② 위치도
③ 원주 흔들림
④ 원통도

해설 MMC(최대 실체 조건) 원리가 적용될 수 있는 기하 공차는 자세 공차(평행도, 직각도, 경사도)와 위치 공차(위치도, 대칭도)이다.

11. 다음 도면에서 기하 공차에 관한 설명으로 가장 적합한 것은?

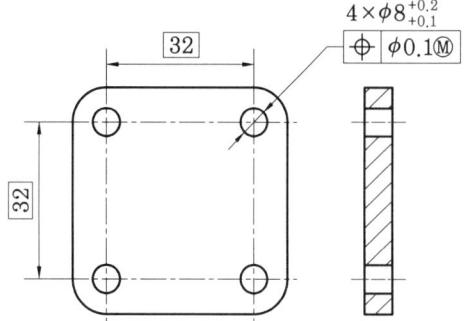

① 각 형태의 실제 부분의 크기에 대한 허용 공차 0.1의 범위에 속해야 하며, 각 형태는 $\phi 8.1$과 $\phi 8.2$ 사이에서 변할 수 있다.
② 각 형태의 지름이 $\phi 8.2$인 최소 재료의 크기일 경우 각 형태의 축은 $\phi 0.1$인 허용 공차 영역 내에서 변할 수 있다.
③ 각 형태의 지름이 $\phi 8.1$인 최대 재료의 크기일 경우 각 형태의 축은 $\phi 0.1$인 위치 허용 공차 범위에 속해야 한다.
④ 모든 허용 공차가 적용된 형태는 실질 조건 경계, 즉 $\phi 8(=\phi 8.1-0.1)$의 완전한 형태의 내접 원주를 지켜야 한다.

해설 각 형태의 지름이 $\phi 8.2$인 최소 재료 크기(부피가 최소)일 경우 각 형태의 축은 $\phi 0.2$인 허용 공차 영역 내에서 변할 수 있다.

12. 그림과 같이 표시된 기호에서 Ⓜ은 무엇을 나타내는가?

| ⊕ | 0.01 | AⓂ |

① A의 원통 정도를 나타낸다.
② 기계 가공을 나타낸다.
③ 최대 실체 공차 방식을 나타낸다.
④ A의 위치를 나타낸다.

해설 Ⓜ : 최대 실체 공차 방식으로, 해당 부분의 실체가 최대 질량을 가질 수 있도록 치수를 정하라는 의미이다.

13. 다음 그림과 같은 도면에서 구멍 지름을 측정한 결과 10.1일 때 평행도 공차의 최대 허용치는?

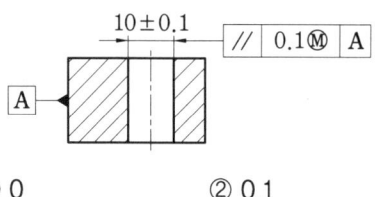

① 0 ② 0.1
③ 0.2 ④ 0.3

해설 이용 가능한 치수 공차
$=10.1-9.9=0.2$
∴ 이용 가능한 평행도 공차
$=$이용 가능한 치수 공차$+$평행도 공차
$=0.2+0.1=0.3$

14. 다음 설명에 적합한 기하 공차 기호는?

구 형상의 중심은 데이텀 평면 A로부터 30mm, B로부터 25mm 떨어져 있고, 데이텀 C의 중심선 위에 있는 점의 위치를 기준으로 지름 0.3mm 구 안에 있어야 한다.

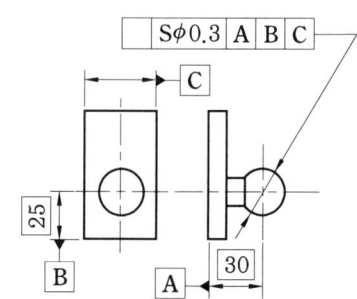

① ⊕   ② ∠
③ ⊥   ④ ◎

해설 • 위치도 : ⊕   • 경사도 : ∠
• 직각도 : ⊥   • 동심도 : ◎

15. 기하 공차를 나타내는 데 있어서 대상면의 표면은 0.1mm만큼 떨어진 두 개의 평행한 평면 사이에 있어야 한다는 것을 나타내는 것은?

① ― 0.1   ② ▱ 0.1
③ ⌀ 0.1   ④ ⊥ 0.1 A

해설 평면도는 공차역만큼 떨어진 두 개의 평행한 평면 사이에 끼인 영역으로, 단독 형체이므로 데이텀이 필요하지 않다.

16. 다음과 같은 공차 기호에서 최대 실체 공차 방식을 표시하는 기호는?

◎ | φ0.04 | Aⓜ

① ◎   ② A
③ Ⓜ   ④ φ

해설
• ◎ : 동축도(동심도)
• φ0.04 : 공차값
• A : 데이텀 기호
• Ⓜ : 최대 실체 공차 방식

17. 다음 기하 공차 기호 중 돌출 공차역을 나타내는 기호는?

① Ⓟ
② Ⓜ
③ A
④ Ⓐ

해설
• Ⓟ : 돌출 공차역
• Ⓜ : 최대 실체 공차 방식
• A : 데이텀

18. 기하 공차의 종류에서 위치 공차에 해당하지 않는 것은?

① 동축도 공차
② 위치도 공차
③ 평면도 공차
④ 대칭도 공차

해설 모양 공차에는 진직도, 평면도, 진원도, 원통도, 선의 윤곽도, 면의 윤곽도가 있다.

정답 15. ② 16. ③ 17. ① 18. ③

2. 기계요소 제도

2-1 전달용 기계요소

1 축의 제도

① 축은 중심선을 수평 방향으로 길게 놓고 그리며 가공 방향을 고려하여 그린다.
② 축의 끝부분은 모따기를 하고 치수를 기입한다.
③ 축에 여유 홈이 있을 때 홈의 너비와 지름을 표시하는 치수를 기입한다.
④ 축은 길이 방향으로 절단하지 않으며 키 홈과 같이 나타낼 필요가 있을 때는 부분 단면으로 나타낸다.
⑤ KS A ISO 6411에 따라 센터 구멍을 표시하고 지시한다.
⑥ 단면 모양이 같은 긴 축이나 테이퍼 축은 중간 부분을 파단하여 짧게 그리고, 치수는 원래 치수를 기입한다.
⑦ 축의 일부 중 평면 부위는 가는 실선의 대각선으로 표시한다.
⑧ 축에 널링을 표시할 때는 축선에 대해 30°로 엇갈리게 그린다.

2 베어링의 제도

(1) 안지름 번호

안지름 번호(KS B 2012)   (단위 : mm)

안지름 번호	1	2	3	4	5	6	7	8	9	00
안지름	1	2	3	4	5	6	7	8	9	10
안지름 번호	01	02	03	04	05	06	07	08	09	10
안지름	12	15	17	20	25	30	35	40	45	50

(2) 베어링 호칭 번호

베어링의 호칭 번호는 기본 기호와 보조 기호로 이루어져 있으며, 베어링의 치수는 안지름을 기준으로 규격화되어 있다.

호칭 번호의 구성

기본 기호			보조 기호				
베어링 계열 기호	안지름 번호	접촉각 기호	내부 변경 기호	실·실드 기호	궤도륜 모양 기호	내부 틈새 기호	등급 기호

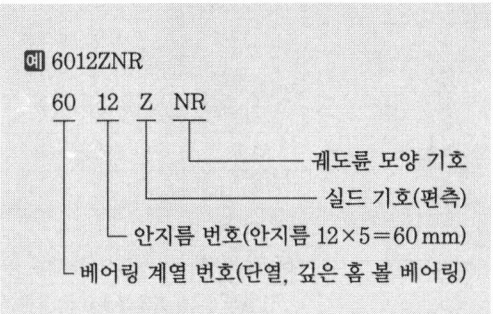
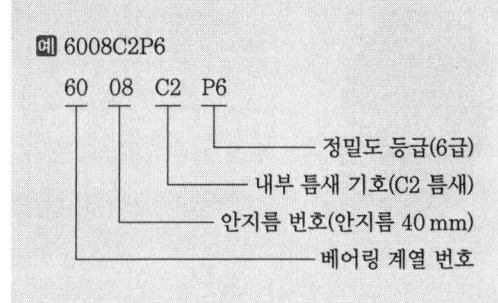

3 기어의 제도

(1) 스퍼 기어의 제도

① 기어의 부품도에는 그림(도면) 및 요목표를 같이 나타낸다. 요목표에는 원칙적으로 절삭(가공), 조립 및 검사 등의 사항을 기입한다.
② 기어를 그릴 때 이끝원은 굵은 실선으로, 피치원은 가는 1점 쇄선으로 그린다.
③ 이뿌리원은 가는 실선으로 그린다. 단, 축에 직각 방향으로 단면 투상할 경우에는 굵은 실선으로 그린다.
④ 맞물린 한 쌍의 기어는 물림부의 이끝원을 쌍방 모두 굵은 실선으로 그린다. 정면도를 단면으로 표시할 때는 물림부 한쪽의 끝원을 숨은선으로 그린다.
⑤ 맞물린 한 쌍의 기어의 정면도는 이뿌리선을 생략하고 측면도에서 피치원만 그린다.
⑥ 기어는 축과 직각인 방향에서 본 그림을 정면도로 그리는 것을 원칙으로 한다.

(2) 기어의 치수 및 요목표 기입

① 기어의 제작도에는 기어의 완성 치수만 기입하고, 이 절삭, 조립 및 검사 등 필요한 사항은 요목표에 기입한다.
② 이 모양 난에는 표준 기어, 전위 기어 등을 구별하여 기입한다.

③ 기준 피치원의 지름을 기입할 때는 치수 숫자 앞에 P.C.D를 기입한다.
④ 이두께 난에는 이두께 측정 방법에 의한 표준 치수와 허용 치수의 차를 기입한다.

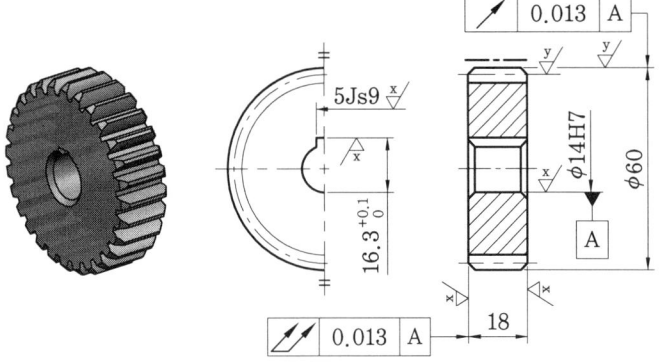

스퍼 기어 요목표	
기어 치형	표준
공구 치형	보통 이
공구 모듈	2
공구 압력각	20°
잇수	28
피치원 지름	P.C.D. 56
전체 이 높이	4.5
다듬질 방법	호브 절삭
정밀도	KS B 1405, 5급

스퍼 기어의 제도

(3) 베벨 기어의 제도

① 베벨 기어 정면도의 단면도에서 이끝선과 이뿌리선은 굵은 실선으로, 피치선은 가는 1점 쇄선으로 그린다.
② 축 방향에서 본 베벨 기어의 측면도에서 이끝원은 외단부와 내단부를 모두 굵은 실선으로, 피치원은 외단부만 가는 1점 쇄선으로 그리며, 이뿌리원은 생략한다.
③ 한 쌍의 맞물리는 기어는 맞물리는 부분의 이끝원을 숨은선으로 그린다.

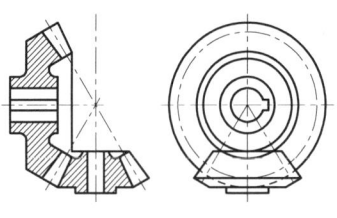

베벨 기어의 제도

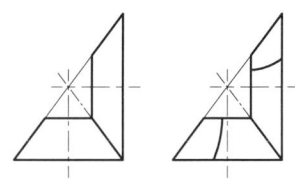

스퍼 베벨 기어,
스파이럴 베벨 기어의 간략도

> **참고**
> • 스파이럴 베벨 기어의 약도에서 잇줄을 나타내는 선은 한 줄의 굵은 실선으로 그린다.

(4) 웜 기어의 제도

① 웜 기어의 잇줄 방향은 헬리컬 기어에 준하여 3줄의 가는 실선으로 그린다.
② 웜 기어의 측면도는 기어의 바깥지름을 굵은 실선으로 그리고, 피치원은 가는 1점 쇄선으로 그린다.
③ 이뿌리원과 목 부분의 원은 그리지 않는다.
④ 요목표에는 이직각 방식인지 또는 축직각 방식인지를 기입한다.

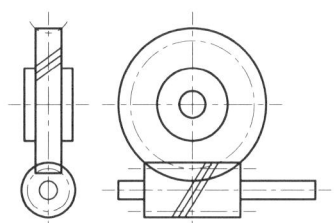

웜과 웜 기어의 간략도

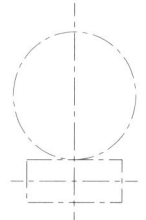

위치만 표시할 때의 간략도

(5) 기어의 이의 크기

① **원주 피치** : 피치원 상에 있는 기어 이의 시작점에서부터 다음 기어 이가 시작되는 지점까지의 거리이다.

$$p = \frac{\pi D}{Z} \text{[mm]} \quad \text{또는} \quad p = \pi m$$

여기서, p : 원주 피치(mm)
$\quad\quad\quad D$: 피치원 지름(mm)
$\quad\quad\quad Z$: 잇수
$\quad\quad\quad m$: 모듈(mm)

② **모듈(module)** : 기어의 피치원 지름을 잇수로 나눈 값(m)

$$m = \frac{D}{Z}$$

③ **지름 피치** : 잇수를 기어의 피치원 지름으로 나눈 값(p_d)으로 인치식 기어의 크기를 나타낸 것이다.

$$p_d = \frac{Z}{D \text{[inch]}} = \frac{25.4Z}{D \text{[mm]}} = \frac{25.4}{m} \text{[mm]}$$

4 벨트 풀리의 제도

(1) 평벨트 풀리 도시법

① 벨트 풀리는 축 직각 방향의 투상을 정면도로 한다.
② 모양이 대칭형인 벨트 풀리는 그 일부분만을 도시한다.
③ 방사형으로 되어 있는 암은 수직 중심선 또는 수평 중심선까지 회전하여 투상한다.
④ 암은 길이 방향으로 절단하여 단면 도시를 하지 않는다.
⑤ 암의 단면형은 도형의 안이나 밖에 회전 단면을 도시한다.
⑥ 암의 테이퍼 부분의 치수를 기입할 때 치수 보조선은 경사선으로 긋는다.

(2) V 벨트의 종류

V 벨트는 M형, A형, B형, C형, D형, E형의 6종류가 있으며, E형 쪽으로 갈수록 단면이 커진다.

(3) V 벨트의 특징

① 축간 거리가 짧고 속도비가 큰 경우에 적합하다.
② 평벨트와 같이 벗겨지는 일이 없다.
③ 운전이 조용하고 진동이나 충격의 흡수 효과가 있다.

> **참고**
> **벨트**
> • 축간 거리가 10m 이하이고 속도비가 1:6, 속도가 10~30m/s이며 벨트의 전동 효율이 96~98%이다.
> • 충격에 대한 안전장치의 역할을 하므로 원활한 전동이 가능하다.

예 | 상 | 문 | 제

1. 다음 축의 도시 방법 중 틀린 것은 어느 것인가?
① 축에 널링을 할 경우, 빗줄 널링의 경우에는 45° 엇갈리게 그린다.
② 긴 축은 중간을 파단하여 짧게 그린다. 이때 치수는 실제 치수를 기입한다.
③ 축은 길이 방향으로 도시하지 않는다.
④ 축의 끝에는 조립을 쉽고 정확하게 하기 위하여 모따기를 한다.

해설 축에 널링을 할 경우, 빗줄 널링의 경우에는 30° 엇갈리게 그린다.

2. 다음은 축의 도시에 대한 설명이다. 맞는 것은?

① 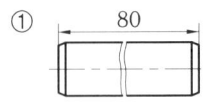 긴 축은 중간 부분을 파단하여 짧게 그리며, 그림의 80은 짧게 줄인 치수를 기입한 것이다.

② 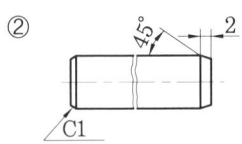 축의 끝에는 모따기를 하고, 모따기 치수 기입은 그림과 같이 기입할 수 있다.

③ 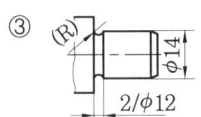 그림은 축에 단을 주는 치수 기입으로 홈의 너비가 12mm이고 지름이 2mm이다.

④ 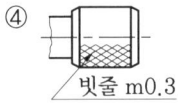 그림은 빗줄 널링에 대한 도시이며, 축선에 대하여 45° 엇갈리게 그린다.

해설 ① : 80은 실제 치수이다.
③ : 홈의 너비가 2mm, 지름이 12mm이다.
④ : 축선에 대해서 30° 엇갈리게 그린다.

3. 축의 도시 방법에 대한 설명으로 틀린 것은?
① 길이 방향으로 절단하여 단면을 도시한다.
② 긴 축은 중간 부분을 파단하여 짧게 그리고 실제 치수를 기입한다.
③ 축의 끝에는 조립을 쉽고 정확하게 하기 위하여 모따기를 한다.
④ 축의 일부 중 평면 부위는 가는 실선의 대각선으로 표시한다.

해설 축은 길이 방향으로 절단하여 단면을 도시하지 않는다. 단, 부분 단면은 허용한다.

4. 다음 중 센터 구멍의 간략 도시 기호로서 옳지 않은 것은?

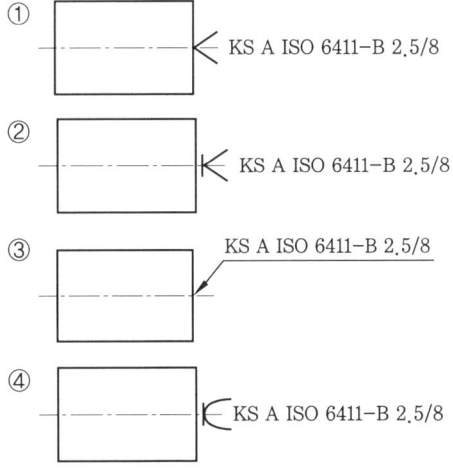

해설 센터 구멍 표시 방법에서 ①은 반드시 남겨두어야 하며, ②는 남아 있어서는 안 되는 것을 의미한다.

정답 1. ① 2. ② 3. ① 4. ④

5. 스프로킷 휠의 도시 방법에 대한 설명이다. 틀린 것은?

① 축 방향으로 볼 때 바깥지름은 굵은 실선으로 그린다.
② 축 방향으로 볼 때 피치원은 가는 1점 쇄선으로 그린다.
③ 축 방향으로 볼 때 이뿌리원은 가는 2점 쇄선으로 그린다.
④ 축에 직각인 방향에서 본 그림을 단면으로 도시할 때에는 이뿌리의 선은 굵은 실선으로 그린다.

해설 이뿌리원은 가는 실선으로 그린다. 단, 정면도를 단면으로 도시할 때는 굵은 실선으로 그린다.

6. 베어링 기호 608C2P6에서 C2가 뜻하는 것은?

① 등급 기호
② 계열 기호
③ 안지름 번호
④ 내부 틈새 기호

해설
- 60 : 베어링 계열 기호
- 8 : 안지름 번호
- C2 : 내부 틈새 기호
- P6 : 정밀도 등급 기호

7. NA4916V의 베어링 호칭 표시에서 NA는 무엇을 나타내는가?

① 복렬 원통 롤러 베어링
② 스러스트 롤러 베어링
③ 테이퍼 롤러 베어링
④ 니들 롤러 베어링

해설 NA49 : 베어링 계열 기호(니들 롤러 베어링, 치수 계열 49)

8. 구름 베어링 기호 중 안지름이 10mm인 것은?

① 7000
② 7001
③ 7002
④ 7010

해설 베어링 안지름 번호 : 1에서 9까지는 그 숫자가 베어링 안지름이며, 00은 10, 01은 12, 02는 15, 03은 17이고, 04부터는 5를 곱하여 나온 숫자가 안지름이다.

9. 구름 베어링의 호칭 번호가 6001일 때 안지름은 몇 mm인가?

① 10
② 11
③ 12
④ 13

해설 안지름 번호가 01이므로 안지름 치수는 12mm이다.

10. 깊은 홈 볼 베어링의 안지름이 25mm일 때 이 베어링의 안지름 번호는?

① 00
② 05
③ 25
④ 50

해설 안지름 20mm 이상에서는 안지름을 5로 나눈 값이 안지름 번호이므로 안지름 번호는 25÷5=5이다.

11. 구름 베어링의 기호 중 "NF 307" 베어링의 안지름은 몇 mm인가?

① 7
② 10
③ 30
④ 35

해설 안지름 번호 04부터는 5를 곱하여 나온 숫자가 안지름이므로 7×5=35mm

12. 구름 베어링의 상세한 간략 도시에서 복렬 자동 조심 볼 베어링의 도시 기호는?

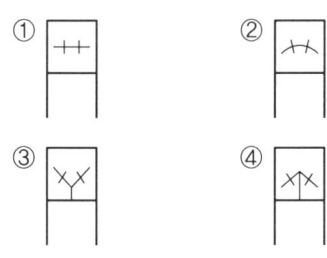

해설 ① 복렬 깊은 홈 볼 베어링
③ 복렬 앵귤러 볼 베어링

13. 다음과 같이 도면에 지시된 베어링 호칭 번호의 설명으로 옳지 않은 것은?

6312ZNR

① 단열 깊은 홈 볼 베어링
② 한쪽 실드 붙이
③ 베어링 안지름 312mm
④ 멈춤 링 붙이

해설 6312ZNR
- 63 : 베어링 계열 번호(단열 깊은 홈 볼 베어링)
- 12 : 안지름 번호($12 \times 5 = 60$mm)
- Z : 실드 기호(편측)
- NR : 궤도륜 형식 번호

14. 베어링 기호 "6203 ZZ"에서 "ZZ" 부분이 의미하는 것은?

① 실드 기호
② 궤도륜 모양 기호
③ 정밀도 등급 기호
④ 레이디얼 내부 틈새 기호

해설
- 62 : 베어링 계열 번호
- 03 : 안지름 번호
- ZZ : 실드 기호

15. 맞물리는 한 쌍의 스퍼 기어에서 축에 직각 방향으로 단면 도시할 때 물려 있는 잇봉우리원을 표시하는 선으로 맞는 것은?

① 양쪽 다 굵은 실선
② 양쪽 다 굵은 파선
③ 한쪽은 굵은 실선, 다른 쪽은 파선
④ 한쪽은 굵은 실선, 다른 쪽은 1점 쇄선

해설 맞물린 한 쌍의 기어 도시에서 맞물림부의 이끝원은 모두 굵은 실선으로 그린다. 단, 정면도를 단면으로 표시할 때는 맞물림부 한쪽의 이끝원을 파선(숨은선)으로 그린다.

16. 그림과 같은 기어 간략도를 살펴볼 때 기어의 종류는?

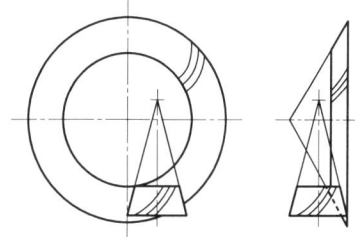

① 헬리컬 기어
② 스파이럴 베벨 기어
③ 스크루 기어
④ 하이포이드 기어

해설 하이포이드 기어 : 스파이럴 기어와 닮은 기어로 축을 어긋나게 한 기어

17. 그림은 어느 기어를 도시한 것인가?

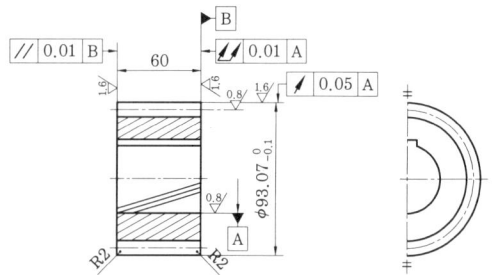

정답 13. ③ 14. ① 15. ③ 16. ④ 17. ②

① 스퍼 기어　　② 헬리컬 기어
③ 직선 베벨 기어　④ 웜 기어

18. 기어의 도시 방법을 나타낸 것 중 틀린 것은?

① 이끝원은 굵은 실선으로 그린다.
② 피치원은 가는 1점 쇄선으로 그린다.
③ 단면으로 표시할 때 이뿌리원은 가는 실선으로 그린다.
④ 잇줄 방향은 보통 3개의 가는 실선으로 그린다.

[해설] 이뿌리원을 단면으로 표시할 때는 굵은 실선으로 그린다.

19. 기어 제도에 관한 설명으로 옳지 않은 것은?

① 잇봉우리원은 굵은 실선으로 표시하고, 피치원은 가는 1점 쇄선으로 표시한다.
② 이골원은 가는 실선으로 표시한다. 다만, 축에 직각인 방향에서 본 그림을 단면으로 도시할 때는 이골의 선을 굵은 실선으로 표시한다.
③ 잇줄 방향은 통상 3개의 가는 실선으로 표시한다. 다만, 주투영도를 단면으로 도시할 때 외접 헬리컬 기어의 잇줄 방향을 지면에서 앞의 이의 잇줄 방향을 3개의 가는 2점 쇄선으로 표시한다.
④ 맞물리는 기어의 도시에서 주투영도를 단면으로 도시할 때는 맞물림부의 한쪽 잇봉우리원을 표시하는 선은 가는 1점 쇄선 또는 굵은 1점 쇄선으로 표시한다.

[해설] 맞물리는 기어에서 맞물림부는 굵은 실선으로 표시한다.

20. 평벨트 풀리의 도시 방법이 아닌 것은?

① 암의 단면형은 도형의 안이나 밖에 회전 도시 단면도로 도시한다.
② 풀리는 축 직각 방향의 투상을 주투상도로 도시할 수 있다.
③ 암은 길이 방향으로 절단하여 단면을 도시한다.
④ 풀리와 같이 대칭인 것은 그 일부분만을 도시할 수 있다.

[해설] 평벨트 및 V 벨트 풀리를 도면에 표시할 때 암은 길이 방향으로 절단하여 도시하지 않는다.

21. 그림은 맞물리는 어떤 기어를 나타낸 간략도이다. 이 기어는 무엇인가?

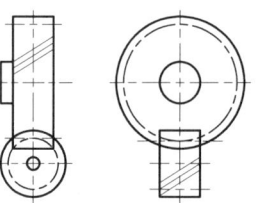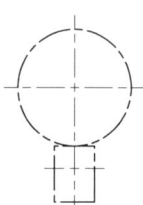

① 스퍼 기어　　② 헬리컬 기어
③ 나사 기어　　④ 스파이럴 베벨기어

[해설] 나사 기어
• 비틀림각이 45°이면서 같은 비틀림 방향을 가지는 평행축도 교차축도 아닌 한 쌍의 기어이다.
• 동력 전달효율이 낮으므로 큰 동력 전달에는 적합하지 않다.

22. 다음 V 벨트의 종류 중 단면의 크기가 가장 작은 것은?

① M형　　　　② A형
③ B형　　　　④ E형

[해설] V 벨트 단면의 크기
M형＜A형＜B형＜C형＜D형＜E형

23. V 벨트의 사다리꼴 단면의 각도(θ)는 몇 도인가?

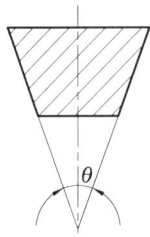

① 30° ② 35°
③ 40° ④ 45°

해설 • V 벨트의 사다리꼴 단면의 각도는 40°이다.
• 크기가 작은 것부터 나타내면 M, A, B, C, D, E형이 있다.

24. 다음 그림과 같은 도면은 무슨 기어의 맞물리는 기어 간략도인가?

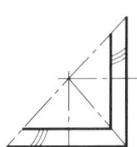

① 헬리컬 기어
② 베벨 기어
③ 웜 기어
④ 스파이럴 베벨 기어

해설 스파이럴 베벨 기어는 톱니줄이 직선이고, 정점에 향하고 있지 않은 베벨 기어로 고속으로 원활한 전동을 할 수 있으며, 직선 베벨 기어에 비해 물림률이 크고 진동이나 소음이 작다.

25. 일반용 V 고무 벨트(표준 V 벨트)의 각도는?

① 30° ② 40°
③ 60° ④ 90°

해설 • 일반용 V 고무 벨트(표준 V 벨트) 홈의 각도는 40°이다.
• 주철제 V 벨트 홈의 각도는 34°, 36°, 38°의 3가지가 있다.

26. 스퍼 기어의 요목표가 다음과 같을 때 빈칸의 모듈값은 얼마인가?

스퍼 기어		
공구	기어 모양	표준
	치형	보통이
	모듈	
	압력각	20°
잇수		36
피치원 지름		108

① 1.5 ② 2
③ 3   ④ 6

해설 모듈$(M) = \dfrac{D}{Z} = \dfrac{108}{36} = 3$

정답 23. ③ 24. ④ 25. ② 26. ③

2-2 체결용 기계요소

1 나사의 제도

① 수나사 바깥지름과 암나사 골지름, 완전 나사부와 불완전 나사부 경계선은 굵은 실선으로 그린다.
② 수나사 골지름과 암나사 바깥지름, 불완전 나사부의 골은 가는 실선으로 그린다.
③ 가려서 보이지 않는 나사는 가는 파선으로 그린다.
④ 나사 단면 시 해칭은 수나사의 바깥지름, 암나사의 골지름까지 한다.
⑤ 나사 끝에서 본 골지름은 안지름 선의 오른쪽 위 1/4을 생략하며, 중심선을 기준으로 위쪽은 약간 넘치게, 오른쪽은 약간 못 미치게 그린다.
⑥ 가려서 보이지 않는 나사부의 산봉우리와 골을 나타내는 선은 같은 굵기의 파선으로 그린다.
⑦ 수나사와 암나사의 결합 부분은 수나사로 표시한다.
⑧ 단면 시 나사부의 해칭은 수나사는 바깥지름, 암나사는 안지름까지 해칭한다.

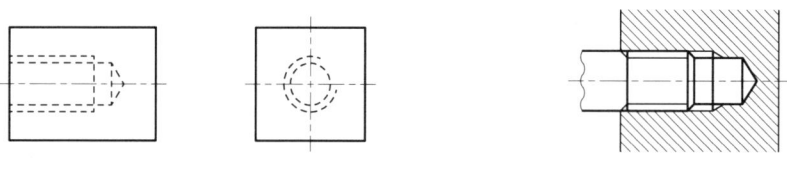

보이지 않는 나사부의 제도   나사부 단면도의 해칭

2 나사의 호칭

나사의 호칭은 나사의 종류를 표시하는 기호, 나사의 지름을 표시하는 숫자 및 피치 또는 1인치(25.4 mm)에 대한 나사산의 수로 표시한다.

① **피치를 밀리미터로 표시하는 나사의 경우(예 M10×1.25)**

나사의 종류를 표시하는 기호	나사의 지름을 표시하는 숫자	×	피치
M	10	×	1.25

② **유니파이 나사의 경우(예 3/8-16UNC)**

나사의 지름을 표시하는 숫자 또는 번호	−	산의 수	나사의 종류를 표시하는 기호
3/8	−	16	UNC

나사의 종류를 표시하는 기호 및 호칭 표시 방법(KS B 0200)

구분	나사의 종류		기호	호칭 표시법	관련 규격
ISO 표준에 있는 것	미터 보통 나사		M	M8	KS B 0201
	미터 가는 나사			M8×1	KB B 0204
	미니어처 나사		S	S0.5	KS B 0228(폐지)
	유니파이 보통 나사		UNC	3/8-16UNC	KS B 0203
	유니파이 가는 나사		UNF	No.8-36UNF	KS B 0206
	미터 사다리꼴나사		Tr	Tr10×2	KS B 0229
	관용 테이퍼 나사	테이퍼 수나사	R	R3/4	KS B 0222
		테이퍼 암나사	Rc	Rc3/4	
		평행 암나사	Rp	Rp3/4	
	관용 평행 나사		G	G1/2	KS B 0221
ISO 표준에 없는 것	30° 사다리꼴나사		TM	TM18	-
	29° 사다리꼴나사		TW	TW20	KS B 0226
	관용 테이퍼 나사	테이퍼 나사	PT	PT7	KS B 0222
		평행 암나사	PS	PS7	
	관용 평행 나사		PF	PF7	KS B 0221

3 나사의 표시 방법

나사의 표시 방법은 나사의 등급, 나사의 호칭, 나사산의 감김 방향 및 나사산의 줄의 수에 대하여 다음과 같이 구성한다.

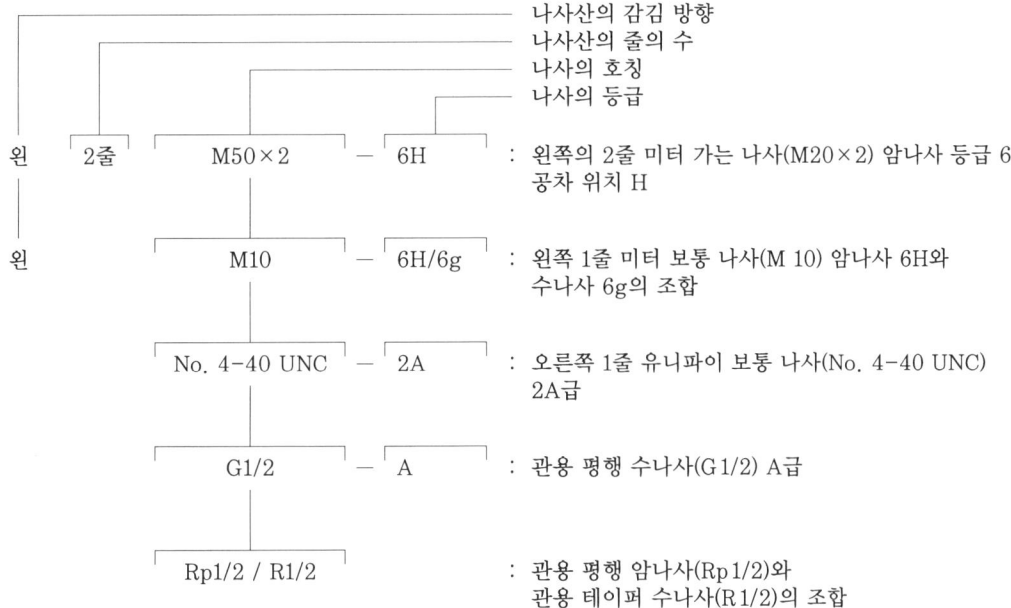

4 핀의 제도

둥근 핀의 단면은 원형으로 테이퍼 핀과 평행 핀이 있다. 테이퍼 핀은 보통 1/50의 테이퍼를 가지며 끝부분이 갈라진 것을 슬롯 테이퍼 핀이라 한다. 테이퍼 핀의 호칭 지름은 작은 쪽 지름이며, 분할 핀은 핀을 박은 후 끝을 벌려 주어 풀림을 방지하기 위해 사용한다.

(1) 핀의 호칭 방법

① 종류는 끼워맞춤 기호에 따른 m6, h7의 두 종류이다.
② 형식은 끝 면의 모양이 납작한 것이 A, 둥근 것이 B이다.
③ 등급은 테이퍼의 정밀도 및 다듬질 정도에 따라 1급, 2급의 두 종류가 있다.

핀의 종류	호칭 지름	호칭 방법
평행 핀	핀의 지름	규격 번호 또는 명칭, 종류, 형식, 호칭, 지름×길이, 재료
테이퍼 핀	작은 쪽의 지름	명칭, 등급, 지름×길이, 재료
슬롯 테이퍼 핀	갈라진 부분의 지름	명칭, 지름×길이, 재료, 지정 사항
분할 핀(스플릿 핀)	핀 구멍의 치수	규격 번호 또는 명칭, 호칭, 지름×길이, 재료

(2) 평행 핀의 호칭

| 평행 핀 또는 KS B 1320 | – | 호칭 지름 | 공차 | × | 호칭 길이 | – | 재질 |

예 | 상 | 문 | 제

1. 도면에서 나사 조립부에 M10-5H/5g이라고 기입되어 있을 때 해독으로 올바른 것은?

① 미터 보통 나사, 수나사 5H급, 암나사 5g급
② 미터 보통 나사, 1인치당 나사산 수 5
③ 미터 보통 나사, 암나사 5H급, 수나사 5g급
④ 미터 가는 나사, 피치 5, 나사산 수 5

해설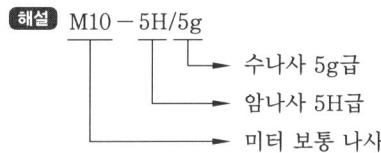

2. 나사의 표시에 관한 설명 중 올바른 것은?

① 나사산의 감김 방향은 오른나사인 경우 RH로 명기하고, 왼나사인 경우 따로 명기하지 않는다.
② 미터 가는 나사는 피치를 생략하거나 산의 수로 표시한다.
③ 2줄 이상인 경우 줄 수를 표시하며, 줄 대신 L로 표시할 수 있다.
④ 피치를 산의 수로 표시하는 나사(유니파이 나사 제외)의 경우 나사의 호칭은 나사의 종류 나사의 지름 산 산의 수 와 같이 나타낸다.

해설 나사의 표시

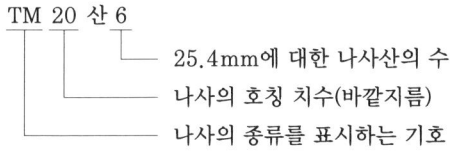

3. 좌 2줄 M50×3-6H의 나사 기호 해독으로 올바른 것은?

① 리드가 3mm
② 수나사 등급 6H
③ 왼쪽 감김 방향 2줄 나사
④ 나사산의 수가 3개

해설
• 좌 : 나사산의 감김 방향
• 2줄 : 나사산의 줄 수
• M50×3 : 나사의 호칭 지름 및 피치
• 6H : 암나사 등급

4. Tr40×7-6H로 표시된 나사의 설명 중 틀린 것은?

① Tr : 미터 사다리꼴 나사
② 40 : 호칭 지름
③ 7 : 나사산의 수
④ 6H : 나사의 등급

해설 7은 피치 7mm이다.

5. 나사의 종류를 표시하는 다음 기호 중에서 미터 사다리꼴 나사를 표시하는 것은?

① R   ② M
③ Tr   ④ UNC

해설

R	관용 테이퍼 수나사
M	미터 나사
UNC	유니파이 보통 나사

6. 그림과 같이 나사 표시가 있을 때 옳은 것은?

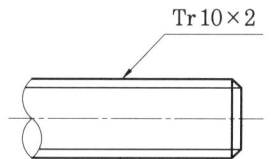

정답 1. ③ 2. ④ 3. ③ 4. ③ 5. ③ 6. ③

① 볼나사 호칭 지름 10인치
② 둥근 나사 호칭 지름 10mm
③ 미터 사다리꼴 나사 호칭 지름 10mm
④ 관용 테이퍼 수나사 호칭 지름 10mm

해설 • Tr : 미터 사다리꼴 나사
• 10×2 : 나사의 호칭 지름 10mm, 나사의 피치 2mm

7. 나사의 종류 중 ISO 규격에 있는 관용 테이퍼 나사에서 테이퍼 암나사를 표시하는 기호는?

① PT　　② PS
③ Rp　　④ Rc

해설 • PT : 관용 테이퍼 나사(ISO 규격에 없는 것)
• PS : 관용 평행 암나사(ISO 규격에 없는 것)
• Rp : 관용 평행 암나사(ISO 규격에 있는 것)
• Rc : 관용 테이퍼 암나사(ISO 규격에 있는 것)

8. 다음 나사의 도시법에 관한 설명 중 옳은 것은?

① 암나사의 골지름은 가는 실선으로 표현한다.
② 암나사의 안지름은 가는 실선으로 표현한다.
③ 수나사의 바깥지름은 가는 실선으로 표현한다.
④ 수나사의 골지름은 굵은 실선으로 표현한다.

해설 ② 암나사의 안지름은 굵은 실선으로 표현한다.
③ 수나사의 바깥지름은 굵은 실선으로 표현한다.
④ 수나사의 골지름은 가는 실선으로 표현한다.

9. 나사의 표시가 다음과 같이 명기되었을 때 이에 대한 설명으로 틀린 것은?

L 2N M10−6H/6g

① 나사의 감김 방향은 오른쪽이다.
② 암나사 등급은 6H, 수나사 등급은 6g이다.
③ 나사의 종류는 미터 나사이다.
④ 2줄 나사이며 나사의 바깥지름은 10mm이다.

해설 L 2N M10−6H/6g
• L : 왼나사
• 2N : 2줄 나사
• M10 : 미터 나사, 바깥지름은 10mm
• 6H/6g : 암나사 등급은 6H, 수나사 등급은 6g

10. 스플릿 테이퍼 핀의 호칭 방법으로 옳게 나타낸 것은?

① 규격 명칭, 호칭 지름×호칭 길이, 재료, 지정 사항
② 규격 명칭, 등급, 호칭 지름×호칭 길이, 재료
③ 규격 명칭, 재료, 호칭 길이×호칭 길이, 등급
④ 규격 명칭, 재료, 호칭 길이×호칭 길이, 지정 사항

해설 스플릿 테이퍼 핀의 호칭 지름은 갈라진 부분의 지름이며, 호칭 방법은 명칭, 호칭 지름×호칭 길이, 재료, 지정 사항이다.

11. 평행 핀에 대한 호칭 방법을 옳게 나타낸 것은? (단, 오스테나이트계 스테인리스강 A1 등급이고 호칭 지름 5mm, 공차 h7, 호칭 길이 25mm이다.)

정답 7. ④　8. ①　9. ①　10. ①　11. ③

① 평행 핀-h7 5×25-A1
② 5h7×25-A1-평행 핀
③ 평행 핀-5h7×25-A1
④ 5h7×25-평행 핀-A1

해설
- 오스테나이트계 스테인리스강 평행 핀에 대한 호칭 : 평행 핀-5h7×25-A1
- 비경화강 평행 핀에 대한 호칭 : 평행 핀-5h7×25-St

12. 비경화 테이퍼 핀의 호칭 치수는 어느 것인가?

① 굵은 쪽의 지름
② 가는 쪽의 지름
③ 중앙부의 지름
④ 굵은 쪽과 가는 쪽 지름의 평균 지름

해설 테이퍼 핀은 보통 1/50의 테이퍼를 가지며, 호칭 지름은 가는 쪽의 지름으로 표시한다.

13. 다음은 테이퍼 핀에 대한 설명이다. 틀린 것은?

① 테이퍼 핀 호칭은 명칭, 지름×길이, 등급, 재료 순이다.
② 슬롯 테이퍼 핀 호칭은 명칭, 지름×길이, 재료, 지정 사항 순이다.
③ 테이퍼 핀의 테이퍼 값은 1/50이다.
④ 테이퍼 핀 호칭 지름은 가는 쪽의 지름이다.

해설 테이퍼 핀의 호칭은 명칭, 등급, 지름×길이, 재료이다.

14. 다음 리벳에 대한 설명 중 틀린 것은?

① 리벳은 길이 방향으로 단면하여 도시한다.
② 리벳을 크게 도시할 필요가 없을 때에는 리벳 구멍을 약도로 표시한다.
③ 리벳의 체결 위치만 표시할 경우에는 중심선만을 그린다.
④ 같은 위치로 연속되는 같은 종류의 리벳 구멍을 표시할 때는 피치의 수×피치의 간격(합계 치수)로 기입할 수 있다.

해설 리벳은 길이 방향으로 단면하여 도시하지 않는다.

15. 나사의 표기를 "No.8-36UNF"로 나타냈을 때 나사의 종류는?

① 유니파이 보통 나사
② 유니파이 가는 나사
③ 관용 테이퍼 수나사
④ 관용 테이퍼 암나사

해설
- 유니파이 보통 나사 : UNC
- 관용 테이퍼 수나사 : R
- 관용 테이퍼 암나사 : Rc

16. 다음 나사의 표시 방법에 대한 설명 중 올바르지 않은 것은?

① 수나사와 암나사의 결합 부분은 수나사로 표시한다.
② 수나사나 암나사의 골지름은 가는 실선으로 그린다.
③ 수나사의 바깥지름과 암나사의 안지름은 굵은 실선으로 그린다.
④ 완전 나사부와 불완전 나사부의 경계선은 가는 실선으로 그린다.

해설 완전 나사부와 불완전 나사부 경계선은 굵은 실선으로 그린다.

정답 12. ② 13. ① 14. ① 15. ② 16. ④

2-3 제어용 기계요소

1 스프링

(1) 스프링의 용도

① 진동 흡수, 충격 완화(철도, 차량), 에너지 저축(시계 태엽)
② 압력의 제한(안전밸브) 및 힘의 측정(압력 게이지, 저울)
③ 기계 부품의 운동 제한 및 운동 전달(내연 기관의 밸브 스프링)

(2) 스프링의 종류

① **재료에 의한 분류** : 금속 스프링, 비금속 스프링, 유체 스프링
② **하중에 의한 분류** : 인장 스프링, 압축 스프링, 토션 바 스프링, 구부림을 받는 스프링
③ **용도에 의한 분류** : 완충 스프링, 가압 스프링, 측정용 스프링, 동력 스프링
④ **모양에 의한 분류** : 코일 스프링, 스파이럴 스프링, 겹판 스프링, 토션 바 스프링 등

(3) 스프링 제도

① **코일 스프링 제도**
 ㈀ 원칙적으로 무하중인 상태로 그린다.
 ㈁ 하중과 길이, 처짐과의 관계를 표시할 필요가 있을 때에는 선도 또는 항목표에 나타낸다.
 ㈂ 원칙적으로 오른쪽 감기로 도시하고, 왼쪽 감기의 경우는 "왼쪽"이라고 표시한다.
 ㈃ 코일의 중간 부분을 생략할 때에는 생략한 부분은 가는 1점 쇄선 또는 가는 2점 쇄선으로 표시해도 된다.
 ㈄ 스프링의 종류와 모양만을 제도할 때에는 중심선만 굵은 실선으로 그린다.
 ㈅ 조립도, 설명도 등에서 코일 스프링은 단면만 표시해도 된다.

② **겹판 스프링 제도**
 ㈀ 원칙적으로 판이 수평인 상태로 그린다.
 ㈁ 하중이 걸린 상태에서는 하중을 명기한다.
 ㈂ 무하중으로 그릴 때는 가상선으로 표시한다.
 ㈃ 모양만을 도시할 때에는 스프링의 외형을 실선으로 그린다.

2 브레이크

브레이크는 기계를 정지 또는 감속시키기 위한 장치로 운동의 제어는 일반적으로 마찰을 이용하며, 브레이크 용량은 마찰계수, 단위 면적당 작용 압력, 브레이크 드럼의 원주 속도가 클수록 더 향상된다.

(1) 블록 브레이크

회전하는 브레이크 드럼에 브레이크 블록을 반지름 방향으로 눌러 마찰에 의해 제동한다.

(2) 내부 확장식 브레이크

자동차에 많이 사용하며, 브레이크 슈를 원통 내면에 꽉 눌러서 제동한다.

(3) 밴드 브레이크

브레이크 드럼에 밴드를 감아 이 밴드에 장력을 주어 마찰에 의해 제동한다.

(4) 자동 하중 브레이크

큰 하중을 감아 올릴 때는 브레이크 작용은 하지 않고 클러치로 작용하며, 하중을 감아 내릴 때는 브레이크로 작용하여 하중의 속도를 조정하거나 정지시키는 데 사용하는 것으로, 웜 브레이크, 나사 브레이크, 원심 브레이크, 캠 브레이크 등이 있다.

예|상|문|제

1. 스프링의 용도로 거리가 먼 것은?
① 진동 또는 충격 에너지를 흡수
② 에너지를 저축하여 동력원으로 작용
③ 힘의 측정에 사용
④ 동력원의 제동

해설 ①, ②, ③ 외에 압력의 제한, 기계 부품의 운동 제한 및 운동 전달 등이 있다.

2. 판 스프링(leaf spring)의 특징에 관한 설명으로 거리가 먼 것은?
① 판 사이의 마찰에 의해 진동이 감쇠한다.
② 내구성이 좋고 유지 보수가 용이하다.
③ 트럭 및 철도 차량의 현가장치로 주로 이용된다.
④ 판 사이의 마찰 작용으로 인해 미소 진동의 흡수에 유리하다.

해설 판 스프링
- 흡수 능력이 크기 때문에 좁은 공간에서 큰 하중을 받을 때 사용한다.
- 미소 진동에는 코일 스프링을 사용한다.

3. 다음 중 제동용 기계요소에 해당하는 것은?
① 웜   ② 코터
③ 래칫 휠   ④ 스플라인

해설 제동용 기계요소 : 래칫 휠, 브레이크, 플라이휠 등

4. 코일 스프링 제도 방법 중 틀린 것은?
① 스프링은 원칙적으로 무하중인 상태로 그린다.
② 하중과 높이 또는 처짐과의 관계를 표시할 필요가 있을 때에는 선도 또는 표로 표시한다.
③ 코일 스프링의 중간 부분을 생략할 때는 생략하는 부분의 선지름의 중심선을 굵은 실선으로 그린다.
④ 특별한 단서가 없는 한 모두 오른쪽 감기로 도시하고, 왼쪽 감기로 도시할 때에는 "감긴 방향 왼쪽"이라고 표시한다.

해설 코일 스프링에서 양 끝을 제외한 동일 모양 부분의 일부를 생략하는 경우 생략하는 부분의 선지름의 중심선을 가는 1점 쇄선으로 그린다.

5. 다음 중 자동 하중 브레이크에 속하지 않는 것은?
① 웜 브레이크   ② 원판 브레이크
③ 나사 브레이크   ④ 원심 브레이크

해설 원판 브레이크는 축압 브레이크이다.

6. 블록 브레이크에서 브레이크 용량을 결정하는 요소로 거리가 먼 것은?
① 접촉부의 마찰계수
② 브레이크 압력
③ 드럼의 원주 속도
④ 드럼의 용량

해설 드럼의 용량은 브레이크 용량 결정과 관계가 없으며, 브레이크 용량이 크면 온도 상승을 줄일 수 있다.

7. 기계의 운동 에너지를 마찰에 따른 열에너지 등으로 변환·흡수하여 속도를 감소시키는 장치는?

정답 1.④ 2.④ 3.③ 4.③ 5.② 6.④ 7.②

① 기어 ② 브레이크
③ 베어링 ④ V 벨트

해설 브레이크 : 기계의 운동 에너지를 흡수하여 속도를 느리게 하거나 정지시키는 장치

8. 원형 봉에 비틀림 모멘트를 가하면 비틀림 변형이 생기는 원리를 이용한 스프링은?

① 겹판 스프링 ② 토션 바
③ 벌류트 스프링 ④ 래칫 휠

해설
- 겹판 스프링 : 여러 장의 판재를 겹쳐서 사용하는 것으로 보의 굽힘을 받는다.
- 벌류트 스프링 : 태엽 스프링을 축 방향으로 감아 올려 사용하는 것으로, 용적에 비해 매우 큰 에너지를 흡수할 수 있다.
- 래칫 휠 : 기계의 역회전을 방지하고, 한쪽 방향 가동 클러치 및 분할 작업 시 사용한다.

9. 스프링의 자유 길이 H와 코일의 평균 지름 D의 비를 무엇이라 하는가?

① 스프링 지수 ② 스프링 변위량
③ 스프링 상수 ④ 스프링 종횡비

해설 스프링 종횡비 $i = \dfrac{H}{D}$

H : 자유 길이, D : 코일의 평균 지름

10. 고무 스프링의 일반적인 특징에 관한 설명으로 틀린 것은?

① 1개의 고무로 2축 또는 3축 방향의 하중에 대한 흡수가 가능하다.
② 형상을 자유롭게 할 수 있고 다양한 용도가 가능하다.
③ 방진 및 방음 효과가 우수하다.
④ 인장 하중에 대한 방진 효과가 우수하다.

해설 고무 스프링
- 탄성이 크고 완충 작용, 방진 및 방음 효과가 우수하다.
- 특히 압축 하중에 대한 방진 효과가 우수하다.

11. 공기 스프링에 대한 설명 중 틀린 것은?

① 공기량에 따라 스프링계수의 크기를 조절할 수 있다.
② 감쇠 특성이 크므로 작은 진동을 흡수할 수 있다.
③ 측면 방향으로의 강성도 좋은 편이다.
④ 구조가 복잡하고 제작비가 비싸다.

해설 공기 스프링은 측면 방향으로 하중이 발생하면 실링(밀폐)이 어렵고 취약하다.

컴퓨터응용가공
산업기사

제 **2** 편

CAM 프로그래밍

1장	CAD/CAM 시스템
2장	컴퓨터 그래픽 기초
3장	3D 형상 모델링 작업
4장	CAM 가공
5장	CNC 가공

제1장 CAD/CAM 시스템

1. CAD/CAM 시스템의 개요

1-1 CAD/CAM 시스템의 개요

(1) CAD/CAM/CAE

CAD(Computer Aided Design)를 컴퓨터 응용 설계, CAM(Computer Aided Manufacturing)을 컴퓨터 응용 가공, CAE(Computer Aided Engineering)를 컴퓨터 응용 공학이라 한다.

(2) CAD/CAM의 도입 효과

각 부문별로 나타나는 효과는 각양각색이나 일반적으로 품질 향상, 원가 절감, 납기 단축, 신뢰성 향상, 표준화, 경쟁력 강화, 생산성 향상, 제품 개발 기간 단축, 설계 변경 용이 등이 있다.

1-2 CAD/CAM 시스템의 활용

(1) CAD/CAM의 적용 업무

CAD/CAM을 적용하는 업무는 개념 설계, 기본 설계, 상세 설계, 생산 설계, 생산 관리 및 품질 관리, 기술 데이터 변경 등이 있다.

(2) CAD/CAM의 적용 분야

설계 및 제도 분야에도 CAD가 도입 활용되면서 각종 응용 프로그램이 개발되어 기계, 건축, 토목, 디자인, 전기·전자, 광고 등 여러 분야에 광범위하게 사용되고 있다.

1-3 데이터 관련 용어 정의

① CAM(Computer Aided Manufacturing) : 생산 계획, 제품 생산 등 생산에 관련된 일련의 작업을 컴퓨터를 통하여 직접적, 간접적으로 제어하는 것이다.
② CAE(Computer Aided Engineering) : 컴퓨터를 통하여 엔지니어링 부분, 즉 기본 설계, 상세 설계에 대한 해석이나 시뮬레이션 등을 하는 것이다.
③ CAP(Computer Aided Planning) : NC 가공에 필요한 정보, 생산 및 검사를 위한 계획 등의 리스트를 작성하는 것이다.
④ CIM(Computer Integrated Manufacturing) : 제품의 사양 입력만으로 최종 제품이 완성되는 자동화 시스템의 CAD/CAM/CAE에 관리 업무를 합한 통합 시스템(유연 생산 시스템)이다.
⑤ CAT(Computer Aided Testing) : 제조 공정에 있어서 검사 공정의 자동화에 대한 것으로 CAM의 일부분이다.
⑥ FMS(Flexible Manufacturing System) : 생산 시스템을 모듈화하여 처리하는 지능화된 기계군, 기계 공정 간을 자동적으로 결합하는 반송 시스템, 그리고 이들 모두를 생산 관리 정보로 결합하는 정보 네트워크 시스템으로 구성되는 공장 자동화 시스템(유연 생산 체계)이다.
⑦ FA(Factory Automation) : 생산 시스템과 로봇, 반송 기기, 자동 창고 등을 컴퓨터에 의해 집중 관리하는 공장 전체의 자동화 및 무인화 등을 이루는 것이다.

1-4 컴퓨터 이용 제도 시스템

컴퓨터 이용 설계 제도(CADD)는 Computer Aided Design and Drafting의 약어로 CAD와 비슷한 뜻이나 좁은 뜻의 CAD가 설계만을 가리키는 데 비해 설계와 함께 그 결과를 그림으로 그려내는 기능을 강조하는 용어이다.

예 | 상 | 문 | 제

1. CAD/CAM 작업의 일반적인 작업 순서로 옳은 것은?

① part program → post processor → NC code → CL data
② part program → CL data → post processor → NC code
③ part program → post processor → CL data → NC code
④ part program → NC code → CL data → post processor

해설 post processor는 CL data를 NC code로 변환하는 작업을 한다.

2. 컴퓨터 응용 설계 및 생산/가공과 가장 관계가 적은 것은?

① CAD   ② CIMS
③ CAE   ④ CAB

해설 CAB : 전선의 지중화를 위해 도로 지하에 설치하는 소규모 관로로, 컴퓨터 응용 설계 및 생산/가공과는 관련이 없다.

3. 제품 개발의 초기 개념 설계 단계에서 해당 제품의 폐기에 이르기까지 전체 제품 라이프 사이클의 모든 것(품질, 원가, 일정, 고객의 요구사항 등)을 감안하여 협업적으로 개발하는 시스템 공학적 제품 개발 전략은?

① 가치 분석(value analysis)
② 가치 공학(value engineering)
③ 동시 공학(concurrent engineering)
④ 총괄적 품질 관리(total quality control)

해설 동시 공학은 제품과 서비스 설계, 생산, 인도, 지원 등을 통합하는 체계적이고 효율적인 접근 방법이다.

4. CAD/CAM의 도입 효과와 가장 거리가 먼 것은?

① 도면의 품질 향상
② 설계 생산성 향상 및 설계 변경 용이
③ 제품 개발 기간 단축
④ 회계, 고객 관리 업무의 통합적 수행

해설 CAD/CAM 시스템의 효과 : 품질 향상, 원가 절감, 납기 단축, 신뢰성 향상, 표준화, 경쟁력 강화, 정보화, 제품 개발 기간 단축, 설계 변경 용이

5. 컴퓨터를 이용한 공정 계획의 약자로 맞는 것은?

① CAP   ② CAPP
③ MRP   ④ CAT

해설
- CAP : NC 가공에 필요한 정보, 생산 및 검사를 위한 계획 등의 리스트를 작성하는 것이다.
- CAPP : 컴퓨터 지원 공정 계획(Computer Aided Process Planning)
- MRP : 제조 생산을 계획하도록 설계된 시스템으로, 수요 충족 및 전체 생산성 개선을 목표로 필요한 자재를 파악하고 수량을 추정하며 생산 일정을 맞추기 위해 자재가 필요한 시기를 판단하고 납품 시점을 관리하는 것이다.
- CAT : 제조 공정에 있어서 검사 공정의 자동화에 대한 것으로 CAM의 일부분이다.

정답 1. ② 2. ④ 3. ③ 4. ④ 5. ②

6. 기본 설계, 상세 설계에 대한 해석, 시뮬레이션을 하는 것은?
① CAE
② CAD
③ CIM
④ CAT

해설 CIM : 제품의 사양 입력만으로 최종 제품이 완성되는 자동화 시스템의 CAD/CAM/CAE에 관리 업무를 합한 통합 시스템(유연 생산 시스템)이다.

7. 일반적인 FMS(Flexible Manufacturing System)의 장점으로 보기 어려운 것은 어느 것인가?
① 인건비를 절감할 수 있다.
② 단품종 대량 생산에 적합하다.
③ 재고 관리와 제어가 용이하다.
④ 공정 변화에 대한 유연한 대처가 용이하다.

해설 FMS는 다품종 소량 생산에 적합하다.

8. 컴퓨터 네트워크 기술을 이용하여 물건과 정보의 흐름을 일체화시켜 경영 효율화를 기하기 위한 자기 통제 기능을 가진 유연한 생산 시스템을 무엇이라 하는가?
① CIM
② CAT
③ CAD
④ CAM

해설 CIM : 컴퓨터 통합 시스템으로 제조업의 생산 속도와 유연성 향상을 목표로 컴퓨터 네트워크로 통합하는 시스템이다.

9. 다음 중 CAD에서 도면층의 기능이 아닌 것은 어느 것인가?
① 매우 복잡한 도면을 작업할 때는 화면에 객체를 일시적으로 숨길 수 없다.
② 도면 자체는 물론이고 다양한 객체들의 관리가 용이하다.
③ 객체의 선 가중치와 지정된 색상에 따라 최종 도면을 인쇄할 수 있다.
④ 객체가 화면에 표시되지만 잠금으로 설정하면 편집 작업을 쉽고 빠르게 할 수 있다.

해설 매우 복잡한 도면을 작업할 때는 화면에 객체를 일시적으로 숨기거나 필요시 다시 표시할 수 있다.

10. 컴퓨터를 이용하는 CAD/CAM 시스템의 활용 방식으로 틀린 것은?
① 독립형
② 개인 제어형
③ 분산 처리형
④ 중앙 통제형

해설 CAD/CAM 시스템의 활용 방식
- 독립형(스탠드 얼론형) : 퍼스널 컴퓨터 시스템에 의한 방법으로 일반적으로 널리 보급되어 있으며, 가격이 저렴하다.
- 분산 처리형 : 각 컴퓨터 시스템별로 장착되어 있는 프로세서를 사용하여 자체적으로 자료를 구성하여 작성한 후 서로 통신망을 통하여 교환하는 것뿐만 아니라, 먼 곳에 떨어져 있는 사용자들이 서로 다른 시스템을 사용하더라도 자료를 서로 공유할 수 있도록 하는 방법이다.
- 중앙 통제형 : 대형 컴퓨터 본체에 작업용 그래픽 터미널, 키보드, 프린터, 플로터 등을 여러 개씩 연결하여 이들을 하나의 중앙 통제형 컴퓨터에서 총괄하여 제어하도록 구성한 방법이다.

정답 6. ① 7. ② 8. ① 9. ① 10. ②

11. 제품 설계 단계에서 제조 및 사후 지원 업무까지도 함께 통합적으로 감안하여 설계를 하는 시스템적 접근 방법으로 제품 개발 담당자로 하여금 개발 초기부터, 개념 설계 단계에서 해당 제품의 폐기에 이르기까지 전체 라이프 사이클의 모든 것(품질, 원가, 일정, 고객 요구사항 등)을 감안하여 개발하도록 하는 것은?

① 가치공학(value engineering)
② 동시공학(concurrent engineering)
③ 가치분석(value analysis)
④ 총괄적 품질관리(total quality control)

해설 동시공학(concurrent engineering) : 제조 업체의 전 분야, 즉 영업, 마케팅, 설계, 구매, 생산, 품질관리 등 모든 부분을 감안하여 개발하도록 하는 것이다.

12. 일반적으로 CAM 시스템 도입을 통해 얻을 수 있는 효과로 보기 어려운 것은?

① 고품질 제품 생산 가능
② NC 프로그램 오류 감소
③ 가공 형상 단순화
④ 가공 시간 단축

해설 복잡한 형상 가공이 용이하나, 단점으로는 전문 인력 확보가 어렵다.

정답 11. ② 12. ③

2. CAD/CAM 시스템의 구성

2-1 하드웨어 구성 요소

1 컴퓨터의 3대 장치
컴퓨터의 3대 장치는 입출력장치, 중앙처리장치(CPU), 기억장치이다.

2 컴퓨터의 5대 기능과 장치
① 입력기능과 입력장치　　② 기억기능과 기억장치
③ 연산기능과 연산장치　　④ 출력기능과 출력장치
⑤ 제어기능과 제어장치

3 하드웨어의 구성
CAD 시스템은 하드웨어와 소프트웨어의 복합체로, 하드웨어는 입력장치와 본체, 출력장치로 구분되고 소프트웨어는 운영 체제와 응용 프로그램으로 구분된다.

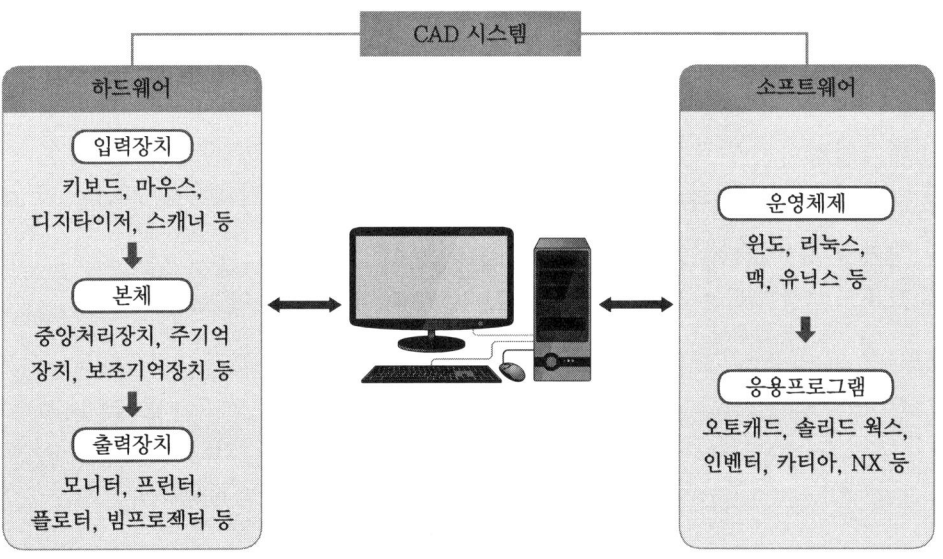

CAD 시스템의 구성

(1) 입력장치

키보드, 태블릿, 마우스, 조이스틱, 컨트롤 다이얼, 기능 키, 트랙볼, 라이트 펜 등이 있다.

(2) 출력장치

CAD 시스템 내부에 수학적인 데이터로 저장되어 있는 정보를 인간이 쉽게 파악할 수 있도록 나타내는 장치이다.

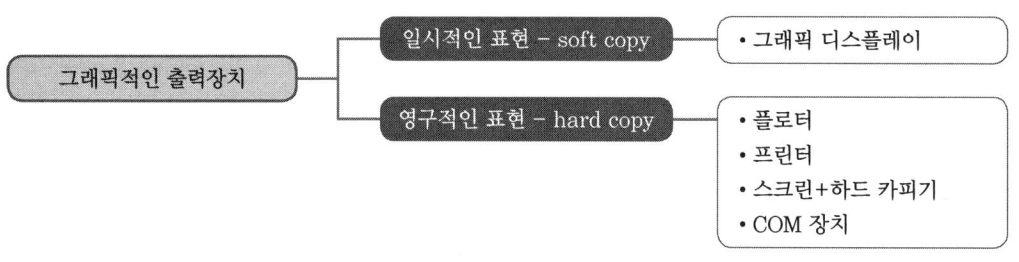

CAD 시스템의 출력장치

① **그래픽 디스플레이(컬러 디스플레이)** : 기본 색상은 R(빨강), G(초록), B(파랑)이다.

② **COM(Computer Output Microfilm) 장치** : 플로터가 종이 위에 영상을 표현하는 대신 마이크로필름으로 출력하는 기기이다. 해상도가 떨어지지만 쉽고 비교적 처리 속도가 빠르다.

(3) 저장장치

① 주기억장치는 자료를 중앙처리장치와 직접 교환할 수 있는 장치이다.
② 보조기억장치는 중앙처리장치와 직접 교환할 수 없고, 주기억장치를 통해서만 자료 교환이 가능한 기억장치이다.
③ 보조기억장치에는 하드 디스크, CD, 플로피 디스크 등이 있다.

예 | 상 | 문 | 제

1. 중앙처리장치(CPU)의 구성 요소가 아닌 것은?
① 기억장치
② 제어장치
③ 연산논리장치
④ 레이저 빔 기억장치

해설 중앙처리장치(CPU : Central Processing Unit)는 사람의 두뇌와 같이 컴퓨터 시스템에 부착된 모든 장치의 동작을 제어하고 명령을 실행하는 장치로 제어장치, 연산장치, 레지스터 그리고 이들을 연결하여 데이터를 전달하는 버스로 구성되어 있다.

2. 컴퓨터의 기본 구성을 표로 나타낸 것이다. 빈칸에 들어갈 내용은?

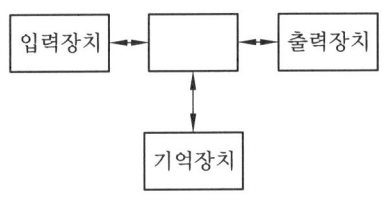

① ALU ② SAM
③ DAM ④ CPU

해설 CPU(중앙처리장치)는 컴퓨터에서 기억, 해석, 연산, 제어라는 4대 주요 기능을 관할하는 장치를 말한다.

3. CPU(중앙처리장치)를 2개의 부분으로 나누면 어떻게 구성되는가?
① 연산장치와 제어장치
② 연산장치와 산술장치
③ 주기억장치와 제어장치
④ 주변장치와 제어장치

해설 CPU는 외부에서 키보드로 입력받은 값을 인식하고, 계산을 하고, 파일로 저장하거나 인쇄하는 명령을 내리는 두뇌 역할을 한다. CPU를 기능별로 나누어 보면 연산장치와 제어장치, 레지스터로 나눌 수 있다.

4. 다음 중 중앙처리장치(CPU)와 메인 메모리(RAM) 사이에서 처리될 자료를 효율적으로 이송할 수 있도록 자료의 처리속도를 증가시키는 기능을 수행하는 것은?
① 코프로세서
② 캐시 메모리
③ BIOS
④ CISC

해설
• 코프로세서(보조처리기) : CPU의 기능을 보완하기 위해 사용되는 컴퓨터 프로세서이다.
• BIOS(바이오스) : 컴퓨터의 하드웨어와 운영 체제 간의 인터페이스 역할을 하는 시스템으로, 소프트웨어가 하드웨어를 제어하게 한다.
• CISC : 복잡한 고급 언어에 각각 기계적인 명령어를 대응시킨 회로로 구성된 컴퓨터 프로세서이다.

5. 다음 중 CAD/CAM 시스템의 입력장치가 아닌 것은?
① 키보드(keyboard)
② 스타일러스 펜(stylus pen)
③ 마우스(mouse)
④ 플로터(plotter)

해설 프린터, 플로터, 모니터(CRT)는 출력장치이다.

정답 1. ④ 2. ④ 3. ① 4. ② 5. ④

6. CAD 시스템의 입력장치가 아닌 것은?

① 트랙볼(track ball)
② 스캐너(scanner)
③ 태블릿(tablet)
④ 래스터(raster)

해설 래스터는 CRT 화면상에 미리 정해진 수평선의 집합 형태로 일정한 간격을 유지하며 전체 화면을 고르게 덮고 있다.

7. CAD 정보의 출력장치가 아닌 것은?

① 전자 펜(light pen)
② 레이저 프린터(laser printer)
③ 벡터 디스플레이(vector display)
④ 스테레오 리소그래피(stereo lithography)

해설 라이트 펜(light pen)은 그래픽 스크린(CRT)상에 접촉한 빛을 인식하는 입력장치이다.

8. 래스터 디스플레이 장치를 이용하여 흑백이 아닌 컬러를 표현하는 데 필요한 최소한의 비트 플레인(bit plane)은 몇 개인가?

① 1   ② 3
③ 5   ④ 7

해설 색을 표현하는 데 필요한 최소한의 비트는 3bit이므로 컬러의 수는 $2^3=8$개이다.

9. CAD/CAM 시스템의 출력장치 중에서 충격식 프린터는?

① 도트 프린터
② 레이저 프린터
③ 열전사 프린터
④ 잉크젯 프린터

해설 충격식 프린터에는 휠 프린터, 드럼 프린터, 체인 프린터, 도트 프린터 등이 있다.

10. 가벼우면서도 작은 부피를 가지는 평판 디스플레이로 틀린 것은?

① 플라스마 판 디스플레이
② 음극선관(CRT) 디스플레이
③ 액정 디스플레이
④ 전자 발광 디스플레이

해설 평판 디스플레이 : TV나 컴퓨터 모니터보다 두께가 얇고 가벼운 영상 표시 장치

11. 주사선 방식의 그래픽 장치는?

① plasma gas display
② raster scan display
③ liquid crystal display
④ lighting emitting diodes display

해설 래스터 스캔형 : 텔레비전과 같은 전자총에서 나온 주사선을 수평 방향으로 주사시켜 상을 형성하는 방식으로, 가장 널리 사용되며 컬러 표현이 가능하다.

12. 잉크젯 또는 레이저 프린트의 해상도를 나타내는 단위는?

① LPM
② BPS
③ DPI
④ CPI

해설
- DPI(Dot Per Inch) : 모니터 등의 디스플레이나 프린터의 해상도 단위로, 화면 1인치당 몇 개의 도트(점)가 들어가는지 말한다.
- CPI(Character Per Inch) : 인쇄기 또는 영상면 등과 같은 정보 인쇄 장치에서 1인치 길이에 인쇄되는 문자 개수를 의미한다.
- BPS(Bit Per Second) : 1초 동안 전송할 수 있는 모든 비트(bit)의 수를 뜻한다.

정답 6. ④ 7. ① 8. ② 9. ① 10. ② 11. ② 12. ③

13. 컴퓨터에서 자료 표현의 최소 단위는?
① bit ② byte
③ field ④ word

해설
- bit : 컴퓨터에서 다루는 최소 정보 단위로 0과 1의 두 종류의 정보를 나타낼 수 있다.
- byte : 8개의 비트를 묶어서 하나의 문자를 표시할 수 있다.
- field : 데이터 처리의 최소 단위로 각각의 데이터 항목을 의미하며, 하나 이상의 워드로 구성된다.
- word : 컴퓨터에서 연산의 기본 단위가 되는 정보의 단위를 말한다. 보통 일정한 수의 비트로 이루어지며, 컴퓨터의 모든 명령은 기본적인 이 단어를 단위로 하여 수행된다.

14. 원근 투영에 대한 설명으로 틀린 것은?
① 건축 분야의 CAD/CAM에서 사용된다.
② 투영면과 관찰자와의 거리가 무한대인 경우이다.
③ 투영의 결과가 실제 사람의 눈으로 보는 것과 비슷하다.
④ 같은 길이의 물체라도 가까운 것을 크게, 먼 것을 작게 그린다.

해설 원근 투영은 투영면과 관찰자와의 거리가 몇 개의 투시점으로 모여지므로 무한대는 아니다.

15. 화면에 나타난 데이터를 확대하여 데이터의 일부분만을 스크린에 나타낼 때 상당부분이 viewport를 벗어나는데 이와 같이 일정한 영역을 벗어나는 부분을 잘라버리는 것을 무엇이라 하는가?
① 윈도잉(windowing)
② 클리핑(clipping)
③ 매핑(mapping)
④ 패닝(panning)

해설 클리핑(clipping)은 영상이나 화면의 일부만 지정하여 표시하거나 그 부분만 오려 내어 남기고 다른 부분을 없애는 조작이다.

16. 곡면 모델링에 관련된 기하학적 요소 (geometric entity)와 관련이 없는 것은?
① 점(point) ② 픽셀(pixel)
③ 곡선(curve) ④ 곡면(surface)

해설 곡면 모델링에 관련된 기하학적 요소 (geometric entity)에는 점, 곡선 및 곡면이 있다. 공간상의 한 점은 기준 좌표계에서의 x, y, z값을 지정하면 정의되며, 하나의 곡선은 곡선의 방정식으로 정의된다.

17. 텔레비전·컴퓨터 화면의 그래픽 처리 디스플레이장치에 의해 화면을 구성하는 경우 화면을 구성하는 가장 최소 단위는?
① 픽셀(pixel) ② 스캔(scan)
③ 빔(beam) ④ 비트(bit)

해설 픽셀이란 컴퓨터 이미지, 디스플레이를 구성하고 있는 최소 단위를 뜻하는 말로 화소 (picture element)라고도 한다.

18. 광원으로부터 나오는 광선이 직접 또는 반사 및 굴절을 거쳐 화면에 도달하는 경로를 역추적하여 화면을 구성하는 각 화소의 빛의 강도와 색깔을 결정하는 렌더링 방법은?
① 광선 투사(ray tracing)법
② Z-버퍼 방법
③ 화가 알고리즘(painter's algorithm) 방법
④ 후향면 제거(back-face culling) 방법

정답 13. ① 14. ② 15. ② 16. ② 17. ① 18. ①

해설 광선 투사법(ray tracing method)은 컴퓨터 그래픽에서 가상의 광선이 물체를 관통하거나 물체 표면에서 반사되어 카메라를 거쳐 다시 돌아오는 경로를 계산하는 렌더링 기술이다.

19. CAD/CAM 시스템에서 모델링된 도형을 보다 현실감 있게 정적으로 화면에 디스플레이하기 위해 사용되는 것이 아닌 것은?
① 색채 모델링(color modeling)
② 모핑(morphing)
③ 음영기법(shading)
④ 은선/은면 제거(hidden line/surface removal)

해설 모핑(morphing)은 하나의 이미지 또는 모양을 다른 이미지 또는 모양으로 변형시키는 영화 및 애니메이션 특수 효과 기술을 말한다.

20. 리프레시(refresh)에 의해 약간 화면이 흐려지고 밝아지는 현상이 일어나는데 이 과정에서 화면이 흔들리는 현상을 무엇이라 하는가?
① 플리커(flicker)
② 포커싱(focusing)
③ 디플렉션(deflection)
④ 래스터(raster)

해설 플리커(flicker)는 화면의 밝기가 일정하지 않고 변화하여 떨리는 현상을 의미한다.

21. 임의의 삼각형의 꼭짓점에서 이웃 삼각형들과 법선 벡터의 평균을 사용하여 반사광을 계산하는 음영법(shading)은?
① Phong 음영법
② Gouraud 음영법
③ Lambert 음영법
④ Faceted 음영법

해설 Gouraud 음영법 : 3차원 그래픽에서 화면에 나타난 입체 표면에 색을 적당하게 입혀서 물체에 입체감과 질감을 주는 채색 알고리즘의 하나로 두 평면이 만나는 곳에서 색이 갑자기 변하는 것을 막기 위해 평면 중심에서 교차선까지 연속적으로 색이 점차로 변하게 한다. 인접한 다른 폴리곤의 surface normal 값과의 평균값을 계산해서 얻어진 normal 값으로 그 해당 모서리에서의 표면 색깔을 설정하고 마찬가지로 계산된 맞은편 모서리까지의 표면 색 변화를 보간하는 방식을 취한다.

22. 화면의 CAD 모델 표면을 현실감 있게 채색, 원근감, 음영 처리하는 작업은 무엇인가?
① animation   ② simulation
③ modelling   ④ rendering

해설 rendering : 평면인 그림에 형태와 위치, 조명 등 외부의 정보에 따라 다르게 나타나는 그림자와 색상, 농도 등을 고려해 3차원 화상을 만들어내는 과정이나 기법

23. 래스터 스캔 디스플레이에 직접적으로 관련된 용어가 아닌 것은?
① flicker   ② refresh
③ frame buffer   ④ RISC

해설
• flicker : 화면이 깜박거리는 현상이다.
• refresh : 화면을 다시 재생하는 작업이다.
• frame buffer : 데이터를 다른 곳으로 전송하는 동안 일시적으로 그 데이터를 보관하는 메모리 영역이다.
• RISC : Reduced Instruction Set Computer의 약어로, CPU에 관련된 용어이다.

정답 19. ② 20. ① 21. ② 22. ④ 23. ④

2-2 소프트웨어 구성 요소

CAD용 소프트웨어는 어떤 소프트웨어라 하더라도 반드시 가지고 있는 기본 기능과 사용자의 편의에 따라 선택하게 되는 옵션 기능이 있으며, 옵션 기능은 각 시스템마다 차이가 있다.

1 기본 기능

(1) 요소 작성

점, 선, 원, 원호, 곡선, 곡면 등 CAD 시스템에서 형상을 구성하는 최소 단위를 요소(element)라 하고, 요소가 모여 구성된 형상을 모델이라 한다.

(2) 요소 편집

작성한 요소를 부분적으로 삭제하거나 시작점과 끝점의 방향을 바꾸는 기능 또는 라운딩, 모따기, 3차원 모델의 수정을 하는 기능이다.

(3) 요소 변환

작성한 요소를 이동, 회전, 대칭, 복사, 변형하는 등 요소의 변환에 관한 기능이다.

(4) 도면화

만들어진 모델을 도면이 될 수 있도록 하는 기능으로 치수 기입, 주서 기입, 마무리 기호 기입, 용접 기호 기입 등이 있다.

(5) 디스플레이 제어

디스플레이 되는 도형을 전체 또는 부분 확대·축소하거나 표시 부분의 이동, 그리드, 은선 처리를 하는 기능이다.

(6) 데이터 관리

작성한 모델을 등록, 삭제, 복사, 검색하거나 이름을 변경하는 기능이다.

(7) 물리적 특성 해석

작성한 모델의 면적, 길이, 부피, 관성 모멘트 등을 계산하는 기능이다.

(8) 플로팅

도면화된 데이터를 플로터에 출력하는 기능이다. 척도 설정, 선 굵기나 색 지정, 복수 도면의 자동 배치 등의 기능이 포함된다.

2 옵션 기능

(1) 비도형 정보 처리

도형의 선의 종류, 도형의 계층, 도형에 부여하는 재질, 밀도, 주기 등의 정보를 입출력하여 계산하거나 표를 만드는 데 이용하는 기능이다.

(2) 파라메트릭 도형

형상은 같으나 치수가 다른 도형 등을 작성할 때 가변되는 기본 도형을 작성하여 놓고 필요에 따라 치수를 입력하여 비례되는 도형을 작성하는 기능이다.

(3) 도형 처리 언어

형상 및 치수가 변경되는 가변 도형 처리나 해석, 판정 처리, 반복 처리 등을 조합한 전용 명령어를 작성할 수 있는 CAD 전용 언어이다.

(4) 메뉴 관리

매크로화 기능이나 도형 처리 전용 언어를 이용하여 작성한 전용 명령어를 메뉴에 배치하여 이용할 수 있도록 하는 기능이다.

(5) 데이터 호환

CAD 시스템 간의 모델 데이터를 서로 주고받기 위한 기능이다.

(6) NC 정보

CAD에 의한 모델링을 포스트 프로세서를 통하여 NC 가공 정보 데이터로 출력하는 기능이다.

예 | 상 | 문 | 제

1. 가상시작품(virtual prototype)에 대한 설명으로 가장 거리가 먼 것은?

① 설계 시 문제점을 사전에 검증하고 수정하는 데 도움을 준다.
② 가상시작품을 사용하여 제품의 조립 가능성을 미리 검사해 볼 수 있다.
③ NC 공구 경로를 미리 시뮬레이션 함으로써 가공 기계의 문제점을 미리 확인 할 수 있다.
④ 각 부품의 형상 모델을 컴퓨터 내에서 가상으로 조립한 시작품 조립체 모델을 말한다.

해설 NC 공구 경로를 시뮬레이션하여 가공 기계의 문제점을 미리 확인하는 것은 NC 설비 자체의 시뮬레이션 기능이다.

2. 분산 처리형 CAD/CAM 시스템의 특징으로 틀린 것은?

① 컴퓨터 시스템의 사용상 편리성과 확장성을 증가시킬 수 있다.
② 자료 처리 및 계산 속도를 증가시킬 수 있어 설계 및 가공 분야에서 생산성을 향상시킬 수 있다.
③ 주시스템과 부시스템에서 동일한 자료 처리 및 계산 작업이 동시에 이루어지므로 데이터의 신뢰성이 높다.
④ 시스템 하나가 고장이 나더라도 다른 시스템은 정상적으로 작동할 수 있도록 구성되어 컴퓨터 시스템의 신뢰성과 활용성을 높일 수 있다.

해설 주시스템과 부시스템에서 각각 별도의 계산 작업이 이루어져 자료 처리를 한다.

3. CAD 시스템을 구성하는 주요 기능과 가장 연관이 없는 것은?

① 운영 시스템(OS) 체크 기능
② 문자 작성 기능
③ 형상 치수 점검 기능
④ 다른 CAD 시스템의 자료와 호환하는 기능

해설 운영체제(Operating System)는 컴퓨터 시스템의 하드웨어, 소프트웨어적인 자원들을 효율적으로 운영 및 관리함으로써 사용자가 컴퓨터를 편리하고, 효과적으로 사용할 수 있도록 하는 시스템 소프트웨어이다.

4. CAD/CAM 소프트웨어의 주요 기능이 아닌 것은?

① 데이터의 변환
② 자료 출력 기능
③ 자료 입력 기능
④ 네트워크 기능

해설 CAD/CAM 소프트웨어의 주요 기능
• 데이터의 관리 및 변환 · 교환 기능
• 자료 입 · 출력 기능
• 도면화 및 디스플레이 제어 기능
• 물리적 특성 해석 기능
• 요소 작성, 편집, 변환 기능

5. CAD 소프트웨어의 가장 기본적인 역할은?

① 기하 형상의 정의
② 해석 결과의 가시화
③ 유한 요소 모델링
④ 설계물의 최적화

해설 CAD 소프트웨어의 가장 기본적인 역할은 형상을 정의하여 정확한 도형을 그리는 것이다.

정답 1. ③ 2. ③ 3. ① 4. ④ 5. ①

6. 일반적인 CAD 시스템에서 많이 사용하는 곡선의 방정식 차수가 3차인 이유로 가장 적절한 것은?

① 곡선의 전면에 떨림이 적어 평탄한 곡선을 만들어 낼 수 있다.
② 곡선의 방정식을 구성하는 계수의 계산이 편리하여 방정식을 쉽게 구현할 수 있다.
③ 곡선의 방정식을 구성하는 계수의 변화에 따라 곡선의 형태 변화를 미리 예측하기 쉽다.
④ 두 개의 곡선을 연결할 때 양쪽 곡선이 모두 3차식이면 연결점에서 곡률의 연속을 보장할 수 있다.

해설 3차인 이유는 두 개의 곡선을 연결하여 복잡한 형태의 곡선을 만들 때, 양쪽 곡선이 모두 3차식이면 연결점에서 2차 미분까지 연속하게 구속 조건을 줄 수 있으므로 곡률의 연속을 보장할 수 있기 때문이다.

7. CAD/CAM 소프트웨어의 모델 데이터베이스에 포함되어야 하는 기본 요소와 가장 거리가 먼 것은?

① 모델 형상
② 설계자의 인적사항
③ 모델의 재질 특성
④ 모델을 구성하는 그래픽 요소(attributes)

해설 데이터베이스 연결 관리자의 능력은 중요하지만, 설계자의 인적사항은 아무 관계가 없다.

8. 분산 처리형 시스템이 갖추어야 할 기본 성능이 아닌 것은?

① 여러 시스템 중에서 일부 시스템의 고장이 발생하더라도 나머지는 정상 작동되어야 한다.
② 자료 처리 및 계산 작업은 모두 주(main) 시스템에서 이루어져야 한다.
③ 구성된 시스템별 자료는 다른 컴퓨터 시스템 자료의 내용에 변화를 주지 말아야 한다.
④ 사용자가 구성한 자료나 프로그램을 다른 사용자가 사용하고자 할 때는 정보 통신망을 통해 언제라도 해당 자료를 사용하거나 보내줄 수 있어야 한다.

해설 분산 처리형 : 먼 곳에 떨어져 있는 사용자들이 다른 시스템을 사용하더라도 자료를 공유하는 데 어려움이 없도록 하는 방법이다.

정답 6. ④ 7. ② 8. ②

3. CAD 데이터 표준

3-1 CAD/CAM 데이터 교환을 위한 표준 종류와 특징

(1) DXF(Drawing eXchange Format)

AutoCAD 데이터와의 호환성을 위해 제정한 ASCⅡ Format이다. DXF는 ASCⅡ 문자로 구성되어 있어 text editor에 의해 편집이 가능하고, 다른 컴퓨터 하드웨어에서도 처리가 가능하다. header section, tables section, blocks section 및 entities section으로 구성되어 있으며, 데이터의 종류를 미리 알려주는 그룹 코드가 있다.

(2) IGES(Initial Graphics Exchange Specification)

기계, 전기·전자, 유한 요소법(FEM), 솔리드 모델 등의 표현 및 3차원 곡면 데이터를 포함하여 CAD/CAM 데이터를 교환하는 세계적인 표준이다. IGES는 3차원 모델링 기법인 CSG(Constructive Solid Geometry : 기본 입체의 집합연산표현방식) 모델링과 B-rep(Boundary representation : 경계표현방식)에 의한 모델을 정의할 수 있으며, ASCⅡ 파일로 한 라인이 구성된다. start, global, directory entry, parameter data, flag, terminate의 6개 섹션으로 구성되어 있다.

(3) STEP(STandard for the Exchange of Product model data)

제품의 모델과 이와 관련된 데이터의 교환에 관한 국제 표준(ISO 10303)으로, 정식 명칭은 "Industrial automation system-Product data representation and exchange-ISO 10303"이다. 개념 설계에서 상세 설계, 시제품, 테스트, 생산, 생산지원 등 제품에 관련된 life cycle의 모든 부문에 적용되는 데이터를 뜻하므로, 형상 데이터뿐만 아니라 부품표(BOM), 재료, 관리 데이터, NC 가공 데이터 등 많은 종류의 데이터를 포함한다. 이것이 CAD/CAM 시스템의 표준이 되고 있는 DXF나 IGES와의 차이점이다.

> **참고**
> • DXF나 IGES는 형상 데이터, 속성 데이터 등 CAD/CAM 시스템에서 사용하는 데이터만 교환할 수 있다.

(4) STL(STereo Lithography)

미국의 3D 시스템 사에서 개발한 SLA CAD 소프트웨어 파일 형식인 STL은 ASCⅡ 또는 binary 파일 형식으로 저장된 것으로, 입체의 표면을 다각형(polygon)화 된 크고 작은 삼각형의 면으로 배열하여 각진 형태에서 부드러운 곡면까지로 인식시키는 파일 형식이다. STL은 쾌속 조형의 표준 입력 파일 형식으로 많이 사용되고 있으며, 모델링된 곡면을 정확히 삼각형 다면체로 옮길 수 없고, 이를 정확히 변환시키려면 용량을 많이 차지하는 단점이 있다.

(5) GKS(Graphical Kernel System)

컴퓨터 그래픽의 표준화 움직임은 ACM과 SIGGRAPH에 의해 CORE라고 불리는 표준안을 만들게 되었다. 1977년에 처음 발표되었으나 레스터 그래픽 기법에 대한 표준안이 다루어지지 않아서 2년 후 수정안이 다시 발표되었다. 이 무렵 독일의 DIN에 의해 GKS가 제안되어 1985년에 국제 표준 기구인 ISO, ANSI 등에서 GKS를 표준으로 채택하게 되었다.

(6) CGI(Computer Graphic Interface)

CGI는 VDI(Virtual Device Interface)라는 이름으로 시작된 하드웨어 기준의 표준이며, 이를 ISO에서 취급하게 되면서 CGI로 명칭이 바뀐 것이다. 그래픽 기능과 하드웨어 드라이버 간에 공유되어 각종 하드웨어를 조절할 수 있도록 하는 표준 규격이다.

(7) CGM(Computer Graphic Metafile)

CGM은 서로 다른 시스템 간에 형성된 모형에 대하여 같은 형태의 이미지와 정보 저장 방법 및 정보를 파일로 저장할 때 도형의 종류에 따라 일정한 규칙을 정하여 저장 파일을 구성하게 하는 표준이다. 다른 시스템에서도 이 파일을 이용하여 수정 및 편집이 가능하도록 한 표준으로, VDM(Virtual Device Metafile)이라고도 한다.

(8) NAPLPS(North American Presentation Level Protocol Syntax)

문자와 도형을 전송하기 위해 통신회선을 사용하고자 할 때 필요한 규정으로 미국의 AT&T가 채택한 하드웨어 기준의 표준이다. 문자와 도형으로 나타난 영상자료를 전송할 때 필요한 코드 체계를 정한 것이다.

(9) GKS-3D와 PHIGS(Programmer's Hierarchical Interactive Graphic System)

GKS-3D는 GKS에 3차원 기능을 부여한 것으로, 3D 입력 요소의 입력과 디스플레이 등을 추가한 것이다. PHIGS는 3차원 그래픽을 표현하는 primitive를 단계적으로 그룹화하여 사용할 수 있도록 한 그래픽 표준으로, 계층적 구조를 가지는 그래픽 표준이라 할 수 있다. 최근에는 PHIGS를 보완하여 가상현실 기법을 적용할 수 있도록 PHIGE를 발표하여 항공 교통망 시뮬레이션, 물 분자 모델링, 건축 설계 등에 이용하고 있다.

> **참고**
>
> **표준화된 그래픽 소프트웨어 사용의 장점**
> - 개발된 CAD/CAM 시스템을 컴퓨터의 종류와 무관하게 사용할 수 있다.
> - 응용 프로그램, API(Application Program Interface)를 개발할 때 또는 사용자가 바뀌거나 새로운 주변장치를 개발할 때 처음부터 수정·설계하는 시간을 절약할 수 있다.
> - 이미 구성된 표준안에 따라 주변장치를 개발할 경우 프로그램을 작성하는 일이 없어진다.

예 | 상 | 문 | 제

1. 서로 다른 CAD/CAM 시스템 사이에서 도형 정보를 옮기거나 공동 사용할 수 있도록 개발한 최초의 표준 교환 형식은?

① IGES
② DXF
③ STEP
④ PDES

해설 IGES : CAD/CAM 시스템 간에 데이터 베이스가 서로 호환성을 가질 수 있도록 해주는 모델의 입출력 데이터 표준 형식

2. STEP 표준을 정의하는 모델링 언어는?

① EXPRESS
② PART
③ PDES
④ AP

해설 STEP은 제품 데이터의 표현 및 교환을 위한 국제표준규격으로 모델링 언어는 EXPRESS이다.

3. IGES에 대한 설명으로 옳은 것은?

① 데이터 교환의 표준 형식으로 채택된 규격
② 가로축 방향을 u축, 세로축 방향을 v축으로 갖는 좌표계
③ 각 화소(pixel)마다 해당 점과의 거리를 저장하는 기억 장소
④ 2차원 도형을 어느 직선 방향으로 이동시키거나 회전시켜 입체를 생성하는 기능

해설 기계, 전기·전자, 유한 요소법(FEM), 솔리드 모델 등의 표현 및 3차원 곡면 데이터를 포함하여 CAD/CAM 데이터를 교환하는 세계적인 표준이다.

4. 도면 데이터를 교환하기 위해 사용하는 DXF(Drawing Exchange Format) 파일의 구성 요소로 틀린 것은?

① Header Section
② Tables Section
③ Entities Section
④ Post Section

해설 DXF 파일의 구성 요소
헤더 섹션, 테이블 섹션, 블록 섹션, 엔티티 섹션, 엔드 오브 파일 섹션으로 구성되어 있다.

5. 다음 설명이 의미하는 데이터 표준 규격은?

> ㄱ. 내부 처리 구조가 다른 CAD/CAM 시스템으로부터 쉽게 변환 정보를 교환할 수 있는 장점이 있다.
> ㄴ. 모델링된 곡면을 정확히 다면체로 옮길 수 없다.
> ㄷ. 오차를 줄이기 위해 보다 정확히 변환시키려면 용량을 많이 차지하는 단점이 있다.

① STEP
② STL
③ DXF
④ IGES

해설 표준 데이터 교환 형식
• STEP : 데이터 교환에 관한 국제 표준
• STL : 쾌속 조형의 표준 입력 파일 형식으로 많이 사용되는 표준 규격
• DXF : 다른 CAD 시스템에서 읽을 수 있는 AutoCAD 데이터와 호환성을 위해 제정한 ASCII 형식
• IGES : 데이터를 교환하는 ANSI 규격 형식

정답 1. ① 2. ① 3. ① 4. ④ 5. ②

6. CAD/CAM 시스템을 개발하여 공급하는 회사들은 세계적으로 여러 군데가 있다. 이러한 여러 가지 CAD/CAM 시스템을 사용하다 보면 자료를 각각의 회사별로 공유하여 활용하는 데 많은 문제점을 표출하게 된다. 이러한 문제점들을 해결하기 위해 서로 다른 그래픽 자료를 인터페이스(interface)할 수 있는 규격의 종류가 아닌 것은?

① IGES ② DIN
③ DXF ④ STEP

해설 DIN : 독일 공업 규격(Deutsche Industrie Normen)

7. 서로 다른 CAD/CAM 시스템 사이에서 데이터를 상호 교환하기 위한 데이터 포맷 방식이 아닌 것은?

① IGES ② STEP
③ DXF ④ DWG

해설 DWG : AutoCAD에서 벡터 그래픽을 저장하기 위한 표준 파일 형식

8. VDI라는 이름으로 시작된 하드웨어 기준의 표준으로, 그래픽 기능과 하드웨어 간에 공유되어 하드웨어를 제어할 수 있는 표준 규격은?

① GKS ② CGI
③ CGM ④ IGES

해설 CGI : 양방향 의견 교환을 가능하게 하는 웹 기술로 웹 서버(정보 제공자)와 클라이언트(정보 이용자) 간에 필요한 정보 교환을 가능하게 해주는 그래픽 기반 인터페이스 또는 웹 서버와 외부 프로그램 사이에서 정보를 주고받는 방법이나 규약을 말한다.

9. 서로 다른 CAD 시스템 간에 설계 정보를 교환하기 위한 표준 중립 파일(neutral file)이 아닌 것은?

① DXF ② GU
③ IGES ④ STEP

해설 데이터 교환을 위한 표준

규격	설명
DXF	데이터 호환용 파일로, 자료 공유가 다른 CAD 프로그램의 파일 교환을 위해 만들어진 표준
IGES	서로 다른 CAD/CAM 시스템에서 설계와 가공 정보를 교환하기 위한 표준
STEP	회사별로 구성된 CAD/CAM 시스템의 정보를 도면 데이터뿐만 아니라 제품 데이터도 교환할 수 있도록 한 표준

10. CAD 데이터 교환을 위한 중립 파일 중 특수한 서식의 문자열을 가진 아스키(ASC II) 파일인 것은?

① CAT ② DXF
③ GKS ④ PHIGS

해설 DXF는 ASC II 문자로 구성되어 있어 text editor에 의해 편집이 가능하고, 다른 컴퓨터 하드웨어에서도 처리가 가능하다.

11. CAD/CAM 인터페이스에서 RS-232C를 사용하여 데이터를 전송할 때 데이터가 정확히 보내졌는지 검사하는 방법은?

① odd parity
② even parity
③ block cheek
④ parity check bit

해설 parity check bit : 자료를 전송할 때 데이터가 정확하게 보내졌는지 검사하는 방법으로, 1bit check용을 사용하여 확인한다.

정답 6.② 7.④ 8.② 9.② 10.② 11.④

12. IGES 파일 포맷에서 엔티티들에 관한 실제 데이터, 즉 직선 요소의 경우 두 끝점에 대한 6개의 좌푯값이 기록되어 있는 부분은 어느 것인가?
① 스타트 섹션(start section)
② 글로벌 섹션(global section)
③ 디렉토리 엔트리 섹션(directory entry section)
④ 파라미터 데이터 섹션(parameter data section)

[해설] 파라미터 데이터 섹션에는 6개의 좌푯값이 기록되어 있다.

13. 국제표준화기구(ISO)에서 제정한 제품 모델의 교환과 표현의 표준에 관한 줄인 이름으로, 형상 정보뿐만 아니라 제품의 가공, 재료, 공정, 수리 등 수명 주기 정보의 교환을 지원하는 것은?
① IGES
② DXF
③ SAT
④ STEP

[해설] STEP은 제품의 모델과 이와 관련된 데이터의 교환에 관한 국제 표준이다.

[정답] 12. ④　13. ④

제 2 장 컴퓨터 그래픽 기초

1. 기하학적 도형 정의와 처리

1-1 그래픽 라이브러리

(1) 그래픽 라이브러리의 개요

① 컴퓨터 그래픽스에 관련되어 기본적으로 사용하게 되는 그래픽스 함수들의 모음이다.

② CPU에서 실행되기보다 GPU에 의해 하드웨어가 가속되는 PC에서 더 일반적으로 수행된다.

③ 각각의 라이브러리에 따라 사용법 및 특성이 다르지만 일반적으로 지원하는 함수/기능을 포함한다.
　㈎ 그래픽 라이브러리의 초기화 또는 그래픽 카드 시스템의 초기화 미설정 함수들
　㈏ 점, 선, 원, 타원 등을 그리는 기본 함수들
　㈐ 이미지 표현, 스프라이트 처리 등의 부가적 함수들

④ **효과** : 그래픽 하드웨어 관련 프로그래밍을 하지 않고 함수를 가지고 원하는 그래픽 프로그램을 작성할 수 있다.

⑤ **3D, 2D 지원 라이브러리의 차이** : 2D를 지원하는 그래픽 라이브러리라고 해서 3D를 프로그램 할 수 없는 것은 아니다. 모니터 화면상에서 3D도 2D로 표현되므로 결국 2D로 3D를 표현할 수 있다. 따라서 라이브러리가 자체적으로 3D를 지원하는 함수 제공의 유무에 따라 차이가 있다.

(2) 그래픽 라이브러리의 종류

Direct2D(2D), OpenGL(2D, 3D), Skia(2D), Cairo(2D), GDI(2D)

1-2 좌표계

(1) 좌표계의 종류

① 2차원 직교 좌표계 : x, y로 표시
② 3차원 직교 좌표계 : x, y, z로 표시
③ 극좌표계 : r, θ로 표시

$$x = r\cos\theta \qquad y = r\sin\theta \qquad r = \sqrt{x^2 + y^2} \qquad \theta = \tan^{-1}\left(\frac{y}{x}\right)$$

④ 원통 표계 : r, θ, h로 표시

$$x = r\cos\theta \qquad y = r\sin\theta \qquad z = h$$

⑤ 구면 좌표계 : ρ, θ, ϕ로 표시

$$x = \rho\sin\phi\cos\theta \qquad y = \rho\sin\phi\cos\theta \qquad z = \rho\cos\phi$$

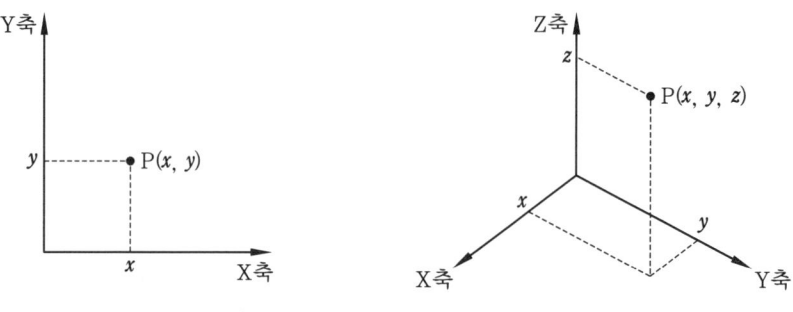

2차원 직교 좌표계   3차원 직교 좌표계

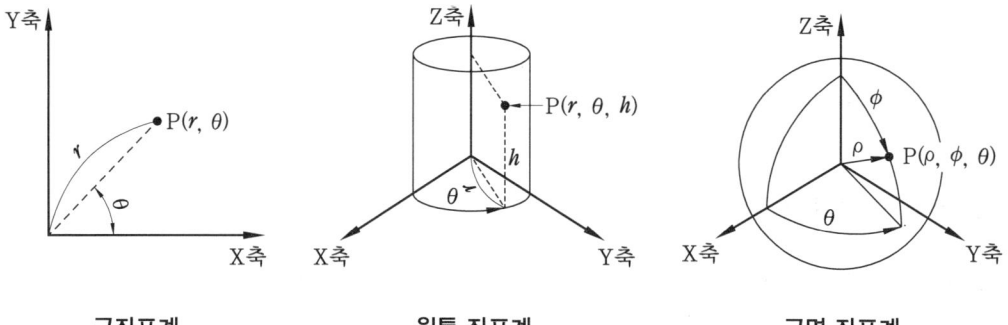

극좌표계   원통 좌표계   구면 좌표계

1-3 윈도 및 뷰포트

(1) 윈도

윈도는 바깥에 있는 물체가 모니터상에 나타나지 않게 하려고 모니터상에 투영되는 공간상의 영역이다.

(2) 뷰포트

투영된 이미지를 나타내고자 하는 모니터상의 영역으로 윈도에 의해 정의된 시각 영역이 매핑되는 영역이다.

> **참고**
> - 윈도(Window)는 논리 좌표가 사용되는 표면을 말하며, 그래픽 출력 함수는 윈도에 그래픽을 출력한다.
> - 뷰포트(Viewport)는 물리 좌표가 사용되는 영역을 말하며, 실제로 사용자의 눈에 보이는 좌표 영역이다.

1-4 그래픽 요소

컴퓨터 그래픽에서 화면에 여러 가지 다양한 그래픽 정보를 출력하기 위하여 사용하는 기본 연산자, 문자 출력, 직선 그리기, 사각형 그리기, 색 지정하기 등이 포함된다.

(1) 출력 요소

① 직선　　　　　　② 다각형
③ 부호　　　　　　④ 문자

(2) 그래픽 입력

그래픽 입력에 사용되는 물리적 입력장치에는 위치 탐색기, 마우스 등이 있다.

예 | 상 | 문 | 제

1. 화상이 나타날 뷰잉 표면이 2차원의 단위 정방형 영역으로 정의되는 좌표계를 지칭하는 용어는?
① 장치 좌표계   ② 실세계 좌표계
③ 독립 좌표계   ④ 정규 좌표계

해설 정규 좌표계는 편의상 도입된 가상의 좌표계로 화상이 나타날 뷰잉 표면이 2차원의 단위 정방형 영역으로 정의된다.

2. 공간상의 한 점을 표시하기 위해 사용되는 좌표계로 거리(r), 각도(θ), 높이(z)로 나타내는 좌표계는?
① 직교 좌표계   ② 극좌표계
③ 원통 좌표계   ④ 구면 좌표계

해설 원통 좌표계는 한 축을 중심으로 대칭성을 갖는 경우에 유용하며, r, θ, z로 표시한다.

3. 일반적으로 CAD 시스템에서 사용하는 좌표계가 아닌 것은?
① 직교 좌표계   ② 극좌표계
③ 원뿔 좌표계   ④ 구면 좌표계

해설 ①, ②, ④ 이외에 원통 좌표계가 있다.

4. 한 쌍의 직교축과 단위 길이를 사용하여 평면상의 한 점의 위치를 표시하는 방식으로, 한 점의 거리와 각도를 반시계 방식으로 표시하는 좌표계는?
① 극좌표계   ② 직교 좌표계
③ 원통 좌표계   ④ 구면 좌표계

해설 극좌표계는 평면상에서 기준 직교축의 원점에서부터 점 P까지 직선거리(r)와 기준 직교축과 그 직선이 이루는 각도(θ)로 표시되는 2차원 좌표계이다.

5. XY 좌표계의 원점에서 XY 평면에 수직인 직선을 Z축으로 잡은 좌표계의 형식을 올바르게 표현한 것은?
① (θ, ϕ, z) ② (r, θ, z)
③ (x, y, z) ④ (r, ϕ, z)

해설 직교 좌표계는 X, Y, Z 방향의 축을 기준으로 공간상에 하나의 점을 표시할 때 각 축에 대한 X, Y, Z에 대응하는 좌푯값으로 표시하는 방식으로 교차점은 P(x, y, z)이다.

6. 점을 표현하기 위해 사용되는 좌표계 중에서 기준 축과 벌어진 각도의 값을 사용하지 않는 좌표계는?
① 직교 좌표계
② 극좌표계
③ 원통 좌표계
④ 구면 좌표계

해설 직교 좌표계는 점을 표현할 때 X, Y, Z 축에 대응하는 좌푯값으로 표시한다.

7. 다음 중 좌표계에 관한 설명으로 잘못된 것은 어느 것인가?
① 실세계에서 모든 점은 3차원 좌표계로 표현된다.
② X, Y, Z축의 방향에 따라 오른손 좌표계와 왼손 좌표계가 있다.

정답   1. ④   2. ③   3. ③   4. ①   5. ③   6. ①   7. ④

③ 모델링에서는 직교 좌표계가 사용되지만 원통 좌표계나 구면 좌표계가 사용되기도 한다.
④ 좌표계의 변환에는 행렬 계산의 편리성으로 동차 좌표계 대신 직교 좌표계가 주로 사용된다.

해설 좌표계의 변환에는 행렬 계산의 편리성으로 직교 좌표계 대신 동차 좌표계가 주로 사용된다.

8. 뷰포트(viewport)에 관한 설명으로 틀린 것은?

① 화면상에 물체를 표현하기 위해서는 적절한 좌표 변환이 필요하다.
② 일반적으로 그리고자 하는 도형이 놓여 있는 영역을 뷰포트라고 한다.
③ 뷰포트는 CRT상의 영역을 의미한다.
④ 도형을 화면상에 표현하기 위해서 뷰포트 중심점의 좌표, 축척 등이 사용되기도 한다.

해설 뷰포트 : 도면의 모형 공간의 일부분을 화면에 표시하는 경계가 있는 영역이다.

9. 웹에서 사용할 수 있는 데이터 포맷 중 3차원 그래픽 데이터를 위한 것은?

① CGM   ② DWF
③ HTML   ④ VRML

해설 VRML은 3차원 공간을 표현하는 그래픽 데이터 작성용 언어로 전용 프로그램을 통해 구현한다.

10. 점 (1, 1)과 점 (3, 2)를 잇는 선분에 대하여 y축 대칭인 선분이 지나는 두 점은?

① (−1, −1)과 (3, 2)
② (1, 1)과 (−3, −2)
③ (−1, 1)과 (−3, 2)
④ (1, −1)과 (3, 2)

해설 y축 대칭이므로 x값의 부호가 바뀐다.
∴ (−1, 1)과 (−3, 2)

11. 구면 좌표계(ρ, θ, ϕ)를 직교 좌표계(x, y, z)로 변경할 때 x의 값으로 옳은 것은?

① $x = \rho\sin\theta\cos\phi$
② $x = \rho\sin\theta$
③ $x = \rho\sin\theta\cos\theta$
④ $x = \rho\cos\theta$

해설 $y = \rho\sin\theta\sin\phi$이고, $z = \rho\cos\theta$이다.

12. 3차원 좌표계를 표현할 때 P(r, θ, z_1)로 표현되는 좌표계는? (단, r은 (x, y) 평면에서의 직선의 거리, θ는 (x, y) 평면에서의 각도, z_1은 z축 방향에서의 거리이다.)

① 직교 좌표계   ② 극좌표계
③ 원통 좌표계   ④ 구면 좌표계

해설 원통 좌표계 : 평면상에 있는 하나의 점 P를 나타내기 위해 사용하는 극좌표계에 공간 개념을 적용한 것으로, 평면에서 사용한 극좌표에 z축 좌푯값을 적용시킨 경우이다. 원통 좌표계의 공간 개념으로 점 P(r, θ, z_1)를 직교 좌표계로 표기한다.

정답 8. ② 9. ④ 10. ③ 11. ① 12. ③

2. CAD 모델링을 위한 좌표 변환

2-1 도형의 좌표 변환

(1) 행렬의 표현

① 행렬은 수의 배열을 양쪽에 괄호를 붙여 한 묶음으로 나타낸 것이다.
② 행렬을 이루는 각각의 수나 문자를 원 또는 원소라 하며, 행렬의 가로줄을 행 (row), 세로줄을 열(column)이라 한다.
③ m개의 행과 n개의 열로 된 행렬을 m행 n열의 행렬 또는 $m \times n$행렬이라 하며, 행의 수와 열의 수가 모두 n인 $n \times n$행렬을 n차 정사각행렬이라 한다.
④ 행렬 A의 i행과 j열의 교점에 있는 원소(성분), 즉 ij성분을 a_{ij}라고 쓰며, 행렬 A를 다음과 같이 나타낸다.

$$A = \begin{bmatrix} a_{11} & a_{12} & a_{13} & \cdots & a_{1j} & \cdots & a_{1n} \\ a_{21} & a_{22} & a_{23} & \cdots & a_{2j} & \cdots & a_{2n} \\ \vdots & \vdots & \vdots & \vdots & \vdots & \vdots & \vdots \\ a_{i1} & a_{i2} & a_{i3} & \cdots & a_{ij} & \cdots & a_{in} \\ \vdots & \vdots & \vdots & \vdots & \vdots & \vdots & \vdots \\ a_{m1} & a_{m2} & a_{m3} & \cdots & a_{mj} & \cdots & a_{mn} \end{bmatrix} = [a_{ij}]$$

⑤ **행렬의 덧셈, 뺄셈, 실수배, 영행렬**

(가) A, B가 같은 꼴의 행렬일 때 A와 B의 대응하는 원소의 합(차)을 원소로 하는 행렬을 A와 B의 합(차)이라 하고, $A+B\,(A-B)$로 나타낸다.

$$A = \begin{bmatrix} a_{11} & a_{12} \\ a_{21} & a_{22} \end{bmatrix}, \quad B = \begin{bmatrix} b_{11} & b_{12} \\ b_{21} & b_{22} \end{bmatrix}$$

$$A+B = \begin{bmatrix} a_{11}+b_{11} & a_{12}+b_{12} \\ a_{21}+b_{21} & a_{22}+b_{22} \end{bmatrix}, \quad A-B = \begin{bmatrix} a_{11}-b_{11} & a_{12}-b_{12} \\ a_{21}-b_{21} & a_{22}-b_{22} \end{bmatrix}$$

(나) 실수 k에 대하여 행렬 A의 모든 원소를 k배 한 것을 원소로 하는 행렬을 A의 k배라 하고, kA로 나타낸다.

(다) 행렬 A에 대하여 $A-A$의 모든 원소가 0일 때, 이와 같은 행렬을 영행렬이라 하고, O로 나타낸다.

⑥ 행렬 A, B, C가 임의의 $m \times n$행렬이고 h, k가 임의의 수라고 할 때 다음 식이 성립한다.

- $A+B=B+A$ (교환법칙)
- $(A+B)+C=A+(B+C)$ (결합법칙)
- $A+O=O+A=A$ (덧셈에 대한 항등원은 O)
  $A+(-A)=O$ (덧셈에 대한 A의 역원은 $-A$)
- $k(hA)=(kh)A$ (결합법칙)
- $(k+h)A=kA+hA$, $k(A+B)=kA+kB$ (분배법칙)

⑦ **행렬의 곱**

(개) 행렬의 곱은 다음과 같이 생각하면 기억하기 쉽다.

$$\begin{bmatrix} ① \\ ② \end{bmatrix} \begin{bmatrix} ③ & ④ \end{bmatrix} = \begin{bmatrix} ① \times ③ & ① \times ④ \\ ② \times ③ & ② \times ④ \end{bmatrix}$$

(내) 행렬의 곱에서는 결합법칙과 분배법칙이 성립하며, 일반적으로 교환법칙은 성립하지 않는다.

(2) 공간상의 한 점의 표현

n차원 공간상에서의 한 점은 임의의 n차원 벡터로 나타낼 수 있다.

$$\begin{bmatrix} x & y & \cdots & n \end{bmatrix} \quad (1 \times n)\text{행렬}$$

또는

$$\begin{bmatrix} x \\ y \\ \vdots \\ n \end{bmatrix} \quad (n \times 1)\text{행렬}$$

(3) 동차 좌표에 의한 표현

① **2차원에서 동차 좌표에 의한 행렬** : 2차원에서 동차 좌표의 일반적인 행렬은 3×3 변환 행렬이며, 다음과 같이 나타낼 수 있다.

$$T_H = \begin{bmatrix} a & b & p \\ c & d & q \\ \hline m & n & s \end{bmatrix}$$

여기서, a, b, c, d : 스케일링, 회전, 전단, 대칭
　　　　m, n : x축, y축의 평행이동
　　　　p, q : 투영(투사)
　　　　s : 전체적인 스케일링

② **3차원에서 동차 좌표에 의한 행렬** : 3차원 변환 행렬은 2차원 변환 행렬에 축의 개념을 추가한 것으로, 다음과 같이 나타낼 수 있다.

$$T_H = \begin{bmatrix} a & b & c & p \\ d & e & f & q \\ g & h & i & r \\ \hline l & m & n & s \end{bmatrix}$$

여기서, $a, b, c, d, e, f, g, h, i$: 스케일링, 회전, 전단, 대칭
　　　　l, m, n : x축, y축, z축의 평행이동
　　　　p, q, r : 투영(투사)
　　　　s : 전체적인 스케일링

2-2 2, 3차원 좌표 변환

(1) 평행이동 변환

$$[x'\ y'\ 1] = [x\ y\ 1] \begin{bmatrix} 1 & 0 & 0 \\ 0 & 1 & 0 \\ m & n & 1 \end{bmatrix}$$
$$= [(x+m)\ (y+n)\ 1]$$

(a) 2차원 평행이동

$$[x'\ y'\ z'\ 1] = [x\ y\ z\ 1] \begin{bmatrix} 1 & 0 & 0 & 0 \\ 0 & 1 & 0 & 0 \\ 0 & 0 & 1 & 0 \\ l & m & n & 1 \end{bmatrix}$$
$$= [(x+l)\ (y+m)\ (z+n)\ 1]$$

(b) 3차원 평행이동

평행이동 변환

(2) 스케일링 변환

$$[x'\ y'\ 1] = [x\ y\ 1] \begin{bmatrix} S_x & 0 & 0 \\ 0 & S_y & 0 \\ 0 & 0 & 1 \end{bmatrix}$$

2차원 스케일링 변환

$$[x'\ y'\ z'\ 1] = [x\ y\ z\ 1] \begin{bmatrix} a & 0 & 0 & 0 \\ 0 & e & 0 & 0 \\ 0 & 0 & i & 0 \\ 0 & 0 & 0 & 1 \end{bmatrix} \qquad [x'\ y'\ z'\ 1] = [x\ y\ z\ 1] \begin{bmatrix} 1 & 0 & 0 & 0 \\ 0 & 1 & 0 & 0 \\ 0 & 0 & 1 & 0 \\ 0 & 0 & 0 & s \end{bmatrix}$$

3차원 국부적인 스케일링 변환   3차원 전체적인 스케일링 변환

(3) 전단 변환

$$[x'\ y'\ z'\ 1] = [x\ y\ z\ 1] \begin{bmatrix} 1 & b & c & 0 \\ d & 1 & f & 0 \\ g & h & 1 & 0 \\ 0 & 0 & 0 & 1 \end{bmatrix}$$

(4) 반전 변환(대칭 변환)

$$[x'\ y'\ 1] = [x\ y\ 1] \begin{bmatrix} -1 & 0 & 0 \\ 0 & 1 & 0 \\ 0 & 0 & 1 \end{bmatrix} \qquad [x'\ y'\ 1] = [x\ y\ 1] \begin{bmatrix} 1 & 0 & 0 \\ 0 & -1 & 0 \\ 0 & 0 & 1 \end{bmatrix}$$

2차원 y축 대칭 변환   2차원 x축 대칭 변환

$$T_{xy} = \begin{bmatrix} 1 & 0 & 0 & 0 \\ 0 & 1 & 0 & 0 \\ 0 & 0 & -1 & 0 \\ 0 & 0 & 0 & 1 \end{bmatrix} \qquad T_{yz} = \begin{bmatrix} -1 & 0 & 0 & 0 \\ 0 & 1 & 0 & 0 \\ 0 & 0 & 1 & 0 \\ 0 & 0 & 0 & 1 \end{bmatrix} \qquad T_{xz} = \begin{bmatrix} 1 & 0 & 0 & 0 \\ 0 & -1 & 0 & 0 \\ 0 & 0 & 1 & 0 \\ 0 & 0 & 0 & 1 \end{bmatrix}$$

3차원 xy평면 대칭 변환   3차원 yz평면 대칭 변환   3차원 xz평면 대칭 변환

(5) 회전 변환

회전각 θ는 양의 x축상의 한 점에서 원점을 볼 때 반시계 방향을 +, 시계 방향을 −로 한다.

$$[x'\, y'\, 1] = [x\, y\, 1]\begin{bmatrix} \cos\theta & \sin\theta & 0 \\ -\sin\theta & \cos\theta & 0 \\ 0 & 0 & 1 \end{bmatrix} \qquad [x'\, y'\, 1] = [x\, y\, 1]\begin{bmatrix} \cos\theta & -\sin\theta & 0 \\ \sin\theta & \cos\theta & 0 \\ 0 & 0 & 1 \end{bmatrix}$$

2차원 반시계 방향 회전 변환   2차원 시계 방향 회전 변환

$$T_x = \begin{bmatrix} 1 & 0 & 0 & 0 \\ 0 & \cos\theta & \sin\theta & 0 \\ 0 & -\sin\theta & \cos\theta & 0 \\ 0 & 0 & 0 & 1 \end{bmatrix} \quad T_y = \begin{bmatrix} \cos\theta & 0 & -\sin\theta & 0 \\ 0 & 1 & 0 & 0 \\ \sin\theta & 0 & \cos\theta & 0 \\ 0 & 0 & 0 & 1 \end{bmatrix} \quad T_z = \begin{bmatrix} \cos\theta & \sin\theta & 0 & 0 \\ -\sin\theta & \cos\theta & 0 & 0 \\ 0 & 0 & 1 & 0 \\ 0 & 0 & 0 & 1 \end{bmatrix}$$

3차원 x축 회전 변환   3차원 y축 회전 변환   3차원 z축 회전 변환

예 | 상 | 문 | 제

1. x축으로 3배, y축으로 2배 확대하기 위한 2차원 동차 변환 행렬이다. $s=1$일 때 적당하지 않은 것은?

$$T_H = \begin{bmatrix} a & b & p \\ c & d & q \\ m & n & s \end{bmatrix}$$

① $a=3$ ② $b=2$
③ $c=0$ ④ $d=2$

해설 동차 좌표에 의한 2차원 좌표 변환 행렬은 3×3행렬이다. x축으로 3배($a\times3$), y축으로 2배($d\times2$), $s=1$(회전 변환)일 경우

$$T_H = \begin{bmatrix} 3 & 0 & 0 \\ 0 & 2 & 0 \\ 0 & 0 & 1 \end{bmatrix}$$ 로 나타낼 수 있다.

2. 3차원 변환에서 Z축을 기준으로 점 P(x, y, z, 1)을 임의의 각도만큼 회전한 경우 변환 행렬 T는? (단, 반시계 방향으로 회전한 각이 양(+)의 각이고 $P^* = P \cdot T$이다.)

① $\begin{bmatrix} \cos\theta & 0 & -\sin\theta & 0 \\ 0 & 1 & 0 & 0 \\ \sin\theta & 0 & \cos\theta & 0 \\ 0 & 0 & 0 & 1 \end{bmatrix}$

② $\begin{bmatrix} 1 & 0 & 0 & 0 \\ 0 & \cos\theta & \sin\theta & 0 \\ 0 & -\sin\theta & \cos\theta & 0 \\ 0 & 0 & 0 & 1 \end{bmatrix}$

③ $\begin{bmatrix} \cos\theta & \sin\theta & 0 & 0 \\ -\sin\theta & \cos\theta & 0 & 0 \\ 0 & 0 & 1 & 0 \\ 0 & 0 & 0 & 1 \end{bmatrix}$

④ $\begin{bmatrix} \cos\theta & -\sin\theta & 0 & 0 \\ \sin\theta & \cos\theta & 0 & 0 \\ 0 & 0 & 1 & 0 \\ 0 & 0 & 0 & 1 \end{bmatrix}$

해설 회전 변환

$$T_x = \begin{bmatrix} 1 & 0 & 0 & 0 \\ 0 & \cos\theta & \sin\theta & 0 \\ 0 & -\sin\theta & \cos\theta & 0 \\ 0 & 0 & 0 & 1 \end{bmatrix}$$

$$T_y = \begin{bmatrix} \cos\theta & 0 & -\sin\theta & 0 \\ 0 & 1 & 0 & 0 \\ \sin\theta & 0 & \cos\theta & 0 \\ 0 & 0 & 0 & 1 \end{bmatrix}$$

$$T_z = \begin{bmatrix} \cos\theta & \sin\theta & 0 & 0 \\ -\sin\theta & \cos\theta & 0 & 0 \\ 0 & 0 & 1 & 0 \\ 0 & 0 & 0 & 1 \end{bmatrix}$$

3. 다음 중 2차원 좌표 [x y 1]과 동차 변환 행렬 $\begin{bmatrix} \cos\theta & \sin\theta & 0 \\ -\sin\theta & \cos\theta & 0 \\ 0 & 0 & 1 \end{bmatrix}$을 이용한 회전 변환에서 회전축은?

① x축   ② y축
③ z축   ④ xz축

해설 회전 변환 $\begin{bmatrix} x' & y' & 1 \end{bmatrix}$

$= \begin{bmatrix} x & y & 1 \end{bmatrix} \begin{bmatrix} \cos\theta & \sin\theta & 0 \\ -\sin\theta & \cos\theta & 0 \\ 0 & 0 & 1 \end{bmatrix}$ 이고, 회전축은 z축이다.

정답 1. ② 2. ③ 3. ③

4. 3차원 좌표계에서 물체의 크기를 각각 x축 방향으로 2배, y축 방향으로 3배, z축 방향으로 4배의 크기 변환을 하고자 할 때, 사용되는 좌표 변환 행렬식은?

① $\begin{bmatrix} 1 & 0 & 0 & 0 \\ 0 & 1 & 0 & 0 \\ 0 & 0 & 1 & 0 \\ 2 & 3 & 4 & 1 \end{bmatrix}$ ② $\begin{bmatrix} 1 & 1 & 2 & 1 \\ 1 & 3 & 1 & 1 \\ 4 & 1 & 1 & 1 \\ 1 & 1 & 1 & 1 \end{bmatrix}$

③ $\begin{bmatrix} 1 & 0 & 0 & 2 \\ 0 & 1 & 0 & 3 \\ 0 & 0 & 1 & 4 \\ 0 & 0 & 0 & 1 \end{bmatrix}$ ④ $\begin{bmatrix} 2 & 0 & 0 & 0 \\ 0 & 3 & 0 & 0 \\ 0 & 0 & 4 & 0 \\ 0 & 0 & 0 & 1 \end{bmatrix}$

해설 $\begin{bmatrix} x' & y' & z' & 1 \end{bmatrix}$

$= \begin{bmatrix} x & y & z & 1 \end{bmatrix} \begin{bmatrix} 2 & 0 & 0 & 0 \\ 0 & 3 & 0 & 0 \\ 0 & 0 & 4 & 0 \\ 0 & 0 & 0 & 1 \end{bmatrix}$

$= \begin{bmatrix} 2x & 3y & 4z & 1 \end{bmatrix}$

5. 2차원상의 한 점 $[x\ y\ 1]$을 회전시키기 위해 곱해지는 3×3 동차 변환 행렬 T_{ref}의 형태로 알맞은 것은?

$$\begin{bmatrix} x^* & y^* & 1 \end{bmatrix} = \begin{bmatrix} x & y & 1 \end{bmatrix} \begin{bmatrix} T_{ref} \end{bmatrix}$$

① $\begin{bmatrix} \cos\theta & \sin\theta & 0 \\ -\sin\theta & \cos\theta & 0 \\ 0 & 0 & 1 \end{bmatrix}$ $(0 \leq \theta \leq 2\pi)$

② $\begin{bmatrix} \cos\theta & -\sin\theta & 0 \\ \sin\theta & \cos\theta & 0 \\ 0 & 0 & 1 \end{bmatrix}$ $(0 \leq \theta \leq 2\pi)$

③ $\begin{bmatrix} \sin\theta & \cos\theta & 0 \\ -\cos\theta & \sin\theta & 0 \\ 0 & 0 & 1 \end{bmatrix}$ $(0 \leq \theta \leq 2\pi)$

④ $\begin{bmatrix} \sin\theta & -\cos\theta & 0 \\ -\cos\theta & \sin\theta & 0 \\ 0 & 0 & 1 \end{bmatrix}$ $(0 \leq \theta \leq 2\pi)$

해설 $\begin{bmatrix} x' & y' & 1 \end{bmatrix}$

$= \begin{bmatrix} x & y & 1 \end{bmatrix} \begin{bmatrix} \cos\theta & \sin\theta & 0 \\ -\sin\theta & \cos\theta & 0 \\ 0 & 0 & 1 \end{bmatrix}$ $(0 \leq \theta \leq 2\pi)$

6. 다음은 2차원에서 동차 좌표에 의한 변환 행렬을 나타낸 것이다. 평행이동에 관계되는 것은?

$$\begin{bmatrix} x' & y' & 1 \end{bmatrix} = \begin{bmatrix} x & y & 1 \end{bmatrix} = \begin{bmatrix} a & b & p \\ c & d & q \\ m & n & s \end{bmatrix}$$

① a, b ② c, d
③ p, q ④ m, n

해설 2차원에서 일반적인 변환 행렬은 3×3 행렬이다.

$T_H = \begin{bmatrix} a & b & p \\ c & d & q \\ m & n & s \end{bmatrix}$

여기서, a, b, c, d : 스케일링, 회전, 전단, 대칭
m, n : 평행이동
p, q : 투영
s : 전체적인 스케일링

∴ 2차원 동차 좌표에 의한 변환 행렬식에서 평행이동과 관련된 것은 m, n이다.

7. 다음 중 변환 행렬과 관계없는 명령어는?
① Break ② Move
③ Mirror ④ Rotate

정답 4. ④ 5. ① 6. ④ 7. ①

해설 3차원에서 일반적인 변환 행렬은 4×4 행렬이다.

$$T_H = \begin{bmatrix} a & b & c & p \\ d & e & f & q \\ g & h & i & r \\ l & m & n & s \end{bmatrix}$$

여기서, $a, b, c, d, e, f, g, h, i$: 스케일링, 회전, 전단, 대칭
l, m, n : 평행이동
p, q, r : 투영
s : 전체적인 스케일링

∴ $a \sim i$는 Rotate, l, m, n은 Move, p, q, r은 Mirror와 관련이 있다.

8. 기하학적 변환 중에서 변환 전의 거리와 비교할 때 변환이 수행된 후 물체상에 위치한 특정 두 점 간의 거리가 달라질 수 있는 변환은?

① 이동 변환(translation)
② 회전 변환(rotation)
③ 크기 변환(scaling)
④ 반사 변환(reflection)

해설 스케일링은 물체의 크기를 작거나 크게 만들기 때문에 두 점 간의 거리가 달라질 수 있다.

9. x방향으로 2배 축소, y방향으로 2배 확대를 나타내는 변환 행렬 T_H는?

$$[x^* \ y^* \ 1] = [x \ y \ 1][T_H]$$

① $T_H = \begin{bmatrix} 0.5 & 0 & 0 \\ 0 & 2 & 0 \\ 0 & 0 & 1 \end{bmatrix}$

② $T_H = \begin{bmatrix} 0.5 & 0 & 0 \\ 0 & 0.5 & 0 \\ 0 & 0 & 1 \end{bmatrix}$

③ $T_H = \begin{bmatrix} 2 & 0 & 0 \\ 0 & 0.5 & 0 \\ 0 & 0 & 1 \end{bmatrix}$

④ $T_H = \begin{bmatrix} 2 & 0 & 0 \\ 0 & 2 & 0 \\ 0 & 0 & 1 \end{bmatrix}$

해설 스케일링 변환 $[x' \ y' \ 1]$

$$= [x \ y \ 1] \begin{bmatrix} S_x & 0 & 0 \\ 0 & S_y & 0 \\ 0 & 0 & 1 \end{bmatrix}$$

한 점 (x, y)를 x방향으로 S_x의 비율로, y방향으로 S_y의 비율로 확대 및 축소시키는 행렬 변환식이다.

10. 두 점이 (x_1, y_1), (x_2, y_2)인 $\begin{bmatrix} x_1 & y_1 \\ x_2 & y_2 \end{bmatrix}$가 $\begin{bmatrix} 2 & 4 \\ 3 & 1 \end{bmatrix}$인 직선을 x방향으로 -1만큼, y방향으로 3만큼 이동시킨 결과는?

① $\begin{bmatrix} 1 & 3 \\ 6 & 4 \end{bmatrix}$ ② $\begin{bmatrix} 5 & 7 \\ 2 & 0 \end{bmatrix}$

③ $\begin{bmatrix} 1 & 7 \\ 2 & 4 \end{bmatrix}$ ④ $\begin{bmatrix} 1 & 7 \\ -2 & 4 \end{bmatrix}$

해설 $L = \begin{bmatrix} 2 & 4 \\ 3 & 1 \end{bmatrix}$에서 $\Delta x = -1$, $\Delta y = 3$

∴ $L = \begin{bmatrix} x_1 + \Delta x & y_1 + \Delta y \\ x_2 + \Delta x & y_2 + \Delta y \end{bmatrix}$

$= \begin{bmatrix} 2-1 & 4+3 \\ 3-1 & 1+3 \end{bmatrix} = \begin{bmatrix} 1 & 7 \\ 2 & 4 \end{bmatrix}$

정답 8. ③ 9. ① 10. ③

11. 두 점 (1, 1), (3, 4)를 잇는 선분을 원점 기준으로 X방향으로 2배, Y방향으로 0.5배 확대(축소)하였을 때 선분 양 끝점의 좌표를 구한 것은?

① (1, 1), (1.5, 2) ② (1, 1), (6, 2)
③ (2, 0.5), (6, 2) ④ (2, 2), (1.5, 2)

해설
$$\begin{bmatrix} x' & y' \end{bmatrix} = \begin{bmatrix} 1 & 1 \\ 3 & 4 \end{bmatrix} \begin{bmatrix} 2 & 0 \\ 0 & 0.5 \end{bmatrix}$$
$$= \begin{bmatrix} 2 & 0.5 \\ 6 & 2 \end{bmatrix} = (2, 0.5), (6, 2)$$

12. 다음 2차원 평면상에서 물체를 θ만큼 반시계 방향으로 회전 변환하려 한다. 이 경우 보기의 2차원 변환 행렬의 요소 중 c의 값은?

┤ 보기 ├
$$\begin{bmatrix} x' & y' & 1 \end{bmatrix} = \begin{bmatrix} x & y & 1 \end{bmatrix} = \begin{bmatrix} a & b & 0 \\ c & d & 0 \\ e & f & 1 \end{bmatrix}$$

① $\cos\theta$ ② $\sin\theta$
③ $-\sin\theta$ ④ $-\cos\theta$

해설 θ만큼 반시계 방향으로 회전 변환하면
$$\begin{bmatrix} x' & y' & 1 \end{bmatrix} = \begin{bmatrix} x & y & 1 \end{bmatrix} \begin{bmatrix} \cos\theta & \sin\theta & 0 \\ -\sin\theta & \cos\theta & 0 \\ 0 & 0 & 1 \end{bmatrix}$$

13. 2차원 데이터 변환 행렬로서 X축에 대한 대칭의 결과를 얻기 위한 변환으로 옳은 것은?

① $\begin{bmatrix} 1 & 0 & 0 \\ 0 & 1 & 0 \\ 0 & 1 & 0 \end{bmatrix}$ ② $\begin{bmatrix} -1 & 0 & 0 \\ 0 & 1 & 0 \\ 0 & 0 & 1 \end{bmatrix}$

③ $\begin{bmatrix} 1 & 0 & 0 \\ 0 & -1 & 0 \\ 0 & 0 & 1 \end{bmatrix}$ ④ $\begin{bmatrix} -1 & 0 & 0 \\ 0 & 1 & 0 \\ 0 & 1 & 0 \end{bmatrix}$

해설 • X축 대칭 변환
$$\begin{bmatrix} x' & y' & 1 \end{bmatrix} = \begin{bmatrix} x & y & 1 \end{bmatrix} \begin{bmatrix} 1 & 0 & 0 \\ 0 & -1 & 0 \\ 0 & 0 & 1 \end{bmatrix}$$

• Y축 대칭 변환
$$\begin{bmatrix} x' & y' & 1 \end{bmatrix} = \begin{bmatrix} x & y & 1 \end{bmatrix} \begin{bmatrix} -1 & 0 & 0 \\ 0 & 1 & 0 \\ 0 & 0 & 1 \end{bmatrix}$$

14. 한 개의 점 P(15, 20)을 원점을 중심으로 하여 반시계 방향으로 30°회전 변환한 후의 좌푯값은?

① P(3.99, 24.82)
② P(2.99, 24.82)
③ P(2.99, 22.99)
④ P(3.99, 22.99)

해설
$$\begin{bmatrix} x' & y' \end{bmatrix} = \begin{bmatrix} 15 & 20 \end{bmatrix} \begin{bmatrix} \cos30° & \sin30° \\ -\sin30° & \cos30° \end{bmatrix}$$
$$= \begin{bmatrix} 15\cos30° - 20\sin30° & 15\sin30° + 20\cos30° \end{bmatrix}$$
$$= \begin{bmatrix} 2.99 & 24.82 \end{bmatrix}$$

15. 3차원 CAD에서 최대 변환 매트릭스는?

① 2×3   ② 3×2
③ 3×3   ④ 4×4

해설 • 2차원 CAD에서 최대 변환 행렬 : 3×3
• 3차원 CAD에서 최대 변환 행렬 : 4×4

16. 다음 중 기본적인 2차원 동차 좌표 변환으로 볼 수 없는 것은?

정답 11. ③ 12. ③ 13. ③ 14. ② 15. ④ 16. ①

① extrusion
② translation
③ rotation
④ reflection

해설 동차 좌표에 의한 좌표 변환 행렬
- 평행 이동(translation)
- 스케일링(scaling)
- 전단(shearing)
- 반전(reflection)
- 회전(rotation)

17. 다음 행렬의 곱 AB를 옳게 구한 것은?

$$A = \begin{bmatrix} 2 & 4 \\ 1 & 3 \end{bmatrix} \quad B = \begin{bmatrix} 6 & -1 \\ 3 & 5 \end{bmatrix}$$

① $\begin{bmatrix} 24 & 18 \\ 14 & 15 \end{bmatrix}$ ② $\begin{bmatrix} 18 & 24 \\ 15 & 14 \end{bmatrix}$

③ $\begin{bmatrix} 24 & 18 \\ 15 & 14 \end{bmatrix}$ ④ $\begin{bmatrix} 18 & 24 \\ 14 & 15 \end{bmatrix}$

해설 $AB = \begin{bmatrix} 2 & 4 \\ 1 & 3 \end{bmatrix} \begin{bmatrix} 6 & -1 \\ 3 & 5 \end{bmatrix}$

$= \begin{bmatrix} 12+12 & -2+20 \\ 6+9 & -1+15 \end{bmatrix}$

$= \begin{bmatrix} 24 & 18 \\ 15 & 14 \end{bmatrix}$

18. 행렬 $A = \begin{bmatrix} 1 & 2 \\ 0 & 1 \\ 1 & 1 \end{bmatrix}$ 와 $B = \begin{bmatrix} 0 & 1 & 2 \\ 1 & 0 & 3 \end{bmatrix}$ 의 곱 AB는?

① $\begin{bmatrix} 1 & 1 \\ 0 & 0 \\ 1 & 2 \end{bmatrix}$ ② $\begin{bmatrix} 1 & 2 & 0 \\ 3 & 1 & 1 \end{bmatrix}$

③ $\begin{bmatrix} 2 & 3 \\ 3 & 5 \end{bmatrix}$ ④ $\begin{bmatrix} 2 & 1 & 8 \\ 1 & 0 & 3 \\ 1 & 1 & 5 \end{bmatrix}$

해설 3×2행렬과 2×3행렬을 곱하면 3×3행렬이 되므로 해당하는 것은 ④이다.

19. 2차원 변환 행렬이 다음과 같을 때 좌표 변환 H는 무엇을 의미하는가?

$$H = \begin{bmatrix} 3 & 0 & 0 \\ 0 & 3 & 0 \\ 0 & 0 & 1 \end{bmatrix}$$

① 확대   ② 회전
③ 이동   ④ 반사

해설
- 이동 행렬 = $\begin{bmatrix} 1 & 0 & 0 \\ 0 & 1 & 0 \\ p_x & p_y & 1 \end{bmatrix}$

- x축 회전 행렬 = $\begin{bmatrix} 1 & 0 & 0 \\ 0 & \cos\theta & -\sin\theta \\ 0 & \sin\theta & \cos\theta \end{bmatrix}$

- y축 회전 행렬 = $\begin{bmatrix} \cos\theta & 0 & \sin\theta \\ 0 & 1 & 0 \\ -\sin\theta & 0 & \cos\theta \end{bmatrix}$

- 확대 행렬 = $\begin{bmatrix} p_x & 0 & 0 \\ 0 & p_y & 0 \\ 0 & 0 & 1 \end{bmatrix}$

20. 다음 중 CAD에서의 기하학적 데이터 (점, 선 등)의 변환 행렬과 관계가 먼 것은?

① 이동   ② 복사
③ 회전   ④ 반사

해설 변환 행렬은 두 좌표계의 변환에 사용되는 행렬을 의미하며, CAD 시스템에서 도형의 이동, 축소 및 확대, 대칭, 회전 등의 변환에 의해 이루어진다.

정답 17. ③　18. ④　19. ①　20. ②

21. 점 (1, 1)을 x 방향으로 2 이동, y 방향으로 -1 이동한 후 원점을 중심으로 30도 회전시켰을 때의 좌표는?

① $x=\dfrac{3\sqrt{3}}{2}$, $y=\dfrac{3}{2}$

② $x=\dfrac{3}{2}$, $y=\dfrac{3\sqrt{3}}{2}$

③ $x=3\sqrt{3}$, $y=3$

④ $x=3$, $y=3\sqrt{3}$

해설 • 이동 변환

$$[x'\ y']=[1+2\ \ 1-1]=[3\ \ 0]$$

• 회전 변환

$$[x''\ y'']=[3\ \ 0]\begin{bmatrix}\cos 30° & \sin 30° \\ -\sin 30° & \cos 30°\end{bmatrix}$$

$$=[3\ \ 0]\begin{bmatrix}\dfrac{\sqrt{3}}{2} & \dfrac{1}{2} \\ -\dfrac{1}{2} & \dfrac{\sqrt{3}}{2}\end{bmatrix}$$

$$=\begin{bmatrix}\dfrac{3\sqrt{3}}{2} & \dfrac{3}{2}\end{bmatrix}$$

22. 동차 좌표를 이용하여 2차원 좌표를 $P=[x\ y\ 1]$로 표현하고, 동차 변환 매트릭스 연산을 $P'=pT$로 표현할 때 다음 변환 매트릭스에 대한 설명으로 옳은 것은?

$$T=\begin{bmatrix}1 & 0 & 0 \\ 0 & 1 & 0 \\ 1 & 1 & 1\end{bmatrix}$$

① x축으로 1만큼 이동
② y축으로 1만큼 이동
③ x축으로 1만큼, y축으로 1만큼 이동
④ x축으로 2만큼, y축으로 2만큼 이동

23. 다음 식은 3차원 공간상에서 좌표 변환 시 X축을 중심으로 θ만큼 회전하는 행렬식(matrix)을 나타낸다. ⓐ에 알맞은 값은? (단, 반시계 방향을 +방향으로 한다.)

$$\begin{bmatrix}1 & 0 & 0 & 0 \\ 0 & \cos\theta & \sin\theta & 0 \\ 0 & ⓐ & \cos\theta & 0 \\ 0 & 0 & 0 & 1\end{bmatrix}$$

① $\sin\theta$
② $-\sin\theta$
③ $\cos\theta$
④ $-\cos\theta$

해설 3차원 X축 회전 변환

$$T_x=\begin{bmatrix}1 & 0 & 0 & 0 \\ 0 & \cos\theta & \sin\theta & 0 \\ 0 & -\sin\theta & \cos\theta & 0 \\ 0 & 0 & 0 & 1\end{bmatrix}$$

정답 21. ① 22. ③ 23. ②

3. CAD 모델링을 위한 기초 수학 및 디스플레이

3-1 기초 수학

(1) 점과 좌표

① 두 점 사이의 거리

(가) 수직선 위의 두 점 $A(x_1)$, $B(x_2)$ 사이의 거리

$$\overline{AB} = |x_2 - x_1|$$

(나) 좌표 평면 위의 두 점 $A(x_1, y_1)$, $B(x_2, y_2)$ 사이의 거리

$$\overline{AB} = \sqrt{(x_2-x_1)^2 + (y_2-y_1)^2}$$

② 선분의 내분점과 외분점

(가) 내분점

$\overline{AP} : \overline{PB} = m : n$

$x - x_1 : x_2 - x = m : n$

$n(x - x_1) = m(x_2 - x)$

$nx - nx_1 = mx_2 - mx$

$(m+n)x = mx_2 + nx_1$

$x = \dfrac{mx_2 + nx_1}{m+n}$

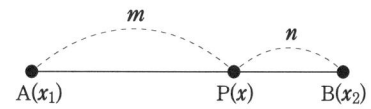

(나) 외분점

$\overline{AQ} : \overline{BQ} = m : n$

$x - x_1 : x - x_2 = m : n$

$n(x - x_1) = m(x - x_2)$

$nx - nx_1 = mx - mx_2$

$(m-n)x = mx_2 - nx_1$

$x = \dfrac{mx_2 - nx_1}{m-n}$

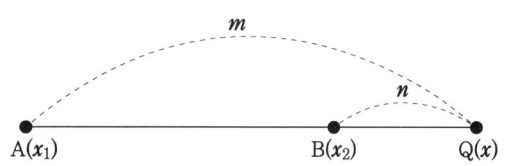

(2) 직선의 방정식

① 기울기(m)와 한 점의 좌표(x_1, y_1)가 주어졌을 때 직선의 방정식

$$y-y_1=m(x-x_1)$$

② 두 점 (x_1, y_1), (x_2, y_2)을 지나는 직선의 방정식

(가) $x_1 \neq x_2$일 때, $y-y_1=\dfrac{y_2-y_1}{x_2-x_1}(x-x_1)$

(나) $x_1=x_2$일 때, $x=x_1$

③ x절편 (a, 0)과 y절편 (0, b)이 주어졌을 때 직선의 방정식

$$\dfrac{x}{a}+\dfrac{y}{b}=1$$

(3) 점과 직선의 거리

점 (x_1, y_1)과 직선 $ax+by+c=0$ 사이의 거리

$$d=\dfrac{|ax_1+by_1+c|}{\sqrt{a^2+b^2}}$$

(4) 원의 방정식

① **일반형** : $x^2+y^2+Ax+By+C=0$

$$\text{중심} : \left(-\dfrac{A}{2}, -\dfrac{B}{2}\right), \text{반지름} : r=\dfrac{\sqrt{A^2+B^2-4C}}{2}$$

② **표준형** : $(x-a)^2+(y-b)^2=r^2$

$$\text{중심} : (a, b), \text{반지름} : r$$

(5) 타원의 방정식

① 두 점 $F(c, 0)$, $F'(-c, 0)$으로부터의 거리의 합이 $2a$인 타원의 방정식

$$\dfrac{x^2}{a^2}+\dfrac{y^2}{b^2}=1 \quad (a>b>0, \ b^2=a^2-c^2)$$

② 두 점 $F(0, c)$, $F'(0, -c)$으로부터의 거리의 합이 $2b$인 타원의 방정식

$$\dfrac{x^2}{a^2}+\dfrac{y^2}{b^2}=1 \quad (b>a>0, \ a^2=b^2-c^2)$$

(6) 쌍곡선의 방정식

① 두 점 $F(c, 0)$, $F'(-c, 0)$으로부터의 거리의 차가 $2a$인 쌍곡선의 방정식

$$\frac{x^2}{a^2} - \frac{y^2}{b^2} = 1 \quad (c > a > 0, \ b^2 = c^2 - a^2)$$

② 두 점 $F(0, c)$, $F'(0, -c)$으로부터의 거리의 차가 $2b$인 쌍곡선의 방정식

$$\frac{x^2}{a^2} - \frac{y^2}{b^2} = -1 \quad (c > b > 0, \ a^2 = c^2 - b^2)$$

(7) 벡터

평면 또는 공간에서 한 점 P에서 다른 한 점 Q까지 방향을 갖는 선분을 벡터라 하며, $\overrightarrow{PQ}$로 표시한다.

① **벡터의 내적** : 두 벡터가 이루는 각을 θ라 할 때 $|\vec{a}||\vec{b}|\cos\theta$를 $\vec{a}$와 $\vec{b}$의 내적 또는 스칼라적이라 하며 $\vec{a} \cdot \vec{b}$ 또는 $(\vec{a} \cdot \vec{b})$로 나타낸다.

$$\vec{a} \cdot \vec{b} = |\vec{a}||\vec{b}|\cos\theta$$

이때 $\vec{a} \neq \vec{b}$, $\vec{b} \neq \vec{a}$이면 $\cos\theta = \dfrac{\vec{a} \cdot \vec{b}}{|\vec{a}||\vec{b}|}$ 이다.

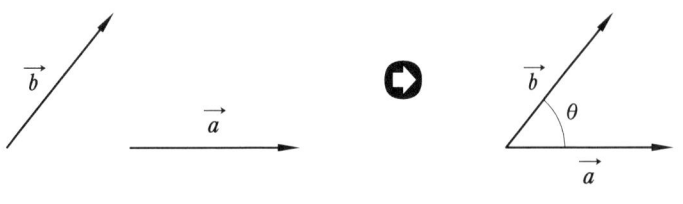

벡터의 내적

> **참고**
> · $\vec{a}$, $\vec{b}$의 내적을 $\vec{a}\vec{b}$나 $\vec{a} \times \vec{b}$와 같이 나타내지 않도록 주의한다.

② **벡터의 외적** : 벡터의 외적은 $\vec{a} \times \vec{b}$와 같이 나타내며 공간상에 존재하는 두 벡터에 수직인 벡터를 구하는 데 사용된다. 특히 벡터의 외적은 곡선과 곡면에 수직인 법선 벡터를 구하거나 평면의 방정식을 구하는 데 사용된다.

법선 벡터의 크기는 $\vec{a}, \vec{b}$가 이루는 각도에 의해 오른손 법칙이 적용된다. 즉 $\vec{a}$에서 $\vec{b}$ 방향으로 이루는 각도를 기준으로 오른나사의 진행 방향이 계산되는 법선 벡터 $\vec{n}$이 + 방향이 된다.

$$\vec{a} \times \vec{b} = |\vec{a}||\vec{b}|\sin\theta\, \vec{n}$$
$$= (\vec{a}, \vec{b}\text{가 이루는 평행사변형 넓이})\vec{n}$$

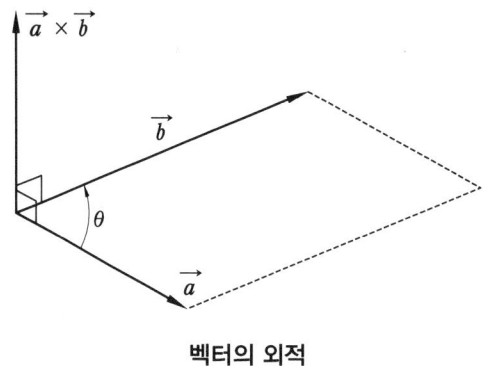

벡터의 외적

3-2 은선과 은면 처리

(1) 후향면 제거 알고리즘

물체의 바깥쪽 방향에 있는 법선 벡터가 관찰자 쪽을 향하면 물체의 면이 가시적이고, 그렇지 않으면 비가시적이다.

(2) 깊이 분류 알고리즘

물체의 면들이 관찰자로부터의 거리로 정렬되며, 가장 먼 면부터 가장 가까운 면으로 각각의 색깔로 채워진다.

(3) z-버퍼 방법

임의의 스크린 영역이 관찰자에게 가장 가까운 요소들에 의해 차지된다는 깊이 분류 알고리즘과 기본적으로 유사하다.

(4) 은선 제거 알고리즘

은선 제거를 위해서는 물체의 모든 모서리를 수반된 물체들의 면들에 의해 가려졌는지를 테스트하며, 각각의 중첩된 면들에 의해 가려진 부분을 모서리로부터 순차적으로 제거한 후 모서리의 남아 있는 부분을 모아 그린다.

3-3 렌더링

렌더링 기법은 물체의 그림자를 표현하거나 입체감을 구현하기 위해 사용하는 방법으로, 3차원 형상의 정보를 2차원 평면의 화면에 나타내어 3차원 이미지처럼 느낄 수 있도록 하는 것을 말한다. 렌더링 기법에는 음영을 처리하는 기법인 shadows와 각 면체에 무늬를 입히는 기법인 texture mapping이 있다.

3-4 GUI

(1) GUI

그래픽 사용자 인터페이스(graphical user interface)라고 부르며, 사용자가 편리하게 사용할 수 있도록 입출력 등의 기능을 알기 쉽게 그래픽으로 나타낸 것이다.

(2) CUI

CUI는 명령줄 인터페이스(command-line interface) 또는 문자 사용자 인터페이스(character user interface)라고 하며, 가장 대표적인 예시로는 도스, 명령 프롬프트, bash로 대표되는 유닉스 셸 환경이 있다.

(3) CUI와 GUI의 차이점

CUI는 글자로만 이루어졌기 때문에 별도의 이미지가 필요 없어서 속도가 빠르고 리소스를 적게 사용하므로 대부분의 서버 컴퓨터는 CUI 기반으로 운영된다. 하지만 사용자가 명령어를 일일이 쳐야 하므로 단순히 아이콘만 클릭하는 GUI와 달리 편리성은 떨어진다.

예│상│문│제

1. 두 벡터에 동시에 수직인 벡터를 구하고자 할 때 사용하는 방법은?

① 두 벡터를 dot product한다.
② 두 벡터를 unit vector화 한다.
③ 두 벡터를 cross product 한다.
④ 두 벡터를 scalar product 한다.

해설 두 벡터를 곱하는 방법은 두 가지가 있는데, 첫째는 스칼라 곱이고, 두 번째는 벡터 곱이다. 벡터 곱은 ×를 사용하는데, cross product라고도 불린다.

2. 두 벡터 a, b의 내적과 외적이 다음과 같을 때 벡터의 성질로 옳은 것은?

- 내적(inner product) : $a \cdot b$
- 외적(cross product) : $a \times b$

① $a \times b = b \times a$ ② $a \cdot a = |a|^2$
③ $a \times a = 0$ ④ $a \cdot b = |a|\cos\theta$

해설
- $a \times b = -b \times a$
- $a \cdot a = |a|^2 \cos\theta$
- $a \cdot b = |a||b|\cos\theta$

3. 면 위의 점에서 법선 벡터를 N, 면 위의 점으로부터 관찰자 눈으로 향하는 벡터를 M이라 할 때 관찰자 눈에 보이지 않는 면에 대한 표현으로 알맞은 것은?

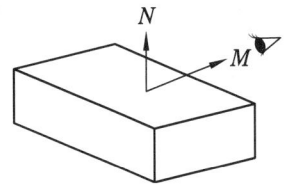

① $M \cdot N > 0$ ② $M \cdot N < 0$
③ $M \cdot N = 0$ ④ $M = N$

해설 $M \cdot N > 0$이면 관찰자의 눈에 가시적이고, $M \cdot N < 0$이면 비가시적이다.

4. 그림에 나타난 피라미드 형상에서 면 ADE의 바깥 방향으로의 법선 벡터는? (단, i, j, k는 각각 축의 양의 방향으로 x, y, z축의 단위 벡터이다.)

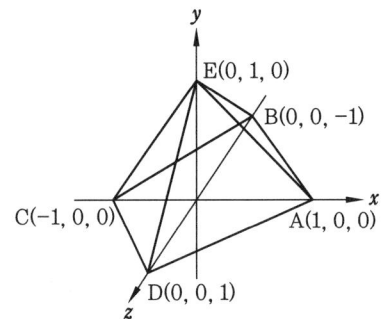

① $i+j+k$ ② $-i+j+k$
③ $i-j+k$ ④ $i+j-k$

해설 면 ADE의 좌표를 살펴보면 x축인 A가 1, y축인 E가 1, z축인 D가 1이므로 법선 벡터는 $i+j+k$이다.

5. 자유 곡면을 모델링할 때 곡면을 분할하여 정의하는 것이 효율적이다. 이처럼 분할된 단위 곡면을 무엇이라고 하는가?

① 세그먼트(segment)
② 패치(patch)
③ 엘리먼트(element)
④ 프리미티브(primitive)

정답 1. ③ 2. ③ 3. ② 4. ① 5. ②

해설 CAD 시스템에서 자유 곡면을 정의할 때 분할된 단위 곡면 구간 영역은 패치(patch)이다.

6. 방정식 $ax+by+c=0$이라는 식으로 표현 가능한 것은?

① 포물선　　② 타원
③ 직선　　　④ 원

해설 도형의 방정식
- 직선 : $\frac{x}{a}+\frac{y}{b}=1$
- 원 : $x^2+y^2=r^2$
- 타원 : $\frac{x^2}{a^2}+\frac{y^2}{b^2}=1$
- 포물선 : $y^2-4ax=0$

7. 다음 중 방정식 $ax+by+c=0$으로 표현 가능한 항목은?

① circle　　② spline curve
③ bezier curve　④ polygonal line

해설 polygonal line(다각형)은 직선으로 표현하는 1차 방정식($ax+by+c=0$)이다.

8. $y=2x+1$인 직선에 수직이고 점 (2, 4)를 지나는 직선의 방정식에 대한 표준음함수식을 구하면?

① $0.5083x+0.9742y-5.1862=0$
② $0.4472x+0.8945y-4.4723=0$
③ $-0.5511x+1.0001y-5.2145=0$
④ $0.4501x-0.9241y-4.5217=0$

9. 다음 직선의 식을 매개변수식으로 옳게 표현한 것은?

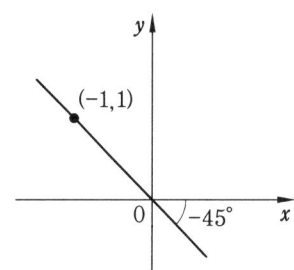

① $x=-1+\frac{1}{\sqrt{2}}t,\ y=1+\frac{1}{\sqrt{2}}t$

② $x=1-\frac{1}{\sqrt{2}}t,\ y=1+\frac{1}{\sqrt{2}}t$

③ $x=-1+\frac{1}{\sqrt{2}}t,\ y=1-\frac{1}{\sqrt{2}}t$

④ $x=1-\frac{1}{\sqrt{2}}t,\ y=1-\frac{1}{\sqrt{2}}t$

해설 $\sin 45°=\cos 45°=\frac{1}{\sqrt{2}}$이고

제2사분면에서 $\sin\theta$는 +, $\cos\theta$는 −이므로

$x=a_0+t\cos\theta=-1+t\cos(-45°)=-1+\frac{1}{\sqrt{2}}t$

$y=b_0+t\sin\theta=1+t\sin(-45°)=1-\frac{1}{\sqrt{2}}t$

10. 다음 중 평면에서 x축과 이루는 각도가 150°이며 원점으로부터 거리가 1인 직선의 방정식은?

① $\sqrt{3}x+y=2$　② $\sqrt{3}x+y=1$
③ $x+\sqrt{3}y=2$　④ $x+\sqrt{3}y=1$

해설 기울기$=\tan 150°=-\frac{1}{\sqrt{3}}$

$y=-\frac{1}{\sqrt{3}}x+b,\ x+\sqrt{3}y=\sqrt{3}b$

직선의 방정식을 $x+\sqrt{3}y=c$라 하면
(0, 0)으로부터 거리가 1이므로

$\frac{|0+0+c|}{\sqrt{1^2+(\sqrt{3})^2}}=1,\ \frac{|c|}{2}=1,\ c=2$

∴ $x+\sqrt{3}y=2$

정답 6. ③　7. ④　8. ②　9. ③　10. ③

11. (x, y) 평면에서 두 점 $(-5, 0)$, $(4, -3)$을 지나는 직선의 방정식은?

① $y = -\dfrac{2}{3}x - \dfrac{5}{3}$ ② $y = -\dfrac{1}{2}x - \dfrac{5}{2}$

③ $y = -\dfrac{1}{3}x - \dfrac{5}{3}$ ④ $y = -\dfrac{3}{2}x - \dfrac{4}{3}$

해설 기울기 $= \dfrac{-3-0}{4+5} = \dfrac{-3}{9} = -\dfrac{1}{3}$

기울기가 $-\dfrac{1}{3}$이고 $(-5, 0)$을 지나므로

$y - 0 = -\dfrac{1}{3}(x + 5)$

$\therefore y = -\dfrac{1}{3}x - \dfrac{5}{3}$

12. $(x+7)^2 + (y-4)^2 = 64$인 원의 중심 좌표와 반지름을 구하면?

① 중심 좌표 $(-7, 4)$, 반지름 8
② 중심 좌표 $(7, -4)$, 반지름 8
③ 중심 좌표 $(-7, 4)$, 반지름 64
④ 중심 좌표 $(7, -4)$, 반지름 64

해설 • 원의 방정식의 기본형
: $(x-a)^2 + (y-b)^2 = r^2$
• 원의 방정식의 일반형
: $x^2 + y^2 + Ax + By + C = 0$
• 원의 방정식의 기본형과 비교하면
$a = -7$, $b = 4$, $r = 8$

13. $x^2 + y^2 - 25 = 0$인 원이 있다. 원 위의 점 $(3, 4)$에서 접선의 방정식으로 옳은 것은?

① $3x + 4y - 25 = 0$ ② $3x + 4y - 50 = 0$
③ $4x + 3y - 25 = 0$ ④ $4x + 3y - 50 = 0$

해설 원 $x^2 + y^2 = r^2$ 위의 점 (x_1, y_1)을 지나는 접선의 방정식은 $x_1 x + y_1 y = r^2$이므로 원 $x^2 + y^2 = 25$ 위의 점 $(3, 4)$를 지나는 접선의 방정식은 $3x + 4y = 25$이다.
$\therefore 3x + 4y - 25 = 0$

14. 원점에 중심이 있는 타원이 있다. 이 타원 위에 있는 2개의 점 $P(x, y)$가 각각 $P_1(2, 0)$, $P_2(0, 1)$이다. 이 점들을 지나는 타원의 식으로 옳은 것은?

① $(x-2)^2 + y^2 = 1$ ② $x^2 + (y-1)^2 = 1$

③ $x^2 + \dfrac{y^2}{4} = 1$ ④ $\dfrac{x^2}{4} + y^2 = 1$

해설 타원의 방정식 : $\dfrac{x^2}{a^2} + \dfrac{y^2}{b^2} = 1$

$P_1(2, 0)$, $P_2(0, 1)$이므로 $a^2 = 4$, $b^2 = 1$

$\therefore \dfrac{x^2}{4} + y^2 = 1$

15. 다음 중 반지름이 3이고, 중심이 $(1, 2)$인 원의 방정식은?

① $(x-1)^2 + (y-2)^2 = 3$
② $(x-3)^2 + (y-1)^2 = 2$
③ $x^2 - 2x + y^2 - 4y - 4 = 0$
④ $x^2 - 2x + y^2 - 4y + 4 = 0$

해설 중심이 $(1, 2)$이고 원의 반지름이 3인 원의 방정식은
$(x-1)^2 + (y-2)^2 = 3^2$이다.
원의 방정식의 일반형으로 나타내면
$x^2 - 2x + 1 + y^2 - 4y + 4 = 3^2$
$\therefore x^2 - 2x + y^2 - 4y - 4 = 0$

16. 중심이 $(-10, 5)$이고 반지름이 5인 원의 방정식은?

① $(x-10)^2 + (y+5)^2 = 5$
② $(x+10)^2 + (y-5)^2 = 5$
③ $(x-10)^2 + (y+5)^2 = 25$
④ $(x+10)^2 + (y-5)^2 = 25$

해설 $(x-a)^2 + (y-b)^2 = r^2$은 중심이 (a, b)이고 반지름이 r인 원의 방정식이다.

정답 11. ③ 12. ① 13. ① 14. ④ 15. ③ 16. ④

17. 은선 및 은면 제거에 대한 설명 중 틀린 것은?

① 후방향(back-face) 알고리즘에서는 물체의 바깥쪽 방향에 있는 법선 벡터가 관찰자 쪽을 향하고 있으면 물체의 면이 가시적이고, 그렇지 않으면 비가시적이다.
② 깊이 분류(depth sorting) 알고리즘에서는 물체의 면들이 관찰자로부터의 거리가 정렬되며, 가장 가까운 면부터 가장 먼 면까지 각각의 색깔로 채워진다.
③ Z-버퍼 방법의 원리는 임의의 스크린 영역이 관찰자에게 가장 가까운 요소들에 의해 차지한다는 깊이 분류(depth sorting) 알고리즘과 기본적으로 유사하다.
④ 은선 제거를 위해서는 물체의 모든 모서리를 수반하는 물체들의 면에 의해 가려졌는지 테스트하며, 각각의 중첩된 면들에 의해 가려진 부분을 모서리로부터 순차적으로 제거한 후 모든 모서리의 남아 있는 부분을 모아 그린다.

해설 깊이 분류 알고리즘에서는 물체의 면들이 관찰자로부터의 거리로 정렬되며, 가장 먼 면부터 가장 가까운 면으로 각각의 색깔로 채워진다.

18. 은선 및 은면 처리를 위해 화면에 표시되어야 할 형상 요소들의 깊이 방향 값을 메모리에 저장하여 이용하는 방법은?

① 후향면 제거 알고리즘
② 깊이 분류 알고리즘
③ 은선 제거 알고리즘
④ z-버퍼 방법

해설 • 후향면 제거 알고리즘 : 물체의 바깥쪽 방향에 있는 법선 벡터가 관찰자 쪽을 향하면 물체의 면이 가시적이고, 그렇지 않으면 비가시적이다.

• 깊이 분류 알고리즘 : 물체의 면들이 관찰자로부터의 거리로 정렬되며, 가장 먼 면부터 가장 가까운 면으로 각각의 색깔로 채워진다.
• 은선 제거 알고리즘 : 각각의 중첩된 면들에 의해 가려진 부분을 모서리로부터 순차적으로 제거한 후 모서리의 남아 있는 부분을 모아 그린다.

19. 다음은 GUI에 대한 설명이다. 틀린 것은?

① 사용자가 편리하게 사용할 수 있도록 입출력 등의 기능을 알기 쉽게 그래픽으로 나타낸 것이다.
② CAD/CAM/CAE 소프트웨어에서 사용자와 그래픽 입력 및 그래픽 출력 간의 상호작용을 하는 것은 필수적인 기능이다.
③ CUI와 GUI는 같은 의미로 쓰인다.
④ 화면상의 작업 영역을 선정한다든지 메뉴나 그에 상당하는 아이콘 등을 그림으로 그려주고 이들이 선택되었을 때 해당 작업을 수행할 수 있는 기능을 가능하게 해 주는 소프트웨어이다.

해설 CUI는 글자로만 이루어졌기 때문에 별도의 이미지가 필요 없어서 속도가 빠르고 리소스를 적게 사용하므로 대부분의 서버 컴퓨터는 CUI 기반으로 운영된다.

20. 물체의 그림자를 표현하거나 입체감을 구현하기 위해 사용하는 방법으로, 3차원 형상의 정보를 2차원 평면의 화면에 나타내어 3차원 이미지처럼 느낄 수 있도록 하는 것은?

① 렌더링 기법   ② 음영 기법
③ 그래픽 기법   ④ Z-버퍼 기법

해설 렌더링 기법에는 음영을 처리하는 기법인 shadows와 각 면체에 무늬를 입히는 기법인 texture mapping이 있다.

정답 17. ② 18. ④ 19. ③ 20. ①

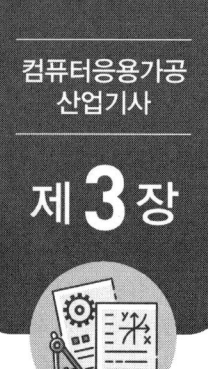

제 3 장 3D 형상 모델링 작업

1. 3D 형상 모델링 작업 준비

1-1 3D CAD 프로그래밍 환경 설정

(1) 3D 형상 모델링 프로그램의 화면 구성

① **메인 화면(Main Window)** : 작업에 대한 결과를 볼 수 있는 곳이다.
② **메뉴 창(Menu Window)** : 작업 수행을 위한 명령을 입력하는 곳이다.
③ **트리 창((Tree Window)** : 작업한 내용을 한눈에 볼 수 있는 곳이다.
④ **메시지 창(Message Window)** : 작업 수행 시 필요한 파라미터 값이나 오류를 볼 수 있는 곳이다.

(2) 3D CAD 프로그래밍 환경 설정

3D CAD 프로그램별로 서로 다른 환경을 유지하고 있으며, 도구 또는 파일 메뉴의 하단에 있는 옵션에서 설정한다.

1-2 3D 투상 능력

(1) 투상법

어떤 입체물을 도면으로 나타내려면 그 입체를 어느 방향에서 보고 어떤 면을 그렸는지 명확히 밝혀야 한다. 공간에 있는 입체물의 위치, 크기, 모양 등을 평면 위에 나타내는 것을 투상법이라 한다. 이때 평면을 투상면이라 하고, 투상면에 투상된 물건의 모양을 투상도(projection)라고 한다. 투상법의 종류는 다음과 같다.

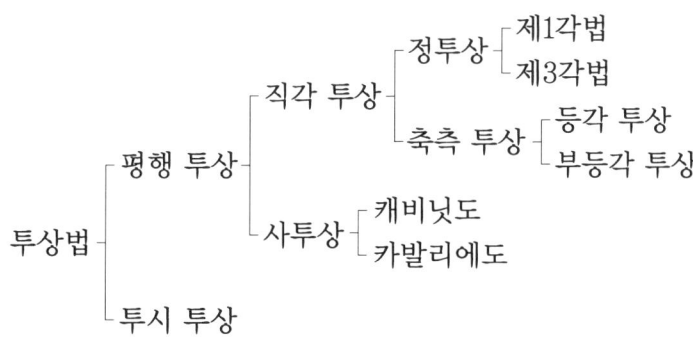

① **정투상법** : 물체를 네모진 유리 상자 속에 넣고 바깥에서 들여다보면 물체를 유리판에 투상하여 보고 있는 것과 같다. 이때 투상선이 투상면에 대하여 수직으로 되어 투상하는 것을 정투상법(orthographic projection)이라 한다. 물체를 정면에서 투상하여 그린 그림을 정면도(front view), 위에서 투상하여 그린 그림을 평면도(top view), 옆에서 투상하여 그린 그림을 측면도(side view)라 한다.

② **축측 투상법** : 정투상도로 나타내면 평행 광선에 의해 투상이 되기 때문에 경우에 따라서는 선이 겹쳐서 이해하기가 어려울 때가 있다. 이를 보완하기 위해 경사진 광선에 의해 투상하는 것을 축측 투상법이라 한다. 축측 투상법의 종류에는 등각 투상도, 부등각 투상도가 있다.

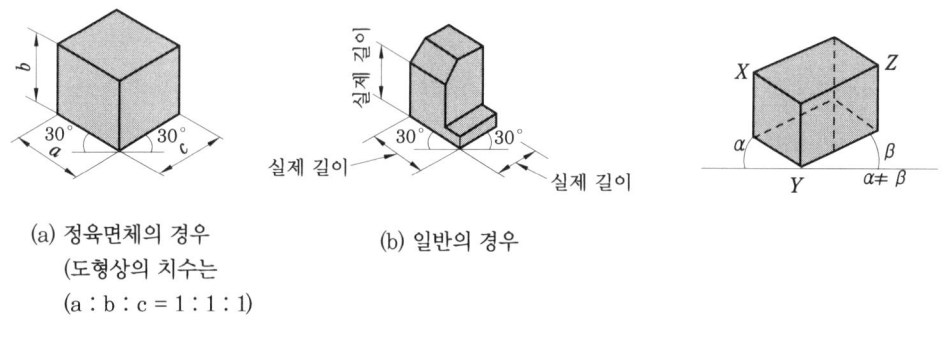

(a) 정육면체의 경우
(도형상의 치수는
(a : b : c = 1 : 1 : 1)

(b) 일반의 경우

등각 투상도   **부등각 투상도**

③ **사투상법** : 정투상도에서 정면도의 크기와 모양은 그대로 사용하고, 평면도와 우측면도를 경사시켜 그리는 투상법을 사투상법이라 한다. 사투상법의 종류에는 카발리에도와 캐비닛도가 있다. 경사각은 임의의 각도로 그릴 수 있으나 통상 30°, 45°, 60°로 그린다.

예상문제

1. CAD 소프트웨어에서 명령어를 아이콘으로 만들어 아이템별로 묶어 명령을 편리하게 이용할 수 있도록 한 것은?

① 스크롤바　　② 툴바
③ 스크린 메뉴　　④ 상태(status) 바

해설 • 스크롤바 : 영역 밖의 화면으로 이동하기 위한 메뉴
• 스크린 메뉴 : 화면상에서 text 형태의 메뉴
• 상태 바 : 화면에 열려 있는 파일의 정보를 제공하는 메뉴

2. 투상면이 어느 각도를 가지고 있기 때문에 그 실형을 도시하기 위하여 그림과 같이 나타내는 투상법의 명칭은?

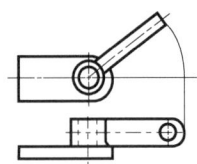

① 보조 투상도　　② 부분 투상도
③ 회전 투상도　　④ 국부 투상도

해설 회전 투상도는 투상면이 어느 각도를 가지고 있기 때문에 실형을 표시하지 못할 때에는 그 부분을 회전해서 실형을 도시할 수 있다.

3. 투상선이 평행하게 물체를 지나 투상면에 수직으로 닿고 투상된 물체가 투상면에 나란하기 때문에 어떤 물체의 형상도 정확하게 표현할 수 있는 투상도는?

① 사투상도　　② 등각 투상도
③ 정투상도　　④ 부등각 투상도

해설 투상선에 평행하게 물체를 지나 투상면에 수직으로 닿고, 투상된 물체가 투상면에 나란하기 때문에 어떤 물체의 형상도 정확하게 표현할 수 있다. 이러한 투상법을 정투상법이라 하며, 제1각법과 제3각법이 있다.

4. 다음 그림은 정투상 방법의 몇 각법을 나타내는가?

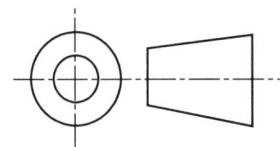

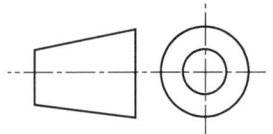

① 제1각법　　② 등각 방법
③ 제3각법　　④ 부등각 방법

해설 제1각법

5. 다음 그림과 같은 투상도의 명칭은?

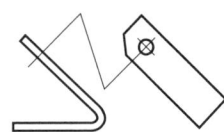

① 국부 투상도
② 부분 투상도
③ 보조 투상도
④ 회전 투상도

해설 보조 투상도 : 경사면부가 있는 물체를 정투상도로 그릴 때 그 물체의 실형을 나타낼 수 없을 경우에 사용한다.

정답 1. ②　2. ③　3. ③　4. ③　5. ③

1-3 3D 형상 모델링의 종류

1 와이어 프레임 모델링

와이어 프레임 모델링은 3차원 모델의 가장 기본적인 표현 방식으로 면과 면이 만나는 모서리(edge)를 선으로 표현한다. 즉 공간상의 점과 선으로만 구성되어 모서리로만 표현된다. 점과 선으로 구성되기 때문에 면이나 입체의 내부를 구분할 수 없어 실체감이 나타나지 않으며 디스플레이 된 형상을 보는 위치에 따라 서로 다른 해석을 할 수도 있다.

- **와이어 프레임 모델의 특징**
  ① 처리 속도가 빠르다.
  ② 은선 제거가 불가능하다.
  ③ 데이터의 구성이 간단하다.
  ④ 단면도의 작성이 불가능하다.
  ⑤ 모델의 작성을 쉽게 할 수 있다.
  ⑥ 3면 투시도의 작성이 용이하다.

2 서피스 모델링

서피스 모델링은 와이어 프레임의 모서리 선으로 둘러싸인 면을 곡면의 방정식으로 표현한 것으로, 모서리 대신 면을 사용한다. 은선을 제거할 수 있어 면의 구분이 가능하므로 수치 제어(NC : Numerical Control) 데이터를 생성하여 수치 제어 가공이 가능하다는 장점이 있다. 또한 회전에 의한 곡면, 테이퍼 곡면, 경계 곡면, 스윕 곡면 등을 사용하여 불 연산을 하므로 복잡하고 새로운 하나의 형상을 표현할 수 있다. 그러나 면으로만 구성되어 물리적 성질을 계산할 수 없다는 단점이 있다.

- **서피스 모델의 특징**
  ① 은선 제거가 가능하다.
  ② 단면도를 작성할 수 있다.
  ③ 복잡한 형상의 표현이 가능하다.
  ④ 2개 면의 교선을 구할 수 있다.
  ⑤ 물리적 성질을 계산하기 곤란하다.
  ⑥ 수치 제어(NC) 가공 정보를 얻을 수 있다.

⑦ 유한 요소법(FEM : Finite Element Method)의 적용을 위한 요소 분할이 어렵다.

3 솔리드 모델링

솔리드 모델링은 3차원 물체의 형상에 대한 면의 정보와 이들 면 간의 상호 연결 관계, 면의 내부와 외부의 방향 등에 관한 정보를 가지고 있다. 표면뿐만 아니라 속이 채워진 부피로 표현하며, 질량이나 무게중심과 같은 기계적인 특성을 표현할 수 있어 3차원 모델 작업에 가장 많이 사용한다. 그러나 파일 용량이 커서 고성능 컴퓨터가 필요하다는 단점이 있다. 솔리드 모델링은 입체의 경계면을 평면에 근사시킨 다면체로 취급하여 컴퓨터가 면, 변, 꼭짓점의 수를 관리한다. 다면체에서 오일러 지수는 다음과 같다.

$$오일러\ 지수 = 꼭짓점의\ 수 - 변의\ 수 - 면의\ 수$$

(1) 솔리드 모델의 특징

① 은선 제거가 가능하다.
② 간섭 체크가 용이하다.
③ 데이터를 처리할 양이 많아진다.
④ 물리적 성질의 계산이 가능하다.
⑤ 컴퓨터 메모리의 양이 많아진다.
⑥ 형상을 절단한 단면도 작성이 용이하다.
⑦ 이동·회전 등을 통해 정확한 형상 파악을 할 수 있다.
⑧ 유한 요소법(FEM)을 위한 메시 자동 분할이 가능하다.
⑨ 불 연산(boolean operation)을 통해 복잡한 형상 표현이 가능하다.

(2) 솔리드 모델링 방식

① **B-rep(Boundary representation) 방식** : 경계 표현 하나의 입체를 둘러싸고 있는 면을 표현한 것으로, 형상을 구성하고 있는 면과 면 사이의 위상 기하학적인 결합 관계를 정의함으로써 3차원 물체를 표현하는 방법이다.
② **CSG(Constructive Solid Geometry) 방식** : 기본 입체의 집합 연산 표현으로 합, 차, 적의 연산을 제공한다.
③ **하이브리드 방식** : 경계 표현과 집합의 연산 표현을 혼용한다.

예상문제

1. 와이어 프레임(wireframe) 모델의 특징으로 틀린 것은?

① 물리적 성질의 계산이 가능하다.
② 3면 투시도의 작성이 용이하다.
③ 숨은선 제거가 불가능하다.
④ 데이터 구조가 간단하다.

해설 물리적 성질의 계산이 불가능하다.

2. CAD에서 기하학적 형상(geometric model)을 나타내는 방법 중 모서리의 점, 선으로만 3차원 형상을 표시하는 방법은?

① solid modeling
② shaded modeling
③ surface modeling
④ wireframe modeling

해설 와이어 프레임 모델링은 3차원 모델의 가장 기본적인 표현 방식으로 면과 면이 만나는 모서리(edge)를 선으로 표현한다.

3. 3차원 형상 모델을 표현하는 방식 중에서 와이어 프레임 모델링(wireframe modeling) 방식의 특징이 아닌 것은?

① 데이터의 구조가 간단하여 모델링 작업이 비교적 쉽다.
② 단면도의 작성이 불가능하다.
③ 보이지 않는 부분, 즉 은선의 제거가 불가능하다.
④ NC 코드 생성이 가능하다.

해설 NC 코드 생성은 CAM의 영역이다.

4. 은면 제거(hidden surface removal)가 가능하지 않은 모델은?

① wireframe model
② surface model
③ B-rep model
④ CSG model

해설 와이어 프레임 모델은 은선 제거가 불가능하다.

5. 기하학적 형상을 나타내는 방법 중 형상 표면 및 출력 자료의 구조가 가장 간단한 것은?

① 와이어 프레임 모델링(wireframe modeling)
② 곡면 모델링(surface modeling)
③ 솔리드 모델링(solid modeling)
④ 비다양체 모델링(non-manifold modeling)

해설 와이어 프레임 모델링은 데이터의 구성이 단순하며, 모델 작성을 쉽게 할 수 있다.

6. CAD/CAM 프로그램을 이용한 모델링에 대한 일반적인 설명으로 잘못된 것은?

① 와이어 프레임 모델링은 부피를 구할 수 있다.
② 곡면 모델링(서피스 모델링)은 3차원 가공용 곡면 작업이 용이하다.
③ 솔리드 모델링에서는 물리적 계산 및 시뮬레이션 작업이 가능하다.
④ 솔리드 모델링은 다른 방법에 비해 상대적으로 큰 저장 용량이 요구된다.

해설 와이어 프레임 모델링은 물리적 성질의 계산이 불가능하다.

정답 1. ① 2. ④ 3. ④ 4. ① 5. ① 6. ①

7. 다음 형상 모델링 방법 중 선에 의해서만 형상을 표시하는 방법은?

① 곡면 모델링
② 솔리드 모델링
③ B-Spline 모델링
④ 와이어 프레임 모델링

해설 와이어 프레임 모델링은 면과 면이 만나는 모서리(edge)를 선으로 표현한다. 즉 공간상의 점과 선으로만 구성되어 모서리로만 표현된다.

8. 3D CAD 모델로부터 2D 도면을 생성한 것에 관하여 잘못 설명한 것은?

① 어느 각도에서든지 3D CAD 모델의 해당 2D 도면을 생성할 수 있다.
② 3각법은 투영시킬 물체와 사람 사이에 투영면을 위치시킨다.
③ 3D wireframe을 투영시키면 도면에 은선 (hjdden line) 제거가 가능하다.
④ 제1각법은 투영면과 사람 사이에 투영시킬 물체를 위치시킨다.

해설 와이어 프레임 모델은 은선 제거, 단면도 작성이 불가능하다.

9. 모델링 기법 중에서 숨은선(hidden line) 표현을 할 수 없는 것은?

① Constructive Solid Geometry 모델링 방법
② Boundary Representation 모델링 방법
③ Wireframe 모델링 방법
④ Surface 모델링 방법

해설 와이어 프레임 모델링에서는 은선 제거가 불가능하다.

10. 형상 모델링에서 와이어 프레임 모델링에 대한 설명이 아닌 것은?

① 처리 속도가 빠르다.
② 단면도 작성이 용이하다.
③ 데이터의 구성이 간단하다.
④ 모델 작성을 쉽게 할 수 있다.

해설 와이어 프레임 모델의 특징
• 처리 속도가 빠르다.
• 은선 제거가 불가능하다.
• 데이터의 구성이 간단하다.
• 단면도의 작성이 불가능하다.
• 모델의 작성을 쉽게 할 수 있다.
• 3면 투시도의 작성이 용이하다.

11. 다음 중 곡면 모델에 대한 설명으로 틀린 것은?

① 은선 제거가 가능하다.
② 단면도를 작성할 수 있다.
③ NC 가공 정보를 얻을 수 있다.
④ 물리적 성질(부피, 관성 모멘트 등)을 계산하기 쉽다.

해설 서피스 모델의 특징
• 은선 제거가 가능하다.
• 단면도를 작성할 수 있다.
• 복잡한 형상의 표현이 가능하다.
• 2개 면의 교선을 구할 수 있다.
• 물리적 성질을 계산하기 곤란하다.
• 수치 제어(NC) 가공 정보를 얻을 수 있다.

12. 서피스 모델링에서 곡면을 절단하였을 때 나타나는 요소는?

① 곡면(surface)   ② 점(point)
③ 곡선(curve)   ④ 평면(plane)

해설 서피스 모델링에서 곡면을 절단하였을 때 나타나는 요소는 곡선(curve)이다.

정답 7. ④ 8. ③ 9. ③ 10. ② 11. ④ 12. ③

13. 곡면 모델(surface model)의 일반적 특징으로 옳은 것은?

① 곡면의 면적 계산이 불가능하다.
② 와이어 프레임보다 데이터 양이 적다.
③ NC 공구 경로 계산에 필요한 정보를 얻을 수 있다.
④ 부피 및 관성 모멘트와 같은 물리적 성질을 계산하기 쉽다.

해설 솔리드 모델링에서는 부피 및 관성 모멘트와 같은 물리적 성질의 계산이 가능하다.

14. 형상 모델링과 가장 관계가 깊은 것은?

① 스위핑(sweeping)
② 만남 조건(mating condition)
③ 제품 구조(product structure)
④ 인스턴스 정보(instancing information)

해설 스위핑(sweeping)은 하나의 2차원 단면 곡선(이동 곡선)이 미리 정해진 안내 곡선을 따라 이동하면서 입체를 생성하는 방법이다.

15. 형상 모델링에서 스윕(sweep) 곡면의 설명으로 옳은 것은?

① 많은 점 데이터로부터 생성되는 곡면
② 안내 곡선을 따라서 단면 곡선이 일정 규칙에 따라 이동되면서 생성되는 곡면
③ 만들어진 곡면을 불러들여 기존 모델의 평면을 변경하여 생성되는 곡면
④ 두 곡면이 만나는 부분을 부드럽게 하기 위하여 생성하는 곡면

해설 스윕(sweep) 곡면은 단면 곡선이 안내 곡선을 따라서 일정 규칙에 의해 이동되면서 생성되는 곡면이다.

16. 모델링 기법 중에서 실루엣(silhouette)을 구할 수 없는 기법은?

① B-rep(Boundary representation) 방식
② CSG(Constructive Solid Geometry) 방식
③ 서피스 모델링(surface modeling)
④ 와이어 프레임 모델링(wirefram modeling)

해설 실루엣 처리는 면에 대한 정보가 있는 솔리드 모델링 방식과 서피스 모델링 방식이 가능하다.

17. 물리적 성질(부피, 관성, 무게, 모멘트 등) 제공이 가능한 방법은?

① 와이어 프레임 모델링(wirefram modeling)
② 시뮬레이션 모델링(simulation modeling)
③ 곡면 모델링(surface modeling)
④ 솔리드 모델링(solid modeling)

해설 솔리드 모델링(solid modeling)은 표면뿐만 아니라 속이 채워진 형상이기 때문에 부피로 표현하며, 질량이나 무게중심과 같은 기계적인 특성을 표현할 수 있어 3차원 모델 작업에 가장 많이 사용한다.

18. 솔리드 모델링 시스템 중 CSG 트리 구조의 장점으로 틀린 것은?

① 파라메트릭 모델링을 쉽게 구현할 수 있다.
② CSG 트리에 저장된 솔리드는 항상 구현이 가능한 유효한 입체이다.
③ 자료 구조가 간단하고 데이터 양이 적어 데이터의 관리가 용이하다.
④ CSG 트리 표현으로부터 물체의 경계면, 경계 모서리, 그리고 이들 간의 연결 관계 등을 유도하는 계산이 적어 시간이 적게 걸린다.

해설 CSG는 기본 형상(primitive : 구, 실린더, 직육면체, 원뿔 등)의 조합으로 복잡한 형상을 생성하며 기본 형상을 불 연산(합·차·교집합)하는 방식으로, 처리 시간이 걸리는 단점이 있다.

정답 13. ③ 14. ① 15. ② 16. ④ 17. ④ 18. ④

19. 솔리드 모델링에서 사용되는 일반적인 불(Boolean) 연산 방법이 아닌 것은?

① 합(union)
② 차(difference)
③ 곱(multiplication)
④ 적(intersection)

해설 불(Boolean)은 합집합, 교집합, 차집합으로 두 개 이상의 모델을 하나의 모델로 만드는 연산이다.

20. 솔리드 모델링에 관한 설명으로 틀린 것은?

① 솔리드 모델링은 형상을 절단하여 단면도로 작성하기는 어렵지만 물리적 성질의 계산이 가능하다.
② CSG(Constructive Solid Geometry)는 단순한 형상의 조합으로 생성하는데 불연산자를 사용한다.
③ B-rep(Boundary representation)은 형상을 구성하고 있는 정점, 면, 모서리의 관계에 따라 표현하는 방법이다.
④ 솔리드 모델링은 셀 또는 기본 곡면 등의 입체 요소의 조합으로 쉽게 표현할 수 있다.

해설 형상을 절단한 단면도 작성이 용이하며, 물리적 성질의 계산이 가능하다.

21. 솔리드 모델이 갖는 기하학적 요소 중 서피스 모델이 갖지 못하는 것은?

① 꼭짓점
② 모서리
③ 표면
④ 부피

해설 솔리드 모델링은 부피 계산이 가능하지만 서피스 모델링은 면적만 계산할 수 있다.

22. 형상을 구성하고 있는 면과 면 사이의 위상 기하학적인 결합 관계를 정의함으로써 3차원 물체를 표현하는 방식은?

① CSG 방식
② B-rep 방식
③ Hybrid 방식
④ Wireframe 방식

해설 B-rep 방식은 입체(solid)를 둘러싸고 있는 면의 조합으로 표현하는 방식이며, 물체의 점(vertex), 모서리(face), 면(face)의 상관관계를 이용해서 물체를 형상화한다.

23. 유한 요소법(FEM)의 적용을 위한 3차원 요소 분할을 위해 가장 적당한 모델링 방법은?

① 곡면 모델링
② 솔리드 모델링
③ 시뮬레이션 모델링
④ 와이어 프레임 모델링

해설 솔리드 모델링의 용도
- NC 공구 경로 생성
- 표면적, 부피, 관성 모멘트 계산
- 솔리드 모델들 간의 간섭현상 검사
- 도면 생성
- 유한 요소 해석

24. 솔리드 모델링 기법에 의한 물체의 표현 방식 중 CSG(Constructive Solid Geometry) 방식이 B-rep(Boundary representation) 방식에 비해 우수한 점으로 틀린 것은?

① 기억 용량이 적다.
② 데이터 구조가 간단하다.
③ 3면도나 투시도의 작성이 용이하다.
④ 기본 도형을 직접 입력하므로 데이터의 작성 방법이 쉽다.

정답 19. ③ 20. ① 21. ④ 22. ② 23. ② 24. ③

[해설] CSG 방식에서는 전개도 작성이나 표면적 계산이 곤란하다.

25. 화면에 그려진 솔리드 모델의 음영 효과를 결정하는 주된 요소는?

① 모델의 크기
② 화면의 배경색
③ 평행 광선의 경우 모델과 조명과의 거리
④ 모델의 표면을 구성하는 면의 수직 벡터

[해설] 솔리드 모델의 음영 효과(shading)를 결정하는 주된 요소는 모델의 표면을 구성하는 면의 수직 벡터이다.

26. 3차원 솔리드 모델링 형상 표현 방법 중 CSG(Constructive Solid Geometry)에 해당되는 사항은?

① 경계면에 의한 표현
② 로프트(loft)에 의한 표현
③ 스윕(sweep)에 의한 표현
④ 프리미티브(primitive)에 의한 표현

[해설] CSG 방식은 복잡한 형상을 단순한 형상(primitive : 구, 실린더, 육면체, 원뿔 등)의 조합으로 표현하며, boolean 연산(합, 차, 적(교차))을 사용한다.

27. 3차원 형상 모델을 분해 모델로 저장하는 방법 중 틀린 것은?

① facet 모델
② 복셀(voxel) 모델
③ 옥트리(octree) 표현
④ 세포 분해(cell decomposition) 모델

[해설] 3차원 형상 모델을 분해 모델로 저장하는 방법에는 복셀 모델, 옥트리 모델, 세포 분해 모델이 있다.

28. 주어진 조건으로 동일하게 3차원 솔리드 모델링을 수행했을 때 부피가 가장 큰 것은?

① 지름이 10mm인 구
② 한 변의 길이가 10mm인 정육면체
③ 지름이 10mm이고 높이가 10mm인 원뿔
④ 지름이 10mm이고 높이가 10mm인 원기둥

29. 형상 모델링을 필요로 하는 분야로 가장 거리가 먼 것은?

① 트랙볼 계산
② 투시도 생성
③ 공구 경로 생성
④ 중량, 관성 모멘트 계산

[해설] 트랙볼은 화면상의 형상을 3차원으로 보기 위해 회전하는 영역을 나타내는 둥근 형태의 아이콘이다.

30. 특징 형상 모델링(feature-based modeling)의 설명이 아닌 것은?

① 특징 형상 모델링은 설계자에게 친숙한 형상 단위로 물체를 모델링 할 수 있게 해준다.
② 전형적인 특징 형상으로는 모따기, 구멍, 필릿, 슬롯, 포켓 등이 있다.
③ 특징 형상은 각 특징들이 가공 단위가 될 수 있기 때문에 공정 계획으로 사용될 수 있다.
④ 특징 형상 모델링의 방법에는 리볼빙, 스위핑 등이 있다.

[해설] 리볼빙과 스위핑은 솔리드 모델링을 하는 방법이다.

[정답] 25. ④ 26. ④ 27. ① 28. ② 29. ① 30. ④

31. 특정값이나 변수로 표현된 수식을 입력하여 형상을 생성하는 방식으로, 매개변수나 수식을 변경하면 자동으로 형상이 수정되는 형상 모델링 방법은?

① surface 모델링
② parametric 모델링
③ 와이어 프레임 모델링
④ feature-based 모델링

해설 parametric 모델링 : 형상을 스케치한 후 특정값이나 변수로 표현된 수식을 입력하여 형상을 모델링하는 방식으로, 모델링한 이후 매개변수나 수식을 변경하면 자동으로 형상이 수정되는 모델링 방법이다. 3D-CAD 소프트웨어의 기능이다.

32. 자주 설계되는 홀(hole), 키 슬롯(key slot), 포켓(pocket) 등을 라이브러리(library)에 미리 갖추어 놓고 필요시 이들을 단축 설계에 사용하는 모델링 방식은?

① parametric modeling
② feature-based modeling
③ surface modeling
④ boolean operation

해설 특징 형상 모델링 시스템이 제공하는 전형적인 특징 형상으로는 모따기, 구멍, 슬롯, 포켓 등이 있다.

33. 다음 중 조립체 모델링에서 사용되는 만남 조건(mating condition)이 아닌 것은?

① 공간(space)
② 일치(coincident)
③ 직교(perpendicular)
④ 평행(parallel)

해설 조립체 모델링은 부품들 사이의 만남 조건을 이용하여 형상을 모델링하는 방법이며, 만남 조건으로는 일치, 직교, 평행 등을 사용한다.

34. 조립체 모델링에서 조립체를 구성하는 인스턴스(instance)에 필요한 정보는?

① 형상 모델링 정보
② 부품 형상 및 조립 정보
③ 형상을 나타내는 기하 정보
④ 형상을 구속하는 치수 정보

해설 인스턴스 : 조립체 모델링에서 동일한 부품을 중복(copy)하여 사용할 경우 조립체 모델링의 파일 크기가 크게 증가하는데, 이를 줄이기 위해 CAD 시스템이 부품에 대한 링크나 정보만을 조립체에 포함시키는 방법이다.

35. 3차원 형상의 모델링 방식에서 B-rep 방식과 비교한 CSG 방식의 장점은?

① 중량 계산이 용이하다.
② 표면적 계산이 용이하다.
③ 전개도 작성이 용이하다.
④ B-rep 방식보다 복잡한 형상을 나타내는 데 유리하다.

해설 CSG 방식
- 전개도 작성이나 표면적 계산이 곤란하다.
- 데이터 작성이나 수정, 중량 계산이 용이하다.
- 데이터의 구조가 간단하며, 필요한 메모리 용량이 적다.

36. 다음 설명에 해당하는 3차원 모델링에 해당하는 것은?

정답 31. ② 32. ② 33. ① 34. ② 35. ① 36. ④

- 데이터의 구성이 간단하다.
- 처리 속도가 빠르다.
- 단면도의 작성이 불가능하다.
- 은선 제거가 불가능하다.

① 서피스 모델링
② 솔리드 모델링
③ 시스템 모델링
④ 와이어 프레임 모델링

해설 와이어 프레임 모델링의 장점(보기 외)
- 모델 작성을 쉽게 할 수 있다.
- 3면 투시도 작성이 용이하다.

37. 그림은 공간상의 선을 이용하여 3차원 물체의 가장자리 능선을 표시한 모델이다. 이러한 모델링은?

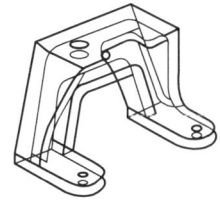

① 서피스 모델링
② 와이어 프레임 모델링
③ 솔리드 모델링
④ 이미지 모델링

해설 와이어 프레임 모델링 : 3차원 모델의 가장 기본적인 표현 방식으로 점, 선, 원, 호 형태의 철사 프레임으로 구조물을 표현한다.

38. 다음과 같은 3차원 모델링 중 은선 처리가 가능하고 면의 구분이 가능하여 일반적인 NC 가공에 가장 적합한 모델링은?

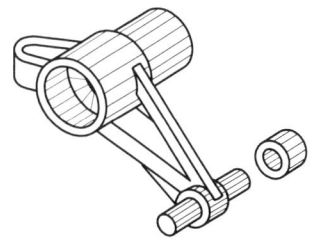

① 이미지 모델링
② 솔리드 모델링
③ 서피스 모델링
④ 와이어 프레임 모델링

해설 서피스 모델링 : 면을 곡면의 방정식으로 표현한 것으로, 모서리 대신 면을 사용한다.

39. CAD에서 사용되는 모델링 방식에 대한 설명 중 잘못된 것은?

① wire frame model : 음영 처리하기에 용이하다.
② surface model : NC 데이터를 생성할 수 있다.
③ solid model : 정의된 형상의 질량을 구할 수 있다.
④ surface model : tool path를 구할 수 있다.

해설 wire frame model은 음영 처리, 숨은선 제거, 단면도 작성 등이 불가능하다.

40. 일반적인 3차원 표현 방법 중에서 와이어 프레임 모델의 특징을 설명한 것으로 틀린 것은?

① 은선 제거가 불가능하다.
② 유한 요소법에 의한 해석이 가능하다.
③ 저장되는 정보의 양이 적다.
④ 3면 투시도 작성이 용이하다.

해설 유한 요소법에 의한 해석은 솔리드 모델링에서 가능하다.

41. 형상 모델링에서 아래 그림과 같이 구에서 원통과 직육면체를 빼냄(subtraction)으로써 원하는 형상을 모델링하는 방법은?

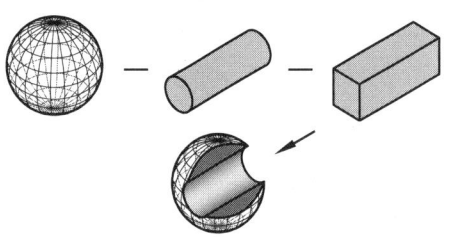

① B-rep 방식 ② Trust 방식
③ CSG 방식 ④ NURBS 방식

해설 CSG 방식은 기본 입체의 집합의 연산 표현으로 합, 차, 적의 연산을 제공한다.

42. CSG 모델링 방식에서 불 연산(boolean operation)이 아닌 것은?

① union(합) ② subtract(차)
③ intersect(적) ④ project(투영)

해설 불 연산에 사용하는 기호

논리합 A or B	논리곱 A and B	부정 not A
A+B A∪B A∨B	A·B AB A∩B A∧B A&B	A′ ~A

43. 다음 중 CSG 방식 모델링에서 기초 형상(primitive)에 대한 가장 기본적인 조합 방식에 속하지 않는 것은?

① 합집합 ② 차집합
③ 교집합 ④ 여집합

해설 · CSG는 도형의 단위 요소를 조합하여 물체를 표현하는 방식으로 크게 합집합, 차집합, 교집합의 3가지로 이루어진다.

· 도형을 불러와 내부까지 연산을 처리하므로 물체의 내부 정보(중량, 체적, 무게중심 등)를 구하기에 좋다.

44. 다음 중 3차원 형상의 모델링 방식에서 CSG(constructive solid geometry) 방식을 설명한 것은?

① 투시도 작성이 용이하다.
② 전개도 작성이 용이하다.
③ 기본 입체 형상을 만들기 어려울 때 사용되는 모델링 방법이다.
④ 기본 입체 형상의 boolean operation(불 연산)에 의해 모델링한다.

해설 ①, ②, ③은 B-rep 방식에 대한 설명이다. CSG 방식은 복잡한 형상을 단순한 형상(기본 입체)의 조합으로 표현한다.

45. 모델 중에서 실루엣(silhouette)이 정확하게 표현될 수 있는 모델들로 짝지어진 것은 어느 것인가?

① Surface Model, Solid Model
② Solid Model, Wireframe Model
③ Wireframe Model, Surface Model
④ Wireframe Model, Plane Draft Mode

해설 실루엣이 정확하게 표현될 수 있는 것은 서피스 모델링과 솔리드 모델링이며, 와이어 프레임 모델링은 실루엣 표현이 안 되고 해석용으로 사용할 수 없다.

46. 그림과 같이 2차원 단면 곡선을 정해진 궤적을 따라 이동시켜서 3차원 형상을 생성시키는 모델링 기법은?

① Blending
② Skinning
③ Lifting
④ Sweeping

해설
- Blending : 서로 만나는 2개의 평면 또는 곡면에서 서로 만나는 모서리를 곡면으로 바꾸는 것
- Skinning : 원하는 경로에 여러 개의 단면 형상을 위치시키고, 이를 덮는 입체를 생성하는 것
- Lifting : 주어진 물체에서 특정면의 전부 또는 일부를 원하는 방향으로 움직여서 물체가 그 방향으로 늘어난 효과를 갖도록 하는 것
- Sweeping : 하나의 2차원 단면 형상을 입력하고, 이를 안내 곡선에 따라 이동시켜 입체를 생성하는 것

47. 조립체 모델링에서 동일한 부품을 중복(copy)해서 사용할 경우 조립체 모델링의 파일 크기가 크게 증가하게 된다. 중복되는 부품으로 인한 조립체의 파일 크기를 줄이기 위해 CAD 시스템은 부품에 대한 링크(link), 정보만을 조립체에 포함시키는데, 이와 같은 방법을 무엇이라 하는가?

① 인스턴스(instance)
② 이력(history)
③ 특징 현상(feature)
④ 만남 조건(mating condition)

해설 조립체 모델링에서 조립체를 구성하는 인스턴스에 필요한 정보는 형상 모델링 정보, 형상을 나타내는 기하 정보, 형상을 구속하는 치수 정보 등이 있다.

48. 모델링과 연관된 용어에 관한 설명 중 잘못된 것은?

① 스위핑(sweeping) : 하나의 2차원 단면의 형상을 입력하고 이를 안내 곡선을 따라 이동시켜 입체를 생성
② 스키닝(skinning) : 여러 개의 단면 형상을 입력하고 이를 덮어 싸는 입체를 생성
③ 리프팅(lifting) : 주어진 물체의 특정면의 전부 또는 일부를 원하는 방향으로 움직여서 물체가 그 방향으로 늘어난 효과를 갖도록 하는 것
④ 블렌딩(blending) : 주어진 형상을 국부적으로 변화시키는 방법으로, 접하는 곡면을 예리한 모서리로 처리하는 방법

해설 ④는 모따기에 관한 설명이다.

49. B-rep 모델의 기본 요소가 아닌 것은?

① 면(face)
② 모서리(edge)
③ 꼭짓점(vertex)
④ 좌표(coordinates)

해설 B-rep 모델은 사용자가 형상을 구성하고 있는 꼭짓점(vertex), 면(face), 모서리(edge)가 어떠한 관계를 가지는지에 따라 표현하는 방법이다.

50. 구멍이 없는 간단한 다면체의 경계를 표현하는 오일러 공식은? (단, V는 꼭짓점의 수, E는 모서리의 수, F는 면의 수를 의미한다.)

① $V-E-F=2$　② $V+E-F=2$
③ $V-E+F=2$　④ $V+E+F=2$

해설 오일러 공식
꼭짓점의 수(V)-모서리의 수(E)+면의 수$(F)=2$
예) 육면체 : $V-E+F=8-12+6=2$

51. 그림의 도형이 갖는 독립된 셀(shell)의 수와 모서리 수의 합은 얼마인가?

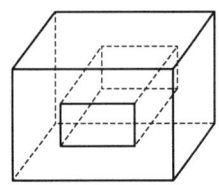

① 25　　② 26
③ 27　　④ 28

해설 모서리의 수=12×2=24
독립된 셀의 수=1
∴ 24+1=25

52. 날개 모서리(winged edge) 데이터 구조에 대한 설명 중 틀린 것은?

① 임의의 모서리를 중심으로 하여 각각의 모서리에 이웃하는 모서리들, 그 모서리를 공유하는 두 개의 면, 모서리의 양끝 꼭짓점을 저장하는 구조이다.
② 각각의 면의 경계를 이루는 모서리들은 따로 저장할 필요 없이 각각의 면에 속한 하나의 모서리만 알면 된다.
③ 면을 이루고 있는 모서리의 개수가 유동적이어도 된다.
④ 네 개의 날개 모서리를 구별 없이 저장해도 각 모서리의 주변 정보를 탐색할 수 있다.

해설 네 개의 날개 모서리를 구별 없이 저장해도 각 모서리의 주변 정보를 탐색할 수 없다.

53. 미리 정해진 연속된 단면을 덮는 표면 곡면을 생성시켜 닫힌 부피 영역 또는 솔리드 모델을 만드는 모델링 방법은?

① 스위핑(sweeping)
② 스키닝(skining)
③ 트위킹(tweaking)
④ 리프팅(lifting)

해설
- 스키닝 : 미리 정해진 연속된 단면을 덮는 표면 곡면을 생성시켜 닫힌 부피 영역 또는 솔리드 모델을 만드는 모델링 방법
- 트위킹 : 모델링된 입체의 형상을 수정하여 원하는 형상을 모델링하는 방법
- 리프팅 : 모델링된 입체의 특정 면의 전부 또는 일부를 원하는 방향으로 움직여서 형상 면이 그 방향으로 늘어나도록 하는 방법

정답 51. ①　52. ④　53. ②

1-4 3D 형상 모델링의 특성

1 도형의 정의

(1) 직선

① 두 점에 의해 구성되는 선
② 한 점과 수평선과의 각도로 표시
③ 한 점에서 직선에 대한 평행선 또는 수직선
④ 두 곡선에 대한 접선
⑤ 한 곡선에 접하고 한 점을 지나는 직선
⑥ 두 곡선의 최단 거리를 잇는 선분

(2) 원

① 중심과 반지름으로 표시
② 중심과 원주상의 한 점으로 표시
③ 원주상의 세 점으로 표시
④ 반지름과 두 개의 직선(곡선)에 접하는 원
⑤ 세 개의 직선에 접하는 원
⑥ 두 개의 점(지름) 지정

> **참고**
> • 2차원 형상은 도형의 기본 요소인 점(point), 선(line), 원(circle), 원호(arc)로 구성되며, 이 도형이 서로 연결되어 자유 곡선이 정의된다.

(3) 직선의 방정식

① 기울기가 a, y절편이 b인 경우 : $y = ax + b$

② 기울기가 $-\dfrac{b}{a}$, y절편이 c인 경우 : $y = -\dfrac{b}{a}x + c$

③ x절편이 a, y절편이 b인 경우 : $\dfrac{x}{a} + \dfrac{y}{b} = 1$

2 자유 곡선의 정의

(1) 원뿔 곡선(원추 곡선)

원뿔 곡선은 음함수 형태의 곡선이며, 원뿔을 어느 방향에서 절단하느냐에 따라 생성되는 곡선이다.

① **원(circle)** : 원뿔을 일정한 높이에서 절단할 때 생성되는 곡선

$$x^2+y^2=r^2$$

② **타원(ellipse)** : 원뿔을 비스듬하게 절단할 때 생성되는 곡선

$$\frac{x^2}{a^2}+\frac{y^2}{b^2}=1$$

③ **포물선(parabola)** : 원뿔을 원뿔의 경사와 평행하게 절단할 때 생성되는 곡선

$$y^2-4ax=0$$

④ **쌍곡선(hyperbola)** : 원뿔을 x축 방향으로 절단할 때 생성되는 곡선

$$\frac{x^2}{a^2}-\frac{y^2}{b^2}=1$$

(2) 스플라인 곡선

① 가늘고 긴 박판을 의미하는 말이다.
② 곡선식은 구간별로 3차 다항식이 사용된다.
③ 연결점에서 위치, 접선, 곡률이 연속적이다.
④ 운형자를 사용하여 점들을 연결해 놓은 것과 같다.
⑤ 좌표상의 점들을 모두 지나도록 연결한 부드러운 곡선이다(보간 곡선).
⑥ 공학 시스템의 시뮬레이션과 같이 데이터 값이 정확하고 양이 많을 때 사용된다.

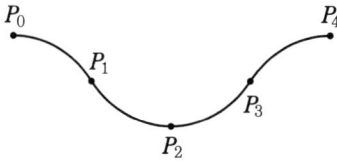

스플라인 곡선

> **참고**
>
> **스플라인 곡선**
> - 스플라인 곡선은 퍼거슨 곡선과 같이 이웃하는 곡선과의 연결성 문제를 해결하기 위해 도입된 곡선으로, 주어진 점들을 모두 통과하면서 곡선을 구성한다.
> - 베지어 곡선이나 B-스플라인 곡선과 비교할 때 굴곡이 가장 심한 곡선이다.

(3) 베지어 곡선

① 곡선을 근사하는 조정점들을 이용한다(근사 곡선).
② 조정점들을 이용하여 곡선을 조절할 수 있다.
③ 중간 조정점들은 곡선을 자신의 방향으로 당기는 역할을 한다.
④ 유연성을 향상시키기 위해 조정점을 증가시키면 곡선의 차수가 높아져 곡선에 진동이 생긴다.
⑤ n개의 정점에 의해 정의된 곡선은 $(n-1)$차 곡선이다.
⑥ 첫 두 조정점과 마지막 두 조정점을 각각 잇는 직선에 접한다.
⑦ 한 개의 조정점의 움직임이 곡선의 전 구간에 영향을 미친다(전역 조정 특성).
⑧ 곡선 전체가 조정점에 의해 생성된 다각형인 볼록 껍질(convex hull)의 내부에 위치하며, 곡선은 양 끝 조정점을 통과한다.

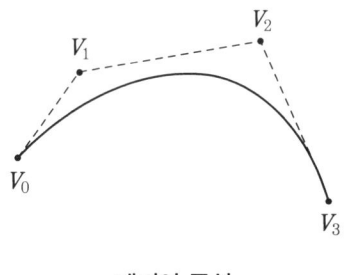

베지어 곡선

(4) B-스플라인 곡선 및 특징

① B-스플라인 곡선
　(가) 베지어 곡선과 같이 곡선을 근사하는 조정점들을 이용한다.
　(나) 전역 조정 특성을 없애기 위해 베지어 곡선을 여러 개의 세그먼트로 나누고, 각 접점(knot)에서 연속성을 준 것이다.
　(다) 한 개의 조정점이 움직여도 몇 개의 곡선 세그먼트만 영향을 받는다(국부 조정 특성).

(라) 곡선식의 차수는 조정점의 개수와 관계없이 연속성에 따라 결정된다.
(마) 곡선식의 차수에 따라 곡선의 형태가 변한다.
(바) 양 끝의 조정점은 반드시 통과한다.
(사) 조정점의 개수와 곡선의 차수는 무관하다.
(아) 조정점의 개수가 많아도 원하는 차수를 지정할 수 있다.

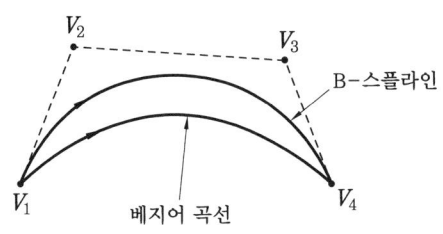

B-스플라인 곡선

② B-스플라인 곡선의 특징
   (가) 연속성 : 하나의 꼭짓점을 옮기면 베지어 곡선은 이웃하는 단위 곡선과의 연속성 때문에 자유도가 매우 제한되나, B-Spline 곡선은 꼭짓점을 아무리 움직여도 연속성이 보장된다.
   (나) 다각형에 따른 형상 직관 제공 : 베지어 곡선과 같이 B-Spline 곡선도 다각형이 정해지면 형상 예측이 가능하다.
   (다) 국부적 조정 기능 : 꼭짓점 중 하나를 이용하면 그 꼭짓점의 수정에 의해 정해진 구간의 곡선 형상만 변경된다.
   (라) 역변환의 용이성 : 곡선상의 점 몇 개를 알고 있으면 그에 따른 B-Spline 곡선을 쉽게 알 수 있는데, 이것을 역변환이라 한다.

(5) NURBS(Non-Uniform Rational B-Spline) 곡선

① 3차원 곡선을 수학적으로 표현하는 가장 진보된 방식이다.
② 모든 베지어 곡선과 B-스플라인 곡선을 표현할 수 있다.
③ 원이나 타원과 같은 2차 곡선(원뿔 곡선)을 정확하게 표현할 수 있다.
④ 조정점들의 가중치에 따라 곡선의 형태가 변한다.
⑤ 비주기적 B-스플라인 곡선과 유사하므로 양 끝점을 통과한다.
⑥ 공간상의 NURBS 곡선을 평면에 원근 투영시킨 곡선은 평면상에 투영된 조정점으로 그린 NURBS 곡선과 일치한다(투영 불변성).

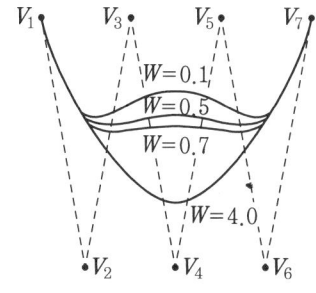

NURBS 곡선

(6) 퍼거슨 곡선

2개 이상의 곡선으로 복잡한 곡선을 만들 때 양수 곡선이 3차식이면 연결점에서 2차 미분까지 할 수 있으므로 연속적인 곡면을 보장할 수 있는 3차식 이상인 곡선의 방정식이 이용된다. 이 방법은 단위 곡선의 양 끝점에서의 위치와 접선 벡터를 이용한 3차 매개변수식에 의한 것으로, 5개의 점 P_1, P_2, P_3, P_4, P_5가 주어지면 5개의 점을 모두 통과하는 부드러운 곡선이 만들어지는데, 이를 퍼거슨 곡선·곡면이라 한다.

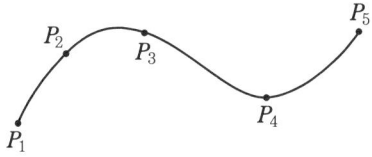

퍼거슨 곡선

■ **퍼거슨 곡선의 특징**
① 곡선뿐만 아니라 3차원 공간에 있는 형상도 평면에 간단히 표현할 수 있다.
② 곡선이나 곡면의 일부를 표현하려고 할 때는 매개변수의 범위를 정함으로써 간단히 표현할 수 있다.
③ 곡선이나 곡면의 좌표 변환이 필요하면 단순히 주어진 벡터만 좌표 변환하여 원하는 결과를 얻을 수 있다.
④ 일반 대수식에 비해 곡선의 생성이 쉽지만 벡터의 변화에 따라 벡터 중간부의 곡선 형태를 예측하기가 쉽지 않은 단점이 있어, 원하는 특정 형상을 표현하는 데 어려움이 있다.
⑤ 육안으로 확인하기 쉽지 않지만 자동차의 외관과 같이 곡률의 변화율이 중요한 경우에는 곡면의 품질을 저하시킨다.

3 곡면 표현

(1) 회전 곡면

회전축을 중심으로 곡선을 회전할 때 생성되는 곡면을 회전 곡면이라 한다. 곡면의 작성은 CAD 시스템의 종류에 따라 다르다.

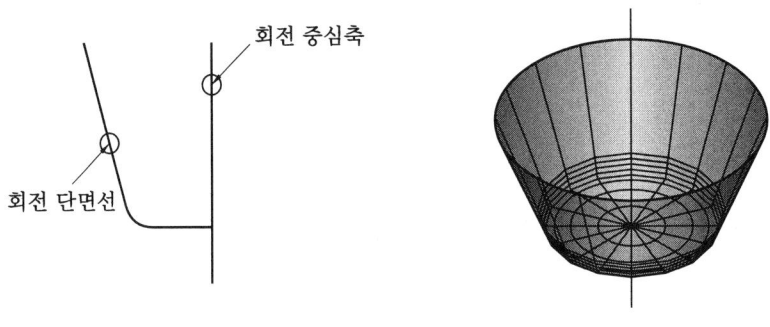

회전 곡면

(2) 쿤스 곡면

4개의 모서리 점과 4개의 경계 곡선을 부드럽게 연결한 쿤스 곡면은 퍼거슨의 곡면을 발전시킨 것으로, 4개의 모서리 점과 그 점에서 양방향의 접선 벡터를 주고 3차식을 이용하면 퍼거슨의 곡면과 동일하다. 즉 퍼거슨 곡면이 쿤스 곡면의 특별한 경우가 된다.

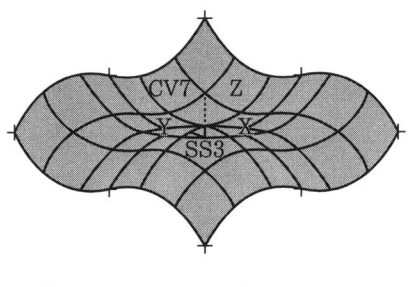

쿤스 곡면

> **참고**
> - 쿤스 곡면은 퍼거슨 곡면과 마찬가지로 곡면의 표현이 간결하여 예전에는 널리 사용했으나, 곡면 내부의 볼록한 정도를 직접 조절하기가 어려워 정밀한 곡면의 표현에는 적합하지 않다.

(3) 베지어 곡면

베지어 곡면은 베지어 곡선을 확장한 것으로, 매개변수인 u, v의 변환율에 의해 곡면의 형상이 정의되는 것이다.

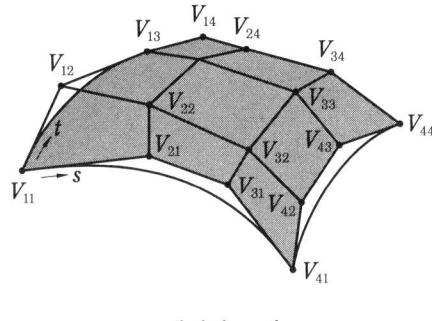

베지어 곡면

(4) B-스플라인 곡면

B-스플라인 곡면은 B-스플라인 곡선을 확장한 것으로, 조정점의 직사각형 집합으로서 곡면의 형상을 조정, 근사하는 다면체의 꼭짓점을 형성한다. 또한 다면체의 꼭짓점을 근사하거나 보간할 수도 있다.

(5) NURBS 곡면

NURBS 곡면은 NURBS 곡선을 확장한 것으로, NURBS 곡선식과 비교할 때 조정점에 곱해지는 블렌딩 함수가 u, v 양방향이라는 것만 다르게 표현되는 곡면이다.

예 | 상 | 문 | 제

1. 지정된 모든 조정점을 반드시 통과하도록 고안된 곡선은?

① Bezier
② B-Spline
③ Spline
④ NURBS

해설 스플라인 곡선은 지정된 모든 조정점을 통과하면서도 부드럽게 연결된 곡선이다.

2. CAD/CAM 시스템의 곡선 표현의 방식에서 Bezier 곡선에 대한 설명으로 틀린 것은?

① 블렌딩 함수는 정규화 특성을 만족한다.
② 조정점의 순서가 거꾸로 되면 다른 곡선이 생성된다.
③ 모델링된 곡선은 첫 번째 조정점과 마지막 조정점을 지난다.
④ 블렌딩 함수로 번스타인 다항식(bernstein polynomial)을 사용한다.

해설 Bezier 곡선은 다각형의 꼭짓점 순서를 거꾸로 하여 곡선을 생성하더라도 같은 곡선이 생성된다.

3. Bezier 곡선의 특징으로 틀린 것은?

① 첫 점과 끝점으로 곡선의 시작과 끝 위치를 표시한다.
② 조정점들의 순서가 거꾸로 되어도 같은 곡선이 생성된다.
③ 처음 두 점과 최종 두 점이 곡선의 시작점과 끝점에서의 기울기와 일치한다.
④ 조정점(control point)들을 모두 지난다.

해설 Bezier 곡선의 특징
- 곡선 양단의 끝점을 통과하며, 모든 조정점들을 지나지 않는다.
- 곡선은 모든 점을 연결하는 다각형의 내측에 존재한다.
- 다각형 양 끝의 선분은 시작점과 끝점의 접선 벡터와 같은 방향이다.
- 1개의 정점 변화가 곡선 전체에 영향을 미친다.
- n개의 정점에 의해 생성된 곡선은 $(n-1)$차 곡선이다.
- 조정점의 순서를 거꾸로 하여 곡선을 생성해도 같은 곡선이 생성된다.

4. 다음 중 Bezier 곡선의 특징이 아닌 것은?

① 볼록 껍질(convex hull)의 성질이 있다.
② 1개의 정점 변화가 곡선 전체에 영향을 미친다.
③ hermite 블렌딩 함수를 사용한다.
④ 조정점(control point)의 순서를 거꾸로 하여 곡선을 생성하여도 같은 곡선이다.

해설 베지어 곡선은 번스타인 다항식을 블렌딩 함수로 사용한다.

5. 베지어(Bezier) 곡선에 관한 설명 중 가장 거리가 먼 것은?

① 곡선은 양단의 정점을 통과한다.
② 1개의 정점 변화는 곡선 전체에 영향을 미친다.
③ n개의 정점에 의해 정의된 곡선은 $(n+1)$차 곡선이다.
④ 곡선은 정점을 연결시킬 수 있는 다각형의 내측에 존재한다.

정답 1. ③ 2. ② 3. ④ 4. ③ 5. ③

해설 n개의 정점에 의해 정의된 곡선은 $(n-1)$차 곡선이다.

6. Bezier 곡선과 곡면에 관한 특징으로 틀린 것은?
① 곡선은 양단의 끝점을 통과한다.
② 곡선은 정점을 통과시킬 수 있는 다각형의 내측에 존재한다.
③ 1개의 정점 변화만으로는 곡선 전체에 영향을 미치지 않는다.
④ 다각형의 양 끝의 선분은 시작점과 끝점의 접선 벡터와 같은 방향이다.

해설 Bezier 곡선은 1개의 정점 변화가 곡선 전체에 영향을 미친다.

7. Bezier 곡선에 대한 설명으로 틀린 것은?
① 곡선의 차수가 조정점의 개수로부터 계산된다.
② 곡선의 형상을 국부적으로 수정하기 어렵다.
③ 3차 Bezier 곡선은 모든 조정점을 지난다.
④ blending 함수는 Bernstein 다항식을 채택한다.

해설 베지어 곡선은 모든 조정점을 지나지 않는다.

8. Bezier 곡선이 갖는 특징으로 틀린 것은?
① 조정점(control point)의 개수와 곡선식의 차수가 직결되어 실제로 모든 조정점이 곡선의 형상에 영향을 준다.
② 복잡한 형상의 곡선 생성을 위해 조정점의 수가 증가하게 되고, 곡선 형상의 진동 등의 문제를 야기한다.
③ 두 개의 인접한 Bezier 곡선의 연결점에서 접선의 연속성과 곡률의 연속성을 동시에 만족시키는 것이 불가능하다.
④ 모든 조정점이 곡선의 형상에 영향을 주므로 부분적인 형상 변경을 위해 조정점을 옮기면 곡선 전체의 형상이 변경되는 문제가 발생한다.

해설 복잡한 형상의 곡선 생성을 위해 조정점의 수가 증가하게 되고 곡선 형상의 진동 등의 문제를 일으킬 수 있으며, 두 개의 인접한 Bezier 곡선의 연결점에서 접선의 연속성과 곡률의 연속성을 동시에 만족시킬 수 있다.

9. 블렌딩 함수로 번스타인(Bernstein) 다항식을 사용하는 곡선 방정식은?
① NURBS 곡선
② 베지어(Bezier) 곡선
③ B-Spline 곡선
④ 퍼거슨(Ferguson) 곡선

해설 베지어 곡선은 번스타인 다항식에 의해 주어진 점들을 표현하는 형상에 가깝도록 제어할 수 있는 곡선으로, 국부 변형이 불가능하며 폐곡선은 조정 다각형의 두 끝점을 연결시켜 생성한다.

10. P_0, P_1, P_2의 조정점을 갖고 차수가 3인 비주기적 균일 b-spline 곡선의 식을 다항식 형태로 유도한 것으로 적절한 것은?
① $P(u) = u^2 P_0 + 2u(1-u) P_1 + (1-u)^2 P_2$
② $P(u) = (1-u)^2 P_0 + 2u(1-u) P_1 + u^2 P_2$
③ $P(u) = u^2 P_0 - 2u(1-u) P_1 + (1-u)^2 P_2$
④ $P(u) = (1-u)^2 P_0 - 2u(1-u) P_1 + u^2 P_2$

정답 6. ③ 7. ③ 8. ③ 9. ② 10. ①

11. B-Spline과 NURBS 곡선에 대한 설명으로 잘못된 것은?

① B-Spline 곡선식은 NURBS(Non-Uniform Rational B-Spline) 곡선식을 포함하는 보다 일반적인 형태의 곡선이다.
② B-Spline 곡선에서는 곡선의 모양을 변화시키기 위해 각각의 control point 좌표를 조절하지만 NURBS 곡선에서는 동차 좌푯값까지 포함하여 4개의 자유도가 있다.
③ B-Spline 곡선은 원, 타원, 포물선 등 원뿔 곡선을 근사할 수 있다.
④ NURBS 곡선은 원, 타원, 포물선 등 원뿔 곡선을 표현할 수 있어, 프로그램 개발 시 모든 곡선을 NURBS 곡선으로 나타냄으로써 작업량을 줄여준다.

해설 초기 베지어 곡선을 개선한 것이 B-Spline, 이를 개선한 것이 NURBS 곡선이다.

12. B-스플라인 곡선에 대한 다음 설명 중 틀린 것은?

① 차수가 2인 경우 1차 미분연속을 갖는다.
② 특수한 경우에 한하여 Bezier 곡선으로 표시될 수 있다.
③ 균일 접점 벡터는 주기적인 B-스플라인을 구현한다.
④ 곡선의 형상을 국부적으로 수정하기 어렵다.

해설 한 개의 조정점이 움직여도 곡선의 형상 전체에 영향을 미치지 않으므로 국부적인 수정이 가능하다.

13. B-Spline 곡선의 특징이 아닌 것은?

① 조정점들에 의해 인접한 B-Spline 곡선 간의 연속성이 보장된다.
② 국부적인 곡선 조정이 가능하다.
③ 매개변수 방식이므로 매개변수에 해당하는 좌푯값의 계산이 용이하다.
④ 원이나 타원을 정확하게 표현할 수 있다.

해설 B-Spline 곡선은 원이나 타원을 정확하게 표현할 수 없다.

14. 곡선의 표현식에 매듭값(knot value)을 사용하는 것은?

① Bezier 곡선
② Hermite 곡선
③ B-Spline 곡선
④ 쌍곡선

해설 B-Spline 곡선은 곡선의 형태에 부분적으로 영향을 주는 매듭값이 주기적이고 균일한 곡선과 비주기적이고 비균일한 곡선이 있다. 복잡한 곡선을 표현하는 데에는 매듭값이 일정할 수 없기 때문에 비주기적 B-Spline 곡선을 사용한다.

15. B-Spline 곡선에 대한 일반적인 설명으로 틀린 것은?

① B-Spline 곡선은 국소 변형의 성질을 가지고 있다.
② 비균일 유리 B-Spline 곡선을 NURBS 곡선이라 한다.
③ B-Spline 곡선은 조정점의 개수와 무관하게 곡선의 차수를 결정할 수 있다.
④ B-Spline 곡선의 차수가 k라면 특정 매개변수에 해당하는 곡선의 형상에 영향을 미치는 조정점은 $(k+1)$개이다.

해설 곡선의 차수(오더)가 k이면 조정점도 k이다.

16. B-Spline 곡선을 정의하기 위해 필요하지 않은 입력 요소는?

① 조정점
② 접점(knot) 벡터

③ 곡선의 차수(order)
④ 끝점에서의 접선(tangent) 벡터

해설 B-Spline 곡선을 정의하기 위해 필요한 입력 요소는 곡선의 차수(order), 조정점, 접점(knot) 벡터, 곡선 세그먼트의 수 등이다.

17. 정점이 7개인 Bezier 곡선에서 곡선 방정식의 차수는?
① 3차 ② 4차
③ 5차 ④ 6차

해설 n개의 정점에 의해서 생성된 곡선은 $(n-1)$차 곡선이므로 7-1=6차 곡선이다.

18. B-Spline 곡선을 보다 다양하게 표현하고 있는 곡선은?
① Bezier 곡선 ② Spline 곡선
③ NURBS 곡선 ④ Ferguson 곡선

해설 NURBS 곡선의 특징
- 모든 베지어 곡선과 B-스플라인 곡선을 표현할 수 있다.
- B-스플라인 곡선에 비해 더 자유로운 변형이 가능하다.
- 원이나 타원과 같은 2차 곡선(원뿔 곡선)을 정확히 표현할 수 있다.
- 비주기적 B-스플라인 곡선과 유사하므로 양 끝점을 통과한다.

19. 다음 중 NURBS 곡선에 관한 설명으로 틀린 것은?
① Conic 곡선을 표현할 수 있다.
② Blending 함수는 Bernstein 다항식이다.
③ Blending 함수는 B-Spline과 같은 함수를 사용한다.
④ 조정점의 가중치(weight)를 변경하여 곡선 형상을 변화시킬 수 있다.

해설 블렌딩 함수로 번스타인 다항식을 사용하는 곡선의 방정식은 베지어 곡선이다.

20. NURBS(Non-Uniform Rational B-Spline)의 설명으로 잘못된 것은?
① NURBS 곡선식은 일반적인 B-Spline 곡선식을 포함하는 더 일반적인 형태라고 할 수 있다.
② B-Spline에 비해 NURBS 곡선이 보다 자유로운 변형이 가능하다.
③ 곡선의 변형을 위해 NURBS 곡선에서는 조정점의 x, y, z의 3개의 자유도를 조절한다.
④ NURBS 곡선은 자유 곡선뿐만 아니라 원뿔 곡선까지 한 방정식의 형태로 표현이 가능하다.

해설 NURBS 곡선에서는 4개의 좌표 조정점의 사용으로 곡선의 변형이 자유롭다.

21. NURBS(Non-Uniform Rational B-Spline) 곡선에 대한 설명 중 틀린 것은?
① 조정점을 호모지니어스 좌표(homogeneous coordinate)계로 표현한다.
② 매듭값(knot value) 간의 간격이 일정하다.
③ 곡선의 형상을 국부적으로 수정할 수 있다.
④ 원을 정확하게 표현할 수 있다.

해설 NURBS 곡선의 특징
- 조정점을 호모지니어스 좌표계로 표현한다.
- 조정점의 가중치(weight)를 변경하여 곡선의 형상을 변화시킬 수 있다.
- 곡선의 형상을 국부적으로 수정할 수 있다.
- 원이나 타원과 같은 2차 곡선(원뿔 곡선)을 정확히 표현할 수 있다.
※ 매듭값 간의 간격이 일정한 것은 B-스플라인 곡선이다.

정답 17. ④ 18. ③ 19. ② 20. ③ 21. ②

22. NURBS 곡선의 특징으로 거리가 먼 것은?

① 4개 좌표의 조정점의 사용으로 곡선의 변형이 자유롭다.
② 모든 조정점을 지나는 부드러운 곡선이다.
③ 원뿔 곡선의 정확한 표현이 가능하다.
④ NURBS 곡선으로 B-Spline, Bezier 곡선도 표현할 수 있다.

해설 모든 조정점을 지나는 부드러운 곡선은 스플라인 곡선이다.

23. 다음 중 원호를 가장 정확하게 나타낼 수 있는 곡선은?

① 2차 NURBS 곡선
② 3차 Herimite 곡선
③ 4차 Bezier 곡선
④ 5차 B-Spline 곡선

해설 2차 NURBS 곡선 : 원호를 가장 정확하게 나타낼 수 있으며, 원뿔과 자유 곡선도 모두 표현 가능하다.

24. 3차 곡선식 $P(u) = a_0 + a_1 u + a_2 u^2 + a_3 u^3$ 로 주어질 때 a_0, a_1, a_2, a_3와 같은 대수 계수를 곡선의 형상과 밀접한 관계를 갖는, P_0, P_1, P_0', P_1'과 같은 기하계수로 바꾸어서 나타낸 곡선은?

① Hermite 곡선
② conic 곡선
③ hyperbolic 곡선
④ polynomial 곡선

해설 Hermite 곡선 : 양 끝점의 위치와 양 끝점에서의 도함수를 이용하여 구한 3차원 곡선식이다.

25. 퍼거슨(Ferguson) 곡선과 곡면의 특징으로 틀린 것은?

① 평면상의 곡선뿐만 아니라 3차원 공간에 있는 형상도 간단히 표현할 수 있다.
② 다각형의 꼭짓점의 순서를 거꾸로 하여 곡선을 생성하여도 같은 곡선이 생성된다.
③ 곡선 또는 곡면의 일부를 표현하려고 할 때는 매개변수의 범위를 조절하여 간단히 표현할 수 있다.
④ 일반 대수식에 비해 곡선의 생성이 쉽긴 하지만, 벡터의 변화에 따라 벡터 중 간부의 곡선의 형태를 예측하여 원하는 특징 형상을 표현하는 데 어려움이 있다.

해설 다각형의 꼭짓점의 순서를 거꾸로 하면 처음과 다른 곡선, 곡면이 생긴다.

26. 3차 Hermite 곡선식의 기하계수(geometric coefficient)에 해당하는 것은?

① 곡선상의 임의의 4개의 점
② 곡선의 양 끝점과 곡선상의 임의의 2개의 점
③ 곡선의 양 끝점과 양 끝점에서의 접선 벡터
④ 곡선상의 임의의 4개의 점에서의 접선 벡터

해설 Hermite 곡선 : 양 끝점의 위치와 양 끝점에서의 접선 벡터를 이용한 3차원 곡선이다.

27. 곡선을 표현하는 함수에 관한 설명으로 틀린 것은?

① 양함수식에서는 하나의 곡선에 대하여 하나의 곡선의 식만 존재한다.
② 다항식으로 표현된 양함수 곡선식은 매개변수 방정식으로 변환이 가능하다.
③ 다항식 곡선 함수식에서 변환된 매개변수 방정식은 일반적으로 다항식이 아니다.
④ 곡선식이 다항식인 경우 변환되는 동일한 곡선에 대하여 매개변수 방정식은 하나뿐이다.

정답 22. ② 23. ① 24. ① 25. ② 26. ③ 27. ④

해설 곡선이 다항식으로 표현되는 경우 변환되는 동일 곡선에 대한 매개변수 방정식은 다양하다.

28. CAD 프로그램에서 자유 곡선을 표현할 때 주로 많이 사용하는 방정식의 형태는?

① 양함수식(explicit equation)
② 음함수식(inplicit equation)
③ 하이브리드식(hybrid equation)
④ 매개변수식(parametric equation)

해설 매개변수는 두 개 이상의 변수 사이의 함수 관계를 간접적으로 표시할 때 사용하는 변수를 말한다.

29. 3차원 뷰잉(viewing) 기법 중 아이소메트릭 투영(isometric projection)에 해당하는 투영 기법은?

① 경사 투영
② 원근 투영
③ 직교 투영
④ 캐비닛 투영

해설
- 아이소메트릭(등각) 투영 : 직교 투영
- 경사 투영 : 캐비닛 투영, 캐빌리어 투영

30. 자유 곡면의 표현 방법으로 적당하지 않은 것은?

① 회전 곡면
② 베지어(Bezier) 곡면
③ B-스플라인 곡면
④ 비균일 유리 B-스플라인 곡면

해설 회전 곡면을 형성하는 것만으로 자유 곡면의 표현은 불가능하다.

31. CAD/CAM 시스템에서 컵이나 병 등의 형상을 만들 때 회전 곡면(revolution surface)을 이용한다. revolution 작업 시 필요한 자료가 아닌 것은?

① 회전 각도
② 회전 중심축
③ 회전 단면선
④ 오프셋(offset) 양

해설 모델링한 물체를 회전할 경우 선을 일정한 양만큼 떨어뜨리는 오프셋(offset) 명령은 사용하지 않는다.

32. 비유리(non-rational) 곡면으로도 정확하게 표현할 수 있는 것은?

① 평면(plane)
② 회전 곡면(revolved surface)
③ 구면(sphere)
④ 실린더 곡면(cylinder surface)

해설 평면(plane)은 비유리(non-rational) 곡면으로도 정확하게 표현할 수 있다.

33. 곡면을 변형시키지 않고 펼쳐서 평면으로 만들 수 있는 것을 전개 가능 곡면(developable surface)이라 한다. 전개 가능 곡면이 아닌 것은?

① 압연(ruled) 곡면
② 원통(cylinder) 곡면
③ 쿤스(Coons) 곡면
④ 선형(bilinear) 곡면

해설 쿤스 곡면은 4개의 경계 곡선을 선형 보간하여 형성되는 곡면으로, 전개 가능 곡면과 거리가 멀다.

정답 28. ④ 29. ③ 30. ① 31. ④ 32. ① 33. ③

34. 4개의 모서리 점과 4개의 경계 곡선을 부드럽게 연결한 곡면으로, 곡면의 표현이 간결하여 예전에는 널리 사용하였으나 곡면 내부의 볼록한 정도를 직접 조절하기가 어려워 정밀한 곡면의 표현에는 적합하지 않은 것은?

① 베지어 곡면　② 스플라인 곡면
③ 쿤스 곡면　　④ B-Spline 곡면

[해설] 쿤스 곡면은 곡면 내부의 볼록한 정도를 직접 조절하기가 어려우므로 정밀한 곡면 표현에는 적합하지 않다.

35. 다음 중 주어진 데이터의 값을 이용하는 보간(interpolation) 방법이 아닌 것은?

① lagrange 다항식
② 3차 스플라인
③ 접점 삽입(knot insertion)
④ 매개변수 3차식

[해설] 보간은 주어진 점들이 곡면상에 놓이도록 점 데이터로 곡면을 형성하는 것이다. 보간 방법에는 lagrange 다항식, 3차 스플라인, 매개변수 3차식 등이 있다.

36. 4개의 경계 곡선(boundary curve)이 주어진 경우 경계 곡선의 내부를 부드러운 곡선으로 채워 정의하는 곡면은?

① Bezier 곡면　② Coons 곡면
③ Sweep 곡면　④ Ferguson 곡면

[해설] Coons 곡면은 4개의 경계 곡선을 선형 보간하여 얻어지는 곡면이다.

37. 베지어(Bezier) 곡면의 특징으로 틀린 것은?

① 곡면의 코너와 코너 조정점이 일치한다.
② 곡면은 조정점의 일반적인 형상을 따른다.
③ 곡면의 차수는 조정점의 개수에 의해 정해진다.
④ 곡면은 조정점들의 볼록 껍질(convex hull) 외부에서 생성된다.

[해설] 곡선 전체가 조정점에 의해 생성된 다각형인 볼록 껍질의 내부에 위치한다.

38. 3차 베지어 곡면(Bezier surface)에 관한 설명 중 틀린 것은?

① 3차 베지어 곡면은 조정점(control points)의 일반적인 형상을 따른다.
② 3차 베지어 곡면은 조정점들로 만들어지는 볼록 껍질(convex hull)에 포함된다.
③ 3차 베지어 곡면의 코너와 코너 조정점이 일치한다.
④ 3차 베지어 곡면의 패치(patch)당 조정점의 개수는 9개이다.

[해설] 3차 베지어 곡면의 패치당 조정점의 개수는 4개이다.

2. 3D 형상 모델링 작업

2-1 3D 형상 모델링 방법

(1) 3D 모델링 방법

3D 모델링의 원리는 각 면이나 모서리를 연결하여 복잡한 3차원 객체를 만드는 것으로, 이를 위해 3D 모델링 소프트웨어를 사용하여 기하학적 모양을 만들고, 텍스처를 추가하고, 조명과 재질을 설정하며, 최종적으로 렌더링하여 최종 3D 모델을 만들어낸다.

(2) 스케치 작업

3D 형상의 기본이 되는 밑그림을 프로파일이라 하며, 프로파일을 만드는 작업을 스케치라 한다.

(3) 스케치 기반 형상 명령어

① **돌출** : 대표적인 솔리드(속이 비어 있지 않은 고체) 생성 명령어로, 2D 스케치에 그린 형상을 기초 면으로 하여 단방향 또는 양방향으로 높이를 주어 3D 모델을 생성시키는 기능이다.
② **회전 돌출** : 2D 스케치에 그린 형상을 기초 면으로 하여 선택한 축을 기준으로 회전시켜 3D 모델을 생성시키는 기능이다.
③ **경로 곡선 돌출** : 2D 스케치에 그린 형상을 기초 면으로 하여 선택된 경로 곡선을 중심선으로 하여 경로를 따라 3D 모델을 생성시키는 기능이다. 형상 스케치 평면과 경로 곡선 스케치 평면은 서로 다른 평면에 존재한다.
④ **돌출 빼기** : 기존에 생성된 솔리드 형상 모델(돌출 등의 명령어를 통해 생성된 3D 형상 모델)에 새로운 스케치 형상으로 파내거나 제거하는 명령어이다. 빼기 기능의 특성상 기존 형상이 없이는 사용이 불가능한 명령어이다.
⑤ **회전 돌출 빼기** : 기존 3D 형상 모델에 2D 스케치에 그린 형상을 기초 면으로 하여 선택한 축으로 회전시켜 솔리드를 제거하는 명령어이다.
⑥ **경로 곡선 돌출 빼기** : 2D 스케치에 그린 형상을 기초 면으로 하여 선택된 경로 곡선을 중심선으로 하여 경로를 따라 3D 모델을 제거하는 기능이다.

(4) 형상 편집

① **미러(mirror)** : 기존에 작업된 솔리드 모델을 참조 평면을 기준으로 대칭 이동 및 복사를 한다.
② **선형 패턴** : 기존에 작업된 솔리드 모델을 일정한 거리, 각도, 방향으로 작업자가 원하는 수량만큼 나열한다.
③ **원형 패턴** : 솔리드 모델을 기준 축에 의해 원주상으로 복사하여 나열한다.
④ **사용자 패턴** : 선형 및 원형이 아닌 작업자가 정의하는 임의의 스케치 형상을 따라 복사 배열한다.

2-2 3D CAD 프로그램 활용

(1) 2D 스케치의 목적

2D CAD 프로그램을 이용한 스케치가 도면 작성이 주목적이라면, 3D CAD 프로그램을 이용해 2D 스케치를 하는 목적은 3D 모델링을 위한 기본 골격을 설계하는 것이다. 그러므로 설계하고자 하는 3D 모델에 대한 형상을 정의하여 순서에 입각한 2D 스케치가 이루어져야 한다.

(2) 2D 스케치의 순서

2D 스케치의 순서는 개인의 설계 순서에 의해 다양한 방법으로 이루어진다. 하지만 스케치 수행 과정에서 가장 중요한 것은 수정이 쉬워야 하고, 구속 조건이 유지되어야 한다는 것이다.

예 | 상 | 문 | 제

1. 3D 형상 모델링 작업 중 솔리드 모델을 기준 축에 의해 원주상으로 복사하여 나열하는 명령은?

① 회전 돌출
② 돌출 빼기
③ 미러
④ 원형 패턴

해설
• 미러 : 작업된 솔리드 모델을 참조하여 평면을 기준으로 대칭 이동 및 복사하는 명령이다.
• 원형 패턴 : 기준 축에 의해 솔리드 모델을 원주상으로 복사하여 나열하는 명령이다.

2. 일반적인 CAD 시스템에서 직선의 작성 방법이 아닌 것은?

① 두 점에 의해 구성되는 선
② 곡면 간의 교차에 의한 방법
③ 한 점을 지나고 수평선과 일정 각도를 이루는 선
④ 한 점에서 직선에 대한 평행선 또는 수직선

해설 직선의 작성 방법
• 임의의 두 점을 지정하는 방법
• 두 요소의 끝점을 연결하는 방법
• 절대 좌푯값의 입력에 의한 방법

3. 2차원 CAD 시스템에서 하나의 원을 정의하는 방법들로 옳은 것은?

㉠ 일직선상에 놓여 있지 않은 임의의 세 점
㉡ 서로 평행하지 않은 세 개의 직선
㉢ 중심선과 반지름의 정의
㉣ 임의의 두 점

① ㉠, ㉡
② ㉠, ㉢
③ ㉡, ㉢
④ ㉢, ㉣

해설 원의 정의
• 중심과 반지름으로 표시
• 중심과 원주상의 한 점으로 표시
• 원주상의 세 점으로 표시
• 반지름과 두 개의 직선(곡선)에 접하는 원
• 세 개의 직선에 접하는 원
• 두 개의 점(지름) 지정

4. 일반적인 CAD 시스템에서 하나의 원(circle)을 정의하는 방법으로 가장 거리가 먼 것은 어느 것인가?

① 중심과 반지름으로 표시
② 중심과 원주상의 한 점으로 표시
③ 한 점과 수평선과의 각도로 표시
④ 일직선상에 놓여 있지 않은 임의의 3개의 점으로 표시

5. 컴퓨터 그래픽에서 도형을 나타내는 그래픽 기본 요소가 아닌 것은?

① 점(dot)
② 선(line)
③ 원(circle)
④ 구(sphere)

해설 도형을 나타내는 기본 요소는 점, 선, 원, 원호, 곡선 등이다.

정답 1.④ 2.② 3.② 4.③ 5.④

6. CAD 소프트웨어에서 3차식을 곡선 방정식으로 가장 많이 사용하는 이유는?

① 2차식에 비해 계산시간이 짧게 걸린다.
② 경계 조건이 모호하여도 곡률을 생성할 수 있다.
③ 복잡한 형태의 곡선을 만들 때 곡률의 연속을 보장할 수 있다.
④ 2차식에 비해 작은 구속 조건으로도 곡률을 생성할 수 있다.

해설 두 개의 곡선을 연결하여 복잡한 형태의 곡선을 만들 때, 양쪽 곡선이 모두 3차식이면 연결점에서 2차 미분까지 연속하게 구속 조건을 줄 수 있으므로 곡률의 연속을 보장할 수 있기 때문이다.

7. 타원의 도형 정의가 아닌 것은?

① 3개의 접할 도형 요소
② 중심과 두 축에 의한 타원
③ 축과 편심에 의한 타원
④ 아이소메트릭 상태에서 그리는 방법

해설 타원의 도형 정의
- 축과 편심에 의한 타원
- 중심과 두 축에 의한 타원
- 아이소메트릭 상태에서 그리는 방법

8. 2차원 도형을 임의의 선을 따라 이동시키거나 임의의 회전축을 중심으로 회전시켜 입체를 생성하는 것을 나타내는 용어는?

① 블렌딩   ② 스위핑
③ 스키닝   ④ 라운딩

해설 하나의 2차원 단면 현상을 입력하고, 이를 안내 곡선을 따라 이동시켜 입체를 생성하는 것을 스위핑이라 한다.

9. 다음 그림과 같이 곡면 모델링 시스템에 의해 만들어진 곡면을 불러들여 기존 모델의 평면을 바꿀 수 있는 모델링 기능은 어느 것인가?

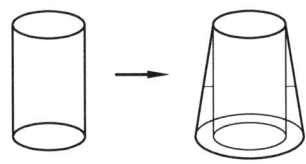

① 네스팅(nesting)
② 트위킹(tweaking)
③ 돌출하기(extruding)
④ 스위핑(sweeping)

해설
- 네스팅 : CAD 프로그램에서 2차원의 폐쇄 도형에 의하여 표현되는 부품 또는 부재를 직사각형 등의 모재 안에 최적으로 배치하는 방법을 말한다.
- 트위킹 : 솔리드 모델링 기능 중에서 하위 구성 요소들을 수정하여 직접 조작하고, 주어진 입체의 형상을 변화시켜가면서 원하는 형상을 모델링하는 기능이다.

10. 그림과 같이 여러 개의 단면의 형상을 생성하고, 이들을 덮어 싸는 곡면을 생성하였다. 이는 어떤 모델링 방법인가?

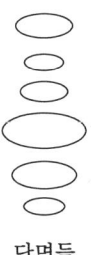 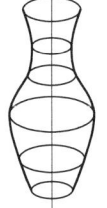

단면들   생성된 입체

① 스위핑   ② 리프팅
③ 블렌딩   ④ 스키닝

해설 스키닝(skinning) : 원하는 경로에 여러 개의 단면 형상을 위치시키고, 이를 덮는 입체를 생성하는 기능이다.

11. 그림과 같이 중간에 원형 구멍이 관통되어 있는 모델에 대하여 토폴로지 요소를 분석하고자 한다. 여기서 면(face)은 몇 개로 구성되어 있는가?

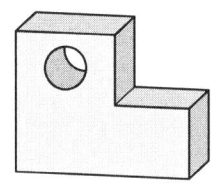

① 7 ② 8
③ 9 ④ 10

해설 구멍의 면을 1개의 면으로 간주하여 총 면의 수를 세면 모두 9개이다.

12. 3D 형상 모델링 작업 중 돌출 명령을 사용하기 전에 반드시 해야 하는 것은?

① 3D 필렛 ② 3D 챔퍼
③ 스케치 작업 ④ 선형 패턴

해설 3D 형상의 기본이 되는 밑그림을 프로파일이라고 하며, 프로파일을 만드는 작업을 스케치라고 한다.

13. CAD 용어 중 회전 특징 형상 모양으로 잘려나간 부분에 해당하는 특징 형상은?

① 홀(hole)
② 그루브(groove)
③ 챔퍼(chamfer)
④ 라운드(round)

해설
- 홀 : 물체에 진원으로 파인 구멍 형상
- 챔퍼 : 모서리를 45° 모따기하는 형상
- 라운드 : 모서리를 둥글게 블렌드하는 형상

14. 모든 유형의 곡선(직선, 스플라인, 원호 등) 사이를 경사지게 자른 코너를 말하는 것으로, 각진 모서리나 꼭짓점을 경사 있게 깎아 내리는 작업은?

① hatch
② fillet
③ rounding
④ chamfer

해설
- fillet : 모서리나 꼭짓점을 둥글게 깎는 것
- chamfer : 모서리 부분을 45°로 모따기한 것
- rounding : 모서리 부분을 둥글게 처리한 것

정답 11. ③ 12. ③ 13. ② 14. ④

제4장 CAM 가공

1. CAM 가공 일반

1-1 CAM 가공 및 CAM 시스템 특성

(1) CAD/CAM 시스템

CAD/CAM 시스템은 CAD와 CAM으로 분리하여 사용되어 왔으나 IT 산업의 발전 이후 구별하지 않고 CAD/CAM 시스템이라 한다. CAM 시스템에서 NC 데이터를 생성하기까지는 크게 형상 모델링 및 NC 데이터 생성 과정으로 나눌 수 있다.

(2) CAM 소프트웨어에서의 NC 데이터 생성 방법

① 기존의 모델링 소프트웨어에서 작성된 도형의 정보 파일(GIF : Geometric Information File)을 보유하고 있는 CAM 소프트웨어에서 수정 보완하여 NC 데이터를 생성하는 방법이다.
② CAM 소프트웨어 작업자가 직접 도면을 보고 모델링부터 NC 데이터의 생성까지 진행하는 방법이다.
③ 3D 형상을 측정하여 얻어낸 데이터나 3D 카메라 및 3D 스캐너에서 얻은 데이터를 보유하고 있는 CAM 소프트웨어에서 수정·보완하여 곡면을 생성하며 NC 데이터를 얻는 방법이다. 역공학 또는 리버스 엔지니어링(RE : Reverse Engineering) 또는 리모델링이라고도 한다.

> **참고**
> - CAM 소프트웨어에서 NC 데이터를 생성할 때 좌푯값과 기계의 위치가 같지 않으면 반드시 수정하여 NC 데이터를 생성해야 한다.

1-2 CNC 공작 기계의 종류와 역사

(1) CNC 공작 기계의 정의 및 종류

① **CNC 공작 기계의 정의** : NC란 Numerical Control의 약어로서 '수치(numerical)로 제어(control)한다'는 의미로 KS B 0125에 규정되어 있으며, 범용 공작 기계에 수치 제어를 적용한 기계를 NC 공작 기계라고 한다. 또한 미니컴퓨터를 조립해 넣은 NC가 출현했는데, 컴퓨터를 내장한 NC이므로 computerize NC 또는 computer NC라 부르며, 이것을 일반적으로 CNC라 부르는데 최근 생산되는 NC는 모두 CNC이다.

② **CNC 공작 기계의 종류** : CNC 선반, 머시닝센터, CNC 방전 가공기 등

(2) CNC 공작 기계의 역사

최초의 NC는 1949년에 MIT 공과대학의 연구팀이 참여하여 약 3년간의 연구 끝에, 1952년에 NC 밀링 머신의 개발을 시작으로 NC 드릴링 머신, NC 선반 등이 개발되었다.

■ **NC의 발달 과정**

NC → CNC → DNC → FMS → CIM 순인데 NC의 발달 과정을 5단계로 분류하면 다음과 같다.

단계	구분	내용
제1단계	NC	공작 기계 1대를 NC 장치 1대로 단순 제어하는 단계
제2단계	CNC	• 1대의 공작 기계가 ATC에 의하여 몇 종류의 가공 실행 • 머시닝센터(복합 기능 수행 단계)
제3단계	DNC	• 1대의 컴퓨터로 몇 대의 공작 기계를 자동적으로 제어 • 공장 자동화, 무인화를 진행하기 위한 도구
제4단계	FMS	• 여러 종류의 다른 공작 기계를 제어 • 생산관리도 컴퓨터로 실시하여 기계공장 전체를 자동화
제5단계	CIM	4단계인 FMS에서 생산관리, 경영관리까지 총괄 제어

NC의 발달 과정

1-3 데이터 전송 방법

(1) NC 데이터 전송

생성된 NC 데이터를 CNC 공작 기계에 입력하는 방법에는 RS-232C를 이용하는 방법과 플로피 디스크를 이용하는 방법이 있다. 데이터가 많은 경우에는 DNC 운전 및 데이터 서버를 이용하여 입력한다.
① **통신의 종류** : 단방향 통신, 반이중 통신, 전이중 통신
② **네트워크를 통한 인터페이스** : 별형 네트워크, 나뭇가지형 네트워크, 그물망형 네트워크, 원형 네트워크

(2) 컴퓨터의 데이터 통신

① **RS-232C 시리얼 통신**
  (가) RS-232C(Recommended Standard 232 revision C) : 컴퓨터가 모뎀과 같은 다른 직렬 장치들과 데이터를 주고받기 위해 사용하는 인터페이스이다.
  (나) 시리얼 데이터 : 스타트 비트(start bit), 데이터 비트(data bit), 패리티 비트(parity bit), 스톱 비트(stop bit)의 4가지로 구성된다.
② **LAN(Local Area Network)** : LAN은 어느 한정된 지리적 조건 속에서 여러 개의 컴퓨터와 여러 개의 관련된 장치들을 결합하기 위한 데이터 전송 시스템 구성을 기본 목적으로 한다.

(3) DNC

DNC란 직접 수치 제어(Direct Numerical Control)의 약어로, CNC 기계가 외부의 컴퓨터에 의해 제어되는 시스템을 말하며, 다음의 4가지 기본 요소로 구성된다.
① 컴퓨터
② NC 프로그램을 저장하는 기억장치
③ 통신선
④ CNC 공작 기계

예 | 상 | 문 | 제

1. CAM 프로그램의 특징으로 틀린 것은?
 ① NC DATA의 신뢰도가 향상된다.
 ② 사람이 해결하기 어려운 복잡한 계산을 할 수 있다.
 ③ 컴퓨터에서 수행하므로 다른 작업과 병행할 수 없다.
 ④ 복잡한 형상 제품의 NC DATA 작성 시 시간과 노력이 단축된다.

해설 CAM 프로그램은 다른 데이터베이스와 호환성이 있으며, 수행 중 다른 프로그램을 실행시켜 작업을 병행할 수 있다.

2. CAM의 정보 처리 흐름으로 올바른 것은?
 ① 도형 정의 → 곡선 및 곡면 정의 → NC 코드 생성 → 공구 경로 생성 → DNC 전송
 ② 도형 정의 → 공구 경로 생성 → NC 코드 생성 → 곡선 및 곡면 정의 → DNC 전송
 ③ 도형 정의 → 곡선 및 곡면 정의 → 공구 경로 생성 → NC 코드 생성 → DNC 전송
 ④ 곡선 및 곡면 정의 → 도형 정의 → NC 코드 생성 → 공구 경로 생성 → DNC 전송

해설 도형 정의 후 CAM에서 만들어지는 절삭 공구의 공작물에 대한 위치 및 자세에 관한 정보인 CL 데이터를 생성한 다음 NC 코드를 생성한다.

3. CAD/CAM 시스템의 적용 시 장점과 가장 거리가 먼 것은?
 ① 생산성 향상
 ② 품질 관리의 강화
 ③ 비효율적인 생산 체계
 ④ 설계 및 제조시간 단축

해설 CAD/CAM 시스템을 적용하면 설계 및 제조시간 단축에 따른 생산성 향상은 물론 품질 관리의 강화 효과가 있다.

4. 1대의 컴퓨터에 여러 대의 CNC 공작 기계를 연결하고 가공 데이터를 분배 전송하여 동시에 운전하는 방식은?
 ① FMS
 ② FMC
 ③ DNC
 ④ CIMS

해설 DNC는 컴퓨터와 CNC 공작 기계들을 근거리 통신망(LAN)으로 연결하여 1대의 컴퓨터에서 여러 대의 CNC 공작 기계에 데이터를 분배하여 전송함으로써 동시에 운전할 수 있으므로 생산성을 향상시킬 수 있다.

5. RS-232C를 이용하여 데이터를 전송하는 경우 각 핀의 신호에 대한 연결로 틀린 것은?
 ① CTS - 송신 가능
 ② RTS - 송신 요구
 ③ TX - 수신 데이터
 ④ GND - 신호용 접지

해설 TX : 송신 데이터

6. CNC 공작 기계에 대한 설명 중 틀린 것은?
 ① CNC 컨트롤러는 기계를 제어하기 위한 특수 목적의 컴퓨터로 볼 수 있다.
 ② 1세대 NC 공작 기계는 NC 프로그램을 저장할 메모리가 없다.
 ③ CNC 공작 기계의 두뇌라 할 수 있는 기계 제어 장치(MCU)는 데이터 처리 장치(DPU)와 제어 루프 장치(CLU)로 구성된다.

정답 1. ③ 2. ③ 3. ③ 4. ③ 5. ③ 6. ④

④ CNC 공작 기계의 데이터 처리 장치는 축의 위치, 속도 등을 제어한다.

해설 CNC 공작 기계에서 축의 위치와 속도는 서보 모터에 의해 제어된다.

7. 일반적인 CAD/CAM 작업의 순서로 옳은 것은?

㉠ 가공 공정의 정의
㉡ C/L 데이터 생성
㉢ NC 데이터를 이용한 가공
㉣ 형상 모델링
㉤ 포스트 프로세싱

① ㉠ → ㉡ → ㉢ → ㉣ → ㉤
② ㉣ → ㉡ → ㉢ → ㉠ → ㉤
③ ㉠ → ㉣ → ㉤ → ㉡ → ㉢
④ ㉣ → ㉠ → ㉡ → ㉤ → ㉢

해설 일반적인 CAD/CAM 작업의 순서
제품 모델링 → 가공 정의 → CL 데이터 생성 → 포스트 프로세싱 → NC 데이터 생성 → CNC 가공

8. 수치 제어에서 사용되는 파트 프로그램에 들어 있지 않은 정보는?

① 공구 교환
② 절삭유 공급/중지
③ 절삭 공구의 동작 정보
④ 파트 프로그램에 사용된 곡선의 종류

해설 파트 프로그램에 사용된 곡선의 종류는 형상 모델링에서 필요한 정보이다.

9. CAD/CAM 소프트웨어의 주요 기능이 아닌 것은?

① 도면화 기능
② 데이터의 변환 및 교환, 관리 기능
③ 네트워크 기능
④ 요소 작성, 편집 및 변환 기능

해설 CAD/CAM 소프트웨어의 주요 기능
- 데이터의 관리 및 변환·교환 기능
- 자료 입·출력 기능
- 도면화 및 디스플레이 제어 기능
- 물리적 특성 해석 기능
- 요소 작성, 편집, 변환 기능

10. 대형 공작물 가공에 적합한 두 개의 컬럼을 가진 머시닝센터는?

① 수직형 머시닝센터
② 수평형 머시닝센터
③ 문형 머시닝센터
④ 고속형 머시닝센터

해설 문형 타입 머시닝센터는 주로 대형 공작물을 가공하는데, 교차 빔에 주축 헤드가 상하좌우로 이동하고, 테이블을 전후로 이동하면서 공작물을 수직, 수평으로 가공할 수 있다.

11. 데이터 전송 방법인 RS-232C에 대한 설명으로 틀린 것은?

① parity check bit는 데이터 전송 여부를 체크한다.
② 병렬 전송 방식이다.
③ 전송 속도는 BPS 또는 Baud-RATE로 나타낸다.
④ 비교적 단거리, 낮은 데이터 전송률을 가진 전송 방식이다.

해설 RS-232C는 통신 속도가 빠른 직렬 전송 방식이며, 데이터가 정확히 보내졌는지는 parity check bit로 검사한다.

정답 7. ④ 8. ④ 9. ③ 10. ③ 11. ②

12. 데이터를 전송할 때 구성되는 시리얼 데이터의 4가지 구성 요소가 아닌 것은?

① 스타트 비트　　② 데이터 비트
③ 패리티 비트　　④ 디지털 비트

해설 시리얼 데이터의 4가지 구성 요소는 스타트 비트, 데이터 비트, 패리티 비트, 스톱 비트이며, 시리얼 데이터의 단위는 BPS(Bit Per Second)이다.

13. CAD/CAM의 필요성이 증대되는 요소로서 적절치 않은 것은?

① 소비자 요구의 다양화
② 신제품 개발 경쟁의 격화
③ 제품 라이프 사이클의 단축
④ 소품종 대량 생산

해설 CAD/CAM의 필요성 : 소비자의 다양한 욕구를 충족시키기 위한 제품의 라이프 사이클 단축에 따른 다품종 소량 생산에 적합하다.

14. 컴퓨터 통합 생산(CIMS) 방식의 특징으로 틀린 것은?

① life cycle time이 긴 경우에 유리하다.
② 품질의 균일성을 향상시킨다.
③ 재고를 줄임으로써 비용이 절감된다.
④ 생산과 경영 관리를 효율적으로 하여 제품 비용을 낮출 수 있다.

해설 CIMS의 이점
- 더욱 짧은 제품 수명 주기와 시장의 수요에 즉시 대응할 수 있다.
- 더 좋은 공정 제어를 통하여 품질의 균일성을 향상시킨다.
- 재료, 기계, 인원을 효율적으로 활용할 수 있고 재고를 줄임으로써 생산성을 향상시킨다.
- 생산과 경영 관리를 잘할 수 있으므로 제품 비용을 낮출 수 있다.

15. DNC 시스템의 구성 요소가 아닌 것은?

① CNC 공작 기계
② 중앙컴퓨터
③ 통신선
④ 플로터

해설 DNC 시스템은 컴퓨터와 다음 4가지 보조장치로 구성된다.
- NC 파트 프로그램을 저장하기 위한 메모리 장치
- 기계와 컴퓨터와의 정보 교환을 위한 데이터 전송 장치
- 데이터를 원거리에 보내기 위한 통신라인
- CNC 공작 기계

16. DNC 운전 시 사용되는 통신 케이블(RS-232C) 25핀 중 수신을 나타내는 핀 번호는?

① 2　　② 3
③ 6　　④ 7

해설 RS-232C를 이용하여 데이터를 전송하는 경우 9핀이 표준이며, 풀 규격은 25핀의 커넥터로 수신을 나타내는 핀은 3번 핀이다.

17. NC 데이터를 기계로 전송하기 위하여 사용되는 인터페이스(interface) 중 RS-232C의 특징으로 부적절한 것은?

① 데이터의 흐름은 직렬 전송 방식의 일종이다.
② 접속이 용이하나, 신호 잡음 성능이 떨어진다.
③ 컴퓨터와 기계를 제한 없이 인터페이스가 가능하다.
④ 전송 거리는 15m 이내에서 안정적이다.

해설 RS-232C의 속도는 20kbps 이하, 전송선의 길이는 15m 이하로 제한한다.

정답 12. ④　13. ④　14. ①　15. ④　16. ②　17. ③

2. CAM 관련 절삭 이론

2-1 곡면 가공을 위한 절삭 이론 일반

(1) 3차원 곡면에서 가공 방법의 종류

곡면 가공 방법은 소프트웨어에 따라 다르게 정의하고 있으나, 일반적인 가공 방법으로 2D 윤곽, 포켓, 황삭, 정삭, 잔삭, 펜슬, 4축, 5축 가공 방법이 있다. 이때 공구 경로 생성 방법에 따라 나선형 방향, 직선 방향(X, Y 각도), 등고선, 안내 곡선 경로 연결, 3D 피치 가공 등이 있다.

① **2D 윤곽 가공** : 와이어 컷 방전 및 머시닝센터에서 정의된 2D 곡선의 정보를 가지고 가공하는 것이다.

② **포켓 가공** : 정의된 곡선이 반드시 폐곡선이어야 하고, 깊이 절삭 시 드릴 가공을 하는 것이 일반적이었지만, 스파이럴 방식, 지그재그 방식으로 깊이를 절삭하면서 경로를 생성하는 CAM 소프트웨어도 있다.

③ **황삭 가공** : 일반적으로 공작물의 직육면체로 황삭 가공이 필수적이며, 제거량이 많은 경우에 시간을 절약하기 위하여 작업자가 도면을 보고 적당히 2차원으로 제거하거나, 체크로 프로그램을 작성하여 가공을 하는 것이 좋다.

④ **정삭 가공** : 정삭 가공 시에는 제품 형상에 따라 공구 경로 연결 방법이 중요하며, 일반적으로 등고선, 나선형, 방사선 방향(X, Y 각도), 가이드 곡선 연결 방법을 사용한다.

⑤ **펜슬 가공** : 큰 직경의 엔드밀로 먼저 가공을 한 후 모서리 부분만을 가공하는 방법이다.

⑥ **4축, 5축 가공** : 복잡한 형상의 제품은 부가축이 있는 5축 머시닝센터에서 가공하는데 이를 지원하는 CAM 소프트웨어에서 공구간섭 등을 체크하는 것이 중요하다.

⑦ **나선형 연결 방법** : 원형 형상의 제품을 가공 시 바깥쪽에서 안으로, 안쪽에서 바깥쪽으로 공구 경로를 생성하는 방법으로, 절삭 저항을 일정하게 유지하는 방법이다.

⑧ **방향(X, Y 각도) 연결 방법** : 경로 생성 방향이 X, Y 각도 등인 가공 형태로, 한 방향 또는 지그재그 연결 방법이 있는데 확장식을 많이 사용한다.

⑨ **등고선 연결 방법** : 곡면을 따라 Z축이 같게 등고선 형태로 연결하는 방법으로 측면이 있는 제품 형상 가공에 좋으며, Z레벨 연결이라고도 한다.

⑩ **3D 피치 가공** : 보통 정삭 작업은 2D 피치로 작업되어 일정한 표면 거칠기를 유지할 수 없다. 3D 피치 가공은 형상을 따라 일정한 절삭 간격(피치)를 유지하여 균일한 표면 거칠기를 만들 수 있는 방법이다.

2-2 3축, 5축 곡면 가공

(1) 3축 가공

■ 자유 곡면의 NC 밀링 가공을 위한 경로 산출
① 공구 흔적(cusp)을 줄이기 위해서는 경로 간 간격을 줄이거나 공구 반경을 크게 한다.
② 원호 보간을 이용하면, NC 프로그램 길이를 크게 줄일 수 있다.
③ 경로 산출을 위해 곡면 오프셋(offset) 계산이 이용되기도 한다.
④ 오목한 곡면 부위를 길이가 짧은 엔드밀로 가공하면 공구 간섭(overcut)이 발생하지 않는다.

(2) 5축 가공

5축 가공은 CNC를 사용하여 공작물이나 절삭 공구를 5개의 축 안에서 움직여서 가공하는 방법으로, 매우 복잡한 공작물의 가공이 가능하기 때문에 복잡한 부품이 필요한 항공 부품 산업에서 사용한다.
① 한 번의 공작물 설치로 부품을 완성하여 납기 시간의 단축 및 효율을 극대화한다.
② 절삭 공구와 테이블을 기울여서 공구 홀더의 충돌을 방지한다.
③ 최적의 위치에서 절삭하여 절삭 공구의 수명이 늘어난다.

예 | 상 | 문 | 제

1. NC 프로그래밍 전에 부품 도면을 바탕으로 세우는 가공 계획과 거리가 먼 것은?
① 위치 검출 방법의 선정
② 가공 순서 및 공구의 선정
③ 사용해야 할 NC 공작 기계의 선정
④ 가공물의 고정 방법 및 치공구의 선정

[해설] 공작물의 위치 검출 방법 선정은 NC 프로그램을 작성할 때 해야 한다.

2. CAM 작업 시 NC 가공 변수인 허용 가공 오차와 관련된 설정 항목으로 틀린 것은?
① 공구 진행 속도(feed rate)
② 스텝 길이(step length)
③ 커습의 높이(cusp height)
④ 계산 오차(calculation tolerance)

[해설] 공구 진행 속도는 절삭 조건으로 표면 조도와 관계가 있다.

3. 파트 프로그래밍에서 일반적으로 지원하는 공구 보조 기능으로 틀린 것은?
① 공구 반지름 보정
② 공구 길이 보정
③ 공구 속도 보정
④ 공구 위치 보정

[해설] 공구 속도는 주 프로그램에서 지령한다.

4. 터빈 블레이드나 선박의 스크루(screw), 항공기 부품 등을 가공할 때 사용하는 가장 적합한 가공 방식은?
① 2.5축 가공   ② 3축 가공
③ 4축 가공   ④ 5축 가공

[해설] 5축 가공은 터빈 블레이드나 선박의 스크루(screw), 타이어 금형, 항공기 부품 등을 가공할 때 사용한다.

5. 일반적으로 3축 가공과 비교한 5축 가공의 특징으로 틀린 것은?
① 공구 접근성이 뛰어나다.
② 파트 프로그램 작성이 수월하다.
③ 커습(cusp) 양을 최소화함으로써 가공 품질이 우수하다.
④ 볼 엔드밀 사용 시 절삭성이 좋은 공구 자세를 취할 수 있다.

[해설] 5축 가공의 특징
• 공구를 기울여 가공할 수 있으므로 절삭이 공구의 바깥쪽에서 일어나 절삭력이 좋다.
• 평 엔드밀을 이용한 하향 절삭이 가능하다.
• 3축으로 불가능한 복잡한 곡면을 단 한 번의 공구 경로로 가공이 완료된다.
• 3축 가공에 비해 파트 프로그램 작성이 더 복잡하다.

6. 고속 가공의 일반적인 특징이 아닌 것은?
① 표면 조도를 향상시킨다.
② 절삭 저항이 저하되고 공구 수명이 길어진다.
③ burr 생성이 증가한다.
④ 황삭부터 정삭까지 one-setup 가공이 가능하다.

[해설] 고속 가공의 장점
• 표면 조도 향상 및 최상의 가공 품질 구현
• 다양한 공구 사용 및 공구 수명 연장
• 쉬운 언더 컷 가공 및 난삭재의 가공 용이

정답 1. ① 2. ① 3. ③ 4. ④ 5. ② 6. ③

- 가공 시간의 단축
- 전극 가공의 최소화

7. 자유 곡면의 NC 가공을 계획하는 과정에서 가공 영역을 지정하는 방식 중 지정된 폐곡선 영역의 외부를 일정 오프셋(offset) 양을 주어 지정하는 것은?

① area 지정 ② trimming 지정
③ island 지정 ④ blending 지정

해설
- area 지정 : 폐곡선 영역의 내부를 일정 오프셋을 주어 가공한다.
- trimming 지정 : 매개변수형 곡면의 매개변수 범위를 제한한다.

8. 다음 중 CNC 공작 기계의 가공에 필요한 NC 코드의 생성에 가장 적절한 모델은?

① 커브(curve) 모델
② 곡면(surface) 모델
③ 유한 요소(FEM) 모델
④ 와이어 프레임(wireframe) 모델

해설 곡면(surface) 모델은 수치 제어(NC) 가공 정보를 얻을 수 있다.

9. 정삭 가공에서 주로 사용하는 가공 방식으로 구면 등과 같은 면을 바깥쪽에서 안쪽으로 또는 안쪽에서 바깥쪽으로 이동하며 가공되며, 비교적 높은 표면 정도를 얻을 수 있는 가공 방식은?

① 영역 가공 ② 직선 방향 가공
③ 방사선 가공 ④ 나선형 가공

해설 나선형 가공은 정삭 가공에서 주로 사용하는 가공 방식으로 절삭 저항을 일정하게 유지하면서 가공한다.

10. CAM을 이용한 금형 제품의 성형부 가공에서 곡면의 일부분을 NC 가공하고자 할 때 사용되는 방법은?

① filed
② island
③ offset
④ rounding

해설 island 지정 : 지정된 폐곡선 영역의 일부를 남겨두고 가공한 다음 일정한 오프셋 양을 주어 정밀하게 정삭하는 가공 방법이다.

11. 폐곡선의 내부를 사이드 스텝 및 다운 스텝을 이용하여 반복 가공하는 방법은?

① 윤곽 가공 ② 잔삭 가공
③ 펜슬 가공 ④ 포켓 가공

해설 펜슬 가공은 큰 직경의 엔드밀로 먼저 가공을 한 후 모서리 부분만을 가공하는 방법이다.

12. 곡면의 iso-parametric 곡선에 대한 설명 중 틀린 것은?

① 구의 경우 iso-parametric 곡선은 위도선과 경도선이다.
② 직선을 곡면에 투영시켜 생성된 곡선은 일반적으로 iso-parametric 곡선이 아니다.
③ iso-parametric 곡선을 그리면 그리지 않은 경우보다 화면에 모델 display 시간이 느려진다.
④ iso-parametric 곡선은 곡면 위의 곡선이므로 그대로 저장하여도 메모리를 차지하지 않는다.

해설 iso-parametric 곡선은 곡면 위의 곡선이므로 그대로 저장하면 데이터가 많아져 메모리를 많이 차지한다.

정답 7. ③ 8. ② 9. ④ 10. ② 11. ④ 12. ④

3. 가공 경로 계산

3-1 가공 공정 계획

(1) 2D, 3D 모델링 및 NC 데이터 생성 과정

제품 생산 과정에서 CAM 소프트웨어를 이용하는 분야는 크게 모델링 과정과 NC 데이터 소프트웨어 과정으로 나눌 수 있다. 2개 부분을 모두 강력히 지원하는 소프트웨어는 드물고, 각 소프트웨어마다 독특한 특징이 있어서 각각의 회사 상황에 적합한 소프트웨어(모델링 소프트웨어, NC 데이터 소프트웨어)를 구비하여 사용한다.

① **도면 파악** : 도면 파악에서는 특정한 부품이 메커니즘 속에서 갖는 역할을 정확히 판단하고, 그 부품에 대하여 자동 프로그램, 즉 CAM 소프트웨어에서 NC 데이터를 생성한 후 CNC 공작 기계에서 가공할 부분을 정확히 결정하고 작업 공정을 세워 모델링한다.

② **단면 좌표계 설정** : 단면 설정 시 2D 형상에서 가공할 곡선은 사용하는 공작 기계에 따라 평면을 다르게 정의한다. 즉 머시닝센터에서는 작업 테이블이 XY 평면, YZ 평면, XZ 평면을, 와이어컷 방전 가공기에서는 XY 평면을, CNC 선반에서는 XZ 평면을 주로 설정한다. 3D 형상에서는 좌표축에서 제품의 중요한 형상이 어떤 축으로 설정되어야 하는지가 중요하다. 주로 평면도는 XY 평면에 기준 곡선으로 모델링하고, 정면도는 XZ 평면에, 우측면도는 YZ 평면에 이동 곡선으로 모델링한다.

3-2 밀링 가공 경로 계산 이론

(1) 곡선 정의

2D 형상을 가공할 때는 접근 경로, 퇴각 경로, 상·하향 절삭을 고려하여 공구 진행 경로를 정의하며, 3D 형상에서는 곡면 형성 시 곡면을 정의하기 위한 목적으로 곡선을 정의한다.

(2) 곡면 정의

① 기본적인 수학식을 이용하여 곡면을 정의한다.

② 먼저 정의된 곡선들 중 하나를 기준 곡선으로 하고, 나머지 곡선들을 이동 곡선으로 정한 후, 이 이동 곡선들이 기준 곡선에 대해 어떤 방식으로 이동·연결되는지에 따라 곡면을 정의한다.
③ 먼저 정의된 곡면을 편집하여 새로운 곡면을 정의한다.

(3) 파트 프로그램

제품의 NC 가공을 위해 도면을 검토하고 가공할 제품의 형상을 정의한다. 가공 형상을 정의할 때 가공할 부품을 프로그래밍하는데, 이를 파트 프로그램이라 하며, 실제로 가공에 필요한 각종 기능을 작업자가 알기 쉬운 언어로 기술한다.

(4) 메인 프로세서

NC 언어를 이용하여 가공 순서를 기술한 파트 프로그램을 읽고, 그 내용에 따라 공구 중심의 좌푯값이나 공구 축의 벡터로 변환한다. 모든 CNC 공작 기계에 공통인 표준 구성으로 편집한 공구의 위치 정보가 중요한 데이터로서 외부 출력 파일을 생성한다. 이러한 공통 처리 부분을 메인 프로세서라 하며, 공구의 위치 정보로부터의 공구 가공 정보를 CL(Cutting Location) 데이터라 한다.

(5) 포스트 프로세서

포스트 프로세서는 NC 가공 데이터를 읽고 특정 CNC 공작 기계의 제어기에 맞도록 구성하여 NC 데이터로 생성하는 것을 말한다.

(6) 포스트 프로세싱

CL 데이터를 NC 코드로 변환하는 작업을 말한다. 도형의 정보에 기초하여 실제로 공작 기계가 알 수 있는 NC 코드를 생성하고, 생성된 NC 코드를 공작 기계에 전송하는데, 이와 같이 NC 언어로 정보 처리하는 CPU를 컨트롤러라 하며, 이것을 포스트 프로세싱이라 한다.

3-3 가공 경로 계산 조건

(1) 가공 경로 계획

① **파라메트릭(parametric) 방식** : 수치 계산이 간단하고 경로 간격이 불균일하다.
② **데카르트(cartesian) 방식** : 수치 계산이 복잡하고 경로 간격이 균일하다.

③ 가공 경로 계획 시 고려 사항
  ㈎ 머시닝센터 자유도
  ㈏ 사상 작업 요구 사항
  ㈐ 곡면 정의 방식
  ㈑ 수치적 계산의 난이도
  ㈒ NC G코드 크기 제한

(2) 가공 조건문 정의

CNC 공작 기계의 절삭 조건을 정의하는 것으로 절삭 공구, 정삭 여유량, 절삭 속도, 이송 속도, 경로 간격, 절입 깊이, 절입 방법, 간섭 체크, 수출률 등이 고려된다. 또한 포켓 및 3D 형상 가공 시, 볼 엔드밀 사용 시 경로 간격이 표면 조도에 영향을 미친다.

(3) CL 데이터 생성

2D 윤곽 가공에서 CL 데이터를 생성하는 방법은 다음과 같다. 앞에서 정의된 곡선에 따라 공구 경로가 생성되지만, 포켓 및 곡면에서는 각 공구 경로 사이를 한 방향 또는 양쪽 방향 가공으로 연결하여 급속 이송(G00) 및 절삭 이송(G01)의 X, Y, Z 공구 경로점이 생성된다. 이 데이터는 2D 및 3D에서 공구 형상에 따라 다르다. 3D에서는 공구 경로가 곡면의 법선 방향으로만 위치하지만, 2D에서는 가공할 곡선의 진행 방향에 의하여 곡선의 위쪽, 왼쪽, 오른쪽에 따라 CL 데이터가 생성된다.

① 2D 평면의 공구 경로
  ㈎ TLON : 좌푯값과 공구 경로 좌푯값 생성(G40)
  ㈏ TLLFT : 공구 경로 좌측으로 공구 반지름만큼 이동되어 공구 경로 생성(G41)
  ㈐ TLRGT : 공구 경로 우측으로 공구 반지름만큼 이동되어 공구 경로 생성(G42)

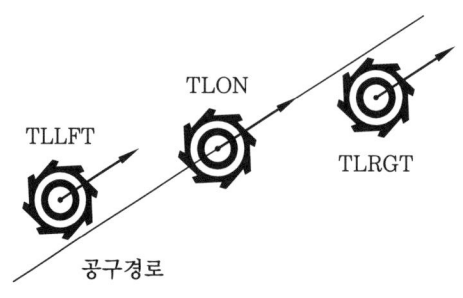

2D CL 데이터 생성

② 3D 형상 곡면의 엔드밀 종류에 따른 공구의 접촉면과 CL 데이터 생성

　(가) 평 엔드밀 : $rL = rC + R\dfrac{(n-a)}{\sqrt{1-a^2}}$

　(나) 볼 엔드밀 : $rL = rC + R(n-u)$

　(다) 라운드 엔드밀 : $rL = rC + a(n-u) + (R-a)\dfrac{(n-a)}{\sqrt{1-a^2}}$

여기서, n : 단위법선벡터　　u : 공구 끝점에서 주축을 향하는 단위벡터
　　　　rC : CL 데이터　　　R : 공구 반지름　　a : 라운드 ($a = n \cdot u$)

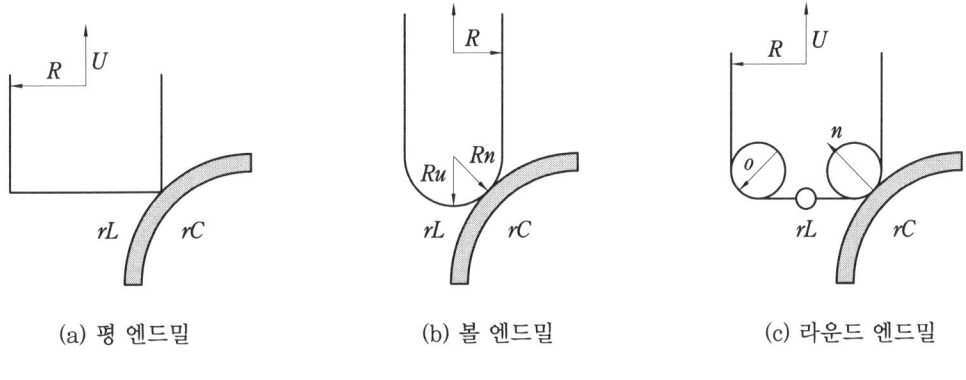

(a) 평 엔드밀　　　(b) 볼 엔드밀　　　(c) 라운드 엔드밀

3D CL 데이터 생성

(4) 공구 경로 검증

공구 경로 검증에서는 NC 데이터를 생성하기 전에 생성된 CL 데이터를 이용하여 공구의 위치, 과절삭, 미절삭 등을 검증하는 과정이다.

(5) 후처리

후처리는 CL 데이터를 이용하여 CNC 공작 기계의 제어부에 맞게 NC 데이터를 생성하는 과정이다. 소프트웨어에 따라 지원하는 제어부가 다르므로 CNC 공작 기계에 맞도록 후처리 파일을 수정하는 것이 좋다.

예상문제

1. 공구 경로 시뮬레이션을 통한 검증 내용으로 보기 어려운 것은?
① 공구가 공작물의 필요한 부분까지 제거하진 않는가
② 가공 중 공구 수명에 도달하여 파손의 가능성이 있는가
③ 공구가 클램프나 고정구와 충돌하진 않는가
④ 공구 경로들은 효율적인가

해설 공구 경로 시뮬레이션은 공구가 절삭 조건에 맞게 정상적으로 이동하는지 확인하는 것으로, 공구 수명에 도달하는 파손 가능성을 검증하는 것은 아니다.

2. NC 공구 경로 시뮬레이션 및 검증 방법 가운데 공작물을 사각기둥의 집합으로 표현하고 공구가 사각기둥을 깎아나갈 때 그 높이를 갱신하여 가공되는 공작물의 디스플레이를 효과적으로 할 수 있도록 한 방법은?
① 3D histogram
② point-vector
③ voxel
④ Constructive Solid Geometry(CSG)

해설 3D histogram은 가공되는 공작물의 디스플레이를 효과적으로 할 수 있다.

3. 자유 곡면의 NC 밀링 가공을 위한 경로 산출에 대한 설명으로 틀린 것은?
① 공구 흔적(cusp)을 줄이기 위해서는 경로 간 간격을 줄이거나 공구 반경을 크게 한다.
② 공구 간섭은 공구 지름 크기에 무관하다.
③ 원호 보간을 이용하면, NC 프로그램 길이를 크게 줄일 수 있다.
④ 경로 산출을 위해 곡면 오프셋(offset) 계산이 이용되기도 한다.

해설 공구 간섭을 줄이기 위해서는 공구 지름을 작게 한다.

4. CNC 가공의 곡면상에서 옵셋된 공구의 위치를 의미하는 것은?
① CC 포인트
② CL 데이터
③ CM 포인트
④ 공구 경로 검증

해설
• CC 포인트 : 곡면상에서 옵셋된 공구의 접촉점
• 공구 경로 검증 : 생성된 CL 데이터를 이용하여 공구의 위치 경로, 과절삭, 미절삭 등을 확인하는 과정

5. 볼 엔드밀을 사용하여 3축 NC 기계를 위한 CL(Cutter Location) 데이터를 구하고자 할 때 필요한 데이터가 아닌 것은?
① 공구(엔드밀)의 반지름
② 곡면의 해당 점에서의 위치 벡터
③ 공구의 물성치
④ 곡면의 해당 점에서의 단위법선 벡터

해설 볼 엔드밀 CL 데이터
• 엔드밀 반지름
• 위치 벡터
• 단위법선 벡터
• 공구 중심의 좌푯값, 공구 축 벡터

정답 1. ② 2. ① 3. ② 4. ② 5. ③

6. 다음은 가공 경로 계획에서 parametric 방식과 cartesian 방식을 비교하여 설명한 것이다. cartesian 방식에 대한 설명으로 적절한 것은?

① 규칙적인 사각형 곡면을 가공하는 경우에 적합하다.
② 수치적 계산이 더 복잡하다.
③ 곡면이 삼각형 패치로 정의된 경우에는 부적합하다.
④ 피삭체 형상에 따라 적합하지 못한 경우가 있다.

해설 파라메트릭 방식은 수치적 계산이 간단하지만 가공시간이 많이 걸린다.

7. NC 데이터를 이용하여 실제 가공 전에 컴퓨터상에서 공구의 위치, 과절삭, 미절삭 등을 확인하는 과정은?

① 전처리
② 후처리
③ 공구 경로 검증
④ NC 데이터 전송

해설 공구 경로 검증 : NC 데이터를 생성하기 전에 생성된 CL 데이터를 이용하여 공구의 위치, 과절삭, 미절삭 등을 검증하는 과정

8. 지름이 20mm인 볼 엔드밀로 평면을 가공할 때 경로 간격이 12mm인 경우 커습(cusp)의 높이는?

① 1.8mm
② 2.0mm
③ 2.2mm
④ 2.4mm

해설 커습의 높이 = 경로 간격(피치) - 공구 반지름 = 12 - 10 = 2.0mm

9. CNC 선반용 NC 데이터 생성 시 노즈 반지름이 0.8mm인 바이트를 선정하고 도면에는 최대 높이 거칠기가 0.02mm로 표시되었을 때 바이트의 이송 속도는 몇 mm/rev로 지정해야 하는가?

① 0.357
② 0.457
③ 0.505
④ 0.557

해설 $H_{max} = \dfrac{f^2}{8r}$

$\therefore f = \sqrt{8rH_{max}} = \sqrt{8 \times 0.8 \times 0.02}$
$\fallingdotseq 0.357 \, mm/rev$

10. 선삭 공정에서 작업물의 바깥지름이 200mm, 절삭 속도가 100m/min, 1회전당 공구 이송량이 0.1mm일 때 공구의 이송 속도(mm/min)는 약 얼마인가?

① 8
② 16
③ 32
④ 48

해설 $N = \dfrac{1000V}{\pi D} = \dfrac{1000 \times 100}{\pi \times 200}$
$\fallingdotseq 159.2 \, rpm$

$\therefore f = f_z \times N = 0.1 \times 159.2$
$= 15.92 \fallingdotseq 16 \, mm/min$

11. 일반적인 공구 경로 시뮬레이션을 통해 파트 프로그래머가 직접 시각적으로 확인하기 어려운 것은?

① 공구가 공작물의 필요한 부분까지 제거하는지의 여부
② 공구가 어떤 클램프(clamp)나 고정구(fixture)와 충돌하는지의 여부
③ 공구가 포켓(pocket)의 바닥이나 측면, 리브(lib)를 관통하여 지나가는지의 여부

정답 6. ② 7. ③ 8. ② 9. ① 10. ② 11. ④

④ 공구에 어떤 힘이 가해지며, 공구 수명에 효율적인지의 여부

[해설] 공구 수명은 공구가 공작물을 깎기 시작하고 나서, 정상적인 절삭을 할 수 없게 될 때까지의 시간을 의미하는데, 공작물 재질, 절삭 속도 등에 의해 결정된다.

12. 곡면 가공 시 공구 간섭(overcut)에 대한 설명이다. 틀린 것은?
① 곡면에 대한 CL 데이터가 꼬이게 되면 overcut이 발생한다.
② 오목한 곡면 부위를 길이가 짧은 엔드 밀로 가공하면 overcut이 발생한다.
③ overcut을 방지하려면 공구의 반경이 곡면상의 최저 곡률 반경보다 작아야 한다.
④ 예각으로 연결되어 있는 두 곡면의 바깥쪽의 둔각 부분을 가로질러 공구 경로가 생성된 경우에 overcut이 발생한다.

[해설] 볼록한 곡면 부위를 길이가 짧은 엔드 밀로 가공하면 overcut이 발생한다.

13. 곡면을 평면으로 절단한 곡선을 따라 공구 경로를 산출하는 방법으로 수치적인 계산이 많이 요구되는 가공 방법은?
① check 가공
② cartesian 가공
③ 나선형 가공
④ 등매개변수 가공

[해설] cartesian 가공은 수치적인 계산이 많이 요구되는 가공 방법이다.

14. 다음 중 가공 경로 계획에 대한 일반적인 설명으로 옳지 않은 것은?
① parametric 방식과 cartesian 방식으로 크게 나눈다.
② up-milling과 down-milling의 장단점을 고려해야 한다.
③ 가공 경로를 연결하는 방식으로는 one-way와 zigzag 방식이 있다.
④ 황삭의 경우에는 정밀한 가공이 요구되지 않으므로 별로 중요시되지 않는다.

[해설] 가공 경로 계획에서는 황삭, 정삭, 잔삭 가공 모두 고려해야 한다.

정답 12. ② 13. ② 14. ④

4. 적층 가공, 측정, 가상 가공

4-1 적층 제작 시스템

적층 가공은 3차원 물체를 만들어 내기 위해 원료를 여러 층으로 쌓거나 결합시키는 입체(3D) 프린팅이 작동하는 방식을 말한다. 즉 모든 입체(3D) 프린터는 컴퓨터 지시에 따라 원료를 층(layer)으로 겹쳐 쌓아서 3차원 물체를 만들어 낸다.

(1) 역공학(Reverse Engineering)
완성된 제품을 상세하게 분석하여 그 기본적인 설계 내용을 추적하는 것을 의미한다.

(2) CMM(Coordinate Measuring Machine)
실물 형상의 점 데이터를 추출하여 제품을 측정하는 기기이다.

(3) 3차원 스캐너
물체의 외곽선 좌푯값을 추출하여 넙스 또는 폴리곤, 패치 형식으로 데이터를 얻을 때 사용하는 스캐너를 말한다.

(4) 급속 조형(RP : Rapid Prototyping)
설계 단계에 있는 3차원 모델을 실용적이고 현실적인 모형이나 시제품(prototype)으로 다른 중간 과정 없이 빠르게 생성하는 새로운 기술을 말한다.

(5) 3D 프린터
컴퓨터에서 작업된 3차원 모델링 데이터를 이용하여 3차원 물체를 만들어내는 기계이다.

> **참고**
> **3D 프린팅의 기대 효과**
> • 설계자의 창조성 증진
> • 신속한 실물 형상 확인
> • 제품 개발 기간 단축 및 개발 비용 절감
> • 설계 및 디자인의 보안 유지
> • 작업자 간의 의사소통 효율화
> • 설계 오류의 초기 수정 및 설계 변경의 최소화

예 | 상 | 문 | 제

1. Rapid Prototyping(RP) 공정에서 CAD 모델은 STL 파일 형식을 사용하여 표현된다. STL 파일 형식에 대한 설명 중 옳은 것은?

① 물체를 삼각형들의 리스트로 표현한다.
② 솔리드 물체에 대한 위상 정보를 저장하고 있다.
③ 자유 곡면 표현을 위해 Bezier 곡면식을 기본적으로 지원한다.
④ CAD 모델을 STL 파일 형식으로 변환 시 같은 종류의 곡선 형식을 사용하므로 오차가 발생하지 않는다.

해설 STL 파일 형식은 실질적인 표준 데이터 전송 형식으로, 물체를 삼각형들의 리스트로 표현한다.

2. 소량의 여러 종류 제품을 모델 변화에 따른 지연 없이 제조할 수 있는 자동화 시스템을 구축하려고 한다. 이를 위해 가장 적합한 것은?

① FMS   ② CIM
③ CAE   ④ CAPP

해설 FMS(Flexible Manufacturing System : 유연성 있는 생산 시스템)는 제품과 시장 수요의 변화에 빠르게 대응할 수 있는 유연성을 갖추고 있어 다품종 소량 생산에 적합한 생산 시스템이다.

3. RP 공정 중 Stratasys 사에 의하여 상용화된 공정으로 열가소성 수지를 액체 상태로 압축하여 각 층을 만드는 공정은?

① SGC   ② LOM
③ FDM   ④ SLS

해설
- LOM : 접착제가 칠해진 종이를 레이저 광선을 이용하여 단면으로 절단하여 한 층씩 적층하여 성형하는 방식
- FDM : $3\mu m$ 지름의 필라멘트선으로 된 열가소성 소재를 노즐 안에서 가열하여 용해한 후, 이를 짜내고 조형 면에 쌓아올려 만드는 원리
- SLS : 한 층씩 기능성 고분자 또는 금속분말을 도포하고 레이저 광선을 주사하여 소결 성형하는 방법

4. 쾌속 조형(RP)에 관한 일반적인 설명 중 틀린 것은?

① 클램프, 지그 또는 고정구를 고려할 필요가 없다.
② 특징 형상 기반 설계나 특징 형상 인식이 필요하다.
③ 물체를 만들기 위해 단면 데이터를 생성하여 사용한다.
④ 재료를 제거하는 것이 아니라 재료를 더해 나가는 공정이다.

해설 쾌속 조형(RP) 또는 급속 조형에서는 특징 형상 기반 설계나 특징 형상 인식이 필요 없다.

5. Rapid Prototyping(RP) 방법 중 박판적층 (LOM : Laminated Object Manufacturing) 법에 대한 설명으로 옳은 것은?

① 재료와 접착제의 층이 있어 부품의 성질이 균일하지 않다.
② 아치와 같은 형상의 부품을 만들 때는 외부 지지 구조물을 같이 만들어야 한다.

정답 1. ① 2. ① 3. ③ 4. ② 5. ①

③ 표면적에 비해 부피의 비율이 높은 부품을 만들어 내고자 할 때 시간이 많이 걸리므로 적절한 방법이 아니다.
④ 지지대 역할을 한 왁스를 녹여내면 되므로 적층이 완료된 후 불필요한 부분의 재료를 제거하는 것이 매우 쉽다.

해설 박판적층법 : 원하는 단면에 레이저 광선을 부분적으로 쏘아 절단한 후 종이 뒷면의 접착제를 사용하여 아래층과 압착시켜 한 층씩 쌓는 방법

6. NC 공구 경로 생성 시 곡면 상에서 하나의 곡면 매개 변수(parameter)가 일정한 값들을 갖는 위치를 따라가는 곡선을 지그재그 형태로 공구를 앞뒤로 이동시켜 가공하는 방법은?
① area 절삭
② 레이스(lace) 절삭
③ 등고선 절삭
④ 평행 경로 절삭

해설 레이스(lace) 절삭 : 곡선을 지그재그 형태로 공구를 앞뒤로 이동시켜 가공하는 방법

7. 다음 중 신속 조형 및 제조(RP&M, Rapid Prototyping&Manufacturing) 공정의 특징이 아닌 것은?
① 특징 형상(feature) 정보를 필요로 하는 공정 계획이 없어도 되기 때문에 특징 형상 기반 설계나 특징 형상 인식이 필요 없다.
② RP&M 공정은 재료를 더해가는 것이 아니라 재료를 제거해 나가는 공정이기 때문에 소재의 형상을 정의할 필요가 있다.
③ 부품이 한 번의 작업으로 제작되기 때문에 여러 가지 셋업이나 소재를 취급하는 복잡한 과정을 정의할 필요가 없다.
④ RP&M 공정은 어떤 도구를 필요로 하는 공정이 아니기 때문에 금형의 설계와 제조가 필요 없다.

해설 RP&M 공정은 재료를 바닥에서부터 차곡차곡 쌓아감으로써 모델링 형상을 물리적으로 재현한 것이다.

8. 물리적인 모델 또는 제품으로부터 측정작업을 수행, 3차원 형상 데이터를 얻어내는 방법을 가리키는 용어는?
① 형상 역공학(RE)
② FMS
③ RP
④ PDM

해설 역공학이란 실물의 형상을 측정, 측정 데이터를 기반으로 형상 모델링을 거쳐 동일 형상의 디지털 모델을 만드는 것이다.

9. 다음 중 기존 제품에 대한 치수를 측정하여 도면을 만드는 작업을 뜻하는 말로 적절한 것은?
① RE(Reverse Engineering)
② FMS(Flexible Manufacturing System)
③ EDP(Electronic Data Processing)
④ ERP(Enterprise Resource Planning)

해설 역설계(Reverse Engineering) : 실제 부품의 표면을 3차원으로 측정한 정보로, 부품의 형상 데이터를 얻어 모델을 만드는 방법이다.

정답 6. ② 7. ② 8. ① 9. ①

제 5 장 CNC 가공

1. CNC 개요

1-1 CNC의 정의와 경제성

(1) CNC의 정의

① **NC** : NC(Numerical Control)는 '수치 제어'라는 뜻으로, NC 공작 기계는 수치 제어 정보를 지령하여 공작 기계의 운전을 자동으로 제어하는 것이다.

② **CNC** : CNC(Computer Numerical Control)는 컴퓨터를 내장한 NC를 말하며, 기억 소자인 반도체와 관련 기술의 급격한 발달로 컴퓨터가 기능과 가격 면에서 크게 진보되고 소형화되면서, 이를 NC 장치에 내장한 것이다.

(2) NC의 경제성 평가 방법

① **페이백(payback) 방법** : NC 공작 기계의 도입에 따른 연간 절약 비용의 예측 값을 투자액에 비교하여 투자액을 보상하는 데 필요한 연수를 구하는 방법이다.
  ㈎ 간단하게 기계의 내용 연수를 구할 수 있다.
  ㈏ 쉽게 못쓰게 되는 장치 등의 평가에 적합하다.
  ㈐ 내용 연수가 긴 기계의 평가 방법으로는 정확성이 떨어진다.

② **MAPI(Manufacturing and Applied Products Institute)** : 구입을 계획하고 있는 NC 공작 기계에 의한 최초 연도의 부품 생산 비용을 현재 가지고 있는 NC 공작 기계에 의한 비용과 비교하여 평가하는 방법이다.
  ㈎ 가장 많이 사용되고 있는 방법이다.
  ㈏ 공작 기계의 교체에 좋은 평가 방법이다.
  ㈐ 일정 기간의 경제성이 아니더라도 사용할 수 있는 평가 방법이다.

1-2 CNC 공작 기계의 구조

(1) CNC 공작 기계의 구조

① **서보 기구** : 구동 모터의 회전에 따른 속도와 위치를 피드백시켜 입력된 양과 출력된 양이 같아지도록 제어할 수 있는 구동 기구를 말한다. 인간에 비유했을 때 손과 발에 해당하는 서보 기구는 머리에 해당되는 정보처리회로의 명령에 따라 공작 기계의 테이블 등을 움직이는 역할을 담당하며, 정보처리회로에서 지령한 대로 정확히 동작한다.

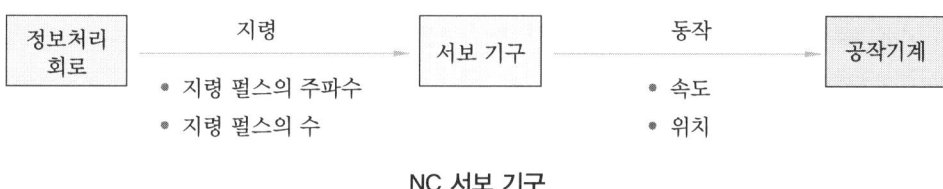

NC 서보 기구

② **서보 모터** : 펄스의 지령으로 각각에 대응하는 회전 운동을 하며 저속에서도 큰 토크(torque)를 내고 가속성, 응답성이 우수해야 한다.

③ **리졸버** : CNC 공작 기계의 움직임을 전기적인 신호로 표시하는 일종의 회전 피드백(feedback) 장치이다.

④ **볼 스크루(ball screw)** : 서보 모터에 연결되어 있어 서보 모터의 회전 운동을 받아 NC 공작 기계의 테이블을 직선 운동시키는 일종의 나사로 마찰이 적고, 너트를 조정함으로써 백래시(backlash)를 거의 0에 가깝도록 할 수 있다.

⑤ **컨트롤러(controller)** : 절삭 가공에 필요한 가공 정보, 즉 프로그램을 받아 저장, 편집, 삭제 등을 하고 또 이것을 펄스(pulse) 데이터로 변환하여 서보장치를 제어하고 구동시키는 역할을 한다.

(2) CNC 선반의 구성

① **척(chuck)** : 대부분 연동척으로 유압으로 작동되며, 공작물의 착탈이 쉬워 생산 능률을 향상시킨다.

② **공구대(tool post)** : 공작물을 절삭하기 위하여 공구를 장착하고 이동시키는 부분으로 터릿(turret) 공구대와 갱 타입(gang type) 공구대를 많이 사용하고 있다.

(3) 머시닝센터의 구성

① **공구 매거진** : 일반적으로 구조에 따라 드럼(drum)형과 체인(chain)형으로 분류한다. 또한 매거진의 공구 선택 방식에는 순차 방식(sequence type)과 배열 순과는 관계없이 매거진 포트 번호 또는 공구 번호를 지령하는 것에 의해 임의로 공구를 주축에 장착하는 랜덤 방식(random type)이 있는데, 랜덤 방식이 주로 많이 쓰인다.

② **자동 공구 교환장치(ATC)** : 공구를 교환하는 ATC 암(arm)과 공구가 격납되어 있는 공구 매거진(magazine)으로 구성되어 있다.

③ **자동 팰릿 교환장치(APC)** : 공작물을 자동으로 공급·배출하고, 정확한 위치 결정을 하기 위해 공작물을 장착한 팰릿을 자동으로 교환하는 장치로 기계 정지 시간을 단축하기 위한 장치이다.

1-3 자동화 설비 및 발전 방향

(1) FMC

FMC(Flexible Manufacturing Cell : 유연성 있는 가공 셀)는 FMS의 특징을 살리면서 저비용으로 중소기업에서도 도입이 가능하도록 소규모화함으로써 인건비 절감은 물론 기계 가동률을 향상시켜 생산성 향상에 기여할 수 있는 시스템이다. 즉 FMC는 CNC 공작 기계의 무인 운전 시 필요한 양의 공작물을 격납시키고 공급하는 자동 공작물 공급장치(APC : Automatic Pallet Changer)와 로봇(robot) 및 치공구 등을 이용한 공작물 자동 이동장치, 많은 종류의 가공물을 가공하는 데 필요한 공구를 공급하는 자동 공구 교환장치(ATC : Automatic Tool Changer)를 갖추어 장시간 무인에 가까운 자동 운전을 하며 공작물을 가공할 수 있는 기계라고 할 수 있다.

(2) FMS

FMS(Flexible Manufacturing System : 유연성 있는 생산 시스템)는 CNC 공작 기계와 로봇, APC, ATC, 무인운반차(AGV : Automated Guided Vehicle) 등의 자동 이송 장치 및 자동 창고 등을 중앙 컴퓨터로 제어하면서 공작물의 공급에서부터 가공, 조립, 출고까지를 관리하는 시스템으로 장점은 다음과 같다.
① 생산성 향상
② 생산 준비 기간 단축
③ 재고품 감소
④ 임금 절약
⑤ 제품 품질 향상
⑥ 생산 기술자의 적극적인 참여
⑦ 작업 안전도 향상

(3) CIMS

CIMS(Computer Integrated Manufacturing System : 컴퓨터에 의한 통합 가공 시스템)는 제품의 설계, 제조, 생산 관리, 재고 관리, 판매 관리용으로 사용되는 컴퓨터 및 지능 기기를 LAN(Local Area Network)에 의거 통합시킴으로써 제품에 관한 품질, MIS(Management Information System : 경영 정보 시스템), 원가 등 그 제품에 관한 데이터베이스를 각 기기가 공유하는 통합적인 생산 시스템으로 이점은 다음과 같다.
① 더욱 짧은 제품 수명 주기와 시장의 수요에 즉시 대응할 수 있다.
② 더 좋은 공정 제어를 통하여 품질의 균일성을 향상시킨다.
③ 재료, 기계, 인원을 효율적으로 활용할 수 있고, 재고를 줄임으로써 생산성을 향상시킨다.
④ 생산과 경영 관리를 잘 할 수 있으므로 제품 비용을 낮출 수 있다.

예|상|문|제

1. CNC 공작 기계 구성 중 범용 공작 기계에서 사람이 직접 수동 조작으로 하던 일을 대신하는 구성 요소는?
① 서보 기구
② 볼 스크루
③ 정보처리회로
④ 테이블 및 칼럼

해설 서보 기구란 구동 모터의 회전에 따른 속도와 위치를 피드백시켜 입력된 양과 출력된 양이 같아지도록 제어할 수 있는 구동 기구를 말한다.

2. CNC 선반은 크게 "기계 본체 부분"과 "CNC 장치 부분"으로 구성되는데 다음 중 "CNC 장치 부분"에 해당하는 것은?
① 공구대
② 위치검출기
③ 척(chuck)
④ 헤드 스톡

해설 CNC 선반의 구성

본체	공구대(tool post)
	척(chuck)
	이송장치 볼 스크루(ball screw)
	헤드 스톡(head stock)-주축 모터
CNC 장치	지령 방식
	서보 모터(servo motor)
	위치검출기
	포지션 코더(position coder)

3. CNC 공작 기계에서 백래시(back lash)에 직접적인 영향을 미치는 기구는?
① 모터
② 베어링
③ 커플링
④ 볼 스크루

해설 볼 스크루는 부하에 따른 마찰열에 의해 열팽창과 동력 손실이 적고, 너트를 조정함으로써 백래시를 0에 가깝도록 할 수 있다.

4. CNC 공작 기계에 사용되는 볼 스크루에 대한 설명 중 틀린 것은?
① 마찰이 적다.
② 동력 손실이 적다.
③ 백래시가 거의 없다.
④ 부하에 따른 마찰열에 의하여 열팽창이 크다.

해설 마찰이 적으므로 마찰열에 의하여 열팽창이 적다.

5. 커플링으로 연결된 CNC 공작 기계의 볼 스크루 피치가 12mm이고, 서보 모터의 회전 각도가 240°일 때 테이블의 이동량은?
① 2mm
② 4mm
③ 8mm
④ 12mm

해설 $360° : 12\,mm = 240° : x$
$\therefore x = \dfrac{12 \times 240}{360} = 8\,mm$

6. 위치 제어 테이블에 미치는 부하로 인하여 피치가 30mm인 이송나사가 2° 뒤틀릴 때 테이블 이동량은?
① 0.055mm
② 0.167mm
③ 0.254mm
④ 0.345mm

해설 $360° : 30\,mm = 2° : x$
$\therefore x = \dfrac{30 \times 2}{360} ≒ 0.167\,mm$

정답 1.① 2.② 3.④ 4.④ 5.③ 6.②

7. CNC 공작 기계 이송장치의 이송나사로 주로 사용되는 것은?

① 볼나사
② 사각 나사
③ 사다리꼴 나사
④ 유니파이 나사

해설 볼나사는 회전 운동을 직선 운동으로 바꿀 때 사용하며, 높은 정밀도를 얻을 수 있다.

8. 다음은 CNC 공작 기계의 특징에 대한 설명이다. 해당되지 않는 것은?

① 제품의 균일성을 유지할 수 없다.
② 생산성을 향상시킬 수 있다.
③ 제조원가 및 인건비를 절감할 수 있다.
④ 특수 공구 제작의 불필요한 공구관리비를 절감할 수 있다.

해설 CNC 공작 기계의 장점
- 생산에 유연하게 대처할 수 있다.
- 품질을 향상시킬 수 있다.
- 생산 리드 타임의 단축으로 재고량 감소가 가능하다.
- 작업자의 피로가 감소된다.
- 제품의 균일성을 유지할 수 있다.

9. CNC 공작 기계의 경제성 평가 방법 중 가장 많이 사용하는 방법은?

① MAPI 방법
② 페이백 방법
③ 메서드 방법
④ CCPI 방법

해설 • 페이백 방법 : 간단하게 기계의 내용 연수를 구할 수 있으며, 쉽게 못쓰게 되는 장치 등의 평가에 적합하다.
• MAPI 방법 : 가장 많이 사용되고 있는 방법으로, 공작 기계의 교체에 좋은 평가 방법이다.

10. 머시닝센터에서 가공물의 고정시간을 줄여 생산성을 높이기 위하여 부착하는 장치를 의미하는 약어는?

① FA
② ATC
③ FMS
④ APC

해설 • APC : 자동으로 교환하는 장치로 기계 정지 시간을 단축하기 위한 장치
• ATC : 공구를 자동으로 교환하는 장치로 CNC 밀링과 머시닝센터의 가장 큰 차이점이다.

11. CNC 공작 기계의 구성에서 사람의 두뇌 부분에 해당하는 것은?

① 서보 기구
② 볼나사
③ 제어부
④ 위치 검출기

해설 인간에 비유했을 때 손과 발에 해당하는 것은 서보 기구, 두뇌에 해당하는 것은 제어부이다.

12. CNC 기계 가공에서 가공 계획에 해당되지 않는 것은?

① 도면 파악
② 좌표계 설정
③ 공작 기계 선정
④ 가공 순서 결정

해설 좌표계 설정은 가공 계획 후 가공 프로그램을 완성하여 가공 단계에서의 기계 세팅 과정 중에 필요한 작업이다.

13. CNC 공작 기계에서 기계의 움직임을 전기적 신호로 표시하는 피드백 장치는?

① 리졸버
② 인코더
③ 펄스
④ 서보 모터

해설 • 펄스 : CNC 공작 기계에서 제어부가 서보부에 보내는 신호의 체계이다.

정답 7. ① 8. ① 9. ① 10. ④ 11. ③ 12. ② 13. ①

- 서보 모터 : 펄스의 지령으로 각각에 대응하는 회전 운동을 하며, 저속에서도 큰 토크(torque)를 내고 가속성, 응답성이 우수해야 한다.

14. 다음 용어에 대한 설명 중 틀린 것은?
① CNC : 컴퓨터를 이용한 수치 제어
② DNC : 분배 수치 제어
③ AGV : 무인 운반차(반송차)
④ CIM : 컴퓨터를 이용한 공정 계획

해설 CIM은 컴퓨터에 의한 통합 가공 시스템이다.

15. 머시닝센터의 자동 공구 교환 장치에서 매거진 포트 번호를 지령함으로써 임의로 공구 매거진에 장착하는 방법은?
① 랜덤(random) 방식
② 팰릿(pallet) 방식
③ 터릿(turret) 방식
④ 시퀀스(sequence) 방식

해설
- 랜덤 방식 : 매거진 포트 번호를 지령함으로써 임의로 공구 매거진에 장착하는 방식이다.
- 시퀀스 방식 : 매거진의 포트 번호 순서대로 교환하는 방식이다.

16. 피치 에러(pitch error) 보정이란?
① 볼 스크루 피치의 정밀도를 검사하는 기능
② 축의 이동이 한 방향에서 반대 방향으로 이동할 때 발생하는 편차 값을 보정하는 기능
③ 나사 가공의 피치를 정밀하게 보정하는 기능
④ 볼 스크루의 부분적인 마모 현상으로 발생된 피치 간의 편차 값을 보정하는 기능

해설 피치 에러(pitch error) 보정은 볼 스크루의 피치 간의 편차 값을 보정하는 기능이다.

17. 다음 선삭용 ISO 인서트 규격 표시법에서 04는 무엇을 의미하는가?

CNMG120408-VM

① 인선 길이
② 날끝 반지름
③ 공차
④ 인선 높이

해설 선삭용 인서트 규격 표시법

C	인서트 형상	12	인서트 길이
N	여유각	04	인선 높이
M	공차	08	노즈 반지름
G	단면 형상	VM	칩 브레이크 형상

18. 다음은 ISO 선삭용 인서트(insert) 규격이다. 여기서 T의 의미는?

T N M G

① 여유각　② 공차
③ 인선 높이　④ 인서트 형상

해설
- N : 여유각
- M : 공차
- G : 단면 형상

19. 인서트 팁의 규격 선정법에서 "N"이 나타내는 내용은?

DNMG 150408

정답 14. ④　15. ①　16. ④　17. ④　18. ④　19. ④

① 공차　　② 노즈 반지름
③ 인서트 형상　　④ 여유각

해설 인서트 팁의 규격
- D : 인서트 형상
- N : 여유각
- M : 공차
- G : 인서트 단면 형상

20. ISO 선삭용 인서트의 형번 표기법(ISO)에서 노즈(nose) R의 크기는?

T N M G 12 04 08 B

① 1R　　② 2R
③ 0.4R　　④ 0.8R

해설 인서트 형번 표기법(ISO)

T	N	M	G
인서트 형상	주 절삭날 여유각	공차	단면 형상
12	04	08	B
절삭 날 길이	인선의 높이	노즈 반지름	칩 브레이커 형상

21. 선반 외경용 툴 홀더 규격에서 밑줄 친 25가 나타내는 의미는?

C S K P R <u>25</u> 25 M 12

① 홀더의 높이
② 절삭날 길이
③ 홀더의 길이
④ 홀더의 폭

해설 앞의 25는 홀더의 높이이고, 뒤의 25는 홀더의 폭이다.

22. 선반 외경용 ISO 툴 홀더의 규격 표시에서 ㉠, ㉡을 바르게 나타낸 것은?

C S K P R 25 25 M 12
　㉠㉡

① ㉠ : 홀더 유형, ㉡ : 생크 폭
② ㉠ : 인서트 형상, ㉡ : 승수
③ ㉠ : 클램핑 방법, ㉡ : 인서트 형상
④ ㉠ : 스타일, ㉡ : 클램핑 방법

해설 선반 외경용 ISO 툴 홀더의 규격

C	S	K	P	R
클램핑 방식	인서트 형상	절입각	여유각	승수

25	25	M	12
생크 높이	생크 폭	생크 전체 길이	절삭날 길이

23. NC 선반에서 그림 같은 가상 인선(날끝) 번호와 가공 내용이 바르게 짝지어진 것은?

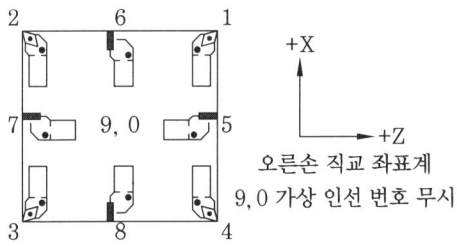

오른손 직교 좌표계
9, 0 가상 인선 번호 무시

① 1번 : 센터 그릴 및 드릴링 작업
② 2번 : 바깥지름 홈 및 외경나사 작업
③ 3번 : 외경 막깎기 및 다듬질 작업
④ 4번 : 안지름 홈 및 내경나사 작업

해설
- 외경 막깎기 및 다듬질 작업 : 1번, 2번, 3번, 4번
- 외경 홈 작업 : 5번, 6번, 7번, 8번

정답 20.④ 21.① 22.③ 23.③

24. 선반 외경용 툴 홀더 규격 표기법(ISO)에서 기호 P의 의미로 옳은 것은?

> P C L N R − 25 25 − M 12

① 절삭날 길이　　② 클램핑 방법
③ 인서트 형상　　④ 인서트 여유각

해설
- 12 : 절삭날 길이
- C : 인서트 형상
- N : 인서트 여유각
- P : 클램핑 방법

25. CNC 공작 기계의 정보처리회로에서 서보 모터를 구동하기 위하여 출력하는 신호의 형태는?

① 문자 신호　　② 위상 신호
③ 펄스 신호　　④ 형상 신호

해설 서보 모터는 펄스 지령에 의하여 각각에 대응하는 회전 운동을 한다.

26. CNC 공작 기계의 정보 흐름의 순서가 맞는 것은?

① 지령 펄스열 → 서보 구동 → 수치 정보 → 가공물
② 지령 펄스열 → 수치 정보 → 서보 구동 → 가공물
③ 수치 정보 → 지령 펄스열 → 서보 구동 → 가공물
④ 수치 정보 → 서보 구동 → 지령 펄스열 → 가공물

해설 CNC 공작 기계의 정보 흐름은 수치 정보 → 컨트롤러 → 서보 기구 → 이송 기구 → 가공물의 순이다.

27. 다음 중 서보 구동부에 대한 설명으로 틀린 것은?

① CNC 공작 기계의 가공 속도를 결정하는 핵심부이다.
② 서보 기구는 사람의 손과 발에 해당된다.
③ 입력된 명령 정보를 계산하고 진행 순서를 결정한다.
④ CNC 공작 기계의 주축, 테이블 등을 움직이는 역할을 한다.

해설 정보처리회로는 입력된 명령 정보를 계산하고 진행 순서를 결정한다.

28. 다음 중 CNC 공작 기계에서 속도와 위치를 피드백하는 장치는?

① 서보 모터
② 컨트롤러
③ 주축 모터
④ 인코더

해설 인코더는 서보 모터에 부착되어 CNC 기계에서 속도와 위치를 피드백하는 장치이다.

정답 24. ②　25. ③　26. ③　27. ③　28. ④

2. CNC 공작 기계의 제어 방식

2-1 제어 방식

(1) 위치 결정 제어 방식

① 가장 간단한 제어 방식이다.
② 가공물의 위치만 찾아 제어하므로 정보 처리가 간단하다.
③ 이동 중에는 가공을 하지 않으므로 PTP(Point To Point) 제어라고도 한다.
④ 드릴링, 스폿(spot) 용접기, 펀치 프레스 등에 사용된다.

(2) 직선 절삭 제어 방식

① 직선 이동하면서 동시에 절삭하도록 제어한다.
② 선반, 밀링, 보링 머신 등에 사용된다.

(3) 윤곽 절삭 제어 방식

① 곡선 등의 복잡한 형상을 연속적으로 윤곽 제어할 수 있는 시스템이다.
② 3축의 움직임도 동시에 제어하는 방식으로 밀링 작업이 대표적인 경우이다.
③ CNC 공작 기계에 대부분 사용된다.

2-2 서보 기구

(1) 개방 회로 방식

피드백 장치가 없기 때문에 가공 정밀도에 문제가 있어 현재는 거의 사용되지 않는다.

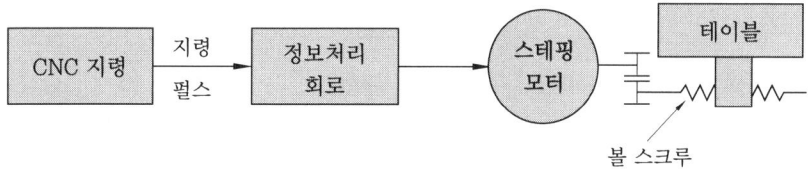

개방 회로 방식

(2) 반폐쇄 회로 방식

서보 모터에 내장된 디지털형 검출기인 로터리 인코더에서 위치 정보를 검출하여 피드백하는 방식으로 볼 스크루의 정밀도가 향상되어 현재 CNC에서 가장 많이 사용하는 방식이다.

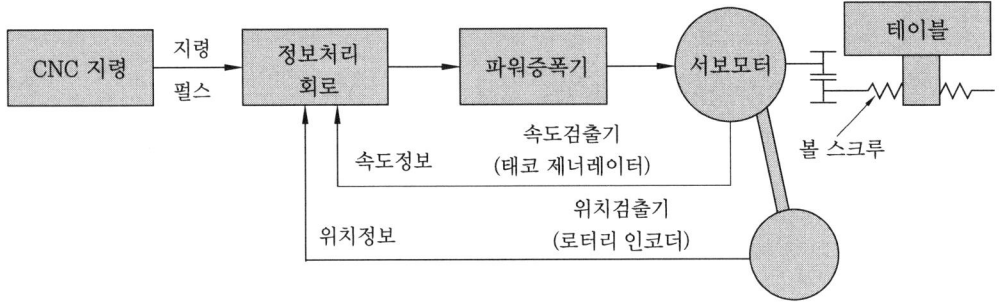

반폐쇄 회로 방식

> **참고**
> • 최근에는 고정밀도의 볼나사 생산과 뒤틈 보정 및 피치 오차 보정이 가능하여 대부분의 수치 제어 공작 기계에서 반폐쇄 회로 방식을 채택하고 있다.

(3) 폐쇄 회로 방식

기계의 테이블에 위치 검출 스케일을 부착하여 위치 정보를 피드백시키는 방식으로 고가이며, 고정밀도를 필요로 하는 대형 기계에 주로 사용한다.

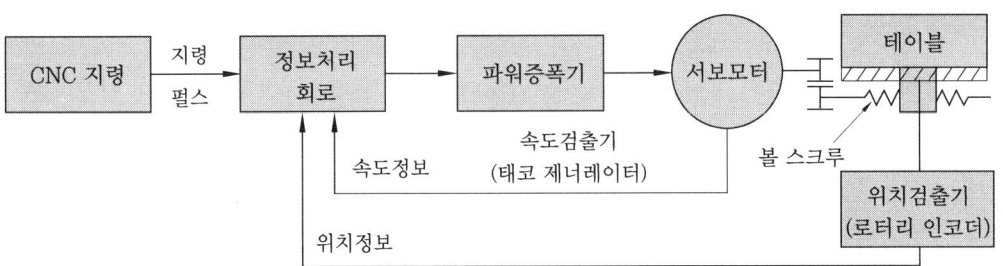

폐쇄 회로 방식

(4) 복합 회로 서보 방식

하이브리드(hybrid) 서보 방식이라고도 하며, 반폐쇄 회로 방식과 폐쇄 회로 방식을 결합하여 고정밀도로 제어하는 방식으로 가격이 고가이므로 고정밀도를 요구하는 기계에 사용한다.

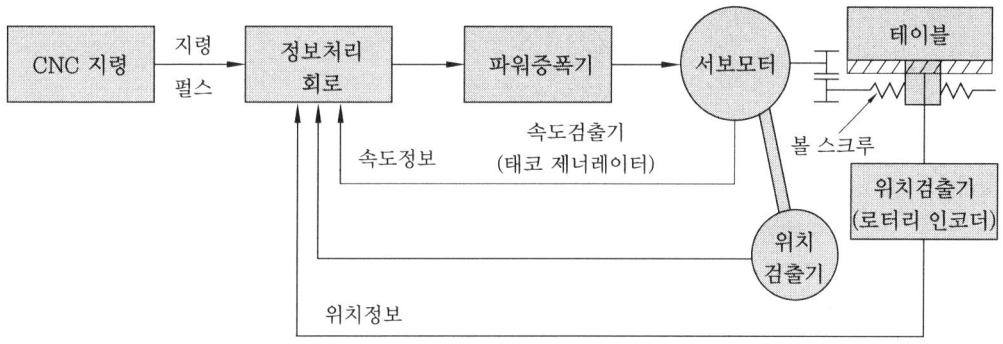

복합 회로 서보 방식

2-3 이송 기구

(1) CNC 펄스 분배 방식

① **MIT 방식** : 2차원 또는 $2\frac{1}{2}$차원의 보간은 가능하지만, 3차원 보간은 불가능한 방식이다.
② **DDA 방식** : DDA(Digital Differential Analyzer)는 계수형 미분 해석기로, DDA 방식은 DDA 회로를 CNC에 이용한 것이다. 이 방식은 직선 보간의 경우 우수한 성능을 가지고 있어 현재 주류를 이루고 있다.
③ **대수 연산 방식** : 직선이나 곡선의 대수방정식이 그 선상에 없는 좌푯값에 대해 정(+) 또는 부(-)가 되는 성질을 이용한 연산 방식으로, 원호 보간의 경우는 유리하나 직선 보간의 경우는 DDA 방식이 유리하다.

예 | 상 | 문 | 제

1. 보간 연산 방식 중 X 방향, Y 방향으로의 움직임을 한정하여 단계적으로 곡선의 좌우를 차례차례 움직여 접근하는 방식은?
① MIT 방식
② 대수 연산 방식
③ DDA 방식
④ 최소 편차 방식

해설 • MIT 방식 : X, Y축의 이동을 균일하게 하기 위해 적당한 시간 간격으로 펄스를 발생시킨다.
• DDA 방식 : 직선 보간의 경우 우수한 성능을 가지고 있어 현재 많이 사용하고 있다.

2. CNC 공작 기계에서 사용하는 펄스 분배 방식 중 원호 보간에 우수한 방식은?
① DDA 방식
② 대수 연산 방식
③ MIT 방식
④ 유한 요소 방식

해설 대수 연산 방식은 원호 보간의 경우는 유리하나 직선 보간의 경우는 DDA 방식이 유리하다.

3. CNC 기계에서 윤곽 제어를 할 때 펄스를 분배하는 방식이 아닌 것은?
① MIT 방식
② DDA 방식
③ 대수 연산 방식
④ 산술 연산 방식

해설 펄스 분배 방식에는 MIT 방식, DDA 방식, 대수 연산 방식이 있다.

4. 2축 제어 방식 CNC 공작 기계로 할 수 없는 제어는?
① 위치 결정
② 원호 보간
③ 직선 보간
④ 헬리컬 보간

해설 헬리컬 보간은 3축 제어 방식이다.

5. 다음 중 NC 공작 기계의 제어 방식의 종류에 속하지 않는 것은?
① 나사 절삭 제어
② 윤곽 절삭 제어
③ 직선 절삭 제어
④ 위치 결정 제어

해설 NC 제어 방식에는 위치 결정 제어, 직선 절삭 제어, 윤곽 절삭 제어가 있다.

6. 공구 이동 중에는 가공을 하지 않으며, 드릴링 머신이나 스폿 용접기 등에 사용되는 PTP(Point To Point) 제어 방식은?
① 윤곽 절삭 제어
② 직선 절삭 제어
③ 위치 결정 제어
④ 연속 경로 제어

해설 위치 결정 제어는 공구의 최후 위치만 제어하는 것으로 드릴링, 스폿 용접기 등이 있다.

7. 서보 모터에서 위치 및 속도를 검출하여 피드백하는 제어 방식은?
① 개방 회로 방식
② 하이브리드 방식

정답 1.② 2.② 3.④ 4.④ 5.① 6.③ 7.③

③ 반폐쇄 회로 방식
④ 폐쇄 회로 방식

해설 서보 기구 종류
- 개방 회로 방식 : 피드백 장치가 없기 때문에 가공 정밀도에 문제가 있어 현재는 거의 사용되지 않는다.
- 하이브리드(hybrid) 서보 방식 : 복합 회로 서보 방식이라고도 하며, 반폐쇄 회로 방식과 폐쇄 회로 방식을 결합하여 고정밀도로 제어하는 방식으로 가격이 고가이므로 고정밀도를 요구하는 기계에 사용한다.
- 폐쇄 회로 방식 : 기계의 테이블에 위치 검출 스케일을 부착하여 위치 정보를 피드백시키는 방식으로 고가이며, 고정밀도를 필요로 하는 대형 기계에 주로 사용한다.

8. 서보 기구에서 사용되는 회로 방식 중 보간 조건이 좋지 않은 기계에서 고정밀도를 요구할 때 사용되는 것은?
① 개방 회로 방식
② 하이브리드 방식
③ 반폐쇄 회로 방식
④ 폐쇄 회로 방식

해설 하이브리드(hybrid) 서보 방식은 복합 회로 서보 방식이라고도 하며, 고정밀도를 요구하는 기계에 사용한다.

9. 그림과 같이 모터 축으로부터 위치 검출을 행하여 볼 스크루의 회전 각도를 검출하는 방법을 사용하는 CNC 서보 기구는?

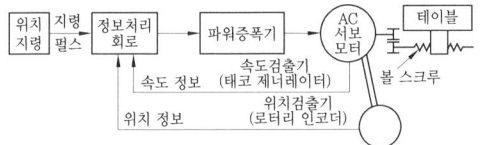

① 개방 회로 방식
② 하이브리드 방식
③ 반폐쇄 회로 방식
④ 폐쇄 회로 방식

해설 반폐쇄 회로 방식은 속도검출기와 위치검출기가 서보 모터에 부착되어 있는 방식이다.

10. NC 공작 기계에서 전기적인 신호 1펄스당 움직이는 테이블 또는 공구의 최소 이송 단위는?
① MCU
② BLU
③ TLU
④ NCU

해설 BLU(Basic Length Unit)는 공작 기계의 최소 이송 단위로 모터에 공급되는 펄스당 테이블 이송 거리를 의미한다.

11. 서보 기구에서 위치와 속도의 검출을 서보 모터에 내장된 인코더(encoder)에 의해서 검출하는 방식은?
① 반폐쇄 회로 방식
② 개방 회로 방식
③ 폐쇄 회로 방식
④ 반개방 회로 방식

해설 폐쇄 회로 방식은 위치 검출 방식에 따라 다음 3가지로 분류할 수 있다.
- 반폐쇄 회로 방식 : 펄스 인코더, 리졸버
- 폐쇄 회로 방식 : 라이너 스케일(인덕터신, 자기 스케일, 광학 스케일)
- 하이브리드 서보 방식 : 리졸버(인덕터신, 자기 스케일, 광학 스케일)

12. 최소 설정 단위가 0.001mm인 CNC 공작기계에서 X축(+) 방향으로 50mm 이동시키기 위한 정수 입력은?

① X500
② X5000
③ X50000
④ X500000

[해설] 이송지령 $=50\text{mm} \times \dfrac{1}{0.001}=50000\text{mm}$

∴ X50000

13. CNC 공작 기계의 컨트롤러에서 최소 설정 단위가 0.001mm일 때 X축으로 543210 펄스만큼 이동하고자 하는 지령으로 옳은 것은?

① G01 X543210.
② G01 X54321.0
③ G01 X5432.10
④ G01 X543.210

[해설] 이송지령 $=543210 \times 0.001$
$=543.210\text{mm}$

∴ G01 X543.210

14. CNC의 서보 기구 형식이 아닌 것은?

① 개방형(open loop system)
② 반개방형(semi-open loop system)
③ 폐쇄형(closed loop system)
④ 반폐쇄형(semi-closed loop system)

[해설] 서보(servo) 기구는 사람의 손과 발에 해당하는 부분으로 위치 검출 방법에 따라 개방 회로(open loop) 방식, 반폐쇄 회로(semi-closed) 방식, 폐쇄 회로(close loop) 방식, 하이브리드 서보(hybrid servo) 방식이 있다.

15. 근래에 생산되는 대형 정밀 CNC 고속 가공기에 주로 사용되며, 모터에서 속도를 검출하고, 테이블에 리니어 스케일을 부착하여 위치를 피드백하는 서보 기구 방식은 어느 것인가?

① 개방 회로 방식
② 반폐쇄 회로 방식
③ 폐쇄 회로 방식
④ 복합 회로 방식

[해설] 폐쇄 회로 방식은 볼 스크루의 피치 오차나 백래시에 의한 오차도 보정할 수 있어 정밀도를 향상시킬 수 있으나, 테이블에 놓이는 가공물의 위치와 중량에 따라 백래시의 크기가 달라질 뿐만 아니라, 볼 스크루의 누적 피치 오차는 온도 변화에 상당히 민감하므로 고정밀도를 필요로 하는 대형 기계에 주로 사용된다.

3. CNC 공작 기계에 의한 절삭 가공

3-1 기계 조작반 사용법

(1) CNC 기계 조작반

DNC	DNC 운전을 한다.
편집(EDIT)	프로그램을 신규로 작성할 수 있고, 메모리에 등록된 프로그램을 수정이나 삭제할 수 있다.
자동(AUTO)	선택한 프로그램을 자동 운전한다.
반자동(MDI : Manual Data InPut)	기계에 직접 간단한 프로그램을 작성하여 기계를 작동시킬 수 있다. 공구 교환, 주축 회전, 간단한 절삭 이송 등을 할 때 사용한다.
핸들(Handle)	MPG(Manual Pules Generation)로도 표시하고 조직판의 핸들을 이용하여 축을 이동시킬 수 있다.
수동(Jog)	공구 이송을 연속적으로 외부 이송속도 조절 스위치의 속도로 이동시킨다. 엔드밀의 직선 절삭, 정면 절삭 등 간단한 수동 작업을 한다.
급송(RPD : Rapid)	공구를 급속(기계의 최대속도 G00)으로 이동시킨다.
원점 (REF.R : Reference Point Return)	공구를 기계 원점으로 복귀시킨다. 조작반의 원점 방향 축 버튼을 누르면 자동으로 기계 원점까지 복귀한다.

(2) CNC 기계 조작 방법

① **전원 투입**
  ㈎ 기계 뒤쪽 또는 옆쪽 강전 박스에 부착된 메인 스위치를 ON한다.
  ㈏ 메인 전원 투입 후 팬의 회전 여부를 확인한다.
  ㈐ 조작반 전원 스위치를 ON한다.
  ㈑ 조작반 화면이 켜지는 것을 확인한다.
  ㈒ EMERGENCY STOP(비상정지) 스위치를 ON한다.

② **원점 복귀** : CNC 기계 작업 시 전원 투입 후에는 반드시 원점 복귀를 실행해야 한다.

③ **전원 차단** : CNC 기계 작업이 끝나면 전원을 차단한 후 EMERGENCY STOP (비상정지) 스위치를 OFF한다.

3-2 좌표계 설정 및 가공 조건 설정

(1) CNC 선반 좌표계

① **CNC 선반 좌표계** : CNC 선반의 경우 회전하는 가공물체에 대해 공구를 움직이는 데 필요한 두 개의 축이 있는데, X축은 공구의 이동축이고 Z축은 가공물의 회전축으로 다음 그림 선반의 좌표계에 표시되어 있다.

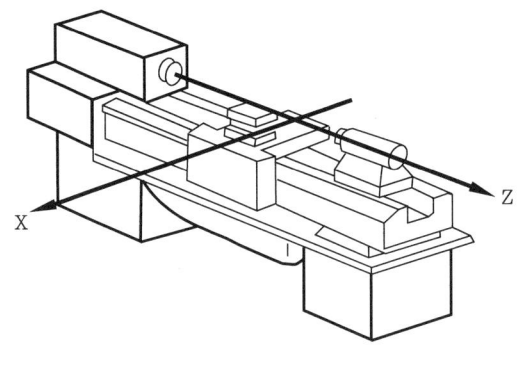

선반의 좌표계

② **절대 좌표와 증분 좌표** : 절대(absolute) 좌표와 증분(incremental) 좌표 또는 상대(relative) 좌표 방식이 있는데, 절대 좌표는 이동하고자 하는 점을 전부 프로그램 원점으로부터 설정된 좌표계의 좌푯값으로 표시한 것이며 어드레스 X, Z로 표시하고, 증분 방식은 앞 블록의 종점이 다음 블록의 시작점이 되어서 이동하고자 하는 종점까지의 거리를 U, W로 지령한 것이다. 그리고 절대 좌표와 증분 좌표를 한 블록 내에서 혼합하여 사용할 수 있는데, 이를 혼합 방식이라 하며 CNC 선반 프로그램에서만 가능하다.

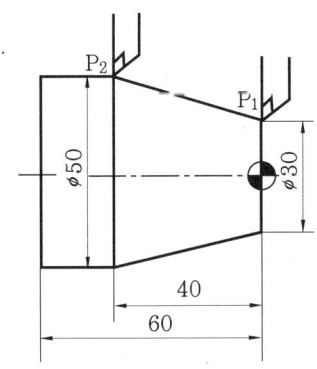

P_1 : 지령 시작점(30, 0)
P_2 : 지령 끝점(50, -40)

좌푯값 지령 방법

(개) 절대 방식 지령 X50.0 Z-40.0 ;
(내) 증분 방식 지령 U20.0 W-40.0 ;
(대) 혼합 방식 지령 X50.0 W-40.0 ;
             U20.0 Z-40.0 ;

(2) 머시닝센터 좌표계

① **좌표축** : 축의 구분은 주축 방향이 Z축이고 여기에 직교한 축이 X축이며, 이 X축과 평면상에서 90° 회전된 축을 Y축이라고 한다. 다음 그림은 머시닝센터의 좌표축을 나타내고 있다.

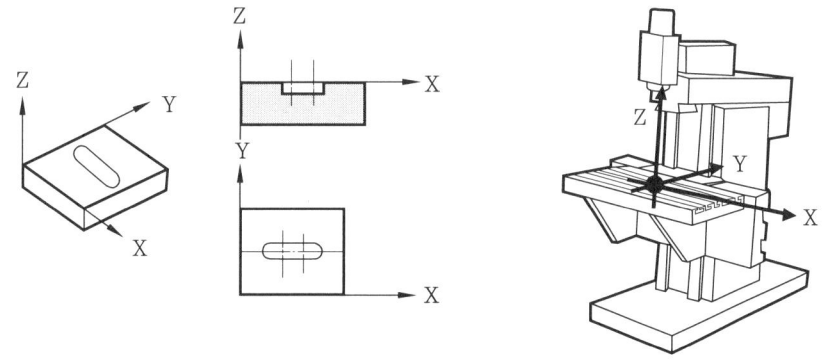

머시닝센터의 좌표축

② **절대 좌표와 증분 좌표**
  (개) 절대 좌표 : G90
  (내) 증분 좌표 : G91

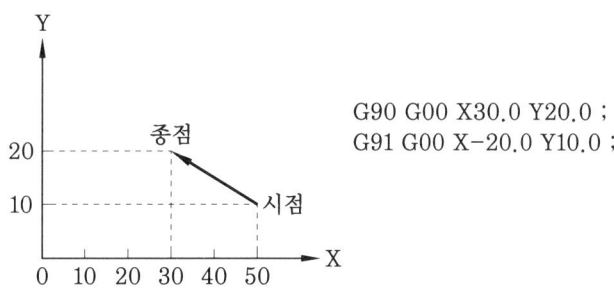

G90 G00 X30.0 Y20.0 ;
G91 G00 X-20.0 Y10.0 ;

절대 좌표와 증분 좌표 지령 방법

③ **좌표계 지령 방법**
  (개) G92 : 머시닝센터 좌표계 설정
  (내) G54~G59 : 공작물 좌표계 설정

예 | 상 | 문 | 제

1. CNC 선반에서 간단한 프로그램을 편집과 동시에 시험적으로 실행해 볼 때 사용하는 모드는?

① MDI 모드　② JOG 모드
③ EDIT 모드　④ AUTO 모드

해설
- MDI : MDI(Manual Data Input)는 수동 데이터 입력 또는 반자동 모드이며, 간단한 프로그램을 편집과 동시에 시험적으로 실행할 때 사용한다.
- JOG : 축을 빨리 움직일 때 사용한다.
- EDIT : 프로그램을 편집할 때 사용한다.
- AUTO : 자동 가공한다.

2. 일반적으로 CNC 선반 작업 중 기계 원점 복귀를 해야 하는 경우에 해당하지 않는 것은?

① 처음 전원 스위치를 ON하였을 때
② 작업 중 비상정지 버튼을 눌렀을 때
③ 작업 중 이송 정지(feed hold) 버튼을 눌렀을 때
④ 기계가 행정 한계를 벗어나 경보(alarm)가 발생하여 행정 오버 해제 버튼을 누르고 경보(alarm)를 해제하였을 때

해설 이송 정지 버튼을 누르면 공구의 이송이 정지되어 공구와 공작물 간의 거리를 알므로 충돌을 방지하기 위하여 사용하며, 사이클 스타트를 누르면 기계는 정상 작동된다.

3. CNC 공작 기계가 자동 운전 도중 알람이 발생하여 정지하였을 경우 조치 사항으로 틀린 것은?

① 프로그램의 이상 유무를 확인한다.
② 비상정지 버튼을 누른 후 원인을 찾는다.
③ 발생한 알람의 내용을 확인한 후 원인을 찾는다.
④ 해제 버튼을 누른 후 다시 프로그램을 실행시킨다.

해설 알람 해제 후에는 반드시 원점 복귀를 한 후 작업을 해야 한다.

4. 다음 중 CNC 공작 기계의 특징으로 옳지 않은 것은?

① 공작 기계가 공작물을 가공하는 중에도 파트 프로그램 수정이 가능하다.
② 품질이 균일한 생산품을 얻을 수 있으나 고장 발생 시 자가 진단이 어렵다.
③ 인치 단위의 프로그램을 쉽게 미터 단위로 자동 변환할 수 있다.
④ 파트 프로그램을 매크로 형태로 저장시켜 필요할 때 불러 사용할 수 있다.

해설 CNC 공작 기계의 특징
- 제품의 균일화로 품질 관리가 용이하다.
- 작업 시간 단축으로 생산성을 향상시킬 수 있다.
- 제조 원가 및 인건비를 절감할 수 있다.
- 특수 공구 제작이 불필요해 공구 관리비를 절감할 수 있다.
- 작업자의 피로를 줄일 수 있다.
- 제품의 난이성에 비례해서 가공성을 증대시킬 수 있다.

5. 다음 중 CNC 선반 프로그램의 설명으로 틀린 것은?

① 동일 블록에서 절대 지령과 증분 지령을 혼합하여 지령할 수 있다.

정답 1. ①　2. ③　3. ④　4. ②　5. ③

② M01 기능은 자동 운전 시 선택적으로 정지시킨다.
③ 급속 위치 결정(G00)은 프로그램에서 지령된 이송 속도로 이동한다.
④ 머신 로크 스위치를 ON하면 자동 운전을 실행해도 축이 움직이지 않는다.

해설 급속 위치 결정(G00)은 기계에서 설정된 이송 속도로 이동한다.

6. CNC 선반에서 안전을 고려하여 프로그램을 테스트할 때 축 이동을 하지 않게 하기 위해 사용하는 조작판은?
① 옵셔널 프로그램 스톱(optional program stop)
② 머신 로크(machine lock)
③ 옵셔널 블록 스킵(optional block skip)
④ 싱글 블록(single block)

해설 옵셔널 스톱(optional stop)은 프로그램에 지령된 M01을 선택적으로 실행하게 된다. 조작판의 M01 스위치가 ON일 때는 프로그램 M01이 실행되므로 프로그램이 정지되고, OFF일 때는 M01을 실행해도 기능이 없는 것으로 간주하고 다음 블록을 실행하게 된다.

7. 좌표계상에서 목적 위치를 지령하는 절대 지령 방식으로 지령한 것은?
① X150.0 Z150.0
② U150.0 W150.0
③ X150.0 W150.0
④ U150.0 Z150.0

해설 X, Z → 절대 지령 방식이고, U, W → 증분 지령 방식이다. 그리고 X, W 및 U, Z를 혼합 지령 방식이라 하는데, 절대 지령 방식과 증분 지령 방식을 섞은 것이다.

8. 기계 원점(reference point)의 설명으로 틀린 것은?
① 기계 원점은 기계상에 고정된 임의의 지점으로 프로그램 및 기계를 조작할 때 기준이 되는 위치이다.
② 모드 스위치를 자동 또는 반자동에 위치시키고 G28을 이용하여 각 축을 자동으로 기계 원점까지 복귀시킬 수 있다.
③ 수동 원점 복귀를 할 때는 모드 스위치를 급송에 위치시키고, 조그(jog) 버튼을 이용하여 기계 원점으로 복귀시킨다.
④ CNC 선반에서 전원을 켰을 때 기계 원점 복귀를 가장 먼저 실행하는 것이 좋다.

해설 수동 원점 복귀를 할 때는 모드 스위치를 원점 복귀에 두고, 조그 버튼을 누른다.

9. 다음 설명은 무엇에 대한 좌표계인가?

> 도면을 보고 프로그램을 작성할 때에 절대 좌표계의 기준이 되는 점으로서, 프로그램 원점이라고도 한다.

① 공작물 좌표계   ② 기계 좌표계
③ 극좌표계   ④ 상대 좌표계

해설
• 공작물 좌표계 : 절대 좌표계의 기준인 프로그램 원점
• 기계 좌표계 : 기계 원점까지의 거리
• 극좌표계 : 이동 거리와 각도로 주어진 좌표계
• 상대 좌표계 : 상댓값을 가지는 좌표계

10. CNC 지령 중 기계 원점 복귀 후 중간 경유점을 거쳐 지정된 위치로 이동하는 준비 기능은?
① G27   ② G28
③ G29   ④ G32

정답 6. ②   7. ①   8. ③   9. ①   10. ③

해설
- G27 : 원점 복귀 확인
- G28 : 자동 원점 복귀
- G29 : 원점으로부터 자동 복귀
- G30 : 제2원점 복귀

11. 다음 중 수치 제어 공작 기계에서 Z축에 덧붙이는 축(부가축)의 이동 명령에 사용되는 주소(address)는?

① M(축) ② A(축)
③ B(축) ④ C(축)

해설 수치 제어 공작 기계

기본축	부가축	기능
X	A	가공의 기준이 되는 축
Y	B	X축과 직각을 이루는 이송축
Z	C	절삭 동력이 전달되는 주축

12. NC 공작 기계의 기계 제어 장치 중 공작 기계의 작동을 제어하는 제어 루프 장치의 구성 요소로 볼 수 없는 것은?

① 보간 회로
② 보조 기능 제어 장치
③ 감속과 역회전 처리 회로
④ 데이터 프로세싱 장치

해설 데이터 프로세싱 장치는 데이터를 기존의 형식으로부터 다른 형식으로 변환하는 자료처리장치이다.

13. 머시닝센터 프로그램에서 공구와 가공물의 위치가 그림과 같을 때 공작물 좌표계 설정으로 맞는 것은?

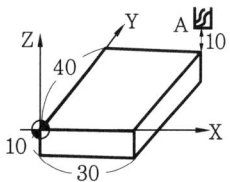

① G92 G90 X40. Y30. Z20. ;
② G92 G90 X30. Y40. Z10. ;
③ G92 G90 X-30. Y-40. Z10. ;
④ G92 G90 X-40. Y-30. Z10.

해설 G92는 좌표계 설정이고, G90은 절대 좌표 지령이므로 프로그램 원점 (⊕)을 기준으로 X30.0 Y40.0 Z10.0이다.

14. 드라이 런(dry run) 기능에 대한 설명으로 옳은 것은?

① 드라이 런 스위치가 ON되면 주축 회전 수가 빨라진다.
② 드라이 런 스위치가 ON되면 급속 속도가 최고 속도로 바뀐다.
③ 드라이 런 스위치가 ON되면 이송 속도의 단위가 회전당 이송 속도로 변한다.
④ 드라이 런 스위치가 ON되면 프로그램의 이송 속도를 무시하고 조작판의 이송 속도 값으로 바뀐다.

해설 드라이 런은 시험 운전을 하거나 이미 가공된 부분을 빨리 진행시키고자 할 때 사용하는 기능이다.

15. CNC 공작 기계로 자동운전 중 이송만 멈추게 하려면 어느 버튼을 누르는가?

① SINGLE BLOCK
② DRY RUN
③ Z AXIS LOCK
④ FEED HOLD

해설
- SINGLE BLOCK : 한 블록씩 가공
- DRY RUN : 프로그램에 지령된 이송 속도를 무시하고 JOG 속도로 이송
- Z AXIS LOCK : 수동으로 Z축을 클램핑 할 때 사용

정답 11. ④ 12. ④ 13. ② 14. ④ 15. ④

16. CNC 조작판의 기능 스위치 중 절삭 속도에 영향을 미치는 스위치는?

① 급속 오버라이드
② 싱글 블록
③ 스핀들 오버라이드
④ 옵셔널 블록 스킵

해설 CNC 공작 기계의 조작판에서 절삭 속도를 수동으로 조절 가능한 스위치는 스핀들 오버라이드이다.

17. CNC 공작 기계에서 전원을 투입하고 각 축의 기계 좌푯값을 "0"으로 하기 위하여 행하는 조작은?

① 원점 복귀   ② 수동 운전
③ 좌표계 설정   ④ 핸들 운전

해설 전원 투입 후 반드시 기계 원점 복귀를 해야 한다.

18. 공구 지름 보정 무시 상태에서 공구 지름 보정을 지령한 블록을 의미하는 것은?

① cancel block   ② single block
③ start up block   ④ slash block

해설 start up block은 공구 지름 보정을 지령한 블록을 의미한다.

19. CNC 프로그램에서 좌표치를 지령하는 방식이 아닌 것은?

① 절대 지령 방식
② 기계 원점 지령 방식
③ 증분 지령 방식
④ 혼합 지령 방식

해설 X, Z는 절대 지령 방식이고, U, W는 증분 지령 방식이다. 그리고 X, W 및 U, Z를 혼합 지령 방식이라 하는데, CNC 선반에서만 사용이 가능하다.

20. CNC 선반에서 G01 Z10.0 F0.15 ; 으로 프로그램한 것을 조작 패널에서 이송 속도 조절 장치(feedrate override)를 80%로 했을 경우 실제 이송 속도는?

① 0.1   ② 0.12
③ 0.15   ④ 0.18

해설 100%로 했을 때 F0.15이므로 80%로 하면 $0.15 \times 0.8 = 0.12$이다.

3-3 절삭 조건 및 가공 방법

1 CNC 선반

(1) CNC 선반 프로그래밍

① **프로그램 용어**

㈎ 어드레스(address) : 영문 대문자(A~Z) 중 1개로 표시되며, 각각의 어드레스 기능은 다음 표와 같다.

각종 어드레스의 기능

기능	어드레스(주소)			의미
프로그램 번호	O			프로그램 번호
축	N			전개번호(작업순서)
준비기능	G			이동 형태(직선, 원호 등)
좌표어	X	Y	Z	각 축의 이동 위치 지정(절대방식)
	U	V	W	각 축의 이동 거리와 방향 지정(증분방식)
	A	B	C	부가축의 이동 명령
	I	J	K	원호 중심의 각 축 성분, 모따기량 등
	R			원호 반지름, 코너 R
이송기능	F, E			이송속도, 나사리드
보조기능	M			기계측에서 ON/OFF 제어기능
주축기능	S			주축 속도, 주축 회전수
공구기능	T			공구 번호 및 공구 보정번호
드웰	X, U, P			드웰(dwell)
프로그램 번호 지정	P			보조 프로그램 호출번호
전개번호 지정	P, Q			복합 반복 사이클에서의 시작과 종료 번호
반복 횟수	L			보조 프로그램 반복횟수
매개 변수	D, I, K			주기에서의 파라미터(절입량, 횟수 등)

㈏ 워드 : 블록을 구성하는 가장 작은 단위가 워드(word)이며, 워드는 어드레스와 데이터의 조합으로 구성된다.

㈐ 블록(block) : 몇 개의 워드로 이루어지며, 하나의 블록은 EOB(End Of Block)로 구별되고 한 블록에서 사용되는 최대 문자수는 제한이 없다.

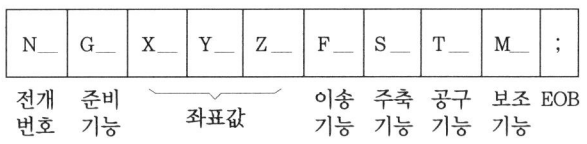

블록의 구성

② **준비 기능** : G 다음에 두 자리의 숫자를 붙여 지령한다(G00~G99). 이 지령에 의해 제어 장치가 기능을 발휘하기 위한 동작을 준비하기 때문에 준비 기능이라 하고 G코드라고도 하며, 다음의 두 가지로 구분된다.

구분	의미	구별
• 1회 유효 G코드 (one shot G-code)	지령된 블록에 한해서 유효한 기능	"00" 그룹
• 연속 유효 G코드 (modal G-code)	동일 그룹의 다른 G코드가 나올 때까지 유효한 기능	"00" 이외의 그룹

준비 기능

G코드	기능	그룹
G00	위치 결정(급속 이송)	01
G01	직선 보간(절삭 이송)	
G02	원호 보간(CW : 시계 방향 원호 가공)	
G03	원호 보간(CCW : 반시계 방향 원호 가공)	
G04	dwell(휴지)	00
G20	inch 입력	06
G21	metric 입력	

G코드	기능	그룹
G27	원점 복귀 확인(check)	00
G28	자동 원점 복귀	
G29	원점으로부터 복귀	
G30	제2원점 복귀	
G32	나사 절삭	01
G40	공구 인선 반지름 보정 취소	07
G41	공구 인선 반지름 보정 좌측	
G42	공구 인선 반지름 보정 우측	
G50	공작물 좌표계 설정, 주축 최고 회전수 설정	00
G70	정삭 가공 사이클	
G71	내외경 황삭 가공 사이클	
G72	단면 황삭 가공 사이클	
G73	형상 가공 사이클	
G74	단면 홈 가공 사이클(peck drilling)	
G75	내외경 홈 가공 사이클	
G76	나사 절삭 사이클	
G90	내외경 절삭 사이클	01
G92	나사 절삭 사이클	
G94	단면 절삭 사이클	
G96	주축 속도 일정 제어	02
G97	주축 속도 일정 제어 취소	
G98	분당 이송 지정(mm/min)	03
G99	회전당 이송 지정(mm/min)	

주 1. 같은 그룹의 G코드를 2개 이상 지령하면 뒤에 지령된 G코드가 유효하다.
   2. 다른 그룹의 G코드는 같은 블록 내에 2개 이상 지령할 수 있다.

③ **보조 기능** : M 다음에 두 자리의 숫자를 붙여 지령하는데(M00~M99), 서버 모터를 비롯한 여러 가지 보조 장치를 제어하는 ON/OFF 기능을 수행하며, M 기능이라고도 한다.

보조 기능

M코드	기능
M00	프로그램 정지(실행 중 프로그램을 정지시킨다)
M01	선택 프로그램 정지(optional stop) (조작판의 M01 스위치가 ON인 경우 정지)
M02	프로그램 끝
M03	주축 정회전
M04	주축 역회전
M05	주축 정지
M08	절삭유 ON
M09	절삭유 OFF
M30	프로그램 끝 & Rewind
M98	보조 프로그램 호출
M99	보조 프로그램 종료(보조 프로그램에서 주 프로그램으로 돌아간다)

④ **주축 기능** : 주축의 회전수를 지령하는 기능이다.

$$N = \frac{1000V}{\pi D}$$

여기서, N : 주축 회전수(rpm) V : 절삭속도(m/min) D : 지름(mm)

(가) 주축 속도 일정 제어(G96) : 단면이나 테이퍼(taper) 절삭에서 효과적인 절삭 가공을 위해 X축의 위치에 따라서 주축 속도(회전수)를 변화시켜 절삭 속도를 일정하게 유지하여 공구 수명을 길게 하고 절삭 시간을 단축시킬 수 있는 기능이다.

예 G96 S130 ; …… 절삭속도(V)가 130m/min가 되도록 공작물의 지름에 따라 주축의 회전수가 변한다.

(나) 주축 속도 일정 제어 취소(G97) : 공작물의 지름에 관계없이 일정한 회전수로 가공할 수 있는 기능으로 드릴 작업, 나사 작업, 공작물 지름의 변화가 심하지 않은 공작물을 가공할 때 사용한다.

예 G97 S500 ; …… 주축은 500rpm으로 회전한다.

(다) **주축 최고 회전수 설정(G50)** : G50에서 S로 지정한 수치는 주축 최고 회전수를 나타내며, 좌표계 설정에서 최고 회전수를 지정한다.

예 G50   S1300 ; …… 주축의 최고 회전수는 1300rpm이다.

⑤ **공구 기능** : 공구 선택과 공구 보정을 하는 기능으로 어드레스 T로 나타내고, T 기능이라고도 하며, T에 연속되는 4자리 숫자로 지령하는데, 그 의미는 다음과 같다.

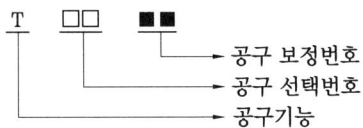

예 G50   X150.0   Z200.0   S1300   T0100 ; …… 1번 공구 선택(가공 준비)
　　G96   S130   M03;
　　G00   X62.0   Z0.0   T0101 ; …… 1번 공구에 1번 보정(가공 시작)
　　　　　　⋮
　　G00   X150.0   Z150.0   T0100 ; …… 1번 공구의 공구 보정을 취소(가공 완료)

(2) CNC 선반 프로그램 작성

① **위치 결정(G00)**

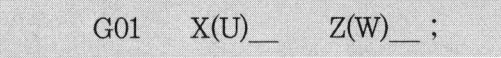

(가) 절대 지령   G00 X60.0 Z0.0;
(나) 증분 지령   G00 U90.0 W-100.0;
(다) 혼합 지령   G00 X60.0 W-100.0; 또는 G00 U90.0 Z0.0;

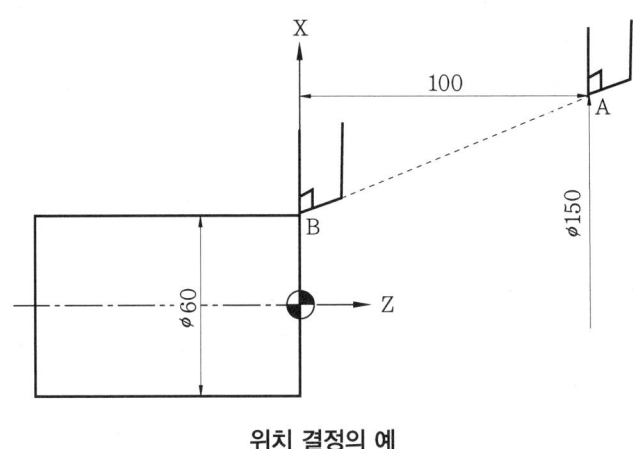

위치 결정의 예

② **직선 가공(G01)**

> G01   X(U)__   Z(W)__   F__ ;

(가) 절대 지령   G00 X60.0 Z0.0;
(나) 증분 지령   G01 U26.0 W-45.0 F0.2;
(다) 혼합 지령   G01 X56.0 W-45.0 F0.2; 또는 G01 U26.0 Z-45.0 F0.2;

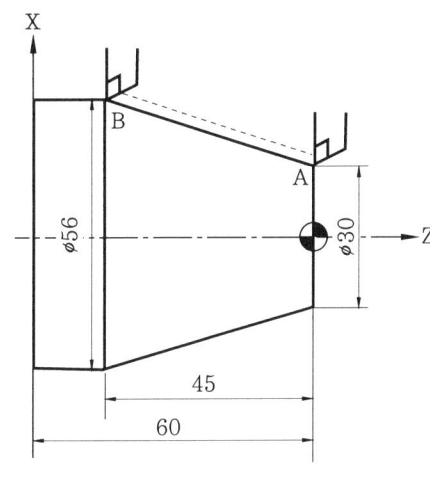

직선 가공의 예

③ **원호 가공(G02, G03)** : 원호를 가공할 때 사용하는 기능이며, 지령된 시작점에서 끝점까지 반지름 R 크기로 시계 방향(CW : Clock Wise)이면 G02, 반시계 방향(CCW : Counter Clock Wise)이면 G03으로 가공한다.

> G02 ⎫
> G03 ⎬ X(U)__ Z(W)__ { R__ F__ ;
>   ⎩ I__ K__ F__ ;

오른쪽 그림에서 A점에서 B점으로 이동할 때 지령 방법은 R지령 시,
G02 X50.0 Z-10.0 R10.0 F0.2 ;
I, K지령 시,
G02 X50.0 Z-10.0 I10.0 F0.2 ; 이다.
이때 I10.0이 되는 이유는 X축 방향이므로 I이고, 중심의 위치가 +방향이므로 I10.0이 된다.

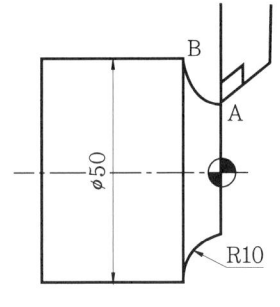

원호 가공의 예

④ **드웰(G04)** : 프로그램에 지정된 시간 동안 공구의 이송을 잠시 중지시키는 지령을 드웰(dwell : 일시 정지, 휴지) 기능이라 한다. 이 기능은 홈 가공이나 드릴 작업에서 바닥 표면을 깨끗하게 하거나 긴 칩(chip)을 제거하여 공구를 보호하고자 할 때 등에 사용한다.

```
G04    X(U, P)__ ;
```

입력 단위로 X나 U는 소수점을 사용하고, P는 소수점을 사용할 수 없다.
예를 들어 1.5초 동안 정지시키려면
　　G04 X1.5 ;
　　G04 U1.5 ;
　　G04 P1500 ; 중에서 하나를 사용하면 된다.

(3) CNC 선반 사이클 가공

① 단일 고정 사이클

(가) 안·바깥지름 절삭 사이클(G90)

```
G90   X(U)__   Z(W)__   F__ ; (직선 절삭)
G90   X(U)__   Z(W)__   R__   F__ ; (테이퍼 절삭)
```

(나) 단면 절삭 사이클(G94)

```
G94   X(U)__   Z(W)__   F__ ; (평행 절삭)
G94   X(U)__   Z(W)__   R__   F__ ; (테이퍼 절삭)
```

(다) 나사 가공 사이클(G92)

```
G92   X(U)__   Z(W)__   F__ ;
G92   X(U)__   Z(W)__   R__   F__ ; (나사 절삭)
```

② **복합 반복 사이클** : 복합 반복 사이클은 프로그램을 보다 쉽고 간단하게 하는 기능으로, G70~G73은 자동 운전에서만 실행이 가능하다.

코드	기능	용도
G70	안·바깥지름 정삭 사이클	G71, G72, G73의 가공 후 정삭 가공 실행
G71	안·바깥지름 황삭 사이클	정삭 여유를 주고 안·바깥지름의 황삭 가공
G72	단면 황삭 사이클	정삭 여유를 주고 단면을 황삭 가공
G73	유형 반복 사이클	일정의 복잡한 형상을 반복 황삭 가공
G74	단면 펙 드릴링 사이클	단면에서 Z 방향의 홈 가공 시나 드릴 가공
G75	안·바깥지름 홈 가공 사이클	공작물의 안·바깥지름에 홈을 가공
G76	나사 가공 사이클	간단하게 자동으로 나사를 가공

2 머시닝센터

(1) 머시닝센터 프로그래밍

① **작업 평면 선택(G17, G18, G19)** : 일반적인 도면은 G17 평면이며, 전원을 투입할 때 기본적으로 설정되어 있으므로 지령하지 않아도 관계없지만, 원호 가공면이 달라질 때는 작업 평면 선택을 지령한다.

원호 보간에서 작업 평면 선택	
G17	X-Y 평면
G18	Z-X 평면
G19	Y-Z 평면

② **원호 보간 지령** : 원호의 종점은 X, Y, Z로 지령되는데 절대 지령(G90)과 증분 지령(G91)으로 할 수 있으며, 증분 지령의 경우에는 원호의 시점부터 종점까지의 좌표를 지령한다. 그림과 같이 2개의 원호 중 180° 이하의 원호를 지령할 때는 양(+)의 값으로 지령하고 180° 이상의 원호를 지령할 때는 음(-)의 값으로

지령한다. 그러므로 ①번 원호는 180° 이하이므로 R50.0으로 지령하고, ②번 원호는 원호가 180° 이상이므로 R-50.0으로 지령한다.

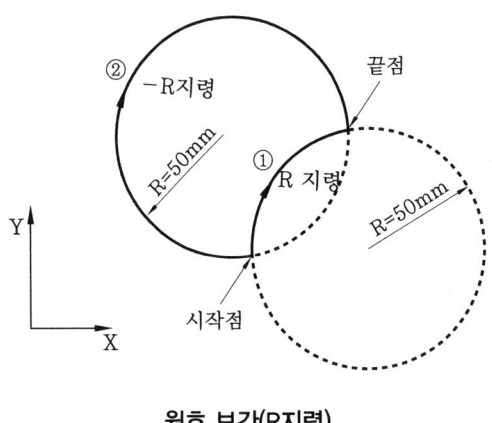

원호 보간(R지령)

③ **절삭 조건**
　㈎ 절삭 속도(V) : 공구와 공작물 사이의 최대 상대 속도를 말하며, 단위는 m/min를 사용한다.

$$V = \frac{\pi DN}{1000} \text{ 또는 } N = \frac{1000V}{\pi D}$$

　여기서, N : 절삭 속도(m/min)　　D : 커터의 지름(mm)　　N : 회전수(rpm)

　㈏ 이송 속도(F) : 절삭 중 공구와 공작물 사이의 상대 운동 크기를 말하는데, 잇날 한 개당 이송량에 의해 결정되며, 보통 분당 이송 거리(mm/min)로 표시한다.

$$F = f_z \cdot Z \cdot N$$

　여기서, F : 테이블 이송(mm/min)　　f_z : 날당 이송(mm/tooth)
　　　　　Z : 날수　　　　　　　　　　N : 회전수

④ **고정 사이클** : 여러 개의 블록으로 지령하는 가공 동작을 한 블록으로 지령할 수 있게 하여 프로그래밍을 간단히 하는 기능으로, 다음 그림과 같은 6개의 동작 순서로 구성된다.

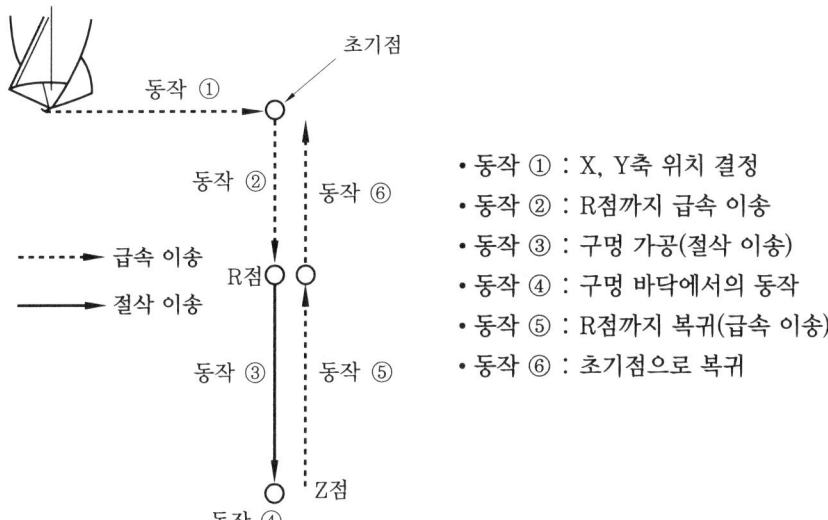

- 동작 ① : X, Y축 위치 결정
- 동작 ② : R점까지 급속 이송
- 동작 ③ : 구멍 가공(절삭 이송)
- 동작 ④ : 구멍 바닥에서의 동작
- 동작 ⑤ : R점까지 복귀(급속 이송)
- 동작 ⑥ : 초기점으로 복귀

고정 사이클의 동작

고정 사이클 기능

G코드	드릴링 동작 (-Z방향)	구멍 바닥 위치에서 동작	구멍에서 나오는 동작 (+Z방향)	용도
G73	간헐 이송	-	급속 이송	고속 펙 드릴링 사이클
G74	절삭 이송	주축 정회전	절삭 이동	역 태핑 사이클
G76	절삭 이송	주축 정지	급속 이송	정밀 보링 사이클
G80	-	-	-	고정 사이클 취소
G81	절삭 이송	-	급속 이송	드릴링 사이클
G82	절삭 이송	드웰	급속 이송	카운터 보링 사이클
G83	단속 이송	-	급속 이송	펙 드릴링 사이클
G84	절삭 이송	주축 역회전	절삭 이동	태핑 사이클
G85	절삭 이송	-	절삭 이동	보링 사이클
G86	절삭 이송	주축 정지	절삭 이동	보링 사이클
G87	절삭 이송	주축 정지	수동 이송 또는 급속 이송	백 보링 사이클
G88	절삭 이송	드웰 주축 정지	수동 이송 또는 급속 이송	보링 사이클
G89	절삭 이송	드웰	절삭 이동	보링 사이클

(2) 공구 보정

① **공구 교환** : 머시닝센터와 CNC 밀링의 가장 큰 차이점은 자동 공구 교환 장치인데, 자동으로 공구를 교환하는 예는 다음과 같다.

예 G28 G91 Z0.0 ; …… 자동 원점 복귀(공구 교환점)로 Z축 복귀
T□□ M06 ; …… □□번 공구 선택하여 공구 교환

② **공구 보정**

(가) 공구 지름 보정 : G00, G01과 같이 지령되며, 공구 진행 방향에 따라 좌측 보정(G41)과 우측 보정(G42)이 있다.

공구 지름 보정 G코드		공구 이동 경로
G40	공구 지름 보정 취소	
G41	공구 지름 보정 좌측	
G42	공구 지름 보정 우측	

$$\begin{Bmatrix} G00 \\ G01 \end{Bmatrix} \begin{Bmatrix} G41 \\ G42 \end{Bmatrix} \text{X}\_\_\_ \text{Y}\_\_\_ \text{D}\_\_\_ ;$$

(나) 공구 길이 보정 : G43, G44 지령으로 Z축에 한하여 가능하며 Z축 이동 지령의 종점 위치를 보정 메모리에 설정한 값만큼 +, -로 보정한다.

$$\begin{Bmatrix} G43 \\ G44 \end{Bmatrix} \text{Z}\_\_\_ \text{H}\_\_\_ ; \text{또는} \begin{Bmatrix} G43 \\ G44 \end{Bmatrix} \text{H}\_\_\_ ;$$

여기서, G43 : +방향 공구 길이 보정(+방향으로 이동)
G44 : -방향 공구 길이 보정(-방향으로 이동)
Z : Z축 이동 지령(절대, 증분 지령 가능)
H : 보정 번호

예 | 상 | 문 | 제

1. CNC 프로그램의 구성에 관한 설명으로 틀린 것은?

① 일련의 블록(block)으로 구성된다.
② 한 블록은 몇 개의 워드(word)로 구성된다.
③ 워드는 주소(address)와 수치로 구성된다.
④ 블록과 블록은 EOB로 구분되며 기호는 ":" 또는 "/" 로 표시한다.

해설 블록의 끝을 EOB(Een of Block)라 하며, ";" 또는 "#"로 표시한다.

2. 지령 블록에서만 유효한(one shot) G코드는?

① G00
② G04
③ G41
④ G96

해설 G코드의 분류
- one shot G-code : 지령된 블록에 한해서 유효한 기능("00" 그룹)
- modal G-code : 동일 그룹의 다른 G코드가 나올 때까지 유효한 기능("00" 이외의 그룹)

3. CNC 프로그램의 보조 기능에 해당되지 않는 것은?

① 절삭유 공급 여부
② 프로그램 시작 지령
③ 주축 회전 방향 결정
④ 보조 프로그램 호출

해설
- 절삭유 공급 여부 : M08, M09
- 주축 회전 방향 결정 : M03, M04, M05
- 보조 프로그램 호출 : M98

4. CNC 공작 기계의 가공용 프로그램에서 주축 정회전을 지령하는 보조 기능은?

① M02
② M03
③ M04
④ M05

해설
- M02 : 프로그램 종료
- M03 : 주축 정회전
- M04 : 주축 역회전
- M05 : 주축 정지

5. 보조 프로그램을 호출할 수 있는 기능은?

① G30
② G98
③ M98
④ M99

해설 M99 : 주프로그램 복귀(CNC 선반에서는 보조 프로그램 종료)

6. 머시닝센터의 보조 기능 중 틀린 것은?

① M00 : 프로그램 정지
② M06 : 공구 교환
③ M09 : 절삭유 ON
④ M98 : 보조 프로그램 호출

해설 M09 : 절삭유 OFF

7. CNC 프로그래밍에서 좌표계 주소(address)와 관련이 없는 것은?

① X, Y, Z
② A, B, C
③ I, J, K
④ P, U, X

해설
- X, Y, Z : 각 축의 이동 위치(절대 방식)
- A, B, C : 부가축의 이동 명령
- I, J, K : 원호 중심의 각 축 성분, 모따기 량 등

정답 1. ④ 2. ② 3. ② 4. ② 5. ③ 6. ③ 7. ④

8. CNC 프로그램 중 전개 번호에 대한 설명으로 틀린 것은?

① 특정 블록을 탐색할 때 편리하다.
② 특별히 중요한 지령절에만 부여해도 상관 없다.
③ 프로그램들을 서로 구별시키기 위해서 붙인다.
④ 지령절의 첫머리에 어드레스 N과 숫자를 부여한다.

해설 전개 번호(N)는 CNC 프로그램의 작업 순서를 나타내기 위해 사용한다. 프로그램을 구별하기 위해 붙이는 것은 프로그램 번호(O)이다.

9. 머시닝센터 프로그램에서 각 주소(address)와 그 기능이 틀린 것은?

① G : 보조 기능
② L : 반복 횟수
③ X, Y, Z : 좌표어
④ N : 전개(sequence) 번호

해설 보조 기능 M은 기계 측의 ON/OFF에 관계되는 기능이다.

10. CNC 공작 기계의 좌표치 입력 방법에서 메트릭 입력 명령어는?

① G17　　② G20
③ G21　　④ G28

해설 G20 : 인치 입력

11. CNC 선반에서 100rpm으로 회전하는 스핀들에 2회전 휴지(dwell)를 주기 위한 CNC 프로그램은?

① G04 X12　　② G04 X0.12
③ G04 X1.2　　④ G04 X12.5

해설 정지 시간 $= \dfrac{n(\text{회전}) \times 60}{\text{주축회전수(rpm)}}$

정지 시간 $= \dfrac{2 \times 60}{100} = 1.2$초

∴ G04 X1.2 ;
참고로 프로그램은
G04 X1.2 ;
G04 P1200 ;
G04 U1.2 ; 로 할 수 있다.

12. CNC 선반에서 2.5초 동안 프로그램의 진행을 정지시키는 방법으로 맞는 것은?

① G04 X2.5 ;
② G04 P0.025 ;
③ G04 P2.5
④ G04 P0.25

해설 G04 X2.5 ;
G04 P2500 ;
G04 U2.5 ; 로 할 수 있다.

13. CNC 선반 가공에서 100rpm으로 회전하는 스핀들에서 5회전 dwell을 프로그래밍하려고 한다. ( ) 안에 알맞은 것은?

G04 P ( ) ;

① 1.5　　② 150
③ 300　　④ 3000

해설 정지 시간 $= \dfrac{n(\text{회전}) \times 60}{\text{주축회전수(rpm)}}$

정지 시간 $= \dfrac{5 \times 60}{100} = 3$초이므로

G04 P3000 ; 이다.
입력 단위는 X, U는 소수점을 사용하고, P는 소수점을 사용하지 않는다.

정답 8. ③　9. ①　10. ③　11. ③　12. ①　13. ④

14. CNC 공작 기계에서 공구의 이송 속도를 제어하는 코드는?

① G 코드 ② F 코드
③ S 코드 ④ M 코드

해설 • G 코드 : 준비 기능
• S 코드 : 주축 기능
• M 코드 : 보조 기능

15. CNC 프로그램에서 가공물과 공구와의 상대 속도를 지정하는 기능은?

① 주축 기능(S) ② 준비 기능(G)
③ 이송 기능(F) ④ 공구 기능(T)

해설 이송 기능(F)은 절삭 중 공구와 공작물 사이의 상대 운동 크기를 지정하는 기능이다.

16. CNC 선반에서 바이트의 날끝(nose) 반지름을 R, 이송을 f라 하면 가공면의 이론적인 최대 높이(H_{max})를 표시하는 식은?

① $H_{max} = \dfrac{f^2}{8R}$ ② $H_{max} = \dfrac{8R}{f^2}$

③ $H_{max} = \dfrac{R}{f^2}$ ④ $H_{max} = \dfrac{f^2}{R}$

해설 최대 높이 $H_{max} = \dfrac{f^2}{8R}$이며, 가공면의 표면 거칠기를 좋게 하려면 노즈 반지름을 크게 하고 이송을 작게 하여야 하며, 일반적으로 노즈 반지름은 이송의 2~3배가 좋다.

17. 지름이 30mm인 재료를 CNC 선반에서 절삭하려고 한다. 주축의 회전수가 1000rpm이면 절삭 속도는 약 몇 m/min인가?

① 942 ② 94.2
③ 1884 ④ 188.4

해설 $V = \dfrac{\pi DN}{1000} = \dfrac{\pi \times 30 \times 1000}{1000} ≒ 94.2 \, \text{m/min}$

18. 절삭 동력이 2kW이고 주축 회전수가 500rpm일 때 선반에서 80mm의 환봉을 절삭하는 절삭 주분력은 약 몇 N인가?

① 95.5 ② 955
③ 90.7 ④ 907

해설 $V = \dfrac{\pi DN}{1000} = \dfrac{\pi \times 80 \times 500}{1000} ≒ 125.66$

$H = \dfrac{PV}{102 \times 60 \times 9.81}$

$\therefore P = \dfrac{H \times 102 \times 60 \times 9.81}{V}$

$= \dfrac{2 \times 102 \times 60 \times 9.81}{125.66} ≒ 955 \, \text{N}$

19. CNC 선반에서 "G96 S400 M03 ;"에 대한 프로그램의 설명으로 적합하지 않은 것은?

① 절삭 속도 일정 제어이다.
② 시계(정) 방향 회전을 나타낸다.
③ 주속의 단위는 rpm이다.
④ 주속의 단위는 m/min이다.

해설 G96은 절삭 속도 일정 제어를 의미하는 것으로, 단위는 m/min이다.

20. CNC 선반으로 가공할 때 G96 S157 M03 ;으로 지령되었다면 주축 회전수는 몇 rpm인가? (단, 공작물의 지름은 40mm, π는 3.14로 한다.)

① 1000 ② 1250
③ 1500 ④ 1750

정답 14. ② 15. ③ 16. ① 17. ② 18. ② 19. ③ 20. ②

해설 $N = \dfrac{1000V}{\pi D} = \dfrac{1000 \times 157}{3.14 \times 40} = 1250 \text{rpm}$

21. 다음 CNC 선반 프로그램에서 N7 블록의 절삭 속도는 약 몇 m/min인가?

```
N1 G50 X200. Z200. T0100 S800 M41 ;
N2 G96 S100 M03 ;
N3 G00 X50. Z5. T0101 M08 ;
N4 G01 Z-50. F0.1 ;
N5 G00 X55. Z5. ;
N6 X10. ;
N7 G01 Z-10. ;
```

① 25 ② 50
③ 100 ④ 800

해설 $V = \dfrac{\pi DN}{1000} = \dfrac{\pi \times 10 \times 800}{1000} = 25 \text{m/min}$

22. CNC 선반 가공에서 절삭 가공 길이가 300mm, 회전수가 1000rpm, 이송 속도가 0.2mm/rev일 때 가공 시간은 몇 분인가?

① 1.5 ② 1
③ 0.5 ④ 0.2

해설 $T = \dfrac{L}{Nf} = \dfrac{300}{1000 \times 0.2} = 1.5$분

23. CNC 프로그램의 어드레스와 그 기능이 틀린 것은?
① 준비 기능-G ② 이송 기능-F
③ 주축 기능-S ④ 휴지 기능-T

해설 T는 공구 기능이다.

24. 공구 기능(T code) T0101의 설명으로 옳은 것은?

① 1번 공구의 1번 반복 수행
② 1번 공구의 1번 보정 번호 수행
③ 1번 공구의 1번 보정 번호 취소
④ 공구 보정 없이 1번 보정 번호 선택

해설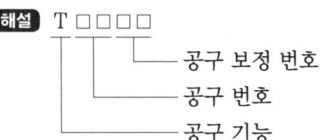

25. NC 선반에서 공구 보정(offset) 번호 6번을 선택하여, 1번 공구를 사용하려고 할 때 공구 지령으로 옳은 것은?
① T0601 ② T0106
③ T1060 ④ T6010

해설 공구 번호 1번, 공구 보정(offset) 번호 6번이므로 T0106이다.

26. CNC 선반 작업에서 A에서 B로 이동할 때 지령 방법으로 틀린 것은?

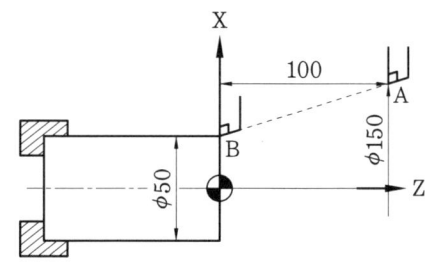

① G00 U-100.0 W-100.0 ;
② G00 U-50.0 Z0.0 ;
③ G00 X50.0 W-100.0 ;
④ G00 X50.0 Z0.0 ;

해설 X를 증분 좌표 U로 했으므로 U50.0이고, Z는 절대 좌표로 했으므로 Z0.0이다. 만약 절대 좌표로 프로그램하면 G00 X50.0 Z0.0 ; 이다.

정답 21. ① 22. ① 23. ④ 24. ② 25. ② 26. ②

27. CNC 선반의 어드레스 중 일반적으로 지름 지정으로 지령하는 것은?

① R10.0　② U10.0
③ I5.0　④ K5.0

해설 U는 X에 대한 증분 지령인데, 프로그램을 할 때 X는 지름 지령을 한다.

28. CNC 선반에서 지령값 X60.0으로 가공한 후 측정한 결과 지름이 59.94mm이었다. 기존의 X축 보정값이 0.005mm라면 보정값을 얼마로 수정해야 하는가?

① 0.065　② 0.055
③ 0.06　④ 0.01

해설 • 가공 후 X축의 보정값
=60−59.94=0.06
• 기존의 보정값=0.005
∴ 공구의 보정값=0.06+0.005=0.065mm

29. CNC 선반에서 지령값 X25.0으로 프로그램하여 안지름을 가공한 후 측정했더니 ϕ24.4이었다. 해당 공구의 공구 보정값은? (단, 현재의 공구 보정값은 X4.2, Z6.0이고 지름 지정이다.)

① X=4.8, Z=6.0
② X=4.8, Z=6.6
③ X=3.5, Z=6.0
④ X=3.6, Z=6.6

해설 안지름의 완성 치수는 ϕ25이고 가공된 치수는 ϕ24.4이다. 25−24.4=0.6이므로 X축은 X=4.2+0.6=4.8, Z축은 변동 없이 Z=6.0이다.

30. CNC 선반 가공에서의 공구 진행 방향이다. 공구 경로 B의 공구 보정 기능은?

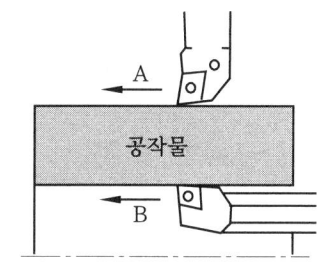

① G40
② G41
③ G42
④ G43

해설 공구 경로

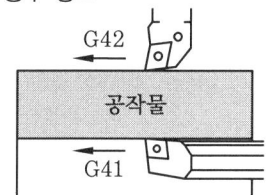

31. CNC 선반으로 A에서 B로 가공하려고 할 때 지령으로 옳은 것은?

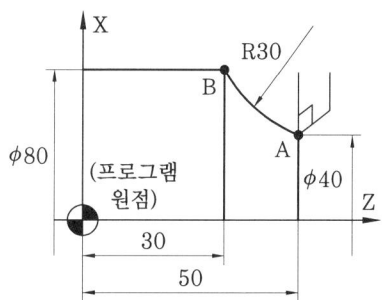

① G02 X40. Z50. R30. F0.25 ;
② G02 X80. W30. R30. F0.25 ;
③ G02 U80. W−20. R30. F0.25;
④ G02 U40. W−20. R30. F0.25;

해설 시계 방향이므로 G02이며, 증분 지령 프로그램이므로 U40. W−20.이다. 또한 절대 지령은 G02 X80. Z30. R30. F0.25 ; 이다.

정답 27. ②　28. ①　29. ①　30. ②　31. ④

32. CNC 선반에서 G92로 나사를 가공하려 할 때 나사의 리드(lead)를 나타내는 데 필요한 것은?

① M　　　　② C
③ P　　　　④ F

해설 나사 가공 사이클에서 F는 나사의 리드이다.

33. 다음과 같은 CNC 선반 프로그램에 대한 설명으로 틀린 것은?

```
N08 G71 U1.5 R0.5 ;
N09 G71 P10 Q100 U0.4 W0.2 D1500
F0.2 ;
```

① P10은 지령절의 첫 번째 전개 번호이다.
② Q100은 지령절의 마지막 전개 번호이다.
③ W0.2는 Z축 방향의 정삭 여유이다.
④ U1.5는 X축 방향의 정삭 여유이다.

해설 U1.5는 1회 절삭 깊이 3mm이며, U0.4는 X축 방향의 정삭 여유이다.

34. CNC 선반 프로그램 중 다음의 복합 고정형 나사 절삭 사이클에 대한 설명 중 틀린 것은?

```
G76 P010060 Q50 R30
G76 X27.62 Z-25.0 P1190 Q350 F2.0
```

① Q50은 정삭 여유 값이다.
② Q350은 첫 번째 절입량이다.
③ P1190은 나사산의 높이 값이다.
④ P010060의 01은 다듬질 횟수이다.

해설 • Q50 : 최소 절입량(소수점 사용 불가)
• R30 : 정삭 여유값

• P010060에서 01 : 다듬질 횟수
　　　　　　　　00 : 면취량
　　　　　　　　60 : 나사산의 각도

35. 다음 나사 사이클에서 F 지령의 의미로 옳은 것은?

```
G76 P_ Q_ R_ ;
G76 X_ Z_ P_ Q_ F_ ;
```

① 이송 속도　　　② 나사산의 각도
③ 나사의 리드　　④ 최소 절입량

해설 • X, Z : 나사의 끝점 좌표
• P : 나사산의 높이
• Q : 최소 절입량
• R : 정삭 여유

36. 다음 CNC 선반 프로그램에서 (A)의 R, (B)의 D가 의미하는 것은?

```
(A) G73 U_ W_ R_ ;
    G73 P_ Q_ U_ W_ F_ ;
(B) G73 P_ Q_ I_ K_ U_ W_ D_ F_ ;
```

① 분할 횟수
② 구멍 바닥에서 정지시간 지정
③ X축 방향 다듬 절삭 여유
④ 1회 절입량 지정

해설 U는 X축 방향 다듬 절삭 여유와 X축 방향 정삭 여유를 의미한다.

37. 머시닝센터에서 증분 좌표치를 나타내는 G 코드는?

① G49　　　　② G90
③ G91　　　　④ G92

해설 G90은 절대 좌표, G91은 증분 좌표이다.

정답 32. ④　33. ④　34. ①　35. ③　36. ①　37. ③

38. 머시닝센터에서 XY 평면을 설정하는 코드는?

① G17   ② G18
③ G19   ④ G20

해설 • G18 : ZX 평면
• G19 : YZ 평면
• G20 : 인치 데이터 입력

39. X-Y 평면으로 설정된 상태에서 원호 보간 지령 시 X 방향의 속도와 Y 방향의 속도 변화에 대한 설명으로 옳은 것은?

① X 방향의 속도가 항상 크다.
② 어느 지점에서나 동일한 비율로 구성된다.
③ Y 방향의 속도가 항상 크다.
④ 가공 지점에 따라 속도의 비율이 달라진다.

해설 X 방향 및 Y 방향의 속도 변화 : 가공 지점에 따라 속도의 비율이 달라진다.

40. 머시닝센터 프로그램에서 원호 가공 시 I, J의 의미는?

① 원호의 시작점에서 원호의 끝점까지의 벡터량
② 원호의 중심에서 원호의 시작점까지의 벡터량
③ 원호의 끝점에서 원호의 시작점까지의 벡터량
④ 원호의 시작점에서 원호의 중심점까지의 벡터량

해설 머시닝 센터에서 I, J, K는 원호의 시작점에서 원호 중심까지의 거리값(벡터량)이다.

41. 그림에서와 같이 P₁ → P₂로 절삭하고자 할 때 옳은 것은?

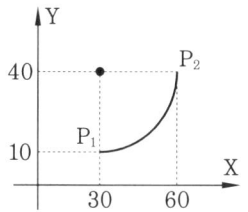

① G90 G02 X60. Y40. I10. J40 ;
② G90 G02 X30. Y10. I10. J40 ;
③ G90 G03 X60. Y40. I10. J40 ;
④ G90 G03 X60. Y40. I0. J30 ;

해설 반시계 방향이므로 G03이고, I, J 뒤의 수치는 증분치로 지정하므로 I0.0, J30.0이다.

42. 머시닝센터로 그림의 각 점을 시작점으로 하여 시계 방향으로 360° 원을 가공할 경우 틀린 지령은?

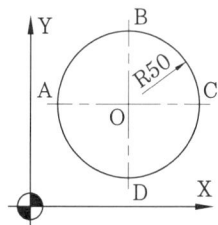

① A점 : G02 I50. F80 ;
② B점 : G02 J50. F80 ;
③ C점 : G02 I-50. F80 ;
④ D점 : G02 J50. F80 ;

해설 B점은 G02 J-50. F80 ; 이다.

43. 머시닝센터에서 100rpm으로 회전하는 주축에 피치가 2mm인 나사를 가공하려 할 때 이송 속도(mm/mim)는?

① 100   ② 200
③ 300   ④ 400

해설 $f = N \times p = 100 \times 2 = 200$ mm/min

정답 38. ① 39. ④ 40. ④ 41. ④ 42. ② 43. ②

44. CNC 밀링 프로그램에서 오류가 발생되는 블록은?

```
N005 S1000 M03 ;
N006 G91 G01 Z-5. F80 M08 ;
N007 X20. ;
N008 G02 X10. I5. ;
N009 G03 X15. R5. ;
N010 G01 Y20. ;
```

① N006　② N007
③ N008　④ N009

해설 ・원호 가공은 G17(XY)
・평면 라운딩 가공에서 I, J로 지정할 경우
　N008 G02 X10.0 I5.0 ;
　N009 G03 X15.0 I5.0 ;
・라운딩 가공에서 R로 지정할 경우
　N009 G03 X15. R2.5. ;

45. 머시닝센터에서 M10×1.5의 나사 가공 시 필요한 드릴의 지름은?

① 7.0mm
② 8.5mm
③ 10.0mm
④ 11.5mm

해설 필요한 드릴의 지름
＝나사의 바깥지름－피치
＝10－1.5＝8.5mm

46. 머시닝센터 프로그램에서 공작물 좌표계를 설정하는 준비 기능 코드는?

① G90　② G91
③ G92　④ G50

해설 G90은 절대 좌표, G91은 증분 좌표이다.

47. 비절삭 시간을 단축하기 위하여 머시닝센터에 부착되는 장치는?

① 암(arm)
② 베이스와 칼럼
③ 컨트롤 장치
④ 자동 공구 교환 장치(ATC)

해설 자동 공구 교환장치는 공구 매거진, 공구 교환기, 서브 체인지로 구성되어 있으며, 공구 교환 및 장착은 전기 모터와 공압 실린더에 의해 작동된다.

48. 머시닝센터에서 지름이 60mm인 원형 편치가 되도록 지름이 16mm인 엔드밀로 가공하였다. 가공 후 측정하였더니 지름이 61mm가 되었다. 기존 공구의 반지름 보정 번호에 8mm로 입력되었다면 이 값을 얼마로 수정해야 하는가?

① 7　② 7.5
③ 8.5　④ 9

해설 60－61＝－1이므로 반지름은 －0.5mm이다.
∴ －0.5＋8＝7.5mm

49. 공작물 윗면 중앙을 원점으로 하고 T02로 가공 후 공작물 표면으로부터 50mm 떨어지고자 할 때 (　) 안의 내용으로 적당한 것은? (단, 기준 공구는 T01을 사용한다.)

```
G91 G30 Z0 T02 M06 ;
G90 G00 X0 Y0 ;
G43 Z10. H02 ;
G83 G99 Z-30 R3. Q5. F100 S900 ;
G49 G80 G00 (    ) ;
M05 ;
M02 ;
```

정답 44.④　45.②　46.③　47.④　48.②　49.④

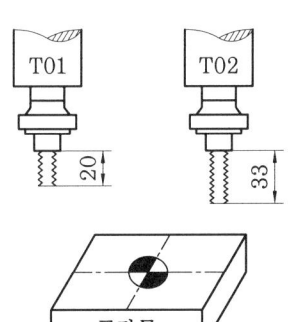

① Z50 ② Z37
③ Z40 ④ Z63

해설 $33-20=13$ ∴ $50+13=63$

50. 머시닝센터 프로그램에서 N10 블록 G49의 의미는?

```
N10 G40 G49 G80 ;
N20 G90 G92 X0.0 Y0.0 Z200 ;
N30 G43 G00 Z10.0 H01 S1000 M03 ;
```

① 공구 지름 보정
② 공구 지름 보정 취소
③ 공구 길이 보정
④ 공구 길이 보정 취소

해설 • 공구 지름 보정 : G41(좌측), G42(우측)
• 공구 지름 보정 취소 : G40
• 공구 길이 보정 : G43(+), G44(−)
• 공구 길이 보정 취소 : G49

51. 머시닝센터 프로그램에서 고정 사이클의 기능 중 G98의 의미는?

```
G81 G90 G98 X50. Y50. Z100. R5. ;
```

① R점 복귀 ② 초기점 복귀
③ 절대 지령 ④ 증분 지령

해설 • G81 : 드릴링 가공 사이클
• G90 : 절대 지령
• G98 : 초기점 복귀

52. 다음과 같은 머시닝센터의 고정 사이클 구멍 가공 모드 지령 방법 중 P가 의미하는 것은?

```
G□□ X_ Y_ Z_ R_ Q_ P_ F_ L_ ;
```

① 구멍 바닥에서 휴지(dwell) 시간
② 구멍 가공에 소요되는 총 시간
③ 고정 사이클의 가공 횟수
④ 초기점에서부터 거리

해설 • X, Y : 구멍 위치 좌푯값
• Z : 구멍 가공 최종 깊이 지령
• R : 구멍 가공 후 R점(시작점) 지령
• Q : 1회 절입량 또는 Shift 양 지령
• P : 구멍 바닥에서의 드웰 시간
• F : 구멍 가공 이송 속도
• L : 고정 사이클의 반복횟수 지령

53. 머시닝센터로 태핑 사이클 G84를 이용하여 피치가 1.25mm인 나사를 가공하려 한다. G99 G84 X20. Y20. Z−30. R5 F_ ;로 가공할 때 주축 회전수가 200rpm이면 이송 속도 F[mm/min]는 얼마로 해야 하는가?

① 150 ② 200
③ 250 ④ 300

해설 $F=np=200\times1.25=250$mm/min

54. 머시닝센터에서 M8×1.25인 암나사를 태핑 사이클로 가공하고자 할 때 주축의 이송 속도는? (단, 주축 스핀들은 600rpm으로 지령되어 있다.)

정답 50. ④ 51. ② 52. ① 53. ③ 54. ②

① 125 mm/min
② 750 mm/min
③ 1000 mm/min
④ 1250 mm/min

해설 $F = np = 600 \times 1.25 = 750$ mm/min

55. 다음 머시닝센터 프로그램에서 N10 블록의 G80에 대한 설명 중 옳은 것은?

```
N10 G40 G49 G80 ;
N20 G90 G92 X0. Y0. Z0. ;
N30 G43 G00 Z10. H01 S1000 M03 ;
```

① 공구 지름 우측 보정
② 고정 사이클 취소
③ 공구 지름 보정 해제
④ 공구 길이 보정 해제

해설 • G40 : 공구 지름 보정 취소
• G49 : 공구 길이 보정 취소

56. 머시닝센터에서 $\phi 12$, 4날 황삭용 초경 평 엔드밀로 SM45C의 공작물을 가공하고자 한다. 이때 절삭 조건표에 의하면 절삭 속도 $V=35$ m/min이고, 공구 날당 이송 f_z =0.06 mm/tooth이다. 공구의 이송 속도 F는 몇 mm/min인가?

① 183
② 223
③ 253
④ 283

해설 $N = \dfrac{1000V}{\pi D} = \dfrac{1000 \times 35}{\pi \times 12} \fallingdotseq 928.9$
∴ $F = f_z \times Z \times N = 0.06 \times 4 \times 928.9 \fallingdotseq 223$ mm/min

57. 머시닝센터에서 $\phi 6$ mm 고속도 공구강 드릴로 알루미늄 소재를 드릴링하려고 할 때 드릴의 회전수는 약 몇 rpm인가? (단, 절삭 속도는 32 m/min이다.)

① 1698
② 1598
③ 1498
④ 1398

해설 $N = \dfrac{1000V}{\pi D} = \dfrac{1000 \times 32}{\pi \times 6} \fallingdotseq 1698$ rpm

58. 회전수 1000 rpm, 이송 0.15 mm/min인 경우 이송 속도 F[mm/min]는?

① 150
② 667
③ 1500
④ 6667

해설 $F = np = 1000 \times 0.15 = 150$ mm/min

59. 다음 머시닝센터 프로그램에서 N05 블록의 가공 시간(min)은 약 얼마인가?

```
N01 G80 G40 G49 G17 ;
N02 T01 M06 ;
N03 G00 G90 X100. Y100. ;
N04 G01 X200. F150 ;
N05 X300. Y200. ;
```

① 0.94
② 1.49
③ 2.35
④ 3.72

해설 X200. → X300. : X 방향 100 mm 이동
Y100. → Y200. : Y 방향 100 mm 이동
F150 : 1분간 테이블 이동량, $f=150$ mm/min
XY 방향 이동량 $l = \sqrt{100^2 + 100^2} \fallingdotseq 141.42$ mm
∴ $T = \dfrac{l}{f} = \dfrac{141.2}{150} \fallingdotseq 0.94$ min

60. 일반적으로 고정 사이클은 6개의 동작으로 구성된다. 동작②의 R점에 관한 설명으로 옳은 것은?

원호 중심점의 벡터 성분이므로 프로그램은 G17 G02 G90 J-30.0 F100 ; 이 된다.

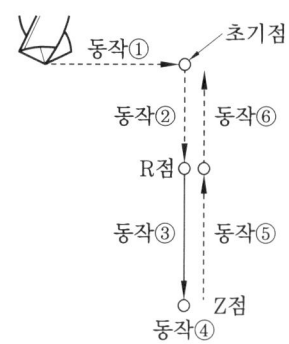

① X, Y축 위치 결정
② R점까지 급속 이송
③ R점까지 복귀(급속 이송)
④ 초기점으로 복귀 또한 고정

해설 구멍 가공용 고정 사이클 6개 동작
· 동작① : X, Y축 위치 결정
· 동작② : R점까지 급속 이송
· 동작③ : 구멍 가공(절삭 이송)
· 동작④ : 구멍 바닥에서의 동작
· 동작⑤ : R점까지 복귀(급속 이송)
· 동작⑥ : 초기점으로 복귀 또한 고정

61. 다음 그림의 Ⓐ점에서 화살표 방향으로 360° 원호 가공하는 머시닝센터 프로그램으로 맞는 것은?

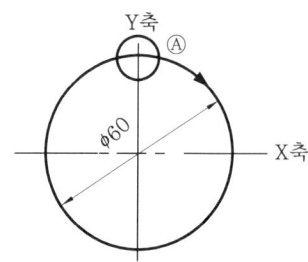

① G17 G02 G90 I30. F100 ;
② G17 G02 G90 J-30. F100 ;
③ G17 G03 G90 I30. F100 ;
④ G17 G03 G90 J-30. F100 ;

해설 G17이므로 X, Y평면이고, 시계 방향이므로 G02이며, I, J, K는 시작점에서 본

62. CNC 프로그램의 주요 주소(address) 기능에서 T의 기능은?

① 주축 기능   ② 공구 기능
③ 보조 기능   ④ 이송 기능

해설 프로그램에서 어드레스의 의미는 다음과 같다.

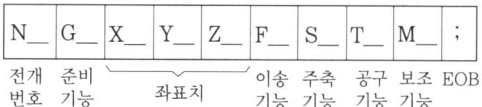

N_	G_	X_ Y_ Z_	F_	S_	T_	M_	;
전개 번호	준비 기능	좌표치	이송 기능	주축 기능	공구 기능	보조 기능	EOB

63. 머시닝센터에서 공구 지름 보정 취소와 공구 길이 보정 취소를 의미하는 준비 기능으로 맞는 것은?

① G40, G49   ② G41, G49
③ G40, G43   ④ G41, G80

해설
· G40 : 공구 지름 보정 취소
· G41 : 공구 지름 보정 좌측
· G42 : 공구 지름 보정 우측
· G43 : +방향 공구 길이 보정
· G44 : -방향 공구 길이 보정
· G49 : 공구 길이 보정 취소

64. 다음 그림에서 B → A로 절삭할 때의 CNC 선반 프로그램으로 맞는 것은?

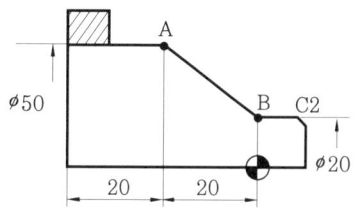

① G01 U30. W-20. ;
② G01 X50. Z20. ;

③ G01 U50. Z-20 ;
④ G01 U30. W20. ;

해설 절대 좌표 지령 : G01 X50.0 Z-20.0 ;
증분 좌표 지령 : G01 U30.0 W-20.0 ;
혼합 좌표 지령 : G01 X50.0 W-20.0 ; 또는
G01 U30.0 Z-20.0 ;

65. CNC 선반에서 a에서 b까지 가공하기 위한 원호 보간 프로그램으로 틀린 것은?

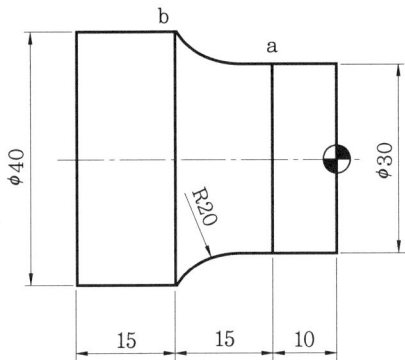

① G02 X40. Z-25. R20. ;
② G02 U10. W-15. R20. ;
③ G02 U40. W-15. R20. ;
④ G02 X40. W-15. R20. ;

해설 시계 방향으로 G02이며, 증분 지령이므로 U40.0 W-15.0이다. 또한 절대 지령은 G02 X40.0 Z-25.0 R20.0 ; 이다.

66. 다음 그림은 머시닝센터의 가공용 도면이다. 절대 방식에 의한 이동 지령을 바르게 나타낸 것은?

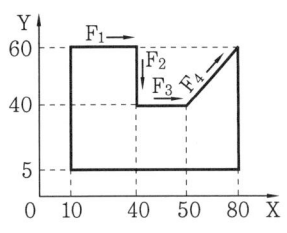

① F1 : G90 G01 X40. Y60. F100 ;
② F2 : G91 G01 X40. Y40. F100 ;
③ F3 : G90 G01 X10. Y0. F100 ;
④ F4 : G91 G01 X30. Y60.F100 ;

해설 • F2 : G91 G01 Y-20.0 F100 ;
• F3 : G90 G01 X50.0 Y40.0 F100 ;
• F4 : G91 G01 X30.0 Y20.0 F100 ;

67. 다음은 원 가공을 위한 머시닝센터 가공 도면 및 프로그램을 나타낸 것이다. ( ) 안에 들어갈 내용으로 옳은 것은?

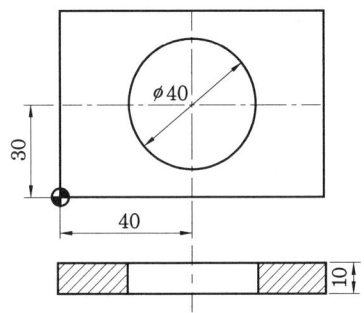

```
G00 G90 X40. Y30. ;
G01 Z-10. F90 ;
G41 Y50. D01;
G03 (     ) ;
G40 G01 Y30. ;
G00 Z100. ;
```

① I-20.   ② I20.
③ J-20.   ④ J20.

해설 180°가 넘는 원호이므로 부호는 -이고, Y 방향이므로 J가 된다. 해설 시계 방향으로 G02이며, 증분 지령이므로 U40.0 W-15.0이다. 또한 절대 지령은 G02 X40.0 Z-25.0 R20.0 ; 이다.

컴퓨터응용가공
산업기사

제**3**편

컴퓨터 수치 제어(CNC) 절삭 가공

1장   기계 가공

2장   안전 규정 준수

제 1 장 기계 가공

1. 공작 기계 및 절삭제

1-1 공작 기계의 종류 및 용도

1 절삭 운동에 의한 분류

① 공구에 절삭 운동을 주는 기계 : 드릴링 머신, 밀링, 연삭기, 브로칭 머신
② 일감에 절삭 운동을 주는 기계 : 선반, 플레이너
③ 공구 및 일감에 절삭 운동을 주는 기계 : 연삭기, 호빙 머신, 래핑 머신

2 사용 목적에 의한 분류

① **일반 공작 기계** : 선반, 수평 밀링, 레이디얼 드릴링 머신 등의 범용 공작 기계
② **단능 공작 기계** : 바이트 연삭기, 센터링 머신 등 간단한 공정 작업에 적합한 기계
③ **전용 공작 기계** : 모방 선반, 자동 선반 등 특정 제품의 대량 생산에 적합한 전용 기계
④ **만능 공작 기계** : 기계 1대로 선반, 드릴링, 밀링 등 다양한 공정을 할 수 있는 기계

3 절삭 저항

(1) 절삭 저항의 3분력

절삭 저항(P)은 서로 직각으로 된 3개의 분력으로 주분력(P_1), 이송 분력(P_2), 배분력(P_3)으로 나누어 진다.

① **주분력** : 절삭 방향과 평행인 분력
② **이송 분력(횡분력)** : 이송 방향과 평행인 분력
③ **배분력** : 절삭 방향과 수직인 분력

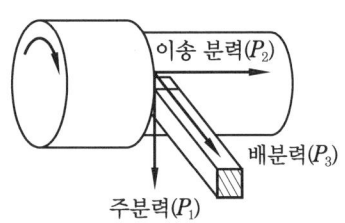

절삭 저항의 3분력

(2) 절삭 속도와 회전수

기계 가공 시 공구와 가공물은 서로 상대 운동을 하게 되는데, 이때 가공물이 단위 시간에 공구의 인선을 통과하는 원주 속도 또는 선 속도를 절삭 속도라 한다.

① **절삭 속도와 회전수**

$$V = \frac{\pi DN}{1000} \qquad N = \frac{1000V}{\pi D}$$

여기서, V : 절삭 속도(m/min) N : 회전수(rpm)
  D : 선반 – 가공물의 지름(mm)
    밀링, 드릴 연삭 – 회전하는 공구의 지름(mm)

② **절삭 동력**

(가) $H_{PS} = \dfrac{P_1 \times V}{75 \times 9.81 \times 60 \times \eta}$ (나) $H_{kW} = \dfrac{P_1 \times V}{102 \times 9.81 \times 60 \times \eta}$

여기서, H_{PS} : 절삭 동력(PS) H_{kW} : 절삭 동력(kW)
  V : 절삭 속도(m/min) η : 효율
  P_1 : 절삭 저항의 주분력(N)

4 공구의 수명

(1) 절삭 속도와 공구 수명의 관계

$$VT^{\frac{1}{n}} = C$$

여기서, V : 절삭 속도(m/min) C : 상수 T : 공구 수명(min)
  $\dfrac{1}{n}$: 지수, 일반적인 절삭 조건의 범위에서는 1/10~1/5의 값

(2) 공구의 수명과 절삭 온도의 관계

공작물과 공구의 마찰열이 증가하면 공구의 수명이 감소하므로 공구의 재료는 내열성이나 열전도도가 좋아야 한다. 온도 상승이 생기지 않도록 하는 방법도 공구 수명 연장의 한 방법이다.

> **참고**
> - 고속도강은 600℃ 이상에서 경도가 급격히 떨어져 공구의 수명이 떨어진다.

(3) 공구 수명의 판정 방법

① 공구날끝의 마모가 일정량에 도달했을 때
② 완성 가공면 또는 절삭 가공 직후 가공 표면에 광택이 있는 색조나 반점이 생길 때
③ 완성 가공된 치수의 변화가 일정한 허용 범위에 이르렀을 때
④ 절삭 저항의 주분력에는 변화가 없으나 배분력 또는 횡분력이 급격히 증가했을 때

5 절삭 칩의 생성과 구성 인선

(1) 절삭 칩의 생성

절삭 칩은 공구의 모양, 일감의 재질, 절삭 속도와 깊이, 절삭유제의 사용 유무 등에 따라 모양이 달라진다.

절삭 칩의 발생 원인 및 특징

칩의 모양	발생 원인	특징
유동형	• 절삭 속도가 클 때 • 바이트 경사각이 클 때 • 점성이 있고 연한 재질일 때 • 절삭 깊이가 작고 윤활성이 좋은 절삭제를 사용할 때	• 칩이 바이트 경사면에 연속으로 흐른다. • 절삭면이 광활하고 날의 수명이 길다. • 연속된 칩은 작업에 지장을 주므로 적당히 처리한다(칩 브레이커 이용).
전단형	• 칩의 미끄러짐 간격이 유동형보다 클 때 • 경강이나 동합금의 절삭각이 크고 절삭 깊이가 클 때	• 칩이 약간 거칠게 전단되고 잘 부서진다. • 절삭력의 변동이 심하게 반복된다. • 다듬질면이 거칠다.
열단형	• 바이트가 재료를 뜯는 형태의 칩(경작형) • 극연강, Al 합금 등 점성이 큰 재료를 저속 절삭할 때	• 표면에서 긁어낸 것과 같은 칩이 나온다. • 다듬질면이 거칠고 잔류 응력이 크다. • 다듬질 가공에 매우 부적합하다.
균열형	• 메진 재료(주철 등)에 작은 절삭각으로 저속 절삭할 때	• 날이 절입되는 순간 균열이 일어나고 정상적인 절삭이 일어나지 않으며, 절삭면에도 균열이 생긴다. • 절삭력의 변동이 크고 다듬질면이 거칠다.

(2) 칩 브레이커(chip breaker)

칩이 끊어지지 않고 연속하여 발생되면 가공물에 휘말려 가공된 표면과 바이트를 상하게 하고, 절삭유의 공급 및 절삭 가공을 방해한다. 이러한 현상을 방지하기 위해 칩을 인위적으로 짧게 끊어지도록 하는 것을 말한다.

(3) 구성 인선(built up edge)

연강, 스테인리스강, 알루미늄처럼 바이트 재료와 친화성이 강한 재료를 절삭할 때, 절삭된 칩의 일부가 날 끝부분에 부착되면서 매우 굳은 퇴적물이 되어 절삭날 구실을 하는 것을 구성 인선이라 한다.

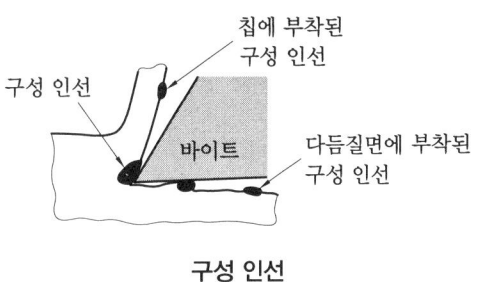

구성 인선

① **구성 인선의 발생 주기** : 발생-성장-분열-탈락의 과정을 반복하며 $\frac{1}{10} \sim \frac{1}{200}$ 초로 주기적으로 반복하여 발생한다.

② **구성 인선의 장단점**
  ㈎ 치수가 잘 맞지 않으며, 다듬질면을 나쁘게 한다.
  ㈏ 날 끝의 마모가 크기 때문에 공구의 수명을 단축한다.
  ㈐ 표면의 변질층이 깊어진다.
  ㈑ 날 끝을 싸서 날을 보호하며, 경사각을 크게 하여 절삭열의 발생을 감소시킨다.

③ **구성 인선의 방지책**
  ㈎ 30° 이상 바이트의 윗면 경사각을 크게 한다.
  ㈏ 120 m/min 이상 절삭 속도를 크게 한다.
  ㈐ 윤활성이 좋은 절삭유를 사용한다.
  ㈑ 이송 속도를 줄인다.
  ㈒ 세라믹 공구를 사용한다.
  ㈓ 절삭 깊이를 작게 한다.
  ㈔ 바이트의 날 끝을 예리하게 한다.

예 | 상 | 문 | 제

1. 각도 가공, 드릴의 홈 가공, 기어의 치형 가공, 나선 가공을 할 수 있는 공작 기계는?
① 선반(lathe)
② 브로칭 머신(broaching machine)
③ 보링 머신(boring machine)
④ 밀링 머신(milling machine)

해설 보링 머신(boring machine)은 드릴링된 구멍을 보링 바에 의해 좀 더 크고 정밀하게 가공하는 공작 기계이다.

2. 드릴 가공의 종류가 아닌 것은?
① 리밍   ② 카운터 보링
③ 버핑   ④ 스폿 페이싱

해설 버핑 : 직물, 피혁, 고무 등으로 만든 원판 버프를 고속 회전시켜 광택을 내는 작업이다.

3. 절삭 공작 기계가 아닌 것은?
① 선반   ② 연삭기
③ 플레이너   ④ 굽힘 프레스

해설 굽힘 프레스는 소성 가공 기계이다.

4. 기계 가공의 방법에 대한 설명으로 틀린 것은?
① 리밍 작업은 뚫려 있는 구멍을 높은 정밀도로 가공 표면의 거칠기를 우수하게 하기 위한 가공이다.
② 보링 작업은 이미 뚫려 있는 구멍을 필요한 크기로 넓히거나 정밀도를 높이기 위한 가공이다.
③ 카운터 보링 작업은 나사머리 모양이 접시 모양일 때 테이퍼 원통형으로 절삭하는 가공이다.
④ 스폿 페이싱 작업은 단조나 주조품 등의 볼트나 너트를 체결하기 곤란한 경우 구멍 주위에 체결이 잘 되도록 일부분만 평탄하게 하는 가공이다.

해설 카운터 보링 작업은 볼트 또는 너트의 머리 부분이 가공물 안으로 묻히도록 드릴과 동심원의 2단 구멍을 절삭하는 방법이다.

5. 그림과 같은 원형 관통 구멍을 가공할 때 사용되는 절삭 공구가 아닌 것은?

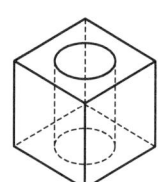

① 드릴   ② 엔드밀
③ 페이스 밀   ④ 카운터 보어

해설 원형 관통 구멍을 가공할 때는 주로 드릴이나 엔드밀을 사용한다. 카운터 보어는 구멍 가공이 가능하지만, 주로 카운터 보어 작업에 사용하며, 페이스 밀은 넓은 평면을 가공하는 공구이다.

6. 선반에서 할 수 없는 작업은?
① 나사 가공
② 널링 가공
③ 테이퍼 가공
④ 스플라인 홈 가공

해설 스플라인 홈 가공은 밀링에서 한다.

정답 1. ④ 2. ③ 3. ④ 4. ③ 5. ③ 6. ④

7. 범용 밀링 머신으로 할 수 없는 가공은?
① T홈 가공　② 평면 가공
③ 수나사 가공　④ 더브테일 가공

해설 수나사 가공은 선반에서 한다.

8. 미끄러짐을 방지하기 위한 손잡이나 외관을 좋게 하기 위해 사용하는 다음 그림과 같은 선반 가공법은?

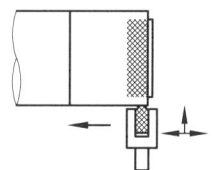

① 나사 가공　② 널링 가공
③ 총형 가공　④ 다듬질 가공

해설 널링 가공은 원형축 외면에 미끄러지지 않는 손잡이 부분을 만들기 위한 가공으로, 선반에서 작업한다.

9. 공작 기계에서 절삭을 위한 3가지 기본 운동에 속하지 않는 것은?
① 절삭 운동　② 이송 운동
③ 회전 운동　④ 위치 조정 운동

해설 · 절삭 운동 : 절삭할 때 칩의 길이 방향으로 공구가 움직이는 운동
· 이송 운동 : 절삭 공구 또는 가공물이 절삭 방향으로 이송하는 운동
· 위치 조정 운동 : 공작물과 공구 간의 절삭 조건에 따른 절삭 깊이 조정 및 일감, 공구의 설치와 제거

10. 가공물이 회전 운동하고 공구가 직선 이송 운동을 하는 공작 기계는?
① 선반　② 보링 머신
③ 플레이너　④ 핵소잉 머신

해설 선반은 공작물의 회전 운동과 공구의 직선 이송 운동으로 공작물을 가공하는 공작 기계이다.

11. 절삭 공구를 사용하여 칩(chip)을 발생시키며 요구하는 제품의 기하학적인 형상으로 가공하는 방법은?
① 버핑 가공　② 소성 가공
③ 절삭 가공　④ 버니싱 가공

해설 · 버핑 가공 : 직물, 피혁, 고무 등으로 만든 원판 버프를 고속 회전시켜 공작물 표면의 녹을 제거하고 광택을 내는 가공법
· 소성 가공 : 금속 재료에 외력을 주어 변형시켜 제품을 만드는 가공법
· 버니싱 가공 : 원통의 내면 및 외면을 강구나 롤러로 공작물에 압입하여 매끈하게 다듬질하는 가공법

12. 공구가 회전하고 공작물은 고정되어 절삭하는 공작 기계는?
① 선반(lathe)
② 밀링 머신(milling)
③ 브로칭 머신(broaching)
④ 형삭기(shaping)

해설 · 선반 : 공작물의 회전 운동과 바이트의 직선 이송 운동으로 원통의 제품을 가공하는 기계
· 브로칭 머신 : 브로치 공구를 사용하여 표면 또는 내면을 필요한 모양으로 절삭 가공하는 기계
· 형삭기 : 셰이퍼나 플레이너, 슬로터에 의한 가공법으로 바이트 또는 공작물의 직선 왕복 운동과 직선 이송 운동을 하면서 절삭하는 기계

정답　7. ③　8. ②　9. ③　10. ①　11. ③　12. ②

13. 특정한 제품을 대량 생산할 때 적합하지만 사용 범위가 한정되고 구조가 간단한 공작 기계는?

① 범용 공작 기계
② 전용 공작 기계
③ 단능 공작 기계
④ 만능 공작 기계

해설 • 범용 공작 기계 : 일반 기계로 다양한 작업이 가능한 기계
• 단능 공작 기계 : 한 가지 작업만 할 수 있는 기계
• 만능 공작 기계 : 다양한 작업을 할 수 있도록 제작된 기계

14. 주요 공작 기계의 일반적인 일감 운동에 대한 설명으로 틀린 것은?

① 밀링 머신 : 일감을 고정하고 이송한다.
② 선반 : 일감을 고정하고 회전시킨다.
③ 보링 머신 : 일감을 고정하고 이송한다.
④ 드릴링 머신 : 일감을 고정하고 회전시킨다.

해설 드릴링 머신은 드릴 공구의 회전·상하·직선 운동으로 가공물에 구멍을 뚫는 공작 기계이다.

15. 선반 작업에서 절삭 저항이 가장 작은 분력은?

① 내분력   ② 이송 분력
③ 주분력   ④ 배분력

해설 선반 작업 시 발생하는 3분력의 크기 : 주분력 > 배분력 > 이송 분력

16. 선반 작업을 할 때 절삭 속도를 v[m/min], 원주율을 π, 회전수를 n[rpm]이라 할 때 일감의 지름 d[mm]를 구하는 식은?

① $d=\dfrac{\pi n v}{1000}$ ② $d=\dfrac{\pi n}{1000v}$
③ $d=\dfrac{1000}{\pi n v}$ ④ $d=\dfrac{1000v}{\pi n}$

해설 $v=\dfrac{\pi d n}{1000}$, $n=\dfrac{1000v}{\pi d}$

$\therefore d=\dfrac{1000v}{\pi n}$

17. 선반에서 지름 125mm, 길이 350mm인 연강봉을 초경합금 바이트로 절삭하려고 한다. 분당 회전수(r/minrpm)는 약 얼마인가? (단, 절삭 속도는 150m/min이다.)

① 720   ② 382
③ 540   ④ 1200

해설 $N=\dfrac{1000V}{\pi D}=\dfrac{1000\times 150}{\pi \times 125}≒382\,\text{rpm}$

18. 절삭 속도 140m/min, 이송 0.25mm/rev인 절삭 조건으로 ϕ80mm인 환봉을 ϕ75mm로 1회 절삭할 때 소요되는 가공 시간은 약 몇 분인가? (단, 절삭 길이는 300mm이다.)

① 2분   ② 4분
③ 6분   ④ 8분

해설 $N=\dfrac{1000V}{\pi D}=\dfrac{1000\times 140}{\pi \times 75}≒594$

$T=\dfrac{L}{Nf}\times i=\dfrac{300}{594\times 0.25}\times 1≒2$분

19. 선반 가공에서 100×400인 SM45C 소재를 절삭 깊이 3mm, 이송 속도 0.2mm/rev, 주축 회전수 400rpm으로 1회 가공할 때, 가공 소요시간은 약 몇 분인가?

정답 13. ② 14. ④ 15. ② 16. ④ 17. ② 18. ① 19. ③

① 2분 　　② 3분
③ 5분 　　④ 7분

해설 $T = \dfrac{L}{Nf} \times i = \dfrac{400}{400 \times 0.2} \times 1 = 5분$

20. 선반 가공에 영향을 주는 조건에 대한 설명으로 틀린 것은?

① 이송이 증가하면 가공 변질층은 증가한다.
② 절삭각이 커지면 가공 변질층은 증가한다.
③ 절삭 속도가 증가하면 가공 변질층은 감소한다.
④ 절삭 온도가 상승하면 가공 변질층은 증가한다.

해설 절삭 온도가 상승하면 가공 변질층은 감소한다.

21. 선반에서 ϕ100mm의 저탄소 강재를 이송 0.25mm/rev, 길이 50mm로 2회 가공했을 때 소요된 시간이 80초라면 회전수는 약 몇 rpm인가?

① 150 　　② 300
③ 450 　　④ 600

해설 80초 ≒ 1.33분

$T = \dfrac{L}{Nf} \times i$ 에서 $N = \dfrac{L}{Tf} \times i$

$\therefore N = \dfrac{50}{1.33 \times 0.25} \times 2 ≒ 300\,\text{rpm}$

22. 선반에서 원형 단면을 가진 일감의 지름이 100 mm인 탄소강을 매분 회전수 314m/min(rpm)으로 가공할 때 절삭 저항력이 736N이었다. 이때 선반의 절삭 효율을 80%라 하면 필요한 절삭 동력은 약 몇 PS인가?

① 1. 　　② 2.1
③ 4.4 　　④ 6.2

해설 $V = \dfrac{\pi d n}{1000} = \dfrac{\pi \times 100 \times 314}{1000} ≒ 98.6$

$\therefore N_c = \dfrac{P_1 \times V}{75 \times 9.81 \times 60 \times \eta}$

$= \dfrac{736 \times 98.6}{75 \times 9.81 \times 60 \times 0.8} ≒ 2.1\,\text{PS}$

23. 선반에 의한 절삭 가공에서 이송(feed)에 대한 내용과 가장 관계가 없는 설명은 어느 것인가?

① 단위는 회전당 이송(mm/rev)으로 나타낸다.
② 일감의 매 회전마다 바이트가 이동되는 거리를 의미한다.
③ 이론적으로는 이송이 작을수록 표면 거칠기가 좋아진다.
④ 바이트로 일감 표면으로부터 절삭해 들어가는 깊이를 말한다.

해설 선반에 의한 절삭 가공에서 일감 표면으로부터 바이트로 절삭해 들어가는 깊이는 절삭 깊이를 의미한다.

24. 밀링 절삭에서 커터 수명을 계산하는 방정식은? (단, V : 절삭 속도(m/min), T : 공구 수명(min), n : 지수, C : 상수이다.)

① $VT^{\frac{1}{n}} = C$ 　　② $\dfrac{T^n}{V} = C$

③ $VTn = C$ 　　④ $\dfrac{V}{T^n} = C$

25. 선반 작업 시 절삭 속도의 결정 조건 중 가장 거리가 먼 것은?

정답 20. ④　21. ②　22. ②　23. ④　24. ①　25. ④

① 가공물의 재질
② 바이트의 재질
③ 절삭유제의 사용 유무
④ 칼럼의 강도

해설 칼럼은 밀링 설비의 기둥으로, 선반의 구조에 속하지 않으므로 절삭 속도의 결정과 관련이 없다.

26. 절삭 온도와 절삭 조건에 관한 내용으로 틀린 것은?

① 절삭 속도가 증가하면 절삭 온도가 상승한다.
② 칩의 두께를 크게 하면 절삭 온도가 상승한다.
③ 절삭 온도는 열팽창 때문에 공작물의 가공 치수에 영향을 준다.
④ 일반적으로 열전도율 및 비열의 값이 작은 재료가 절삭이 용이하다.

해설 공작물과 공구의 마찰열이 증가하면 공구의 수명이 감소되므로 공구 재료는 내열성이나 열전도도가 좋아야 한다. 또한 절삭 온도 상승에 의한 열팽창으로 가공 치수가 달라지는 나쁜 영향을 받게 된다.

27. 크레이터 마모에 관한 설명 중 틀린 것은?

① 유동형 칩에서 가장 뚜렷이 나타난다.
② 절삭 공구의 상면 경사각이 오목하게 파여지는 현상이다.
③ 크레이터 마모를 줄이려면 경사면 위의 마찰계수를 감소시킨다.
④ 처음에 빠른 속도로 성장하다가 어느 정도 크기에 도달하면 느려진다.

해설 크레이터 마모가 심해지면 인선이 결손되어 공구의 수명을 단축하게 되는데, 처음에는 천천히 성장하다가 어느 정도 크기에 도달하면 **빨라진다**.

28. 공구 마멸 중 공구날의 윗면이 칩의 마찰로 오목하게 파여지는 현상은?

① 구성 인선
② 크레이터 마모
③ 플랭크 마모
④ 칩 브레이커

해설 크레이터 마모는 칩이 경사면 위를 미끄러져 나갈 때 마찰력에 의하여 절삭 공구를 오목하게 파내는 현상이다.

29. 절삭 공구 인선의 파손 원인 중 절삭 공구의 측면과 피삭재의 가공면과의 마찰에 의하여 발생하는 것은?

① 크레이터 마모
② 플랭크 마모
③ 치핑
④ 백래시

해설 플랭크 마모는 주철을 절삭할 때와 같이 분말상 칩이 발생할 때는 특히 뚜렷하며, 플랭크 마모 폭이 0.8mm 정도 되었을 때 공구 수명이 다 되었다고 한다.

30. 절삭 공구의 절삭면에 평행하게 마모되는 현상은?

① 치핑(chipping)
② 플랭크 마모(flank wear)
③ 크레이터 마모(crater wear)
④ 온도 파손(temperature failure)

해설 플랭크 마모는 주철과 같이 분말상 칩이 생길 때 주로 발생하며, 소리가 나고 진동이 생길 수 있다.

31. 바이트의 크레이터 발생을 저지하고 지연시키는 방법으로 옳은 것은?

정답 26. ④ 27. ④ 28. ② 29. ② 30. ② 31. ③

① 칩의 흐름에 대한 저항을 증가시킨다.
② 절삭유 공급을 중단하고 바이트의 이송 속도를 낮춘다.
③ 공구 윗면의 칩의 흐름에 대한 저항을 감소시킨다.
④ 공구 윗면의 경사각을 작게 하고 절삭 압력을 증가시킨다.

해설 공구의 윗면 경사각을 크게 하여 공구 윗면의 칩의 흐름에 대한 저항을 감소시킨다.

32. 바이트에서 칩 브레이커의 주된 역할은?

① 칩이 잘 흘러가지 않도록 하기 위한 장치
② 칩을 생성하는 장치
③ 칩을 칩 통으로 유도하는 장치
④ 칩을 짧게 끊어내기 위한 장치

해설 칩 브레이커란 초경 바이트에 의한 고속 절삭 시에 칩이 연속적으로 흘러서 그 처리가 어렵고 위험하므로 칩을 작은 조각으로 만들기 위한 것이다.

33. 칩 브레이커(chip breaker)에 대한 설명으로 옳은 것은?

① 칩의 한 종류로서 조각난 칩의 형태를 말한다.
② 스로 어웨이(throw away) 바이트의 일종이다.
③ 연속적인 칩의 발생을 억제하기 위한 칩 절단 장치이다.
④ 인서트 팁 모양의 일종으로 가공 정밀도를 위한 장치이다.

해설 칩 브레이커는 유동형 칩이 공구, 공작물, 공작 기계(척) 등과 서로 엉키는 것을 방지하기 위해 칩이 짧게 끊어지도록 만든 안전 장치이다.

34. 공작물의 표면 거칠기와 치수 정밀도에 영향을 미치는 요소로 거리가 먼 것은?

① 절삭유   ② 절삭 깊이
③ 절삭 속도   ④ 칩 브레이커

해설
- 절삭 조건 : 절삭 속도, 이송 속도, 절삭 깊이, 절삭제 등의 영향을 받는다.
- 칩 브레이커 : 유동형 칩이 짧게 끊어지도록 바이트의 날끝 부분에 만드는 안전장치이다.

35. 선반 가공에서 절삭 속도를 빠르게 하는 고속 절삭의 가공 특성에 대한 내용으로 틀린 것은?

① 절삭 능률 증대
② 구성 인선 증대
③ 표면 거칠기 향상
④ 가공 변질층 감소

해설 사용 절삭 속도보다 절삭 속도를 빠르게 하는 것을 고속 절삭이라 하며, ①, ③, ④의 특징 외에 구성 인선을 감소시킨다.

36. 빌트업 에지(bulit-up edge)의 발생을 방지하는 대책으로 옳은 것은?

① 바이트의 윗면 경사각을 작게 한다.
② 절삭 깊이와 이송 속도를 크게 한다.
③ 피가공물과 친화력이 많은 공구 재료를 선택한다.
④ 절삭 속도를 높이고 절삭유를 사용한다.

해설 빌트업 에지의 방지 대책
- 바이트의 윗면 경사각을 크게 한다.
- 절삭 깊이, 이송 속도를 작게 한다.
- 절삭 속도를 높이고 절삭유를 사용한다.
- 피가공물과 친화력이 적은 공구 재료를 사용한다.

정답 32. ④ 33. ③ 34. ④ 35. ② 36. ④

37. 구성 인선(built up edge) 방지 대책으로 잘못된 것은?

① 이송량을 감소시키고 절삭 깊이를 깊게 한다.
② 공구 경사각을 크게 주고 고속 절삭을 실시한다.
③ 세라믹 공구(ceramic tool)를 사용하는 것이 좋다.
④ 공구면의 마찰계수를 감소시켜 칩의 흐름을 원활하게 한다.

해설 구성 인선의 방지책
- 30° 이상 바이트의 윗면 경사각을 크게 한다.
- 120 m/min 이상 절삭 속도를 크게 한다.
- 윤활성이 좋은 절삭유를 사용한다.
- 이송 속도를 줄인다.
- 세라믹 공구를 사용한다.
- 절삭 깊이를 작게 한다.
- 바이트의 날 끝을 예리하게 한다.

38. 공작 기계의 구비 조건 중 적당하지 않는 것은?

① 절삭 가공의 능률이 좋을 것
② 동력 손실이 크고 치수 정밀도가 좋을 것
③ 조작이 용이하고 안전성이 높을 것
④ 기계의 강성이 높을 것

해설 동력 손실이 작아야 한다.

39. 가공물을 절삭할 때 발생되는 칩의 형태에 미치는 영향이 가장 적은 것은?

① 공작물의 재질
② 절삭 속도
③ 윤활유
④ 공구의 모양

해설 칩의 형태에 미치는 영향에는 공작물의 재질, 절삭 속도, 공구의 모양, 절삭 깊이, 이송 등이 있다.

정답 37. ① 38. ② 39. ③

1-2 절삭제, 윤활제 및 절삭 공구 재료

1 절삭제

(1) 절삭유의 작용

① **냉각 작용** : 절삭 공구와 일감의 온도 상승을 방지한다.
② **윤활 작용** : 공구날의 윗면과 칩 사이의 마찰을 감소시킨다.
③ **세척 작용** : 칩을 씻는다.

(2) 절삭유의 구비 조건

① 칩 분리가 용이하여 회수하기 쉬워야 한다.
② 기계에 녹이 슬지 않아야 하며, 위생상 해롭지 않아야 한다.

참고

절삭유 사용 시 장점
- 절삭 저항이 감소하고 공구 수명이 연장된다.
- 다듬질면의 상처를 방지하므로 다듬면질이 좋아진다.
- 일감의 열팽창 방지로 가공물의 치수 정밀도가 좋아진다.

---

(3) 절삭유의 종류

① **수용성 절삭유(알칼리성 수용액)** : 광물성유를 화학적으로 처리하여 80% 정도의 물과 혼합한 것으로, 점성이 낮고 비열이 커서 냉각 효과가 크다.
② **광물유** : 머신유, 스핀들유, 경유 등을 말하며, 윤활 작용은 크나 냉각 작용은 작으므로 경절삭에 사용한다.
③ **동식물유** : 고래기름, 어유, 올리브유, 면실유, 콩기름 등이 있으며, 광물성보다 점성이 높으므로 유막의 강도는 크나 냉각 작용은 좋지 않으며 중절삭용에 사용한다.
④ **혼합유(광물유+동식물유)** : 작업 내용에 따라 혼합 비율을 달리하여 사용하며, 가공물이 강인한 재료에는 동식물유의 양을 많이 사용한다.
⑤ **유화유** : 냉각 작용 및 윤활 작용이 좋아 절삭 작업에 널리 사용하는 것으로, 광물유에 비눗물을 첨가하여 유화한 것으로 유백색을 띠고 있다.
⑥ **염화유** : 염소를 파라핀 또는 지방유에 결합시키고 다시 광물유로 희석한 것이다.

⑦ **유화염화유** : 유화유와 염화유의 혼합유 또는 염화유황을 지방유에 결합시키고 광물유로 희석한 것이다. 중절삭용 절삭유제의 대부분은 유화염화유이다.
⑧ **극압 첨가제** : 고온, 고압에서 윤활 효과를 높이기 위한 것으로, 동식물유에는 유황, 유화물, 흑연, 아연이 사용되고 수용성 절삭유에는 인산염, 규산염이 사용된다.

2 윤활제

(1) 윤활제의 구비 조건

① 양호한 유성을 가진 것으로 카본 생성이 적어야 한다.
② 금속의 부식성이 적고 열이나 산에 강해야 한다.
③ 열전도성이 좋고 내하중성이 커야 한다.
④ 온도 변화에 따른 점도 변화가 적어야 한다.
⑤ 가격이 저렴하고 적당한 점성이 있어야 한다.

(2) 윤활제의 종류

① **액체 윤활제** : 광물성유와 동식물성유가 있다. 점도와 유동성은 동식물성유가 우수하고, 고온에서의 변질이나 금속의 내부식성은 광물성유가 우수하다.
② **고체 윤활제** : 흑연, 활석, 비눗돌, 운모 등이 있으며 그리스(grease)는 반고체유이다.
③ **특수 윤활제** : P(인), S(황), Cl(염소) 등의 극압제를 첨가한 극압 윤활유와 응고점이 −35~50℃인 부동성 기계유, 내한이나 내열에 우수한 실리콘유가 있다.

(3) 급유 방법의 종류

① **적하 급유법** : 마찰면이 넓고 시동 빈도가 많을 때 사용하는 방법
② **오일링 급유법** : 고속축의 급유를 균등히 할 목적으로 사용하는 방법
③ **비말 급유법(스플래시 오일링)** : 베어링 및 기어류의 저속, 중속의 경우 사용하는 방법으로, 회전수가 클수록 유면을 낮게 한다.
④ **강제 급유법** : 오일을 강제적으로 가압하여 급유시키는 방법
⑤ **분무 급유법** : 분무 상태의 기름을 함유하고 있는 압축 공기를 공급하여 윤활하는 방법으로, 냉각 효과가 크기 때문에 온도 상승이 작다.
⑥ **튀김 급유법** : 커넥팅 로드 끝에 달린 기름 국자로부터 퍼올려 급유하는 방법

⑦ **패드 급유법** : 무명과 털을 섞어 만든 패드(pad)의 일부를 기름통에 담가 저널의 아랫면에 모세관 현상으로 급유하는 방법
⑧ **담금 급유법** : 마찰부 전체를 기름에 담가 급유하는 방법으로, 피벗 베어링에 사용한다.

3 공구 재료

(1) 공구 재료의 구비 조건

① 피절삭제보다 굳고 인성이 있으며 내마멸성이 높을 것
② 절삭 가공 중 온도 상승에 따른 경도 저하가 적을 것
③ 쉽게 원하는 모양으로 만들 수 있으며 가격이 낮을 것

(2) 절삭 공구 재료

① **탄소 공구강(STC)** : 탄소량이 0.6~1.5% 정도이고 탄소량에 따라 1~7종으로 분류되며, 1.0~1.3% C를 함유한 것이 많이 사용된다.
② **합금 공구강(STS)** : 탄소강에 합금 성분인 W, Cr, W-Cr 등을 1종 또는 2종을 첨가한 것으로, STS 3, STS 5, STS 11이 많이 사용된다.
③ **고속도강(SKH)** : 대표적인 것으로 W 18-Cr 4-V 1이 있고, 표준 고속도강(HSS : 하이스)이라고도 하며, 600℃ 정도에서 경도 변화가 있다.
④ **주조 경질 합금** : C-Co-Cr-W을 주성분으로 하며 스텔라이트라고도 한다.
⑤ **초경합금** : W, Ti, Ta, Mo, Co가 주성분이며 고온에서 경도 저하가 없다. 고속도강의 4배의 절삭 속도를 낼 수 있어 고속 절삭에 많이 사용된다.
⑥ **세라믹** : 세라믹 공구는 무기질의 비금속 재료를 고온에서 소결한 것으로, 세라믹 공구로 절삭할 때는 선반에 진동이 없어야 하며 고속 경절삭에 적합하다.
⑦ **다이아몬드** : 다이아몬드는 내마모성이 뛰어나 거의 모든 재료 절삭에 사용된다. 경금속 절삭에 매우 좋으며 시계, 카메라, 정밀기계 부품의 완성 시 많이 사용된다.

> **참고**
> **초경 바이트 스로 어웨이 타입의 특징**
> • 재연삭은 필요 없으나 공구비가 비싸다.
> • 취급이 간단하고 가동률이 향상된다.
> • 절삭성이 향상된다.
> • 공장 관리가 쉽다.

예 | 상 | 문 | 제

1. 재질이 W, Cr, V, Co 등을 주성분으로 하는 바이트는?
① 합금 공구강 바이트
② 고속도강 바이트
③ 초경합금 바이트
④ 세라믹 바이트

해설 • 고속도강(SKH) : 대표적인 것으로 W 18-Cr 4-V 1이 있다.
• 초경합금 : W, Ti, Ta, Mo, Co가 주성분이며 고온에서 경도 저하가 없다.
• 세라믹 : 산화알루미늄(Al_2O_3)이 주성분이며, 고온에서 경도가 높고, 내마멸성이 좋으나 취성이 있어 충격에 약하다.

2. 초경합금의 사용 선택 기준을 표시하는 내용 중 ISO 규격에 해당하지 않는 공구는?
① M계열
② N계열
③ K계열
④ P계열

해설 • P계열 : 일반강 절삭
• M계열 : 스테인리스강, 주강 절삭
• K계열 : 비철금속, 주철 절삭

3. 초경합금 공구에 내마모성과 내열성을 향상시키기 위하여 피복하는 재질이 아닌 것은 어느 것인가?
① TiC
② TiAl
③ TiN
④ TiCN

해설 피복 초경합금은 모재 위에 내마모성이 우수한 물질(TiC, TiN, TiCN, Al_2O_3)을 5~10μm 얇게 피복한 것이다.

4. 피복 초경합금으로 만들어진 절삭 공구의 피복 처리 방법은?
① 탈탄법
② 경납땜법
③ 점용접법
④ 화학증착법

해설 피복 초경합금은 물리적 증착법(PVD)과 화학적 증착법(CVD)을 행하여 고온에서 증착된다.

5. 절삭 공구 재료 중 CBN의 미소분말을 고온, 고압으로 소결한 것으로 난삭재, 고속도강, 내열강의 절삭이 가능한 것은?
① 세라믹
② 다이아몬드
③ 피복 초경합금
④ 입방정 질화붕소

해설 • 세라믹 : 산화알루미늄(Al_2O_3) 분말에 규소(Si) 및 마그네슘(Mg) 등의 무기질 비금속 재료를 고온에서 소결한 것으로, 고속 경절삭에 좋다.
• 다이아몬드 : 내마모성이 뛰어나 거의 모든 재료의 절삭에 사용된다.

6. 서멧(cermet) 공구를 제작하는 가장 적합한 방법은?
① WC(텅스텐 탄화물)을 Co로 소결
② Fe에 Co를 가한 소결 초경합금
③ 주성분이 W, Cr, Co, Fe로 된 주조 합금
④ Al_2O_3 분말에 TiC 분말을 혼합 소결

해설 서멧 : 내마모성과 내열성이 높은 Al_2O_3 분말 70%에 TiC 또는 TiN 분말을 30% 정도 혼합 소결하여 만든다. 크레이터 마모, 플랭크 마모가 적어 공구 수명이 길고 구성 인선이 거의 없으나 치핑이 생기기 쉬운 단점이 있다.

정답 1.② 2.② 3.② 4.④ 5.④ 6.④

7. 산화알루미늄(Al_2O_3) 분말을 주성분으로 마그네슘(Mg), 규소(Si) 등의 산화물과 소량의 다른 원소를 첨가하여 소결한 절삭 공구의 재료는?

① CBN ② 서멧
③ 세라믹 ④ 다이아몬드

해설 세라믹 : 무기질의 비금속 재료를 고온에서 소결한 것으로, 세라믹 공구로 절삭할 때는 선반에 진동이 없어야 하며 고속 경절삭에 적합하다.

8. 특수 공구 재료인 다이아몬드의 일반적인 성질 중 가장 거리가 먼 것은?

① 강에 비해 열팽창이 크다.
② 장시간 고속 절삭이 가능하다.
③ 금속에 대한 마찰계수 및 마모율이 작다.
④ 알려져 있는 물질 중에서 가장 경도가 크다.

해설 강에 비해 열팽창이 작고 열전도율이 크다.

9. 절삭 공구로 사용되는 재료로서 거리가 먼 것은?

① 세라믹 ② 다이아몬드
③ 스텔라이트 ④ 베이클라이트

해설
 • 세라믹 : 산화알루미늄(Al_2O_3) 분말에 규소(Si) 및 마그네슘(Mg) 등의 무기질 비금속 재료를 고온에서 소결한 것으로, 고속 경절삭에 좋으며 취성이 있어 충격 및 진동에 약하다.
 • 다이아몬드 : 내마모성이 뛰어나 거의 모든 재료의 절삭에 사용되며, 고경도에서 취성이 수반되므로 다이아몬드 공구의 끝이 파손되지 않도록 주의해야 한다.
 • 스텔라이트 : 주조 경질 합금의 대표적인 것으로 Co-Cr-W-C계의 스텔라이트가 있다.

※ 베이클라이트는 플라스틱의 일종으로 절삭 공구의 재료로 사용되지 않는다.

10. 절삭 공구 재료 중 소결 초경합금에 대한 설명으로 옳은 것은?

① 진동과 충격에 강하며 내마모성이 크다.
② Co, W, Cr 등을 주조하여 만든 합금이다.
③ 충분한 경도를 얻기 위하여 질화법을 사용한다.
④ W, Ti, Ta 등의 탄화물 분말을 Co 결합제로 소결한 것이다.

해설 초경합금은 W, Ti, Ta 등의 탄화물 분말을 Co 결합제로 1400℃ 이상에서 소결시킨 것으로, 경도가 높고 내마모성과 취성이 크다.

11. 절삭유제에 관한 설명으로 틀린 것은?

① 극압유는 절삭 공구가 고온, 고압 상태에서 마찰을 받을 때 사용한다.
② 수용성 절삭유제는 점성이 낮으며, 윤활 작용은 좋으나 냉각 작용이 좋지 못하다.
③ 절삭유제는 수용성과 불수용성, 그리고 고체 윤활제로 분류한다.
④ 불수용성 절삭유제에는 광물성인 등유, 경유, 스핀들유, 기계유 등이 있으며, 그대로 또는 혼합하여 사용한다.

해설 수용성 절삭유(알칼리성 수용액)는 광물성유를 화학적으로 처리하여 80% 정도의 물과 혼합한 것으로, 점성이 낮고 비열이 커서 냉각 효과가 크다.

12. 절삭제의 사용 목적과 거리가 먼 것은?

① 공구의 온도 상승 저하
② 가공물의 정밀도 저하 방지

③ 공구 수명의 연장
④ 절삭 저항의 증가

해설 절삭제를 사용하면 절삭 저항의 감소로 절삭 공구의 날 끝의 온도 상승 및 구성 인선 발생을 방지한다.

13. 연삭액의 구비 조건으로 틀린 것은?
① 거품 발생이 많을 것
② 냉각성이 우수할 것
③ 인체에 해가 없을 것
④ 화학적으로 안정될 것

해설 거품 발생이 적어야 하며, 가공물 표면을 부식시키지 않아야 한다.

14. 공작 기계 작업에서 절삭제의 역할에 대한 설명으로 옳지 않은 것은?
① 절삭 공구와 칩 사이의 마찰을 감소시킨다.
② 절삭 시 열을 감소시켜 공구 수명을 연장시킨다.
③ 구성 인선의 발생을 촉진시킨다.
④ 가공면의 표면 거칠기를 향상시킨다.

해설 구성 인선의 발생을 감소시키며, 가공 정밀도를 향상시킨다.

15. 광물성유를 화학적으로 처리하여 원액에 80% 정도의 물을 혼합하여 사용하며, 점성이 낮고 비열과 냉각 효과가 큰 절삭유는?
① 지방질유   ② 광물유
③ 유화유   ④ 수용성 절삭유

해설 광물유는 머신유, 스핀들유, 경유 등을 말하며, 윤활 작용은 크나 냉각 작용은 작으므로 경절삭에 사용한다.

16. 윤활성은 좋으나 냉각성이 적어 경절삭에 사용되는 혼합유제는?
① 광물유   ② 석유
③ 유화유   ④ 지방질유

해설 유화유는 냉각 작용 및 윤활 작용이 좋아 절삭 작업에 널리 사용하는 것으로, 광물유에 비눗물을 첨가하여 유화한 것으로 유백색을 띠고 있다.

17. 다음 중 공구 재질이 일정할 때 공구 수명에 가장 영향을 크게 미치는 것은?
① 이송량   ② 절삭 깊이
③ 절삭 속도   ④ 공작물 두께

해설 공구 수명에 영향을 주는 요인에는 공작 기계, 공구 재료, 절삭 조건 등이 있는데, 절삭 조건 중에서는 절삭 속도가 가장 큰 영향을 미친다.

18. 절삭 공구를 재연삭하거나 새로운 절삭 공구로 바꾸기 위한 공구 수명 판정 기준으로 거리가 먼 것은?
① 가공면에 광택이 있는 색조 또는 반점이 생길 때
② 공구 인선의 마모가 일정량에 달했을 때
③ 완성 치수의 변화량이 일정량에 달했을 때
④ 주철과 같은 메진 재료를 저속으로 절삭했을 시 균열형 칩이 발생할 때

해설 공구 수명 판정 기준
• 날 끝 마모가 일정량에 달했을 때
• 가공 표면에 광택 있는 색조나 반점이 생길 때
• 완성품의 치수 변화가 일정 허용 범위에 있을 때
• 주분력에 변화 없이 배분력, 횡분력이 급격히 증가했을 때

정답 13. ① 14. ③ 15. ④ 16. ① 17. ③ 18. ④

2. 선반 가공

2-1 선반의 개요 및 구조

(1) 선반의 개요

선반은 공작물을 주축에 고정하여 회전하고 있는 동안 바이트에 이송을 주어 안지름·바깥지름 절삭, 보링, 절단, 단면 절삭, 나사 절삭 등의 가공을 하는 공작 기계이다.

(2) 선반의 종류

① **보통 선반** : 베드, 주축대, 왕복대, 심압대, 이송 장치 등으로 구성되어 있다.
② **탁상 선반** : 탁상 위에 설치하여 사용하는 소형 선반이다.
③ **모방 선반** : 제품과 동일 모양 형판에 의해 공구대가 자동으로 이동하며 절삭하는 선반이다.
④ **터릿 선반** : 보통 선반의 심압대 대신 여러 개의 공구를 방사상으로 설치하여 공정 순서대로 공구를 차례대로 사용할 수 있도록 되어 있는 선반이다.
⑤ **수직 선반** : 공작물은 수평면에서 회전하는 테이블 위에 설치하고, 공구대는 칼럼 위를 운동하여 가공하는 선반(중량이 큰 대형 공작물에 사용)이다.
⑥ **정면 선반** : 정면 절삭 가공을 하기 위해 큰 면판을 설치하고, 공구대가 주축에 직각 방향으로 광범위하게 움직이는 선반이다.
⑦ **다인 선반** : 공구대에 여러 개의 바이트가 부착되어 바이트의 전부 또는 일부가 동시에 절삭 가공을 하는 선반이다.
⑧ **기타** : 공구 선반, 차륜 선반, 차축 선반, 자동 선반, 크랭크축 선반, 롤러 선반 등이 있다.

(3) 선반의 구조

① **주축대** : 선반의 가장 중요한 부분으로, 공작물을 지지하고 회전 및 동력을 전달하는 일련의 기어 기구로 구성되어 있다.
② **왕복대** : 공구를 부착시켜 베드 위를 전후 또는 좌우로 이송하며 공작물을 절삭하는 부분으로, 새들과 에이프런으로 구성되어 있다.

③ **베드** : 주축대, 왕복대, 심압대 등 주요 부분을 지지하는 곳이다. 베드의 재질로는 고급 주철, 칠드 주철 또는 미하나이트 주철, 구상 흑연 주철을 많이 사용한다.
④ **심압대** : 오른쪽 베드 위에 있으며, 작업 내용에 따라 좌우로 움직인다.
⑤ **이송 장치** : 왕복대의 자동 이송이나 나사 절삭 시 적당한 회전수를 얻기 위해 주축에서 운동을 전달받아 이송축 또는 리드 스크루까지 전달하는 장치이다.

(4) 선반의 크기

① **스윙** : 베드상의 스윙 및 왕복대상의 스윙을 말하는 것으로, 물릴 수 있는 공작물의 최대 지름을 말한다. 스윙은 센터와 베드면과의 거리의 2배이다.
② **양 센터 간 최대 거리** : 주축 쪽(라이브) 센터와 심압대 쪽(데드) 센터 간의 거리로, 물릴 수 있는 공작물의 최대 길이를 말한다.

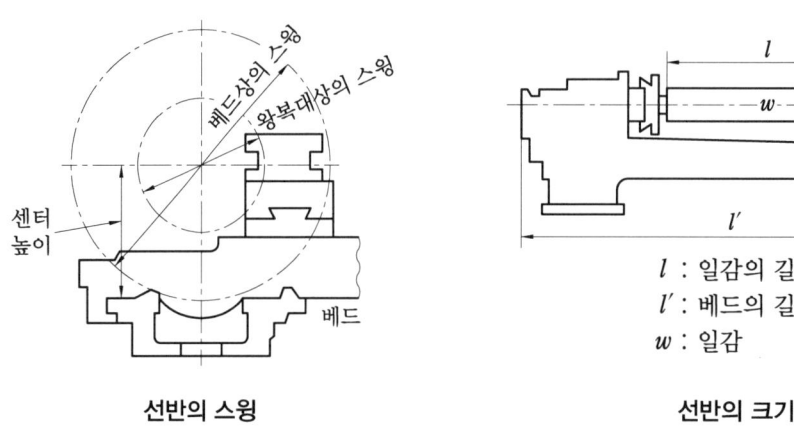

l : 일감의 길이
l' : 베드의 길이
w : 일감

선반의 스윙　　　　　**선반의 크기**

예 | 상 | 문 | 제

1. 테이블이 수평면 내에서 회전하는 것으로, 공구의 길이 방향 이송이 수직으로 되어 있으며 대형 중량물을 깎는 데 사용되는 선반은?

① 수직 선반　　② 크랭크축 선반
③ 공구 선반　　④ 모방 선반

해설 • 크랭크축 선반 : 크랭크축의 베어링 저널과 크랭크 핀 가공을 한다.
• 공구 선반 : 릴리빙 장치를 가진 것으로 절삭 공구(호브, 커터, 탭 등)의 여유각을 가공한다.
• 모방 선반 : 형상이 복잡하거나 곡선형 외경만을 가진 일감을 많이 가공할 때 편리하며 트레이서를 접촉시켜 형판 모양으로 공작물을 가공한다.

2. 가공 정밀도가 높은 선반으로 테이퍼 깎기 장치나 릴리빙 장치가 부속되어 있는 것은?

① 공구 선반　　② 다인 선반
③ 모방 선반　　④ 터릿 선반

해설 • 다인 선반 : 공구대에 여러 개의 바이트가 부착되어 바이트의 전부 또는 일부가 동시에 절삭 가공을 하는 선반이다.
• 터릿 선반 : 보통 선반의 심압대 대신 여러 개의 공구를 방사상으로 설치하여 공정 순서대로 공구를 차례대로 사용할 수 있도록 되어 있는 선반이다.

3. 길이가 짧고 지름이 큰 공작물을 절삭하는 데 사용하는 선반으로, 면판을 구비하고 있는 것은?

① 수직 선반　　② 정면 선반
③ 탁상 선반　　④ 터릿 선반

해설 • 수직 선반 : 공작물은 수평면에서 회전하는 테이블 위에 설치하고, 공구대는 칼럼 위를 운동하여 가공하는 선반(중량이 큰 대형 공작물에 사용)이다.
• 탁상 선반 : 탁상 위에 설치하여 사용하는 소형 선반이다.

4. 터릿 선반의 설명으로 틀린 것은?

① 공구를 교환하는 시간을 단축할 수 있다.
② 가공 실물이나 모형을 따라 윤곽을 깎아 낼 수 있다.
③ 숙련되지 않은 사람이라도 좋은 제품을 만들 수 있다.
④ 보통 선반의 심압대 대신 터릿대(turret carriage)를 놓는다.

해설 가공 실물이나 모형을 따라 윤곽을 깎아낼 수 있는 선반은 모방 선반이다.

5. 면판붙이 주축대 2대를 마주 세운 구조로 된 형태의 선반은?

① 차축 선반　　② 차륜 선반
③ 공구 선반　　④ 직립 선반

해설 차륜 선반은 철도 차량 차륜의 바깥 둘레를 절삭하는 선반으로, 보통 절삭 공구대를 좌우로 2개 갖추고 있다.

6. 다음 중 선반의 베드(bed)에 관한 설명으로 틀린 것은?

정답 1.① 2.① 3.② 4.② 5.② 6.①

① 미끄럼면의 단면 모양에는 원형과 구형이 있다.
② 주로 합금 주철이나 구상 흑연 주철 등의 고급 주철로 제작한다.
③ 미끄럼면은 기계 가공 또는 스크레이핑(scraping)을 한다.
④ 내마모성을 높이기 위하여 표면 경화 처리를 하고 연삭 가공을 한다.

해설 베드의 형상

구분	수평형(영국형)	산형(미국식)
수압 면적	크다	작다
단면 모양	평면	산형
용도	강력 절삭용	정밀 절삭용
사용 범위	대형 선반	중소형 선반

7. 선반의 심압대가 갖추어야 할 조건으로 틀린 것은?
① 베드의 안내면을 따라 이동할 수 있어야 한다.
② 센터는 편위시킬 수 있어야 한다.
③ 베드의 임의의 위치에서 고정할 수 있어야 한다.
④ 심압축이 중공으로 되어 있으며 끝부분은 내셔널 테이퍼로 되어 있어야 한다.

해설 끝부분은 모스 테이퍼로 되어 있어야 한다.

8. 선반의 베드를 주조한 후 수행하는 시즈닝의 목적으로 가장 적합한 것은?
① 내부 응력 제거 ② 내열성 부여
③ 내식성 향상 ④ 표면 경도 향상

해설 주조로 인한 내부 응력을 제거하기 위해 주조 후에 시즈닝을 한다. 주조 응력 제거 방법에는 자연 시즈닝과 인공 시즈닝이 있다.

9. 선반에서 나사 가공을 위한 분할 너트(half nut)는 어느 부분에 부착되어 사용하는가?
① 주축대 ② 심압대
③ 왕복대 ④ 베드

해설 분할 너트는 왕복대에 설치되며, 왕복대는 베드 위에 있고 새들, 에이프런, 하프 너트, 복식 공구대로 구성되어 있다.

10. 선반의 주축을 중공축으로 한 이유로 틀린 것은?
① 굽힘과 비틀림 응력의 강화를 위하여
② 긴 가공물의 고정이 편리하게 하기 위하여
③ 지름이 큰 재료의 테이퍼를 깎기 위하여
④ 무게를 감소하여 베어링에 작용하는 하중을 줄이기 위하여

해설 선반의 주축을 중공축으로 한 이유는 긴 공작물을 고정시켜 가공하기 위해서이다.

11. 선반의 주요 구조부가 아닌 것은?
① 베드
② 심압대
③ 주축대
④ 회전 테이블

해설 회전 테이블은 밀링의 주요 구조부이다.

12. 선반을 설계할 때 고려할 사항으로 틀린 것은?
① 고장이 적고 기계 효율이 좋을 것
② 취급이 간단하고 수리가 용이할 것
③ 강력 절삭이 되고 절삭 능률이 클 것
④ 기계적 마모가 크고 가격이 저렴할 것

해설 기계적 마모가 적어야 정밀 절삭을 할 수 있다.

정답 7. ④ 8. ① 9. ③ 10. ③ 11. ④ 12. ④

13. 다음 중 선반의 규격을 가장 잘 나타낸 것은 어느 것인가?

① 선반의 총 중량과 원동기의 마력
② 깎을 수 있는 일감의 최대 지름
③ 선반의 높이와 베드의 길이
④ 주축대의 구조와 베드의 길이

해설 선반의 규격은 깎을 수 있는 일감의 최대 지름이고, 양 센터 사이의 최대 거리는 깎을 수 있는 공작물의 최대 거리이다.

14. 테이퍼 깎기 장치와 밀링 커터의 여유각을 깎는 릴리빙 장치 등의 부속장치가 있는 선반은?

① 모방 선반
② 터릿 선반
③ 정면 선반
④ 공구 선반

해설 공구 선반은 절삭 공구 또는 공구의 가공에 사용되는 정밀도가 높은 선반으로 테이퍼 깎기 장치, 릴리빙 장치가 부속되어 있다.

15. 일반적으로 선반의 크기 표시 방법으로 사용되지 않는 것은?

① 베드(bed) 상의 최대 스윙(swing)
② 왕복대 상의 스윙
③ 베드의 중량
④ 양 센터 사이의 최대 거리

해설 스윙은 물릴 수 있는 공작물의 최대 지름을 말한다.

16. 선반의 종류별 용도에 대한 설명 중 틀린 것은?

① 정면 선반 – 길이가 짧고 지름이 큰 공작물 절삭에 사용
② 보통 선반 – 공작 기계 중에서 가장 많이 사용되는 범용 선반
③ 탁상 선반 – 대형 공작물의 절삭에 사용
④ 수직 선반 – 주축이 수직으로 되어 있으며 중량이 큰 공작물 가공에 사용

해설 탁상 선반은 작업대 위에 설치해야 할 만큼의 소형 선반으로 시계 부품, 재봉틀 부품 등의 소형물을 주로 가공하는 선반이다.

정답 13. ② 14. ④ 15. ③ 16. ③

2-2 선반의 절삭 공구, 부속품 및 부속장치

(1) 바이트의 모양 및 각부 명칭

① **바이트(bite)** : 선반의 공구대에 지지되는 자루(shank)와 날 부분으로 되어 있으며, 날 부분은 경사면과 여유면에 의해 절삭날을 형성하고 있다.

② **경사면** : 바이트에서 칩이 흐르는 면으로 경사각이 클수록 절삭 저항이 작아진다.

③ **여유면** : 바이트의 절삭날 이외의 부분이 공작물과 닿지 않도록 하기 위해 전면이나 측면에 여유를 준다.

④ **노즈 반경** : 주절삭날과 부절삭날이 만나는 모서리 부분이 부서지지 않게 한다. 노즈 반경이 크면 공구의 수명은 길어지지만 절삭 저항이 증가하고 떨림이 발생할 수 있다.

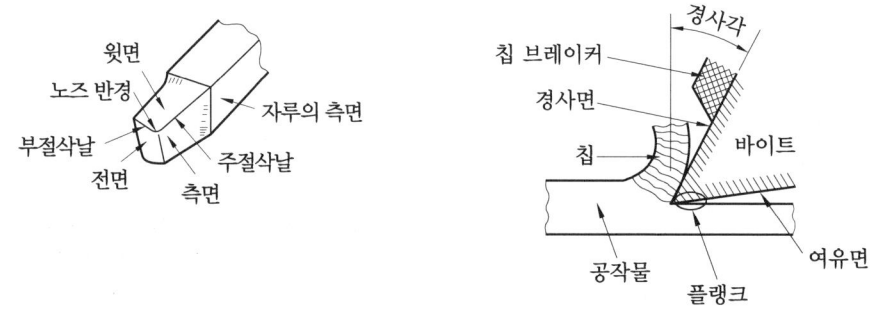

바이트의 모양   바이트의 각부 명칭

바이트 각도의 명칭

각도명	의미	적용
측면 경사각	자루의 중심선과 수직인 면상에 나타나는 경사면과 밑면에 평행인 평면이 이루는 각	• 절삭 저항의 증감을 결정한다. • 칩의 유동 방향을 결정한다. • 크레이터 마모의 가감을 결정한다. • 날의 강도를 결정한다.
전방 경사각	자루의 중심선을 포함하는 수직인 단면상에 나타나는 경사면과 밑면에 평행인 평면과 이루는 각	• 칩의 유출 방향을 결정한다. • 떨림의 방지 등 절삭 안정성과 관계된다. • 다듬질면의 거칠기를 결정한다. • 날의 강도를 결정한다.
전방각	부절삭날과 자루의 중심선과 수직인 면이 이루는 각	• 떨림의 방지 등의 절삭 안정성과 관계된다. • 다듬질면의 거칠기를 결정한다. • 날의 강도를 결정한다. • 칩의 배출성을 결정한다.

각도명	의미	적용
전방 여유각	바이트의 선단에서 그은 수직선과 여유면과의 사이 각도	• 날의 강도를 결정한다. • 다듬질면의 거칠기를 결정한다.
측면 여유각	측면 여유면과 밑면에 수직인 직선이 형성하는 각	• 공구의 수명을 좌우한다.
측면각	주절삭날과 자루의 측면이 이루는 각	• 날의 강도를 결정한다. • 날 끝의 온도 상승을 완화한다. • 절삭 저항의 증감을 결정한다.
노즈 반경	주절삭날과 자루의 측면이 이루는 각	• 다듬질면의 거칠기를 결정한다. • 날 끝의 강도를 좌우한다.

(2) 선반용 부속장치

① **면판(face plate)** : 면판은 척을 떼어내고 부착하는 것으로 공작물의 모양이 불규칙하거나 척에 물릴 수 없을 때 사용한다. 특히 엘보 가공 시 많이 사용한다.

② **회전판(driving plate)** : 양 센터 작업 시 사용하는 것으로 일감을 돌리개에 고정하고 회전판에 끼워 작업한다.

③ **돌리개(dog)** : 양 센터 작업 시 사용하는 것으로, 곧은 돌리개, 굽힌 돌리개, 평행 돌리개가 있으며, 굽힌 돌리개를 가장 많이 사용한다.

④ **센터(center)** : 양 센터 작업 시 또는 주축 쪽은 척으로 고정하고, 심압대 쪽은 센터로 지지할 경우 사용한다. 센터는 양질의 탄소 공구강 또는 특수 공구강으로 만든다. 보통 60°의 각도가 쓰이나 중량물 지지에는 75°, 90°가 쓰이기도 한다. 센터는 자루 부분이 모스 테이퍼로 되어 있으며, 모스 테이퍼는 0~7번까지 있다.

참고

센터의 종류 및 각도

- 종류
  - 회전 센터(live center) : 주축 쪽의 센터
  - 정지 센터(dead center) : 심압대 쪽의 센터
- 각도
  - 미식 : 60°… 소형, 정밀 가공(보통)
  - 영식 : 75°, 90°… 대형, 중량물 가공

⑤ **맨드릴(mandrel : 심봉)** : 정밀한 구멍과 직각 단면을 깎을 때 또는 바깥지름과 구멍이 동심원이 필요할 때 사용하는 것이다.

⑥ **척(chuck)의 종류와 특징**
  (가) 단동 척 : 강력 조임에 사용하며, 조가 4개 있어 4번 척이라고도 한다. 편심 가공 시 편리하며 가장 많이 사용한다.
  (나) 연동 척(만능 척) : 조가 3개이며, 3번 척, 스크롤 척이라고도 한다. 조 3개가 동시에 움직이며 중심을 잡기 편리하다.
  (다) 마그네틱 척 : 필수 장치로 탈 자기장치가 있으며, 강력 절삭이 곤란하다.
  (라) 공기 척 : 운전 중에도 작업이 가능하며, 조의 개폐가 신속하여 자동화에 능률적이다.
  (마) 콜릿 척 : 지름이 작은 일감에 사용하며, 터릿 선반이나 자동 선반에 사용된다.
  (바) 복동 척 : 척에 설치된 레버에 의해 4개의 조를 연동 척과 같이 동시에 가동시킬 수 있으며, 단동 척과 같이 1개씩 독립된 기능으로도 사용할 수 있다.

⑦ **방진구** : 지름이 작고 긴 공작물을 절삭할 때 생기는 떨림을 방지하기 위한 장치이며, 보통 지름에 비해 길이가 20배 이상 길 때 사용한다.
  (가) 이동식 방진구 : 왕복대에 설치하여 왕복대와 같이 움직인다.
  (나) 고정식 방진구 : 베드면에 설치하여 공작물의 떨림을 방지한다.
  (다) 롤 방진구 : 고속 중절삭용으로 사용한다.

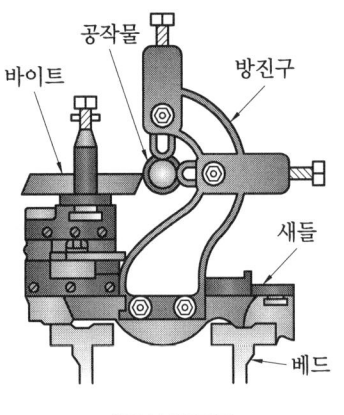
이동식 방진구

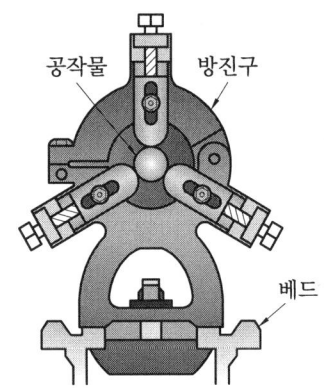
고정식 방진구

예 | 상 | 문 | 제

1. 선반 작업 중 공구 절인의 선단에서 바이트 밑면에 평행한 수평면과 경사면이 형성하는 각도는?

① 여유각　　② 측면 절인각
③ 측면 여유각　④ 경사각

해설 • 측면 여유각 : 측면 여유면과 밑면에 수직인 직선이 형성하는 각
• 전방 여유각 : 바이트의 선단에서 그은 수직선과 여유면 사이의 각도

2. 선반 바이트의 설치 요령이다. 적합하지 않은 것은?

① 바이트 자루는 수평으로 고정한다.
② 바이트의 돌출 거리는 작업에 지장이 없는 한 길게 고정한다.
③ 받침(shim)은 바이트 자루의 전체 면이 닿도록 한다.
④ 높이를 정확하게 맞추기 위해서는 받침을 1개 또는 두께가 다른 여러 개를 준비한다.

해설 바이트 자루를 길게 고정하면 떨림이 일어나 가공면이 거칠어지거나 바이트가 부러진다.

3. 바이트 중 날과 자루(shank)를 같은 재질로 만든 것은?

① 스로 어웨이 바이트
② 클램프 바이트
③ 팁 바이트
④ 단체 바이트

해설 클램프 바이트는 팁을 용접하지 않고 기계적인 방법으로 클램핑하여 사용하는 바이트이다.

4. 바이트의 여유각을 주는 가장 큰 이유는?

① 바이트의 날 끝과 공작물 사이의 마찰을 줄이기 위하여
② 공작물이 깎이는 깊이를 적게 하고 바이트의 날 끝이 부러지지 않게 하기 위하여
③ 바이트가 공작물을 깎는 쇳가루의 흐름을 좋게 하기 위하여
④ 바이트의 재질이 강한 것이기 때문에

해설 바이트의 여유각을 주는 가장 큰 이유는 일감과 마찰을 방지하기 위함이다.

5. 선반 가공에서 양 센터 작업에 사용되는 부속품이 아닌 것은?

① 돌림판　　② 돌리개
③ 맨드릴　　④ 브로치

해설 브로치는 표면 또는 내면을 필요한 모양으로 절삭 가공하는 기계이다.

6. 척에 고정할 수 없으며 불규칙하거나 대형 또는 복잡한 가공물을 고정할 때 사용하는 선반 부속품은?

① 면판(face plate)
② 맨드릴(mandrel)
③ 방진구(work rest)
④ 돌리개(dog)

해설 면판은 척을 떼어내고 부착하는 것으로 공작물의 모양이 불규칙하거나 척에 물릴 수 없을 때 사용한다.

정답　1. ④　2. ②　3. ④　4. ①　5. ④　6. ①

7. 일반적으로 센터 드릴에서 사용되는 각도가 아닌 것은?

① 45° ② 60°
③ 75° ④ 90°

해설 센터 드릴에 사용되는 각도는 보통 60°이나 중량이 큰 대형 공작물에는 75°, 90°가 사용되기도 한다.

8. 선반의 부속품 중에서 돌리개(dog)의 종류로 틀린 것은?

① 곧은 돌리개
② 브로치 돌리개
③ 굽은(곡형) 돌리개
④ 평행(클램프) 돌리개

해설 양 센터 작업 시 사용하는 것으로, 곧은 돌리개, 굽힌 돌리개, 평행 돌리개가 있으며, 굽힌 돌리개를 가장 많이 사용한다.

9. 표준 맨드릴(mandrel)의 테이퍼값으로 적합한 것은?

① $\frac{1}{10} \sim \frac{1}{20}$ 정도
② $\frac{1}{50} \sim \frac{1}{100}$ 정도
③ $\frac{1}{100} \sim \frac{1}{1000}$ 정도
④ $\frac{1}{200} \sim \frac{1}{400}$ 정도

해설 표준 심봉(맨드릴)의 테이퍼값은 보통 $\frac{1}{100} \sim \frac{1}{1000}$ 정도이며 호칭은 작은 쪽의 지름으로 한다.

10. 두께가 얇은 가공물들을 한 번에 너트로 고정하여 가공할 때 편리한 맨드릴은?

① 팽창 맨드릴
② 갱 맨드릴
③ 테이퍼 맨드릴
④ 조립식 맨드릴

해설 • 팽창 맨드릴 : 바깥지름을 다소 조절하여 가공물을 지지한다.
• 조립식 맨드릴 : 지름이 큰 파이프 가공에 주로 사용된다.

11. 선반의 척(chuck)에 해당되지 않는 것은?

① 헬리컬 척   ② 콜릿 척
③ 마그네틱 척 ④ 연동척

해설 • 콜릿 척 : 지름이 작은 일감에 사용하며, 터릿 선반이나 자동 선반에 사용된다.
• 마그네틱 척 : 필수 장치로 탈 자기장치가 있으며, 강력 절삭이 곤란하다.
• 연동척(만능 척) : 조가 3개이며, 3번 척, 스크롤 척이라고도 한다.

12. 자동 선반에 많이 사용되는 척으로, 지름이 가는 환봉 재료의 고정에 편리한 척은?

① 양용 척   ② 연동척
③ 단동척   ④ 콜릿 척

해설 콜릿 척은 지름이 작은 일감에 사용하며, 터릿 선반이나 자동 선반에 사용된다.

13. 선반 운전 중에도 작업이 가능한 척(chuck)으로 지름 10mm 정도의 균일한 가공물을 다량 생산하기에 가장 적합한 것은?

① 벨(bell) 척   ② 콜릿(collet) 척
③ 드릴(drill) 척   ④ 공기(air) 척

해설 공기 척은 운전 중에도 작업이 가능하며, 조의 개폐가 신속하여 자동화에 능률적이다.

정답 7. ① 8. ② 9. ③ 10. ② 11. ① 12. ④ 13. ④

14. 선반 작업에서 가늘고 긴 가공물을 절삭하기 위해 꼭 필요한 부속품은?

① 면판　　　　② 돌리개
③ 맨드릴　　　④ 방진구

해설 방진구는 지름이 작고 긴 공작물을 절삭할 때 생기는 떨림을 방지하기 위한 장치이며, 보통 지름에 비해 길이가 20배 이상 길 때 사용한다.

15. 다음 중 선반에서 이동용 방진구를 설치하는 곳은?

① 새들
② 주축대
③ 심압대
④ 베드

해설 이동용 방진구는 왕복대의 새들에 설치하고, 고정식 방진구는 베드면에 설치하여 공작물의 떨림을 방지한다.

16. 바이트의 공구각 중 바이트와 공작물과의 접촉을 방지하기 위한 것은?

① 경사각　　　② 절삭각
③ 여유각　　　④ 날 끝각

해설 여유각은 절삭 공구와 공작물과의 마찰을 감소시키고, 날 끝이 공작물에 파고들기 쉽게 해주는 기능을 갖고 있다.

17. 공구 마멸의 형태에서 윗면 경사각과 가장 밀접한 관계를 가지고 있는 것은?

① 플랭크 마멸(flank wear)
② 크레이터 마멸(crater wear)
③ 치핑(chipping)
④ 섕크 마멸(shank wear)

해설 크레이터 마멸은 공구 경사면이 칩과의 마찰에 의하여 오목하게 마모되는 것으로 주로 유동형 칩의 고속 절삭에서 자주 발생한다.

정답 14. ①　15. ①　16. ③　17. ②

2-3 선반 가공

(1) 테이퍼 절삭 작업

① **심압대 편위법** : 공작물이 길고 테이퍼가 작을 때 사용한다.

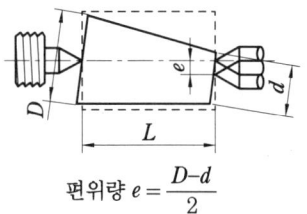

편위량 $e = \dfrac{D-d}{2}$

(a) 전체가 테이퍼일 경우

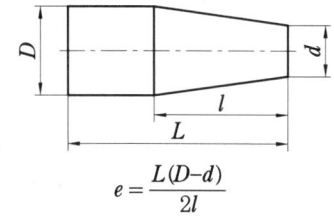

$e = \dfrac{L(D-d)}{2l}$

(b) 일부분만 테이퍼일 경우

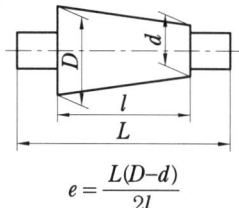

$e = \dfrac{L(D-d)}{2l}$

(c) 가운데가 테이퍼일 경우

심압대 편위법에 의한 테이퍼 절삭

② **복식 공구대 회전법** : 비교적 테이퍼가 크고 길이가 짧은 경우에 사용하며, 손으로 이송하면서 절삭한다. 복식 공구대의 회전 각도는 다음과 같은 식으로 구한다.

$$\tan\frac{\alpha}{2} = \tan\theta = \frac{D-d}{2l}$$

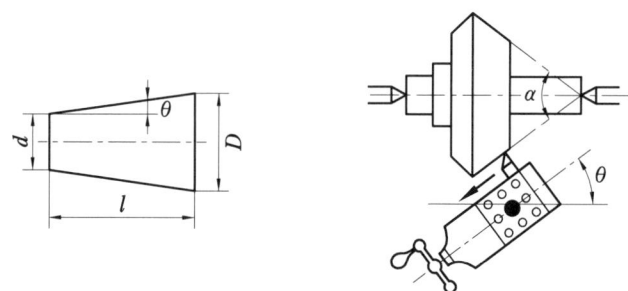

복식 공구대 회전법에 의한 테이퍼 절삭

③ **테이퍼 절삭 장치 이용법** : 전용 테이퍼 절삭 장치를 만들어 테이퍼 절삭을 하는 방법이다. 자동 이송이 가능하며, 절삭 시 안내판 조정과 눈금 조정을 한 후 자동 이송시킨다.

④ **총형 바이트에 의한 방법** : 테이퍼용 총형 바이트를 이용하여 비교적 짧은 테이퍼 절삭을 하는 방법이다.

(2) 나사 절삭

① 리드 스크루가 미터(m)식인 경우

- 2단 걸이 : $\dfrac{p}{P} = \dfrac{D}{A}$
- 4단 걸이 : $\dfrac{p}{P} = \dfrac{B}{A} \times \dfrac{C}{D}$

② 리드 스크루가 인치(inch)식인 경우

- 2단 걸이 : $\dfrac{N_l}{N_w} = \dfrac{A}{D}$
- 4단 걸이 : $\dfrac{N_l}{N_w} = \dfrac{B}{A} \times \dfrac{C}{D}$

여기서, p : 공작물의 피치(mm)　　　P : 리드 스크루의 피치(mm)
　　　　N_l : 리드 스크루의 산수　　　N_w : 공작물의 산수
　　　　A : 주축 기어의 잇수　　　　B, C : 중간 기어의 잇수
　　　　D : 리드 스크루 기어의 잇수

참고

나사 절삭 요령
- 바이트의 날끝 중심선은 공작물의 중심선에 수직이 되게 한다(센터 게이지용).
- 마무리 깎기는 수직 방향으로 미소한 절삭 깊이로 3, 4회 반복하여 절삭한다.

---

(3) 널링(knurling) 작업

공작물의 표면에 널(knurl)을 압입하여 공작물 원주면에 사각형, 다이아몬드형, 평형 등의 요철 형태로 가공하는 방법으로 미끄러짐을 방지하기 위한 손잡이나 외관을 좋게 하기 위해 주로 사용한다.

예 | 상 | 문 | 제

1. **선반에서 각도가 크고 길이가 짧은 테이퍼를 가공하기 적합한 방법은?**
   ① 백기어를 사용하는 방법
   ② 심압대를 편위시키는 방법
   ③ 테이퍼 절삭 장치를 이용하는 방법
   ④ 복식 공구대를 경사시키는 방법

   [해설] 복식 공구대 회전법은 비교적 테이퍼가 크고 길이가 짧은 경우에 사용하며 손으로 이송하면서 절삭한다.

2. **보통 선반에서 테이퍼 나사를 가공하고자 할 때의 절삭 방법으로 틀린 것은?**
   ① 바이트의 높이는 공작물의 중심선보다 높게 설치하는 것이 편리하다.
   ② 심압대를 편위시켜 절삭하면 편리하다.
   ③ 테이퍼 절삭 장치를 사용하면 편리하다.
   ④ 바이트는 테이퍼부에 직각이 되도록 고정한다.

   [해설] 바이트의 높이는 공작물의 중심선과 같은 높이로 설치한다.

3. **편심량이 2.2mm로 가공된 선반 가공물을 다이얼 게이지로 측정할 때 다이얼 게이지의 눈금 변위량은 몇 mm인가?**
   ① 1.1   ② 2.2
   ③ 4.4   ④ 6.6

   [해설] 다이얼 게이지의 눈금 변위량은 편심량의 2배이므로 $2.2 \times 2 = 4.4$ mm이다.

4. **다음과 같이 테이퍼 가공을 하려 할 때 복식 공구대의 회전 각도는?**

   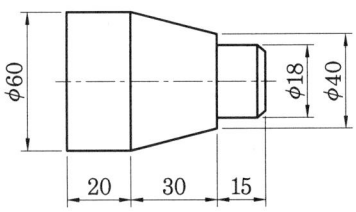

   ① 12.86°   ② 16.67°
   ③ 18.43°   ④ 21.80°

   [해설] $\theta = \tan^{-1}\dfrac{D-d}{2l}$
   $= \tan^{-1}\dfrac{60-40}{2 \times 30} = \tan^{-1}\dfrac{1}{3} \fallingdotseq 18.43°$

5. **심압대의 편위량을 구하는 식으로 옳은 것은? (단, X : 심압대의 편위량)**

   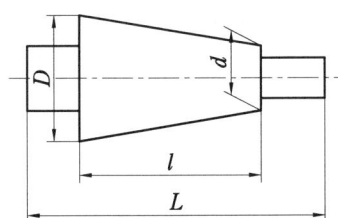

   ① $X = \dfrac{D-d}{2l}$ ② $X = \dfrac{L(D-d)}{2l}$
   ③ $X = \dfrac{l(D-d)}{2L}$ ④ $X = \dfrac{2L}{(D-d)l}$

   [해설] 가운데가 테이퍼이므로
   $X = \dfrac{L(D-d)}{2l}$ 이다.

6. **보통 선반의 이송 스크루의 리드가 4mm이고 200등분된 눈금의 칼라가 달려 있을 때 20눈금을 돌리면 테이블은 얼마 이동하는가?**

정답 1.④ 2.① 3.③ 4.③ 5.② 6.②

① 0.2 mm ② 0.4 mm
③ 20 mm ④ 40 mm

해설 1눈금 $= \dfrac{4}{200} = 0.02\,\text{mm}$

∴ 테이블 이동거리 $= 20 \times 0.02 = 0.04\,\text{mm}$

7. 1인치에 4산의 리드 스크루를 가진 선반으로 피치 4mm의 나사를 깎고자 할 때 변환기어의 잇수는? (단, A는 주축 기어의 잇수, B는 리드 스크루의 잇수이다.)

① $A : 80,\ B : 137$
② $A : 120,\ B : 127$
③ $A : 40,\ B : 127$
④ $A : 80,\ B : 127$

해설 • 어미나사 1인치당 산수 : 4산
• 나사 피치 : 4mm

∴ $\dfrac{B}{A} = \dfrac{5 \times 4 \times 4}{127} = \dfrac{80}{127}$

8. 선반에서 $\phi 45\,\text{mm}$의 연강 재료를 노즈 반지름 0.6mm인 초경합금 바이트로 절삭 속도 120m/min, 이송을 0.06mm/rev로 하여 가공할 때 이론적인 표면 거칠기 값은 얼마인가?

① 0.55 μm ② 0.65 μm
③ 0.75 μm ④ 0.85 μm

해설 $H = \dfrac{S^2}{8r} = \dfrac{0.06^2}{8 \times 0.6}$
$= 0.00075\,\text{mm}$
$= 0.75 \times 10^{-3}\,\text{mm} = 0.75\,\mu\text{m}$

9. 선반에서 다음과 같은 테이퍼를 절삭하려고 할 때 편위량(mm)은?

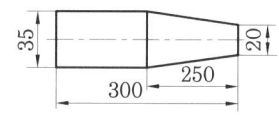

① 9.0 ② 10.2
③ 12.5 ④ 14.3

해설 편위량$(e) = \dfrac{L(D-d)}{2l}$
$= \dfrac{300(35-20)}{2 \times 250} = 9.0\,\text{mm}$

10. 다음 그림에서 테이퍼(taper) 값이 $\dfrac{1}{8}$일 때 A부분의 지름 값은 얼마인가?

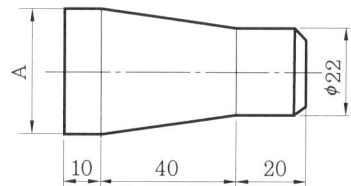

① 25 ② 27
③ 30 ④ 32

해설 $\dfrac{D-d}{l} = \dfrac{1}{8},\ \dfrac{D-22}{40} = \dfrac{1}{8}$
$D = \dfrac{1}{8} \times 40 + 22 = 27$

11. 널링 가공 방법에 대한 설명이다. 틀린 것은?

① 소성 가공이므로 가공 속도를 빠르게 한다.
② 널링을 하게 되면 지름이 커지게 되므로 도면 치수보다 약간 작게 가공한 후 설정한다.
③ 널링 작업을 할 때에는 공구대와 심압대를 견고하게 고정해야 한다.
④ 절삭유를 충분히 공급하고 브러시로 칩을 제거한다.

해설 널링 작업은 저속으로 절삭유를 충분히 공급하면서 1~3회로 완성토록 한다.

3. 밀링 가공

3-1 밀링의 종류 및 부속품

(1) 밀링 머신의 종류와 특징

① **니형 밀링 머신** : 칼럼의 앞면에 미끄럼면이 있으며, 칼럼을 따라 상하로 니(knee)가 이동한다. 니 위를 새들과 테이블이 서로 직각 방향으로 이동할 수 있는 구조이다.
  ㈎ 수평형 밀링 머신 : 주축이 칼럼에 수평으로 되어 있다.
  ㈏ 수직형 밀링 머신 : 주축이 테이블에 수직이며, 기타는 수평형과 거의 같다.
  ㈐ 만능형 밀링 머신 : 수평형과 유사하나 테이블이 45° 이상 회전하며, 주축 헤드가 임의의 각도로 경사가 가능하다.
② **생산형 밀링 머신** : 밀링 머신의 기능을 대량 생산에 적합하도록 단순화 및 자동화된 밀링 머신이며, 스핀들 헤드가 1개 있는 단두형, 2개 있는 쌍두형, 2개 이상 있는 다두형이 있다. 테이블은 상하 이송하지 않고 좌우로만 이송하기 때문에 베드형 밀링 머신이라고도 한다.
③ **플레이너형 밀링 머신** : 플래노 밀러라고도 하며, 플레이너의 공구대 대신 밀링 헤드가 장치된 형식이다. 대형 공작물과 중량물의 절삭이나 공작물의 강력 절삭에 적합하며, 쌍두형과 단두형이 있다.
④ **특수 밀링 머신** : 지그, 게이지, 다이 등의 공구류를 가공하는 공구 밀링 머신, 나사를 전용으로 가공하는 나사 밀링 머신, 모방 장치를 이용하여 단조, 프레스, 주조용 금형 등의 복잡한 형상의 공작물을 가공하는 모방 밀링 머신과 그 외 탁상 밀링 머신, 키 홈 밀링 머신, 조각 밀링 머신 등이 있다.

(2) 밀링 머신의 크기

① **테이블 이동 거리** : 테이블 이동 거리(전후×좌우×상하)를 번호로 표시하며, 전후 이동이 50mm씩 증가함에 따라 번호가 1번씩 커진다.
② **테이블 작업면의 크기** : 테이블의 길이×폭
③ **보통 호칭 번호의 크기로 표시(0~5번)** : 새들의 전후 이송 거리(50mm) 간격

번호	No.0	No.1	No.2	No.3	No.4	No.5
이동 거리	150	200	250	300	350	400

(3) 밀링 머신의 구조

① **칼럼(column)** : 밀링 머신의 본체로 앞면이 미끄럼면으로 되어 있다.
② **오버 암(over arm)** : 칼럼의 상부에 설치되어 있으며, 플레인 밀링 커터용 아버를 지지하는 아버 서포터가 설치되어 있다.
③ **니(knee)** : 칼럼에 연결되어 있으며, 위에는 테이블이 있다.
④ **새들(saddle)** : 테이블을 지지하며, 니의 상부에 있어 그 위를 전후 방향으로 이동한다. 윤활 장치와 테이블의 어미나사 구동 기구를 속에 두고 있다.
⑤ **테이블** : 공작물을 직접 고정하는 부분이며, 새들 상부의 안내면에 설치되어 좌우로 이동한다.

(4) 밀링 머신의 부속장치

① **아버** : 커터를 고정할 때 사용한다.
② **수직 밀링 장치** : 수평 밀링 머신이나 만능 밀링 머신을 수직 밀링 머신으로 사용하기 위한 장치이다.
③ **만능 밀링 장치** : 니형 밀링 머신에 설치하여 경사면 절삭, 랙 가공 등을 할 수 있도록 하는 장치이다.
④ **슬로팅 장치** : 수평 밀링 머신이나 만능 밀링 머신의 주축 회전 운동을 직선 운동으로 바꾸어 슬로터 작업을 할 수 있다.
⑤ **어댑터와 콜릿** : 자루가 있는 커터를 고정할 때 사용한다.
⑥ **랙 밀링 장치** : 수평 밀링 머신이나 만능 밀링 머신의 주축단에 장치하여 기어 절삭을 하는 장치이다.
⑦ **회전 원형 테이블** : 가공물에 회전 운동이 필요할 때 사용한다.
⑧ **밀링 바이스** : 테이블에 설치하여 공작물을 물리는 것이다.

예 | 상 | 문 | 제

1. 수평식 보링 머신 중 새들이 없고, 길이 방향의 이송은 베드를 따라 칼럼이 이송되며, 중량이 큰 가공물의 가공에 가장 적합한 구조인 형태는?
   ① 테이블형 ② 플레이너형
   ③ 플로어형 ④ 코어형

   [해설] 플레이너형 밀링 머신은 대형 공작물과 중량물의 절삭이나 공작물의 강력 절삭에 적합하며, 쌍두형과 단두형이 있다.

2. 주축이 수평이고 칼럼, 니, 테이블 및 오버 암 등으로 되어 있으며, 새들 위에 선회대가 있어 테이블을 수평면 내에서 임의의 각도로 회전할 수 있는 밀링 머신은?
   ① 모방 밀링 머신
   ② 만능 밀링 머신
   ③ 나사 밀링 머신
   ④ 수직 밀링 머신

   [해설] 수직 밀링 머신은 스핀들이 수직 방향으로 장치되며, 정면 커터와 엔드밀 등을 이용하여 평면 가공, 홈 가공, 측면 가공 등에 적합한 기계이다.

3. 중량 가공물을 가공하기 위한 대형 밀링 머신으로, 플레이너와 유사한 구조로 되어 있는 것은?
   ① 수직 밀링 머신
   ② 수평 밀링 머신
   ③ 플래노 밀러
   ④ 회전 밀러

   [해설] 플래노 밀러는 플레이너와 유사한 구조의 밀링 머신으로 바이트 자리에 밀링 헤드가 장착되어 있다.

4. 밀링 머신의 종류 중 드릴의 비틀림 홈 가공에 가장 적합한 것은?
   ① 만능 밀링 머신
   ② 수직형 밀링 머신
   ③ 수평형 밀링 머신
   ④ 플레이너형 밀링 머신

   [해설] 만능 밀링 머신은 헬리컬 기어, 트위스트 드릴의 비틀림 홈 등의 가공에 적합하다.

5. 테이블 이동 거리가 전후 300 mm, 좌우 850 mm, 상하 450 mm인 니형 밀링 머신의 호칭 번호로 옳은 것은?
   ① 1호 ② 2호
   ③ 3호 ④ 4호

   [해설] 이동 거리가 전후 300이므로 3호이다.

6. 일반적으로 밀링 머신의 크기는 호칭 번호로 표시하는데, 그 기준은?
   ① 기계의 중량
   ② 기계의 설치 면적
   ③ 테이블의 이동 거리
   ④ 주축 모터의 크기

   [해설] 밀링 머신의 크기는 테이블의 이동 거리(전후×좌우×상하)를 번호로 표시한다.

정답 1. ② 2. ② 3. ③ 4. ① 5. ③ 6. ③

7. 니 칼럼형 밀링 머신에서 테이블의 상하 이동 거리가 400mm이고, 새들의 전후 이동 거리가 200mm라면 호칭 번호는 몇 번에 해당하는가? (단, 테이블의 좌우 이동 거리는 550mm이다.)
① 1번 ② 2번
③ 3번 ④ 4번

해설 이동 거리가 전후 200이므로 1호이다.

8. 밀링 머신에서 육면체 소재를 사용하여 아래와 같이 원형 기둥을 가공하기 위해 필요한 장치는?

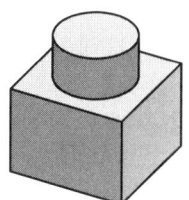

① 다이스 ② 각도 바이스
③ 회전 테이블 ④ 슬로팅 장치

해설 회전 테이블은 가공물을 테이블 위의 바이스에 고정시키고 원형의 홈 가공, 바깥 둘레의 원형 가공, 원판의 분할 가공 등을 할 수 있는 장치이다.

9. 밀링 머신에서 절삭 공구를 고정할 때 사용하는 부속장치가 아닌 것은?
① 아버(arbor)
② 콜릿(collet)
③ 새들(saddle)
④ 어댑터(adapter)

해설 새들(saddle)은 니(knee) 상부에 조립되어 전·후 미끄럼 운동을 한다.

10. 밀링 머신에서 주축의 회전 운동을 직선 왕복 운동으로 변화시키고 바이트를 사용하는 부속장치는?
① 수직 밀링 장치
② 슬로팅 장치
③ 랙 절삭 장치
④ 회전 테이블 장치

해설 슬로팅 장치는 수평 밀링 머신이나 만능 밀링 머신의 주축 회전 운동을 직선 운동으로 바꾸어 슬로터 작업을 할 수 있다.

11. 밀링 머신의 부속장치가 아닌 것은?
① 방진구
② 분할대
③ 회전 테이블
④ 슬로팅 장치

해설 방진구는 선반에서 지름이 작고 긴 공작물을 절삭할 때 생기는 떨림을 방지하기 위한 장치이다.

12. 공작물을 고정한 회전 테이블을 연속 회전시키고, 2개의 스핀들 헤드를 써서 두 종류의 가공을 동시에 할 수 있는 고성능 밀링 머신은?
① 모방 밀링 머신
② 탁상 밀링 머신
③ 플레인 밀링 머신
④ 회전 테이블 밀링 머신

해설 회전 테이블 밀링 머신은 직립 드릴링 머신과 비슷하며 테이블이 회전한다. 직립 스핀들이 2개 있는 것은 정면 밀링 커터를 설치하여 거친 절삭과 다듬질 절삭을 동시에 할 수 있다.

정답 7. ① 8. ③ 9. ③ 10. ② 11. ① 12. ④

13. 니(knee)형 밀링 머신의 종류에 해당하지 않는 것은?

① 수직 밀링 머신
② 수평 밀링 머신
③ 만능 밀링 머신
④ 호빙 밀링 머신

해설 니형 밀링 머신은 칼럼의 앞면에 미끄럼면이 있으면 칼럼을 따라 상하로 니(knee)가 이동하며, 니 위를 새들과 테이블이 서로 직각 방향으로 이동할 수 있는 구조로 수평형, 수직형, 만능형 밀링 머신이 있다.

14. 테이블의 전후 및 좌우 이송으로 원형, 윤곽 가공 및 분할 작업에 적합한 밀링 머신의 부속장치는?

① 회전 바이스   ② 회전 테이블
③ 분할대   ④ 슬로팅 장치

해설 회전 테이블은 원호의 분할 작업, 연속 절삭 시 가공물에 회전이 필요할 때 사용된다.

15. 밀링 머신에서 일감을 테이블 위에 고정할 때 사용하는 것이 아닌 것은?

① 바이스
② 평행대
③ V블록
④ 콜릿

해설 콜릿은 공구를 고정하는 것이다.

16. 다음 중 밀링 머신의 부속장치가 아닌 것은 어느 것인가?

① 아버
② 회전 테이블 장치
③ 수직축 장치
④ 왕복대

해설 왕복대는 선반의 부속장치로 베드 위에 있고, 바이트 및 각종 공구를 설치한 공구대를 평행하게 전후, 좌우로 이송시키며 새들과 에이프런으로 구성되어 있다.

정답 13. ④ 14. ② 15. ④ 16. ④

3-2 밀링 절삭 공구 및 절삭 이론

(1) 밀링 커터의 종류

① **평면 커터** : 원주면에 날이 있고 회전축과 평행한 평면 절삭 커터이다.
② **측면 커터** : 원주와 양 측면에 날이 있어 평면과 측면을 동시에 절삭할 수 있다.
③ **정면 커터** : 넓은 평면 가공에 사용하는 커터로, 강력 절삭을 할 수 있다.
④ **엔드밀** : 좁은 평면이나 구멍, 홈 등의 가공에 사용한다.
⑤ **T홈 커터** : T홈 가공에 사용한다.
⑥ **메탈 소** : 절단, 홈파기 등의 가공에 사용한다.
⑦ **헬리컬 커터** : 초경 팁을 측면에 나선형으로 배치하여 진동이 적다.
⑧ **더브테일 커터** : 더브테일 홈 가공에 사용한다.
⑨ **총형 커터** : 기어 가공, 드릴의 홈 가공, 리머, 탭 등의 형상 가공에 사용한다.

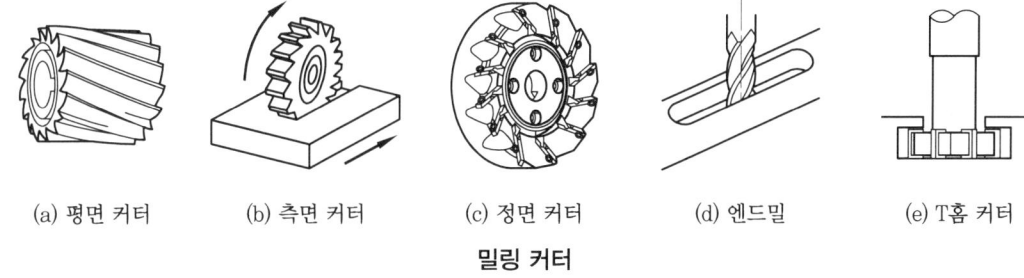

(a) 평면 커터　　(b) 측면 커터　　(c) 정면 커터　　(d) 엔드밀　　(e) T홈 커터

밀링 커터

(2) 밀링 커터의 각부 명칭과 경사각

① **랜드** : 여유각에 의해서 만드는 절인날의 여유면의 일부이며, 인선의 강도를 증가시키기 위해 사용한다.
② **절인각** : 경사면과 여유면과 이루는 각으로 절인각이 크면 절삭 저항이 감소하며, 작으면 절인이 약해진다.
③ **경사각** : 밀링 커터의 중심선과 경사면이 이루는 각으로 경사각이 크면 절삭 저항이 감소하며, 초경 커터에서는 치핑을 감소하기 위하여 0도 또는 부각(-)으로 연삭한다.
④ **여유각** : 인선의 뒷면과 공작물이 마찰하지 않도록 만든 각으로 연한 재료는 다소 크게 하고, 경한 재료는 다소 작게 한다.
⑤ **비틀림각** : 곧은날 밀링 커터의 경우 날에 비틀림각을 주면 절삭이 순조롭고 좋

은 가공면을 얻을 수 있으며, 비틀림각의 경절삭용은 15°, 중절삭용은 25°로서 날의 수가 적다.

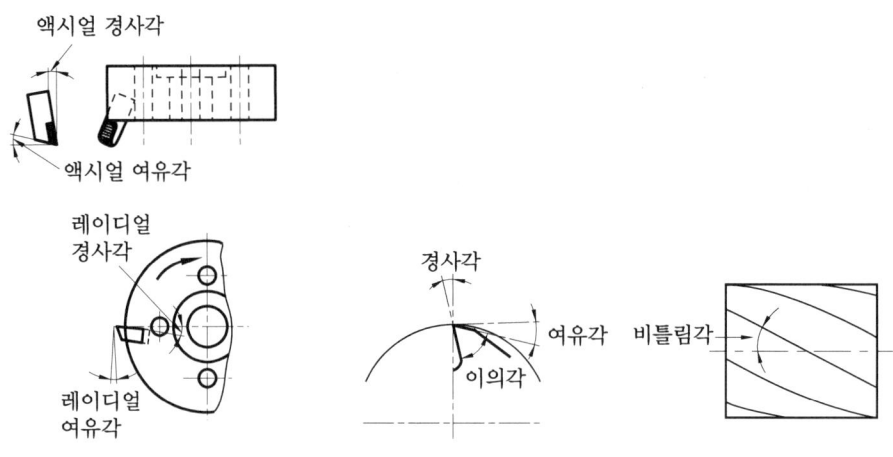

정면 밀링 커터의 주요 공구각   평면 밀링 커터의 주요 공구각

(3) 절삭 이론

① **절삭 속도**

$$V = \frac{\pi DN}{1000} \ [\text{m/min}]$$

여기서, V : 절삭 속도(m/min) N : 공구의 회전수(rpm)
        D : 회전하는 공구의 지름(mm)

② **이송량**

$$f_z = \frac{f_r}{Z} = \frac{f}{ZN}[\text{mm/날}], \quad f = f_z \times Z \times N$$

여기서, Z : 밀링 커터의 날수 f_r : 커터 1회전에 대한 이송(mm/rev)
       N : 커터의 회전수(rpm) f_z : 커터 날 1개에 대한 이송량(mm)

> **참고**
> - 공구 수명을 연장하기 위해서는 절삭 속도를 낮게 한다.
> - 절삭할 때 커터가 쉽게 마모되면 즉시 속도를 낮춘다(커터의 회전을 늦춘다).

예 | 상 | 문 | 제

1. 수평 밀링 머신에서 사용하는 커터 중 절단과 홈파기 가공을 할 수 있는 커터는 어느 것인가?
① 평면 밀링 커터(plain milling cutter)
② 측면 밀링 커터(side milling cutter)
③ 메탈 슬리팅 소(metal slitting saw)
④ 엔드밀(end mill)

해설 • 측면 커터 : 원주와 양 측면에 날이 있어 평면과 측면을 동시에 절삭할 수 있다.
• 엔드밀 : 좁은 평면이나 구멍, 홈 등의 가공에 사용한다.

2. 수평 밀링 머신의 긴 아버(arber)를 사용하는 절삭 공구가 아닌 것은?
① 플레인 커터
② T홈 커터
③ 앵귤러 커터
④ 사이드 밀링 커터

해설 T홈 커터는 수직 밀링 머신용 커터로 밀링 척과 콜릿에 삽입하여 사용한다.

3. 넓은 평면을 빨리 깎기에 적합한 밀링 커터는?
① 엔드밀
② T형 밀링 커터
③ 정면 밀링 커터
④ 더브테일 밀링 커터

해설 T홈 커터는 T홈 가공에 사용하며, 더브테일 커터는 더브테일 홈 가공에 사용한다.

4. 밀링 커터의 종류 중 자유 곡면 가공에 가장 적합한 것은?
① 각 밀링 커터(angle milling cutter)
② 정면 밀링 커터(face milling cutter)
③ 볼 엔드밀(ball end mill)
④ T홈 밀링 커터(T-slot milling cutter)

해설 볼 엔드밀은 5축 가공 등 자유 곡면 가공에 가장 적합하다.

5. 절삭날 부분을 특정한 형상으로 만들어 복잡한 면을 갖는 공작물의 표면을 한 번에 가공하는 데 적합한 밀링 커터는?
① 총형 커터
② 엔드밀
③ 앵귤러 커터
④ 플레인 커터

해설 • 총형 커터 : 기어 가공, 드릴의 홈 가공, 리머, 탭 등 윤곽 형상 가공에 사용한다.
• 엔드밀 : 가공물의 평면, 구멍, 홈 등을 가공할 때 사용한다.
• 앵귤러 커터 : 공작물의 각도, 홈, 모따기 등에 사용한다.
• 플레인 커터 : 원주면에 날이 있고 평면 절삭용이며 고속도강, 초경합금으로 만든다.

6. 밀링 작업에서 T홈 절삭을 하기 위하여 선행해야 할 작업은?
① 엔드밀 홈 작업
② 더브테일 홈 작업
③ 나사 밀링 커터 작업
④ 총형 밀링 커터 작업

해설 T홈 절삭을 하기 위해서는 T홈 커터의 몸체가 들어가도록 엔드밀 홈 작업을 먼저 해 놓아야 한다.

정답 1.③ 2.② 3.③ 4.③ 5.① 6.①

7. 밀링 작업에서 판 캠을 절삭하기에 가장 적합한 밀링 커터는?

① 엔드밀 ② 더브테일 커터
③ 메탈 슬리팅 소 ④ 사이드 밀링 커터

해설
- 메탈 슬리팅 소 : 절단, 홈파기 등의 가공에 사용한다.
- 사이드 밀링 커터: 외주 및 양 측면에 절삭날이 있어 주로 홈 가공에 사용한다.

8. 총형 커터에 의한 방법으로 치형을 절삭할 때 사용하는 밀링 커터는?

① 베벨 밀링 커터
② 헬리컬 밀링 커터
③ 인벌류트 밀링 커터
④ 하이포이드 밀링 커터

해설 인벌류트 밀링 커터는 총형 커터에 의한 기어 절삭에 만능 밀링 머신의 분할대와 같이 사용한다.

9. 밀링에서 지름 150mm인 커터를 사용하여 160rpm으로 절삭한다면 절삭 속도는 약 몇 m/min인가?

① 75 ② 85
③ 102 ④ 194

해설 $V = \dfrac{\pi DN}{1000} = \dfrac{\pi \times 150 \times 160}{1000} \fallingdotseq 75\,\text{m/min}$

10. 밀링 머신에서 커터 지름이 120mm, 한 날당 이송이 0.1mm, 커터날 수가 4날, 회전수가 900rpm일 때 절삭 속도는 약 몇 m/min인가?

① 33.9m/min ② 113m/min
③ 214m/min ④ 339m/min

해설 $V = \dfrac{\pi DN}{1000} = \dfrac{\pi \times 120 \times 900}{1000} \fallingdotseq 339\,\text{m/min}$

11. 밀링 머신에서 테이블의 이송 속도(f)를 구하는 식으로 옳은 것은? (단, f_z : 1개의 날당 이송(mm), z : 커터의 날 수, n : 커터의 회전수(rpm)이다.)

① $f = f_z \times z \times n$
② $f = f_z \times \pi \times z \times n$
③ $f = \dfrac{f_z \times z}{n}$
④ $f = \dfrac{(f_z \times z)^2}{n}$

12. SM45C의 강재를 날 수 2개인 SKH종의 엔드밀로 밀면 절삭할 때 테이블 이송은 약 몇 mm/min인가? (단, 엔드밀 지름은 20mm, 절삭 속도는 35m/min, 날당 이송량은 0.1mm이다.)

① 111 ② 222
③ 333 ④ 444

해설 $V = \dfrac{\pi DN}{1000}$

$N = \dfrac{1000V}{\pi D} = \dfrac{1000 \times 35}{\pi \times 20} \fallingdotseq 557$

$\therefore f = f_z \times Z \times N = 0.1 \times 2 \times 557 \fallingdotseq 111\,\text{mm/min}$

13. 밀링 커터의 날 수 4개, 한 날당 이송량 0.15mm, 밀링 커터의 지름 25mm, 절삭 속도 40m/min일 때 테이블 이송 속도는 몇 mm/min인가?

① 156 ② 246
③ 306 ④ 406

해설 $f = f_z \times Z \times N$

$= 0.15 \times 4 \times \dfrac{1000 \times 40}{\pi \times 25} \fallingdotseq 306\,\text{mm/min}$

정답 7. ① 8. ③ 9. ① 10. ④ 11. ① 12. ① 13. ③

14. 지름이 50 mm, 날 수가 10개인 페이스 커터로 밀링 가공 시 주축의 회전수가 300 rpm, 이송 속도가 매분 1500 mm이었다. 커터날 하나당 이송량(mm)은?

① 0.5　　② 1
③ 1.5　　④ 2

해설 $f_z = \dfrac{f}{ZN} = \dfrac{1500}{10 \times 300} = 0.5 \,\text{mm}$

15. 밀링 작업에서 일감의 가공면에 떨림(chattering)이 나타날 경우 그 방지책으로 적합하지 않은 것은?

① 밀링 커터의 정밀도를 좋게 한다.
② 일감의 고정을 확실히 한다.
③ 절삭 조건을 개선한다.
④ 회전 속도를 빠르게 한다.

해설 떨림(chattering)의 원인
- 기계의 강성 부족
- 커터의 정밀도 부족
- 일감 고정의 부적정
- 일감 조건의 부적정

16. 엔드밀에 의한 가공에 관한 설명 중 틀린 것은?

① 엔드밀은 홈이나 좁은 평면 등의 절삭에 많이 이용된다.
② 엔드밀은 가능한 짧게 고정하고 사용한다.
③ 휨을 방지하기 위해 가능한 절삭량을 많게 한다.
④ 엔드밀은 가능한 지름이 큰 것을 사용한다.

해설 엔드밀의 휨을 방지하기 위해서는 절삭량을 적게 한다.

17. 공작 기계의 부품과 같이 직선 슬라이딩 장치의 제작에 사용되는 공구로 측면과 바닥면이 60°가 되도록 동시에 가공하는 절삭 공구는?

① 엔드밀
② T홈 밀링 커터
③ 더브테일 밀링 커터
④ 정면 밀링 커터

해설 더브테일 밀링 커터는 더브테일 홈 가공, 기계 조립 부품에 많이 사용한다.

18. 밀링에서 다듬질 작업 시에 절삭 속도 및 이송 속도와의 관계가 알맞게 짝지어진 것은?

① 절삭 속도를 느리게 하고, 이송 속도를 빠르게 한다.
② 절삭 속도를 빠르게 하고, 이송 속도를 느리게 한다.
③ 절삭 속도를 느리게 하고, 이송 속도를 느리게 한다.
④ 절삭 속도를 빠르게 하고, 이송 속도를 빠르게 한다.

해설 표면 조도를 좋게 하려면, 절삭 속도는 빠르게, 이송 속도는 느리게 한다.

19. 다음 중 밀링 머신에서 생산성을 향상시키기 위한 절삭 속도 선정 방법으로 올바른 것은?

① 추천 절삭 속도보다 약간 낮게 설정하는 것이 커터의 수명을 연장할 수 있어 좋다.
② 거친 절삭에서는 절삭 속도를 빠르게, 이송을 빠르게, 절삭 깊이를 깊게 선정한다.

정답 14. ①　15. ④　16. ③　17. ③　18. ②　19. ①

③ 다음 절삭에서는 절삭 속도를 느리게, 이송을 빠르게, 절삭 깊이를 얕게 선정한다.
④ 가공물의 재질은 절삭 속도와 상관없다.

해설 밀링 커터의 수명 연장을 위하여 추천 절삭 속도보다 약간 낮게 설정하므로 공구를 오래 사용할 수 있어 공구 교환 시간 단축으로 생산성을 향상시킬 수 있다.

20. 밀링 머신에서 가공 능률에 영향을 주는 절삭 조건과 가장 거리가 먼 것은?
① 이송
② 랜드
③ 절삭 속도
④ 절삭 깊이

해설 밀링 머신을 포함한 공작 기계에서 가공 능률에 영향을 주는 요소는 이송, 절삭 속도, 절삭 깊이이며, 랜드는 여유각에 의해 생기는 절삭날 여유면의 일부이다.

21. 절삭 속도 50 m/min, 커터의 날 수 10, 커터의 지름 200 mm, 1날당 이송 0.2 mm로 밀링 가공할 때 테이블의 이송 속도는 약 몇 mm/min인가?
① 259.2
② 642
③ 65.4
④ 159.2

해설 먼저 회전수를 구하면,
$N = \dfrac{1000V}{\pi D} = \dfrac{1000 \times 50}{3.14 \times 200} = 79.6 \text{ rpm}$
$f = f_z \times Z \times N$
$\quad = 0.2 \times 10 \times 79.6 = 159.2 \text{ mm/min}$

22. 절삭 면적을 식으로 나타낸 것으로 올바른 것은? (단, F : 절삭 면적(mm^2), s : 이송(mm/rev), t : 절삭 깊이(mm)이다.)
① $F = s \times t$
② $F = s \div t$
③ $F = s + t$
④ $F = s - t$

해설 절삭 면적＝이송×절삭 깊이

3-3 밀링 절삭 가공

1 절삭 방법

① **상향 절삭** : 공구의 회전 방향과 공작물의 이송이 반대 방향인 경우
② **하향 절삭** : 공구의 회전 방향과 공작물의 이송이 같은 방향인 경우
③ **절삭의 합성** : 상향 절삭과 하향 절삭이 합성인 경우

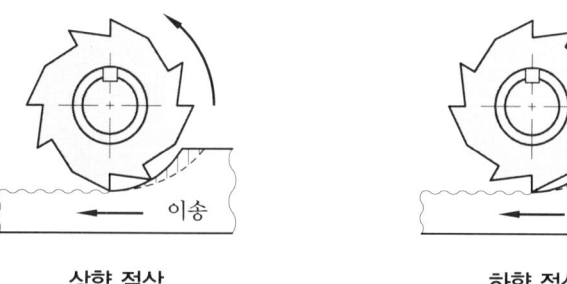

상향 절삭   하향 절삭

상향 절삭과 하향 절삭의 특징

상향 절삭	하향 절삭
• 칩 배출이 잘 된다.	• 칩 배출이 잘 되지 않는다.
• 백래시가 제거된다.	• 백래시 제거 장치가 필요하다.
• 커터의 수명이 짧다.	• 커터의 마모가 적다.
• 동력 소비가 많다.	• 동력 소비가 적다.
• 가공면이 거칠다.	• 가공면이 깨끗하다.
• 공작물을 확실히 고정해야 한다.	• 공작물의 고정에 신경 쓸 필요가 없다.

2 분할 작업

(1) 분할대의 구조

분할대는 주축에 40개의 이를 가진 웜 기어가 고정되어 있다. 웜 축에 1줄의 웜이 있어 웜 축을 1회전시키면 주축은 $\frac{1}{40}$ 회 회전한다.

① **분할판** : 분할하기 위해 일정한 간격으로 판에 구멍을 뚫어 놓은 판이다.
② **섹터** : 분할 간격을 표시하는 기구이다.
③ **선회대** : 주축을 수평에서 위로 110°, 아래로 10° 경사시킬 수 있다.

분할판의 종류와 구멍수

종류	분할판	구멍수
브라운 샤프형	No. 1 No. 2 No. 3	15, 16, 17, 18, 19, 20 21, 23, 27, 29, 31, 33 37, 39, 41, 43, 47, 49
신시내티형	앞면 뒷면	24, 25, 28, 30, 34, 37, 38, 39, 40, 42, 43 46, 47, 49, 51, 53, 54, 57, 58, 59, 62, 66
밀워키형	앞면 뒷면	100, 96, 92, 84, 72, 66, 60 98, 88, 78, 76, 68, 58, 54

(2) 밀링 분할 작업

① **직접 분할법**(direct indexing) : 주축의 앞부분에 있는 24개의 구멍을 이용하여 분할하는 방법으로 2, 3, 4, 6, 8, 12, 24로 등분할 수 있다(7종 분할이 가능).

② **간접 분할법**(indirect indexing)

  ㈎ 단식 분할법 : 직접 분할로 할 수 없는 분할을 분할판과 크랭크를 사용하여 분할하는 방법이다. 분할판은 고정되어 있고 분할 크랭크만 회전한다. 웜 축을 1회전시키면 주축은 $\frac{1}{40}$ 회 회전하므로 웜을 40회전시키면 분할대 주축은 1회전한다.

$$n = \frac{R}{N} = \frac{40}{N} \text{ (브라운 샤프형과 신시내티형)}$$

$$n = \frac{R}{N} = \frac{5}{N} \text{ (밀워키형)}$$

여기서, n : 분할 크랭크 핸들의 회전수
  N : 분할수
  R : 웜 기어의 회전 비

  ㈏ **차동 분할법** : 단식 분할이 불가능한 경우 차동 장치를 사용하여 분할하는 방법이다. 이때 사용하는 변환 기어의 잇수에는 24(2개), 28, 32, 40, 48, 56, 64, 72, 86, 100이 있다.

- 분할 수 N에 가까운 수로 단식 분할할 수 있는 N'를 가정한다.
- 가정 수 N'로 등분하는 것으로 하고 분할 크랭크 핸들의 회전수 n을 구한다.

$$n = \frac{40}{N'}$$

- 변환 기어의 차동비 i를 구한다.

$$i = 40 \times \frac{N'-N}{N'} = \frac{S}{W} \cdots\cdots\cdots\cdots \text{2단}$$

$$i = 40 \times \frac{N'-N}{N'} = \frac{S \times B}{W \times A} \cdots\cdots\cdots \text{4단}$$

- 차동비가 +값일 때는 중간 기어 1개를, -값일 때는 중간 기어 2개를 사용한다.

(다) 각도 분할법 : 분할에 의해 공작물의 원둘레를 어떤 각도로 분할할 때는 단식 분할법과 마찬가지로 분할판과 크랭크 핸들에 의해 분할한다. 신시내티형 분할대는 주축이 1회전하면 360°가 되고, 크랭크 핸들의 회전과 분할대 주축과의 비는 40 : 1이므로 주축의 회전 각도는 다음과 같다.

$$\frac{360°}{40°} = 9$$

따라서 구하고자 하는 분할 크랭크 핸들의 회전수는 다음과 같다.

$$n = \frac{D}{9°}$$

여기서, n : 구하고자 하는 분할 크랭크 핸들의 회전수 D : 분할 각도

위 식은 도(°)로 나타낸 것이며, 분(′)과 초(″) 단위로 환산하면 다음과 같다.

$$n = \frac{D}{540'} \qquad n = \frac{D}{32400''}$$

예 | 상 | 문 | 제

1. 상향 절삭과 하향 절삭에 대한 설명으로 틀린 것은?

① 하향 절삭은 상향 절삭보다 표면 거칠기가 우수하다.
② 상향 절삭은 하향 절삭에 비해 공구의 수명이 짧다.
③ 상향 절삭은 하향 절삭과는 달리 백래시 제거 장치가 필요하다.
④ 상향 절삭은 하향 절삭 때보다 가공물을 견고하게 고정해야 한다.

해설 (1) 상향 절삭
- 칩이 잘 빠져 나와 절삭을 방해하지 않는다.
- 백래시가 제거된다.
- 공작물이 날에 의하여 끌려 올라오므로 확실히 고정해야 한다.
- 커터의 수명이 짧다.
- 동력 소비가 많다.
- 가공면이 거칠다.

(2) 하향 절삭
- 칩이 잘 빠지지 않아 가공면에 흠집이 생기기 쉽다.
- 백래시 제거 장치가 필요하다.
- 커터가 공작물을 누르므로 공작물 고정에 신경 쓸 필요가 없다.
- 커터의 마모가 적다.
- 동력 소비가 적다.
- 가공면이 깨끗하다.

2. 상향 절삭과 하향 절삭을 비교했을 때 상향 절삭에 해당하는 설명은 어느 것인가?

① 동력의 소비가 적다.
② 마찰열의 작용으로 가공면이 거칠다.
③ 가공할 때 충격이 있어 높은 강성이 필요하다.
④ 뒤틈(backlash) 제거 장치가 없으면 가공이 곤란하다.

해설 상향 절삭은 절삭 가공 시 마찰열과 접촉면의 마모가 커서 공구 수명이 짧고 가공면이 거칠다.

3. 밀링 머신에 관한 설명으로 옳지 않은 것은?

① 테이블의 이송 속도는 밀링 커터날 1개당 이송 거리×커터의 날 수×커터의 회전수로 산출한다.
② 플레노형 밀링 머신은 대형의 공작물 또는 중량물의 평면이나 홈 가공에 사용한다.
③ 하향 절삭은 커터의 날이 일감의 이송 방향과 같으므로 일감의 고정이 간편하고 뒤틈 제거 장치가 필요 없다.
④ 수직 밀링 머신은 스핀들이 수직 방향으로 장치되며 엔드밀로 홈 깎기, 옆면 깎기 등을 가공하는 기계이다.

해설 하향 절삭은 떨림이 나타나 공작물과 커터를 손상시키며, 뒤틈 제거 장치가 없으면 작업을 할 수 없다.

4. 밀링 머신에서 테이블 백래시(back lash) 제거 장치를 설치하는 위치로 적합한 곳은?

① 변속 기어
② 자동 이송 레버
③ 테이블 이송 나사
④ 테이블 이송 핸들

해설 밀링 머신에서 백래시 제거 장치는 테이블 이송 나사에 장착하여 나사의 피치 간 간격을 줄인다.

정답 1. ③ 2. ② 3. ③ 4. ③

5. 기어(gear)의 잇수를 등분하고자 할 때 사용하는 밀링 부속품은?

① 분할대 ② 바이스
③ 정면 커터 ④ 측면 커터

해설 분할대는 밀링 머신에서 분할작업 및 각도 변위가 요구되는 작업에 사용되며, 기어를 깎을 때 치형과 치형 사이의 분할, 또는 헬리컬 리머나 드릴의 홈을 깎을 때 홈 각도 변위, 또는 밀링 커터 제작 등에 이용할 수 있다.

6. 밀링 작업에서 스핀들의 앞면에 있는 24구멍의 직접 분할판을 사용하여 분할하며, 이때 웜을 아래로 내려 스핀들의 웜 휠과 물림을 끊는 분할법은?

① 간접 분할법 ② 직접 분할법
③ 차동 분할법 ④ 단식 분할법

해설 • 단식 분할법은 직접 분할로 할 수 없는 분할을 분할판과 크랭크를 사용하여 분할하는 방법이다.
• 차동 분할법은 단식 분할이 불가능한 경우 차동 장치를 사용하여 분할하는 방법이다. 이때 사용하는 변환 기어의 잇수에는 24(2개), 28, 32, 40, 48, 56, 64, 72, 86, 100이 있다.

7. 밀링 분할대로 3°의 각도를 분할하는데, 분할 핸들을 어떻게 조작하면 되는가? (단, 브라운 샤프형 No. 1의 18열을 사용한다.)

① 5구멍씩 이동
② 6구멍씩 이동
③ 7구멍씩 이동
④ 8구멍씩 이동

해설 $n = \dfrac{\theta}{9°} = \dfrac{3}{9} = \dfrac{3 \times 2}{9 \times 2} = \dfrac{6}{18}$

8. 밀링 머신에서 단식 분할법을 사용하여 원주를 5등분하려면 분할 크랭크를 몇 회전씩 돌려가면서 가공하면 되는가?

① 4 ② 8
③ 9 ④ 16

해설 $n = \dfrac{40}{N} = \dfrac{40}{5} = 8$

9. 분할대에서 분할 크랭크 핸들을 1회전시키면 스핀들은 몇 도 회전하는가?

① 36 ② 27
③ 18 ④ 9

해설 분할대는 주축이 1회전하면 360°가 되고, 크랭크 핸들의 회전과 분할대 주축과의 비는 40 : 1이므로 주축의 회전 각도는 $\dfrac{360°}{40} = 9°$이다.

10. 분할대를 이용하여 원주를 18등분하고자 한다. 신시내티형(cincinnati type) 54구멍 분할판을 사용하여 단식 분할하려면 어떻게 하는가?

① 2회전하고 2구멍씩 회전시킨다.
② 2회전하고 4구멍씩 회전시킨다.
③ 2회전하고 8구멍씩 회전시킨다.
④ 2회전하고 12구멍씩 회전시킨다.

해설 $n = \dfrac{40}{N} = \dfrac{40}{18} = 2\dfrac{4}{18} = 2\dfrac{12}{54}$

11. 밀링 머신에서 원주를 단식 분할법으로 13등분하는 경우의 설명으로 옳은 것은?

① 13구멍열에서 1회전에 3구멍씩 이동한다.
② 39구멍열에서 3회전에 3구멍씩 이동한다.
③ 40구멍열에서 1회전에 13구멍씩 이동한다.
④ 40구멍열에서 3회전에 13구멍씩 이동한다.

정답 5. ① 6. ② 7. ② 8. ② 9. ④ 10. ④ 11. ②

해설 $n = \dfrac{40}{N} = \dfrac{40}{13} = 3\dfrac{1}{13} = 3\dfrac{3}{39}$

12. 밀링 작업의 단식 분할법에서 원주를 15등분하려고 한다. 이때 분할대 크랭크의 회전수를 구하고, 15구멍열 분할판을 몇 구멍씩 보내면 되는가?

① 1회전에 10구멍씩
② 2회전에 10구멍씩
③ 3회전에 10구멍씩
④ 4회전에 10구멍씩

해설 $n = \dfrac{40}{N} = \dfrac{40}{15} = 2\dfrac{10}{15}$

13. 범용 밀링에서 원주를 10° 30′ 분할할 때 맞는 것은?

① 분할판 15구멍열에서 1회전과 3구멍씩 이동
② 분할판 18구멍열에서 1회전과 3구멍씩 이동
③ 분할판 21구멍열에서 1회전과 4구멍씩 이동
④ 분할판 33구멍열에서 1회전과 4구멍씩 이동

해설 $n = \dfrac{\theta°}{9°} = \dfrac{10}{9°} = 1\dfrac{1}{9} = 1\dfrac{2}{18}$

$n = \dfrac{\theta}{540'} = \dfrac{30}{540} = \dfrac{1}{18}$

∴ 분할판 18구멍열에서 1회전과 3(=2+1) 구멍씩 이동

14. 지름이 100mm인 가공물에 리드 600mm의 오른나사 헬리컬 홈을 깎으려고 한다. 테이블 이송 나사의 피치가 10mm인 밀링 머신에서 테이블 선회각을 tan θ로 나타낼 때 옳은 값은?

① 31.41
② 1.90
③ 0.03
④ 0.52

해설 $\tan\theta = \dfrac{\pi d}{L} = \dfrac{\pi \times 100}{600} \fallingdotseq 0.52$

15. 밀링 작업에서 분할대를 사용하여 직접 분할할 수 없는 것은?

① 3등분
② 4등분
③ 6등분
④ 9등분

해설 직접 분할법으로는 2, 3, 4, 6, 8, 12, 24등분만 가능하다.

16. 브라운 샤프 분할판의 구멍열을 나열한 것으로 틀린 것은?

① No. 1 - 15, 16, 17, 18, 19, 20
② No. 2 - 21, 23, 27, 29, 31, 33
③ No. 3 - 37, 39, 41, 43, 47, 49
④ No. 4 - 12, 13, 15, 16, 17, 18

해설 브라운 샤프 분할판은 No. 1, No. 2, No. 3을 사용한다.

17. 밀링 머신을 이용한 가공에서 상향 절삭과 비교하여 하향 절삭의 특징으로 틀린 것은?

① 공구날의 마멸이 적고 수명이 길다.
② 절삭날 자리 간격이 길고, 가공면이 거칠다.
③ 절삭된 칩이 가공된 면 위에 쌓이므로, 가공면을 잘 볼 수 있다.
④ 커터날이 공작물을 누르며 절삭하므로 공작물 고정이 쉽다.

해설 하향 절삭은 상향 절삭에 비해 가공면이 깨끗하고, 커터(cutter)의 날이 마찰 작용을 하지 않으므로 날의 마멸이 작고 수명이 길다.

정답 12. ② 13. ② 14. ④ 15. ④ 16. ④ 17. ②

18. 브라운 샤프형 분할대의 인덱스 크랭크를 1회전시키면 주축은 몇 회전하는가?

① 40회전　　② $\frac{1}{40}$ 회전

③ 24회전　　④ $\frac{1}{24}$ 회전

해설 인덱스 크랭크 1회전에 웜이 1회전하고, 웜 기어가 $\frac{1}{40}$ 회전(웜 기어 잇수가 40개이므로)하며 스핀들의 회전 각도는 9°이다.

19. 밀워키형 분할대의 웜 축과 웜 기어의 회전비는?

① 2 : 1　　② 20 : 1
③ 5 : 1　　④ 40 : 1

해설 신시내티형과 브라운 샤프형의 회전비는 40 : 1이므로 크랭크 1회전에 주축은 $\frac{1}{40}$ 회전하게 되나 밀워키형의 회전비는 5 : 1이므로 크랭크 1회전에 주축은 $\frac{1}{5}$ 회전을 하게 된다. 따라서 분할판을 선정하는 방법은 다음과 같다.

$n = \frac{R}{N} = \frac{5}{N}$

20. 밀링 머신에서 둥근 단면의 공작물을 사각, 육각 등으로 가공할 때에 사용하면 편리하며, 변환 기어를 테이블과 연결하여 비틀림 홈 가공에 사용하는 부속품은?

① 분할대　　② 밀링 바이스
③ 회전 테이블　　④ 슬로팅 장치

해설 분할대는 밀링 머신의 테이블 상에 설치하며, 공작물의 각도 분할에 주로 사용한다.

21. 분할대를 이용하여 원주를 7등분하고자 한다. 브라운 샤프형의 21구멍 분할판을 사용하여 단식 분할하면?

① 5회전하고 3구멍씩 전진시킨다.
② 3회전하고 7구멍씩 전진한다.
③ 3회전하고 5구멍씩 전진시킨다.
④ 5회전하고 15구멍씩 전진한다.

해설 $n = \frac{40}{N} = \frac{40}{7} = 5\frac{5}{7}$ 이고 브라운 샤프형 No. 2 분할에서 7의 3배인 21이 있으므로 $\frac{5}{7} = \frac{15}{21}$ 가 된다. 즉, 21구멍의 분할판을 써서 크랭크를 5회전하고 15구멍씩 돌리면 7등분이 된다.

4. 연삭 가공

4-1 연삭기의 개요 및 구조

(1) 연삭기의 개요

연삭기는 숫돌바퀴를 고속으로 회전시켜 원통의 외면, 내면 또는 평면을 정밀 다듬질하는 공작 기계로 강재는 물론 담금질된 강 또는 절삭 공구로도 가공이 어려운 것을 다듬질할 수 있다.

(2) 연삭기의 구조

① **주축대** : 공작물을 설치하는 것으로 회전·구동용 전동기, 속도 변환장치 및 공작물의 주축으로 구성되며, 고정식과 선회식이 있다.
② **심압대** : 주축 센터의 연장선상의 길이 방향에서 자유로이 이동하도록 하고, 테이블 안내면을 따라 적당한 위치에 고정시켜 가공물을 지지한다.
③ **연삭숫돌대** : 연삭기 성능을 좌우하는 중요한 구성 요소이며, 숫돌과 구동장치로 되어 있다.
④ **테이블과 테이블 이송장치** : 하부 좌우 왕복 운동 테이블과 그 위에 어느 정도(보통 7°) 선회 가능한 구조로 테이퍼, 원통도 조정이 가능하다.

4-2 연삭기의 종류

(1) 원통 연삭기

연삭숫돌과 가공물을 접촉시켜 연삭숫돌의 회전 연삭 운동과 공작물의 회전 이송 운동으로 원통형 공작물의 외주 표면을 연삭 다듬질하는 기계로, 연삭 이송 방법에 따라 다음과 같이 분류한다.
① **테이블 왕복형** : 소형 공작물의 연삭에 적합하다.
② **숫돌대 왕복형** : 대형, 중량 공작물의 연삭에 적합하다.
③ **플런지 컷형** : 공작물은 회전만 하고 숫돌대의 연삭숫돌을 테이블과 직각으로 전후 이송을 주어 연삭하는 형식이다.

(2) 내면 연삭기

① **용도** : 원통이나 테이퍼의 내면을 연삭하는 기계로, 구멍의 막힌 내면을 연삭하며 단면 연삭도 가능하다.
② **연삭 방법** : 보통형 연삭, 플래니터리형 연삭

(3) 만능 연삭기

① **외관** : 원통 연삭기와 유사하나 공작물 주춧대와 숫돌대가 회전하고 테이블 자체의 선회각이 크며, 내면 연삭 장치를 구비한 것이다.
② **용도** : 원통 내면과 외면 연삭, 테이퍼, 플런지 컷 등을 연삭한다.

(4) 평면 연삭기

테이블에 T홈을 두고 마그네틱 척, 고정구, 바이스 등을 설치하며, 이곳에 일감을 고정시켜 평면 연삭을 한다. 테이블 왕복형과 테이블 회전형이 있다.

(5) 공구 연삭기

① **바이트 연삭기** : 공작 기계의 바이트 전용 연삭기이며, 기타 용도로도 사용된다.
② **드릴 연삭기** : 보통 드릴의 날끝 각, 선단 여유각 등 드릴 전문 연삭기이다.
③ **만능 공구 연삭기** : 여러 가지 부속장치를 사용하여 드릴, 리머, 탭, 밀링 커터, 호브 등의 연삭을 한다.

(6) 센터리스 연삭기

① 원통 연삭기의 일종이며, 센터 없이 연삭숫돌과 조정 숫돌 사이를 지지판으로 지지하면서 연삭하는 것으로, 회전과 이송을 주어 연삭한다.
② **용도** : 내면용, 외면용, 나사 연삭용, 단면 연삭용
③ **장점**
　㈎ 공작물의 해체나 고정 없이 연속 작업이 가능하여 대량 생산에 적합하다.
　㈏ 기계의 조정이 끝나면 초보자도 작업을 할 수 있다.
　㈐ 가늘고 긴 핀, 원통, 중공 등을 연삭하기 쉽다.
　㈑ 센터나 척에 고정하기 힘든 것을 쉽게 연삭할 수 있다.
　㈒ 고정에 따른 변형이 적고 연삭 여유가 적어도 된다.
④ **단점** : 긴 홈이 있는 가공물이나 대형 가공물의 연삭이 불가능하다.

예 | 상 | 문 | 제

1. 절삭 공구를 연삭하는 공구 연삭기의 종류가 아닌 것은?
   ① 센터리스 연삭기
   ② 초경 공구 연삭기
   ③ 드릴 연삭기
   ④ 만능 공구 연삭기

   해설 센터리스 연삭기는 가늘고 긴 원통형 공작물을 센터나 척으로 고정하지 않고 바깥지름이나 안지름을 연삭하는 것이다.

2. 내면 연삭에 대한 특징이 아닌 것은?
   ① 바깥지름 연삭에 비하여 숫돌의 마멸이 심하다.
   ② 가공 중 안지름을 측정하기 곤란하므로 자동 치수 측정 장치가 필요하다.
   ③ 숫돌의 바깥지름이 작으므로 소정의 연삭 속도를 얻으려면 숫돌축의 회전수를 높여야 한다.
   ④ 일반적으로 구멍 내면의 연삭 정도를 높게 하는 것이 외면 연삭보다 쉬운 편이다.

   해설 구멍 내면의 연삭 정도를 높게 하는 것이 외면 연삭보다 어렵다.

3. 연삭 가공 중 강성이 크고 강력한 연삭기가 개발됨으로 인해 한 번에 연삭 깊이를 크게 하여 가공 능률을 향상시킨 것은?
   ① 자기 연삭
   ② 성형 연삭
   ③ 크리프 피드 연삭
   ④ 경면 연삭

   해설 크리프 피드 연삭은 강성이 큰 강력 연삭기로 개발된 것이며, 연삭 깊이를 한 번에 약 1~6mm까지 크게 하여 가공 능률을 높인 것이다.

4. 중량물의 내면 연삭에 주로 사용되는 연삭 방법은?
   ① 트래버스 연삭
   ② 플랜지 연삭
   ③ 만능 연삭
   ④ 플래니터리 연삭

   해설 플래니터리 연삭은 대형이고 균형이 잡히지 않은 것에 적합하며, 유성형이라고도 한다.

5. 일반적으로 표면 정밀도가 낮은 것부터 높은 순서를 옳게 나타낸 것은?
   ① 래핑-연삭-호닝
   ② 연삭-호닝-래핑
   ③ 호닝-연삭-래핑
   ④ 래핑-호닝-연삭

   해설 표면 정밀도
   래핑>슈퍼 피니싱>호닝>연삭

6. 바깥지름 연삭기에서 바깥지름 연삭의 이송 방법이 아닌 것은?
   ① 테이블 왕복 방식
   ② 연삭숫돌대 방식
   ③ 플런지 컷 방식
   ④ 회전 테이블 방식

정답 1.① 2.④ 3.③ 4.④ 5.② 6.④

해설
- 테이블 왕복형 : 숫돌은 회전만 하고 공작물이 회전 및 왕복 운동을 하며, 소형 공작물의 연삭에 적합하다.
- 숫돌대 왕복형 : 공작물은 회전만 하고 숫돌대를 수평 이송시키는 방법으로 대형 공작물의 연삭에 적합하다.
- 플런지 컷형 : 숫돌을 테이블과 직각으로 이동시켜 연삭하는 형식으로 전체 길이를 동시에 가공한다.

7. 나사 연삭기의 연삭 방법이 아닌 것은?
① 다인 나사 연삭 방법
② 단식 나사 연삭 방법
③ 역식 나사 연삭 방법
④ 센터리스 나사 연삭 방법

해설 연삭 가공된 나사는 정밀도가 높아 자동차, 항공기, 정밀 기계용 나사로 사용되며, 연삭 방법으로는 다인, 단식, 센터리스 등 연삭 방법이 있다.

8. 연삭 가공의 특징으로 옳지 않은 것은?
① 경화된 강과 같은 단단한 재료를 가공할 수 있다.
② 가공물과 접촉하는 연삭점의 온도가 비교적 낮다.
③ 정밀도가 높고 표면 거칠기가 우수한 다듬질 면을 얻을 수 있다.
④ 숫돌 입자는 마모되면 탈락하고 새로운 입자가 생기는 자생작용이 있다.

해설 연삭 가공에서는 불꽃이 발생하는 것으로도 절삭열이 매우 높다는 것을 알 수 있다.

9. 센터리스 연삭에 대한 설명으로 틀린 것은?
① 가늘고 긴 가공물의 연삭에 적합하다.
② 긴 홈이 있는 가공물의 연삭에 적합하다.
③ 다른 연삭기에 비해 연삭 여유가 작아도 된다.
④ 센터가 필요치 않아 센터 구멍을 가공할 필요가 없다.

해설 센터리스 연삭은 홈이 있는 가공물의 연삭에는 부적합하다.

10. 센터리스 연삭기에 없는 부품은?
① 연삭숫돌   ② 조정숫돌
③ 양 센터   ④ 일감 지지판

해설 양 센터를 사용하지 않고 연삭숫돌과 조정숫돌 사이를 지지판으로 지지하면서 연삭한다.

11. 연삭 가공의 특징에 대한 설명으로 거리가 먼 것은?
① 가공면의 치수 정밀도가 매우 우수하다.
② 부품 생산의 첫 공정에 많이 이용되고 있다.
③ 재료가 열처리되어 단단해진 공작물의 가공에 적합하다.
④ 높은 치수 정밀도가 요구되는 부품의 가공에 적합하다.

해설 연삭 가공은 부품 생산의 마지막 공정에 이용된다.

12. 평면 연삭기의 크기를 나타내는 방법으로 틀린 것은?
① 테이블의 길이×폭
② 숫돌의 최대지름×폭
③ 테이블의 무게×높이
④ 테이블의 최대 이송 거리

해설 공작 기계의 크기를 테이블의 무게로 나타내는 경우는 없다.

정답 7. ③ 8. ② 9. ② 10. ③ 11. ② 12. ③

13. 다음 중 외경 연삭기의 이송 방법에 해당하지 않는 것은?

① 연삭숫돌대 방식
② 테이블 왕복식
③ 플런지 컷 방식
④ 새들 방식

해설 외경 연삭기의 이송 방법
- 공작물에 이송을 주는 방식
- 연삭숫돌에 이송을 주는 방식
- 공작물, 연삭숫돌에 모두 이송을 주지 않고 전후 이송만으로 작업을 하는 플런지 컷 방식

14. 내면 연삭기에서 내면 연삭 방식이 아닌 것은?

① 유성형   ② 보통형
③ 고정형   ④ 센터리스형

해설
- 보통형 : 공작물에 회전 운동을 주어 연삭한다.
- 플래니터리형(유성형) : 공작물은 정지하고, 숫돌은 회전 연삭 운동과 동시에 공전 운동을 한다.

15. 센터리스 연삭의 장점 중 거리가 먼 것은 어느 것인가?

① 숙련을 요구하지 않는다.
② 가늘고 긴 가공물의 연삭에 적합하다.
③ 중공(中空)의 가공물을 연삭할 때 편리하다.
④ 대형이나 중량물의 연삭이 가능하다.

해설 센터리스 연삭기의 장점
- 연속 작업이 가능하다.
- 공작물의 해체·고정이 필요 없다.
- 대량 생산에 적합하다.
- 기계의 조정이 끝나면 초보자도 작업을 할 수 있다.
- 고정에 따른 변형이 적고 연삭 여유가 작아도 된다.
- 가늘고 긴 핀, 원통, 중공 등을 연삭하기 쉽다.
- 센터나 척에 고정하기 힘든 것을 쉽게 연삭할 수 있다.

정답 13. ④   14. ③   15. ④

4-3 연삭숫돌의 구성 요소

(1) 연삭숫돌의 3요소

① 연삭숫돌은 연삭 또는 연마에 사용되는 숫돌로, 경도가 큰 숫돌 입자를 적당한 접착제로 성형한 것이다.
② **연삭숫돌의 3요소** : 숫돌 입자, 결합제, 기공
  (가) 숫돌 입자 : 숫돌의 재질
  (나) 결합제 : 입자를 결합시키는 접착제
  (다) 기공 : 숫돌과 숫돌 사이의 구멍

(2) 연삭숫돌의 5대 성능 요소

연삭숫돌의 5대 성능 요소는 숫돌 입자, 입도, 결합도, 조직, 결합제이다.
① **숫돌 입자** : 인조산과 천연산이 있는데, 순도가 높은 인조산이 널리 사용된다.
  (가) 알루미나(Al_2O_3) : 순도가 높은 WA 입자는 담금질강, 갈색의 A 입자는 일반 강재의 연삭에 사용된다.
  (나) 탄화규소(SiC) : 흑자색의 C 입자는 주철, 자석, 비철금속에 사용되며, 녹색인 GC 입자는 초경합금 연삭에 사용된다.

숫돌 입자의 종류와 용도

	연삭숫돌	숫돌 기호	용도	비고
인조 연삭숫돌	산화알루미늄 (Al_2O_3)	A 숫돌	중연삭용, 일반 강재, 가단주철, 청동, 사포	갈색
		WA 숫돌	경연삭용, 담금질강, 특수강, 고속도강	백색
	탄화규소질 (SiC)	C 숫돌	주철, 동합금, 경합금, 비철금속, 비금속	흑자색
		GC 숫돌	경연삭용, 특수 주철, 칠드 주철, 초경합금, 유리	녹색
	탄화붕소질 (BC)	B 숫돌	메탈 본드 숫돌, 일래스틱 본드 숫돌, D 숫돌의 대용, 래핑제	-
	다이아몬드 (MD)	D 숫돌	D 숫돌용	-

연삭숫돌		숫돌 기호	용도	비고
천연 연삭숫돌	다이아몬드 (MD)	D 숫돌	메탈, 일래스틱 비트리파이드 숫돌, 석재, 유리, 보석 절단, 연삭, 각종 래핑제, 연질 금속, 절삭용 바이트, 초경합금 연삭	–
	에머리		숫돌에 사용하지 않고 연마제나 사포에 사용	–
	커런덤			무색

② **입도** : 입자의 크기를 번호(#)로 나타낸 것으로, 입도의 범위는 #10~3000번이며, 번호가 커지면 입도가 고와진다. #10~220까지는 체 눈의 번호(메시)로 구별하며, 그 이상의 것은 평균 지름의 μm로 나타낸다.

숫돌의 입도

구분	거친 눈	보통 눈	가는 눈	아주 가는 눈
입도	10~24	30~60	70~200	240~800
용도	막 다듬질	다듬질	경질 다듬질	광내기

③ **결합도** : 숫돌의 경도로, 입자가 결합하고 있는 결합제의 세기를 말한다.

구분	극히 연함	연함	보통	단단함	극히 단단함
결합도	E, F, G	H, I, J, K	L, M, N, O	P, Q, R, S	T, U, V, W, X, Y, Z

④ **조직** : 숫돌바퀴에 있는 기공의 대소 변화, 즉 단위 부피 중 숫돌 입자의 밀도 변화를 조직이라 한다.
   ㈎ 거친 조직(W) : 숫돌 입자율 42% 미만
   ㈏ 보통 조직(M) : 숫돌 입자율 42~50%
   ㈐ 치밀 조직(C) : 숫돌 입자율 50% 초과
⑤ **결합제** : 입자를 결합하여 숫돌을 성형하는 결합제로 비트리파이드(V), 러버(R), 실리케이트(S), 레지노이드(B), 셸락(E), 메탈(M) 등이 있으며, 결합제의 구비 조건은 다음과 같다.
   ㈎ 결합력의 조절 범위가 넓고 열이나 연삭액에 안정할 것
   ㈏ 적당한 기공과 균일한 조직으로 성형이 좋을 것
   ㈐ 원심력, 충격에 대한 기계적 강도가 있을 것

4-4 연삭숫돌의 모양과 표시

(1) 바퀴의 모양

연삭 목적에 따라 여러 가지 모양으로 만들어져 왔으나 근래에 규격을 통일하였다.

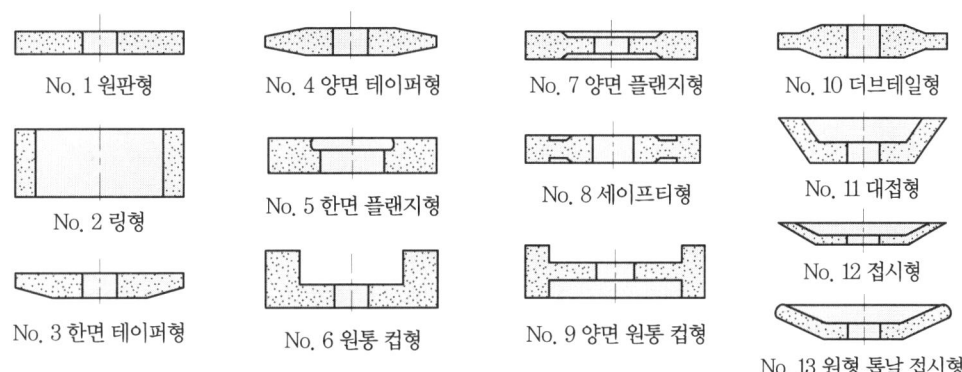

숫돌의 표준 모양

(2) 연삭숫돌의 표시 방법

숫돌바퀴를 표시할 때는 구성 요소를 부호에 따라 일정한 순서로 나열한다.

연삭숫돌의 표시 방법

WA	70	K	m	V	1호	A	205	×	19	×	15.88
숫돌 입자	입도	결합도	조직	결합제	숫돌 모양	연삭면 모양	바깥 지름		두께		구멍 지름

예상문제

1. 연삭숫돌의 구성 3요소에 속하지 않는 것은?
① 숫돌 입자 ② 결합제
③ 조직   ④ 기공

해설 • 연삭숫돌의 3요소 : 숫돌 입자, 결합제, 기공
• 연삭숫돌의 5대 성능 요소 : 숫돌 입자, 입도, 결합도, 조직, 결합제

2. 연삭 작업 시 주의할 점에 대한 설명으로 틀린 것은?
① 반드시 숫돌 커버를 설치하여 사용한다.
② 양 숫돌차의 입도는 항상 같게 하여야 한다.
③ 연삭 작업 시에는 보안경을 꼭 착용하여야 한다.
④ 숫돌을 나무 해머로 가볍게 두들겨 음향 검사를 한다.

해설 양 숫돌차의 입도는 공작물의 재질에 따라 달라도 관계없다.

3. 연삭숫돌의 결합제와 기호를 잘못 짝지은 것은?
① 고무-R   ② 셸락-E
③ 비닐-PVA   ④ 레지노이드-L

해설 결합제로 비트리파이드(V), 실리케이트(S), 레지노이드(B), 메탈(M) 등이 있다.

4. 열경화성 합성수지인 베이클라이트를 주성분으로 하며 각종 용제, 기름 등에 안정된 숫돌로, 절단용 숫돌 및 정밀 연삭용으로 적합한 결합제는?
① 고무 결합제   ② 비닐 결합제
③ 셸락 결합제   ④ 레지노이드 결합제

해설 • 고무 결합제(R) : 탄성이 크므로 판상, 절단용 숫돌, 센트리스 연삭기의 조정 숫돌에 사용
• 비닐 결합제 : 비철금속 연삭용에 사용
• 셸락 결합제 : 결합력이 제일 약하며, 다듬질면의 정밀도가 높은 것에 사용

5. 연삭숫돌의 연삭 조건과 입도(grain size)와의 관계를 옳게 나타낸 것은?
① 연하고 연성이 있는 재료의 연삭 : 고운 입도
② 다듬질 연삭 또는 공구의 연삭 : 고운 입도
③ 경도가 높고 메진 일감의 연삭 : 거친 입도
④ 숫돌과 일감의 접촉면이 작을 때 : 거친 입도

해설 (1) 거친 입도의 숫돌
• 거친 연삭, 절삭 깊이와 이송을 많이 줄 때
• 숫돌과 일감의 접촉 면적이 클 때
• 연하고 연성이 있는 재료의 연삭
(2) 고운 입도의 숫돌
• 다듬질 연삭, 공구 연삭
• 숫돌과 일감의 접촉 면적이 작을 때
• 경도가 높고 메진 재료의 연삭

6. 연삭숫돌에 대한 설명으로 틀린 것은?
① 부드럽고 전연성이 큰 연삭에서는 고운 입자를 사용한다.
② 연삭숫돌에 사용되는 숫돌 입자에는 천연산과 인조산이 있다.

정답 1.③ 2.② 3.④ 4.④ 5.② 6.①

③ 단단하고 치밀한 공작물의 연삭에는 고운 입자를 사용한다.
④ 숫돌과 공작물의 접촉 면적이 작은 경우에는 고운 입자를 사용한다.

해설 부드럽고 전연성이 큰 연삭에서는 거친 입도의 연삭숫돌로 작업해야 한다.

7. 연삭숫돌 입자의 종류가 아닌 것은?
① 에머리
② 커런덤
③ 산화규소
④ 탄화규소

해설
• 천연산 : 다이아몬드, 에머리, 커런덤
• 인조산 : 알루미나계, 탄화규소계

8. 연삭숫돌의 입자 중 주철이나 칠드 주물과 같이 경하고 취성이 많은 재료의 연삭에 적합한 것은?
① A 입자
② B 입자
③ WA 입자
④ C 입자

해설 연삭숫돌의 입자

기호	용도
A	일반 강재, 탄소강
WA	담금질강, 내열강, 고속도강
C	주철, 유리, 비철
GC	초경합금, 특수강, 세라믹

9. 연한 갈색으로 일반 강의 연삭에 사용하는 연삭숫돌의 재질은?
① A 숫돌
② WA 숫돌
③ C 숫돌
④ GC 숫돌

해설
• WA 숫돌 : 백색
• C 숫돌 : 암자색(회색)
• GC 숫돌 : 흑색(녹색)

10. 녹색 탄화규소의 연삭숫돌을 표시하는 방법으로 옳은 것은?
① A 숫돌
② GC 숫돌
③ WA 숫돌
④ F 숫돌

해설 GC 숫돌은 초경합금, 다이스강, 특수강, 세라믹 등에 사용한다.

11. 연삭숫돌의 표시에서 WA 60 K m V 1호 205×19×15.88로 명기되어 있다. K는 무엇을 나타내는 부호인가?
① 입자
② 결합제
③ 결합도
④ 입도

해설 연삭숫돌의 표시법

WA 60 K m V 1호 205×19×15.88
숫돌입자 / 입도 / 결합도 / 조직 / 결합제 / 숫돌형상 / 바깥지름 / 두께 / 구멍지름

12. 다음과 같이 표시된 연삭숫돌에 대한 설명으로 옳은 것은?

"WA 100 K 5 V"

① 녹색 탄화규소 입자이다.
② 고운 눈 입도에 해당된다.
③ 결합도가 극히 경하다.
④ 메탈 결합제를 사용하였다.

해설
• WA : 알루미나계 연삭숫돌로 순도가 높은 백색 숫돌 입자
• 100 : 고운 눈 입도
• K : 연한 결합도
• 5 : 치밀한 조직
• V : 결합제(비트리파이드)

정답 7. ③ 8. ④ 9. ① 10. ② 11. ③ 12. ②

13. 일반적인 연삭숫돌의 표시 방법에 대한 순서로 옳은 것은?

① 입자-입도-결합도-조직-결합제
② 입자-조직-입도-결합도-결합제
③ 입자-결합도-조직-입도-결합제
④ 입자-입도-조직-결합도-결합제

해설 연삭숫돌의 표시법

WA 70 K m V
↑   ↑   ↑   ↑   ↑
숫돌 입도 결합도 조직 결합제
입자

14. 연삭숫돌의 표시에 대한 설명으로 옳은 것은?

① 연삭 입자 C는 갈색 알루미나를 의미한다.
② 결합제 R은 레지노이드 결합제를 의미한다.
③ 연삭숫돌의 입도 #100이 #300보다 입자의 크기가 크다.
④ 결합도 K 이하는 경한 숫돌을, L~O는 중간 정도 숫돌을, P 이상은 연한 숫돌이다.

해설
- 연삭 입자 C : 흑자색
- 결합제 R : 고무
- 결합도

결합도 번호	호칭
E, F, G	극히 연함
H, I, J, K	연함
L, M, N, O	보통
P, Q, R, S	단단함
T, U, V, W, X, Y, Z	극히 단단함

15. 연삭숫돌 입자에 요구되는 요건 중 해당되지 않는 것은?

① 공작물에 용이하게 절입할 수 있는 경도
② 예리한 절삭날을 자생시키는 적당한 파생성
③ 고온에서의 화학적 안정성 및 내마멸성
④ 인성이 작아 숫돌 입자의 빠른 교환성

해설 연삭숫돌의 구비 조건
- 결합력의 조절 범위가 넓을 것
- 열이나 연삭액에 안정할 것
- 적당한 기공과 균일한 조직일 것
- 원심력, 충격에 대한 기계적 강도가 있을 것
- 성형이 좋을 것

16. 연삭숫돌에서 결합도가 높은 숫돌을 사용하는 조건에 해당하지 않는 것은?

① 경도가 큰 가공물을 연삭할 때
② 숫돌차의 원주 속도가 느릴 때
③ 연삭 깊이가 작을 때
④ 접촉 면적이 작을 때

해설 결합도에 따른 숫돌의 선택 기준

결합도가 높은 숫돌 (굳은 숫돌)	결합도가 낮은 숫돌 (연한 숫돌)
• 연한 재료의 연삭 • 숫돌차의 원주 속도가 느릴 때 • 연삭 깊이가 얕을 때 • 접촉면이 작을 때 • 재료 표면이 거칠 때	• 단단한 (경한) 재료의 연삭 • 숫돌차의 원주 속도가 빠를 때 • 연삭 깊이가 깊을 때 • 접촉면이 클 때 • 재료 표면이 치밀할 때

17. 장석, 점토를 재료로 하여 강도가 충분하지는 못하나 널리 쓰이는 결합제는 어느 것인가?

① 비트리파이드
② 실리케이트
③ 레지노이드
④ 러버

정답 13. ① 14. ③ 15. ④ 16. ① 17. ①

해설 결합제는 대별해서 불연성의 무기질과 연소성의 유기질 및 기타 다이아몬드 숫돌에 사용되는 메탈 본드가 있으며 대략 다음 표와 같다.

결합제(본드) 종류	표시 기호	기재(基材)
비트리파이드	V	점토
실리케이드	S	규산소다
셸락	E	천연수지 셸락
러버	R	고무
레지노이드	B	베이클라이트
비닐	PVA	폴리비닐알코올
메탈	M	구리, 은, 철

18. 연삭숫돌의 결합도 선정 기준으로 틀린 것은?

① 숫돌의 원주 속도가 빠를 때는 연한 숫돌을 사용한다.
② 연삭 깊이가 얕을 때는 경한 숫돌을 사용한다.
③ 공작물의 재질이 연하면 연한 숫돌을 사용한다.
④ 공작물과 숫돌의 접촉 면적이 작으면 경한 숫돌을 사용한다.

해설 결합도가 낮은 숫돌, 즉 연한 숫돌은 단단한 재료의 숫돌을 사용한다.

19. 전연성이 큰 비철 금속, 고무, 자기 등을 연삭할 때 사용하는 입자는?

① A ② WA
③ C ④ GC

해설 C 입자는 주철과 같이 인장 강도가 작고 취성이 있는 재료, 전연성이 높은 비철 금속, 석재, 플라스틱, 유리, 도자기 등의 연삭에 쓰인다.

20. 다음 중 유기질 결합제가 아닌 것은?

① 고무(R)
② 셸락(E)
③ 실리케이트(S)
④ 레지노이드(B)

해설 실리케이트(S)와 비트리파이드(V)는 무기질 결합제이다.

21. 거울면 연삭에 쓰이는 결합제는?

① 폴리비닐알코올
② 셸락
③ 레지노이드
④ 러버

해설 셸락의 기호는 E이며, 강도와 탄성이 크므로 얇은 형상의 가공에 적합하다.

22. 연삭숫돌의 결합제의 구비 조건이 아닌 것은?

① 입자 간에 기공이 없어야 한다.
② 균일한 조직으로 필요한 형상과 크기로 가공할 수 있어야 한다.
③ 고속 회전에서도 파손되지 않아야 한다.
④ 연삭열과 연삭액에 대하여 안전성이 있어야 한다.

해설 적당한 기공이 있어야 하며, 성형이 좋아야 한다.

정답 18. ③ 19. ③ 20. ③ 21. ② 22. ①

4-5 연삭 조건 및 연삭 가공

(1) 연삭 조건

① **연삭숫돌의 원주 속도** : $V = \dfrac{\pi DN}{1000}$ [m/min]

② **연삭 깊이** : 거친 연삭 시 연삭 깊이를 깊게 주고 다듬질 연삭 시 얕게 준다.

③ **이송** : 원통 연삭에서 일감 1회전마다 이송은 숫돌바퀴의 접촉 너비 B [mm]보다 작아야 한다. 이송을 f라 하면

　(가) 거친 연삭

　　• 강철 : $f = \left(\dfrac{1}{3} \sim \dfrac{3}{4}\right)B$　　• 주철 : $f = \left(\dfrac{3}{4} \sim \dfrac{4}{5}\right)B$

　(나) 다듬질 연삭

$$f = \left(\dfrac{1}{4} \sim \dfrac{1}{3}\right)B$$

④ **숫돌바퀴의 원주 속도** : 숫돌바퀴의 원주 속도가 지나치게 빠르면 파괴 위험이 있고 느리면 숫돌바퀴의 마모가 심하다.

(2) 연삭 가공

① **연삭숫돌의 설치**

　(가) 연삭숫돌은 고속 회전으로 높은 정밀도를 요하는 가공이므로 그 설치에 있어서 불균형이 나타나지 않도록 주의해야 하며 고정할 때 큰 힘을 가하지 말아야 한다.

　(나) 숫돌은 비교적 취약하므로 중심축을 직접 지지하는 것은 위험하며, 평탄한 숫돌 측면을 플랜지로 고정한다.

　(다) 플랜지의 지름은 숫돌 지름의 $\dfrac{1}{2} \sim \dfrac{1}{3}$로 한다.

　(라) 숫돌 측면과 플랜지 사이에 두께 0.5 mm 이하의 압지 또는 고무와 같은 연한 와셔를 끼운다.

② **연삭숫돌의 균형**

　(가) 연삭숫돌의 균형을 잡는 것은 연삭 가공의 정밀도를 높이며, 숫돌의 파괴를 방지하여 안전한 작업을 하는 데 반드시 필요한 사항이다.

　(나) 균형이 잡히지 않는 숫돌은 진동이 나타나고 가공면에 떨림자리(chatter marks)가 나타난다. 균형을 잡기 위하여는 밸런싱 머신에 숫돌을 장치하여 어떤 위치에서도 정지하도록 밸런싱 웨이트(balancing weight)로 조정한다.

예 | 상 | 문 | 제

1. 연삭에서 원주 속도를 V[m/min], 숫돌바퀴의 지름을 d[mm]라 하면 숫돌바퀴의 회전수(N)를 구하는 식은?

① $N = \dfrac{1000d}{\pi V}$ [rpm] ② $N = \dfrac{1000V}{\pi d}$ [rpm]

③ $N = \dfrac{\pi V}{1000d}$ [rpm] ④ $N = \dfrac{\pi d}{1000V}$ [rpm]

해설 $V = \dfrac{\pi dN}{1000}$ 에서 $N = \dfrac{1000V}{\pi d}$

2. 지름 50mm인 연삭숫돌을 7000rpm으로 회전시키는 연삭 작업에서 지름 100mm인 가공물을 연삭숫돌과 반대 방향으로 100rpm으로 원통 연삭할 때 접촉점에서 연삭의 상대 속도는 약 몇 m/min인가?

① 931 ② 1099
③ 1131 ④ 1161

해설 $V = \dfrac{\pi DN}{1000}$

V = 연삭숫돌의 절삭 속도 + 가공물의 절삭 속도

$\therefore V = \dfrac{\pi \times 50 \times 7000}{1000} + \dfrac{\pi \times 100 \times 100}{1000}$

$\quad \fallingdotseq 1131 \text{m/min}$

3. 평면 연삭기에서 연삭숫돌의 원주 속도 v=2500m/min, 연삭 저항 F=150N, 연삭기에 공급된 연삭 동력이 10kW일 때, 연삭기의 효율은 약 얼마인가?

① 53% ② 63%
③ 73% ④ 83%

해설 $H = \dfrac{F \times v}{102 \times 60 \times 9.81 \times \eta}$

$\therefore \eta = \dfrac{F \times V}{102 \times 60 \times 9.81 \times H}$

$\quad = \dfrac{150 \times 2500}{102 \times 60 \times 9.81 \times 10} \fallingdotseq 0.63 = 63\%$

4. 평면 연삭기에서 숫돌의 원주 속도 V=2400m/min이고 연삭력 P=147.15N이다. 연삭기에 공급된 동력이 10PS라면 연삭기의 효율은 몇 %인가?

① 70% ② 75%
③ 80% ④ 125%

해설 $H = \dfrac{P \times V}{75 \times 60 \times 9.81 \times \eta}$

$\therefore \eta = \dfrac{P \times V}{75 \times 60 \times 9.81 \times H}$

$\quad = \dfrac{147.15 \times 2400}{75 \times 60 \times 9.81 \times 10} = 0.8 = 80\%$

5. 연삭 작업에 대한 설명으로 적절하지 않은 것은?

① 거친 연삭을 할 때는 연삭 깊이를 얕게 주도록 한다.
② 연질 가공물을 연삭할 때는 결합도가 높은 숫돌이 적합하다.
③ 다듬질 연삭을 할 때는 고운 입도의 연삭숫돌을 사용한다.
④ 강의 거친 연삭에서는 공작물을 1회전할 때마다 숫돌바퀴 폭의 $\dfrac{1}{2} \sim \dfrac{3}{4}$으로 이송한다.

해설 거친 연삭은 연삭 깊이를 깊게, 다듬질 연삭은 연삭 깊이를 얕게 준다.

정답 1. ② 2. ③ 3. ② 4. ③ 5. ①

6. 원통 연삭 작업에서 공작물 1회전마다 숫돌 이송이 틀린 것은? (단, f=이송, B=숫돌바퀴의 접촉너비이다.)

① 다듬질 연삭 : $f=\left(\dfrac{1}{4} \sim \dfrac{1}{3}\right)B$

② 거친 연삭 : $f=\left(\dfrac{1}{4} \sim \dfrac{3}{4}\right)B$

③ 주철 연삭 : $f=\left(\dfrac{3}{4} \sim \dfrac{4}{5}\right)B$

④ 연강 연삭 : $f=\left(\dfrac{4}{5} \sim \dfrac{7}{6}\right)B$

해설 연강 연삭 : $f=\left(\dfrac{1}{3} \sim \dfrac{3}{4}\right)B$

7. 다음 중 강의 원통을 거친 연삭할 때의 절삭 깊이는?

① 0.01~0.04mm
② 0.3~0.5mm
③ 1mm
④ 1.2~1.5mm

해설 숫돌의 절입량(반지름 기준)

가공 정도	절입량(mm)
막다듬질	0.01~0.05
중다듬질	0.015~0.025
상다듬질	0.005~0.01
정밀다듬질	0.002~0.003
거울면다듬질	0.0005~0.001

8. 지름이 50mm인 연삭숫돌로 지름이 10mm인 일감을 연삭할 때 숫돌바퀴의 회전수는? (단, 숫돌바퀴의 원주 속도는 1500m/min이다.)

① 47770rpm　② 9554rpm
③ 5800rpm　④ 4750rpm

해설 $N=\dfrac{1000V}{\pi D}=\dfrac{1000 \times 1500}{3.14 \times 50}=9554\,\text{rpm}$

9. 지름이 60mm인 연삭숫돌이 원주 속도 1200m/min로 ⌀20mm인 공작물을 연삭할 때 숫돌차의 회전수는 약 몇 rpm인가?

① 16
② 23
③ 6370
④ 62800

해설 $N=\dfrac{1000V}{\pi D}=\dfrac{1000 \times 1200}{3.14 \times 60}$
$= 6370\,\text{rpm}$

10. 연삭 작업에 관련된 안전 사항 중 틀린 것은?

① 연삭숫돌을 정확하게 고정한다.
② 연삭숫돌 측면에 연삭을 하지 않는다.
③ 연삭 가공 시 원주 정면에 서 있지 않는다.
④ 연삭숫돌의 덮개 설치보다 작업자의 보안경 착용을 권장한다.

해설 연삭 작업의 안전을 위해 연삭숫돌의 덮개도 설치하고 작업자의 보안경도 착용해야 한다.

11. 연삭 작업에서 주의해야 할 사항으로 틀린 것은?

① 회전 속도는 규정 이상으로 해서는 안 된다.
② 작업 중 숫돌의 진동이 있으면 즉시 작업을 멈춰야 한다.
③ 숫돌 커버를 벗겨서 작업을 한다.
④ 작업 중에는 반드시 보안경을 착용하여야 한다.

해설 연삭 작업 시 숫돌 커버가 규정에 맞게 설치되어 있는지 확인해야 하며, 숫돌 커버를 벗겨 놓은 채 사용해서는 안 된다.

정답 6. ④　7. ①　8. ②　9. ③　10. ④　11. ③

4-6 연삭숫돌의 수정과 검사

(1) 연삭숫돌의 수정

① **자생 작용** : 연삭 시 숫돌의 마모된 입자가 탈락되고 새로운 입자가 나타나는 현상이다.

② **드레싱(dressing)** : 글레이징이나 로딩 현상이 생길 때 강판 드레서 또는 다이아몬드 드레서로 새로운 입자가 표면에 생성되도록 하는 작업이다.

③ **트루잉(truing)** : 모양 고치기라고도 하며, 연삭 조건이 좋더라도 숫돌바퀴의 질이 균일하지 못하거나 공작물이 영향을 받아 모양이 좋지 못할 때 일정한 모양으로 고치는 방법이다.

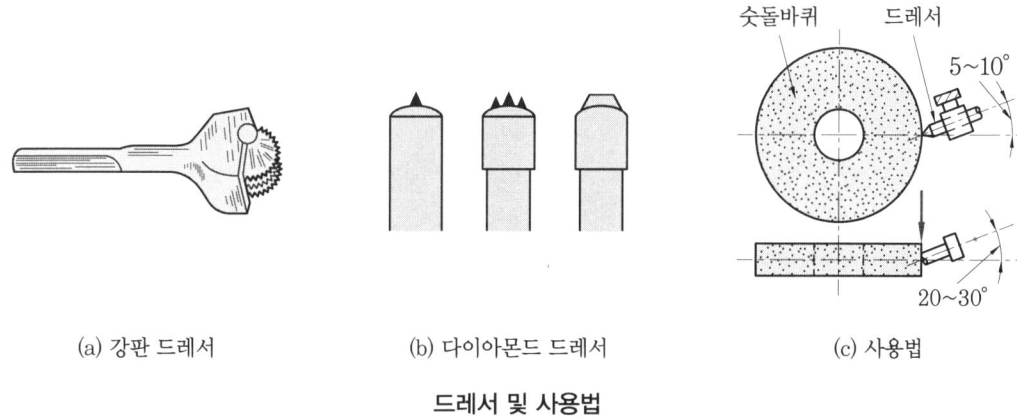

(a) 강판 드레서   (b) 다이아몬드 드레서   (c) 사용법

드레서 및 사용법

(2) 연삭숫돌의 검사

① **음향 검사** : 나무 해머나 고무 해머 등으로 가볍게 쳤을 때 울림이 없거나 둔탁한 소리가 나면 균열이 있는 것이다.

② **회전 검사** : 사용할 원주 속도의 1.5~2배의 원주 속도로 원심력에 의한 파손 여부를 검사한다.

③ **균형 검사** : 두께나 조직 형상의 불균일로 인한 회전 중의 떨림을 방지하기 위해 검사한다.

(3) 연삭 상태가 불량한 경우

① **로딩(loading)** : 숫돌 입자의 표면이나 기공에 칩이 끼어 연삭성이 나빠지는 현상으로, 눈메움이라고도 하며, 눈메움이 발생하는 경우는 다음과 같다.

㈎ 입도의 번호와 연삭 깊이가 너무 큰 경우
㈏ 조직이 치밀한 경우
㈐ 숫돌의 원주 속도가 너무 느린 경우
㈑ 숫돌 입자가 너무 가는 경우

② **글레이징(glazing)** : 자생 작용이 잘 되지 않아 입자가 납작해지는 현상으로, 눈무딤이라고도 한다. 이로 인해 연삭열과 균열이 생기는데 글레이징이 발생하는 경우는 다음과 같다.
㈎ 숫돌의 결합도가 큰 경우
㈏ 원주 속도가 큰 경우
㈐ 공작물과 숫돌의 재질이 맞지 않는 경우

③ **입자 탈락** : 연삭숫돌의 결합도가 낮을 경우 너무 연하여 숫돌 입자가 마모되기 전에 입자가 탈락하는 현상이다.

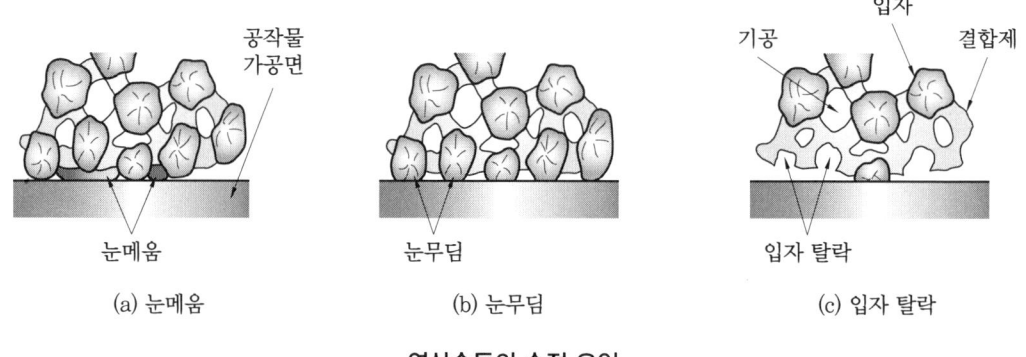

(a) 눈메움 (b) 눈무딤 (c) 입자 탈락

연삭숫돌의 수정 요인

(4) 연삭 작업의 결함과 대책

① **연삭 균열** : 연삭열에 의하여 열팽창 또는 재질의 변화 등으로 가공물에 연삭 균열이 일어나는데, 대책으로는 절입 깊이를 줄이고 충분한 연삭유를 공급한다.

② **떨림** : 연삭 중 떨림 현상은 정밀도를 해치며, 그 원인은 다음과 같다.
㈎ 숫돌의 평형 상태가 불량할 때
㈏ 숫돌의 결합도가 너무 클 때
㈐ 연삭기 자체에 진동이 있을 때
㈑ 외부의 진동이 전해졌을 때

예│상│문│제

1. 연삭숫돌을 고무 해머로 때려 검사한 결과 울림이 없거나 둔탁한 소리가 나는 것은?
   ① 완전한 숫돌
   ② 균열이 생긴 숫돌
   ③ 두께가 두꺼운 숫돌
   ④ 두께가 얇은 숫돌

   해설 결함이 없는 숫돌은 맑은 소리가 나며, 결함이 있는 숫돌은 둔탁한 소리가 난다.

2. 연삭숫돌의 원통도 불량에 대한 주된 원인과 대책으로 옳게 짝지어진 것은?
   ① 연삭숫돌의 눈메움 : 연삭숫돌의 교체
   ② 연삭숫돌의 흔들림 : 센터 구멍의 홈 조정
   ③ 연삭숫돌의 입도가 거침 : 굵은 입도의 연삭숫돌 사용
   ④ 테이블 운동 정도의 불량 : 정도 검사, 수리, 미끄럼면의 윤활 양호

   해설 • 눈메움 : 숫돌 입자 제거
   • 연삭숫돌 흔들림 : 연삭숫돌 교체
   • 입도의 거침 : 연하고 연성 있는 재료 연삭

3. 결합도가 높은 숫돌에서 구리와 같이 연한 금속을 연삭할 경우 숫돌 기능이 저하되는 현상은?
   ① 채터링   ② 트루잉
   ③ 눈메움   ④ 입자 탈락

   해설 • 트루잉 : 연삭숫돌의 외형을 수정하여 규격에 맞는 제품을 만드는 과정이다.
   • 입자 탈락 : 연삭숫돌의 결합도가 낮을 경우 너무 연하여 숫돌 입자가 마모되기 전에 입자가 탈락하는 현상이다.

4. 연삭숫돌의 검사 방법이 아닌 것은?
   ① 음향 검사   ② 균형 검사
   ③ 회전 검사   ④ X선 검사

   해설 연삭숫돌의 검사
   • 음향 검사 : 나무 해머나 고무 해머 등으로 가볍게 쳤을 때 울림이 없거나 둔탁한 소리가 나면 균열이 있는 것이다.
   • 회전 검사 : 사용할 원주 속도의 1.5~2배의 원주 속도로 원심력에 의한 파손 여부를 검사한다.
   • 균형 검사 : 두께나 조직 형상의 불균일로 인한 회전 중의 떨림을 방지하기 위해 검사한다.

5. 연삭숫돌의 자생 작용이 잘되지 않아 입자가 납작해져서 날이 분화되는 무딤 현상은?
   ① 글레이징(glazing)
   ② 로딩(loading)
   ③ 드레싱(dressing)
   ④ 트루잉(truing)

   해설 눈무딤 : 자생 작용이 잘되지 않아 입자가 납작해지는 현상으로, 글레이징(glazing)이라고도 한다. 이로 인해 연삭열과 균열이 생긴다.

6. 연삭숫돌에서 눈메움 현상의 발생 원인이 아닌 것은?
   ① 숫돌의 원주 속도가 느린 경우
   ② 숫돌의 입자가 너무 큰 경우
   ③ 연삭 깊이가 큰 경우
   ④ 조직이 너무 치밀한 경우

정답 1. ② 2. ④ 3. ③ 4. ④ 5. ① 6. ②

해설 눈메움이 발생하는 원인
- 입도의 번호와 연삭 깊이가 너무 큰 경우
- 조직이 치밀한 경우
- 숫돌의 원주 속도가 너무 느린 경우
- 숫돌 입자가 너무 가는 경우
- 결합도가 단단하여 자생 작용이 어려운 경우

7. 연삭 균열에 대한 설명으로 틀린 것은?
① 열팽창에 의해 발생된다.
② 공석강에 가까운 탄소강에서 자주 발생한다.
③ 연삭 균열을 방지하기 위해서는 절입 깊이를 크게 한다.
④ 이송을 느리게 하고 연삭액을 충분히 사용하여 방지할 수 있다.

해설 연삭열에 의하여 열팽창 또는 재질의 변화 등으로 가공물에 연삭 균열이 일어나는데, 대책으로는 절입 깊이를 줄이고 충분한 연삭유를 공급한다.

8. 연삭 작업에서 떨림의 원인이 아닌 것은?
① 숫돌의 평형 상태가 불량할 때
② 숫돌의 결합도가 너무 클 때
③ 연삭기 자체에 진동이 있을 때
④ 습식 연삭을 할 때

해설 ①, ②, ③ 이외에 외부의 진동이 전해졌을 때 떨림 현상이 일어나는데, 정밀도를 해친다.

9. 숫돌차에 글레이징이나 로딩이 생겼을 때 하는 작업은?
① 래핑 ② 드레싱
③ 트루잉 ④ 채터

해설 원통 연삭의 경우 가공면이 고르게 윤활되지 못하고 잔잔한 물결 모양의 흔적이 남는 것을 채터(chatter)라 한다. 이는 연삭반이 불균형되었거나 진동 또는 공작물의 고정이 잘못되었을 때 일어난다.

10. 연삭 시 공작물의 정밀도가 불량하게 되었을 때 그 원인이 아닌 것은?
① 이송이 적다.
② 연삭액 불량
③ 숫돌의 드레싱 불량
④ 숫돌 고정 불량

해설 공작물 정밀도의 불량 원인
- 센터 또는 방진구의 맞춤 불량
- 윤활 불량
- 드레싱 불량
- 연삭 작업 불량

11. 연삭액의 구비 조건으로 틀린 것은?
① 거품 발생이 많을 것
② 냉각성이 우수할 것
③ 인체에 해가 없을 것
④ 화학적으로 안정될 것

해설 연삭액은 거품 발생이 없어야 한다.

정답 7. ③ 8. ④ 9. ② 10. ① 11. ①

5. 기타 기계 가공

5-1 드릴 가공 및 보링 가공

1 드릴 가공

(1) 드릴링 머신의 종류

① **탁상 드릴링 머신** : 소형 드릴링 머신으로, 13 mm 이하의 작은 구멍을 뚫을 때 작업대 위에 설치하여 사용한다.
② **레이디얼 드릴링 머신** : 비교적 큰 공작물의 구멍을 뚫을 때 공작물을 테이블에 고정하고 주축을 이동시켜 구멍의 중심을 맞춘 후 구멍을 뚫는다.
③ **다축 드릴링 머신** : 여러 개의 드릴 주축으로 된 드릴링 머신이다.
④ **직립 드릴링 머신** : 기둥, 주축, 베이스, 테이블로 구성된 드릴링 머신으로, 탁상 드릴 머신보다 크다.
⑤ **심공 드릴링 머신** : 내연기관의 오일 구멍보다 더 깊은 구멍 가공 시 사용한다.
⑥ **다두 드릴링 머신** : 나란히 있는 여러 개의 스핀들에 여러 가지 공구를 꽂아 드릴링, 리밍, 태핑 등을 연속적으로 가공한다.

(2) 드릴링 머신으로 할 수 있는 작업

① **드릴링(drilling)** : 드릴링 머신의 주된 작업으로서 드릴을 사용하여 구멍을 뚫는 작업이다.
② **리밍(reaming)** : 드릴을 사용하여 뚫은 구멍의 내면을 리머로 다듬는 작업이다.
③ **태핑 (tapping)** : 드릴을 사용하여 뚫은 구멍의 내면에 탭을 사용하여 암나사를 가공하는 작업이다.
④ **보링(boring)** : 드릴을 사용하여 뚫은 구멍이나 이미 만들어져 있는 구멍을 넓히는 작업이다.
⑤ **스폿 페이싱(spot facing)** : 너트 또는 볼트 머리와 접촉하는 면을 고르게 하기 위하여 깎는 작업이다.
⑥ **카운터 보링(counter boring)** : 볼트의 머리가 일감 속에 묻히도록 깊게 스폿 페이싱을 하는 작업이다.
⑦ **카운터 싱킹(counter sinking)** : 접시머리 나사의 머리 부분을 묻히게 하기 위하여 자리를 파는 작업이다.

(3) 드릴의 각부 명칭

① **드릴 끝** : 드릴의 끝부분으로, 원뿔형으로 되어 있으며 2개의 날이 있다.
② **날끝 각도** : 드릴의 양쪽 날이 이루는 각도로, 보통 118° 정도이다.
③ **백 테이퍼** : 드릴의 선단보다 자루 쪽으로 갈수록 지름이 작아지므로 구멍과 드릴이 접촉하지 않도록 한 테이퍼이다.
④ **마진** : 예비 날의 역할 또는 날의 강도를 보강하는 역할을 한다.
⑤ **랜드** : 마진의 뒷부분이다.
⑥ **웨브** : 홈과 홈 사이의 두께를 말하며, 자루 쪽으로 갈수록 두꺼워진다.
⑦ **탱** : 드릴을 고정할 때 사용하며 테이퍼 섕크 끝의 납작한 부분이다.

(4) 절삭 속도와 가공 시간

① 드릴의 이송은 1회전당 축 방향의 이송 거리로 나타낸다.
② 구멍의 깊이가 깊어지면 칩의 배출과 절삭유의 공급이 곤란해지므로 절삭 속도와 이송을 줄여야 한다.
③ 드릴의 절삭 속도

$$V = \frac{\pi D N}{1000}$$

여기서, V : 절삭 속도 D : 드릴의 지름 N : 회전수

④ 드릴로 구멍을 뚫는 데 소요되는 시간

$$T = \frac{t+h}{Nf} = \frac{\pi DN(t+h)}{1000Vf}$$

여기서, T : 시간 t : 구멍의 깊이 h : 드릴의 원뿔 높이

⑤ 드릴의 이송 f는 mm/rev로 나타낸다.
⑥ 날끝 각이 120°일 때 드릴의 원뿔 높이는 $\frac{D}{3}$로 한다.

(5) 드릴 지그

① 공작물의 수가 많고, 한 공작물에 여러 개의 구멍을 뚫어야 할 때 작업 시간을 단축하여 작업 능률을 올리고, 정확한 위치 결정을 하기 위해 사용한다.
② 공작물을 정확하고 확실하게 고정하는 동시에 절삭 공구를 정확한 위치에 설치하며, 공구의 절삭 운동을 방해하지 않고 안내해야 한다.

2 보링 가공

(1) 보링 머신에 의한 가공

① **보링** : 공작물에 뚫려 있는 구멍을 더 넓히거나 정밀도를 높이는 가공이다.
② **용도** : 보링 머신에서는 드릴링, 리밍, 정면 절삭, 태핑, 밀링 가공 등의 작업이 가능하다.

(2) 보링 머신의 종류

① **보통 보링 머신** : 수평식 보링 머신으로 테이블형, 플레이너형, 플로어형이 있다.
② **수직 보링 머신** : 스핀들이 수직인 구조이다.
③ **정밀 보링 머신** : 고속 회전과 미소 이송이 가능한 구조이다.
④ **지그 보링 머신** : 오차가 $2~5\mu m$로 정밀도가 높은 지그를 가공할 수 있다.
⑤ **코어 보링 머신** : 구멍의 중심부는 남기고 둘레만 가공한다.

(3) 보링 공구

① **보링 바이트의 재질** : 다이아몬드, 초경합금 등을 사용한다.
② **보링 바** : 보링 바이트를 장치하는 봉으로, 한쪽은 모스 테이퍼로 되어 있으며 반대쪽은 보링 바 지지대로 지지하고, 그 사이에 바이트를 고정한다.
③ **보링 헤드** : 지름이 큰 공작물을 가공할 때 사용하며 보링 바에 고정한다.
④ **원형 테이블** : 지그 보링 머신에서 분할 작업에 사용된다.

> **참고**
> - 보링의 3대 부속장치는 보링 바이트, 보링 바, 보링 공구대이다.

예 | 상 | 문 | 제

1. 가공물이 대형이거나 무거운 중량 제품을 드릴 가공할 때, 가공물을 고정시키고 드릴 스핀들을 암 위에서 수평으로 이동시키면서 가공할 수 있는 드릴링 머신은 어느 것인가?
① 직립 드릴링 머신
② 레이디얼 드릴링 머신
③ 터릿 드릴링 머신
④ 만능 포터블 드릴링 머신

해설 레이디얼 드릴링 머신은 대형 공작물에 사용하며 공작물을 고정한 후 주축을 X, Y 방향으로 이동시켜 가공한다.

2. 구멍 가공을 하기 위해 가공물을 고정시키고 드릴이 가공 위치로 이동할 수 있도록 제작된 드릴링 머신은?
① 다두 드릴링 머신
② 다축 드릴링 머신
③ 탁상 드릴링 머신
④ 레이디얼 드릴링 머신

해설
• 다두 드릴링 머신 : 나란히 있는 여러 개의 스핀들에 여러 가지 공구를 꽂아 드릴링, 리밍, 태핑 등을 연속적으로 가공한다.
• 다축 드릴링 머신 : 여러 개의 드릴 주축으로 된 드릴링 머신이다.

3. 6각 구멍붙이 머리 볼트를 공작물 안으로 묻히게 하기 위한 단이 있는 구멍 가공법은?
① 리밍(reaming)
② 카운터 싱킹(counter sinking)
③ 카운터 보링(counter boring)
④ 보링(boring)

해설
• 리밍(reaming) : 구멍의 정밀도를 높이기 위한 작업으로 리머의 여유는 직경 10mm일 때 0.2mm 정도이고, 드릴 작업 RPM의 $\frac{2}{3} \sim \frac{3}{4}$ 정도로 하며 이송은 같거나 빠르게 한다.
• 카운터 싱킹(counter sinking) : 접시머리 나사의 머리가 묻히게 하기 위해 원뿔자리를 만드는 작업이다.
• 보링(boring) : 뚫린 구멍을 다시 절삭하여 구멍을 넓히고 다듬질하는 것으로 보링 바에 바이트를 사용한다.

4. 카운터 싱킹 드릴의 날 끝 각은?
① 60° ② 90°
③ 118° ④ 135°

해설 카운터 싱킹은 접시머리 나사의 머리 부분이 닿게 원추형으로 깎는 것이므로 접시머리 나사의 머리 부분 각도는 90°이다.

5. 드릴로 카운터 싱킹할 때 떨릴 경우, 그 원인이 아닌 것은?
① 웨브가 작다.
② 여유각이 크다.
③ 회전수가 빠르다.
④ 절삭 깊이가 크다.

해설 드릴로 카운터 싱킹할 때 떨림은 드릴의 여유각이 크고 회전수가 빠르며 절삭 깊이가 클 경우에 발생한다.

정답 1. ② 2. ④ 3. ③ 4. ② 5. ①

6. 드릴 작업에서 모든 절삭 조건이 같을 경우, 회전수가 가장 커야 하는 경우의 드릴 지름은?

① 3mm ② 6mm
③ 12mm ④ 19mm

해설 모든 절삭 조건이 같을 경우, 절삭 속도도 같아야 하므로 드릴 지름이 작을수록 회전수가 커야 절삭 속도가 같아진다.

7. 드릴링 머신의 가공 방법 중에서 접시 머리 나사의 머리부를 묻히게 하기 위해 원뿔자리를 만드는 작업은?

① 태핑 ② 스폿 페이싱
③ 카운터 싱킹 ④ 카운터 보링

해설 스폿 페이싱(spot facing)은 너트 또는 볼트 머리와 접촉하는 면을 고르게 하기 위한 작업이며, 카운터 보링(counter boring)은 볼트의 머리가 일감 속에 묻히도록 깊게 스폿 페이싱을 하는 작업이다.

8. 드릴로 구멍을 뚫은 이후에 사용되는 공구가 아닌 것은?

① 리머 ② 센터 펀치
③ 카운터 보어 ④ 카운터 싱크

해설 센터 펀치는 구멍을 뚫기 전 가공의 위치를 표시한다.

9. 드릴 머신으로 할 수 없는 작업은?

① 널링
② 스폿 페이싱
③ 카운터 보링
④ 카운터 싱킹

해설 널링은 선반 가공으로 사람의 손이 닿는 부분의 미끄럼 방지를 위함이다.

10. 드릴 작업에 대한 설명으로 적절하지 않은 것은?

① 드릴 작업은 시작할 때보다 끝날 때 이송을 빠르게 한다.
② 지름이 큰 드릴을 사용할 때는 바이스를 테이블에 고정한다.
③ 드릴은 사용 전에 점검하고 마모나 균열이 있는 것은 사용하지 않는다.
④ 드릴이나 드릴 소켓을 뽑을 때는 전용 공구를 사용하고 해머로 두드리지 않는다.

해설 드릴 작업은 정밀한 마무리 작업을 위해 끝날 무렵은 이송을 천천히 한다.

11. 드릴 작업에서 너트나 볼트 머리에 접하는 면을 편평하게 하여, 그 자리를 만드는 작업은?

① 카운터 싱킹
② 스폿 페이싱
③ 태핑
④ 리밍

해설 태핑은 탭을 이용하여 나사를 가공하는 작업이다.

12. 드릴의 날끝 각이 118°로 되어 있으면서 날끝의 좌우 길이가 다르면 날끝의 좌우 길이가 같을 때보다 가공 후 구멍 수치의 변화는 어떻게 되는가?

① 더 커진다.
② 변함없다.
③ 타원형이 된다.
④ 더 작아진다.

해설 날끝의 좌우 길이가 다르면 날끝의 좌우 길이가 같을 때보다 가공 후 구멍 수치의 변화는 더 커진다.

정답 6. ① 7. ③ 8. ② 9. ① 10. ① 11. ② 12. ①

13. 주철을 드릴로 가공할 때 드릴 날끝의 여유각은 몇 도(°)가 적합한가?

① 10° 이하
② 12~15°
③ 20~32°
④ 32° 이상

해설 표준 드릴의 날끝 각은 118°이며, 주철의 여유각은 10~15° 정도이다.

14. 드릴의 파손 원인으로 가장 거리가 먼 것은?

① 이송이 너무 커서 절삭 저항이 증가할 때
② 시닝(thinning)이 너무 커서 드릴이 약해졌을 때
③ 얇은 판의 구멍 가공 시 보조판 나무를 사용할 때
④ 절삭 칩의 원활한 배출이 되지 못하고 가득 차 있을 때

해설 얇은 판의 구멍 가공 시 보조판 나무를 사용하면 드릴의 파손을 방지할 수 있다.

15. 드릴의 연삭 방법에 관한 설명 중 틀린 것은?

① 절삭날의 좌우 길이를 같게 한다.
② 절삭날이 중심선과 이루는 날끝 반각을 같게 한다.
③ 표준 드릴의 경우 날끝 각은 90° 이하로 연삭한다.
④ 절삭날의 여유각은 일감의 재질에 맞게 하고 좌우를 같게 한다.

해설 표준 드릴의 경우 날끝 각은 118°이며, 여유각은 12°로 연삭한다.

16. 트위스트 드릴은 절삭날의 각도가 중심에 가까울수록 절삭 작용이 나쁘게 된다. 이를 개선하기 위해 드릴의 웨브 부분을 연삭하는 것은?

① 시닝(thinning)
② 트루잉(truing)
③ 드레싱(dressing)
④ 글레이징(glazing)

해설
- 트루잉(truing) : 연삭하려는 부품의 형상으로 연삭숫돌을 성형하거나, 연삭으로 인하여 숫돌 형상이 무디어지거나 변화된 것을 바르게 고치는 가공
- 드레싱(dressing) : 숫돌바퀴의 입자가 막히거나 닳아 절삭도가 둔해졌을 경우, 숫돌바퀴의 표면을 깎아 숫돌바퀴의 날을 세우는 작업
- 글레이징(glazing) : 숫돌의 결합도가 필요 이상으로 높으면, 숫돌 입자가 마모되어 예리하지 못할 때 탈락하지 않고 둔화되는 현상

17. 드릴의 회전수 600rpm, 이송 속도 0.1mm/rev, 원뿔의 높이 3mm, 구멍의 깊이 17mm일 경우 구멍을 가공하는 데 소요되는 시간은 약 몇 초인가?

① 50   ② 40
③ 30   ④ 20

해설 $T = \dfrac{t+h}{Nf} = \dfrac{17+3}{600 \times 0.1} ≒ 0.33분 ≒ 20초$

18. 드릴링 머신에서 회전수가 160rpm이고 절삭 속도가 15m/min일 때 드릴 지름(mm)은 약 얼마인가?

① 29.8   ② 35.1
③ 39.5   ④ 15.4

해설 $V = \dfrac{\pi DN}{1000}$

$\therefore D = \dfrac{1000V}{\pi N} = \dfrac{1000 \times 15}{\pi \times 160} ≒ 29.8 \, \text{mm}$

19. 지름 10mm, 원뿔 높이 3mm인 고속도강 드릴로 두께가 30mm인 경강판을 가공할 때 소요 시간은 약 몇 분인가? (단, 이송은 0.3mm/rev, 드릴의 회전수는 667rpm이다.)

① 6　　② 2
③ 1.2　　④ 0.16

해설 $T = \dfrac{t+h}{Nf} = \dfrac{30+3}{667 \times 0.3} ≒ 0.16$분

20. 다음 중 박스 지그(box jig)의 사용처로 옳은 것은?

① 드릴로 대량 생산을 할 때
② 선반으로 크랭크 절삭을 할 때
③ 연삭기로 테이퍼 작업을 할 때
④ 밀링으로 평면 절삭 작업을 할 때

해설 박스 지그(box jig)는 일감의 전표면을 둘러싼 상자 모양의 지그로 일감의 여러 면에 구멍을 뚫는 데 사용하며, 일감을 다시 돌려 물리지 않고 연속 작업을 하며, 구멍 간의 정확한 위치와 치수가 요구되는 일감의 가공에 용이하다.

21. 판재 또는 포신 등의 큰 구멍 가공에 적합한 보링 머신은?

① 코어 보링 머신
② 수직 보링 머신
③ 보통 보링 머신
④ 지그 보링 머신

해설 • 코어 보링 머신 : 구멍의 중심부는 남기고 둘레만 가공한다.
• 지그 보링 머신 : 오차가 2~5μm로 정밀도가 높은 지그를 가공할 수 있다.

22. 스핀들이 수직이며 안내면을 따라 이송되고, 공구 위치는 크로스 레일 공구대에 의해 조절되는 보링 머신은?

① 수직 보링 머신
② 정밀 보링 머신
③ 지그 보링 머신
④ 코어 보링 머신

해설 수직 보링 머신 : 스핀들이 수직인 구조로 공구 위치는 크로스 레일 공구대에 의해 조절된다.

23. 주축대의 위치를 정밀하게 하기 위하여 나사식 측정 장치, 다이얼 게이지, 광학적 측정 장치를 갖추고 있는 보링 머신은?

① 수직 보링 머신
② 보통 보링 머신
③ 지그 보링 머신
④ 코어 보링 머신

해설 지그 보링 머신은 오차가 2~5μm로 정밀도가 높은 지그를 가공할 수 있다.

24. 대표적인 수평식 보링 머신은 구조에 따라 몇 가지 형으로 분류되는데 다음 중 옳지 않은 것은?

① 플로어형(floor type)
② 플레이너형(planer type)
③ 베드형(bed type)
④ 테이블형(table type)

정답　19. ④　20. ①　21. ①　22. ①　23. ③　24. ③

[해설] 수평 보링 머신의 구조에 따른 분류 : 플로어형, 플레이너형, 테이블형, 이동형

25. 보링 머신에 사용되는 공구는?
① 정면 커터 ② 아버
③ 엔드밀   ④ 바이트

[해설] 보링의 3대 부속장치는 보링 바이트, 보링 바, 보링 공구대이다.

26. 이미 뚫어져 있는 구멍을 좀 더 크게 확대하거나, 정밀도가 높은 제품으로 가공하는 기계는?
① 보링 머신
② 플레이너
③ 브로칭 머신
④ 호빙 머신

[해설] • 브로칭 머신 : 구멍 내면에 키 홈을 깎는 기계
• 호빙 머신 : 절삭 공구인 호브(hob)와 소재를 상대 운동시켜 창성법으로 기어를 절삭

27. 주조할 때 뚫린 구멍이나 드릴로 뚫은 구멍을 깎아서 크게 하거나, 정밀도를 높게 하기 위한 가공에 사용되는 공작 기계는 어느 것인가?
① 플레이너
② 슬로터
③ 보링 머신
④ 호빙 머신

[해설] • 플레이너 : 비교적 큰 평면을 절삭
• 슬로터(수직 셰이퍼) : 각종 일감의 내면을 가공

28. 어느 공작물에 일정한 간격으로 동시에 5개 구멍을 가공 후 탭 가공을 하려고 한다. 적합한 드릴링 머신은?
① 다두 드릴링 머신
② 레이디얼 드릴링 머신
③ 다축 드릴링 머신
④ 직립 드릴링 머신

[해설] 많은 구멍을 동시에 뚫을 때, 구멍 가공 공정의 수가 많을 때에는 많은 드릴 주축을 가진 다축 드릴링 머신을 사용한다.

29. 깊은 구멍 가공에 가장 적합한 드릴링 머신은?
① 다두 드릴링 머신
② 레이디얼 드릴링 머신
③ 직립 드릴링 머신
④ 심공 드릴링 머신

[해설] 심공 드릴링 머신은 내연 기관의 오일 구멍보다 더 깊은 구멍을 가공할 때에 사용하고 다두 드릴링 머신은 나란히 있는 여러 개의 스핀들에 여러 가지 공구를 꽂아 드릴링, 리밍, 태핑 등을 연속적으로 가공한다.

30. 다음 드릴의 연삭 방법 중 틀린 것은 어느 것인가?
① 날 끝 형상이 좌우 대칭이 되도록 할 것
② 여유각을 정확히 맞춰줄 것
③ 연마 후에는 날 끝 형상을 검사 확인할 것
④ 드릴 날끝각 검사에는 센터 게이지를 사용할 것

[해설] 센터 게이지는 나사 깎기 바이트의 각도를 검사할 때 쓰이며, 날끝각 검사에는 드릴 포인트 게이지를 쓴다.

[정답] 25. ④ 26. ① 27. ③ 28. ③ 29. ④ 30. ④

5-2 브로칭, 슬로터 가공 및 기어 가공

1 브로칭 가공

(1) 브로치 작업

브로치 작업은 브로치라는 공구를 사용하여 1회 공정으로 표면 또는 내면을 절삭 가공하는 작업이다.

① **내면 브로치 작업** : 둥근 구멍에 키 홈, 스플라인 구멍, 다각형 구멍 등을 가공하는 작업
② **표면 브로치 작업** : 세그먼트 기어의 치통형이나 홈, 특수한 모양의 면을 가공하는 작업

(2) 브로치 가공의 특징

① 브로치는 단 1번 통과시킴으로써 완성 가공하므로 대량 생산에 효과적이다.
② 복잡한 모양의 구멍도 브로치의 모양에 따라 정밀하게 다듬질할 수 있다.
③ 브로치 형상에 따라 다양한 가공을 할 수 있다.
④ 브로치 제작이 어렵고, 고가이다.

(3) 브로치 종류

① **브로치의 운동 방향** : 수직형, 수평형
② **브로치의 가공 방식** : 인발식, 압입식, 연속식
③ **브로치의 가공면** : 내면, 외면
④ **브로치의 구동 방식** : 나사식, 기어식, 유압식

2 슬로터 가공

(1) 슬로터

공구는 상하 직선 왕복 운동을 하고, 테이블은 수평면에서 직선 운동과 회전 운동을 하여 키 홈, 스플라인, 세레이션 등 내경 가공을 주로 하는 공작 기계로 직립 셰이퍼라고도 한다.

(2) 크기 표시

① 램의 최대 행정

② 테이블의 크기
③ 테이블의 이동 거리 및 원형 테이블의 지름

3 기어 가공

(1) 기어 가공법의 종류

① **총형 공구에 의한 방법** : 기어 치형에 맞는 공구를 사용하여 기어를 깎는 방법으로, 성형법이라고도 한다. 총형 공구에 의한 방법은 셰이퍼, 플레이너, 슬로터에서 사용하며 총형 커터에 의한 방법은 밀링에서 사용한다.
② **형판에 의한 방법** : 형판을 따라 공구가 안내되어 절삭하는 방법으로 모방 절삭법이라고도 한다. 형판에 의한 방법은 대형 기어 절삭에 사용한다.
③ **창성법** : 인벌류트 곡선을 그리는 성질을 응용하여 기어를 깎는 방법으로, 절삭할 기어와 같은 정확한 기어 절삭 공구인 호브, 랙 커터, 피니언 커터 등으로 절삭하며, 최근에 가장 많이 사용하고 있다.

(2) 기어 절삭기의 종류

① **호빙 머신**
  (가) 절삭 공구인 호브와 소재를 상대 운동시켜 창성법으로 기어 이를 절삭한다.
  (나) 호브의 운동에는 소재의 회전 운동, 호브의 회전 운동과 이송 운동이 있다.
  (다) 호브에서 절삭할 수 있는 기어는 스퍼 기어, 헬리컬 기어, 스플라인 축 등이며, 베벨 기어는 절삭할 수 없다.
② **기어 셰이퍼**
  (가) 절삭 공구인 커터에 왕복 운동을 주어 기어를 창성법으로 절삭한다.
  (나) 커터에 따라 2가지 기계가 있는데, 피니언 커터를 사용하는 펠로스 기어 셰이퍼와 랙 커터를 사용하는 마그식 기어 셰이퍼가 있다.

(3) 절삭 속도

$$V = \frac{\pi DN}{1000}$$

여기서, V : 절삭 속도(m/min) D : 호브 바깥 지름(mm) N : 호브 회전수(rpm)

예 | 상 | 문 | 제

1. 브로치(broach) 가공에 대한 설명으로 틀린 것은?
   ① 브로치의 운동 방향에 따라 수직형과 수평형이 있다.
   ② 브로칭 머신은 가공면에 따라 내면용과 외면용이 있다.
   ③ 브로치에 대한 구동 방향에 따라 압입형과 인발형으로 나누어진다.
   ④ 복잡한 윤곽 형상의 안내면은 불가능하여 안내면의 키 홈 절삭에 주로 사용된다.
   [해설] 복잡한 모양의 구멍도 브로치의 모양에 따라 정밀하게 다듬질할 수 있다.

2. 공구는 상하 직선 운동을 하며, 테이블은 직선 운동과 회전 운동을 하여 키 홈, 스플라인, 세레이션 등 내경 가공을 주로 하는 공작 기계는?
   ① 셰이퍼   ② 슬로터
   ③ 플레이너   ④ 브로칭
   [해설] 슬로터는 직립 셰이퍼라고도 하며, 주로 보스에 키 홈을 가공하기 위한 기계이다.

3. 풀리의 보스에 키 홈을 가공하려 할 때 사용되는 공작 기계는?
   ① 보링 머신   ② 호빙 머신
   ③ 드릴링 머신   ④ 브로칭 머신
   [해설] 브로칭 머신 : 키 홈, 스플라인 구멍, 다각형 구멍 등의 작업을 한다.

4. 입자를 이용한 가공법이 아닌 것은?
   ① 래핑   ② 브로칭
   ③ 배럴 가공   ④ 액체 호닝
   [해설] 브로칭 : 브로치 공구를 사용하여 표면 또는 내면을 필요한 모양으로 절삭하는 가공법

5. 브로칭(broaching) 가공에 대한 설명 중 옳지 않은 것은?
   ① 가공 홈의 모양이 복잡할수록 느린 속도로 가공한다.
   ② 절삭 깊이가 너무 작으면 인선의 마모가 증가한다.
   ③ 브로치는 떨림을 방지하기 위하여 피치의 간격을 같게 한다.
   ④ 절삭량이 많고 길이가 길 때는 절삭날의 수를 많게 한다.
   [해설] 브로치의 피치 간격을 일정하게 하지 않은 이유는 떨림을 방지하기 위함이다.

6. 브로칭(broaching)에 관한 설명 중 틀린 것은?
   ① 제작과 설계에 시간이 소요되며 공구의 값이 고가이다.
   ② 각 제품에 따라 브로치의 제작이 불편하다.
   ③ 키 홈, 스플라인 홈 등을 가공하는 데 사용한다.
   ④ 브로치 압입 방법에는 나사식, 기어식, 공압식이 있다.
   [해설] 브로치 압입 방법에는 나사식, 기어식, 유압식이 있다.

7. 브로칭 머신에서 브로치를 인발 또는 압입하는 방법에 속하지 않는 것은?

정답 1.④ 2.② 3.④ 4.② 5.③ 6.④ 7.④

① 나사식　　② 기어식
③ 유압식　　④ 압출식

해설 브로치의 구동 방식에는 나사식, 기어식, 유압식이 있다.

8. 브로칭 머신을 이용한 가공 방법으로 틀린 것은?

① 키 홈　　② 평면 가공
③ 다각형 구멍　　④ 스플라인 홈

해설
- 내면 브로치 작업 : 둥근 구멍에 키 홈, 스플라인 구멍, 다각형 구멍 등을 내는 작업
- 표면 브로치 작업 : 세그먼트 기어의 치통형이나 홈, 특수한 모양의 면을 가공하는 작업

9. 구멍의 내면이나 곡면 이외에 내접 기어, 스플라인 구멍 등을 가공하는 공작 기계로서 바이트는 램에 고정되어 수직 왕복 운동을 하며, 일감은 수평 방향으로 단속적으로 이송되는 것은?

① 보링 머신　　② 호빙 머신
③ 슬로터　　④ 플레이너

해설 슬로터는 직립 셰이퍼라고도 하며, 치수가 작은 공작물의 수직 절삭에 편리하다.

10. 호브(hob)를 사용하여 기어를 절삭하는 기계로, 차동 기구를 갖고 있는 공작 기계는?

① 레이디얼 드릴링 머신
② 호닝 머신
③ 자동 선반
④ 호빙 머신

해설 호빙 머신은 랙 커터의 변형으로 볼 수 있는 호브를 기어 잇수에 대응하는 회전 이송을 기어 소재에 주어 창성법으로 기어의 치형을 절삭하는 기어 절삭 전용 공작 기계이다.

11. 창성법에 의한 기어 절삭에 사용하는 공구가 아닌 것은?

① 랙 커터　　② 호브
③ 피니언 커터　　④ 브로치

해설 브로치는 브로칭 가공에 사용하는 공구이다.

12. 인벌류트 치형을 정확히 가공할 수 있는 기어 절삭법은?

① 총형 커터에 의한 절삭법
② 창성에 의한 절삭법
③ 형판에 의한 절삭법
④ 압출에 의한 절삭법

해설 창성에 의한 절삭법은 인벌류트 곡선의 성질을 응용한 정확한 기어 절삭 공구를 기어의 소재와 함께 회전 운동을 주며 축 방향으로 왕복 운동을 시켜 절삭한다.

13. 기어 가공에서 창성에 의한 절삭법이 아닌 것은?

① 형판에 의한 방법
② 랙 커터에 의한 방법
③ 호브에 의한 방법
④ 피니언 커터에 의한 방법

해설 형판에 의한 방법은 형판을 따라 공구가 안내되어 절삭하는 방법으로 모방 절삭법이라고도 하며, 대형 기어 절삭에 사용한다.

14. 기어를 절삭하는 공작 기계는?

① 호빙 머신
② CNC 선반

정답 8. ②　9. ③　10. ④　11. ④　12. ②　13. ①　14. ①

③ 지그 그라인딩 머신
④ 래핑 머신

해설 호빙 머신은 절삭 공구인 호브와 소재를 상대 운동시켜 창성법으로 기어 이를 절삭한다.

15. 기어 가공용 가공 기계 중 피니언 공구 또는 랙형 공구를 왕복 운동시켜, 기어 소재와 공구에 적당한 이송을 시켜주면서 기어를 가공하는 것은?

① 기어 셰이퍼(gear shaper)
② 기어 셰이빙 머신(gear shaving machine)
③ 브로칭 머신(broaching machine)
④ 핵소 머신(hacksaw machine)

해설 기어 셰이퍼는 커터에 왕복 운동을 주어 기어를 창성법으로 절삭하는 기계이다.

16. 기어가 회전 운동을 할 때 접촉하는 것과 같은 상대 운동으로 기어를 절삭하는 방법은?

① 창성식 기어 절삭법
② 모형식 기어 절삭법
③ 원판식 기어 절삭법
④ 성형 공구 기어 절삭법

해설 창성식 기어 절삭법 : 인벌류트 곡선의 성질을 응용하여 기어를 깎는 방법으로, 절삭할 기어와 같은 정확한 기어 절삭 공구인 호브, 랙 커터, 피니언 커터 등과 기어 소재를 상대 운동시켜서 치형을 절삭하는 방법이다.

17. 기어 절삭에 사용되는 공구가 아닌 것은?

① 호브
② 랙 커터
③ 피니언 커터
④ 더브테일 커터

해설 더브테일 커터는 기계 구조물이 이동하는 자리에 면을 만들 경우 사용하는 절삭 공구이므로 밀링 머신에서 더브테일 작업 시 사용한다.

18. 기어의 피치원 지름이 150 mm, 모듈(module)이 5인 표준형 기어의 잇수는? (단, 비틀림각은 30°이다.)

① 15개
② 30개
③ 45개
④ 50개

해설 $D = mZ$ ∴ $Z = \dfrac{D}{m} = \dfrac{150}{5} = 30$개

19. 모듈 2, 잇수 27, 비틀림각 15°의 치직각 방식의 헬리컬 기어를 제작하고자 한다. 기어의 바깥지름은 약 몇 mm로 가공해야 하는가?

① 50
② 55
③ 60
④ 65

해설 $Z = \dfrac{D}{\cos\beta} + 2 = \dfrac{27}{\cos 15°} + 2 ≒ 29.84$
∴ $D = mZ = 2 \times 29.84 ≒ 60$ mm

20. 다음 기계 중 원형 구멍 가공(드릴링)에 가장 부적합한 기계는?

① 머시닝센터
② CNC 밀링
③ CNC 선반
④ 슬로터

해설 슬로터는 바이트로 각종 일감의 내면을 가공하는 기계로, 수직 셰이퍼라고도 한다.

21. 다음 그림과 같은 요령으로 절삭하는 방법은 무엇인가?

정답 15. ① 16. ① 17. ④ 18. ② 19. ③ 20. ④ 21. ①

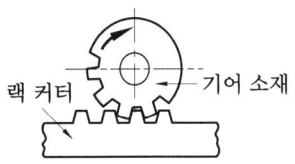

① 창성법 ② 형판법
③ 성형법 ④ 선반 가공법

해설 창성법(generating process)은 인벌류트 곡선의 성질을 이용하여 행하며, 거의 모든 기어가 이 방법으로 절삭한다.

22. 다음 중 차동 기구가 사용되는 공작 기계는 어느 것인가?

① 만능 밀링 머신
② 터릿 선반
③ 기어 호빙 머신
④ 수직 드릴링 머신

해설 기어 호빙 머신 가공 시 헬리컬 기어나 웜 기어 가공에만 차동 기구를 사용하고 평기어 가공 시에는 사용하지 않는다.

23. 피치원의 지름이 156mm와 58mm인 두 기어의 축간 거리는?

① 101 mm ② 105 mm
③ 107 mm ④ 111 mm

해설 평기어의 축간 거리는 두 기어의 피치원 지름을 합한 후에 둘로 나눈 값이다.
$$L = \frac{d_a + d_b}{2} = \frac{156 + 58}{2} = 107\,\text{mm}$$

24. 기어 가공에서 호브의 바깥지름이 42mm이며 호브의 회전수가 50 rpm일 때 절삭 속도는 약 몇 m/min인가?

① 5.6 ② 6.6
③ 7.6 ④ 8.6

해설 $V = \dfrac{\pi d N}{1000} = \dfrac{3.14 \times 42 \times 50}{1000}$
$= 6.59\,\text{m/mim}$

25. 다수의 절삭날을 일직선상에 배치한 공구를 사용해서 공작물 구멍의 내면이나 표면을 여러 가지 모양으로 절삭하는 공작 기계는?

① 브로칭 머신
② 슈퍼 피니싱
③ 호빙 머신
④ 슬로터

해설 슈퍼 피니싱은 공작물의 표면에 눈이 고운 숫돌을 가벼운 압력으로 누르고, 숫돌에 진폭이 작은 진동을 주면서 공작물을 회전시켜 그 표면을 마무리하는 가공법으로 정도가 높은 가공을 할 수 있다.

26. 다음 중 슬로터(slotter)에 관한 설명으로 틀린 것은?

① 규격은 램의 최대 행정과 테이블의 지름으로 표시된다.
② 주로 보스(boss)에 키 홈을 가공하기 위해 발달된 기계이다.
③ 구조가 셰이퍼(shaper)를 수직으로 세워 놓은 것과 비슷하여 수직 셰이퍼라고 한다.
④ 테이블의 수평 길이 방향 왕복 운동과 공구의 테이블 가로 방향 이송에 의해 비교적 넓은 평면을 가공하므로 평삭기라고도 한다.

해설 테이블의 수평 길이 방향 왕복 운동과 공구의 테이블 가로 방향 이송에 의해 비교적 넓은 평면을 가공하는 공작 기계는 플레이너이다.

5-3 셰이퍼 및 플레이너

1 셰이퍼

(1) 셰이퍼

공작물의 홈 깎기나 평삭 가공에 사용하는 공작 기계로 커터를 장치한 램(ram)은 전·후로 운동하고, 공작물을 장치한 테이블은 상하좌우로 이동할 수 있으며, 주로 소형 공작물의 평면을 가공할 때 사용한다.

(2) 셰이퍼 가공의 특징

① 가공 정밀도가 낮다.
② 바이트 날 끝이 자루의 밑면 높이를 초과해서는 안 된다.
③ 바이트가 전진 시에만 절삭하고, 후퇴할 때는 가공하지 않으므로 시간의 낭비가 많다.

2 플레이너

(1) 플레이너

공작물을 테이블에 설치하여 수평 왕복 운동을 하며, 바이트는 공작물의 운동 방향과 직각 방향으로 직선적으로 이송하여 절삭하는 기계로, 주로 대형 공작물의 평면을 가공할 때 사용한다.

(2) 플레이너 가공의 특징

① 테이블의 후진이 절삭 행정이고, 전진은 귀환 행정이다.
② 절삭 속도를 크게 하는 것이 가공 시간을 줄이는 데 효과적이다.
③ 귀환 행정 속도를 절삭 행정 속도보다 빠르게 하면 가공 시간을 절약할 수 있다.

(3) 플레이너의 종류

① **쌍주식 플레이너** : 베드의 양쪽에 칼럼이 있어 공작물 크기의 제한을 받지만, 강력한 절삭이 가능하다.
② **단주식 플레이너** : 칼럼이 한 개가 설치되어 있어 테이블보다 폭이 넓은 공작물을 절삭할 수 있으나 절삭을 할 때 정밀도에 주의해야 한다.

예 | 상 | 문 | 제

1. 셰이퍼에서 끝에 공구 헤드가 붙어 있고 급속 귀환 운동 시 왕복 운동하는 부분을 말하는 것은?
   ① 크로스 레일　② 램
   ③ 하우징　　　④ 테이블 폭

   해설 램(ram)은 셰이퍼나 슬로터에서 프레임의 안내면을 수평으로 또는 상하로 왕복 운동하는 부분으로서 공구대가 장치되며 급속 귀환 운동을 한다.

2. 셰이퍼에서 램 기구를 구동하는 방법은 다음 중 어느 것인가?
   ① 기어 이용
   ② 크랭크와 링크
   ③ 랙과 피니언
   ④ 단차 이용

   해설 셰이퍼의 운전 기구로는 크랭크식이 주로 사용되었으나 최근에는 유압식 운전 방식이 점차 증가되어 가고 있다.

3. 주로 대형 공작물이 테이블 위에 고정되어 수평 왕복 운동을 하고 바이트를 공작물의 운동 방향과 직각 방향으로 이송시켜서 평면, 수직면, 홈, 경사면 등을 가공하는 공작 기계는?
   ① 플레이너　　② 셰이퍼
   ③ 보링 머신　　④ 슬로터

   해설 플레이너는 주로 대형 공작물의 평면을 가공할 때 사용하며, 셰이퍼는 주로 소형 공작물의 평면을 가공할 때 사용한다.

4. 주로 일감의 평면을 가공하며, 기둥의 수에 따라 쌍주식과 단주식으로 구분하는 공작 기계는?
   ① 셰이퍼
   ② 슬로터
   ③ 플레이너
   ④ 브로칭 머신

   해설 • 셰이퍼 : 작은 평면을 절삭하는 데 사용
   • 플레이너 : 큰 평면을 절삭하는 데 사용

5. 공구와 일감의 상대적인 운동이 직선과 직선 운동의 결합으로 이루어지는 공작 기계는?
   ① 선반　　　　② 셰이퍼
   ③ 밀링　　　　④ 원통 연삭

   해설 기계의 상대 운동

기계	공구	공작물 또는 테이블
선반	직선 운동	회전 운동
셰이퍼	직선 운동	직선 운동
밀링	회전 운동 이송 운동	직선 운동

6. 다음 중 급속 귀환 기구를 갖는 공작 기계로만 올바르게 짝지어진 것은?
   ① 셰이퍼, 플레이너
   ② 호빙 머신, 기어 셰이퍼
   ③ 드릴링 머신, 태핑 머신
   ④ 밀링 머신, 성형 연삭기

   해설 셰이퍼, 플레이너는 절삭 능률을 높이기 위해 급속 귀환 장치가 되어 있다.

정답 1. ②　2. ②　3. ①　4. ③　5. ②　6. ①

1장 기계 가공

7. 셰이퍼 가공에서 행정 길이가 300mm, 절삭 속도가 40m/min, 절삭 행정의 시간과 바이트 1왕복 시간의 비 $k=0.6$으로 했을 때, 바이트의 매분 왕복 횟수는 얼마인가?
① 40 ② 60
③ 80 ④ 100

해설 $N = \dfrac{1000 \cdot k \cdot V}{l}$
$= \dfrac{1000 \times 0.6 \times 40}{300} = 80$회

8. 공작 기계의 종류 중 테이블의 수평 길이 방향 왕복 운동과 공구는 테이블의 가로 방향으로 이송하며, 대형 공작물의 평면 작업에 주로 사용하는 것은?
① 코어 보링 머신 ② 플레이너
③ 드릴링 머신   ④ 브로칭 머신

해설 플레이너는 대형 일감을 테이블 위에 고정시키고 수평 왕복 운동을 하며, 바이트는 일감의 운동 방향과 직각 방향으로 단속적으로 이송된다.

9. 셰이퍼에서 램의 왕복 속도는 어떠한가?
① 일정하다.
② 귀환 행정일 때가 늦다.
③ 절삭 행정일 때가 빠르다.
④ 귀환 행정일 때가 빠르다.

해설 램의 왕복 속도는 귀환 행정일 때가 빠르다.

10. 플레이너의 크기를 표시하는 사항이 아닌 것은?
① 테이블의 크기(길이×너비)
② 공구대의 수평 및 위아래 이동거리
③ 테이블의 높이
④ 테이블 윗면부터 공구대까지의 최대 높이

해설 플레이너의 크기
• 테이블의 크기(길이×너비)
• 공구대의 수평 및 위아래 이동거리
• 테이블 윗면부터 공구대까지의 최대 높이

정답 7. ③ 8. ② 9. ④ 10. ③

6. 정밀 입자 가공 및 특수 가공

6-1 래핑

(1) 래핑

래핑은 랩과 일감 사이에 랩제를 넣어 서로 누르고 비비면서 마모시켜 표면을 다듬는 방법이다. 게이지 블록의 측정면이나 광학 렌즈 등의 다듬질용으로 사용된다.

① **랩(lap)** : 공작물보다 연질로 알루미늄, 주철, 연철, 구리합금, 박달나무 등이 사용된다.
② **랩제(lapping powder)** : 크기가 작은 탄화규소, 산화알루미늄, 산화철, 산화크롬, 탄화붕소, 다이아몬드 분말 입자를 사용한다.

(2) 랩 작업

① **습식법** : 거친 래핑에 쓰이며 경유나 그리스, 기계유 등에 랩제를 혼합하여 사용한다.
② **건식법** : 랩제가 묻은 랩을 건조한 상태에서 사용한다.

(3) 래핑의 특징

① **래핑의 장점**
  ㈎ 정밀도가 높은 제품으로 가공면이 매끈한 거울면(경면)을 얻을 수 있다.
  ㈏ 가공면의 내식성, 윤활성, 내마모성이 향상되고 대량 생산이 가능하다.
  ㈐ 평면 랩 또는 원통 랩을 이용하여 평면도, 진원도, 직선도 등을 향상시킬 수 있다.
② **래핑의 단점**
  ㈎ 가공면에 랩제가 잔류하여 제품을 사용할 때 마모를 일으킬 수 있다.
  ㈏ 고도의 숙련공이 필요하다.
  ㈐ 랩제가 날려 다른 기계에 마모를 일으킬 수 있으며, 작업이 지저분하고 먼지가 많다.

6-2 호닝

(1) 호닝

보링, 리밍, 연삭 가공 등을 끝낸 원통 내면의 정밀도를 더욱 높이기 위하여 막대 모양의 가는 입자의 숫돌을 방사상으로 배치한 혼(hone)으로 다듬질하는 방법을 호닝(honing)이라 한다.

(2) 호닝의 특징

① 발열이 적고 경제적인 정밀 작업이 가능하다.
② 표면 거칠기를 좋게 할 수 있다.
③ 정밀한 치수로 가공할 수 있다.

> **참고**
> - 액체 호닝은 압축 공기를 사용하여 연마제를 가공액과 함께 노즐을 통해 고속 분사시켜 일감 표면을 다듬는 가공법이다.

6-3 슈퍼 피니싱

(1) 슈퍼 피니싱

숫돌 입자가 작은 숫돌로 일감을 가볍게 누르면서 축방향으로 진동을 주는 방법으로 변질층 표면 깎기, 원통 외면, 내면, 평면을 다듬질할 수 있다.

(2) 슈퍼 피니싱의 특징

① 연삭 흠집이 없는 가공을 할 수 있다.
② 가공액으로 경유, 기계유, 스핀들유 등이 사용된다.

예 | 상 | 문 | 제

1. 래핑(lapping) 작업에 관한 사항 중 틀린 것은?

① 경질 합금을 래핑할 때는 다이아몬드로 해서는 안 된다.
② 래핑유(lap-oil)로 석유를 사용해서는 안 된다.
③ 강철을 래핑할 때 주철이 널리 사용된다.
④ 랩 재료는 반드시 공작물보다 연질의 것을 사용한다.

[해설] 래핑유로는 석유, 경유, 물, 올리브유 등을 사용한다.

2. 래핑 작업의 장점이 아닌 것은?

① 정밀도가 높은 제품을 가공한다.
② 가공면이 매끈하다.
③ 가공면의 내마모성이 좋다.
④ 랩제의 잔류가 쉽다.

[해설] 랩제가 잔류하지 않아서 표면이 매끈하다는 장점이 있다.

3. 래핑 작업에 사용하는 랩제의 종류가 아닌 것은?

① 흑연   ② 산화크롬
③ 탄화규소 ④ 산화알루미나

[해설] 랩제(lapping powder)는 크기가 작은 탄화규소, 산화알루미늄, 산화철, 산화크롬, 탄화붕소, 다이아몬드 분말 입자를 사용하는데 탄화규소가 가장 많이 사용된다.

4. 다음 중 래핑 가공에 대한 설명으로 옳지 않은 것은?

① 래핑은 랩이라고 하는 공구와 다듬질하려고 하는 공작물 사이에 랩제를 넣고 공작물을 누르며 상대운동을 시켜 다듬질하는 가공법을 말한다.
② 래핑 방식으로는 습식 래핑과 건식 래핑이 있다.
③ 랩은 공작물 재료보다 경도가 낮아야 공작물에 흠집이나 상처를 일으키지 않는다.
④ 건식 래핑은 절삭량이 많고, 다듬면은 광택이 적어 일반적으로 초기 래핑 작업에 많이 사용한다.

[해설] 건식 래핑은 절삭량이 매우 적고, 다듬질면이 고우며, 광택이 있는 경면 다듬질이 가능하다.

5. 미립자를 사용하여 초정밀 가공을 하는 방법으로 습식법과 건식법이 있는 절삭 가공 방법은?

① 보링(boring)
② 연삭(grinding)
③ 태핑(tapping)
④ 래핑(lapping)

[해설]
• 습식법 : 경유나 그리스, 기계유 등에 랩제를 혼합하여 사용하며, 다듬질면은 매끈하지 못하다.
• 건식법 : 랩제가 묻은 랩을 건조한 상태에서 사용하며, 다듬질면이 좋다.

6. 다음 중 정밀도가 가장 높은 가공면을 얻을 수 있는 가공법은?

① 호닝   ② 래핑
③ 평삭   ④ 브로칭

정답 1. ② 2. ④ 3. ① 4. ④ 5. ④ 6. ②

해설 래핑은 랩과 일감 사이에 랩제를 넣어 서로 누르고 비비면서 다듬는 방법으로 정밀도가 향상되며 다듬질면은 내식성, 내마멸성이 높다.

7. 호닝 가공의 특징이 아닌 것은?
① 발열이 크고 경제적인 정밀 가공이 가능하다.
② 전 가공에서 발생한 진직도, 진원도, 테이퍼 등을 수정할 수 있다.
③ 표면 거칠기를 좋게 할 수 있다.
④ 정밀한 치수로 가공할 수 있다.

해설 발열이 적고 경제적인 정밀 작업이 가능하다.

8. 내연기관의 실린더 내면에 진원도, 진직도, 표면 거칠기 등을 더욱 향상시키기 위한 가공 방법은?
① 래핑　　　② 호닝
③ 슈퍼 피니싱　④ 버핑

해설 호닝은 보링, 리밍, 연삭 가공 등을 끝낸 원통 내면의 정밀도를 더욱 높이기 위한 가공이다.

9. 연마제를 가공액과 혼합하여 가공물 표면에 압축 공기로 고압과 고속으로 분사시켜 가공물 표면과 충돌시켜 표면을 가공하는 방법은?
① 래핑　　　② 버니싱
③ 슈퍼 피니싱　④ 액체 호닝

해설 액체 호닝은 압축 공기를 사용하여 연마제를 가공액과 함께 노즐을 통해 고속 분사시켜 일감 표면을 다듬는 가공법이고, 슈퍼 피니싱은 숫돌 입자가 작은 숫돌로 일감을 가볍게 누르면서 축방향으로 진동을 주는 것으로 원통 외면, 내면, 평면을 다듬질할 수 있다. 버니싱은 원통 내면의 표면 다듬질에 가압법을 응용한 것을 말한다.

10. 호닝에 대한 특징이 아닌 것은?
① 구멍에 대한 진원도, 진직도 및 표면 거칠기를 향상시킨다.
② 숫돌의 길이는 가공 구멍 깊이의 $\frac{1}{2}$ 이상으로 한다.
③ 혼은 회전 운동과 축방향 운동을 동시에 시킨다.
④ 치수 정밀도는 3~10 μm로 높일 수 있다.

해설 숫돌의 길이는 가공할 구멍 깊이의 $\frac{1}{2}$ 이하로 하고, 왕복 운동 양단에서 숫돌 깊이의 $\frac{1}{4}$ 정도 구멍에서 나올 때 정지한다.

11. 액체 호닝에 대한 특징 설명 중 틀린 것은?
① 공작물 표면의 산화막이나 거스러미(burr)를 제거하기 쉽다.
② 피닝 효과가 있다.
③ 형상이 복잡한 것도 쉽게 가공한다.
④ 가공 시간이 길다.

해설 액체 호닝의 단점
• 다듬질 면의 광택이 좋지 않다.
• 진직도, 진원도가 높지 않다.
• 분쇄된 연삭 입자에 의해 내마모성에 악영향을 준다.
※ 액체 호닝은 가공 시간이 짧다.

12. 슈퍼 피니싱(super finishing)의 특징과 거리가 먼 것은?
① 진폭이 수 mm이고 진동수가 매분 수백에서 수천의 값을 가진다.

정답　7. ①　8. ②　9. ④　10. ②　11. ④　12. ④

② 가공열의 발생이 적고 가공 변질층도 적으므로 가공면의 특성이 양호하다.
③ 다듬질 표면은 마찰계수가 작고 내마멸성, 내식성이 우수하다.
④ 입도가 비교적 크고 경한 숫돌에 고압으로 가압하여 연마하는 방법이다.

해설 슈퍼 피니싱은 입도가 작고 연한 숫돌을 작은 압력으로 가공물의 표면에 가압하면서 가공물에 피드를 주고, 숫돌을 진동시켜 가공하는 방법이다.

13. 일감에 회전 운동과 이송을 주며, 숫돌을 일감 표면에 약한 압력으로 눌러 대고 다듬질할 면에 따라 매우 작고 빠른 진동을 주어 가공하는 방법은?

① 래핑　　② 드레싱
③ 드릴링　　④ 슈퍼 피니싱

해설 슈퍼 피니싱은 숫돌 입자가 작은 숫돌로 일감을 가볍게 누르면서 축방향으로 진동을 주는 방법으로 변질층 표면 깎기, 원통 외면, 내면, 평면을 다듬질할 수 있다.

14. 입도가 작고 연한 숫돌을 작은 압력으로 가공물의 표면에 가압하면서 가공물에 피드를 주고, 숫돌을 진동시켜 가공하는 것은 어느 것인가?

① 호닝
② 슈퍼 피니싱
③ 쇼트 피닝
④ 버니싱

해설 • 호닝 : 원통 내면의 정밀도를 더욱 높이기 위하여 혼(hone)을 구멍에 넣고 회전 운동과 축방향 운동을 동시에 시켜 가며 구멍의 내면을 정밀 다듬질하는 방법

• 쇼트 피닝 : 쇼트(shot)라는 공구를 가공면에 고속으로 강하게 두드려 표면을 다듬질하는 가공
• 버니싱 : 1차로 가공된 공작물의 안지름보다 큰 강철 볼을 압입하여 통과시켜 공작물의 표면을 소성 변형시키는 가공

15. 래핑 가공 중 치수 정밀도가 나쁠 때의 대책으로 틀린 것은?

① 속도를 낮춘다.
② 랩 정반을 점검한다.
③ 랩제의 양을 줄인다.
④ 입도가 더 큰 랩제를 사용한다.

해설 입도가 작은 랩제를 사용한다.

16. 다음 중 슈퍼 피니싱의 특징에 대한 설명으로 틀린 것은?

① 다듬질면은 평활하고 방향성이 없다.
② 숫돌은 진동을 하면서 왕복 운동을 한다.
③ 가공에 따른 변질층의 두께가 매우 크다.
④ 공작물은 전 표면이 균일하고 매끈하게 다듬질된다.

해설 슈퍼 피니싱은 가공에 따른 변질층의 두께가 매우 작다.

17. 액체 호닝 가공면을 결정하는 인자가 아닌 것은?

① 공기 압력
② 가공 온도
③ 분출 각도
④ 액체의 농도

해설 액체 호닝 가공면을 결정하는 인자는 ①, ③, ④ 이외에 시간, 노즐에서 가공면까지의 거리 등이다.

정답 13. ④　14. ②　15. ④　16. ③　17. ②

6-4 방전 가공

(1) 방전 가공(EDM : Electric Discharge Machining)

일감과 전극 사이에 방전을 이용하여 재료를 조금씩 용해하면서 제거하는 비접촉식 가공법으로 구멍 뚫기, 조각, 절단 등을 한다.

① **전극 재료** : 구리, 황동, 흑연(그라파이트)
② **전극 재료의 특징**
  (가) 전기 저항이 낮고 전기 전도도가 클 것
  (나) 용융점이 높고 소모가 적을 것
  (다) 가공 정밀도가 높고 가공이 용이할 것
  (라) 구하기 쉽고 가격이 저렴할 것
③ **가공액** : 용융 금속의 비산, 칩의 제거, 냉각 작용, 절연성 회복을 목적으로 기름, 물, 황화유 등을 사용한다.

(2) 방전 가공의 특징

① 숙련을 요하지 않으며, 무인 운전이 가능하다.
② 전극의 형상대로 가공된다.
③ 공작물에 큰 힘이 가해지지 않는다.
④ 가공 부분에 변질층이 남는다.

(3) 방전 가공의 장단점

① **장점**
  (가) 재료의 경도와 인성에 관계없이 전기 도체이면 쉽게 가공한다.
  (나) 비접촉성으로 기계적인 힘이 가해지지 않는다.
  (다) 다듬질면은 방향성이 없고 균일하다.
  (라) 복잡한 표면 형상이나 미세한 가공이 가능하다.
  (마) 가공 표면의 열변질층 두께가 균일하여 마무리 가공이 쉽다.
  (바) 가공성이 높고 설계의 유연성이 크다.
② **단점**
  (가) 가공상의 전극 소재에 제한이 있다.
  (나) 가공 속도가 느리다.
  (다) 전극 소모가 있으며, 화재 발생에 유의해야 한다.

예 | 상 | 문 | 제

1. 방전 가공에 대한 설명 중 잘못된 것은?
   ① 방전 가공 때 음극보다는 양극의 소모가 크다.
   ② 재료가 전기 부도체이면 쉽게 방전 가공할 수 있다.
   ③ 얇은 판, 가는 선, 미세한 구멍 가공에 사용된다.
   ④ 와이어 컷 방전 가공의 와이어는 황동, 구리, 텅스텐을 사용한다.
   [해설] 재료의 경도와 인성에 관계없이 전기 도체이면 쉽게 가공한다.

2. 와이어 컷 방전 가공의 와이어 전극 재질로 적합하지 않은 것은?
   ① 황동
   ② 구리
   ③ 텅스텐
   ④ 납
   [해설] ①, ②, ③ 이외에 흑연 등을 사용한다.

3. 방전 가공에 대한 일반적인 특징으로 틀린 것은?
   ① 전기 도체이면 쉽게 가공할 수 있다.
   ② 전극은 구리나 흑연 등을 사용한다.
   ③ 방전 가공 시 양극보다 음극의 소모가 크다.
   ④ 공작물은 양극, 공구는 음극으로 한다.
   [해설] 방전 가공은 액 중에서 방전에 의하여 생기는 전극의 소모 현상을 가공에 이용한 것이며, 일반적으로 양극 측이 소모가 크므로 가공물을 양극으로 하고, 전극은 음극이 된다.

4. 전극과 가공물 사이에 전기를 통전시켜, 열에너지를 이용하여 가공물을 용융 증발시켜 가공하는 것은?
   ① 방전 가공
   ② 초음파 가공
   ③ 화학적 가공
   ④ 쇼트 피닝 가공
   [해설] 방전 가공은 일감과 공구 사이 방전을 이용해 재료를 조금씩 용해하면서 제거하는 가공법이다.
   • 가공 재료 : 초경합금, 담금질강, 내열강 등의 절삭 가공이 곤란한 금속을 쉽게 가공할 수 있다.
   • 가공액 : 기름, 물, 황화유
   • 가공 전극 : 구리, 황동, 흑연

5. 다음 중 방전 가공용 전극 재료의 조건으로 틀린 것은?
   ① 가공 정밀도가 높을 것
   ② 가공 전극의 소모가 많을 것
   ③ 구하기 쉽고 값이 저렴할 것
   ④ 방전이 안전하고 가공 속도가 클 것
   [해설] 가공 전극의 소모가 적어야 한다.

6. 0.02~0.3mm 정도의 금속선 전극을 이용하여 공작물을 잘라내는 가공 방법은 어느 것인가?
   ① 레이저 가공
   ② 워터젯 가공
   ③ 전자 빔 가공
   ④ 와이어 컷 방전 가공

정답 1. ② 2. ④ 3. ③ 4. ① 5. ② 6. ④

해설 와이어 컷 방전 가공은 가는 와이어를 전극으로 이용하여 이 와이어가 늘어짐이 없는 상태로 감아가면서 와이어와 공작물 사이에 방전시켜 가공하는 방법이다.

7. 와이어 컷 방전 가공기의 사용 시 주의 사항으로 틀린 것은?
① 운전 중에는 전극을 만지지 않는다.
② 가공액이 바깥으로 튀어나오지 않도록 안전 커버를 설치한다.
③ 와이어의 지름이 매우 작아서 공구경의 보정을 필요로 하지 않는다.
④ 가공물의 낙하 방지를 위하여 프로그램 끝 부분에 정지 기능(M00)을 사용한다.

해설 와이어 컷 프로그램 시 반드시 공구 보정을 해야 한다.

8. 방전 가공 시 전극 중량 소모비를 나타낸 공식 중 맞는 것은?
① 중량 소모비 $=\dfrac{\text{전극 소모량}}{\text{피가공체의 가공길이}} \times 100$
② 중량 소모비 $=\dfrac{\text{전극 소모량}}{\text{피가공체의 가공체적}} \times 100$
③ 중량 소모비 $=\dfrac{\text{피가공물의 두께}}{\text{피가공체의 가공길이}} \times 100$
④ 중량 소모비 $=\dfrac{\text{전극 소모량}}{\text{피가공체의 제거량}} \times 100$

해설 방전 가공에서는 전극의 소모량이 가공 오차를 일으키는 큰 원인이 되기 때문에 이 소모량을 측정하는 방법으로서 피가공체의 제거량과 전극의 소모량과의 비를 백분율로 표시한다.

9. 다음 중 방전 가공 시 공작물을 예비 가공하는 이유는?
① 휴지시간을 많이 설정할 수 있다.
② 방전 가공을 하고자 하는 부분이 작아져서 방전 가공 시간이 단축된다.
③ 전극의 소모를 증대함으로써 방전을 안정시킨다.
④ 극간을 흐르는 가공 칩의 양이 많아져 가공 시간이 단축된다.

해설 방전 가공 전 다른 공작 기계를 이용하여 기계 가공을 하는 것을 예비 가공이라 하는데, 방전 가공 여유가 작아짐에 따라 방전 가공 시간이 대폭 단축된다.

10. 방전 가공 시간을 짧게 하려고 한다. 틀린 것은?
① 방전 시간(on time)을 크게 한다.
② 방전 휴지 시간(off time)을 작게 한다.
③ 방전 에너지를 크게 한다.
④ 방전 전류를 작게 한다.

해설 방전 전류를 크게 하면 가공 속도가 빨라지나 표면 거칠기는 나빠지고, 전극 소모는 증가한다.

6-5 레이저 가공

(1) 레이저(laser) 가공

레이저로 자재의 일부분에 열을 가해 커팅, 가공하는 방법으로, 아주 단단하거나 깨지기 쉬운 재료의 가공이 쉽고, 접촉 없이 가공하기 때문에 장비의 마모가 없다는 장점이 있다.

(2) 레이저 가공의 장단점

① 장점
  - ㈎ 세라믹, 유리, 타일, 대리석 등의 고경도 및 취성 재료의 가공이 용이하다.
  - ㈏ 비접촉 가공이므로 가공 소음 발생이 적다.
  - ㈐ 공구의 마모가 없다.
  - ㈑ 빔 집 속을 통해 가공부를 최소화하므로 열영향부를 줄인다.
  - ㈒ 가공 중 소재에 반력이 없고, 플라스틱, 천, 고무, 종이 등의 재질이나 극히 얇은 판 등을 변형 없이 고정도로 가공 가능하다.
  - ㈓ 자유 곡선 등의 복잡한 형상을 쉽게 가공할 수 있다.
  - ㈔ 빛의 전송을 통해 가공 영역을 확대하고 광섬유를 사용한 로봇과의 결합이 가능하다.

② 단점
  - ㈎ 광학 부품의 오염을 방지할 수 있도록 주의해야 한다.
  - ㈏ 장비가 고가이다.
  - ㈐ 가공 전 재료가 오염 등을 통해 레이저 에너지 흡수 조건에 변화가 생기지 않도록 주의해야 한다.
  - ㈑ 반사율이 큰 재료의 가공이 곤란하며 표면에 흡수제 처리 등이 필요하다.

6-6 초음파 가공

(1) 초음파 가공

공구와 공작물 사이에 연삭 입자와 가공액을 주입하고, 공구에 초음파 진동을 주어 전기적 양도체나 부도체의 여부에 관계없이 정밀한 가공을 하는 방법이다.

① **공구 재료** : 황동, 연강, 피아노선, 모넬메탈 등을 사용한다.
② **가공액** : 물, 경유 등을 사용한다.
③ **연삭 입자** : 알루미나, 탄화규소, 탄화붕소, 다이아몬드 분말 등을 사용한다.

(2) 초음파 가공의 장단점

① **장점**
  ㈎ 도체가 아닌 부도체도 가공이 가능하다.
  ㈏ 구멍을 가공하기 쉽다.
  ㈐ 복잡한 형상도 쉽게 가공할 수 있다.
  ㈑ 가공 재료의 제한이 적다.
② **단점**
  ㈎ 가공 속도가 느리고 공구 마모가 크다.
  ㈏ 연한 재료(납, 구리, 연강)의 가공이 어렵다.
  ㈐ 가공 면적이 작다.
  ㈑ 가공 길이에 제한이 있다.

6-7 화학적 가공

(1) 화학적 가공

대부분의 재료는 화학적으로 용해시킬 수 있으며, 이러한 화학 반응을 통하여 기계적, 전기적 방법으로는 가공할 수 없는 재료를 가공하는 방법으로서 화학 블랭킹, 화학 연마, 화학 연삭, 화학 절단 등이 있다.

(2) 화학적 가공의 특징

① 재료의 강도나 경도에 관계없이 가공할 수 있다.
② 변형이나 가공 거스러미가 없다.
③ 가공 경화나 표면의 변질층이 생기지 않는다.
④ 표면 전체를 동시에 다량 가공할 수 있다.
⑤ 공구가 필요 없다.

예 | 상 | 문 | 제

1. 특수 가공 종류에 대한 설명으로 틀린 것은?
   ① 화학 가공은 미세한 가공에는 적합하나 넓은 면적을 가공하기에는 비효율적이다.
   ② 방전 가공은 복잡한 형상의 금형의 캐비티(cavity)를 제작하는 데 편리하다.
   ③ 와이어 컷 방전 가공은 2차원 형상인 프레스 금형의 펀치를 제작하는 데 유용하다.
   ④ 전해 가공은 전기적으로 도체인 재료를 대상으로 하며, 부도체인 경우에는 가공이 불가능하다.

   [해설] 화학 가공
   - 가공물을 가공액 속에 넣고 화학반응을 일으켜 가공물의 표면에 필요한 형상으로 가공하는 방법이다.
   - 복잡한 형상과 관계없이 표면 전체를 한번에 가공할 수 있으며, 미세한 가공에는 적합하지 않다.

2. 레이저 가공은 가공물에 레이저 빛을 쏘이면 순간적으로 밑부분이 가열되어, 용해되거나 증발되는 원리이다. 가공에 사용되는 레이저 종류가 아닌 것은?
   ① 기체 레이저
   ② 반도체 레이저
   ③ 고체 레이저
   ④ 지그 레이저

   [해설] 레이저는 매질의 성질에 따라 고체 레이저, 기체 레이저, 액체 레이저, 반도체 레이저 등이 있다.

3. 다음 중 레이저 가공의 장점이 아닌 것은 어느 것인가?
   ① 고경도 및 취성 재료의 가공이 용이하다.
   ② 공구의 마모가 없다.
   ③ 광학 부품의 오염이 없다.
   ④ 비접촉 가공이므로 가공 소음 발생이 적다.

   [해설] 레이저 가공은 광학 부품의 오염을 방지할 수 있도록 주의해야 하며, 장비가 고가이다.

4. 물이나 경유 등에 연삭 입자를 혼합한 가공액을 공구의 진동면과 일감 사이에 주입시켜 가며 초음파에 의한 상하진동으로 표면을 다듬는 가공 방법은?
   ① 방전 가공
   ② 초음파 가공
   ③ 전자빔 가공
   ④ 화학적 가공

   [해설] 방전 가공은 일감과 공구 사이 방전을 이용해 재료를 조금씩 용해하면서 제거하는 가공법이다.

5. 초음파 가공의 장점이 아닌 것은?
   ① 부도체도 가공이 가능하다.
   ② 복잡한 형상도 쉽게 가공할 수 있다.
   ③ 가공 재료의 제한이 적다.
   ④ 가공 속도가 빠르고 공구 마모가 적다.

   [해설] 가공 속도가 느리고 공구 마모가 크며, 연한 재료(납, 구리, 연강)는 가공이 어렵다.

6. 초음파 가공에 대한 설명 중 틀린 것은?
   ① 초음파를 이용한 전기적 에너지를 기계적인 에너지로 변환시켜 정밀 가공하는 방법이다.

[정답] 1. ① 2. ④ 3. ③ 4. ② 5. ④ 6. ③

② 공구의 재료는 황동, 연강, 모넬메탈 등이 쓰인다.
③ 광학 렌즈, 세라믹, 수정, 다이아몬드 등 취성이 큰 재료는 가공이 어렵다.
④ 적당한 공구와 가공 조건의 선택으로 눈금, 무늬, 문자, 구멍, 절단 등의 가공이 가능하다.

해설 초음파 가공은 취성이 큰 담금질강, 초경합금, 보석, 세라믹 등을 다듬질한다.

7. 초음파 가공에 주로 사용되는 연삭 입자의 재질은?
① 탄화붕소
② 셀락
③ 폴리에스터
④ 구리 합금

해설 연삭 입자의 재질로는 산화알루미나, 탄화규소, 다이아몬드 분말, 탄화붕소 등이 사용된다.

8. 입자를 사용하는 가공법은?
① 방전 가공
② 초음파 가공
③ 전해 가공
④ 전자빔 가공

해설 초음파 가공은 입자에 의한 가공법이다.

9. 가공물을 화학 가공액 속에 넣고 화학 반응을 일으켜 가공물의 표면을 필요한 형상으로 가공하는 것을 화학적 가공이라 한다. 화학적 가공의 특징 중 틀린 것은?
① 재료의 강도나 경도에 관계없이 가공할 수 있다.
② 변형이나 거스러미가 발생하지 않는다.
③ 가공 경화 또는 표면 변질층이 발생한다.
④ 복잡한 형상과 관계없이 표면 전체를 한 번에 가공할 수 있다.

해설 화학적 가공의 특징은 ①, ②, ④ 이외에 가공 경화나 표면의 변질층이 생기지 않는다.

10. 다음 중 공구가 필요 없는 가공법은?
① 방전 가공
② 화학적 가공
③ 전자빔 가공
④ 초음파 가공

해설 화학적 가공은 화학 반응을 통하여 기계적, 전기적 방법으로는 가공할 수 없는 재료를 가공하는 방법으로 공구가 필요 없다.

11. 초음파 가공에 주로 사용하는 연삭 입자의 재질이 아닌 것은?
① 산화알루미나계
② 다이아몬드 분말
③ 탄화규소계
④ 고무분말계

해설 초음파 가공에 사용하는 연삭 입자의 재질은 산화알루미나, 탄화규소, 탄화붕소, 다이아몬드 분말이다.

12. 다음 중 초음파 가공으로 가공하기 어려운 것은?
① 구리
② 유리
③ 보석
④ 세라믹

해설 구리, 알루미늄, 금, 은 등과 같은 연질 재료는 초음파 가공이 어렵다.

정답 7. ① 8. ② 9. ③ 10. ② 11. ④ 12. ①

6-8 기타 특수 가공

(1) 전주 가공

금속의 전착을 이용하여 모형 위에 도금을 해서 적당한 두께가 되면 모형에서 떼어 낸다. 치수는 0.1m까지 가능하지만 필요한 두께를 얻는 데 수십 시간이 걸린다.

(2) 전해 연마

전기 도금의 원리와 반대로 전해액에 일감을 양극으로 하여 전기를 통하면 표면이 용해 석출되어 공작물의 표면이 매끈하도록 다듬질하는 것을 말한다. 주사침, 반사경 등의 연마에 이용된다.

① 장점
　(가) 가공 표면의 변질층이 생기지 않는다.
　(나) 복잡한 모양의 연마에 사용한다.
　(다) 광택이 매우 좋으며, 내식·내마멸성이 좋다.
　(라) 면이 깨끗하고 도금이 잘 된다.
　(마) 설비가 간단하고 시간이 짧으며 숙련이 필요 없다.

② 단점
　(가) 불균일한 가공 조직이나 두 종류 이상의 재질은 다듬질이 곤란하다.
　(나) 연마량이 적어 깊은 상처는 제거하기가 곤란하다.

(3) 전해 연삭

전해 연마에서 나타난 양극(+)의 생성물을 전해 작용으로 제거하는 작업으로 작업 속도가 빠르고 숫돌의 소모가 적으며, 가공면이 연삭 다듬질보다 우수하다.

① 초경합금 등 경질 재료 또는 열에 민감한 재료 등의 가공에 적합하다.
② 평면, 원통, 내면 연삭도 할 수 있다.
③ 가공 변질이 적고 표면 거칠기가 좋다.

(4) 폴리싱(polishing)

미세한 연삭 입자를 부착한 목재, 피혁, 직물 등으로 만든 바퀴로 공작물의 표면을 연마한다. 폴리싱은 버핑에 선행한다.

(5) 버핑(buffing)

직물을 여러 장 겹쳐서 만든 바퀴로 공작물의 표면에 광택을 낸다. 윤활제를 섞은 미세한 연삭 입자가 사용된다.

(6) 쇼트 피닝(shot peening)

쇼트 볼로 가공면을 강하게 두드려 금속 표면층의 경도와 강도를 증가시켜 피로 한계를 높여준다. 분사 속도, 분사 각도, 분사 면적이 중요하다.

> **참고**
> - 쇼트 피닝은 일반적으로 스프링, 기어, 축 등 반복 하중을 받는 기계 부품에 효과적이다.

(7) 버니싱(burnishing)

1차로 가공된 구멍보다 다소 큰 강철 볼을 구멍에 압입하여 통과시켜 구멍 표면의 거칠기와 정밀도, 피로 한도를 높이고 부식 저항을 증가시킨다.

(8) 배럴(barrel) 가공

회전하는 상자에 공작물과 공작액, 콤파운드 등을 함께 넣어 공작물이 입자와 충돌하는 동안에 그 표면의 요철을 제거하여 공작물 표면을 매끄럽게 한다.

(9) 플라스마 가공

아크 방전 플라스마를 대기 중에 제트 모양으로 분출시켜서 이때 발생하는 고온, 고속의 에너지를 사용하여 재료를 절삭, 절단 가공하는 방법이다.

예 | 상 | 문 | 제

1. 다음 중 쇼트 피닝(shot peening)과 관계 없는 것은?
① 금속 표면 경도를 증가시킨다.
② 피로 한도를 높여 준다.
③ 표면 광택을 증가시킨다.
④ 기계적 성질을 증가시킨다.

해설 쇼트 피닝 : 압축공기나 원심력을 이용하여 쇼트(금속의 작은 알갱이)를 가공물의 표면에 분사시킴으로써 표면을 다듬질하고 동시에 피로 강도 및 기계적인 성질을 개선하는 방법이다.

2. 다음 중 버니싱 작업의 특징으로 틀린 것은 어느 것인가?
① 표면 거칠기가 우수하다.
② 피로 한도를 높일 수 있다.
③ 정밀도가 높아 스프링 백을 고려하지 않아도 된다.
④ 1차 가공에서 발생한 자국, 긁힘 등을 제거할 수 있다.

해설 버니싱은 원통의 내면 및 외면이 매끈하게 다듬질된 강구 또는 롤러로 공작물에 압입하여 표면을 매끈하게 다듬는 가공법이다.

3. 금속으로 만든 작은 덩어리를 공작물 표면에 고속으로 분사하여 피로 강도를 증가시키기 위한 냉간 가공법으로 반복 하중을 받는 스프링, 기어, 축 등에 사용하는 가공법은?
① 래핑   ② 호닝
③ 쇼트 피닝   ④ 슈퍼 피니싱

해설 쇼트 피닝은 쇼트 볼로 가공면을 강하게 두드려 금속 표면층의 경도와 강도를 증가시켜 피로 한계를 높여 준다.

4. 다음 중 전주 가공의 일반적인 특징이 아닌 것은?
① 가공 정밀도가 높은 편이다.
② 복잡한 형상 또는 중공축 등을 가공할 수 있다.
③ 제품의 크기에 제한을 받는다.
④ 일반적으로 생산 시간이 길다.

해설 전주 가공이란 전해 연마에서 석출된 금속 이온이 음극의 공작물 표면에 붙은 전해층을 이용하여 원형과 반대 형상의 제품을 만드는 가공법으로 특징은 다음과 같다.
• 가공 정밀도가 높기 때문에 모형과의 오차를 ±25 m 정도로 할 수 있다.
• 복잡한 형상, 이음매 없는 관, 중공축 등을 제작할 수 있다.
• 제품의 크기에 제한을 받지 않는다.
• 생산 시간이 길다.

5. 회전하는 통 속에 가공물, 숫돌 입자, 가공액, 콤파운드 등을 함께 넣고 회전시켜 서로 부딪치며 가공되어 매끈한 가공면을 얻는 가공법은?
① 롤러 가공   ② 배럴 가공
③ 쇼트 피닝 가공 ④ 버니싱 가공

해설 배럴 가공은 회전하는 상자에 공작물과 공작액, 콤파운드 등을 함께 넣어 공작물이 입자와 충돌하는 동안에 그 표면의 요철을 제거하여 공작물 표면을 매끄럽게 한다.

정답 1. ③ 2. ③ 3. ③ 4. ③ 5. ②

6. 다음의 특징을 가지는 특수 가공은?

> ㉠ 가공 변질층이 나타나지 않으므로 평활한 면을 얻을 수 있다.
> ㉡ 복잡한 형상의 제품도 가능하다.
> ㉢ 가공면에는 방향성이 없다.
> ㉣ 내마모성, 내부식성이 향상된다.

① 전해 연마　　② 방전 가공
③ 버핑　　　　④ 폴리싱

해설 버핑(buffing)은 직물, 피혁, 고무 등으로 만든 원판 버프를 고속 회전시켜 광택을 내는 가공법이며, 방전 가공은 일감과 공구 사이 방전을 이용해 재료를 조금씩 용해하면서 제거하는 가공법이다.

7. 다음 그림과 같은 원리로 원통형 내면에 강철 볼형의 공구를 압입해 통과시켜 매끈하고 정도가 높은 면을 얻는 가공법은?

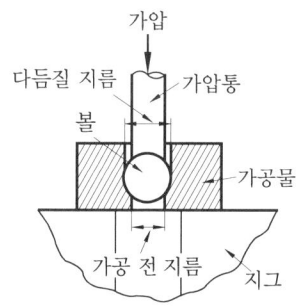

① 버니싱　　　② 폴리싱
③ 쇼트 피닝　　④ 버핑

해설 버니싱 가공법은 원통 내면에 소성 변형을 주어 다듬질하며 내경보다 약간 지름이 큰 버니싱을 사용하여 작업한다. 주로 구멍 내면 다듬질을 하며 간단한 장치로 단시간에 정밀도 높은 가공을 할 수 있다.

8. 다음 중 가공물을 양극으로 전해액에 담그고 전기 저항이 적은 구리, 아연을 음극으로 하여 전류를 흘려서 전기에 의한 용해 작용을 이용하여 가공하는 가공법은?

① 전해 연마　　② 전해 연삭
③ 전해 가공　　④ 전주 가공

해설 전해 연마는 공작물을 양극으로 하고 불용해성 Cu, Zn을 음극으로 하여 전해액에 담그면 공작물 표면이 전기 분해되어 매끈한 면을 얻는 가공 방법이다.

9. 숫돌 입자와 공작물이 접촉하여 가공하는 연삭 작용과 전해 작용을 동시에 이용하는 특수 가공법은?

① 전주 연삭　　② 전해 연삭
③ 모방 연삭　　④ 방전 가공

해설 전해 연삭의 특징
- 경도가 높은 재료일수록 연삭 능률이 기계 연삭보다 높다.
- 박판이나 형상이 복잡한 공작물을 변형 없이 연삭할 수 있다.
- 연삭 저항이 적으므로 연삭열 발생이 적고, 숫돌 수명이 길다.
- 필요로 하는 다양한 전류를 얻기가 힘들다.
- 다듬질면은 광택이 나지 않는다.
- 정밀도는 기계 연삭보다 낮다.

10. 전해 연마 가공의 특징이 아닌 것은?

① 가공 변질층이 나타나지 않으므로 평활한 면을 얻을 수 있다.
② 가공면에 방향성이 없다.
③ 내마멸성 및 내부식성이 좋아진다.
④ 복잡한 형상의 공작물 연마는 불가능하다.

해설 복잡한 형상의 공작물 연마도 가능하며, 면이 깨끗하고 도금이 잘 되고 연질의 금속도 용이하게 연마할 수 있다.

정답 6. ①　7. ①　8. ①　9. ②　10. ④

7. 손다듬질 가공법

7-1 줄 작업

(1) 줄 작업
① **줄의 크기** : 줄 자루에 꽂는 부분(탱)을 제외한 나머지 길이로 표시하며, 길이에 따른 종류에는 100~400 mm까지 50 mm 간격으로 7종이 있다.
② **줄 단면의 모양** : 평줄, 반원줄, 둥근줄, 사각줄, 삼각줄 등이 있다.
③ **날 눈의 세워진 방식에 따른 분류**
　㈎ 단목 : 납, 주석, 알루미늄 등의 연한 금속 또는 판금의 가장자리 다듬질에 사용한다.
　㈏ 복목 : 일반적인 다듬질에 사용한다.
　㈐ 귀목 : 비금속 또는 연한 금속의 거친 절삭에 사용한다.
　㈑ 파목 : 물결 모양으로 날 눈을 세운 것으로 납, 알루미늄, 플라스틱, 목재 등에 사용
④ **줄의 각부 명칭** : 줄의 각부는 자루부, 탱, 절삭날, 선단 등으로 되어 있다.
⑤ **줄눈의 크기** : 황목, 중목, 세목, 유목 순으로 눈이 작아진다.

(2) 평면 줄 작업 방법
① **직진법** : 길이 방향으로 절삭하는 방법으로 최종 다듬질 작업에 사용한다.
② **사진법** : 넓은 면 절삭에 적합하며, 절삭량이 많아 황삭 및 모따기에 적합하다.
③ **횡진법** : 병진법이라고도 하며, 줄을 길이 방향과 직각 방향으로 움직여 절삭한다.

(3) 줄 작업 시 주의 사항
① 줄을 밀 때, 체중을 몸에 가하여 줄을 민다.
② 오른발은 75° 정도, 왼발은 30° 정도 바이스 중심을 향해 반우향한다.
③ 오른손 팔꿈치를 옆구리에 밀착시키고 팔꿈치가 줄과 수평이 되게 한다.
④ 눈은 항상 가공물을 보며 작업하고, 줄을 당길 때는 가공물에 압력을 주지 않는다.
⑤ 보통 줄의 사용 순서는 황목 → 중목 → 세목 → 유목 순으로 작업한다.
⑥ 줄의 손잡이를 오른손 손바닥 중앙에 놓고 엄지손가락은 줄의 중심선과 일치하게 한다.

예 | 상 | 문 | 제

1. 줄 작업에 대한 설명 중 잘못된 것은?
  ① 줄 작업의 자세는 오른발은 75° 정도, 왼발은 30° 정도 바이스 중심을 향해 반우향한다.
  ② 오른손 팔꿈치를 옆구리에 밀착시키고, 팔꿈치가 줄과 수평이 되게 한다.
  ③ 눈은 항상 가공물을 보며 작업한다.
  ④ 줄을 당길 때, 체중을 가하여 압력을 준다.

  해설 줄을 밀 때, 체중을 몸에 가하여 줄을 민다.

2. 납, 주석, 알루미늄 등의 연한 금속이나 판금 제품의 가장자리를 다듬질 작업할 때 주로 사용하는 줄은?
  ① 귀목   ② 단목
  ③ 파목   ④ 복목

  해설 복목은 일반적인 다듬질에 사용하고, 귀목은 비금속 또는 연한 금속의 거친 절삭에 사용하며, 파목은 줄날이 곡선으로 칩 배출이 용이하고 절삭력이 강해서 납, Al, 플라스틱, 목재 등에 사용한다.

3. 다음 중 줄 작업을 할 때 주의할 사항으로 틀린 것은?
  ① 줄을 밀 때, 체중을 가하여 줄을 민다.
  ② 보통 줄의 사용 순서는 황목 → 세목 → 중목 → 유목 순으로 작업한다.
  ③ 눈은 항상 가공물을 보면서 작업한다.
  ④ 줄을 당길 때는 가공물에 압력을 주지 않는다.

  해설 줄 작업 순서는 황목 → 중목 → 세목 → 유목 순이다.

4. 일반적으로 줄(file)의 재질은 어떤 것을 사용하는가?
  ① 탄소 공구강
  ② 고속도강
  ③ 다이스강
  ④ 초경질 합금

  해설 줄의 재질은 탄소 공구강(STC)이며, 줄의 크기는 자루 부분을 제외한 줄의 전체 길이로 표시한다.

5. 일반적으로 머시닝센터 가공을 한 후 일감에 거스러미를 제거할 때 사용하는 공구는?
  ① 바이트   ② 줄
  ③ 스크라이버   ④ 하이트 게이지

  해설 머시닝센터나 밀링 가공을 한 후 거스러미는 보통 줄로 제거한다.

6. 줄에 관한 설명으로 틀린 것은?
  ① 줄의 단면에 따라 황목, 중목, 세목, 유목으로 나눈다.
  ② 줄 작업을 할 때는 두 손의 절삭 하중은 서로 균형이 맞아야 정밀한 평면 가공이 된다.
  ③ 줄 작업을 할 때는 양손은 줄의 전후 운동을 조절하고, 눈은 가공물의 윗면을 주시한다.
  ④ 줄의 수명은 황동, 구리합금 등에 사용할 때가 가장 길고 연강, 경강, 주철의 순서가 된다.

  해설 줄의 종류에는 단면의 모양에 따라 평줄, 반원줄, 둥근줄, 사각줄, 삼각줄 등이 있다.

정답 1. ④ 2. ② 3. ② 4. ① 5. ② 6. ①

7. 다음 중 줄의 크기 표시 방법으로 가장 적합한 것은?
① 줄 눈의 크기를 호칭치수로 한다.
② 줄 폭의 크기를 호칭치수로 한다.
③ 줄 단면적의 크기를 호칭치수로 한다.
④ 자루 부분을 제외한 줄의 전체 길이를 호칭치수로 한다.

해설 줄의 크기는 줄 자루에 꽂는 부분(탱)을 제외한 나머지 길이로 표시하며, 길이에 따른 종류에는 100~400mm까지 50mm 간격으로 7종이 있다.

8. 줄의 작업 방법이 아닌 것은?
① 직진법
② 사진법
③ 후진법
④ 병진법

해설
• 직진법 : 최종 다듬질 작업에 사용
• 사진법 : 황삭 및 모따기에 적합
• 횡진법 : 병진법이라고도 하며 줄의 길이 방향과 직각 방향으로 움직여 절삭

정답 7. ④ 8. ③

7-2 리머 작업

(1) 리머 작업

드릴에 의해 뚫린 구멍은 진원 진직 정밀도가 낮고 내면 다듬질의 정도가 불량하다. 따라서 리머 공구를 사용하여 이러한 구멍을 정밀하게 다듬질하는 것을 말한다.

(2) 리머의 종류

① **핸드 리머** : 수가공, 기계 가공용으로 적합하다.
② **스파이럴 리머** : 기계 가공용으로 관통 구멍에 적합하다.
③ **헬리컬 리머** : 고속 가공이 용이하고 칩 배출이 우수하여 대량 생산에 적합하다.
④ **처킹 리머** : 날부가 짧아서 고속 가공에 적합하다.

> **참고**
> • 셸 리머는 자루와 절삭날 부위가 별개로 되어 있고, 솔리드 리머는 자루와 절삭날 부위가 같은 소재로 되어 있다.

(3) 리머 작업 시 유의 사항

① 리머를 뺄 때 역회전시켜서는 안 된다.
② 기름을 충분히 주어 칩이 잘 배출되도록 해야 한다.
③ 채터링(떨림)을 방지하기 위해 절삭날의 수는 홀수날이고, 부등 간격으로 배치한다.
④ 드릴링을 할 때 리밍 여유를 정확히 남기고 구멍을 뚫어야 한다.
⑤ **리머 선택** : 공작물의 재질과 공작 조건에 따라 선택하고, 리머의 구멍 깊이는 지름의 2배 정도를 표준으로 하며, 더 깊으면 가이드를 붙여 요동을 막아야 한다.
⑥ 핸드 리머 작업 시 자루 부분의 사각부를 리머 핸들에 끼워 작업하며, 구멍의 중심을 잘 유지해야 한다.

예 | 상 | 문 | 제

1. 리머의 특징 중 옳지 않은 것은?
① 절삭날의 수는 많은 것이 좋다.
② 절삭날은 홀수보다 짝수가 유리하다.
③ 떨림을 방지하기 위하여 부등 간격으로 한다.
④ 자루의 테이퍼는 모스 테이퍼이다.

해설 채터링(떨림)을 방지하기 위해 절삭날의 수는 홀수날이다.

2. 다음 중 드릴로 뚫은 구멍을 정밀 치수로 가공하기 위해 다듬는 작업은?
① 태핑   ② 리밍
③ 카운터 싱킹   ④ 스폿 페이싱

해설 리밍은 드릴로 뚫은 구멍을 정확한 치수로 넓히거나, 구멍을 정밀하게 다듬질하는 데 사용한다.

3. 일반적으로 드릴 작업 후 리머 가공을 할 때 리머 가공의 절삭 여유로 가장 적합한 것은?
① 0.02~0.03mm 정도
② 0.2~0.3mm 정도
③ 0.8~1.2mm 정도
④ 1.5~2.5mm 정도

해설 드릴로 뚫은 구멍은 보통 진원도 및 내면의 다듬질 정도가 양호하지 못하므로 리머를 사용하여 구멍의 내면을 매끈하고 정확하게 가공하는 작업을 리머 작업 또는 리밍(reaming)이라고 한다.

4. 다음 리머 중 자루와 날 부위가 별개로 되어 있는 리머는?
① 솔리드 리머(solid reamer)
② 조정 리머(adjustable reamer)
③ 팽창 리머(expansion reamer)
④ 셸 리머(shell reamer)

해설 셸 리머는 자루와 날 부위가 별개로 되어 있는 리머이고, 솔리드 리머는 자루와 날 부위가 같은 소재로 된 리머이다.

5. 기계 가공법에서 리밍 작업 시 가장 옳은 방법은?
① 드릴 작업과 같은 속도와 같은 이송으로 한다.
② 드릴 작업보다 고속에서 작업하고 이송을 작게 한다.
③ 드릴 작업보다 저속에서 작업하고 이송을 크게 한다.
④ 드릴 작업보다 이송만 작게 하고 같은 속도로 작업한다.

해설 리밍 작업은 드릴 작업 RPM의 $\frac{2}{3} \sim \frac{3}{4}$ 정도로 하며, 이송은 같거나 빠르게 한다.

6. 리머의 모양에 대한 설명 중 틀린 것은?
① 조정 리머 : 절삭날을 조정할 수 있는 것
② 솔리드 리머 : 자루와 절삭날이 다른 소재로 된 것
③ 셸 리머 : 자루와 절삭날 부위가 별개로 되어 있는 것
④ 팽창 리머 : 가공물의 치수에 따라 조금 팽창할 수 있는 것

해설 솔리드 리머는 자루와 날 부위가 같은 소재로 된 일체형이다.

정답 1. ② 2. ② 3. ② 4. ④ 5. ③ 6. ②

7-3 탭, 다이스 작업 등

(1) 탭 작업

① **탭 작업** : 드릴로 뚫은 구멍에 탭과 탭 핸들에 의해 암나사를 내는 작업이다.
② **핸드 탭의 종류** : 핸드 탭(수동 탭)은 1번, 2번, 3번 탭이 한 조로 되어 있으며, 1번 탭은 탭의 끝 부분이 9산, 2번 탭은 5산, 3번 탭은 1.5산이 테이퍼로 되어 있다.
③ **탭 구멍**

    (개) 미터 나사 : $d = D - p$ (나) 인치 나사 : $d = 25.4 \times D - \dfrac{25.4}{N}$

    여기서, d : 탭 구멍의 지름(mm) D : 나사의 바깥지름(mm)
             p : 나사의 피치(mm) N : 1인치(25.4 mm) 사이의 산수

④ **탭이 부러지는 원인**
    (개) 구멍이 작을 때   (나) 탭이 구멍 바닥에 부딪혔을 때
    (다) 칩의 배출이 원활하지 못할 때   (라) 구멍이 바르지 못할 때
    (마) 핸들에 무리한 힘을 주었을 때

⑤ **탭 작업 시 주의 사항**
    (개) 공작물을 수평으로 단단히 고정시킬 것
    (나) 구멍의 중심과 탭의 중심을 일치시킬 것
    (다) 탭 핸들에 무리한 힘을 가하지 말고 수평을 유지할 것
    (라) 탭을 한쪽 방향으로만 돌리지 말고 가끔 역회전하여 칩을 배출시킬 것
    (마) 기름을 충분히 넣을 것

(2) 다이스 작업

환봉 또는 관 바깥지름에 다이스(dies)를 사용하여 수나사를 가공하는 작업이며, 다이스는 나사 지름을 조절할 수 있는 분할 다이스와 나사 지름을 조절할 수 없는 단체 다이스로 나눈다.

(3) 스크레이퍼 작업

줄 작업 후 또는 기계 가공면을 더욱 정밀하게 다듬질할 필요가 있을 때 소량의 금속을 국부적으로 깎아내는 작업을 스크레이핑(scraping)이라고 한다.

예 | 상 | 문 | 제

1. 탭의 종류 중 파이프 탭(pipe tap)으로 가능한 작업으로 적합하지 않은 것은?

① 오일 캡
② 리머의 가공
③ 가스 파이프 또는 파이프 이음
④ 기계 결합용 암나사 가공

해설 리머는 드릴이나 다른 절삭 공구로 이미 뚫어놓은 구멍을 정확한 치수로 맞추거나 깨끗하게 다듬는 데 사용하는 공구이다.

2. 다음 중 구멍의 내면을 암나사로 가공하는 작업은?

① 리밍 ② 널링
③ 태핑 ④ 스폿 페이싱

해설 탭으로는 암나사를 가공하고, 수나사는 다이스를 이용하여 가공한다.

3. 탭 작업 중 탭의 파손 원인으로 가장 관계가 먼 것은?

① 탭 기초 구멍이 너무 작은 경우
② 탭이 소재보다 경도가 높은 경우
③ 탭이 구멍 바닥에 부딪혔을 경우
④ 탭이 경사지게 들어간 경우

해설 탭이 소재보다 경도가 낮은 경우에 파손된다.

4. 수기 가공에 대한 설명으로 틀린 것은?

① 서피스 게이지는 공작물에 평행선을 긋거나 평행면의 검사용으로 사용된다.
② 스크레이퍼는 줄 가공 후 면을 정밀하게 다듬질 작업하기 위해 사용된다.
③ 카운터 보어는 드릴로 가공된 구멍에 대하여 정밀하게 다듬질하기 위해 사용된다.
④ 센터 펀치는 펀치의 끝이 각도가 60~90° 원뿔로 되어 있고 위치를 표시하기 위해 사용된다.

해설 카운터 보어는 볼트 머리 및 너트가 가공물 안으로 완전하게 들어갈 수 있도록 가공하는 작업이다.

5. 수기 가공에 대한 설명으로 틀린 것은?

① 탭은 나사부와 자루 부분으로 되어 있다.
② 다이스는 수나사를 가공하기 위한 공구이다.
③ 다이스는 1번, 2번, 3번 순으로 나사 가공을 수행한다.
④ 줄의 작업 순서는 황목 → 중목 → 세목 순으로 한다.

해설 수동으로 탭 가공 시 1번, 2번, 3번 순으로 나사 가공을 한다.

6. 다음 중 스크레이핑에 대한 설명으로 맞는 것은?

① 기계 가공면을 더욱 정밀하게 다듬질할 필요가 있을 때
② 가공 부분을 줄로 가공할 때
③ 손으로 가공물을 조작할 때
④ 가공 부분이 적어 기계보다는 그라인더로 가공할 때

해설 기계 가공면을 더욱 정밀하게 다듬질할 필요가 있을 때 소량의 금속을 국부적으로 깎아내는 작업을 스크레이핑(scraping)이라고 한다.

정답 1.② 2.③ 3.② 4.③ 5.③ 6.①

7. 일반적인 손다듬질 작업 공정 순서로 옳은 것은?

① 쇠톱 → 정 → 줄 → 스크레이퍼
② 스크레이퍼 → 정 → 쇠톱 → 줄
③ 줄 → 스크레이퍼 → 쇠톱 → 정
④ 정 → 줄 → 스크레이퍼 → 쇠톱

해설 손다듬질 작업 공정 순서 : 제일 먼저 쇠톱으로 소재를 절삭하고, 마지막으로 스크레이퍼로 다듬질한다.

8. 수나사를 만들 때 사용하는 공구는?

① 탭　　　② 다이스
③ 리머　　④ 스크레이퍼

해설 다이스는 수나사를 가공하기 위한 공구이다.

9. 막힌 구멍이나 인성이 강한 재료의 태핑에 적합한 탭은?

① 관용 탭　　② 핸드 탭
③ 포인트 탭　④ 스파이럴 탭

해설 스파이럴 탭(spiral tap)은 막힌 구멍 가공에 적합하며, 칩 플루트를 통해 배출된다.

10. 다음 중 M10×1.5의 탭 가공을 위하여 드릴링할 때 적당한 드릴의 지름은 몇 mm인가?

① 7.5　　② 8
③ 8.5　　④ 9

해설 지름 d = 나사의 호칭지름 − 피치
$$= 10 - 1.5$$
$$= 8.5 \text{mm}$$

정답 7. ①　8. ②　9. ④　10. ③

컴퓨터응용가공
산업기사

제**2**장

안전 규정 준수

1. 안전 수칙 확인

1-1 기계 안전 수칙

① 자기 담당 기계 이외의 기계는 손을 대지 않는다.
② 기계 가동은 각 직원의 위치와 안전장치를 확인 후 행한다.
③ 움직이는 기계를 방치한 채 다른 일을 하면 위험하므로 기계가 완전히 정지한 다음 자리를 뜬다.
④ 정전이 되면 우선 스위치를 내린다.
⑤ 기계의 조정이 필요하면 끈 후 완전 정지할 때까지 기다려야 하며, 손이나 막대기 등으로 정지시키지 않아야 한다.
⑥ 기계를 청소할 때는 브러시나 막대기를 사용하고 손으로 청소하지 않는다.
⑦ 기계 작업자는 보안경을 착용하여야 한다.
⑧ 기계 가동 시에는 소매가 긴 옷, 장갑 또는 반지를 착용하지 않는다.
⑨ 고장 중인 기계는 "고장·사용금지"라고 표지를 붙여 둔다.
⑩ 기계는 매일 점검하여야 하며, 사용 전에 반드시 점검하여 이상 유무를 확인한다.

1-2 통행 시 안전 수칙

① 통행로 위의 높이 2m 이하에는 장애물이 없어야 한다.
② 기계와 다른 시설물과의 사이의 통행로 폭은 80cm 이상으로 하여야 한다.
③ 우측통행 규칙을 지켜야 한다.
④ 통행로에 설치된 계단은 다음 사항을 고려하여 설치하여야 한다.
　㈎ 견고한 구조로 하여야 하며, 경사는 심하지 않게 할 것

(나) 각 계단의 간격과 너비는 동일하게 할 것
(다) 높이 5 m를 초과할 때에는 높이 5 m 이내마다 계단실을 설치할 것
(라) 적어도 한쪽에는 손잡이를 설치할 것

1-3 수공구 작업 안전 수칙

(1) 드라이버 작업의 안전

① 드라이버의 날 끝이 홈의 너비와 길이에 맞는 것을 사용하도록 한다.
② 드라이버의 날 끝은 편편한 것이어야 한다.
③ 나사를 조일 때는 나사 탭 구멍에 수직으로 대고 한 손으로 가볍게 잡고서 작업을 한다.

(2) 스패너 작업의 안전

① 몸의 균형을 잡은 상태로 작업을 해야 하며, 높은 곳이나 균형을 잡기 힘든 장소에서는 각별히 주의하여야 한다.
② 너트에 스패너를 깊이 물려서 약간씩 앞으로 당기는 식으로 풀고 조이도록 한다.
③ 스패너는 가급적 손잡이가 긴 것을 사용하는 것이 좋으며, 스패너의 자루에 파이프를 연결하지 않도록 한다.
④ 스패너를 해머로 때리지 않아야 한다.

(3) 해머 작업의 안전

① 녹이 있는 재료를 가공할 때는 보호안경을 착용하여야 한다. 열처리된 재료는 해머로 때리지 않도록 주의하여야 한다.
② 공동으로 가공을 할 때에는 신호에 유의를 하고 주위를 잘 살펴야 한다.
③ 장갑을 끼거나 기름이 묻은 손으로 가공하지 않는다.
④ 처음부터 큰 힘을 주면서 가공하지 않는다.

(4) 정 작업의 안전

① 항상 날 끝에 주의하고, 따내기 가공 및 칩이 튀는 가공에는 보호안경을 착용하도록 한다.

② 정을 잡은 손은 힘을 빼며, 처음에는 가볍게 때리고 점차 힘을 가하도록 한다.
③ 가공물의 절단된 끝이 튕길 경우가 있으므로 특히 주의를 하도록 한다.

(5) 쇠톱 작업의 안전

① 톱날은 틀에 끼워 두세 번 사용한 후 다시 조정하고 절단한다.
② 쇠톱의 손잡이와 틀의 선단을 손으로 확실하게 잡고서 좌우로 흔들리지 않게 작업을 하도록 한다.
③ 모가 난 재료를 절단할 때는 톱날을 기울이고 모서리부터 절단하기 시작한다. 둥근 강이나 파이프는 삼각줄로 안내 홈을 가공한 다음, 그 위를 절단한다.
④ 절단을 시작할 때와 끝날 무렵에는 알맞게 힘을 줄이고 절단하도록 한다.

1-4 기계 가공 시 안전 수칙

공통된 안전 수칙은 기계 가공 시 보안경을 끼고, 장갑을 착용하지 말고, 절삭 공구 교환 시 또는 칩 제거 시에는 기계를 정지시킨 후에 한다.

(1) 선반 작업의 안전

① 작동 전 기계의 모든 상태를 점검한다(각종 레버, 하프 너트, 자동 장치 등).
② 바이트는 가급적 짧고 단단히 조인다.
③ 가공물이나 척에 휘말리지 않도록 작업자는 옷소매를 단정히 한다.
④ 긴 물체를 가공할 때는 반드시 방진구를 사용한다.
⑤ 칩을 제거할 때는 압축공기를 사용하지 말고 브러시를 사용한다.

(2) 밀링 작업의 안전

① 사용 전에 반드시 기계 및 공구를 점검, 시운전한다.
② 일감은 테이블 또는 바이스에 안전하게 고정한다.
③ 테이블 위에 측정구나 공구를 놓지 않도록 한다.
④ 공작물의 거스러미는 매우 날카롭기 때문에 주의해서 제거한다.

(3) 연삭 작업의 안전

① 연삭숫돌은 사용 전에 확인하고 3분 이상 공회전시킨다.
② 연삭숫돌은 덮개(cover)를 설치하여 사용한다.
③ 연삭 가공할 때 원주 정면에 서지 말아야 한다.
④ 연삭숫돌 측면에 연삭하지 말 것(특히, 양두 그라인더로 연삭할 때)
⑤ 받침대와 숫돌은 3mm 이내로 조정할 것(특히, 양두 그라인더로 연삭할 때)

(4) 드릴링 작업의 안전

① 드릴을 회전시킨 후에는 테이블을 조정하지 않으며, 가공물은 완전하게 고정한다.
② 얇은 판의 구멍 뚫기에는 보조판 나무를 사용하는 것이 좋다.
③ 구멍 뚫기가 끝날 무렵은 이송을 천천히 한다.

(5) CNC 공작 기계 작업의 안전

① 작동 중에 아무 스위치나 누르지 않는다.
② 공구 마멸에 의한 교환을 할 경우에는 운전을 정지한 후에 한다.
③ 작업 시 불편하더라도 작업문을 닫고 작업한다.
④ 제어부의 매개변수는 전문가가 취급한다.
⑤ 강전반 및 CNC 장치에 어떠한 충격도 가하지 않는다.
⑥ 이상한 공구 경로나 위험한 상황이 발생하면 비상 정지 버튼을 누른다.

예 | 상 | 문 | 제

1. 다음 중 기계 안전 수칙에서 틀린 것은?
① 정전이 되면 우선 스위치를 내린다.
② 기계는 깨끗이 청소해야 하는데, 청소할 때는 손으로 깨끗이 한다.
③ 기계 사용 전에 반드시 점검하여 이상 유무를 확인한다.
④ 기계작업자는 보안경을 착용하여야 한다.

해설 기계를 청소할 때는 브러시나 막대기를 사용하고 손으로 청소하지 않는다.

2. 다음 중 기계 가공 전 안전점검 내용이 아닌 것은?
① 공작물의 고정 상태
② 작업장의 조명 상태
③ 가공 칩의 처리 상태
④ 공구의 장착 및 파손 상태

해설 가공 칩의 처리는 기계 가공 후에 이루어진다.

3. 나사를 조일 때 드라이버를 안전하게 사용하는 방법으로 틀린 것은?
① 날 끝이 홈의 너비와 길이보다 작은 것을 사용한다.
② 날 끝에 이가 빠지거나 동그랗게 된 것은 사용하지 않는다.
③ 나사를 조일 때 나사 탭 구멍에 수직으로 대고 한 손으로 가볍게 잡고 작업한다.
④ 용도 외에 다른 목적으로 사용하지 않는다.

해설 드라이버의 날 끝이 홈의 너비와 길이에 맞는 것을 사용하도록 한다.

4. 다음 중 스패너나 렌치를 사용할 때 안전수칙으로 적합하지 않은 것은?
① 넘어지지 않도록 몸을 가누어야 한다.
② 해머 대용으로 사용하지 말아야 한다.
③ 손이나 공구에 기름이 묻었을 때 사용하지 않아야 한다.
④ 스패너 또는 렌치와 너트 사이의 틈에는 다른 물건을 끼워 사용해야 한다.

해설 스패너의 자루에 파이프 등을 연결하지 않도록 한다.

5. 정과 해머로 재료에 홈을 따내려고 할 때, 안전 작업 사항으로 틀린 것은?
① 칩이 튀는 것에 대비해 보호안경을 착용한다.
② 처음에는 가볍게 때리고 점차 힘을 가하도록 한다.
③ 손의 안전을 위하여 양손 모두 장갑을 끼고 작업한다.
④ 절단물이 튕길 경우가 있으므로 특히 주의해야 한다.

해설 장갑을 끼거나 기름이 묻은 손으로 가공하지 않는다.

6. 쇠톱 작업 시 누르는 힘에 대하여 바르게 설명한 것은?
① 밀 때는 힘을 주지 않고, 당길 때 힘을 준다.
② 밀 때는 힘을 주고, 당길 때는 힘을 주지 않는다.
③ 밀 때와 당길 때 모두 힘을 준다.
④ 밀 때와 당길 때 모두 힘을 주지 않는다.

정답 1. ② 2. ③ 3. ① 4. ④ 5. ③ 6. ②

해설 당길 때 힘을 주면 톱날이 부러질 위험이 있다.

7. 선반 가공에서 지켜야 할 안전 및 유의 사항으로 잘못된 것은?
① 척 핸들은 사용 후 척에서 빼 놓아야 한다.
② 공작물을 척에 느슨하게 고정한다.
③ 기계 조작은 주축이 정지 상태일 때 실시한다.
④ 작업 중 장갑을 착용해서는 안 된다.

해설 척이 회전하는 도중에 일감이 튀어나오지 않도록 확실히 고정하여야 한다.

8. 연삭 작업에 대한 설명으로 맞는 것은?
① 필요에 따라 규정 이상의 속도로 연삭한다.
② 연삭숫돌 측면에 연삭하지 않는다.
③ 숫돌과 받침대는 항상 6 mm 이내로 조정해야 한다.
④ 숫돌의 측면에는 안전 커버가 필요 없다.

해설 연삭 작업 시 받침대와 숫돌은 3 mm 이내로 조정한다.

9. 공작 기계 작업 안전에 대한 설명 중 잘못된 것은?
① 표면 거칠기는 정확성을 기하기 위하여 가공 중에 손으로 검사한다.
② 회전 중에는 측정하지 않는다.
③ 칩이 비산할 때는 보안경을 사용한다.
④ 칩은 솔로 제거한다.

해설 표면 거칠기는 가공이 끝난 후 주축이 정지된 상태에서 검사한다.

10. 다음 중 선반 작업에서 방호 장치로 부적합한 것은?

① 칩이 짧게 끊어지도록 칩 브레이커를 둔 바이트를 사용한다.
② 칩이나 절삭유 등의 비산으로부터 보호를 위해 이동용 실드를 설치한다.
③ 작업 중 급정지를 위해 역회전 스위치를 설치한다.
④ 긴 일감 가공 시 덮개를 부착한다.

해설 급정지를 위해 설치하는 역회전 스위치는 기계에 무리를 준다.

11. 드릴 작업 시 주의할 사항을 잘못 설명한 것은?
① 얇은 일감의 드릴 작업 시 일감 밑에 나무 등을 놓고 작업한다.
② 드릴 작업 시 면장갑을 끼지 않는다.
③ 회전을 정지시킨 후 드릴을 고정한다.
④ 작은 일감은 손으로 단단히 붙잡고 작업한다.

해설 공작물을 고정하지 않은 채 손으로 잡고 가공해서는 안 된다.

12. 선반 작업에서 안전 사항 중 맞는 것은?
① 바이트는 가능한 길게 물린다.
② 손 보호를 위하여 장갑을 착용한다.
③ 보호안경을 착용한다.
④ 선반을 멈추게 할 때는 역회전시켜 멈추게 한다.

해설 칩의 비산을 방지하기 위하여 꼭 보호안경을 착용해야 하며, 바이트는 최소한 짧게 장착해야 떨림을 최소화하여 안정된 가공을 한다.

13. 선반 작업에서 안전 및 유의 사항에 대한 설명으로 틀린 것은?

정답 7. ② 8. ② 9. ① 10. ③ 11. ④ 12. ③ 13. ③

① 일감을 측정할 때는 주축을 정지시킨다.
② 바이트를 연삭할 때는 보안경을 착용한다.
③ 홈 바이트는 가능한 길게 고정한다.
④ 바이트는 주축을 정지시킨 다음 설치한다.

해설 바이트는 최소한 짧게 장착해야 떨림을 최소화하여 안정된 가공을 할 수 있다.

14. 밀링 작업 시 안전 및 유의 사항으로 틀린 것은?

① 작업 전에 기계 상태를 사전 점검한다.
② 가공 후 거스러미를 반드시 제거한다.
③ 공작물을 측정할 때는 반드시 주축을 정지한다.
④ 주축의 회전 속도를 바꿀 때는 주축이 회전하는 상태에서 한다.

해설 주축의 회전 속도를 바꿀 때는 안전을 위하여 반드시 주축이 정지된 것을 확인하고 바꾸고, 청소는 기계를 정지시킨 후 한다.

15. 밀링 작업을 할 때의 안전 수칙으로 가장 적합한 것은?

① 가공 중 절삭면의 표면 조도는 손을 이용하여 확인하면서 작업한다.
② 절삭 칩의 비산 방향을 마주보고 보안경을 착용하고 작업한다.
③ 밀링 커터나 아버를 설치하거나 제거할 때는 전원 스위치를 킨 상태에서 작업한다.
④ 절삭날은 양호한 것을 사용하며, 마모된 것은 재연삭 또는 교환하여야 한다.

해설 절삭날에 따라 표면 조도가 결정되므로 항상 양호한 것을 사용하여야 한다.

16. 드릴링 머신의 작업 시 안전 사항 중 틀린 것은?

① 드릴을 회전시킨 후에는 테이블을 조정하지 않는다.
② 드릴을 고정하거나 풀 때는 주축이 완전히 정지한 후에 작업을 한다.
③ 드릴이나 드릴 소켓 등을 뽑을 때는 해머 등으로 가볍게 두드려 뽑는다.
④ 얇은 판의 구멍 뚫기에는 밑에 보조 판 나무를 사용하는 것이 좋다.

해설 해머로 드릴이나 드릴 소켓을 두드리면 안 되며, 고무망치를 사용한다.

17. 수공구 안전에 관한 사항으로 틀린 것은?

① 정이나 끌은 때리는 부분이 타원 모양과 같이 되면 교체하여야 한다.
② 끝이 예리한 수공구는 덮개나 칼집에 넣어서 보관한다.
③ 사용 후 반드시 보관함에 넣어서 보관하고, 용도 이외에는 사용하지 않는다.
④ 파편이 튀길 위험이 있는 작업에는 보안경을 착용하여야 한다.

해설 정이나 끌은 때리는 부분이 버섯 모양과 같이 되면 반드시 교체한다.

18. 통행 시 안전 수칙에 대한 설명으로 틀린 것은?

① 통행로 위의 높이 2m 이하에는 장애물이 없어야 한다.
② 기계와 다른 시설물과의 사이의 통행로 폭은 60cm 이상으로 하여야 한다.
③ 우측통행 규칙을 지켜야 한다.
④ 높이 5m를 초과할 때에는 높이 5m 이내마다 계단실을 설치하여야 한다.

해설 기계와 다른 시설물과의 사이의 통행로 폭은 80cm 이상으로 하여야 한다.

정답 14. ④ 15. ④ 16. ③ 17. ① 18. ②

19. 장비의 이상 유무에 대한 설명으로 틀린 것은?

① 기계를 점검하고 고속으로 시운전하여 본다.
② 기계 및 공구의 조임부 또는 연결부 이상 여부를 확인한다.
③ 각종 레버는 정위치에 있는지 확인한다.
④ 위험 설비 부위에 방호 장치(보호 덮개) 설치 상태를 확인한다.

해설 기계를 점검하고 저속으로 시운전한 후 가공한다.

20. 밀링 가공할 때 유의해야 할 사항으로 틀린 것은?

① 기계를 사용하기 전에 윤활 부분에 적당량의 윤활유를 주입한다.
② 측정기 및 공구를 작업자가 쉽게 찾을 수 있도록 밀링 머신 테이블 위에 올려놓아야 한다.
③ 밀링 칩은 예리하므로 직접 손을 대지 말고 청소용 솔 등으로 제거한다.
④ 정면 커터로 가공할 때는 칩이 작업자의 반대쪽으로 날아가도록 공작물을 이송한다.

해설 측정기 및 공구는 항상 지정된 안전한 위치에 두어야 한다.

21. CNC 기계의 일상 점검 중 매일 점검해야 할 사항은?

① 유량 점검
② 각부의 필터(filter) 점검
③ 기계 정도 검사
④ 기계 레벨(수평) 점검

해설 유량은 매일 점검하여 부족하면 보충해야 한다.

22. 머시닝센터의 작업 전에 육안 점검 사항이 아닌 것은?

① 윤활유의 충만 상태
② 공기압 유지 상태
③ 절삭유 충만 상태
④ 전기적 회로 연결 상태

해설 전기적 회로 연결 상태는 테스트기를 사용하여 점검한다.

23. 기계의 일상 점검 중 매일 점검에 가장 가까운 것은?

① 소음 상태 점검
② 기계의 레벨 점검
③ 기계의 정적 정밀도 점검
④ 절연 상태 점검

해설 기계를 ON했을 때 평소의 기계 소리와 다른 이상음이 발생하면 기어 등 기계 부위를 점검한다.

24. 다음 중 머시닝센터의 기계 일상 점검에 있어 매일 점검 사항과 가장 거리가 먼 것은 어느 것인가?

① 각부의 유량 점검
② 각부의 압력 점검
③ 각부의 필터 점검
④ 각부의 작동 상태 점검

해설 각부의 필터 점검은 매일 행하지 않고 일정한 주기를 정하여 한다.

25. 다음 중 CNC 공작 기계의 점검 시 매일 실시하여야 하는 사항과 가장 거리가 먼 것은 어느 것인가?

① ATC 작동 점검
② 주축의 회전 점검

정답 19. ① 20. ② 21. ① 22. ④ 23. ① 24. ③ 25. ③

③ 기계 정도 검사
④ 습동유 공급 상태 점검

해설 기계 정도 검사는 측정 후 정밀도가 저하될 경우에 실시한다.

26. CNC 공작 기계 일상 점검 중 매일 점검 사항이 아닌 것은?

① 베드면에 습동유가 나오는지 손으로 확인한다.
② 유압 탱크의 유량은 충분한가 확인한다.
③ 각 축은 원활하게 급속 이송되는지 확인한다.
④ NC 장치 필터 상태를 확인한다.

해설 NC 장치 필터 상태는 매월 확인한다.

27. 다음 중 CNC 공작 기계의 월간 점검 사항과 가장 거리가 먼 것은?

① 각부의 필터(filter) 점검
② 각부의 팬(fan) 점검
③ 백래시 보정
④ 유량 점검

해설 유량은 게이지로 확인하여 점검한다.

28. 다음 중 작업상 안전 수칙과 가장 거리가 먼 것은?

① 연삭기의 커버가 없는 것은 사용을 금한다.
② 드릴 작업 시 작은 일감은 손으로 잡고 한다.
③ 프레스 작업 시 형틀에 손이 닿지 않도록 한다.
④ 용접 전에는 반드시 소화기를 준비한다.

해설 작은 일감은 바이스나 고정구로 고정하고 직접 손으로 잡지 말아야 한다.

29. 선반 작업에서 지켜야 할 안전 사항 중 틀린 것은?

① 칩을 맨손으로 제거하지 않는다.
② 회전 중 백 기어를 걸지 않도록 한다.
③ 척 렌치는 사용 후 반드시 빼둔다.
④ 일감 절삭 가공 중 측정기로 외경을 측정한다.

해설 측정을 할 때는 반드시 기계를 정지한다.

30. CNC 장비의 점검 내용 중 매일 점검 사항이 아닌 것은?

① 외관 점검
② 유량 점검
③ 압력 점검
④ 기계 본체 수평 점검

해설 기계 본체 수평 점검은 치수의 오차가 있을 경우에 행한다.

31. 다음 중 선반 가공의 작업 안전으로 거리가 먼 것은?

① 절삭 가공을 할 때에는 반드시 보안경을 착용하여 눈을 보호한다.
② 겨울에 절삭 작업을 할 때에는 면장갑을 착용해도 무방하다.
③ 척이 회전하는 도중에 일감이 튀어나오지 않도록 확실히 고정한다.
④ 절삭유가 실습장 바닥으로 누출되지 않도록 한다.

해설 절삭 작업 시에는 안전을 위하여 절대로 장갑을 끼고 작업하지 않는다.

정답 26. ④ 27. ④ 28. ② 29. ④ 30. ④ 31. ②

2. 안전 수칙 준수

2-1 안전 보호 장구 착용

(1) 안전 보호 장구의 개요

보호 장구는 유해·위험 상황에 따라 발생할 수 있는 재해를 예방하고, 그 영향이나 부상의 정도를 경감시키기 위한 용구이다.

(2) 안전 보호 장구의 특징

① 인간의 생산 활동에는 항상 기계 장치가 동반된다고 할 수 있으며, 기계 장치를 안전하게 하는 것만으로 안전이 충분히 유지된다고 할 수 없다.
② 인간의 외적 조건을 완전하게 안전화할 수 없는 경우에는 기계에 안전장치를 하거나 작업 환경을 쾌적하게 하여야 한다.
③ 보호구는 유해물질로부터 인체의 전부나 일부를 보호하기 위해 착용하는 보조 기구이다.
④ 작업자는 반드시 안전 수칙들을 준수해야 하며, 보호 장구를 착용해야 할 의무가 있다.

(3) 보호구 구비 조건

① 착용의 간편성
② 작업의 적합성
③ 충분한 방호 성능
④ 품질의 양호

(4) 안전 보호 장구의 종류

안전모, 안전대, 안전화, 보안경, 안전장갑, 보안면, 방진마스크, 방독마스크, 귀마개 또는 귀덮개, 송기마스크, 방열복 등이 있다.

① **안전모**
 ㈎ 작업자가 작업할 때, 비래하는 물건, 낙하하는 물건에 의한 위험성을 방지하고, 하역 작업에서 추락했을 때, 머리 부위에 상해를 받는 것을 방지할 뿐만 아니라 머리 부위에 감전될 우려가 있는 전기 공사 작업에서 산업 재해를 방지하기 위해 머리를 보호하는 모자를 말한다.

(ㄴ) 바닥으로부터 높이가 2m 이상인 작업장에서 추락 재해의 위험이 있는 작업에 이용한다.
② **보안경** : 그라인드 작업 중에 날리는 먼지나 선반이나 밀링 · 연삭기에서 칩에 의해 손상되는 것을 방지하기 위해 보안경을 착용한다.
③ **안전장갑** : 전기 작업에서 감전 위험을 예방하기 위해 사용한다.
④ **작업복** : 신체에 꼭 맞고 가벼워야 하며, 옷자락이나 소매는 짧은 것이 좋으며, 기름이 묻은 경우 불이 붙기 쉬우므로 빨아서 입는다.
⑤ **안전화** : 선심(先心)이 발가락에 닿지 않고 크기가 맞아야 하며, 굽혀지고 펴지는 성질이 양호해야 하며, 가급적 가벼워야 한다.
⑥ **방음 보호구** : 소음 수준이 85~115dB일 때는 귀마개 또는 귀덮개를 사용하고, 110~120dB 이상에서는 귀마개와 귀덮개를 동시에 착용한다.

2-2 안전 수칙 적용

(1) 작업장 정리의 기본 원칙

① 사용 빈도가 많은 것은 바로 꺼낼 수 있도록 하고, 쓸모없는 것은 즉시 치운다.
② 품명, 수량을 알기 쉽게 정돈하고, 물건은 정해진 장소(놓아둘 곳)에 둔다.
③ 무너지기 쉬운 것은 나무를 대어 정돈하고, 안전하게 쌓는 방법을 습관화한다.
④ 타기 쉬운 것, 발화하기 쉬운 것 등 위험한 것은 따로 모아 보관한다.
⑤ 작업장 통로는 80cm 이상의 폭을 유지하여 표시하고 장애물이 없도록 한다.

(2) 작업장 조도 기준

조도	작업 내용
750 럭스(lx) 이상	초정밀 작업
300 럭스(lx) 이상	정밀 작업
150 럭스(lx) 이상	보통 작업
75 럭스(lx) 이상	기타 작업

예 | 상 | 문 | 제

1. 다음 중 가죽제 안전화의 구비 조건으로 틀린 것은?

① 가능한 가벼울 것
② 착용감이 좋고 작업이 쉬울 것
③ 잘 구부러지고 신축성이 있을 것
④ 크기에 관계없이 선심(先心)에 발가락이 닿을 것

해설 선심(先心)이 발가락에 닿지 않고 크기가 맞아야 한다.

2. 다음 중 보호구를 사용할 때의 유의 사항이 아닌 것은?

① 작업에 적절한 보호구를 선정한다.
② 관리자에게만 사용 방법을 알려준다.
③ 작업장에는 필요한 수량의 보호구를 비치한다.
④ 작업을 할 때에 필요한 보호구를 반드시 사용하도록 한다.

해설 보호구를 사용할 때 작업자에게 사용 방법을 알려주어야 한다.

3. 다음과 같은 재해를 예방하기 위한 대책으로 거리가 가장 먼 것은?

> 금형가공 작업장에서 자동차 수리금형의 측면가공을 위해 CNC 수평 보링기로 절삭가공 후 가공면을 확인하기 위해 가공 작업부에 들어가 에어건으로 스크랩을 제거하고 검사하던 중 회전 중인 보링기의 엔드밀의 협착되어 중상을 입는 사고가 발생하였다.

① 공작 기계에 협착되거나 말림 위험이 높은 주축 가공부에 접근 시에는 공작 기계를 정지한다.
② 불시 오조작에 의한 위험을 방지하기 위해 기동 장치에 잠금장치 등의 방호 조치를 설치한다.
③ 공작 기계 주변에 방책 등을 설치하여 근로자 출입 시 기계의 작동이 정지하는 연동 구조로 설치한다.
④ 회전하는 주축 가공부에 가공 공작물의 면을 검사하고자 할 때는 안전 보호구를 착용 후 검사한다.

해설 예방 대책으로는 공작 기계 정비, 검사, 수리 작업 시 운전 정지와 공작 기계 주변 방책 설치 등이 있다.

4. 다음 중 청력 보호를 위한 방음 보호구에 대한 설명으로 틀린 것은?

① 소음 수준이 85~115dB일 때는 귀마개 또는 귀덮개를 사용한다.
② 110~120dB 이상에서는 귀마개와 귀덮개를 동시에 착용한다.
③ "청력보호구"라 함은 청력을 보호하기 위하여 사용하는 귀마개를 말한다.
④ "소음작업"이란 1일 8시간 작업을 기준으로 85dB 이상의 소음이 발생하는 작업을 말한다.

해설 "청력보호구"라 함은 청력을 보호하기 위하여 사용하는 귀마개와 귀덮개를 말한다.

5. 방음 보호구(귀마개, 귀덮개) 사용 방법 및 관리로 틀린 것은?

정답 1. ④ 2. ② 3. ④ 4. ③ 5. ③

① 귀마개는 귀 내부로 충분히 들어가게 착용한다.
② 귀마개는 오염되거나 더러워지면 교체한다.
③ 귀마개는 자신의 귀보다 약간 큰 것으로 착용한다.
④ 귀마개는 반대쪽 손으로 귀를 잡고 위로 당기며 압축해 밀어 넣는다.

해설 귀마개는 자신의 귀에 맞는지 확인하여야 하며, 최상의 착용은 귀마개의 1/2에서 3/4 정도가 귓구멍 안으로 들어가 삽입되어야 한다.

6. 기계 가공 작업장에서 일반적인 작업 시작 전 점검 사항으로 적절하지 않은 것은 어느 것인가?

① 주변에 위험물의 유무
② 전기 장치의 이상 유무
③ 냉·난방 설비 설치 유무
④ 작업장 조명의 정상 유무

해설 냉·난방 설비 설치 유무는 작업장 환경에 관한 문제이다.

7. 정밀 작업을 할 때 적당한 작업장 조도는 어느 것인가?

① 75 럭스 이상 ② 150 럭스 이상
③ 300 럭스 이상 ④ 750 럭스 이상

해설
- 750 럭스 이상 : 초정밀 작업
- 150 럭스 이상 : 보통 작업

8. 작업장에서 운반물을 안전하게 쌓는 법에 대한 설명으로 틀린 것은?

① 물건과 물건 사이는 반출하기 쉽도록 일정한 간격을 두어야 한다.
② 무거운 것과 큰 것은 위에, 가벼운 것과 작은 것은 아래에 쌓는다.
③ 긴 물건을 우물 정자형으로 쌓아 무너지는 것을 방지한다.
④ 작은 물건은 상자나 용기에 넣어 선반 등에 수납한다.

해설 무거운 것과 큰 것은 아래에, 가벼운 것과 작은 것은 위에 쌓는다.

9. 다음 중 절삭유의 취급 안전에 관한 사항으로 틀린 것은?

① 미끄럼 방지를 위해 실습장 바닥에 누출되지 않도록 한다.
② 공기 오염의 원인이 되므로 항상 청결을 유지해야 한다.
③ 미생물 증식 억제를 위하여 정기적으로 절삭유의 pH를 점검한다.
④ 작업 완료 후에는 공작물과 손을 절삭유로 깨끗이 세척한다.

해설 작업 완료 후에는 비누 또는 세제를 사용하여 피부를 세척한다.

10. 다음 중 안전 작업 일지에 대한 설명으로 틀린 것은?

① 작업자의 안전과 회사의 자산을 보호하는 데 있다.
② 안전 활동의 세부 내용을 정확히 기재해야 한다.
③ 특기 사항이 있을 시에는 별도 기재하도록 한다.
④ 재해 사고의 잠재 위험은 기재할 필요가 없다.

해설 안전 작업 일지는 재해 사고의 잠재 위험 등을 일자별로 기록하여 이에 대한 신속한 대책을 수립할 수 있다.

정답 6. ③ 7. ③ 8. ② 9. ④ 10. ④

컴퓨터응용가공
산업기사

부록 I

CBT 대비 실전문제

- 제1회 CBT 대비 실전문제
- 제2회 CBT 대비 실전문제
- 제3회 CBT 대비 실전문제
- 제4회 CBT 대비 실전문제

제1회 CBT 대비 실전문제

1과목 도면 해독 및 측정

1. 도면이 전체적으로 치수에 비례하지 않게 그려졌을 경우의 표시 방법은?

① 치수를 적색으로 표시한다.
② 치수에 괄호를 한다.
③ 척도에 NS로 표시한다.
④ 치수에 ※표를 한다.

해설 전체 그림을 정해진 척도로 그리지 못할 때는 표제란의 척도란에 '비례척이 아님' 또는 'NS(Not to Scale)'로 표시한다.

2. 다음 설명 중 한쪽 단면도에 대한 것은?

① 중심선을 경계로 하여 대칭인 물체를 반쪽만 단면으로 표시한 것이다.
② 실물의 $\frac{1}{2}$을 절단하여 단면으로 나타낸 것이다.
③ 도형 전체가 단면으로 표시된 것이다.
④ 물체의 필요한 부분만 단면으로 표시한 것이다.

해설 ②, ③은 전단면도, ④는 부분 단면도에 대한 설명이다. 반단면은 실물의 형상이 대칭으로서 실물의 $\frac{1}{4}$을 잘라낸 단면으로 나타낼 때의 도형이다.

3. 해칭선의 각도는 다음 중 어느 것을 원칙으로 하는가?

① 수평선에 대하여 45°로 한다.
② 수평선에 대하여 60°로 한다.
③ 수평선에 대하여 30°로 긋는다.
④ 수직 또는 수평으로 긋는다.

해설 해칭선은 원칙적으로 수평선에 대하여 45° 등간격(2~3mm)으로 긋는다. 그러나 45°로 넣기가 힘들거나 필요할 때는 30°, 60°로 하며, 해칭선의 굵기는 0.3mm 이하이다.

4. KS 기계 제도에서 특수한 용도의 선으로 가는 실선을 사용하는 경우가 아닌 것은?

① 위치를 명시하는 데 사용한다.
② 얇은 부분의 단면 도시를 명시하는 데 사용한다.
③ 평면이라는 것을 나타내는 데 사용한다.
④ 외형선 및 숨은선의 연장을 표시하는 데 사용한다.

해설 얇은 부분의 단면 도시를 명시하기 위한 선은 아주 굵은 실선이다.

5. 다음 중 래핑 다듬질면 등에 나타나는 줄무늬로 가공에 의한 커터의 줄무늬가 여러 방향으로 교차 또는 무방향일 때 줄무늬 방향 기호는?

① R   ② C
③ X   ④ M

해설
• R : 중심에 대해 대략 방사 모양
• C : 중심에 대해 대략 동심원 모양
• X : 2개의 경사면에 수직
• M : 여러 방향으로 교차 또는 무방향

6. $-18\mu m$의 오차가 있는 블록 게이지에 다이얼 게이지를 영점 세팅하여 공작물을 측

정답 1.③ 2.① 3.① 4.② 5.④ 6.③

정하였더니 측정값이 46.78mm이었다면 참값(mm)은?

① 46.960 ② 46.798
③ 46.762 ④ 46.603

해설 참값=측정값+오차
=46.78+(−0.018)=46.762mm

7. 평행도가 데이텀 B에 대해 지정 길이 100mm마다 0.05mm 허용값을 가질 때, 그 기하 공차의 기호를 옳게 나타낸 것은?

① | // | 0.05/100 | B |
② | ⌷ | 0.05/100 | B |
③ | = | 0.05/100 | B |
④ | / | 0.05/100 | B |

해설 • 평행도 : //   • 평면도 : ⌷
• 대칭도 : =   • 원주 흔들림 : /

8. 끼워맞춤 중에서 구멍과 축 사이에 가장 원활한 회전 운동이 일어날 수 있는 것은?

① H7/f6 ② H7/p6
③ H7/n6 ④ H7/t6

해설 구멍 기준식 끼워맞춤

기준 구멍	헐거운 끼워맞춤		중간 끼워맞춤			억지 끼워맞춤		
H7	f6	g6	h6	js6	k6	m6	n6	p6	r6

• 구멍 기준식 끼워맞춤에서 가장 원활하게 회전하려면 헐거운 끼워맞춤일수록 좋으므로 알맞은 것은 f6이다.

9. 게이지 블록과 함께 사용하여 삼각함수 계산식을 이용하여 각도를 구하는 것은?

① 수준기
② 사인 바
③ 요한슨식 각도 게이지
④ 콤비네이션 세트

해설 • 수준기 : 수평 또는 수직을 측정
• 요한슨식 각도 게이지 : 지그, 공구, 측정 기구 등의 검사
• 콤비네이션 세트 : 각도 측정, 중심내기 등에 사용

10. 부품의 길이 측정에 쓰이는 측정기 중 이미 알고 있는 표준 치수와 비교하여 실제 치수를 도출하는 방식의 측정기는?

① 버니어 캘리퍼스
② 측장기
③ 마이크로미터
④ 다이얼 테스트 인디케이터

해설 다이얼 게이지는 측정하려고 하는 부분에 측정자를 대고 스핀들의 미소한 움직임을 기어장치로 확대하여 눈금판 위에 지시된 치수를 읽어 길이를 비교하는 길이 측정기이다.

11. 한계 게이지의 특징 설명 중 틀린 것은?

① 제품 사이에 호환성이 있다.
② 1개의 치수마다 4개의 게이지가 필요하다.
③ 제품의 실제 치수를 읽을 수 있다.
④ 조작이 간단하므로 경험이 필요하지 않다.

해설 한계 게이지란 정지측과 통과측의 두 게이지를 이용하여 제품의 합격 여부를 확인하는 게이지로 검사할 제품의 치수마다 각각 다른 치수의 한계 게이지가 필요하다.

12. 측정기를 사용할 때 0점의 위치가 잘못 맞추어진 것은 어떤 오차에 해당하는가?

① 계기 오차 ② 우연 오차
③ 개인 오차 ④ 시차

정답 7. ① 8. ① 9. ② 10. ④ 11. ② 12. ①

해설 계기 오차
- 측정기의 구조상 오차, 사용 제한 등으로 발생하는 오차이다.
- 측정기 부품의 마모, 눈금의 부정확성, 지시 변화에 의한 오차이다.

13. 마이크로미터의 구조에서 부품에 속하지 않는 것은?

① 앤빌 ② 스핀들
③ 슬리브 ④ 스크라이버

해설 스크라이버는 재료 표면에 임의의 간격의 평행선을 먹 펜이나 연필보다 정확히 긋고자 할 경우에 사용되는 공구이다.

14. 다음 요소 중 길이 방향으로 단면하여 도시할 수 있는 것은?

① 핸들 ② 풀리
③ 리벳 ④ 볼트

해설 핸들, 바퀴의 암, 리브 등은 단면을 90° 회전시켜 나타내며, 축, 볼트, 리벳 등은 길이 방향으로 단면 도시를 하지 않는다.

15. 다음 중 표준 스퍼 기어 항목표에는 기입되지 않지만 헬리컬 기어 항목표에는 기입되는 것은?

① 모듈 ② 비틀림각
③ 잇수 ④ 기준 피치원 지름

해설 헬리컬 기어 요목표에는 비틀림각, 치형 기준면, 리드, 비틀림 방향을 추가로 기입한다.

16. 벨트 풀리의 도시에 관한 설명으로 틀린 것은?

① 벨트 풀리는 축 직각 방향의 투상을 주 투상도로 할 수 있다.
② 벨트 풀리는 모양이 대칭형이므로 그 일부분만을 도시할 수 있다.
③ 암은 길이 방향으로 절단하여 도시한다.
④ 암의 단면형은 도형의 안이나 밖에 회전 단면을 도시한다.

해설 암은 길이 방향으로 절단하여 도시하지 않는다.

17. 다음 나사를 나타낸 도면 중 미터 가는 나사를 나타낸 것은?

① 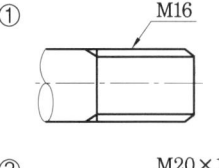 M16

② 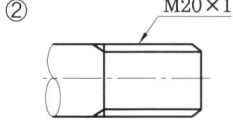 M20×1

③ 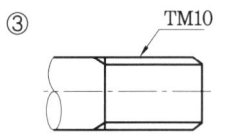 TM10

④ 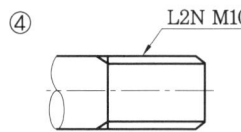 L2N M10

해설 미터 가는 나사를 표시할 때는 호칭 지름에 피치값을 곱하여 나타낸다.

18. 다음 ( ) 안에 공통으로 들어갈 내용은 어느 것인가?

> ㉠ 나사의 불완전 나사부는 기능상 필요한 경우 또는 치수 지시를 위해 필요한 경우 경사진 ( )으로 그린다.
> ㉡ 단면도가 아닌 일반 투영도에서 기어의 이골원은 ( )으로 그린다.

① 가는 실선　② 가는 파선
③ 가는 1점 쇄선　④ 가는 2점 쇄선

해설 불완전 나사부, 수나사의 골, 기어의 이뿌리원(이골원), 치수선, 치수 보조선, 해칭선 등에는 가는 실선을 사용한다.

19. 측정기(마이크로미터)의 보관 방법 설명으로 옳지 않은 것은?

① 직사광선 및 진동이 없는 장소에 보관한다.
② 방청유를 바르고 나무상자에 보관한다.
③ 스톱 래칫을 회전시켜 적당한 압력으로 앤빌과 스핀들 측정면을 밀착시켜 둔다.
④ 습기나 먼지가 없는 장소에 둔다.

해설 마이크로미터의 래칫 스톱은 측정압을 일정하게 만들어 주는 역할을 하는데, 정밀도를 위해 보관 시 앤빌과 스핀들 측정면 사이에 0.1~1mm의 간격을 둔다.

20. 나사를 측정할 때 삼침법으로 측정 가능한 것은?

① 골지름　② 유효지름
③ 바깥지름　④ 나사의 길이

해설 삼침법
• 가장 정밀도가 높은 나사의 유효지름 측정 방법이다.
• 지름이 같은 3개의 핀 게이지를 나사산의 골에 끼운 상태에서 바깥지름을 마이크로미터 등으로 측정하여 계산한다.

2과목　CAM 프로그래밍

21. NC 가공에 필요한 정보, 생산 및 검사를 위한 계획 등의 리스트를 작성하는 것을 무엇이라 하는가?

① CAM　② CIM
③ CAE　④ CAP

해설
• CAM : 생산 계획, 제품 생산 등 생산에 관련된 일련의 작업을 컴퓨터를 통하여 직접적, 간접적으로 제어하는 것이다.
• CIM : 제품의 사양 입력만으로 최종 제품이 완성되는 자동화 시스템의 CAD/CAM/CAE에 관리 업무를 합한 통합 시스템(유연 생산 시스템)이다.
• CAE : 컴퓨터를 통하여 엔지니어링 부분, 즉 기본 설계, 상세 설계에 대한 해석이나 시뮬레이션 등을 하는 것이다.

22. CAD/CAM 시스템의 적용 시 장점과 가장 거리가 먼 것은?

① 생산성 향상
② 품질 관리의 강화
③ 비효율적인 생산 체계
④ 설계 및 제조 시간 단축

해설 CAD/CAM 시스템의 장점
• 설계의 생산성 향상
• 시간 단축
• 설계 해석을 동시에 제공
• 설계 오류의 감소
• 표준화, 정보화, 경영의 효율화와 합리화

23. 일반적인 CAD 소프트웨어의 기본적인 기능으로 볼 수 없는 것은?

① 문자나 데이터의 편집 기능
② 가공 정보 제어 기능
③ 도면 작성 기능
④ 디스플레이 제어 기능

해설 가공 정보 제어 기능은 CAM 기능이다.

정답 19. ③　20. ②　21. ④　22. ③　23. ②

24. 분산 처리형 CAD/CAM 시스템의 특징으로 틀린 것은?

① 주시스템과 부시스템에서 동일한 자료 처리 및 계산 작업이 동시에 이루어짐으로써 데이터의 신뢰성이 높다.
② 시스템 하나가 고장이 나더라도 다른 시스템은 정상적으로 작동할 수 있도록 구성되어 컴퓨터 시스템의 신뢰성과 활용성을 높일 수 있다.
③ 컴퓨터 시스템의 사용상의 편리성과 확장성을 증가시킬 수 있다.
④ 자료 처리 및 계산 속도를 증가시킬 수 있어서 설계 및 가공 분야에서 생산성을 향상시킬 수 있다.

해설 주시스템과 부시스템에서 각각 별도의 자료 처리 및 계산 작업이 동시에 이루어짐으로써 데이터의 신뢰성이 높다.

25. 벡터 리프레시(vector refresh) 그래픽 장치의 단점으로 화면이 껌벅거리는 현상은?

① 플리커링(flickering)
② 섀도 마스크(shadow mask)
③ 직선을 항상 직선으로 나타내는 기능
④ 동적 디스플레이

해설 플리커링(flickering)은 시간 영역에서의 대표적인 부호화 잡음으로서 부호화 비트율을 제어하기 위해 양자화 파라미터를 변동하는 과정에서 연속되는 프레임들의 화질이 일정치 않음으로 인해 발생하는 현상이다.

26. 곡률(curvature)에 관한 일반적인 설명으로 틀린 것은?

① 곡률의 역수를 곡률의 반지름(radius of curvature)이라 한다.
② 직선의 곡률 반지름은 무한대이다.
③ 반지름이 a인 원호의 곡률 반지름은 a이다.
④ 평면상에 놓인 곡선에 대한 법선 곡률 (normal curvature)은 무한대이다.

해설 평면상에 놓인 직선에 대한 곡률의 반지름은 무한대이고, 곡선에 대한 법선 곡률은 교차한다.

27. 다음 행렬의 곱 AB를 옳게 구한 것은?

$$A = \begin{bmatrix} 2 & 4 \\ 1 & 3 \end{bmatrix} \quad B = \begin{bmatrix} 6 & -1 \\ 3 & 5 \end{bmatrix}$$

① $\begin{bmatrix} 24 & 18 \\ 14 & 15 \end{bmatrix}$
② $\begin{bmatrix} 18 & 24 \\ 15 & 14 \end{bmatrix}$
③ $\begin{bmatrix} 24 & 18 \\ 15 & 14 \end{bmatrix}$
④ $\begin{bmatrix} 18 & 24 \\ 14 & 15 \end{bmatrix}$

해설 $AB = \begin{bmatrix} 2 & 4 \\ 1 & 3 \end{bmatrix}\begin{bmatrix} 6 & -1 \\ 3 & 5 \end{bmatrix}$
$= \begin{bmatrix} 12+12 & -2+20 \\ 6+9 & -1+15 \end{bmatrix}$
$= \begin{bmatrix} 24 & 18 \\ 15 & 14 \end{bmatrix}$

28. DNC 운전 시 사용되는 통신 케이블(RS-232C) 25핀 중 수신을 나타내는 핀 번호는?

① 2
② 3
③ 6
④ 7

해설 RS-232C를 이용하여 데이터를 전송하는 경우에는 9핀, 25핀의 커넥터를 많이 사용한다. RS-232C 송수신에서 2번은 송신선, 3번은 수신선, 7번은 접지선이다.

정답 24. ① 25. ① 26. ④ 27. ③ 28. ②

29. 다음 식으로 표현된 도형을 무엇이라고 하는가? (단, x_c와 y_c는 임의의 좌푯값이고 r은 x_c와 y_c에서 떨어진 직선의 거리이다.)

$$f_x = x_c + r\cos\theta$$
$$f_y = y_c + r\sin\theta \quad (0 \le \theta \le 2\pi)$$

① 타원 ② 포물선
③ 쌍곡선 ④ 원

해설 도형의 방정식
- 타원 : $\dfrac{x^2}{a^2} + \dfrac{y^2}{b^2} = 1$
- 포물선 : $y^2 - 4ax = 0$
- 쌍곡선 : $\dfrac{x^2}{a^2} - \dfrac{y^2}{b^2} = 1$
- 원 : $x^2 + y^2 = r^2$

30. CRT 모니터와 비교한 액정 디스플레이(LCD)의 일반적인 장점으로 틀린 것은?

① 시야각이 넓다.
② 얇고 가볍다.
③ 완전한 평면이다.
④ 깜박임(flickering)이 없다.

해설 LCD는 시야각이 좁지만 전자파 발생량이 매우 적다.

31. FMS(Flexible Manufacturing System)의 정보 네트워크 시스템은 일반적으로 3가지 형태로 구분되어진다. 다음 중 그 3가지 형태에 속하지 않는 것은?

① 나사(screw)형 ② 스타(star)형
③ 링(ring)형 ④ 버스(bus)형

해설 FMS의 정보 네트워크 시스템에는 스타(star)형, 링(ring)형, 버스(bus)형이 있다.

32. DNC 운전 시 데이터의 전송 속도를 나타내는 것은?

① CPS ② IPS
③ BPS ④ MIPS

해설
- CPS : 프린트의 인쇄 속도(출력 속도)
- IPS : 플로터가 그림을 그릴 때의 속도
- MIPS : 계산기의 속도(연산 속도)

33. 다음 중 CAM에서 포스트 프로세서(post processor)에 대한 설명으로 가장 적당한 것은?

① 여러 대의 컴퓨터와 터미널을 상호 연결하기 위해 접속하는 데이터 통신망용 프로그램
② CAM 시스템으로 만들어진 공구 위치 정보를 바탕으로 CNC 공작 기계의 제어 코드를 산출하는 프로그램
③ 설계 해석용의 각종 정보를 추출하거나 필요한 형식으로 재구성하는 프로그램
④ 주변장치의 제어를 위해 전기적, 논리적으로 중앙처리장치와 연결하는 프로그램

해설 포스트 프로세서는 형상 모델 위치 정보를 바탕으로 CNC 공작 기계의 가공 데이터를 생성하는 소프트웨어 프로그램이나 절차이다.

34. 공구가 따라가야 할 곡선상에 일련의 공구 접촉점 간의 거리를 직선 보간 길이(step length)라고 한다. 직선 보간 길이를 매우 작게 하여 얻을 수 있는 이득으로 가장 적절한 것은?

① 가공 시간을 빠르게 할 수 있다.
② 곡선 윤곽의 실제 형상에 근사적으로 일치시킬 수 있다.
③ 공구 접촉점의 수가 적어진다.
④ NC 데이터 양이 적어진다.

정답 29. ④ 30. ① 31. ① 32. ③ 33. ② 34. ②

해설 직선 보간 길이를 매우 작게 하면 곡선 윤곽의 실제 형상에 근사적으로 일치시킬 수 있다.

35. 파트 프로그래밍에서 일반적으로 지원하는 공구 보정 기능으로 틀린 것은?

① 공구 반경 보정　② 공구 길이 보정
③ 공구 속도 보정　④ 공구 위치 보정

해설 공구 속도는 주 프로그램에서 지령한다.

36. 아래에서 공구 간섭(overcut, undercut)에 대하여 틀리게 설명한 것은?

① 볼록한 모양을 가공할 시에는 별로 문제 되지 않는다.
② overcut을 방지하려면 사용하는 공구의 반경이 곡면의 최소 곡률 반경보다 커야 한다.
③ undercut을 방지하려면 사용하는 공구의 반경이 곡면의 최소 곡률 반경보다 작아야 한다.
④ 여러 개의 곡면이 모여 복합 곡면을 이루면 공구 간섭을 체계적으로 해결하기가 힘들다.

해설 overcut을 방지하려면 사용하는 공구의 반경이 곡면의 최소 곡률 반경보다 작아야 한다. 공구 간섭에서 오목 간섭은 오목한 곡면 부위의 곡률 반경이 공구 반경보다 작을 경우 생기는 것이고, 볼록 간섭은 곡면의 경계에 라운딩 없이 각진 부분이 있을 때 과절삭이 생기는 것이다.

37. 항공기 날개나 동체, 자동차 차체, 배의 동체 등에는 기능상으로 매우 복잡한 형상이 표현되어야 하기 때문에 다양한 곡면의 표현 방법이 요구되고 있다. 다음 모델링 방법에 따른 곡면의 설명 중 틀린 것은?

① loft 곡면 : 여러 개의 단면
② grid 곡면 : 3차원 측정기 등에서 얻은 점을 근사적으로 연결하는 곡면
③ blending 곡면 : 두 곡면이 만나는 부분을 부드럽게 만들 때 생성되는 곡면
④ patch 곡면 : 경계 곡선의 외부를 형성하는 곡면

해설 patch 곡면은 자유 곡면인 형상을 모델링할 때 분할된 단위곡면의 구간영역을 정의한 것으로, 경계 곡선의 내부를 형성하는 곡면을 말한다.

38. 가상 시작품(virtual prototype)에 대한 설명으로 가장 거리가 먼 것은?

① 설계 시 문제점을 사전에 검증하고 수정하는 데 도움을 준다.
② 가상 시작품을 사용하여 제품의 조립 가능성을 미리 검사해 볼 수 있다.
③ NC 공구 경로를 미리 시뮬레이션함으로써, 가공 기계의 문제점을 미리 확인할 수 있다.
④ 각 부품의 형상 모델을 컴퓨터 내에서 가상으로 조립한 시작품 조립체 모델을 말한다.

해설 NC 공구 경로를 시뮬레이션하여 가공 기계의 문제점을 미리 확인하는 것은 NC 설비 자체의 시뮬레이션 기능이다.

39. 은선 및 은면 제거에 대한 설명 중 틀린 것은?

① 후방향(back-face) 알고리즘에서는 물체의 바깥쪽 방향에 있는 법선 벡터가 관찰자 쪽을 향하고 있다면 물체의 면이 가시적이고, 그렇지 않으면 비가시적이다.

② 깊이 분류(depth sorting) 알고리즘에서는 물체의 면들이 관찰자로부터의 거리가 정렬되며, 가장 가까운 면부터 가장 먼 면으로 각각의 색깔로 채워진다.
③ Z-버퍼 방법의 원리는 임의의 스크린의 영역이 관찰자에게 가장 가까운 요소들에 의해 차지된다는 깊이 분류(depth sorting) 알고리즘과 기본적으로 유사하다.
④ 은선 제거를 위해서는 물체의 모든 모서리를 수반된 물체들의 면들에 의해 가려졌는지를 테스트하며, 각각의 중첩된 면들에 의해 가려진 부분을 모서리로부터 순차적으로 제거한 후 모든 모서리들의 남아 있는 부분을 모아 그린다.

해설 깊이 분류(depth sorting) 알고리즘에서는 가장 멀리 있는 면부터 색깔로 채워진다.

40. CNC 선반에서의 조작 방법으로 가장 적절하지 않은 것은?
① 급속 이송 시 충돌에 유의한다.
② 전원은 순서대로 공급하고 차단한다.
③ 운전 및 조작은 순서에 의해 작동시킨다.
④ 프로그램 수정 시에는 반드시 등록된 프로그램을 삭제한다.

해설 프로그램을 작성할 때는 다른 프로그램을 삭제할 필요 없이 새로운 프로그램을 만들어 적용시킨다.

3과목 컴퓨터 수치 제어(CNC) 절삭 가공

41. 선반 가공에서 공작물이 지름에 비해 길이가 긴 경우 떨림을 방지하고 정밀도가 높은 제품을 가공하고자 할 때 사용되는 장치는 어느 것인가?
① 면판
② 돌리개
③ 맨드릴
④ 방진구

해설 방진구는 선반 작업에서 공작물의 지름보다 20배 이상 긴 공작물을 가공할 때 사용한다.

42. 선반 작업에서 절삭 저항이 가장 작은 분력은?
① 내분력
② 이송 분력
③ 주분력
④ 배분력

해설 선반 작업 시 발생하는 3분력의 크기 : 주분력 > 배분력 > 이송 분력

43. 절삭 속도 150m/min, 절삭 깊이 8mm, 이송 0.25mm/rev로 75mm 지름의 원형 단면봉을 선삭할 때 주축 회전수(rpm)는?
① 160
② 320
③ 640
④ 1280

해설 $N = \dfrac{1000V}{\pi D} = \dfrac{1000 \times 150}{\pi \times 75} ≒ 640 \text{rpm}$

44. 수평식 보링 머신 중 새들이 없고, 길이 방향의 이송은 베드를 따라 칼럼이 이송되며, 중량이 큰 가공물의 가공에 가장 적합한 구조인 형태는?
① 테이블형
② 플레이너형
③ 플로어형
④ 코어형

해설 테이블형은 보링 가공 및 기계 가공 병행, 중형 이하의 공작물에 사용되고, 플로어형은 테이블형에서 가공이 어려운 대형 일감에 사용된다.

45. 밀링에서 지름 150mm인 커터를 사용하여 160rpm으로 절삭한다면 절삭 속도는 약 몇 m/min인가?

① 75　　　② 85
③ 102　　　④ 194

해설 $V = \dfrac{\pi DN}{1000} = \dfrac{\pi \times 150 \times 160}{1000} ≒ 75\,\text{m/mm}$

46. 센터리스 연삭 작업의 특징이 아닌 것은?

① 센터 구멍이 필요 없는 원통 연삭에 편리하다.
② 연속 작업을 할 수 있어 대량 생산에 적합하다.
③ 대형 중량물도 연삭이 용이하다.
④ 가늘고 긴 공작물의 연삭에 적합하다.

해설 긴 홈이 있는 가공물이나 대형 가공물의 연삭이 불가능하다.

47. 미립자를 사용하여 초정밀 가공을 하는 방법으로 습식법과 건식법이 있는 절삭 가공 방법은?

① 보링(boring)
② 연삭(grinding)
③ 태핑(tapping)
④ 래핑(lapping)

해설 • 습식법 : 경유나 그리스, 기계유 등에 랩제를 혼합하여 사용하며, 다듬질면은 매끈하지 못하다.
• 건식법 : 랩제가 묻은 랩을 건조한 상태에서 사용하며, 다듬질면이 좋다.

48. 입도가 작고 연한 숫돌을 작은 압력으로 가공물의 표면에 가압하면서 가공물에 피드를 주고, 숫돌을 진동시켜 가공하는 것은 어느 것인가?

① 호닝　　　② 슈퍼 피니싱
③ 쇼트 피닝　　　④ 버니싱

해설 • 호닝 : 원통 내면의 정밀도를 더욱 높이기 위하여 혼(hone)을 구멍에 넣고 회전 운동과 축 방향 운동을 동시에 시켜 가며 구멍의 내면을 정밀 다듬질하는 방법
• 쇼트 피닝 : 쇼트(shot)라는 공구를 가공면에 고속으로 강하게 두드려 표면을 다듬질하는 가공
• 버니싱 : 1차로 가공된 공작물의 안지름보다 큰 강철 볼을 압입하여 통과시켜 공작물의 표면을 소성 변형시키는 가공

49. 다음 중 가공물을 양극으로 전해액에 담그고 전기 저항이 적은 구리, 아연을 음극으로 하여 전류를 흘려서 전기에 의한 용해 작용을 이용하여 가공하는 가공법은?

① 전해 연마　　　② 전해 연삭
③ 전해 가공　　　④ 전주 가공

해설 전해 연마는 전해액에 일감을 양극으로 하여 전기를 통하면 표면이 용해 석출되어 공작물의 표면이 매끈하도록 다듬질하는 가공법이다.

50. 일반적으로 드릴 작업 후 리머 가공을 할 때 리머 가공의 절삭 여유로 가장 적합한 것은?

① 0.02~0.03mm 정도
② 0.2~0.3mm 정도
③ 0.8~1.2mm 정도
④ 1.5~2.5mm 정도

해설 드릴로 뚫은 구멍은 보통 진원도 및 내면의 다듬질 정도가 양호하지 못하므로 리머를 사용하여 구멍의 내면을 매끈하고 정확하게 가공하는 작업을 리머 작업 또는 리밍(reaming)이라고 한다.

정답 45. ①　46. ③　47. ④　48. ②　49. ①　50. ②

51. CNC 기계의 일상 점검 중 매일 점검해야 할 사항은?

① 유량 점검
② 각부의 필터(filter) 점검
③ 기계 정도 검사
④ 기계 레벨(수평) 점검

해설 유량은 매일 점검하여 부족하면 보충해야 한다.

52. 벨트를 풀리에 걸 때는 어떤 상태에서 해야 안전한가?

① 저속 회전 상태
② 중속 회전 상태
③ 회전 중지 상태
④ 고속 회전 상태

해설 안전을 위하여 회전 중지 상태에서 한다.

53. 퓨즈가 끊어져 다시 끼우고 난 후, 또다시 끊어졌을 때의 조치 사항으로 가장 적합한 것은?

① 다시 한 번 끼워준다.
② 조금 더 용량이 큰 퓨즈를 끼운다.
③ 합선 여부를 검사한다.
④ 굵은 동선으로 바꾸어 끼운다.

해설 퓨즈가 끊어져 다시 끼우고 난 후, 또다시 끊어졌을 때는 합선 여부를 검사한다.

54. 구성 인선(built-up edge)에 대한 설명으로 틀린 것은?

① 발생 시 표면 거칠기가 불량하게 된다.
② 발생 과정은 발생 → 성장 → 최대 성장 → 분열 → 탈락 순서이다.
③ 공구의 윗면 경사각을 작게 하고 절삭 속도를 크게 하여 방지할 수 있다.
④ 연성의 재료를 가공할 때 칩이 공구 선단에 융착되어 실제 절삭날의 역할을 하는 퇴적물이다.

해설 구성 인선은 발생-성장-탈락을 되풀이 하므로 치수 정밀도나 표면 형상(표면 거칠기)이 나빠지며, 방지책은 다음과 같다.
• 공구의 윗면 경사각을 크게 한다.
• 절삭 속도를 크게 한다.
• 윤활성이 좋은 윤활제를 사용한다.
• 절삭 깊이를 작게 한다.
• 절삭 공구의 인선을 예리하게 한다.
• 이송 속도를 줄인다.

55. 지름이 50 mm인 연삭숫돌로 지름이 10 mm인 일감을 연삭할 때 숫돌바퀴의 회전수는? (단, 숫돌바퀴의 원주 속도는 1500 m/min이다.)

① 47770 rpm
② 9554 rpm
③ 5800 rpm
④ 4750 rpm

해설 $N = \dfrac{1000V}{\pi D} = \dfrac{1000 \times 1500}{3.14 \times 50} = 9554 \, \text{rpm}$

56. 다음 중 래핑 가공에 대한 설명으로 옳지 않은 것은?

① 래핑은 랩이라고 하는 공구와 다듬질하려고 하는 공작물 사이에 랩제를 넣고 공작물을 누르며 상대 운동을 시켜 다듬질하는 가공법을 말한다.
② 래핑 방식으로는 습식 래핑과 건식 래핑이 있다.
③ 랩은 공작물 재료보다 경도가 낮아야 공작물에 흠집이나 상처를 일으키지 않는다.
④ 건식 래핑은 절삭량이 많고 다듬면은 광택이 적어 일반적으로 초기 래핑 작업에 많이 사용한다.

해설 건식 래핑은 절삭량이 매우 적고, 다듬질면이 고우며, 광택이 있는 경면 다듬질이 가능하다.

57. 고정밀도로 제어하는 방식으로 가격이 고가이며 그림과 같은 서보 기구는?

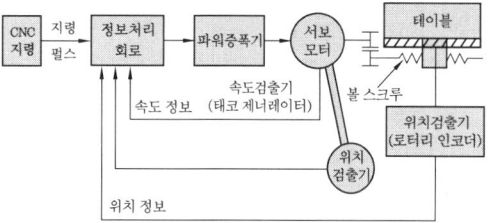

① 개방 회로 방식
② 하이브리드 방식
③ 반폐쇄 회로 방식
④ 폐쇄 회로 방식

해설 하이브리드(hybrid) 서보 방식은 복합 회로 서보 방식이라고도 하며 반폐쇄 회로 방식과 폐쇄 회로 방식을 결합하여 고정밀도로 제어하는 방식으로 가격이 고가이므로 고정밀도를 요구하는 기계에 사용한다.

58. 센터 구멍의 종류로 옳은 것은?

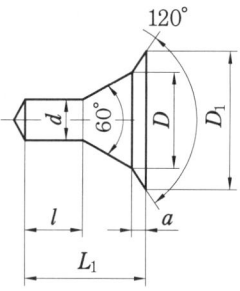

① A형
② B형
③ C형
④ D형

해설

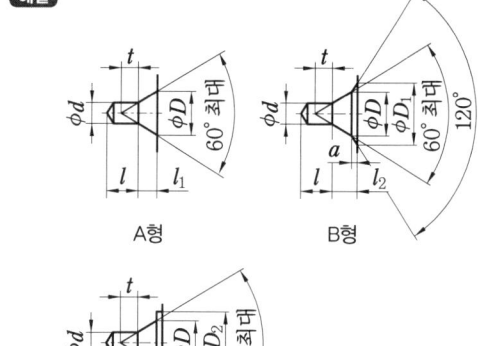

59. 연삭숫돌 바퀴의 구성 3요소에 속하지 않는 것은?

① 숫돌 입자
② 결합제
③ 조직
④ 기공

해설
• 연삭숫돌의 3요소 : 숫돌 입자, 결합제, 기공
• 연삭숫돌의 5요소 : 입자, 입도, 결합도, 조직, 결합제

60. 화재를 A급, B급, C급, D급으로 구분했을 때, 전기 화재에 해당하는 것은?

① A급
② B급
③ C급
④ D급

해설 화재의 등급
• A급 : 일반 화재(목재, 종이, 천)
• B급 : 기름 화재
• C급 : 전기 화재
• D급 : 금속 화재

정답 57. ② 58. ② 59. ③ 60. ③

제2회 CBT 대비 실전문제

1과목 도면 해독 및 측정

1. 단면도의 절단된 부분을 나타내는 해칭선을 그리는 선은?

① 가는 2점 쇄선   ② 가는 실선
③ 가는 파선   ④ 가는 1점 쇄선

해설 해칭선은 가는 실선을 규칙적으로 늘어놓은 것으로 도형의 한정된 특정 부분을 다른 부분과 구별할 경우에 사용한다.

2. 다음 그림 중 공통점이 아닌 것은?

 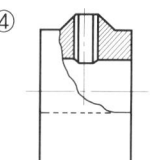

해설 ①, ②, ③은 회전 도시 단면도이고, ④는 부분 단면을 표시한 것이다. ①은 파단선을 써서 가운데에 그려 넣는 경우, ②는 파단하지 않고 직접 도형 안에 그려 넣는 경우, ③은 절단선을 연장하여 그 위에 그려 넣는 경우이다.

3. 다음 그림과 같이 절단면에 색칠한 것을 무엇이라고 하는가?

 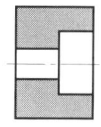

① 해칭   ② 단면
③ 투상   ④ 스머징

해설 스머징(smudging)이란 단면 주위를 연필 또는 색연필로 엷게 칠하는 방법이고 해칭(hatching)은 단면 부분에 가는 실선으로 빗금선을 긋는 방법이다.

4. 그림의 치수 기입 방법 중 옳게 나타낸 것을 모두 고른 것은?

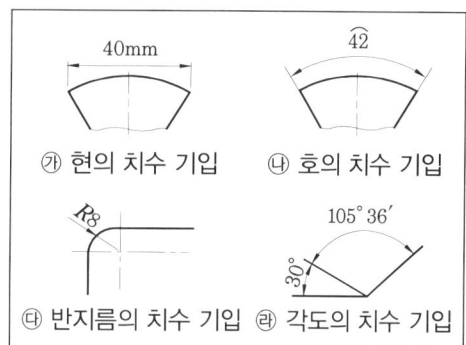

㉮ 현의 치수 기입   ㉯ 호의 치수 기입

㉰ 반지름의 치수 기입   ㉱ 각도의 치수 기입

① ㉮, ㉯, ㉰, ㉱   ② ㉯, ㉰, ㉱
③ ㉮, ㉯, ㉰   ④ ㉯, ㉰

해설 현의 치수 기입 시 길이 단위인 mm는 사용하지 않는다.

5. 줄무늬 방향의 기호에 대한 설명으로 틀린 것은?

① = : 가공에 의한 컷의 줄무늬 방향이 기호를 기입한 그림의 투영면에 평행
② X : 가공에 의한 컷의 줄무늬 방향이 다 방면으로 교차 또는 무방향
③ C : 가공에 의한 컷의 줄무늬가 기호를 기입한 면의 중심에 대하여 거의 동심원 모양

정답 1. ②   2. ④   3. ④   4. ②   5. ②

④ R : 가공에 의한 컷의 줄무늬가 기호를 기입한 면의 중심에 대하여 거의 방사 모양

[해설] • X : 기호가 사용되는 투상면에 대해 2개의 경사면에 수직
• M : 여러 방향으로 교차 또는 무방향
• ⊥ : 기호가 사용되는 투상면에 수직

6. 다음과 같은 공차 기호에서 최대 실체 공차 방식을 표시하는 기호는?

| ◎ | φ0.04 | Aⓜ |

① ◎   ② A
③ ⓜ   ④ φ

[해설] • ◎ : 동축도(동심도)
• φ0.04 : 공차값
• A : 데이텀 기호
• ⓜ : 최대 실체 공차 방식

7. 구멍 70H7($70^{+0.030}_{0}$), 축 70g6($70^{-0.010}_{-0.029}$)의 끼워맞춤이 있다. 끼워맞춤의 명칭과 최대 틈새를 바르게 설명한 것은?
① 중간 끼워맞춤이며 최대 틈새는 0.01이다.
② 헐거운 끼워맞춤이며 최대 틈새는 0.059이다.
③ 헐거운 끼워맞춤이며 최대 틈새는 0.039이다.
④ 억지 끼워맞춤이며 최대 틈새는 0.0290이다.

[해설] 구멍의 치수가 축의 치수보다 항상 크므로 헐거운 끼워맞춤이다.
• 최대 틈새 = 70.030 − 69.971 = 0.059
• 최소 틈새 = 70.000 − 69.990 = 0.01

8. 다음 중 사인 바로 각도를 측정할 때 필요 없는 것은?

① 블록 게이지   ② 각도 게이지
③ 다이얼 게이지   ④ 정반

[해설] 사인 바로 각도 측정 시 필요한 것

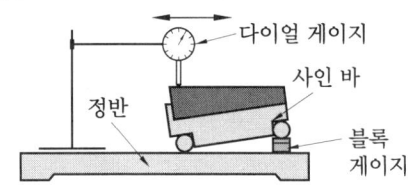

9. 다음은 어떤 측정기의 특징들에 대한 설명인가?

> ㉠ 소형, 경량으로 취급이 용이하다.
> ㉡ 다이얼 테스트 인디케이터와 비교할 때, 측정 범위가 넓다.
> ㉢ 눈금과 지침에 의해서 읽기 때문에 읽음 오차가 적다.
> ㉣ 연속된 변위량의 측정이 가능하다.

① 버니어 캘리퍼스
② 마이크로미터
③ 한계 게이지
④ 다이얼 게이지

[해설] 다이얼 게이지는 기어장치로 미소한 변위를 확대하여 길이 또는 변위를 정밀 측정하는 비교 측정기이다.

10. 나사 마이크로미터는 앤빌이 나사의 산과 골 사이에 끼워지도록 되어 있으며, 나사에 알맞게 끼워 넣어서 나사의 어느 부분을 측정하는가?
① 바깥지름   ② 골지름
③ 유효지름   ④ 안지름

[해설] 나사 마이크로미터는 수나사용으로 나사의 유효지름을 측정하며, 고정식과 앤빌 교환식이 있다.

정답 6. ③ 7. ② 8. ② 9. ④ 10. ③

11. 정밀 측정에서 아베의 원리에 대한 설명으로 옳은 것은?

① 내측 측정 시 최댓값을 택한다.
② 눈금선의 간격은 일치되어야 한다.
③ 단도기의 지지는 양끝 단면이 평행하도록 한다.
④ 표준자와 피측정물은 동일 축선상에 있어야 한다.

해설 아베(Abbe)의 원리 : 측정기에서 표준자의 눈금면과 측정물을 동일선상에 배치한 구조는 측정 오차가 작다는 원리이다.

12. 측정기의 눈금과 눈의 위치가 같지 않은 데서 생기는 측정 오차를 무엇이라 하는가?

① 샘플링 오차　② 계기 오차
③ 우연 오차　　④ 시차

해설 시차
- 측정기의 눈금과 눈의 위치가 같지 않아서 발생하는 오차이다.
- 측정자 눈의 위치는 반드시 눈금판에 수직이 되도록 해야 정확한 값을 읽을 수 있다.

13. 틈새 게이지(간격 게이지)의 1조는 보통 몇 장인가?

① 9~22장
② 10~33장
③ 15~25장
④ 18~33장

해설 틈새 게이지는 mm식과 in식이 있으며, 제일 얇은 판의 두께가 0.04mm(0.015″)에서 1/100~1/10mm 간격으로 9~22장이 묶여 있다.

14. 두 축이 서로 교차하면서 회전력을 전달하는 기어는?

① 스퍼 기어(spur gear)
② 헬리컬 기어(helical gear)
③ 랙과 피니언(rack and pinion)
④ 스파이럴 베벨 기어(spiral bevel gear)

해설
- 두 축이 평행한 기어 : 스퍼 기어, 헬리컬 기어, 랙과 피니언
- 두 축이 교차하는(만나는) 기어 : 스퍼 베벨 기어, 헬리컬 베벨 기어, 스파이럴 베벨 기어, 크라운 기어, 앵귤러 베벨 기어
- 두 축이 만나지도 평행하지도 않는(어긋난) 기어 : 나사 기어, 하이포이드 기어, 웜 기어, 헬리컬 크라운 기어

15. 다음 그림에서 "C2"가 의미하는 것은?

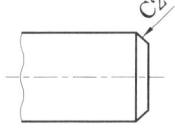

① 크기가 2인 15° 모따기
② 크기가 2인 30° 모따기
③ 크기가 2인 45° 모따기
④ 크기가 2인 60° 모따기

해설 C는 45° 모따기(chamfer)를 나타내며, 숫자 2는 직각 변(빗변)의 길이가 2mm임을 의미한다.

16. 헬리컬 기어 제도에 대한 설명이다. 틀린 것은?

① 잇봉우리원은 굵은 실선으로 그린다.
② 피치원은 가는 1점 쇄선으로 그린다.
③ 이골원은 단면 도시가 아닌 경우 가는 실선으로 그린다.
④ 축에 직각인 방향에서 본 정면도에서 단면 도시가 아닌 경우 잇줄 방향은 경사진 3개의 가는 2점 쇄선으로 나타낸다.

해설 헬리컬 기어의 잇줄 방향은 통상 3개의 가는 실선으로 표시한다. 단, 헬리컬 기어의 정면도를 단면도로 도시할 때는 잇줄 방향을 3개의 가는 2점 쇄선으로 그린다.

17. 나사의 도시에 관한 내용 중 나사 각부를 표시하는 선의 종류가 틀린 것은?

① 수나사의 골지름과 암나사의 골지름은 가는 실선으로 그린다.
② 가려서 보이지 않은 나사부는 파선으로 그린다.
③ 완전 나사부와 불완전 나사부의 경계는 가는 실선으로 그린다.
④ 수나사의 바깥지름과 암나사의 안지름은 굵은 실선으로 그린다.

해설 완전 나사부와 불완전 나사부의 경계는 굵은 실선으로 그린다.

18. 그림과 같은 도면에서 치수 20 부분의 "굵은 1점 쇄선"이 의미하는 것으로 가장 적합한 설명은?

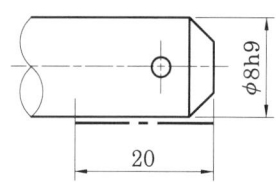

① 공차를 φ8h9보다 약간 적게 한다.
② 공차가 φ8h9가 되도록 축 전체 길이 부분에 필요하다.
③ 공차 φ8h9 부분은 축 길이가 20mm가 되는 곳까지만 필요하다.
④ 치수 20 부분을 제외한 나머지 부분은 공차가 φ8h9가 되도록 가공한다.

해설 도면에서 치수 20 부분의 굵은 1점 쇄선은 특수 지시선으로, 공차 φ8h9 부분이 축 길이 20mm가 되는 곳까지만 필요하다는 의미이다.

19. 2줄 나사의 리드(lead)가 3mm인 경우 피치는 몇 mm인가?

① 1.5   ② 3
③ 6   ④ 12

해설 $l = np$ ∴ $p = \dfrac{l}{n} = \dfrac{3}{2} = 1.5 \, mm$

20. 그림과 같은 도면의 기하 공차에 대한 설명으로 가장 옳은 것은?

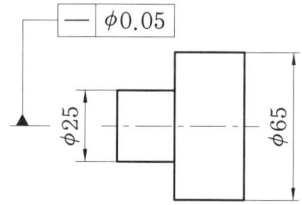

① φ25 부분만 중심축에 대한 평면도가 φ0.05 이내
② 중심축에 대한 전체의 평면도가 φ0.05 이내
③ φ25 부분만 중심축에 대한 진직도가 φ0.05 이내
④ 중심축에 대한 전체의 진직도가 φ0.05 이내

해설 중심축에 대한 축심이 0.05mm 내에 있지 않으면 안 된다.

2과목 CAM 프로그래밍

21. 주기억장치와 CPU(중앙처리장치) 사이에서 속도 차이를 줄이기 위해 데이터와 명령어를 일시적으로 저장하는 고속기억장치는 어느 것인가?

① core memory
② cache memory
③ volatile memory
④ associative memory

해설 캐시메모리는 중앙처리장치와 주기억장치의 속도 차이로 발생하는 병목현상을 완화하기 위한 장치이다.

22. CAD(computer aided design) 소프트웨어의 가장 기본적인 역할은?

① 기하 형상의 정의
② 해석 결과의 가시화
③ 유한 요소 모델링
④ 설계물의 최적화

해설 CAD 소프트웨어의 가장 기본적인 역할은 형상을 정의하여 정확한 도형을 그리는 것이다.

23. CAD 데이터 교환 규격인 IGES에 대한 설명으로 틀린 것은?

① CAD/CAM/CAE 시스템 사이의 데이터 교환을 위한 최초의 표준이다.
② 1개의 IGES 파일은 6개의 섹션(section)으로 구성되어 있다.
③ directory entry 섹션은 파일에서 정의한 모든 요소(entity)의 목록을 저장한다.
④ 제품의 데이터 교환을 위한 표준으로서 CALS에서 채택되어 주목받고 있다.

해설 IGES는 서로 다른 CAD/CAM 시스템에서 설계와 가공 정보를 교환하기 위한 표준으로, 현재 ISO의 표준 규격으로 제정되어 사용하고 있다.

24. 3차 베지어 곡면을 정의하기 위해 최소 몇 개의 점이 필요한가?

① 4   ② 8
③ 12 ④ 16

해설 베지어 곡면은 4개의 조정점에 곡면 내부의 볼록한 정도를 나타내며, 3차 곡면의 패치 4개의 꼬임 막대와 같은 역할을 하므로 16개의 점이 필요하다.

25. 일반적인 CAD 시스템의 2차원 평면에서 정해진 하나의 원을 그리는 방법으로 알맞지 않은 것은?

① 원주상의 세 점을 알 경우
② 원의 반지름과 중심점을 알 경우
③ 원주상의 한 점과 원의 반지름을 알 경우
④ 원의 반지름과 2개의 접선을 알 경우

해설 ①, ②, ④ 외에 원을 그리는 방법
• 중심과 원주상의 한 점으로 표시
• 세 개의 직선에 접하는 원
• 두 개의 점(지름) 지정

26. 점 (1, 1)과 점 (3, 2)를 잇는 선분에 대하여 y축 대칭인 선분이 지나는 두 점은?

① $(-1, -1)$과 $(3, 2)$
② $(1, 1)$과 $(-3, -2)$
③ $(-1, 1)$과 $(-3, 2)$
④ $(1, -1)$과 $(3, 2)$

해설 y축 대칭이므로 x값의 부호가 바뀐다.
∴ $(-1, 1)$과 $(-3, 2)$

27. 다음 중 CAD에서의 기하학적 데이터(점, 선 등)의 변환 행렬과 관계가 먼 것은?

① 이동
② 복사
③ 회전
④ 반사

정답 22. ① 23. ④ 24. ④ 25. ③ 26. ③ 27. ②

해설 변환 행렬은 두 좌표계의 변환에 사용되는 행렬을 의미하며, CAD 시스템에서 도형의 이동, 축소 및 확대, 대칭, 회전 등의 변환에 의해 이루어진다.

28. 그림은 공간상의 선을 이용하여 3차원 물체의 가장자리 능선을 표시한 모델이다. 이러한 모델링은?

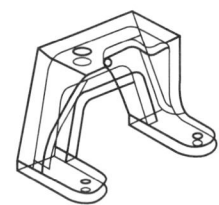

① 서피스 모델링
② 와이어 프레임 모델링
③ 솔리드 모델링
④ 이미지 모델링

해설 와이어 프레임 모델링 : 3차원 모델의 가장 기본적인 표현 방식으로 점, 선, 원, 호 형태의 철사 프레임으로 구조물을 표현한다.

29. 그림과 같이 $x^2+y^2-2=0$인 원이 있다. 점 P(1,1)에서 접선의 방정식은?

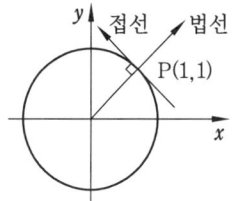

① $(x+1)+(y+1)=0$
② $(x-1)-(y-1)=0$
③ $2(x+1)+2(y-1)=0$
④ $2(x-1)+2(y-1)=0$

해설 $x+y=2$, $2x+2y=4$
$2x-2+2y-2=0$
$2(x-1)+2(y-1)=0$

30. 생성된 NC 데이터를 CNC 공작 기계에 입력하는 방법이 아닌 것은?
① RS-232C를 이용하는 방법
② CL 데이터를 이용하는 방법
③ DNC 운전에 의한 방법
④ 데이터 서버를 이용하는 방법

해설 NC 데이터를 CNC 공작 기계에 입력하는 방법에는 RS-232C를 이용하는 방법, 데이터 서버를 이용하는 방법, DNC 및 메모리 카드에 의한 방법이 있다.

31. 2차원으로 구성되는 가장 일반적인 원뿔 곡선의 식이 다음과 같다. 식에서 계수가 $b^2-4ac=0$인 경우의 표현은?

$$F(x, y) = ax^2+bxy+cy^2+dx+ey+g = 0$$

① 원
② 타원
③ 포물선
④ 쌍곡선

해설
• 원(circle) : 원뿔을 일정한 높이에서 절단하여 생기는 곡선, $x^2+y^2=r^2$
• 타원(ellipse) : 원뿔을 비스듬하게 절단하여 생기는 곡선, $\dfrac{x^2}{a^2}+\dfrac{y^2}{b^2}=1$
• 쌍곡선(hyperbola) : 원뿔을 x축 방향으로 절단할 때 생기는 곡선, $\dfrac{x^2}{a^2}-\dfrac{y^2}{b^2}=1$

32. 정점이 7개인 Bezier 곡선에서 곡선 방정식의 차수는?
① 3차
② 4차
③ 5차
④ 6차

해설 Bezier 곡선식은 조정점의 개수보다 1이 적은 차수의 다항식으로 되어 있다.

33. CAM 절삭 방법에서 3차원 입체 조형으로 복잡한 형상을 유기적으로 절삭하는 방법은?
① Pocket Milling ② Ramping
③ 3D Profile Milling ④ Slot Milling

해설 CAM 절삭 방법
• Pocket Milling : 대상물에 깊은 구멍을 생성하여 단차를 형성하는 방법
• Ramping : 경사면을 생성하며 깎아내는 방법
• Slot Milling : 긴 직선의 단차를 깎아 조형하는 방법

34. 커습(cusp)은 공구 경로 간격에 의해 생성되는 것으로 표면 거칠기에 영향을 미친다. 공구 경로 간격에 따른 커습 관계식은? (단, L = 경로 간격, h = 커습의 높이, R = 공구 반지름이다.)
① $L = 2\sqrt{h(2R+h)}$
② $L = 2\sqrt{h(2R-h)}$
③ $L = 2\sqrt{R(2h-R)}$
④ $L = 2\sqrt{R(2h+R)}$

해설 커습 : 곡면을 가공할 때 볼 엔드밀이 지나가고 남은 흔적을 말하며, 골 사이의 간격(피치)에 따라 높이가 달라진다.

35. 그림과 같이 구에서 원통과 직육면체를 빼냄(subtraction)으로써 원하는 형상을 모델링하였다. 이와 같은 모델링 방법을 무엇이라고 하는가?

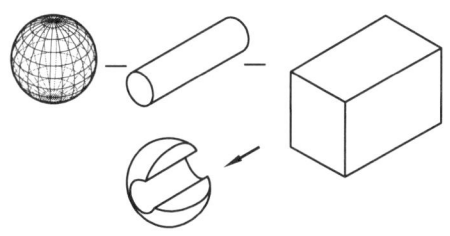

① CSG 방식 ② B-rep 방식
③ Trust 방식 ④ NURBS 방식

해설 CSG 방식의 장단점
(1) 장점
• 명확한 모델을 만든다.
• 메모리가 적다.
• 데이터 수정이 용이하다.
• 중량 계산이 가능하다.
(2) 단점
• 디스플레이 시간이 길다.
• 3면도, 투시도, 전개도 작성이 곤란하다.
• 표면적 계산이 곤란하다.

36. NC 데이터를 생성하기 전에 생성된 CL 데이터를 이용하여 공구의 위치, 과절삭, 미절삭 등을 확인하는 과정을 무엇이라 하는가?
① 모델링
② 공구 경로 검증
③ 포스트 프로세싱
④ 가공 조건 정의

해설 공구 경로 검증 : NC 데이터를 이용하여 실제 가공 전에 컴퓨터상에서 공구의 위치, 과절삭, 미절삭 등을 확인하는 과정

37. 다음은 CNC 선반의 프로그램이다. N02 블록 수행 시 주축의 회전수(rpm)는 얼마인가? (단, 지름 지령이며 소수점 이하에서 반올림한다.)

```
N01 G50 X100. Z200. S1000 T0100 M42 ;
N02 G96 S400 M03 ;
N03 G00 X50. Z0. T0101 M08 ;
```

① 127 ② 1000
③ 1273 ④ 12732

정답 33. ③ 34. ② 35. ① 36. ② 37. ②

해설
• 주축 최고 회전수 : 1000 rpm
• 주속 일정 제어 : $V = 400$ m/min

$$N = \frac{1000V}{\pi D} = \frac{1000 \times 400}{\pi \times 100} \fallingdotseq 1273 \text{ rpm}$$

∴ 주축의 회전수는 주축 최고 회전수를 넘을 수 없으므로 1000 rpm으로 회전한다.

38. 패턴의 반전 횟수를 기준으로 4가지 방식으로 구분되는 신속 툴링(Rapid Tooling : RT)에 대한 설명으로 옳은 것은?

① 1회 반전법-신속 시작 패턴들을 다른 재질의 주물로 직접 변환
② 2회 반전법-1회 반전 툴링을 사용하여 만든 금형 패턴을 주조 금형으로 변환
③ 3회 반전법-코어와 캐비티판들을 실리콘 RTV(Room Temperature Vulcanizing) 고무 성형 공정을 통하여 딱딱한 플라스틱 패턴으로 변환
④ 직접 툴링법-범용 공작 기계에서 절삭 공구를 이용하여 금형 제작

해설 신속 툴링 : 주형이나 금형 제작이라 하며, 기존의 방법과 다르게 매우 빠른 시간 안에 완제품과 동일한 재료와 형상을 가진 성형물을 제작하는 기술이다. 다이 캐스팅, 인베스트먼트 캐스팅, 플라스틱 사출 금형 등에 사용되는 최종 단계의 성형 기구이다.

39. 다음 중 회사들 간에 컴퓨터를 이용한 데이터의 저장과 교환을 위한 산업 표준이 되고 있는 CALS에서 채택하고 있는 제품 데이터 교환 표준은?

① CAT   ② STEP
③ XML   ④ DXF

해설 STEP은 제품 데이터 교환을 위한 국제 표준 규격이다.

40. RP 공정의 응용 분야 중 주요한 영역이 아닌 것은?

① 제조 공정을 위한 모델
② 기능 검사를 위한 시작품
③ 설계 평가를 위한 시작품
④ 원가 절감을 위한 대량 생산

해설 급속 조형(RP)은 설계 단계에 있는 3차원 모델을 실용적이고 현실적인 모형이나 시제품(prototype)으로 다른 중간 과정 없이 빠르게 생성하는 새로운 기술을 말한다.

| 3과목 | 컴퓨터 수치 제어(CNC) 절삭 가공 |

41. 서멧(cermet) 공구를 제작하는 가장 적합한 방법은?

① WC(텅스텐 탄화물)을 Co로 소결
② Fe에 Co를 가한 소결 초경 합금
③ 주성분이 W, Cr, Co, Fe로 된 주조 합금
④ Al_2O_3 분말에 TiC 분말을 혼합 소결

해설 서멧은 내마모성과 내열성이 높은 Al_2O_3 분말 70%에 TiC 또는 TiN 분말을 30% 정도 혼합 소결하여 만든다. 크레이터 마모, 플랭크 마모가 적어 공구 수명이 길고 구성 인선이 거의 없으나 치핑이 생기기 쉬운 단점이 있다.

42. 밀링 머신의 종류 중 드릴의 비틀림 홈 가공에 가장 적합한 것은?

① 만능 밀링 머신
② 수직형 밀링 머신
③ 수평형 밀링 머신
④ 플레이너형 밀링 머신

정답 38. ① 39. ② 40. ④ 41. ④ 42. ①

해설 만능 밀링 머신은 헬리컬 기어, 트위스트 드릴의 비틀림 홈 등의 가공에 적합하다.

43. 지름이 50 mm, 날수가 10개인 페이스 커터로 밀링 가공 시 주축의 회전수가 300 rpm, 이송 속도가 매분 1500 mm이었다. 커터 날 하나당 이송량(mm)은?

① 0.5　　② 1
③ 1.5　　④ 2

해설 $f_z = \dfrac{f}{ZN} = \dfrac{1500}{10 \times 300} = 0.5$ mm

44. 다음 중 센터리스 연삭에 대한 설명으로 틀린 것은?

① 가늘고 긴 가공물의 연삭에 적합하다.
② 긴 홈이 있는 가공물의 연삭에 적합하다.
③ 다른 연삭기에 비해 연삭 여유가 적어도 된다.
④ 센터가 필요치 않아 센터 구멍을 가공할 필요가 없다.

해설 긴 홈이 있는 가공물이나 대형 가공물의 연삭이 불가능하다.

45. 다음과 같이 표시된 연삭숫돌에 대한 설명으로 옳은 것은?

"WA　100　K　5　V"

① 녹색 탄화규소 입자이다.
② 고운 눈 입도에 해당된다.
③ 결합도가 극히 경하다.
④ 메탈 결합제를 사용하였다.

해설 ・WA : 알루미나계 연삭숫돌로 순도가 높은 백색 숫돌 입자
・100 : 고운 눈 입도
・K : 연한 결합도

・5 : 치밀한 조직
・V : 비트리파이드

46. 연삭숫돌 입자에 무딤(glazing)이나 눈메움(loading) 현상으로 연삭성이 떨어졌을때 하는 작업은?

① 드레싱(dressing)
② 드릴링(drilling)
③ 리밍(reamming)
④ 시닝(thining)

해설 드레싱(dressing)은 절삭성이 나빠진 숫돌의 면에 새롭고 날카로운 입자를 발생시키는 것이다.

47. 브로칭(broaching)에 관한 설명 중 틀린 것은?

① 제작과 설계에 시간이 소요되며 공구의 값이 고가이다.
② 각 제품에 따라 브로치의 제작이 불편하다.
③ 키 홈, 스플라인 홈 등을 가공하는 데 사용한다.
④ 브로치 압입 방법에는 나사식, 기어식, 공압식이 있다.

해설 브로치 압입 방법에는 나사식, 기어식, 유압식이 있다.

48. 버니싱(burnishing) 작업의 특징으로 틀린 것은?

① 표면 거칠기가 우수하다.
② 피로 한도를 높일 수 있다.
③ 정밀도가 높아 스프링 백을 고려하지 않아도 된다.
④ 1차 가공에서 발생한 자국, 긁힘 등을 제거할 수 있다.

정답　43. ①　44. ②　45. ②　46. ①　47. ④　48. ③

[해설] 버니싱(burnishing)은 1차로 가공된 가공물의 안지름보다 다소 큰 강구(steel ball)를 압입하여 통과시켜서 가공물의 표면을 소성변형시켜 가공하는 방법이다.

49. 숫돌 입자와 공작물이 접촉하여 가공하는 연삭 작용과 전해 작용을 동시에 이용하는 특수 가공법은?
① 전주 연삭　② 전해 연삭
③ 모방 연삭　④ 방전 가공

[해설] 전해 연삭은 전해 작용과 기계의 연삭 작업을 결합한 가공방법으로 연삭숫돌의 연삭 입자는 공작물과 접촉하여 절연재 역할과 전해된 부산물을 기계적으로 제거하는 역할 두 가지를 한다.

50. 다음 중 탭의 파손 원인으로 틀린 것은 어느 것인가?
① 구멍이 너무 작거나 구부러진 경우
② 탭이 경사지게 들어간 경우
③ 너무 느리게 절삭한 경우
④ 막힌 구멍의 열바닥에 탭의 선단이 닿았을 경우

[해설] 탭은 ①, ②, ④ 이외에 칩의 배출이 원활하지 못할 때와 핸들에 무리한 힘을 주었을 때 파손된다.

51. 머시닝센터의 작업 전에 육안 점검 사항이 아닌 것은?
① 윤활유의 충만 상태
② 공기압 유지 상태
③ 절삭유 충만 상태
④ 전기적 회로 연결 상태

[해설] 전기적 회로 연결 상태는 테스트기를 사용하여 점검한다.

52. 기계 작업 시 안전 사항으로 가장 거리가 먼 것은?
① 기계 위에 공구나 재료를 올려놓는다.
② 선반 작업 시 보호안경을 착용한다.
③ 사용 전 기계, 기구를 점검한다.
④ 절삭 공구는 기계를 정지시키고 교환한다.

[해설] 안전을 위해 기계 위에는 아무것도 두지 않는다.

53. 수공구를 사용할 때 안전 수칙 중 거리가 먼 것은?
① 스패너를 너트에 완전히 끼워서 뒤쪽으로 민다.
② 멍키 렌치는 아래턱(이동 jaw) 방향으로 돌린다.
③ 스패너를 연결하거나 파이프를 끼워서 사용하면 안 된다.
④ 멍키 렌치는 웜과 랙의 마모에 유의하고 물림 상태를 확인한 후 사용한다.

[해설] 스패너의 입은 너트에 꼭 맞게 사용하며, 깊이 물리고 조금씩 돌려서 몸 앞으로 당겨서 사용한다.

54. 다음 중 절삭유제의 사용 목적이 아닌 것은 어느 것인가?
① 공구인선을 냉각시킨다.
② 가공물을 냉각시킨다.
③ 공구의 마모를 크게 한다.
④ 칩을 씻어 주고 절삭부를 닦아 준다.

[해설] 절삭유의 작용
- 냉각 작용 : 절삭 공구와 일감의 온도 상승을 방지한다.
- 윤활 작용 : 공구날의 윗면과 칩 사이의 마찰을 감소시킨다.
- 세척 작용 : 칩을 씻어 버린다.

정답 49. ②　50. ③　51. ④　52. ①　53. ①　54. ③

55. 드릴을 시닝(thinning)하는 주목적은?

① 절삭 저항을 증대시킨다.
② 날의 강도를 보강해 준다.
③ 절삭 효율을 증대시킨다.
④ 드릴의 굽힘을 증대시킨다.

해설 드릴이 커지면 웨브가 두꺼워져서 절삭성이 나빠지게 되면 치즐포인트를 연삭할 때 절삭성이 좋아지는데, 이를 시닝이라 한다.

56. 호닝에 대한 특징이 아닌 것은?

① 구멍에 대한 진원도, 진직도 및 표면 거칠기를 향상시킨다.
② 숫돌의 길이는 가공 구멍 길이의 $\frac{1}{2}$ 이상으로 한다.
③ 혼은 회전 운동과 축방향 운동을 동시에 시킨다.
④ 치수 정밀도는 3~10 μm로 높일 수 있다.

해설 숫돌의 길이는 가공할 구멍 깊이의 $\frac{1}{2}$ 이하로 하고, 왕복 운동 양단에서 숫돌 길이의 $\frac{1}{4}$ 정도 구멍에서 나올 때 정지한다.

57. 선반의 왕복대 이송 기구에 대한 설명으로 잘못된 것은?

① 새들 안에 장치되어 있다.
② 이송 방식에는 수동과 자동이 있다.
③ 자동 이송은 이송축에 의하여 에이프런 내부의 기어장치에 의한다.
④ 나사깎기 이송은 리드 스크루의 회전을 하프너트로 왕복대에 전달하여 이송시킨다.

해설 새들은 왕복대와 베드 접촉부에 있다.

58. 바이트에서 경사각을 크게 하면 전단각과 칩은 어떻게 되는가?

① 전단각은 작아지고 칩은 두껍고 짧다.
② 전단각은 커지고 칩은 얇게 된다.
③ 전단각과 칩이 모두 커진다.
④ 전단각과 칩이 얇아진다.

해설 그림과 같이 바이트로 절삭을 하면 경사각과 전단각은 서로 비례하며, 칩은 경사각이 클수록 두께가 얇아진다.

59. 공구 마멸의 형태에서 윗면 경사각과 가장 밀접한 관계를 가지고 있는 것은?

① 플랭크 마멸(flank wear)
② 크레이터 마멸(crater wear)
③ 치핑(chipping)
④ 섕크 마멸(shank wear)

해설 크레이터 마멸은 공구 경사면이 칩과의 마찰에 의하여 오목하게 마모되는 것으로 주로 유동형 칩의 고속절삭에서 자주 발생한다.

60. 다음 중 절삭 공구의 절삭면과 평행한 여유면에 가공물의 마찰에 의해 발생하는 마모는?

① 크레이터 마모
② 플랭크 마모
③ 온도 파손
④ 치핑

해설 플랭크 마모는 측면(flank)과 절삭면과의 마찰에 의해 발생하는데, 주철과 같이 메진 재료를 절삭할 때나 분말상 칩이 발생할 때는 다른 재료를 절삭하는 경우보다 뚜렷하게 나타난다.

정답 55. ③ 56. ② 57. ① 58. ② 59. ② 60. ②

제3회 CBT 대비 실전문제

1과목 도면 해독 및 측정

1. 아래는 KS 제도 통칙에 따른 재료 기호이다. 보기의 기호에 대한 설명 중 옳은 것을 모두 고르면?

```
KS D 3752 SM 45C
```

┤보기├
ㄱ. KS D는 KS 분류 기호 중 금속 부문에 대한 설명이다.
ㄴ. S는 재질을 나타내는 기호로 강을 의미한다.
ㄷ. M은 기계 구조용을 의미한다.
ㄹ. 45C는 재료의 최저 인장 강도가 45 kgf/mm²를 의미한다.

① ㄱ, ㄴ ② ㄱ, ㄹ
③ ㄱ, ㄴ, ㄷ ④ ㄴ, ㄷ, ㄹ

[해설] 45C는 탄소 함유량 중간값의 100배로 C 0.42~0.48%를 의미한다.

2. 그림과 같이 키 홈만의 모양을 도시하는 것으로 충분할 경우 사용하는 투상법의 명칭은 어느 것인가?

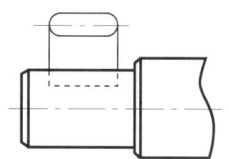

① 국부 투상도 ② 부분 확대도
③ 보조 투상도 ④ 회전 투상도

[해설]
• 부분 확대도 : 특정 부분의 도형이 작아서 그 부분의 상세한 도시나 치수 기입을 할 수 없을 때 사용
• 보조 투상도 : 경사면부가 있는 물체를 정투상도로 그릴 때 그 물체의 실형을 나타낼 수 없을 경우에 사용
• 회전 투상도 : 투상면이 어느 각도를 가지고 있기 때문에 그 실형을 표시하지 못할 때 사용

3. 기계 가공면을 모떼기할 때 그림과 같이 "C5"라고 표시하였다. 어느 부분의 길이가 5인 것을 나타내는가?

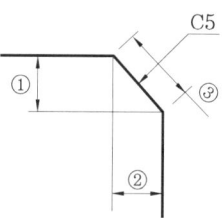

① ③이 5 ② ①과 ②가 모두 5
③ ①+②가 5 ④ ①+②+③이 5

[해설] C는 45° 모따기를 의미하며, C 다음의 수치는 가로, 세로 각각의 치수를 나타낸다.

4. 다음 그림에서 테이퍼(taper)의 값은?

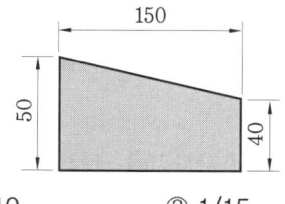

① 1/10 ② 1/15

정답 1. ③ 2. ① 3. ② 4. ②

③ 1/50　　　　④ 1/100

해설 $T = \dfrac{D-d}{l} = \dfrac{50-40}{150} = \dfrac{10}{150} = \dfrac{1}{15}$

5. 보기와 같이 지시된 표면의 결 기호의 해독으로 올바른 것은?

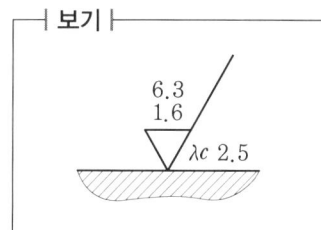

① 제거 가공 여부를 문제 삼지 않는 경우이다.
② 최대 높이 거칠기의 하한값은 6.3μm이다.
③ 기준 길이는 1.6μm이다.
④ 2.5는 컷오프값이다.

해설
- 제거 가공을 필요로 하는 가공면으로 가공 흔적이 거의 없는 중간 또는 정밀 다듬질이다.
- 가공면의 하한값은 1.6μm, 상한값은 6.3μm, 컷오프값은 2.5이다.

6. 도면에 다음과 같은 기하 공차가 도시되어 있을 경우, 이에 대한 설명으로 알맞은 것은 어느 것인가?

//	0.1	A
	0.05/100	

① 경사도 공차를 나타낸다.
② 전체 길이에 대한 허용값은 0.1mm이다.
③ 지정 길이에 대한 허용값은 $\dfrac{0.05}{100}$ mm이다.
④ 위의 기하 공차는 데이텀 A를 기준으로 100mm 이내의 공간을 대상으로 한다.

해설 //는 평행도 공차를 나타내며, 전체 길이에 대한 허용값은 0.1mm이고, 지정 길이 100mm에 대한 허용값은 0.05m이다.

7. 기준 치수가 φ50인 구멍 기준식 끼워맞춤에서 구멍과 축의 공차값이 다음과 같을 때 옳지 않은 것은?

구멍	위 치수 허용차	+0.025
	아래 치수 허용차	+0.000
축	위 치수 허용차	+0.050
	아래 치수 허용차	+0.034

① 최소 틈새는 0.009이다.
② 최대 죔새는 0.050이다.
③ 축의 최소 허용 치수는 50.034이다.
④ 구멍과 축의 조립상태는 억지 끼워맞춤이다.

해설 억지 끼워맞춤
- 최대 죔새 = 축의 최대 허용 치수 − 구멍의 최소 허용 치수
  = 0.050 − 0 = 0.050
- 최소 죔새 = 축의 최소 허용 치수 − 구멍의 최대 허용 치수
  = 0.034 − 0.025 = 0.009

8. 시준기와 망원경을 조합한 것으로 미소 각도를 측정하는 광학적 측정기는?

① 오토콜리메이터　② 콤비네이션 세트
③ 사인 바　　　　　④ 측장기

해설 오토콜리메이터는 정반이나 긴 안내면 등 평면의 진직도, 진각도 및 단면 게이지의 평행도 등을 측정하는 계기이다.

9. 버니어 캘리퍼스의 종류가 아닌 것은?

① B형　　　　　　② M형
③ CB형　　　　　④ CM형

해설 버니어 캘리퍼스의 종류
- M1형 : 슬라이더가 홈형
- M2형 : M1형에 미동 슬라이더 장치 부착
- CB형 : 슬라이더가 상자형
- CM형 : 슬라이더가 홈형

정답 5. ④　6. ②　7. ①　8. ①　9. ①

10. 길이 측정에서 사용하고 있는 게이지 블록과 같이 습동 기구가 없는 구조로 일정한 길이나 각도 등을 면이나 눈금으로 구체화한 측정기는?

① 게이지 ② 도기
③ 지시 측정기 ④ 시준기

[해설] 도기 : 길이 측정에서 사용하고 있는 게이지 블록과 같이 습동 기구가 없는 구조로 일정한 길이나 각도 등을 눈금 또는 면으로 구체화한 측정기로 선도기와 단도기가 있다.

11. 게이지 블록 작업에서 사용 전 다음 사항을 숙지하고 확인해야 하는데 틀린 것은?

① 옵티컬 플랫(optical flat)을 사용하여 측정면의 돌기 유무를 확인한다.
② 돌기가 있는 경우에는 연삭숫돌을 사용하여 제거한다.
③ 먼지나 오염 등은 치수에 영향을 미치므로 세정지로 잘 닦아 준다.
④ 사용 온도에 충분히 적응시키지 않으면 측정 결과에 영향을 미치므로 열평형이 되도록 한다.

[해설] 돌기가 있는 경우에는 세사 스톤 숫돌을 사용하여 제거한다.

12. 다이얼 게이지 기어의 백래시(backlash)로 인해 발생하는 오차는?

① 인접 오차
② 지시 오차
③ 진동 오차
④ 되돌림 오차

[해설] 되돌림 오차(후퇴 오차) : 동일한 측정량에 대해 지침의 측정량이 증가하는 상태에서의 측정값과 감소하는 상태에서의 측정값의 차를 말한다.

13. 그림에서 정반면과 사인 바의 윗면이 이루는 각($\sin\theta$)을 구하는 식은?

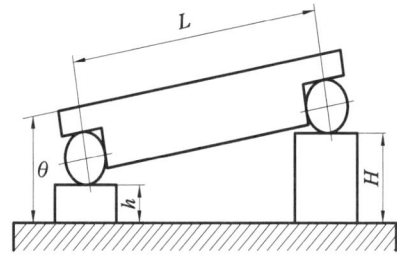

① $\sin\theta = \dfrac{H-h}{L}$ ② $\sin\theta = \dfrac{H+h}{L}$
③ $\sin\theta = \dfrac{L-h}{H}$ ④ $\sin\theta = \dfrac{L-H}{h}$

[해설] H : 높은 쪽 높이, h : 낮은 쪽 높이, L : 사인 바 길이

14. 다음 중 단열 앵귤러 볼 베어링 간략 도시 기호는?

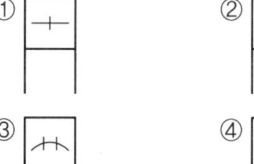

[해설] ① 단열 깊은 홈 볼 베어링
③ 복렬 자동 조심 볼 베어링
④ 자동 조심 니들 롤러 베어링

15. 스프로킷 휠의 도시 방법에 관한 설명으로 틀린 것은?

① 바깥 지름 : 굵은 실선
② 피치원 : 가는 1점 쇄선
③ 이뿌리원 : 가는 2점 쇄선
④ 축 직각 단면으로 도시할 때 이뿌리선 : 굵은 실선

[해설] 이뿌리원은 가는 실선으로 그린다.

정답 10. ② 11. ② 12. ④ 13. ① 14. ② 15. ③

16. 나사 표기가 G1/2로 되어 있을 때 무슨 나사인가?

① 29° 사다리꼴 나사
② 관용 평행 나사
③ 30° 사다리꼴 나사
④ 관용 테이퍼 나사

해설 관용 나사의 종류 및 기호

ISO 표준에 있는 것	관용 테이퍼 나사	테이퍼 수나사	R
		테이퍼 암나사	Rc
		평행 암나사	Rp
	관용 평행 나사		G
ISO 표준에 없는 것	관용 테이퍼 나사	테이퍼 나사	PT
		평행 암나사	PS
	29° 사다리꼴 나사		TW
	30° 사다리꼴 나사		TM
	관용 평행 나사		PF

17. 소재의 두께가 0.5mm인 얇은 박판에 가공된 구멍의 안지름을 측정할 수 없는 측정기는?

① 투영기   ② 공구 현미경
③ 옵티컬 플랫   ④ 3차원 측정기

해설 옵티컬 플랫은 평면도를 측정할 때 사용한다.

18. 기어 제도에 관한 설명으로 틀린 것은?

① 잇봉우리원은 굵은 실선으로, 피치원은 가는 1점 쇄선으로 표시한다.
② 이뿌리원은 가는 실선으로 표시한다. 단, 축에 직각인 방향에서 본 그림을 단면으로 도시할 때는 이뿌리선을 굵은 실선으로 표시한다.
③ 잇줄 방향은 통상 3개의 가는 실선으로 표시한다. 단, 주투영도를 단면으로 도시할 때 외접 헬리컬 기어의 잇줄 방향은 지면에서 앞의 이의 잇줄 방향을 3개의 가는 2점 쇄선으로 표시한다.
④ 맞물리는 기어에서 주투영도를 단면으로 도시할 때는 맞물림부의 한쪽 잇봉우리원을 나타내는 선을 가는 1점 쇄선 또는 굵은 1점 쇄선으로 표시한다.

해설 맞물리는 기어에서 맞물림부는 굵은 실선으로 표시한다.

19. 제3각법으로 정투상한 다음 정면도와 평면도에 대한 우측면도로 적합한 것은?

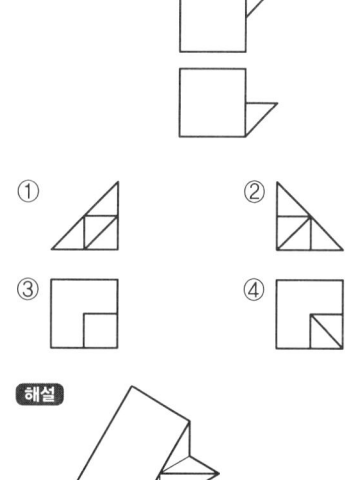

해설

20. 일반적으로 지름(바깥지름)을 측정하는 공구로 가장 거리가 먼 것은?

① 강철자
② 그루브 마이크로미터
③ 버니어 캘리퍼스
④ 지시 마이크로미터

해설 그루브 마이크로미터 : 앤빌과 스핀들에 플랜지를 부착하여 구멍의 홈 폭과 내·외부에 있는 홈의 너비, 깊이 등을 측정할 수 있다.

2과목 CAM 프로그래밍

21. CAD 시스템의 형상 모델링에서 원뿔의 단면 곡선을 음함수 형태로 표시할 경우 타원(ellips)의 방정식을 표현한 함수는?

① $y^2 + 4ax = 0$
② $x^2 + y^2 - r^2 = 0$
③ $\dfrac{x^2}{a^2} - \dfrac{y^2}{b^2} - 1 = 0$
④ $\dfrac{x^2}{a^2} + \dfrac{y^2}{b^2} - 1 = 0$

해설 타원 : $\dfrac{x^2}{a^2} + \dfrac{y^2}{b^2} = 1$

22. CAM으로 3차원 자유 곡면을 가공할 때 가장 많이 사용되는 공구는?

① 볼(ball) 엔드밀
② 필릿(fillet) 엔드밀
③ 더브테일 커터
④ 플랫(flat) 엔드밀

해설 볼 엔드밀은 끝부분이 동그랗게 되어 있어서 곡면 가공(3D)에 많이 사용된다.

23. CSG 모델링 방식에서 불 연산(boolean operation)이 아닌 것은?

① union(합)
② subtract(차)
③ intersect(적)
④ project(투영)

해설 불 연산에 사용하는 기호

논리합 A or B	논리곱 A and B	부정 not A
A+B A∪B A∨B	A·B AB A∩B A∧B A&B	A´ ~A

24. 속도가 빠른 중앙처리장치(CPU)와 이에 비해 상대적으로 속도가 느린 주기억장치 사이에서 원활한 정보 교환을 위해 주기억 장치의 정보를 일시적으로 저장하는 기능을 가진 것은?

① cache memory
② coprocessor
③ BIOS(Basic Input Output System)
④ channel

해설 cache memory는 CPU가 데이터를 빨리 처리할 수 있도록 자주 사용되는 명령이나 데이터를 일시적으로 저장하는 고속기억장치로, 버퍼 메모리, 로컬 메모리라고도 한다.

25. CAD에서 사용되는 모델링 방식에 대한 설명 중 잘못된 것은?

① wire frame model : 음영 처리하기에 용이하다.
② surface model : NC 데이터를 생성할 수 있다.
③ solid model : 정의된 형상의 질량을 구할 수 있다.
④ surface model : tool path를 구할 수 있다.

해설 wire frame model은 음영 처리, 숨은선 제거, 단면도 작성 등이 불가능하다.

26. 다음과 같은 3차원 모델링 중 은선 처리가 가능하고 면의 구분이 가능하여 일반적인 NC 가공에 가장 적합한 모델링은?

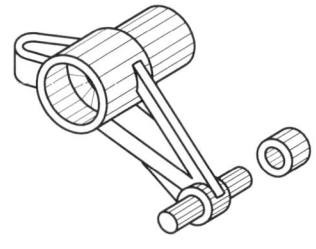

① 이미지 모델링
② 솔리드 모델링

정답 21. ④ 22. ① 23. ④ 24. ① 25. ① 26. ③

③ 서피스 모델링
④ 와이어 프레임 모델링

해설 서피스 모델링 : 와이어 프레임의 모서리 선으로 둘러싸인 면을 곡면의 방정식으로 표현한 것으로, 모서리 대신 면을 사용한다.

27. 행렬 $A = \begin{bmatrix} 1 & 2 \\ 0 & 1 \\ 1 & 1 \end{bmatrix}$ 와 $B = \begin{bmatrix} 0 & 1 & 2 \\ 1 & 0 & 3 \end{bmatrix}$ 의 곱 AB는?

① $\begin{bmatrix} 1 & 1 \\ 0 & 0 \\ 1 & 2 \end{bmatrix}$ ② $\begin{bmatrix} 1 & 2 & 0 \\ 3 & 1 & 1 \end{bmatrix}$

③ $\begin{bmatrix} 2 & 3 \\ 3 & 5 \end{bmatrix}$ ④ $\begin{bmatrix} 2 & 1 & 8 \\ 1 & 0 & 3 \\ 1 & 1 & 5 \end{bmatrix}$

해설 3×2 행렬과 2×3 행렬을 곱하면 3×3 행렬이 되므로 해당하는 것은 ④이다.

28. 구면 좌표계(ρ, θ, ϕ)를 직교 좌표계(x, y, z)로 변경할 때 x의 값으로 옳은 것은?
① $x = \rho\sin\theta\cos\phi$ ② $x = \rho\sin\theta$
③ $x = \rho\sin\theta\cos\theta$ ④ $x = \rho\cos\theta$

해설 $x = \rho\sin\theta\cos\phi$, $y = \rho\sin\theta\sin\phi$, $z = \rho\cos\theta$

29. CAD 시스템에서 이용되는 2차 곡선 방정식에 대한 설명을 나타낸 것이다. 다음 중 거리가 먼 것은?
① 매개변수식으로 표현하는 것이 가능하기도 하다.
② 곡선식에 대한 계산 시간이 3차식, 4차식보다 적게 걸린다.
③ 연결된 여러 개의 곡선 사이에서 곡률의 연속이 보장된다.
④ 여러 개의 곡선을 하나의 곡선으로 연결하는 것이 가능하다.

해설 2차 곡선 방정식은 연결된 여러 개의 곡선 사이에서 곡률의 연속이 보장되지 않는다.

30. CAD-CAM 시스템에서 컵 또는 병 등의 형상을 만들 경우 회전 곡면(revolution surface)을 이용한다. 회전 곡면을 만들 때 반드시 필요한 자료로 거리가 먼 것은?
① 회전 각도   ② 중심축
③ 단면 곡선   ④ 옵셋(offset)량

해설 모델링한 물체를 회전할 경우 선을 일정한 양만큼 떨어뜨리는 옵셋(offset) 명령은 사용하지 않는다.

31. DXF(data exchange file) 파일의 섹션 구성에 해당되지 않는 것은?
① header section
② library section
③ tables section
④ entities section

해설 DXF는 ASCⅡ 문자로 구성되어 있으므로 text editor에 의해 편집이 가능하며, header section, tables section, blocks section 및 entities section으로 구성되어 있다.

32. CNC 기계의 움직임을 전기적인 신호로 표시하는 일종의 회전 피드백(feed back) 장치는?
① 볼 스크루   ② 리졸버
③ 서보 기구   ④ 컨트롤러

해설 • 볼 스크루 : 서보 모터에 연결되어서 서보 모터의 회전 운동을 직선 운동으로 바꾸는 장치

정답 27. ④ 28. ① 29. ③ 30. ④ 31. ② 32. ②

- 서보 기구 : 펄스화된 정보가 서보 기구에 전달되어 정밀도와 관계가 깊은 X, Y, Z 등의 각 축을 제어한다.
- 컨트롤러 : 천공 테이프에 기록된 언어, 즉 정보를 받아서 펄스화시키는 장치

33. 가상현실 기술을 이용하여 실제의 모형 대신 컴퓨터로 모형을 제작하는 것은?
① rapid prototyping
② rapid tooling
③ virtual prototyping
④ virtual reality

해설 가상현실(virtual reality, VR)은 컴퓨터 시스템 등을 사용해 인공적인 기술로 만들어 낸, 실제와 유사하지만 실제가 아닌 어떤 특정한 환경이나 상황 또는 그 기술 자체를 의미한다.

34. CAD 시스템에서 원추 곡선이 아닌 것은?
① 타원   ② 쌍곡선
③ 포물선 ④ 스플라인 곡선

해설 스플라인 곡선(spline curve)은 주어진 복수의 제어점을 통과하는 부드러운 곡선이다.

35. 아래 그림에 나타난 작업에 해당하는 절삭 공정은?

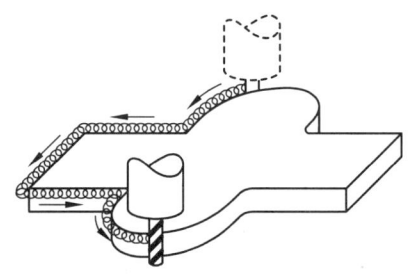

① 2차원 윤곽 제어(2D contouring)

② 3차원 곡면 제어(3D sculpturing)
③ 4차원 동작 제어(4D motion control)
④ 2차원 위치 제어(point-to-point control)

해설 NC 시스템을 동작 제어 측면에서 보면 3가지로 구분할 수 있는데, 2차원 윤곽 제어, 2차원 위치 제어, 3차원 곡면 제어가 있다.

36. 밀링 작업 중 face-milling 가공에서 절삭 속도가 60 m/min, 공구의 직경이 100 mm 일 때 공구의 회전수는 약 얼마인가?
① 171 rpm   ② 191 rpm
③ 211 rpm   ④ 231 rpm

해설 $N = \dfrac{1000V}{\pi D} = \dfrac{1000 \times 60}{\pi \times 100} \fallingdotseq 191\,\text{rpm}$

37. 면 위의 점에서 법선 벡터를 N, 면 위의 점으로부터 관찰자 눈으로 향하는 벡터를 M이라고 할 때, 관찰자의 눈에 보이지 않는 면에 대한 표현으로 알맞은 것은?

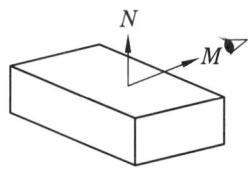

① $M \cdot N > 0$ ② $M \cdot N < 0$
③ $M \cdot N = 0$ ④ $M = N$

해설 $M \cdot N$은 0보다 작아야 한다.

38. 포스트 프로세서의 작업 내용은?
① 도면 작성 시 프로그램으로 도형을 정의하는 작업
② 3차원 프로그램 작업
③ 프로그램으로 표준화하는 작업
④ CNC 공작 기계에 맞추어 NC 데이터를 생성하는 작업

해설 포스트 프로세서 : NC 가공 데이터를 읽고 특정 CNC 공작 기계의 제어기에 맞도록 구성하여 NC 데이터로 생성하는 것을 말한다.

39. 볼 엔드밀로 곡면을 가공할 때 가공 경로 사이에 남는 공구의 흔적은?
① undercut ② overcut
③ chatter ④ cusp

해설
- 언더컷(undercut) : 기어에서 이의 간섭에 의해 이뿌리 부분을 깎아내어 이뿌리가 가느다란 이가 되는 현상이다.
- 채터링(chattering) : 공구의 떨림 현상이다.
- 커습(cusp) : 곡면을 가공할 때 볼 엔드밀이 지나가고 남은 흔적으로, 골 사이의 간격(피치)에 따라 높이가 달라진다.

40. rapid prototyping 방식 가운데 종이 형태의 재료를 레이저로 잘라 적층시킨 후 불필요한 부분을 제거하여 시작품을 만드는 방식은?
① Stereo Lithography(SL)
② Solid Ground Cursing(SCG)
③ Selective Laser Sintering(SLS)
④ Laminated Object Manufacturing(LOM)

해설 LOM 방식은 접착제가 칠해져 있는 종이를 원하는 단면으로 절단하여 한 층씩 적층하여 성형한다.

3과목 컴퓨터 수치 제어(CNC) 절삭 가공

41. 다음 그림과 같은 공작물을 가공할 때 복식 공구대의 회전각은 얼마인가?

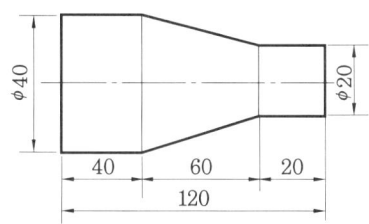

① 약 9° 28′ ② 약 10° 28′
③ 약 11° 28′ ④ 약 4° 46′

해설 $\tan\theta = \dfrac{D-d}{2L} = \dfrac{40-20}{2\times 60} = \dfrac{20}{120} = \dfrac{1}{6}$

$\theta = \tan^{-1}\dfrac{1}{6} = 9.4623°$

$= 9° + 0.4623° = 9° + 0.4623° \times 60′$

$= 9° + 28′ ≒ 9°28′$

42. 밀링 머신에서 주축의 회전 운동을 직선 왕복 운동으로 변화시키고 바이트를 사용하는 부속 장치는?
① 수직 밀링 장치 ② 슬로팅 장치
③ 랙 절삭 장치 ④ 회전 테이블 장치

해설 슬로팅 장치는 수평 밀링 머신이나 만능 밀링 머신의 주축 회전 운동을 직선 운동으로 변환하여 슬로터 작업을 하는 것이다.

43. 밀링 작업의 단식 분할법에서 원주를 15등분하려고 한다. 이때 분할대 크랭크의 회전수를 구하고, 15구멍열 분할판을 몇 구멍씩 보내면 되는가?
① 1회전에 10구멍씩
② 2회전에 10구멍씩
③ 3회전에 10구멍씩
④ 4회전에 10구멍씩

해설 $n = \dfrac{40}{N} = \dfrac{40}{15} = 2\dfrac{10}{15}$

∴ 분할판 15구멍열에서 2회전에 10구멍씩 이동한다.

정답 39. ④ 40. ④ 41. ① 42. ② 43. ②

44. 구멍 가공을 하기 위해 가공물을 고정시키고 드릴이 가공 위치로 이동할 수 있도록 제작된 드릴링 머신은?

① 다두 드릴링 머신
② 다축 드릴링 머신
③ 탁상 드릴링 머신
④ 레이디얼 드릴링 머신

해설 레이디얼 드릴링 머신은 비교적 큰 공작물의 구멍을 뚫을 때 사용하고, 다두 드릴링 머신은 각각의 스핀들에 여러 종류의 공구를 고정하여 드릴 가공, 리머 가공, 탭 가공 등을 순서에 따라 연속적으로 작업할 수 있다.

45. 브로칭 머신을 이용한 가공 방법으로 틀린 것은?

① 키 홈   ② 평면 가공
③ 다각형 구멍   ④ 스플라인 홈

해설 가늘고 긴 일정한 단면 모양을 가진 공구에 많은 날을 가진 브로치라는 절삭 공구를 사용하여 가공물의 내면에 키 홈, 스플라인 홈, 다각형 구멍 등을 가공한다.

46. 인벌류트 치형을 정확히 가공할 수 있는 기어 절삭법은?

① 총형 커터에 의한 절삭법
② 창성에 의한 절삭법
③ 형판에 의한 절삭법
④ 압출에 의한 절삭법

해설 창성법은 인벌류트 곡선을 그리는 성질을 응용하여 기어를 깎는 방법이다.

47. 주축대의 위치를 정밀하게 하기 위해 나사식 측정 장치, 다이얼 게이지, 광학적 측정 장치를 갖추고 있는 보링 머신은?

① 수직 보링 머신   ② 보통 보링 머신
③ 지그 보링 머신   ④ 코어 보링 머신

해설 지그 보링 머신 : 구멍을 좌표위치에 2~10μm의 정밀도로 구멍을 뚫는 보링 머신으로 나사식 보정 장치, 현미경을 이용한 광학적 장치 등이 있다.

48. 0.02~0.3mm 정도의 금속선 전극을 이용하여 공작물을 잘라내는 가공 방법은 어느 것인가?

① 레이저 가공
② 워터젯 가공
③ 전자 빔 가공
④ 와이어 컷 방전 가공

해설 와이어 컷 방전 가공은 가는 와이어를 전극으로 이용하여 이 와이어가 늘어짐이 없는 상태로 감아가면서 와이어와 공작물 사이에 방전시켜 가공하는 방법이다.

49. 회전하는 통 속에 가공물과 숫돌 입자, 가공액, 콤파운드 등을 함께 넣어 가공물이 입자와 충돌하는 동안 표면의 요철(凹凸)을 제거하여 매끈한 가공면을 얻는 가공법은?

① 쇼트 피닝   ② 롤러 가공
③ 배럴 가공   ④ 슈퍼 피니싱

해설
- 쇼트 피닝 : 쇼트 볼을 가공면에 고속으로 강하게 두드려 표면층의 경도와 강도 증가로 피로 한계를 높여 기계적 성질을 향상시킨다.
- 롤러 가공 : 회전하는 롤 사이에 금속 재료를 통과시켜 단면적, 두께를 감소시킨다.
- 슈퍼 피니싱 : 입자가 작은 숫돌로 일감을 가볍게 누르면서 축 방향으로 진동을 준다.

50. 드릴의 지름 6mm, 회전수 400rpm일 때, 절삭 속도는?

정답 44. ④ 45. ② 46. ② 47. ③ 48. ④ 49. ③ 50. ④

① 6.0 m/min   ② 6.5 m/min
③ 7.0 m/min   ④ 7.5 m/min

해설 $V = \dfrac{\pi DN}{1000} = \dfrac{3.14 \times 6 \times 400}{1000}$
$= 7.536 \, \text{m/min}$

51. 기계의 일상 점검 중 매일 점검에 가장 가까운 것은?

① 소음 상태 점검
② 기계의 레벨 점검
③ 기계의 정적 정밀도 점검
④ 절연 상태 점검

해설 기계를 ON 했을 때 평소의 기계 소리와 다른 이상음이 발생하면 기어 등 기계 부위를 점검한다.

52. 다음 중 CNC 선반 작업의 안전에 대한 설명으로 틀린 것은?

① CNC 선반 공작물은 무게중심을 맞춰야 안전하다.
② CNC 선반에서 나사 가공 시 feed override를 100%로 해야 한다.
③ 바이트 자루는 가능한 굵고 짧은 것을 사용한다.
④ 드릴은 chip 배출이 어려우므로 가능한 절삭 속도를 크게 해야 한다.

해설 드릴 가공 시 chip 배출을 위해 절삭 속도를 천천히 한다.

53. 기계 가공을 할 때 안전 사항으로 가장 적합하지 않은 것은?

① 공구는 항상 일정한 장소에 비치한다.
② 기계 가공 중에는 장갑을 착용하지 않는다.
③ 공구의 보관을 위한 작업복의 주머니는 많을수록 좋다.
④ 비산되는 칩에 의해 화상을 입을 수 있으므로 작업복을 착용한다.

해설 공구를 작업복 주머니에 보관하다가 넘어지면 상해를 입을 수 있다.

54. 다음 중 원주에 많은 절삭날(인선)을 가진 공구를 회전 운동시키면서 가공물에는 직선 이송 운동을 시켜 평면을 깎는 작업은?

① 선삭   ② 태핑
③ 드릴링   ④ 밀링

해설 기계의 상대 운동

기계	공구	공작물 또는 테이블
선반	직선 운동	회전 운동
셰이퍼	직선 운동	직선 운동
밀링	회전 운동 이송 운동	직선 운동

55. 이미 뚫어져 있는 구멍을 좀 더 크게 확대하거나, 정밀도가 높은 제품으로 가공하는 기계는?

① 보링 머신   ② 플레이너
③ 브로칭 머신   ④ 호빙 머신

해설
• 브로칭 머신 : 구멍 내면에 키 홈을 깎는 기계
• 호빙 머신 : 절삭 공구인 호브(hob)와 소재를 상대 운동시켜 창성법으로 기어를 절삭

56. 편심량이 6mm일 때 편심축 절삭을 하려면 다이얼 게이지의 눈금 이동량은 몇 mm로 맞추어 가공해야 하는가?

① 3mm   ② 6mm
③ 12mm   ④ 18mm

정답 51. ①   52. ④   53. ③   54. ④   55. ①   56. ③

해설 편심축을 1회전시키면 다이얼 게이지의 변위량(지시량)은 편심량의 2배가 된다. 즉, 편심량이 6mm이면 변위량은 12mm이다.

57. 절삭 온도와 절삭 조건에 관한 내용으로 틀린 것은?

① 절삭 속도를 증대하면 절삭 온도는 상승한다.
② 칩의 두께를 크게 하면 절삭 온도가 상승한다.
③ 절삭 온도는 열팽창 때문에 공작물 가공 치수에 영향을 준다.
④ 열전도율 및 비열값이 작은 재료가 일반적으로 절삭이 용이하다.

해설 공작물과 공구의 마찰열이 증가하면 공구의 수명이 감소되므로 공구 재료는 내열성이나 열전도도가 좋아야 한다. 또한 절삭 온도 상승에 의한 열팽창으로 가공 치수가 달라지는 나쁜 영향을 받게 된다.

58. 보통 선반에서 사용하는 센터(center)에 관한 설명으로 틀린 것은?

① 공작물을 지지하는 부속장치로 탄소강, 고속도강, 특수 공구강으로 제작 후 열처리하여 사용한다.
② 주축에 삽입하여 사용하는 회전 센터와 심압대 축에 삽입하여 사용하는 정지 센터가 있다.
③ 주축이나 심압축 구멍, 센터 자루 부분은 쟈르노 테이퍼로 되어 있다.
④ 선단의 각도는 주로 60°이나 대형 공작물에는 75°나 90°가 사용된다.

해설 센터의 자루 부분은 모스 테이퍼로 되어 있으며, 모스 테이퍼는 0~7번까지 있다.

59. 다음 중 연동 척에 대한 설명으로 틀린 것은?

① 스크롤 척이라고도 한다.
② 3개의 조가 동시에 움직인다.
③ 고정력이 단동 척보다 강하다.
④ 원형이나 정삼각형 일감을 고정하기 편리하다.

해설 (1) 단동 척(independent chuck)
• 강력 조임에 사용하며, 조가 4개 있어 4번 척이라고도 한다.
• 원, 사각, 팔각 조임 시에 용이하다.
• 조가 각자 움직이며, 중심 잡는 데 시간이 걸린다.
• 편심 가공 시 편리하다.
• 가장 많이 사용한다.
(2) 연동 척(universal chuck : 만능 척)
• 조가 3개이며, 3번 척 또는 스크롤 척이라 한다.
• 조 3개가 동시에 움직인다.
• 조임이 약하다.
• 원, 3각, 6각봉 가공에 사용한다.
• 중심을 잡기 편리하다.

60. 다음 그림에서 테이퍼(taper) 값이 $\frac{1}{8}$일 때 A부분의 지름 값은 얼마인가?

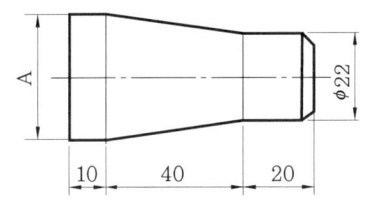

① 25 ② 27
③ 30 ④ 32

해설 $\frac{D-d}{l} = \frac{1}{S}$, $\frac{D-22}{40} = \frac{1}{8}$

$D = \frac{1}{8} \times 40 + 22 = 27$

정답 57. ④ 58. ③ 59. ③ 60. ②

제4회 CBT 대비 실전문제

1과목 도면 해독 및 측정

1. 다음 그림의 도면 양식에 관한 설명 중 틀린 것은?

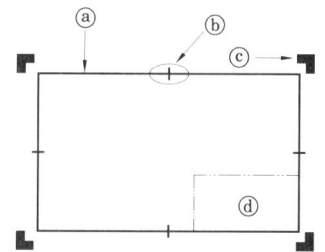

① ⓐ는 0.5mm 이상의 굵은 실선으로 긋고 도면의 윤곽을 나타내는 선이다.
② ⓑ는 0.5mm 이상의 굵은 실선으로 긋고 마이크로필름으로 촬영할 때 편의를 위하여 사용한다.
③ ⓒ는 도면에서 상세, 추가, 수정 등의 위치를 알기 쉽도록 용지를 여러 구역으로 나누는 데 사용된다.
④ ⓓ는 표제란으로 척도, 투상법, 도번, 도명, 설계자 등 도면에 관한 정보를 표시한다.

해설 ⓐ는 윤곽선, ⓑ는 중심 마크, ⓒ는 재단 마크, ⓓ는 표제란이다.

2. 한계 게이지에 속하지 않는 것은?
① 플러그 게이지 ② 테보 게이지
③ 스냅 게이지   ④ 하이트 게이지

해설 한계 게이지의 종류에는 스냅 게이지, 플러그 게이지, 봉 게이지, 링 게이지, 테보 게이지 등이 있다.

3. 다음 중 그림과 같은 단면도의 명칭으로 올바른 것은?

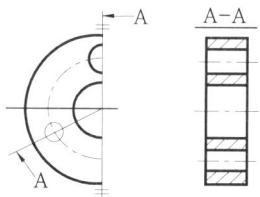

① 온 단면도
② 회전 도시 단면도
③ 한쪽 단면도
④ 조합에 의한 단면도

해설
• 온 단면도 : 물체를 기본 중심선에서 전부 절단해서 도시한 것
• 한쪽 단면도 : 기본 중심선에 대칭인 물체의 1/4만 잘라내어 절반은 단면도로 다른 절반은 외형도로 나타내는 단면법

4. 보기 도면과 같이 표시된 치수의 해독으로 가장 적합한 것은?

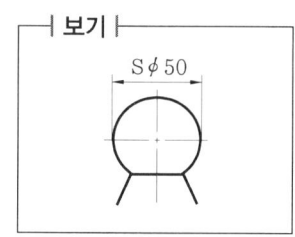

① 호의 지름이 50mm
② 구의 지름이 50mm
③ 호의 반지름이 50mm
④ 구의 반지름이 50mm

해설 ϕ는 지름을 나타내고 Sϕ는 구의 지름을 나타낸다.

정답 1.③ 2.④ 3.④ 4.②

5. 다음 중 센터 구멍의 간략 도시 기호로서 옳지 않은 것은?

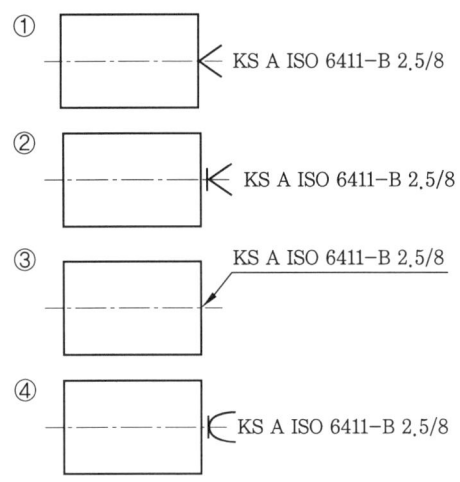

해설 센터 구멍 표시 방법에서 ①은 반드시 남겨 두어야 하며, ②는 남겨 있어서는 안 되는 것을 의미한다.

6. 가공 방법의 표시 기호에서 "SPBR"은 무슨 가공인가?
① 기어 셰이빙
② 액체 호닝
③ 배럴 연마
④ 쇼트 블라스팅

해설 가공 방법의 표시 기호

가공 방법	약호
기어 셰이빙	TCSV
액체 호닝 가공	SPLH
배럴 연마 가공	SPBR
쇼트 블라스팅	SBSH

7. 최대 실체 공차 방식을 적용할 때 공차붙이 형체와 그 데이텀 형체 두 곳에 함께 적용하는 경우로 바르게 표현한 것은?

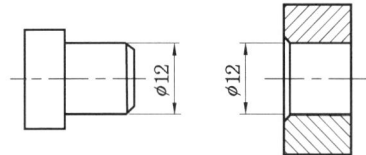

해설 최대 실체 공차 방식(MMS) : 형체의 부피가 최소일 때를 고려하여 형상 공차 또는 위치 공차를 적용하는 방법이다. 적용하는 형체의 공차나 데이텀의 문자 뒤에 Ⓜ을 붙인다.

8. 축과 구멍의 끼워맞춤을 나타낸 도면이다. 중간 끼워맞춤에 해당하는 것은?

① 축 : ø12k6, 구멍 : ø12H7
② 축 : ø12h6, 구멍 : ø12G7
③ 축 : ø12e8, 구멍 : ø12H8
④ 축 : ø12h5, 구멍 : ø12N6

해설 구멍 기준식 끼워맞춤

기준 구멍	헐거운 끼워맞춤			중간 끼워맞춤			억지 끼워맞춤		
H7	f6	g6	h6	js6	k6	m6	n6	p6	r6
	f7		h7	js7					

9. 지름이 다른 여러 종류의 환봉에 중심을 긋고자 한다. 다음 중 가장 적합한 공구는?
① 하이트 게이지
② 직각자
③ 조절 각도기
④ 콤비네이션 세트

해설
• 하이트 게이지 : 높이 측정이나 금긋기
• 조절 각도기 : 각도 측정
• 콤비네이션 세트 : 원형의 센터를 표시할 때 사용

정답 5.④ 6.③ 7.④ 8.① 9.④

10. 길이 측정의 경우 측정 오차를 피할 수 있는 사용 방법은?

① 치환법　　② 보상법
③ 영위법　　④ 편위법

해설 치환법은 지시량의 크기를 미리 얻고, 동일한 측정기로부터 그 크기와 동일한 기준량을 얻어서 측정하거나, 기준량과 측정량을 측정한 결과로 측정값을 알아내는 방법이다.

11. 20℃에서 20mm인 게이지 블록이 손과 접촉 후 온도가 36℃가 되었을 때 게이지 블록에 생긴 오차는 몇 mm인가? (단, 선팽창계수는 1.0×10^{-6}/℃이다.)

① 3.2×10^{-4}
② 3.2×10^{-3}
③ 6.4×10^{-4}
④ 6.4×10^{-3}

해설 $\delta l = l \cdot \alpha \cdot \delta t$
$= 20 \times (1.0 \times 10^{-6}) \times (36-20)$
$= 20 \times 10^{-6} \times 16$
$= 320 \times 10^{-6}$
$= 3.2 \times 10^{-4}$ mm

12. 다음 중 주로 각도 측정에 사용되는 측정기는 어느 것인가?

① 측장기　　② 사인 바
③ 직선자　　④ 지침 측미기

해설 사인 바는 블록 게이지 등을 병용하여 삼각 함수의 사인(sine)을 이용하여 각도를 측정하고 설정하는 측정기이며, 45° 이상이면 오차가 커지므로 45° 이하의 각도 측정에 사용해야 한다.

13. 베어링 호칭 번호 NA 4916 V의 설명 중 틀린 것은?

① NA 49는 니들 롤러 베어링, 치수 계열 49
② V는 리테이너 기호로서 리테이너가 없음
③ 베어링 안지름은 80mm
④ A는 실드 기호

해설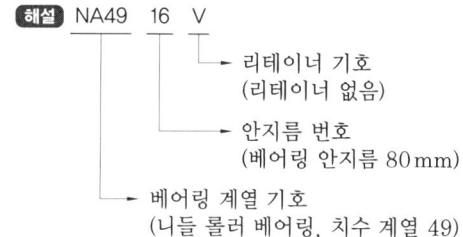

14. 모듈이 2인 한 쌍의 외접하는 표준 스퍼 기어 잇수가 각각 20과 40으로 맞물려 회전할 때 두 축 간의 중심 거리는 척도 1:1 도면에는 몇 mm로 그려야 하는가?

① 40mm　　② 60mm
③ 80mm　　④ 100mm

해설 $C = \dfrac{(20+40) \times 2}{2} = 60$ mm

15. 나사 제도에 관한 설명으로 틀린 것은?

① 측면에서 본 그림 및 단면도에서 나사산의 봉우리는 굵은 실선으로 골 밑은 가는 실선으로 그린다.
② 나사의 끝면에서 본 그림에서 나사의 골 밑은 가는 실선으로 그린 원주의 3/4에 가까운 원의 일부로 나타낸다.
③ 숨겨진 나사를 표시할때는 나사산의 봉우리는 굵은 파선, 골 밑은 가는 파선으로 그린다.
④ 나사부의 길이 경계는 보이는 굵은 실선으로 나타낸다.

해설 숨겨진 나사부의 산봉우리와 골을 나타내는 선은 같은 굵기의 가는 파선으로 그린다.

정답 10. ①　11. ①　12. ②　13. ④　14. ②　15. ③

16. 다음과 같이 투상된 정면도와 우측면도에 가장 적합한 평면도는?

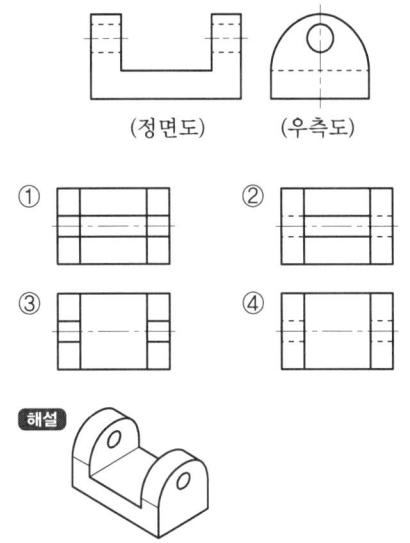

17. 축 중심의 센터 구멍 표현법으로 옳지 않은 것은?

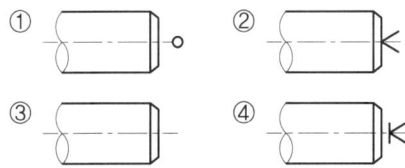

[해설] ② 센터 구멍을 남겨둘 것
③ 센터 구멍의 유무에 상관없이 가공할 것
④ 센터 구멍이 남아 있지 않도록 가공할 것

18. ⌀100e7인 축에서 치수 공차 0.035, 위 치수 허용차 −0.072라면 최소 허용 치수는?

① 99.893   ② 99.928
③ 99.965   ④ 100.035

[해설] 아래 치수 허용차
=위 치수 허용차−치수 공차
=−0.072−0.035=−0.107
∴ 최소 허용 치수
=기준 치수+아래 치수 허용차
=100−0.107
=99.893

19. KS 나사가 다음과 같이 표기될 때 이에 대한 설명으로 옳은 것은?

"왼 2줄 M50×2−6H"

① 나사산의 감긴 방향은 왼쪽이고, 2줄 나사이다.
② 미터 보통 나사로 피치가 6mm이다.
③ 수나사이고, 공차 등급은 6급, 공차 위치는 H이다.
④ 이 기호만으로는 암나사인지 수나사인지 알 수 없다.

[해설] • M50×2 : 미터 가는 나사, 피치 2mm
• 6H : 암나사 6급

20. 다음 중 리벳 이음의 특징에 대한 설명으로 옳은 것은?

① 용접 이음에 비해 응력에 의한 잔류 변형이 많이 생긴다.
② 리벳 길이 방향으로의 인장 하중을 지지하는 데 유리하다.
③ 경합금에서 용접 이음보다 신뢰성이 높다.
④ 철골 구조물, 항공기 동체 등에는 적용하기 어렵다.

[해설] 리벳 이음의 특징
• 잔류 변형이 생기지 않으므로 취약 파괴가 일어나지 않는다.
• 구조물 등에서 현지 조립할 때는 용접 이음보다 쉽다.
• 경합금과 같이 용접이 곤란한 재료에는 용접 이음보다 신뢰성이 높다.
• 강판의 두께에 한계가 있으며 이음 효율이 낮다.

[정답] 16. ④ 17. ① 18. ① 19. ① 20. ③

2과목 CAM 프로그래밍

21. 화면에 나타난 데이터를 확대하여 데이터의 일부분만을 스크린에 나타낼 때 viewport를 벗어나는 일정한 영역을 잘라 버리는 것은?

① 매핑(mapping) ② 패닝(panning)
③ 클리핑(clipping) ④ 윈도잉(windowing)

해설 클리핑(clipping)은 화면의 일부만 지정하여 표시하거나 그 부분만 오려 내어 남기고 다른 부분을 없애는 조작이다.

22. 렌더링 기법 중 광선 투사법(ray tracing)에 관한 내용으로 틀린 설명은?

① 광선이 광원으로부터 나와 물체에 반사되어 뷰잉 평면에 투사될 때까지의 궤적을 거꾸로 추적한다.
② 뷰잉 화면상의 화소(pixel)의 개수에 제한을 받지 않고 빛의 강도와 색깔을 결정할 수 있다.
③ 뷰잉 화면상에서 거꾸로 추적한 광선이 광원까지 도달하였다면 광원과 화소 사이에는 반사체가 존재한다고 해석한다.
④ 뷰잉 화면상에서 거꾸로 추적한 광선이 광원까지 도달하지 않는다면 그 반사면에서의 색깔을 화소에 부여한다.

해설 광선 투사법(ray tracing)은 컴퓨터 그래픽스와 계산기하학의 다양한 문제를 해결하기 위해 광선과 표면의 교차 검사를 사용하는 기법을 말한다.

23. 컴퓨터에서 최소의 입출력 단위로, 물리적으로 읽기를 할 수 있는 레코드에 해당하는 것은?

① block ② field
③ word ④ bit

해설
- block : 최소의 입출력 단위이며, 레코드들의 집합이다.
- field : 파일을 구성하는 기억 영역의 최소 단위이다.
- word : 몇 개의 바이트가 모인 데이터의 단위이다.
- bit : 정보량의 최소 기본 단위로 1비트는 이진수 체계(0, 1)의 한 자리를 뜻하며, 8비트는 1바이트이다.

24. 다음 중 CSG 방식 모델링에서 기초 형상(primitive)에 대한 가장 기본적인 조합 방식에 속하지 않는 것은?

① 합집합
② 차집합
③ 교집합
④ 여집합

해설
- CSG는 도형의 단위 요소를 조합하여 물체를 표현하는 방식으로 크게 합집합, 차집합, 교집합의 3가지로 이루어진다.
- 도형을 불러와 내부까지 연산을 처리하므로 물체의 내부 정보(중량, 체적, 무게중심 등)를 구하기에 좋다.

25. CAD 시스템을 활용하는 방식에 따라 크게 3가지로 구분한다고 할 때, 이에 해당하지 않는 것은?

① 연결형 시스템(connected system)
② 독립형 시스템(stand alone system)
③ 중앙 통제형 시스템(host basedsystem)
④ 분산 처리형 시스템(distributed based system)

해설 CAD 시스템을 활용하는 방식은 중앙 통제형, 분산 처리형, 독립형으로 구분한다.

정답 21. ③ 22. ② 23. ① 24. ④ 25. ①

26. B-Spline 곡선이 Bezier 곡선에 비해 갖는 특징을 설명한 것으로 옳은 것은?

① 곡선을 국소적으로 변형할 수 있다.
② 한 조정점을 이동하면 모든 곡선의 형상에 영향을 준다.
③ 자유 곡선을 표현할 수 있다.
④ 곡선은 반드시 첫 번째 조정점과 마지막 조정점을 통과한다.

해설 B-Spline 곡선 : 곡선식의 차수가 조정점의 개수와 관계없이 연속성에 따라 결정되며, 국부적으로 변형 가능하다.

27. 다음 중 CAD 시스템에서 점을 정의하기 위해 r, θ, h로 표시하는 좌표계는?

① 직교 좌표계　　② 원통 좌표계
③ 구면 좌표계　　④ 동차 좌표계

해설 원통 좌표계는 r, θ, h로 표시하고 구면 좌표계는 ρ, ϕ, θ로 표시한다.

28. 2차원 평면상에서 물체를 θ만큼 반시계 방향으로 회전 변환하려고 한다. 이 경우 다음 2차원 변환 행렬의 요소 중 c의 값은?

$$[x'\ y'\ 1] = [x\ y\ 1]\begin{bmatrix} a & b & 0 \\ c & d & 0 \\ e & f & 1 \end{bmatrix}$$

① $\cos\theta$　　② $\sin\theta$
③ $-\sin\theta$　　④ $-\cos\theta$

해설 θ만큼 반시계 방향으로 회전 변환하면

$$[x'\ y'\ 1] = [x\ y\ 1]\begin{bmatrix} \cos\theta & \sin\theta & 0 \\ -\sin\theta & \cos\theta & 0 \\ 0 & 0 & 1 \end{bmatrix}$$

29. 서피스 모델을 임의의 평면으로 절단했을 때 어떤 도형으로 나타나는가?

① 점(point)　　② 선(line)
③ 면(face)　　④ 평면(surface)

해설 서피스 모델은 와이어 프레임 모델의 선으로 둘러싸인 면을 정의한 것이다.

30. 다음 설명에 해당하는 3차원 모델링은?

- 데이터의 구성이 간단하다.
- 처리 속도가 빠르다.
- 단면도의 작성이 불가능하다.
- 은선 제거가 불가능하다.

① 서피스 모델링
② 솔리드 모델링
③ 시스템 모델링
④ 와이어 프레임 모델링

해설 와이어 프레임 모델링의 장점(보기 외)
- 모델 작성을 쉽게 할 수 있다.
- 3면 투시도 작성이 용이하다.

31. CAD 데이터의 교환 표준 중 하나로 국제 표준화기구(ISO)가 국제 표준으로 지정하고 있으며, CAD의 형상 데이터뿐만 아니라 NC 데이터나 부품표, 재료 등도 표준 대상이 되는 규격은?

① IGES　　② DXF
③ STEP　　④ GKS

해설 STEP : 제품의 모델과 이와 관련된 데이터 교환에 관한 국제 표준(ISO 10303)

32. NC 공구 경로 시뮬레이션 및 검증 방법 가운데 공작물을 사각기둥의 집합으로 표현하고 공구가 사각기둥을 깎아 나갈 때 그 높이를 갱신하여 가공되는 공작물의 디스플레이를 효과적으로 할 수 있도록 한 방법은 어느 것인가?

정답 26. ①　27. ②　28. ③　29. ②　30. ④　31. ③　32. ①

① 3D histogram
② point-vector
③ voxel
④ Constructive Solid Geometry(CSG)

해설 히스토그램(histogram)은 표로 되어 있는 도수 분포를 그림으로 나타낸 것으로 공작물의 디스플레이를 효과적으로 쉽게 알아볼 수 있다.

33. 일반적으로 3축 가공과 비교한 5축 가공의 특징으로 틀린 것은?

① 공구 접근성이 뛰어나다.
② 파트 프로그램 작성이 수월하다.
③ 커습(cusp) 양을 최소화함으로써 가공품질이 우수하다.
④ 볼 엔드밀 사용 시 절삭성이 좋은 공구 자세를 취할 수 있다.

해설 5축 가공의 특징
• 공구 접근성이 뛰어나며 한 번의 공구 경로로 가공이 완료된다.
• 평 엔드밀을 이용한 하향 절삭이 가능하며, 커습 양을 최소화하여 가공 품질이 우수하다.
• 볼 엔드밀 사용 시 절삭성이 좋은 공구 자세를 취할 수 있다.
• 3축 가공으로 어려운 복잡한 곡면을 가공한다.
• 3축 가공에 비해 파트 프로그램 작성이 더 복잡하다.
• 공구를 기울여 가공할 수 있으므로 절삭이 공구 바깥쪽에서 일어나 절삭력이 좋다.

34. 평면상에서 기준 직교축의 원점에서부터 점 P까지의 직선 거리(r)와 기준 직교축과 그 직선이 이루는 각도(θ)로 표시되는 2차원 좌표계는?

① 구좌표계 ② 극좌표계
③ 원주 좌표계 ④ 직교 좌표계

해설 극좌표계 : r, θ로 표시

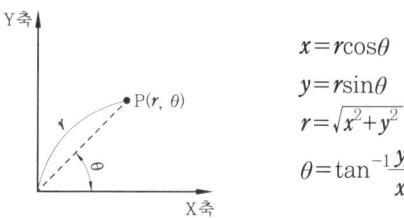

$x = r\cos\theta$
$y = r\sin\theta$
$r = \sqrt{x^2 + y^2}$
$\theta = \tan^{-1}\dfrac{y}{x}$

35. 다음 식은 무엇을 나타낸 방정식인가?

$$x^2 + y^2 + z^2 = 1$$

① 원(circle) ② 포물선(parabola)
③ 타원(ellipse) ④ 구(sphere)

해설 도형의 방정식
• 원 : $x^2 + y^2 = r^2$
• 포물선 : $y^2 - 4ax = 0$
• 타원 : $\dfrac{x^2}{a^2} + \dfrac{y^2}{b^2} = 1$
• 구 : $x^2 + y^2 + z^2 = 1$

36. 반지름이 $R = \sqrt{5}\,\text{cm}$인 볼 엔드밀로 평면을 가공하려고 한다. 경로 간 간격이 2cm일 때 커습(cusp) 높이는 몇 cm인가?

① $\sqrt{5} - 1$ ② $\sqrt{5} - 2$
③ 1 ④ 2

해설 커습 높이 = 공구 반지름 − 경로 간 간격
= $(\sqrt{5} - 2)$cm

37. 도면을 파악하고 나서 생산성을 높이기 위해 장비 선정, 공구 선정, 가공 순서, 절삭 조건 등을 세우는 작업은?

정답 33. ② 34. ② 35. ④ 36. ② 37. ②

① 도면 해독　② 가공 공정 계획
③ 프로그램 작성　④ NC 데이터 검증

해설 가공 공정 계획
- NC 기계로 가공하는 범위와 공작 기계 선정
- 소재의 고정 방법 및 지그 선정
- 절삭 순서 결정
- 절삭 공구 선택

38. 실루엣(silhouette)을 구할 수 없는 모델링 방법은?

① CSG 방식
② B-rep 방식
③ surface model 방식
④ wire frame model 방식

해설 실루엣 처리는 면의 정보가 있는 솔리드 모델링과 서피스 모델링으로 가능하다.

39. 다음 중 자유 곡면의 CNC 가공을 위하여 고려해야 할 사항과 가장 거리가 먼 것은?

① 공구 간섭 방지
② 절삭 조건 지정
③ 자재 수급 계획
④ 가공 경로 계획

해설 CNC 가공 계획 단계
1. CNC 공작 기계 선정과 가공 범위 결정
2. 가공 선정 순서 결정
3. 절삭 공구 경로 결정
4. 절삭 조건 결정
5. NC 프로그램 작성

40. 다음 중 분산 처리형 CAD/CAM 시스템의 특징으로 틀린 것은?

① 컴퓨터 시스템의 사용상의 편리성과 확장성을 증가시킬 수 있다.

② 자료 처리 및 계산 속도를 증가시킬 수 있어서 설계 및 가공 분야에서 생산성을 향상시킬 수 있다.
③ 주시스템과 부시스템에서 동일한 자료 처리 및 계산 작업이 동시에 이루어지므로 데이터의 신뢰성이 높다.
④ 시스템이 하나가 고장이 나더라도 다른 시스템은 정상적으로 작동할 수 있도록 구성되어 컴퓨터 시스템의 신뢰성과 활용성을 높일 수 있다.

해설 주시스템과 부시스템에서 각각 별도의 자료 처리 및 계산 작업이 이루어질 수 있어야 한다.

3과목　컴퓨터 수치 제어(CNC) 절삭 가공

41. 심압대의 편위량을 구하는 식으로 옳은 것은? (단, X : 심압대 편위량이다.)

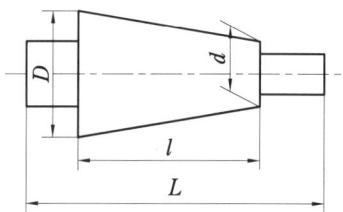

① $X = \dfrac{D-dL}{2l}$　② $X = \dfrac{L(D-d)}{2l}$

③ $X = \dfrac{l(D-d)}{2L}$　④ $X = \dfrac{2L}{(D-d)l}$

해설 문제와 같이 가운데가 테이퍼일 경우에는 $X = \dfrac{L(D-d)}{2l}$ 이고 전체가 테이퍼일 경우에는 $X = \dfrac{D-d}{2}$ 이다.

정답 38. ④　39. ③　40. ③　41. ②

42. 넓은 평면을 빨리 깎기에 적합한 밀링 커터는?

① 엔드밀
② T형 밀링 커터
③ 정면 밀링 커터
④ 더브테일 밀링 커터

해설 • 엔드밀 : 가공물의 옆면, 홈 부의 좁은 평면 가공
• T홈 밀링 커터 : T홈 가공
• 더브테일 밀링 커터 : 더브테일 홈 가공

43. 밀링 분할대로 3°의 각도를 분할하는데, 분할 핸들을 어떻게 조작하면 되는가? (단, 브라운 샤프형 No. 1의 18열을 사용한다.)

① 5구멍씩 이동
② 6구멍씩 이동
③ 7구멍씩 이동
④ 8구멍씩 이동

해설 $n = \dfrac{\theta}{9°} = \dfrac{3}{9} = \dfrac{3 \times 2}{9 \times 2} = \dfrac{6}{18}$

44. 기계 가공법에서 리밍 작업 시 가장 옳은 방법은?

① 드릴 작업과 같은 속도와 같은 이송으로 한다.
② 드릴 작업보다 고속에서 작업하고 이송을 작게 한다.
③ 드릴 작업보다 저속에서 작업하고 이송을 크게 한다.
④ 드릴 작업보다 이송만 작게 하고 같은 속도로 작업한다.

해설 리밍 작업은 구멍의 정밀도를 높이기 위한 작업으로, 드릴 작업 rpm의 2/3~3/4으로 하며 이송은 같거나 빠르게 한다.

45. 대표적인 수평식 보링 머신은 구조에 따라 몇 가지 형으로 분류되는데 다음 중 맞지 않는 것은?

① 플로어형(floor type)
② 플레이너형(planer type)
③ 베드형(bed type)
④ 테이블형(table type)

해설 수평 보링 머신을 구조에 따라 분류하면 플로어형, 플레이너형, 테이블형, 이동형이 있다.

46. 기어의 피치원 지름이 150 mm, 모듈(module)이 5인 표준형 기어의 잇수는? (단, 비틀림각은 30°이다.)

① 15개   ② 30개
③ 45개   ④ 50개

해설 $D = mZ$ ∴ $Z = \dfrac{D}{m} = \dfrac{150}{5} = 30$개

47. 다음 중 정밀 입자 가공으로만 바르게 짝지어진 내용은?

① 방전 가공 – CNC 와이어 컷 방전 가공
② 액체 호닝 – 슈퍼 피니싱
③ 이온 가공 – 레이저 가공
④ 전해 가공 – 전주 가공

해설 정밀 입자 가공에는 호닝, 슈퍼 피니싱, 랩 작업 등이 있다.

48. 전기도금과 반대 현상을 이용한 가공으로, 알루미늄 소재 등 거울과 같이 광택이 있는 가공면을 비교적 쉽게 가공할 수 있는 것은?

① 방전 가공   ② 전해 연마
③ 액체 호닝   ④ 레이저 가공

정답 42. ③ 43. ② 44. ③ 45. ③ 46. ② 47. ② 48. ②

해설 전해 연마는 전해액에 일감을 양극으로 하여 전기를 통하면 표면이 용해 석출되어 공작물의 표면이 매끈하도록 다듬질하는 가공법이다.

49. 일반 드릴에 대한 설명으로 틀린 것은?
① 사심(dead center)은 드릴 날 끝에서 만나는 부분이다.
② 표준 드릴의 날끝각은 118°이다.
③ 마진(margin)은 드릴을 안내하는 역할을 한다.
④ 드릴의 지름이 13mm 이상의 것은 곧은 자루 형태이다.

해설 지름이 13mm 이상인 것은 테이퍼 섕크 드릴이다.

50. 현장에서 매일 기계 설비를 가동하기 전 또는 가동 중에는 물론이고 작업의 종료 시에 행하는 점검은?
① 일상 점검   ② 특별 점검
③ 정기 점검   ④ 월간 점검

해설 정기 점검은 6개월, 1년 등 일정한 기간을 정해서 행하는 점검이고, 특별 점검은 점검 주기에 의한 것이 아닌 수시 점검 또는 부정기적인 점검이다.

51. 다음 중 머시닝센터 작업 시 주의 사항이 아닌 것은?
① 공작물 고정 시 손을 조심해야 한다.
② 작업 중 작업 상태를 확인하기 위해 칩을 제거한다.
③ 작업 시 불편하더라도 문을 닫고 작업한다.
④ ATC를 작동시켜 공구 교환을 점검한다.

해설 머시닝센터 작업 시 칩을 제거할 때는 안전을 위하여 기계가 정지된 상태에서 한다.

52. 연삭에 관한 안전 사항 중 틀린 것은?
① 받침대와 숫돌은 5mm 이하로 유지해야 한다.
② 숫돌바퀴는 제조 후 사용할 원주 속도의 1.5~2배 정도의 안전검사를 한다.
③ 연삭숫돌의 측면으로 연삭하지 않는다.
④ 연삭숫돌을 고정하고 3분 이상 공회전시킨 후 작업을 한다.

해설 연삭 가공 시 받침대와 숫돌의 간격은 3mm 이내로 조정한다.

53. 다음 중 구성 인선(built up edge)이 잘 생기지 않고 능률적으로 가공할 수 있는 방법으로 가장 적당한 것은?
① 절삭 깊이를 작게 한다.
② 절삭 속도를 작게 한다.
③ 재결정 온도 이하에서 가공한다.
④ 재결정 온도 이상에서 가공한다.

해설 구성 인선의 방지책
- 공구의 윗면 경사각을 크게 한다.
- 절삭 속도를 크게 한다.
- 윤활성이 좋은 윤활제를 사용한다.
- 절삭 깊이를 작게 한다.
- 절삭 공구의 인선을 예리하게 한다.
- 이송 속도를 줄인다.

54. 브로칭 머신으로 가공할 수 없는 작업은?
① 비대칭의 뒤틀림 홈
② 내면 키 홈
③ 스플라인 홈
④ 테이퍼 홈

정답 49. ④ 50. ① 51. ② 52. ① 53. ① 54. ④

해설 브로칭 머신은 브로치라는 공구를 사용하여 소요의 형상을 고정밀도 또는 고능률적으로 가공하는 대량 생산에 알맞은 공작 기계로서, 대칭, 비대칭의 내외면, 뒤틀림 홈(브로치의 절삭 행정 중 브로치 또는 공작물의 일정한 회전비에 의함), 스플라인 홈 등을 가공할 수 있다.

55. 공구 마멸 중에서 공구 날의 윗면이 칩의 마찰로 오목하게 파여지는 현상은?
① 구성 인선 ② 크레이터 마모
③ 프랭크 마모 ④ 칩 브레이커

해설 경사면 마모의 날 손상으로 생기는 현상
- 칩의 색이 변하고 불꽃이 생긴다.
- 시간이 경과하면 날의 결손이 된다.
- 칩에 의해 공구의 경사면이 움푹 파여지는 마모가 생긴다.
- 칩의 꼬임이 작아져서 나중에는 가늘게 비산한다.

56. 다음 그림과 같은 요령으로 절삭하는 방법은 무엇인가?

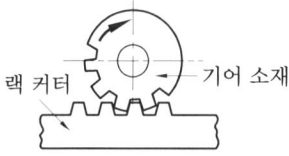

① 창성법 ② 형판법
③ 성형법 ④ 선반 가공법

해설 창성법(generating process)은 인벌류트 곡선의 성질을 이용하여 행하며, 거의 모든 기어가 이 방법으로 절삭한다.

57. 선반 가공에서 외경을 절삭할 경우, 절삭 가공 길이 100mm를 1회 가공하려고 한다. 회전수 1000rpm, 이송 속도 0.15mm/rev이면 가공 시간은 약 몇 분(min)인가?
① 0.5 ② 0.67
③ 1.33 ④ 1.48

해설 가공 시간$(T) = \dfrac{l}{nf} = \dfrac{100}{1000 \times 0.15}$
$= 0.67$분

58. 절삭 속도 $V = \dfrac{\pi dN}{1000}$에서 d를 사용하는 기계에 따라 표시한 것 중 잘못된 것은?
① 드릴-공작물 지름 ② 선반-공작물 지름
③ 밀링-커터의 지름 ④ 리밍-리머 지름

해설 드릴에서 d는 공구의 지름이다.

59. 주축의 회전 운동을 직선 왕복 운동으로 변화시키고, 바이트를 사용하여 가공물의 안지름에 키(key) 홈, 스플라인, 세레이션 등을 가공할 수 있는 밀링 부속장치는?
① 분할대 ② 슬로팅 장치
③ 수직 밀링 장치 ④ 래크 절삭 장치

해설 분할대의 사용 목적
- 공작물의 분할 작업(스플라인 홈 작업, 커터나 기어 절삭 등)
- 수평, 경사, 수직으로 장치한 공작물에 연속 회전 이송을 주는 가공 작업(캠 절삭, 비틀림 홈 절삭, 웜 기어 절삭 등)

60. 다음 중 수용성 절삭유에 속하는 것은?
① 유화유 ② 혼성유
③ 광유 ④ 동식물유

해설
- 수용성 절삭유 : 유화유, 알칼리성 수용액(원액과 물을 1 : 10~20으로 혼합)
- 비(불)수용성 절삭유 : 혼성유, 광유, 동식물유

정답 55. ② 56. ① 57. ② 58. ① 59. ② 60. ①

컴퓨터응용가공 산업기사

부록 II

CBT 복원문제

- 2022년 제1회 CBT 복원문제
- 2022년 제2회 CBT 복원문제
- 2023년 제1회 CBT 복원문제
- 2023년 제2회 CBT 복원문제
- 2024년 제1회 CBT 복원문제
- 2024년 제2회 CBT 복원문제

2022년 제1회 CBT 복원문제

1과목 도면 해독 및 측정

1. 제도 용지에서 A0 용지의 가로길이 : 세로길이의 비와 그 면적으로 옳은 것은?

① $\sqrt{3}$: 1, 약 $1m^2$
② $\sqrt{2}$: 1, 약 $1m^2$
③ $\sqrt{3}$: 1, 약 $2m^2$
④ $\sqrt{2}$: 1, 약 $2m^2$

해설 A0의 크기는 841mm×1189mm이며, A0의 면적을 계산하면 $0.841 \times 1.189 ≒ 1m^2$이다.

2. 보기와 같이 대상물의 구멍, 홈 등 일부분의 모양을 도시하는 것으로 충분한 경우 사용되는 투상도는?

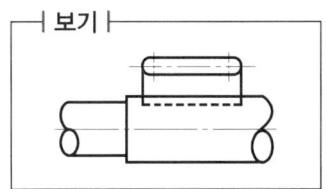

① 보조 투상도 ② 국부 투상도
③ 회전 투상도 ④ 부분 투상도

해설
• 보조 투상도 : 경사면부가 있는 물체는 정투상도로 그리면 그 물체의 실형을 나타낼 수가 없으므로 그 경사면과 맞서는 위치에 보조 투상도를 그려 경사면의 실형을 나타낸다.
• 회전 투상도 : 투상면이 어느 각도를 가지고 있기 때문에 그 실형을 표시하지 못할 때에는 그 부분을 회전해서 실형을 도시한다.
• 부분 투상도 : 그림의 일부를 도시하는 것으로 충분한 경우에는 그 필요 부분만을 표시한다.

3. KS 기계 제도에서의 치수 배치에서 한 개의 연속된 치수선으로 간편하게 표시하는 것으로 치수의 기점의 위치를 기점 기호(○)로 나타내는 치수 기입법은?

① 직렬 치수 기입법
② 좌표 치수 기입법
③ 병렬 치수 기입법
④ 누진 치수 기입법

해설
• 직렬 치수 기입법 : 직렬로 나란히 연결된 개개의 치수에 주어진 공차가 누적되어도 관계없는 경우에 사용한다.
• 병렬 치수 기입법 : 기입된 개개의 치수 공차는 다른 치수의 공차에는 영향을 주지 않는다.
• 좌표 치수 기입법 : 구멍의 위치나 크기 등의 치수는 좌표를 사용하여 표로 기입하여도 좋다.

4. 보기 투상도의 중심선 양끝 부분에 짧은 2개의 평행한 가는 선의 의미는?

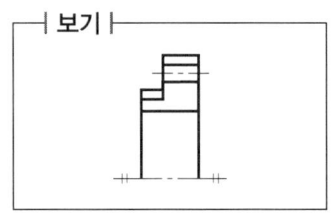

① 대칭 도형의 생략
② 회전 투상도

정답 1.② 2.② 3.④ 4.①

③ 반복 도형의 생략
④ 부분 확대도

해설 대칭 도형의 경우 짧은 2개의 평행한 가는 선을 붙인다.

5. 그림과 같은 환봉의 "A"면을 선반 가공할 때 생기는 표면의 줄무늬 방향의 기호로 가장 적합한 것은?

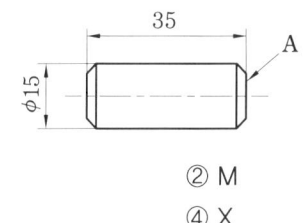

① C ② M
③ R ④ X

해설 줄무늬 방향의 기호 C는 기호가 적용되는 표면의 중심에 대해 대략 동심원 모양을 의미한다.

6. 다음과 같은 데이텀 표적 도시기호의 의미에 대한 설명으로 옳은 것은?

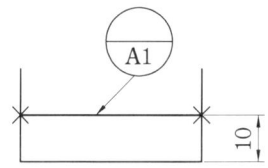

① 점의 데이텀 표적
② 선의 데이텀 표적
③ 면의 데이텀 표적
④ 구형의 데이텀 표적

해설 두 개의 ×를 연결한 선이 데이텀 표적이다.

7. 끼워맞춤 관계에 있어서 헐거운 끼워맞춤에 해당하는 것은?

① $\dfrac{H7}{g6}$ ② $\dfrac{H7}{n6}$

③ $\dfrac{P6}{h6}$ ④ $\dfrac{N6}{h6}$

해설 • 구멍 기준식 : H   • 축 기준식 : h
A(a)에 가까울수록 헐거운 끼워맞춤, Z(z)에 가까울수록 억지 끼워맞춤이다.

8. 다음 중 눈금이 없는 측정 공구는?
① 마이크로미터   ② 버니어 캘리퍼스
③ 다이얼 게이지   ④ 게이지 블록

해설 게이지 블록은 길이 측정의 기준으로, 외측 마이크로미터의 0점 조정 시 기준이 된다.

9. 축 지름의 치수를 직접 측정할 수는 없으나 기계 부품이 허용 공차 안에 들어 있는지를 검사하는 데 가장 적합한 측정기기는?
① 한계 게이지
② 버니어 캘리퍼스
③ 외경 마이크로미터
④ 사인 바

해설 한계 게이지는 통과축과 정지축이 있는데 정지축으로는 제품이 들어가지 않고 통과축으로 제품이 들어가는 경우 제품은 주어진 공차 내에 있음을 나타내는 것으로 특징은 다음과 같다.
• 제품 상호 간에 교환성이 있다.
• 완성된 게이지가 필요 이상 정밀하지 않아도 되기 때문에 공작이 용이하다.
• 측정이 쉽고 신속하며 다량의 검사에 적당하다.
• 최대한의 분업 방식이 가능하다.
• 가격이 비싸다.
• 특별한 것은 고급 공작 기계가 있어야 제작이 가능하다.

정답 5. ① 6. ② 7. ① 8. ④ 9. ①

10. 전달 동력 2.4kW, 회전수 1800rpm을 전달하는 축의 지름은 약 몇 mm 이상으로 해야 하는가? (단, 축의 허용 전단 응력은 20MPa이다.)

① 20　　　　② 12
③ 15　　　　④ 17

해설 $T = 9.55 \times 10^6 \times \dfrac{H}{N}$

$= 9.55 \times 10^6 \times \dfrac{2.4}{1800} \fallingdotseq 12733 \,\text{N} \cdot \text{mm}$

$\therefore d = \sqrt[3]{\dfrac{5.1T}{\tau}} = \sqrt[3]{\dfrac{5.1 \times 12733}{20}}$

$\fallingdotseq 15 \,\text{mm}$

11. 치수 보조 기호의 설명으로 틀린 것은?

① R15 : 반지름 15
② t=15 : 판의 두께 15
③ (15) : 비례척이 아닌 치수 15
④ SR15 : 구의 반지름 15

해설 (15)는 참고 치수이다.

12. 광파 간섭법의 원리를 응용한 것으로 1μm 이하의 미세한 표면 거칠기를 측정하는 데 사용하는 방법은?

① 촉침식　　　　② 현미 간섭식
③ 광절단식　　　④ 표준편 비교식

해설 현미 간섭식 표면 측정법은 빛의 표면 요철에 대한 간섭무늬 발생 상태로 측정하는 방법으로 비교적 미세한 측정에 사용한다.

13. 다음과 같은 구름 베어링 호칭 번호 중 안지름이 22mm인 것은?

① 622　　　　② 6222
③ 62/22　　　④ 62-22

해설 ① 2mm　　② 22×5=110mm
③ 62 : 깊은 홈 볼 베어링, 22 : 안지름 22mm

14. 표준 스퍼 기어의 모듈이 2이고, 이끝원 지름이 84mm일 때 이 스퍼 기어의 피치원 지름(mm)은 얼마인가?

① 74　　　　② 76
③ 78　　　　④ 80

해설 $D_0 = m(Z+2)$, $D = mZ$이므로
$D_0 = D + 2m$
$\therefore D = D_0 - 2m$
$= 84 - (2 \times 2) = 80 \,\text{mm}$

15. 호칭 지름 6mm, 호칭 길이 30mm, 공차 m6인 비경화강 평행 핀의 호칭 방법이 옳게 표현된 것은?

① 평행 핀-6×30-m6-St
② 평행 핀-6×30-m6-A1
③ 평행 핀-6m6×30-St
④ 평행 핀-6m6×30-A1

해설 평행 핀의 호칭 방법

평행 핀 - 호칭 지름 공차 × 호칭 길이 - 재질

16. 다음 중 관용 테이퍼 나사가 아닌 것은?

① R　　　　② Rc
③ Rp　　　④ PF

해설 • R : 테이퍼 수나사
• Rc : 테이퍼 암나사
• Rp : 평행 암나사
• PF : 관용 평행 나사

17. 최대 틈새가 0.075mm이고, 축의 최소 허용 치수가 49.950mm일 때 구멍의 최대 허용 치수는?

정답 10. ③　11. ③　12. ②　13. ③　14. ④　15. ③　16. ④　17. ④

① 50.075   ② 49.875
③ 49.975   ④ 50.025

해설 구멍의 최대 허용 치수
= 최대 틈새 + 축의 최소 허용 치수
= 0.075 + 49.950
= 50.025

18. KS에서 정의하는 기하 공차 기호 중에서 관련 형체의 위치 공차 기호만으로 짝지어진 것은?

① ▱ ○ —   ② ∠ ⊥ ⌭
③ ⌖ ◎ ⌀   ④ ⌓ ⌒ ◎

해설
· 위치도 : ⌖
· 동심도(동축도) : ◎
· 대칭도 : ⌀

19. 사인 바(sine bar)의 호칭 치수는 무엇으로 표시하는가?

① 롤러 사이의 중심 거리
② 사인 바의 전체 길이
③ 사인 바의 중량
④ 롤러의 지름

해설 사인 바
· 삼각함수의 사인(sine)을 이용하여 각도를 측정하고 설정하는 측정기이다.
· 크기는 롤러 중심 간의 거리로 표시하며 호칭 치수는 100mm, 200mm이다.

20. 공기 마이크로미터에 대한 설명으로 틀린 것은?

① 압축 공기원이 필요하다.
② 비교 측정기로 1개의 마스터로 측정이 가능하다.
③ 타원, 테이퍼, 편심 등의 측정을 간단히 할 수 있다.
④ 확대 기구에 기계적 요소가 없기 때문에 장시간 고정도를 유지할 수 있다.

해설 2개의 마스터(큰 치수, 작은 치수)를 필요로 한다.

2과목 CAM 프로그래밍

21. 컬러 래스터 스캔 화면 생성 방식에서 3bit plane의 사용 가능한 색깔의 수는 모두 몇 개인가?

① 8   ② 32
③ 256   ④ 1024

해설 3bit의 사용 가능한 색깔의 수는 $2^3 = 8$개이다.

22. CAD/CAM 시스템에서 모델링된 도형을 보다 현실감 있게 정적으로 화면에 디스플레이하기 위해 사용되는 것이 아닌 것은?

① 색채 모델링(color modeling)
② 모핑(morphing)
③ 음영기법(shading)
④ 은선/은면 제거(hidden line/surface removal)

해설
· CAD/CAM 시스템에서 모델링된 도형을 보다 현실감 있게 화면에 디스플레이하는 방법으로 음영기법, 색채 모델링, 은선 및 은면을 제거하는 방법이 있다.
· 모핑은 컴퓨터 그래픽으로 화면의 어떤 형체의 모양을 다른 형체로 변형시키는 특수 촬영 기법이다.

정답 18. ③ 19. ① 20. ② 21. ① 22. ②

23. 꼭짓점 개수 v, 모서리 개수 e, 면 또는 외부 루프의 개수 f, 면상에 있는 구멍 루프의 개수 h, 독립된 셀의 개수 s, 입체를 관통하는 구멍(passage)의 개수가 p인 B-rep 모델에서 이들 요소 간의 관계를 나타내는 오일러-포앙카레 공식으로 옳은 것은?

① $v-e+f-h=(s-p)$
② $v-e+f-h=2(s-p)$
③ $v-e+f-2h=(s-p)$
④ $v-e+f-2h=2(s-p)$

해설 오일러-포앙카레 공식 : 꼭짓점의 개수+면의 개수-모서리의 개수=2의 식을 만족하며 $v-e+f-h=2(s-p)$로 나타낸다.

24. 머시닝센터에서 스핀들 알람(spindle alarm)의 일반적인 원인과 가장 관련이 적은 것은?

① 공기압 부족
② 주축 모터의 과열
③ 주축 모터의 과부하
④ 주축 모터에 과전류 공급

해설 공기압이 부족하면 air pressure alarm이 발생한다.

25. 그림과 같이 중간에 원형 구멍이 관통되어 있는 모델에 대하여 토폴로지 요소를 분석하고자 한다. 여기서 면(face)은 몇 개로 구성되어 있는가?

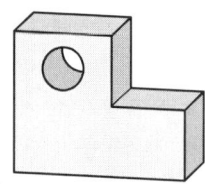

① 7
② 8
③ 9
④ 10

해설 구멍의 면을 1개의 면으로 간주하여 총 면의 수를 세면 모두 9개이다.

26. CSG 트리 자료 구조에 대한 설명으로 틀린 것은?

① 자료 구조가 간단하여 데이터 관리가 용이하다.
② 리프팅이나 라운딩과 같이 편리한 국부 변형 기능들을 사용하기에 좋다.
③ CSG 표현은 항상 대응되는 B-rep 모델로 치환이 가능하다.
④ 파라메트릭 모델링을 쉽게 구현할 수 있다.

해설 CSG 방식은 리프팅이나 라운딩과 같이 국부 변형의 기능들을 사용하기 어렵다.

27. CAD 용어 중 회전 특징 형상 모양으로 잘려나간 부분에 해당하는 특징 형상은?

① 홀(hole)
② 그루브(groove)
③ 챔퍼(chamfer)
④ 라운드(round)

해설
• 홀 : 물체에 진원으로 파인 구멍 형상
• 챔퍼 : 모서리를 45° 모따기하는 형상
• 라운드 : 모서리를 둥글게 블렌드하는 형상

28. 3차원 형상의 모델링 방식에서 B-rep 방식과 비교한 CSG 방식의 장점은?

① 중량 계산이 용이하다.
② 표면적 계산이 용이하다.
③ 전개도 작성이 용이하다.
④ B-rep 방식보다 복잡한 형상을 나타내는 데 유리하다.

해설 CSG 방식
• 전개도 작성이나 표면적 계산이 곤란하다.
• 데이터 작성이나 수정이 용이하다.
• 데이터의 구조가 간단하며 필요한 메모리 용량이 적다.

정답 23. ② 24. ① 25. ③ 26. ② 27. ② 28. ①

29. 2차원 변환 행렬이 다음과 같을 때 좌표 변환 H는 무엇을 의미하는가?

$$H = \begin{bmatrix} 3 & 0 & 0 \\ 0 & 3 & 0 \\ 0 & 0 & 1 \end{bmatrix}$$

① 확대 ② 회전
③ 이동 ④ 반사

해설
- 이동 행렬 = $\begin{bmatrix} 1 & 0 & 0 \\ 0 & 1 & 0 \\ p_x & p_y & 1 \end{bmatrix}$

- x축 회전 행렬 = $\begin{bmatrix} 1 & 0 & 0 \\ 0 & \cos\theta & -\sin\theta \\ 0 & \sin\theta & \cos\theta \end{bmatrix}$

- y축 회전 행렬 = $\begin{bmatrix} \cos\theta & 0 & \sin\theta \\ 0 & 1 & 0 \\ -\sin\theta & 0 & \cos\theta \end{bmatrix}$

- 확대 행렬 = $\begin{bmatrix} p_x & 0 & 0 \\ 0 & p_y & 0 \\ 0 & 0 & 1 \end{bmatrix}$

30. 모든 유형의 곡선(직선, 스플라인, 원호 등) 사이를 경사지게 자른 코너를 말하는 것으로, 각진 모서리나 꼭짓점을 경사 있게 깎아 내리는 작업은?

① hatch
② fillet
③ rounding
④ chamfer

해설
- fillet : 모서리나 꼭짓점을 둥글게 깎는 작업
- chamfer : 모서리나 꼭짓점을 경사지게 평면으로 깎는 작업
- rounding : 모서리 부분을 둥글게 처리하는 작업

31. 일반적인 3차원 표현 방법 중에서 와이어 프레임 모델의 특징을 설명한 것으로 틀린 것은?

① 은선 제거가 불가능하다.
② 유한 요소법에 의한 해석이 가능하다.
③ 저장되는 정보의 양이 적다.
④ 3면 투시도 작성이 용이하다.

해설 유한 요소법에 의한 해석은 솔리드 모델링에서 가능하다.

32. NC 데이터를 기계로 전송하기 위하여 사용되는 인터페이스(interface) 중 RS-232C의 특징으로 부적절한 것은?

① 데이터의 흐름은 직렬 전송 방식의 일종이다.
② 접속이 용이하나, 신호 잡음 성능이 떨어진다.
③ 컴퓨터와 기계를 제한 없이 인터페이스가 가능하다.
④ 전송 거리는 15m 이내에서 안정적이다.

해설 RS-232C의 속도는 20kbps 이하, 전송선의 길이는 15m 이하로 제한한다.

33. XY 평면에 사각형 격자를 규칙적으로 형성하고 모든 격자에서 Z값을 저장하여 형상을 표현하는 방법은?

① A-map ② X-map
③ Y-map ④ Z-map

해설 Z-map은 XY 평면에 사각형 격자를 규칙적으로 형성하고 모든 격자에서 Z값을 저장하여 형상을 표현하는 방법으로 데이터의 사용과 조작이 편리하고, 2D 배열 형태의 매우 간단한 데이터 구조를 가지므로 가공 시뮬레이션에서 널리 사용된다.

정답 29. ① 30. ④ 31. ② 32. ③ 33. ④

34. NC 기계를 이용한 금형 가공에 있어서 초기 단계에 많은 절삭 영역을 빠른 시간 내에 가공하는 공정 단계는?

① 잔삭　　② 황삭
③ 정삭　　④ 중삭

해설 NC 기계를 이용한 금형 가공은 황삭 → 정삭 → 중삭 → 잔삭 순이다.

35. RP(Rapid Prototyping) 소프트웨어 중 부품 준비 소프트웨어(part preparation software)의 기능이 아닌 것은?

① CAD 모델 검증
② 지지 구조물의 생성
③ 전체 제작 공정 결정
④ 모델의 위치와 방향 결정

해설 RP는 전체 제작 공정 결정이 없으며, 단품 제작이 가능하다.

36. 공작 기계의 좌표계에 대한 EIA(Electronic Industries Association) 표준에 대한 설명으로 옳지 않은 것은?

① x, y, z는 주된 미끄럼 운동에 대한 축을 나타낸다.
② u, v, w는 부수적인 미끄럼 운동에 대한 축을 나타낸다.
③ a, b, c는 x, y, z 방향축에 대한 회전 운동을 나타낸다.
④ l, m, n은 u, v, w 방향축에 대한 회전 운동을 나타낸다.

해설 u, v, w 방향축에 대한 회전 운동(원호 보간) : 원호의 반지름 또는 시작점에서 원호 중심까지의 벡터량 i, j, k로 나타낸다.
- $i : u(x$축$)$에 대한 벡터량
- $j : v(y$축$)$에 대한 벡터량
- $k : w(z$축$)$에 대한 벡터량

37. 자유 곡면의 NC 밀링 가공을 위한 경로 산출에 대한 설명으로 틀린 것은?

① 공구 흔적(cusp)을 줄이기 위해서는 경로 간 간격을 줄이거나 공구 반경을 크게 한다.
② 공구 간섭은 공구 지름 크기에 무관하다.
③ 원호 보간을 이용하면 NC 프로그램 길이를 크게 줄일 수 있다.
④ 경로 산출을 위해 곡면 오프셋(offset) 계산이 이용되기도 한다.

해설 곡면 가공 시 공구 간섭(overcut)
- 곡면에 대한 CL 데이터가 꼬이게 되면 overcut이 발생한다.
- overcut을 방지하려면 공구의 반경이 곡면 상의 최소 곡률 반경보다 작아야 한다.
- 예각으로 연결되어 있는 두 곡면의 바깥쪽의 둔각 부분을 가로질러 공구 경로가 생성된 경우에 overcut이 발생한다.

38. 열가소성 수지를 액체 상태로 압출하여 층을 만드는 신속 시작(RP) 방식은?

① FDM　　② SLA
③ SLS　　④ LOM

해설
- SLA : 광경화수지 조형 방식으로 레이저 광선을 주사하면 주사된 부분이 경화되는 원리를 이용하는 장치이며, 성형 속도가 빠르고, 성형 정밀도가 높다.
- SLS : 선택적 레이저 소결 조형 방식으로 기능성 고분자 또는 금속 분말을 사용하며 레이저 광선을 주사하여 소결시켜 성형하는 원리로 성형 속도가 가장 빠르고 재료가 다양하다. 금속류 출력이 가능하며 출력물이 열에 강하다.
- LOM : 접착제가 칠해져 있는 종이를 원하는 단면으로 레이저 광선을 이용하여 성형한다. 성형 정밀도가 떨어지므로 가늘고 작

정답 34. ② 35. ③ 36. ④ 37. ② 38. ①

은 모양보다는 크고 두꺼운 형태의 부품 제작에 적합하다.

39. 곡면 모델(surface model)의 특징으로 틀린 것은?

① 은선 제거가 가능하다.
② CAM 가공을 위한 모델로 사용이 가능하다.
③ 생성된 모델의 체적을 계산하기가 용이하다.
④ 3차원 유한 요소를 사용하기에 부적절한 모델이다.

해설 서피스 모델링은 부피, 무게중심, 관성 모멘트 등 물리적 성질을 계산하기 곤란하다.

40. 다음 머시닝센터 프로그램에서 N05 블록의 가공시간(min)은 약 얼마인가?

```
N01 G80 G40 G49 G17 ;
N02 T01 M06 ;
N03 G00 G90 X100. Y100. ;
N04 G01 X200. F150 ;
N05 X300. Y200. ;
```

① 0.94
② 1.49
③ 2.35
④ 3.72

해설 • N05 블록의 가공시간 : T
• X200. → X300. : X 방향 100 mm 이동
• Y100. → Y200. : Y 방향 100 mm 이동
• XY 방향 이동량 : $l = \sqrt{100^2 + 100^2}$
  $\fallingdotseq 141.42\,\text{mm}$
• F150 : 1분간 테이블 이동량(f=150 mm/min)

$\therefore T = \dfrac{l}{f} = \dfrac{141.42}{150} \fallingdotseq 0.94\,\text{min}$

3과목 컴퓨터 수치 제어(CNC) 절삭 가공

41. 일반적인 보통 선반 가공에 관한 설명으로 틀린 것은?

① 바이트 절입량의 2배로 공작물의 지름이 작아진다.
② 이송 속도가 빠를수록 표면 거칠기가 좋아진다.
③ 절삭 속도가 증가하면 바이트의 수명은 짧아진다.
④ 이송 속도는 공작물의 1회전당 공구의 이동 거리이다.

해설 다듬질 절삭에서는 이송 속도를 느리게 하며, 이송 속도가 빠를수록 표면 거칠기는 거칠어진다.

42. 밀링 머신에서 가공 능률에 영향을 주는 절삭 조건과 가장 거리가 먼 것은?

① 이송   ② 랜드
③ 절삭 속도   ④ 절삭 깊이

해설 밀링 머신을 포함한 공작 기계에서 가공 능률에 영향을 주는 요소는 이송, 절삭 속도, 절삭 깊이이며, 랜드는 여유각에 의해 생기는 절삭날 여유면의 일부이다.

43. 밀링 머신에서 단식 분할법을 사용하여 원주를 5등분하려면 분할 크랭크를 몇 회전씩 돌려가면서 가공하면 되는가?

① 4   ② 8
③ 9   ④ 16

해설 $n = \dfrac{40}{N} = \dfrac{40}{5} = 8$회전

44. 수기 가공에 대한 설명으로 틀린 것은?

① 서피스 게이지는 공작물에 평행선을 긋거나 평행면의 검사용으로 사용된다.
② 스크레이퍼는 줄 가공 후 면을 정밀하게 다듬질 작업하기 위해 사용된다.
③ 카운터 보어는 드릴로 가공된 구멍에 대하여 정밀하게 다듬질하기 위해 사용된다.
④ 센터 펀치는 펀치의 끝이 60~90°인 원뿔로 되어 있고 위치를 표시하기 위해 사용된다.

[해설] 카운터 보어는 작은 나사, 볼트의 머리 부분이 완전히 묻히도록 자리 부분을 단이 있게 자리 파기하는 작업이다.

45. 지름 10mm, 원뿔 높이 3mm인 고속도강 드릴로 두께가 30mm인 경강판을 가공할 때 소요시간은 약 몇 분인가? (단, 이송은 0.3mm/rev, 드릴의 회전수는 667rpm이다.)

① 6　　② 2
③ 1.2　④ 0.16

[해설] $T = \dfrac{t+h}{Nf} = \dfrac{30+3}{667 \times 0.3} ≒ 0.16$분

46. 모듈 2, 잇수 27, 비틀림각 15°의 치직각 방식의 헬리컬 기어를 제작하고자 한다. 기어의 바깥지름은 약 몇 mm로 가공해야 하는가?

① 50　　② 55
③ 60　　④ 65

[해설] $Z = \dfrac{D}{\cos\beta} + 2 = \dfrac{27}{\cos 15°} + 2 ≒ 29.84$

∴ $D = mZ = 2 \times 29.84 ≒ 60$mm

47. 기어가 회전 운동을 할 때 접촉하는 것과 같은 상대 운동으로 기어를 절삭하는 방법은 어느 것인가?

① 창성식 기어 절삭법
② 모형식 기어 절삭법
③ 원판식 기어 절삭법
④ 성형 공구 기어 절삭법

[해설] 절삭 공구와 일감을 서로 적당한 상대 운동을 시켜서 치형을 절삭하는 방법이다.

48. 전해 연마 가공의 특징이 아닌 것은?

① 연마량이 적어 깊은 홈은 제거가 되지 않으며 모서리가 라운드된다.
② 가공면에 방향성이 없다.
③ 면은 깨끗하나 도금이 잘 되지 않는다.
④ 복잡한 형상의 공작물 연마가 가능하다.

[해설] 면이 깨끗하고 도금이 잘 되며, 설비가 간단하고 시간이 짧으며 숙련이 필요 없다.

49. 다음 중 줄 작업을 할 때 주의할 사항으로 틀린 것은?

① 줄을 밀 때, 체중을 가하여 줄을 민다.
② 보통 줄의 사용 순서는 황목 → 세목 → 중목 → 유목 순으로 작업한다.
③ 눈은 항상 가공물을 보면서 작업한다.
④ 줄을 당길 때는 가공물에 압력을 주지 않는다.

[해설] 줄 작업 순서는 황목 → 중목 → 세목 → 유목 순이다.

50. 단조나 주조품에 볼트 또는 너트를 체결할 때 접촉부가 밀착하게 하기 위하여 구멍 주위를 평탄하게 하는 가공 방법은?

정답　44. ③　45. ④　46. ③　47. ①　48. ③　49. ②　50. ①

① 스폿 페이싱   ② 카운터 싱킹
③ 카운터 보링   ④ 보링

해설 보링은 드릴을 사용하여 뚫은 구멍의 내면에 탭을 사용하여 암나사를 가공하는 작업이다.

51. 다음 중 머시닝센터의 기계 일상 점검에 있어 매일 점검 사항과 가장 거리가 먼 것은 어느 것인가?

① 각부의 유량 점검
② 각부의 압력 점검
③ 각부의 필터 점검
④ 각부의 작동 상태 점검

해설 각부의 필터 점검은 매일 행하지 않고 일정한 주기를 정하여 한다.

52. 회전 중에 연삭숫돌이 파괴될 것을 대비하여 설치하는 안전 요소는?

① 덮개   ② 드레서
③ 소화 장치   ④ 절삭유 공급 장치

해설 사업주는 회전 중인 연삭숫돌(지름 5 cm 이상인 것)이 근로자에게 위험을 미칠 우려가 있는 경우에 그 부위에 덮개를 설치한다.

53. 센터리스 연삭의 장점 중 거리가 먼 것은 어느 것인가?

① 숙련을 요구하지 않는다.
② 가늘고 긴 가공물의 연삭에 적합하다.
③ 중공(中空)의 가공물을 연삭할 때 편리하다.
④ 대형이나 중량물의 연삭이 가능하다.

해설 센터리스 연삭기의 장점
• 연속 작업이 가능하다.
• 공작물의 해체·고정이 필요 없다.
• 대량 생산에 적합하다.
• 기계의 조정이 끝나면 초보자도 작업을 할 수 있다.
• 고정에 따른 변형이 적고 연삭 여유가 작아도 된다.
• 가늘고 긴 핀, 원통, 중공 등을 연삭하기 쉽다.
• 센터나 척에 고정하기 힘든 것을 쉽게 연삭할 수 있다.

54. 고속 가공기의 장점으로 틀린 것은?

① 2차 공정을 증가시킨다.
② 표면 정도를 향상시킨다.
③ 공작물의 변형을 감소시킨다.
④ 절삭 저항이 감소하고, 공구 수명이 길어진다.

해설 고속 가공기는 2차 공정을 감소시키며, 얇고 취성이 있는 소재를 효율적으로 가공할 수 있다.

55. 래핑 가공 중 치수 정밀도가 나쁠 때의 대책으로 적절하지 않은 것은?

① 속도를 낮춘다.
② 랩 정반을 점검한다.
③ 랩제의 양을 줄인다.
④ 입도가 더 큰 랩제를 사용한다.

해설 래핑 가공(lapping)
• 표면 거칠기를 좋게 하기 위하여 입도가 작은 랩제를 사용한다.
• 래핑은 가공물과 랩(일반적으로 주철, 동, 단단한 나무 등) 사이에 미세한 분말 상태의 랩제를 넣고, 가공물에 압력을 가하면서 상대 운동을 시킴으로써 표면 거칠기가 매우 우수한 가공면을 얻는 가공 방법이다.

정답 51. ③ 52. ① 53. ④ 54. ① 55. ④

56. 주철과 같은 메진 재료를 저속으로 절삭할 때 주로 생기는 칩으로서 가공면이 좋지 않은 것은?
① 유동형 칩 ② 전단형 칩
③ 열단형 칩 ④ 균열형 칩

해설 • 유동형 칩 : 연하고 인성이 큰 재질
• 전단형 칩 : 연한 재질
• 열단형 칩 : 점성이 큰 재질

57. 다음 절삭 공구 중 주조 합금인 것은?
① 초경합금 ② 세라믹
③ 텅갈로이 ④ 스텔라이트

해설 스텔라이트의 주성분은 C 2~3%, Co 40~50%, Cr 25~30%, W 12~20%, Fe <6%로서 고속도강보다 20~30%로 고속 절삭할 수 있다.

58. 절삭 속도 50 m/min, 커터의 날수 10, 커터의 지름 200 mm, 1날당 이송 0.2 mm로 밀링 가공할 때 테이블의 이송 속도는 약 몇 mm/min인가?
① 259.2 ② 642
③ 65.4   ④ 159.2

해설 먼저 회전수를 구하면,
$N = \dfrac{1000V}{\pi D} = \dfrac{1000 \times 50}{3.14 \times 200} = 79.6 \, \text{rpm}$
$f = f_z \cdot Z \cdot N = 0.2 \times 10 \times 79.6$
$= 159.2 \, \text{mm/min}$

59. 대량 생산에 사용되는 것으로서 재료를 공급해 주기만 하면 자동적으로 가공되는 선반은?
① 자동 선반
② 탁상 선반
③ 모방 선반
④ 다인 선반

해설 탁상 선반은 시계 부속 등 작고 정밀한 공작물 가공에 편리하고, 모방 선반은 형판에 따라 바이트대가 자동적으로 절삭 및 이송을 하면서 형판과 닮은 공작물을 가공하며, 다인 선반은 공구대에 여러 개의 바이트를 장치하여 한꺼번에 여러 곳을 가공하게 한 선반이다.

60. 기계의 테이블에 직접 검출기를 설치, 위치를 검출하여 피드백시키는 서보 기구 방식은?
① 폐쇄회로 방식
② 개방회로 방식
③ 반개방회로 방식
④ 반폐쇄회로 방식

해설 폐쇄회로 방식은 기계의 테이블에 직접 검출기를 설치, 위치를 검출하여 피드백시키는 방식으로 정밀도가 높아 고정밀도의 공작 기계나 대형 공작 기계 등에 많이 사용한다.

정답 56. ④ 57. ④ 58. ④ 59. ④ 60. ①

2022년 제2회 CBT 복원문제

1과목 도면 해독 및 측정

1. 물체의 보이는 면이 평면임을 나타내고자 할 때 그 면을 특정 선을 가지고 "×" 표시로 나타내는데, 이때 사용하는 선은?

① 가는 실선
② 굵은 실선
③ 가는 1점 쇄선
④ 굵은 1점 쇄선

[해설]
- 굵은 실선 : 외형선
- 가는 1점 쇄선 : 중심선, 기준선, 피치선
- 굵은 1점 쇄선 : 특수 지정선

2. 투상면이 어느 각도를 가지고 있기 때문에 그 실형을 도시하기 위하여 그림과 같이 나타내는 투상법의 명칭은?

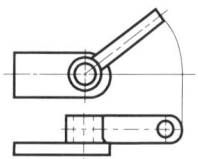

① 보조 투상도   ② 부분 투상도
③ 회전 투상도   ④ 국부 투상도

[해설] 회전 투상도는 투상면이 어느 각도를 가지고 있기 때문에 실형을 표시하지 못할 때에는 그 부분을 회전해서 실형을 도시할 수 있다.

3. 보기 도면에서 괄호 안에 들어갈 치수는 얼마인가?

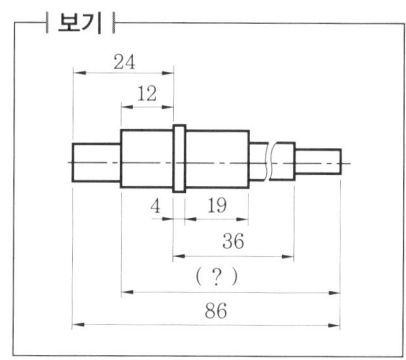

① 74   ② 70
③ 62   ④ 60

[해설] 86−(24−12)=74

4. 도면에서 나사 조립부에 M10−5H/5g이라 기입되어 있을 때 해독으로 옳은 것은?

① 미터 보통 나사, 수나사 5H급, 암나사 5g급
② 미터 보통 나사, 1인치당 나사산 수 5
③ 미터 보통 나사, 암나사 5H급, 수나사 5g급
④ 미터 가는 나사, 피치 5, 나사산 수 5

[해설]
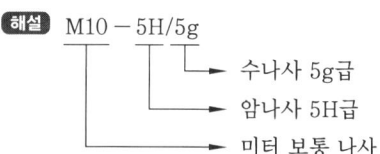

5. 다음과 같은 표면의 결 도시 기호에서 C가 의미하는 것은?

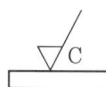

[정답] 1.① 2.③ 3.① 4.③ 5.③

① 가공에 의한 컷의 줄무늬가 투상면에 평행
② 가공에 의한 컷의 줄무늬가 투상면에 경사지고 두 방향으로 교차
③ 가공에 의한 컷의 줄무늬가 투상면의 중심에 대하여 동심원 모양
④ 가공에 의한 컷의 줄무늬가 투상면에 대해 여러 방향

해설 줄무늬 방향 지시 기호
- = : 투상면에 평행
- X : 투상면에 경사지고 두 방향으로 교차
- M : 투상면에 대해 여러 방향으로 교차

6. 다음 그림과 같은 도면에서 구멍 지름을 측정한 결과 10.1일 때 평행도 공차의 최대 허용치는?

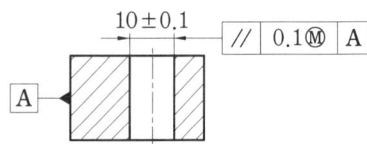

① 0　　　　　② 0.1
③ 0.2　　　　④ 0.3

해설 이용 가능한 치수 공차
$= 10.1 - 9.9 = 0.2$
∴ 이용 가능한 평행도 공차
= 이용 가능한 치수 공차 + 평행도 공차
$= 0.2 + 0.1 = 0.3$

7. 구멍의 치수가 $\phi 50^{+0.05}_{0}$이고, 축의 치수가 $\phi 50^{0}_{-0.02}$일 때, 최대 틈새는?

① 0.02　　　　② 0.03
③ 0.05　　　　④ 0.07

해설 최대 틈새
= 구멍의 최대 허용 치수 − 축의 최소 허용 치수
$= 50.05 - 49.98 = 0.07$

8. 다음이 설명하고 있는 공작 기계 정밀도의 원리는?

> 공작 기계의 정밀도가 가공되는 제품의 정밀도에 영향을 미치는 것

① 모성 원리(copying principle)
② 정밀 원리(accurate principle)
③ 아베의 원리(Abbe's principle)
④ 파스칼의 원리(Pascal's principle)

해설 아베의 원리는 측정하려는 시료와 표준자는 측정 방향에 있어서 동일 축 선상의 일직선상에 배치해야 한다는 것으로 콤퍼레이터의 원리라고도 한다.

9. 그림과 같은 평면도에 대한 정면도로 가장 옳은 것은?

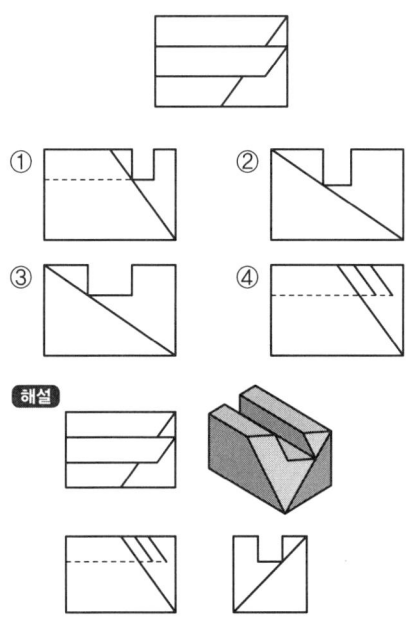

10. 범용으로 널리 사용되는 주요 측정기의 일반적인 교정 주기는?

정답 6. ④　7. ④　8. ①　9. ④　10. ③

① 3~6개월 ② 6~12개월
③ 12~24개월 ④ 24~36개월

해설 교정 주기는 가장 보편적인 상황에서 측정기의 정확도가 유지될 수 있는 기간을 추정한 주기로 12~24개월이다.

11. 다음 중 측정의 목적에 대한 설명으로 틀린 것은?

① 동일 부품은 다른 제작자, 다른 시점에 제작된 것으로 각자 고유의 특성을 갖게 한다.
② 성능과 품질의 우수성이 확보되어 제품 수명을 길게 한다.
③ 국제 표준 규격화와 호환성으로 수출을 할 수 있다.
④ 우수한 공작 기계, 치구 및 공구, 적절한 측정기 및 측정 방법이 필요하며, 단위 통일이 필요하다.

해설 동일 부품은 다른 제작자, 다른 시점에 제작된 것이라도 호환성을 갖게 한다.

12. 수나사 측정법 중 유효지름을 측정하는 방법이 아닌 것은?

① 나사 마이크로미터에 의한 방법
② 삼침법에 의한 방법
③ 스크린에 의한 방법
④ 공구 현미경에 의한 방법

해설 삼침법은 나사 게이지 등과 같이 정밀도가 높은 나사의 유효지름 측정에 사용된다.

13. 베어링 기호 608C2P6에서 P6이 의미하는 것은?

① 정밀도 등급 기호 ② 계열 기호
③ 안지름 번호 ④ 내부 틈새 기호

해설
• 60 : 베어링 계열 번호
• 8 : 안지름 번호
• C2 : 내부 틈새 기호
• P6 : 정밀도 등급 기호(6급)

14. 다음 중 기어 제도에서 선의 사용법으로 틀린 것은?

① 피치원은 가는 1점 쇄선으로 표시한다.
② 내접 헬리컬 기어의 잇줄 방향은 2개의 가는 실선으로 표시한다.
③ 축에 직각인 방향에서 본 그림을 단면도로 도시할 때는 이뿌리의 선은 굵은 실선으로 표시한다.
④ 잇봉우리원은 굵은 실선으로 표시한다.

해설 헬리컬 기어, 나사 기어, 웜 등에서 잇줄 방향은 3개의 가는 실선으로 그린다. 단, 헬리컬 기어의 정면도를 단면도로 도시할 때에는 잇줄 방향을 3개의 가는 2점 쇄선으로 그린다.

15. 스퍼 기어에서 피치원의 지름이 150mm이고, 잇수가 50일 때 모듈은?

① 2 ② 3
③ 4 ④ 5

해설 $m = \dfrac{D}{Z} = \dfrac{150}{50} = 3$

16. 평행 핀의 호칭이 다음과 같이 나타났을 때 이 핀의 호칭 지름은 몇 mm인가?

KS B ISO 2338−8m6×30−A1

① 1 ② 6
③ 8 ④ 30

해설 호칭 지름 8mm, 공차 m6, 호칭 길이 30mm, 오스테나이트계 스테인리스강 A1 등급

정답 11. ① 12. ③ 13. ① 14. ② 15. ② 16. ③

17. 테일러의 원리에 맞게 제작되지 않아도 되는 게이지는?

① 링 게이지 ② 스냅 게이지
③ 테이퍼 게이지 ④ 플러그 게이지

[해설] 테일러의 원리 : 한계 게이지로 제품을 측정할 때 통과측의 모든 치수는 동시에 검사해야 하며, 정지측은 각 치수를 개개로 검사해야 한다는 원리이다.

18. 그림과 같은 기하 공차 기호에 대한 설명으로 틀린 것은?

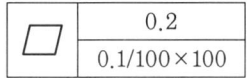

① 평면도 공차를 나타낸다.
② 전체 부위에 대해 공차값 0.2mm를 만족해야 한다.
③ 지정 넓이 100×100mm에 대해 공차값 0.1mm를 만족해야 한다.
④ 이 기하 공차 기호에서는 두 가지 공차 조건 중 하나만 만족하면 된다.

[해설] 단위 평면도는 기하 공차로, 지정 넓이 100×100mm에 대해 공차값이 0.1mm 이내이며, 전체 부위 공차값은 0.2mm로 두 가지 공차 조건 모두를 만족해야 한다.

19. 나사 표기가 TM18이라 되어 있을 때, 이는 무슨 나사인가?

① 관용 평행 나사 ② 29° 사다리꼴 나사
③ 관용 테이퍼 나사 ④ 30° 사다리꼴 나사

[해설]
- 관용 평행 나사 : G
- 29° 사다리꼴 나사 : TW
- 관용 테이퍼 수나사 : R
- 관용 테이퍼 암나사 : Rc
- 30° 사다리꼴 나사 : TM

20. 3차원 측정기에서 사용되는 프로브 중 광학계를 이용하여 얇거나 연한 재질의 피측정물을 측정하기 위한 것으로 심출 현미경, CMM 계측용 TV 시스템에 사용되는 것은?

① 전자식 프로브 ② 접촉식 프로브
③ 터치식 프로브 ④ 비접촉식 프로브

[해설] 3차원 측정기
- 프로브가 직접 닿는 접촉식과 레이저를 이용하는 비접촉식이 있다.
- 접촉식은 정밀도가 높고 비접촉식은 측정 속도가 빠르다는 장점이 있다.

2과목 CAM 프로그래밍

21. 다음 설명이 의미하는 데이터 표준 규격은 어느 것인가?

> ㉠ 내부 처리구조가 다른 CAD/CAM 시스템으로부터 쉽게 변환 정보를 교환할 수 있는 장점이 있다.
> ㉡ 모델링된 곡면을 정확히 다면체로 옮길 수 없다.
> ㉢ 오차를 줄이기 위해 보다 정확히 변환시키려면 용량을 많이 차지하는 단점이 있다.

① STEP ② STL
③ DXF ④ IGES

[해설] 표준 데이터 교환 형식
- STEP : 데이터 교환에 관한 국제 표준
- STL : 쾌속 조형의 표준 입력 파일 형식으로 많이 사용되는 표준 규격
- DXF : 다른 CAD 시스템에서 읽을 수 있는

정답 17. ③ 18. ④ 19. ④ 20. ④ 21. ②

AutoCAD 데이터와 호환성을 위해 제정한 ASCII 형식
- IGES : 데이터를 교환하는 ANSI 규격 형식

22. CAM system에서 후처리(post processing)의 설명으로 맞는 것은?

① 곡선 또는 곡면을 형상 모델링하는 것을 말한다.
② 곡선 또는 곡면을 형상 모델링한 후 CL 데이터를 생성하는 것을 말한다.
③ 곡선 또는 곡면의 CL 데이터를 공작 기계가 인식할 수 있는 NC 코드로 변환시키는 것을 말한다.
④ 곡선 또는 곡면의 NC 코드를 CL 데이터로 변환시키는 것을 말한다.

해설 후처리는 CL 데이터를 이용하여 CNC 공작 기계의 제어부에 맞게 NC 데이터를 생성하는 과정이다.

23. 다음 CNC 선반 프로그램에서 [A]의 U_d, [B]의 D_d는 무엇을 의미하는가?

[A] G71 U_d R_;
    G71 P_ Q_ U_ W_ F_;

[B] G71 P_ Q_ U_ W_ D_d F_ S_ T_;

① 1회 가공의 절삭 깊이량
② Z축 방향의 다음 절삭 여유
③ 고정 사이클 지령절의 마지막 전개 번호
④ 고정 사이클 지령절의 첫 번째 전개 번호

해설
- U_d, D_d : 절삭 깊이, 부호 없이 반지름값으로 지령
- R : 도피량, 절삭 후 간섭 없이 공구가 빠지기 위한 양
- P : 정삭 가공 지령절의 첫 번째 전개 번호
- Q : 정삭 가공 지령절의 마지막 전개 번호
- U : X축 방향 정삭 여유(지름 지정)
- W : Z축 방향 정삭 여유
- F : 황삭 가공 시 이송 속도

24. 컴퓨터 그래픽 장치 중 입력장치가 아닌 것은?

① 음극관(CRT)
② 키보드(keyboard)
③ 스캐너(scanner)
④ 디지타이저(digitizer)

해설
- 출력장치 : 음극관(CRT), 평판 디스플레이, 플로터, 프린터 등
- 입력장치 : 키보드, 태블릿, 마우스, 조이스틱, 컨트롤 다이얼, 트랙볼, 라이트 펜 등

25. 설계 해석 프로그램의 결과에 따라 응력, 온도 등의 분포도나 변형도를 작성하거나, CAD 시스템으로 만들어진 형상 모델을 바탕으로 NC 공작 기계의 가공 data를 생성하는 소프트웨어 프로그램이나 절차를 뜻하는 것은?

① post-processor   ② pre-processor
③ multi-processor ④ co-processor

해설 포스트 프로세서 : NC 데이터를 읽고 특정 CNC 공작 기계의 컨트롤러에 맞게 NC 데이터를 생성한다.

26. NURBS 곡선에 대한 설명으로 틀린 것은?

① 일반적인 B-Spline 곡선에서는 원, 타원, 포물선, 쌍곡선 등의 원뿔 곡선을 근사적으로밖에 표현하지 못하지만, NURBS 곡선은 이들 곡선을 정확하게 표현할 수 있다.
② 일반 베지어 곡선과 B-Spline 곡선을 모두 표현할 수 있다.

③ NURBS 곡선에서 각 조정점은 x, y, z 좌표 방향으로 하여 3개의 자유도를 가진다.
④ NURBS 곡선은 자유 곡선은 물론 원뿔 곡선까지 통일된 방정식의 형태로 나타낼 수 있으므로 프로그램 개발 시 그 작업량을 줄여준다.

해설 NURBS 곡선 : 4개의 좌표 조정점을 사용하여 4개의 자유도를 가짐으로써 곡선의 변형이 자유롭다.

27. 베지어 곡면의 특징이 아닌 것은?
① 곡면을 부분적으로 수정할 수 있다.
② 곡면의 코너와 코너 조정점이 일치한다.
③ 곡면이 조정점들의 볼록 껍질(convex hull)의 내부에 포함된다.
④ 곡면이 일반적인 조정점의 형상을 따른다.

해설 베지어 곡면은 베지어 곡선에서 발전한 것으로, 1개의 정점의 변화가 곡면 전체에 영향을 미친다.

28. 다음 식은 3차원 공간상에서 좌표 변환 시 X축을 중심으로 θ만큼 회전하는 행렬식(matrix)을 나타낸다. ⓐ에 알맞은 값은? (단, 반시계 방향을 +방향으로 한다.)

$$\begin{bmatrix} 1 & 0 & 0 & 0 \\ 0 & \cos\theta & \sin\theta & 0 \\ 0 & ⓐ & \cos\theta & 0 \\ 0 & 0 & 0 & 1 \end{bmatrix}$$

① $\sin\theta$ ② $-\sin\theta$
③ $\cos\theta$ ④ $-\cos\theta$

해설 3차원 X축 회전 변환

$$T_x = \begin{bmatrix} 1 & 0 & 0 & 0 \\ 0 & \cos\theta & \sin\theta & 0 \\ 0 & -\sin\theta & \cos\theta & 0 \\ 0 & 0 & 0 & 1 \end{bmatrix}$$

29. CAD 시스템을 이용하여 제품에 대한 기하학적 모델링 후 체적, 무게중심, 관성 모멘트 등의 물리적 성질을 알아보려고 한다면 필요한 모델링은?
① 와이어 프레임 모델링
② 서피스 모델링
③ 솔리드 모델링
④ 시스템 모델링

해설 솔리드 모델링 : 질량이나 무게중심과 같은 기계적인 특성을 표현할 수 있어 3차원 모델 작업에 가장 많이 사용한다. 그러나 파일 용량이 커서 고성능 컴퓨터가 필요하다는 단점이 있다.

30. 다음 중 3차원 형상의 모델링 방식에서 CSG(Constructive Solid Geometry) 방식을 설명한 것은?
① 투시도 작성이 용이하다.
② 전개도 작성이 용이하다.
③ 기본 입체 형상을 만들기 어려울 때 사용되는 모델링 방법이다.
④ 기본 입체 형상의 boolean operation(불 연산)에 의해 모델링한다.

해설 ①, ②, ③은 B-rep 방식에 대한 설명이다. CSG 방식은 복잡한 형상을 단순한 형상(기본 입체)의 조합으로 표현한다.

31. 솔리드 모델링(solid modeling)에서 면의 일부 혹은 전부를 원하는 방향으로 당겨서 물체가 늘어나도록 하는 모델링 기능은?
① 트위킹(tweaking)
② 리프팅(lifting)
③ 스위핑(sweeping)
④ 스키닝(skinning)

정답 27. ① 28. ② 29. ③ 30. ④ 31. ②

해설
- 리프팅(lifting) : 솔리드의 한 면을 들어올려 형상을 수정한다.
- 트위킹(tweaking) : 수정하고자 하는 솔리드 모델 혹은 곡면의 모서리, 꼭짓점의 위치를 변화시켜 모델을 수정한다.

32. 구멍이 없는 간단한 다면체의 경계를 표현하는 오일러 공식은? (단, V는 꼭짓점의 수, E는 모서리의 수, F는 면의 수를 의미한다.)

① $V-E-F=2$
② $V+E-F=2$
③ $V-E+F=2$
④ $V+E+F=2$

해설 오일러 공식
꼭짓점의 수(V)−모서리의 수(E)+면의 수(F)=2
예) 육면체 : $V-E+F=8-12+6=2$

33. 컴퓨터를 이용하는 CAD/CAM 시스템의 활용 방식으로 틀린 것은?

① 독립형
② 개인 제어형
③ 분산 처리형
④ 중앙 통제형

해설 CAD/CAM 시스템의 활용 방식
- 독립형 : 1대의 컴퓨터에 복수의 워크스테이션이 접속하여 운영되도록 구성하는 시스템이다.
- 분산 처리형 : 여러 대의 컴퓨터로 부하를 분산하여 운영하는 시스템이다.
- 중앙 통제형 : 대용량 컴퓨터에 여러 대의 워크스테이션이 접속하여 운영되도록 구성하는 시스템이다.

34. CAM에서 일반적으로 지원하는 곡면 가공 방식이 아닌 것은?

① 나선형 가공
② 프레스 가공
③ Island/Area 가공
④ 등매개변수(iso-parametric) 가공

해설 프레스 가공은 소성 가공으로 CAM에서 지원하는 곡면 가공 방식이 아니다.

35. NC 시스템을 동작 제어 측면에서 보면 3가지로 구분할 수 있다. 여기에 포함되지 않는 것은?

① 2차원 윤곽 제어(2D contouring)
② 3차원 곡면 제어(3D sculpturing)
③ 4차원 볼륨 제어(4D volume control)
④ 2차원 위치 제어(point-to-point control)

해설 NC 시스템 동작 제어
- 2차원 윤곽 제어
- 2차원 위치 제어(PTP 제어)
- 3차원 곡면 제어

36. 다음 중 RP(Rapid Prototyping)의 종류가 아닌 것은?

① 3차원 프린팅(3D printing)
② 지표 경화(Solid Ground Curing, SGC)
③ 용착 적층 모델링(Fused-Deposition Modeling, FDM)
④ 레이저 인젝션 몰딩(Laser Injection Molding, LIM)

해설 RP(Rapid Prototyping)는 3차원의 시제품을 직접 만드는 다양한 기술에 붙여진 일반적인 통칭이며, 또한 3D 프린팅으로 알려져 있다. 일반적으로 이 기술은 얇은 층을 적층하여 모델을 만든다.

37. CNC 선반에서 나사 절삭 가공 기능만으로 짝지어진 것은?

정답 32. ③ 33. ② 34. ② 35. ③ 36. ④ 37. ②

① G32, G72, G75　② G32, G76, G92
③ G75, G76, G90　④ G75, G76, G92

해설 · G72 : 단면 황삭 가공 사이클
· G75 : 안·바깥지름 홈 가공 사이클
· G90 : 안·바깥지름 절삭 사이클

38. 머시닝센터 프로그램에서 A점에서 출발하여 시계 방향으로 360° 원호 가공할 경우 지령은?

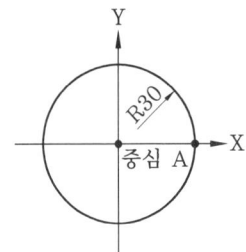

① G02 I30.0 F100 ;
② G02 I-30.0 F100 ;
③ G02 J30.0 F100 ;
④ G02 J-30.0 F100 ;

해설 원호 보간에서 어드레스는 X축 방향의 값이 I, Y축은 J, Z축은 K이다. 또한 I, J, K의 부호는 시작점에서 원호의 중심이 + 방향인지 - 방향인지에 따라 결정되며, 그 값은 시작점에서 원호 중심까지의 거리값(벡터량)이다.

39. 3차원 곡면 가공에서 먼저 큰 직경의 엔드밀로 가공한 후 모서리 부분만을 가공하는 방법은?

① 면삭 가공　② 정삭 가공
③ 펜슬 가공　④ 포켓 가공

해설 펜슬 가공은 황삭 및 정삭 가공을 한 후 모서리 부분만 가공하는 방법이다.

40. 점을 표현하기 위해 사용되는 좌표계 중에서 기준축과 벌어진 각도 값을 사용하지 않는 좌표계는?

① 직교 좌표계
② 극좌표계
③ 원통 좌표계
④ 구면 좌표계

해설 · 극좌표계 : 평면 위의 위치를 각도와 거리를 써서 나타내는 2차원 좌표계로 두 점 사이의 관계가 각이나 거리로 쉽게 표현되는 경우에 가장 유용하다.
· 원통 좌표계 : 3차원 공간을 나타내기 위해, 평면 극좌표계에 평면에서부터의 높이 z를 더해 (r, θ, h)로 이루어지는 좌표계로 한 축을 중심으로 대칭성을 갖는 경우에 유용하며, 직교 좌표로 표현하면 $x=r\cos\theta$, $y=r\sin\theta$, $z=h$이다.
· 구면 좌표계 : 3차원 공간상의 점들을 나타내는 좌표계의 하나로, 보통 (r, θ, ϕ)로 나타낸다.

3과목　컴퓨터 수치 제어(CNC) 절삭 가공

41. 피치 3mm의 3줄 나사가 2회전했을 때의 전진 거리는?

① 8mm　② 9mm
③ 11mm　④ 18mm

해설 $l=np=3\times 3=9$mm
$L=l\times$회전수$=9\times 2=18$mm

42. 브라운 샤프 분할판의 구멍열을 나열한 것으로 틀린 것은?

① No. 1-15, 16, 17, 18, 19, 20
② No. 2-21, 23, 27, 29, 31, 33
③ No. 3-37, 39, 41, 43, 47, 49
④ No. 4-12, 13, 15, 16, 17, 18

해설 브라운 샤프형 분할판의 구멍수
- No. 1 : 15, 16, 17, 18, 19, 20
- No. 2 : 21, 23, 27, 29, 31, 33
- No. 3 : 37, 39, 41, 43, 47, 49

43. 상향 절삭과 하향 절삭을 비교했을 때 상향 절삭에 해당하는 설명은 어느 것인가?

① 동력의 소비가 적다.
② 마찰열의 작용으로 가공면이 거칠다.
③ 가공할 때 충격이 있어 높은 강성이 필요하다.
④ 뒤틈(backlash) 제거 장치가 없으면 가공이 곤란하다.

해설 상향 절삭은 절삭 가공 시 마찰열과 접촉면의 마모가 커서 공구 수명이 짧고 가공면이 거칠다.

44. 일반적으로 표면 정밀도가 낮은 것부터 높은 순서를 옳게 나타낸 것은?

① 래핑-연삭-호닝
② 연삭-호닝-래핑
③ 호닝-연삭-래핑
④ 래핑-호닝-연삭

해설 표면 정밀도
래핑 > 슈퍼 피니싱 > 호닝 > 연삭

45. 드릴로 구멍을 뚫은 이후에 사용되는 공구가 아닌 것은?

① 리머
② 센터 펀치
③ 카운터 보어
④ 카운터 싱크

해설 센터 펀치는 드릴 작업을 할 때 작업할 포인트의 정확한 위치를 표시하기 위해 사용한다.

46. 트위스트 드릴은 절삭 날의 각도가 중심에 가까울수록 절삭 작용이 나쁘게 된다. 이를 개선하기 위해 드릴의 웨브 부분을 연삭하는 것은?

① 시닝(thinning)
② 트루잉(truing)
③ 드레싱(dressing)
④ 글레이징(glazing)

해설 절삭 효율을 높이기 위해 웨브의 일부를 원호상으로 연마하여 치즐 에지의 길이를 짧게 하는 것을 시닝(thinning)이라 한다.

47. 기어 절삭에 사용되는 공구가 아닌 것은?

① 호브
② 랙 커터
③ 피니언 커터
④ 더브테일 커터

해설 더브테일 커터는 기계 구조물이 이동하는 자리에 면을 만들 경우 사용하는 절삭 공구로 밀링 머신에서 더브테일 작업 시 사용한다.

48. 금속으로 만든 작은 덩어리를 공작물 표면에 고속으로 분사하여 피로 강도를 증가시키기 위한 냉간 가공법으로 반복 하중을 받는 스프링, 기어, 축 등에 사용하는 가공법은?

① 래핑
② 호닝
③ 쇼트 피닝
④ 슈퍼 피니싱

해설 쇼트 피닝을 하면 표면에 잔류 압축 응력이 생기고, 밀도 및 경도가 높아지게 되며, 단점으로는 표면부 미세 균열이나 날카로운 부분의 재료 표면에 균열이 발생한다.

정답 43. ② 44. ② 45. ② 46. ① 47. ④ 48. ③

49. 일반적으로 머시닝센터 가공을 한 후 일감에 거스러미를 제거할 때 사용하는 공구는?
① 바이트　　　② 줄
③ 스크라이버　④ 하이트 게이지

해설 머시닝센터나 밀링 가공을 한 후 거스러미는 보통 줄로 제거한다.

50. CNC 공작 기계를 운전하는 중에 충돌 등 위급한 상태가 우려될 때 가장 우선적으로 취해야 할 조치법은?
① 공압을 차단한다.
② 배전반의 회로도를 점검한다.
③ Mode 선택 스위치를 수동 상태로 변환한다.
④ 조작반의 비상 정지(emergency stop) 버튼을 누른다.

해설 CNC 공작 기계 운전 중 충돌 등 위급한 상태가 우려될 때 붉은색의 비상 정지(emergency stop) 버튼을 누른다.

51. 양두 그라인더의 숫돌차로 일감을 연삭할 때 받침대와 숫돌의 간격은 몇 mm 이내로 조정하는가?
① 3 mm　　　② 5 mm
③ 7 mm　　　④ 9 mm

해설 양두 그라인더로 연삭할 경우, 받침대와 숫돌은 3 mm 이내로 조정한다.

52. 전기 스위치를 취급할 때 틀린 것은?
① 정전 시에는 반드시 끈다.
② 스위치가 습한 곳에 설비되지 않도록 한다.
③ 기계 운전 시 작업자에게 연락 후 시동한다.
④ 스위치를 뺄 때는 부하를 크게 한다.

해설 스위치를 뺄 때는 부하가 걸리지 않도록 한다.

53. 연삭숫돌의 결합도는 숫돌입자의 결합 상태를 나타내는데, 결합도 P, Q, R, S와 관련이 있는 것은?
① 연한 것
② 매우 연한 것
③ 단단한 것
④ 매우 단단한 것

해설 연삭숫돌의 결합도

결합도 번호	호칭
E, F, G	극히 연함
H, I, J, K	연함
L, M, N, O	보통
P, Q, R, S	단단함
T, U, V, W, X, Y, Z	극히 단단함

54. 주로 일감의 평면을 가공하며, 기둥의 수에 따라 쌍주식과 단주식으로 구분하는 공작 기계는?
① 셰이퍼　　　② 슬로터
③ 플레이너　　④ 브로칭 머신

해설 • 셰이퍼 : 작은 평면을 절삭하는 데 사용
• 플레이너 : 큰 평면을 절삭하는 데 사용

55. 가공 능률에 따라 공작 기계를 분류할 때 가공할 수 있는 기능이 다양하고, 절삭 및 이송 속도의 범위가 크기 때문에 제품에 맞추어 절삭 조건을 선정하여 가공할 수 있는 공작 기계는?
① 단능 공작 기계
② 만능 공작 기계

정답　49. ②　50. ④　51. ①　52. ④　53. ③　54. ③　55. ③

③ 범용 공작 기계
④ 전용 공작 기계

해설
- 단능 공작 기계 : 한 가지 공정만 가능하며, 생산성과 능률은 높으나 융통성이 없다.
- 만능 공작 기계 : 여러 종류의 공작 기계로 할 수 있는 가공을 1대의 공작 기계로 가능하다.
- 전용 공작 기계 : 특정 제품을 대량 생산할 때 적합한 공작 기계로, 소량 생산에는 부적합하다.

56. 칩을 발생시켜 불필요한 부분을 제거하여 필요한 제품의 형상으로 가공하는 방법은?

① 소성 가공법
② 절삭 가공법
③ 접합 가공법
④ 탄성 가공법

해설 절삭 가공법은 소재의 불필요한 부분을 칩의 형태로 제거하여 원하는 최종 형상을 만드는 가공법으로 선반, 밀링, 연삭기, 드릴링 머신 등이 사용된다.

57. 노즈 반경이 크면 다음 중 어떤 현상이 일어나는가?

① 떨림 발생
② 절삭 저항 감소
③ 절삭 깊이 증가
④ 날의 수명 감소

해설 노즈 반경은 다듬질면의 거칠기를 결정하며, 날 끝의 강도를 좌우한다.

58. 다음 중 선반에서 심압대에 고정하여 사용하는 것은?

① 바이트
② 드릴
③ 이동형 방진구
④ 면판

해설
- 바이트 : 공구대에 고정
- 이동형 방진구 : 왕복대 새들에 고정
- 면판 : 주축 선단에 고정

59. 다음 중 선반의 크기를 나타내는 것으로만 조합된 항은?

ⓐ 가공할 수 있는 공작물의 최대 지름
ⓑ 뚫을 수 있는 최대 구멍 지름
ⓒ 테이블의 세로 방향 최대 이송거리
ⓓ 베이스의 작업 면적
ⓔ 니의 최대 상하 이송거리
ⓕ 가공할 수 있는 공작물의 최대 길이

① ⓑ, ⓒ
② ⓓ, ⓔ
③ ⓑ, ⓕ
④ ⓐ, ⓕ

해설 선반의 크기는 일반적으로 베드 위에서 스윙(swing), 왕복대 상의 스윙, 양 센터 사이의 거리로 나타낸다.

60. 피드백 장치 없이 스테핑 모터를 사용해서 위치를 제어하는 방식은?

① 폐쇄회로 방식
② 개방회로 방식
③ 반개방회로 방식
④ 반폐쇄회로 방식

해설 개방회로 방식은 피드백 장치가 없기 때문에 가공 정밀도에 문제가 있어 현재는 거의 사용되지 않는다.

정답 56. ② 57. ① 58. ② 59. ④ 60. ②

2023년 제1회 CBT 복원문제

1과목 도면 해독 및 측정

1. 기계 제도 도면 작업 중에서 부분 확대도를 올바르게 설명한 것은?

① 어떤 물체의 구멍이나 홈 등 한 부분만의 모양을 표시한 투상도
② 경사면에 대해 실제 모양을 표시할 필요가 있는 경우 나타낸 투상도
③ 그림의 일부를 도시해 그린 것으로 충분할 경우 그 부분만 도시하여 그린 투상도
④ 특정 부위의 도형이 작아 치수 기입이 곤란할 경우 다른 곳에 척도를 크게 하여 나타낸 투상도

해설 부분 확대도 : 특정 부위의 도형이 작아 치수 기입이 곤란할 때 다른 곳에 척도를 크게 하여 나타낸 투상도로, 가는 실선으로 둘러싸고 알파벳 대문자로 나타낸다.

2. 삼침법으로 나사를 측정하고자 한다. 나사의 축선에 평행하게 측정하였을 때 나사산의 홈과 폭이 상등하게 되는 가상 원통의 지름은?

① 골지름　　② 끝지름
③ 바깥지름　　④ 유효지름

해설 삼침법은 지름이 같은 3개의 와이어를 나사산에 대고 와이어의 바깥쪽을 마이크로미터로 측정하는 방법으로, 게이지류와 같이 정도가 높은 나사의 유효지름을 측정할 때 이용된다.

3. 게이지 블록 구조 형상의 종류에 해당되지 않는 것은?

① 호크형
② 캐리형
③ 레버형
④ 요한슨형

해설 게이지 블록은 단면을 기준으로 한 길이 측정기로 게이지 블록의 종류는 다음과 같다.
- 호크형 : 중앙에 구멍이 뚫린 정사각형의 단면을 가진다.
- 캐리형 : 중앙에 구멍이 뚫린 모양이며, 원형이다.
- 요한슨형 : 직사각형의 단면을 가진다.

4. HM형 높이 게이지를 사용하여 공작물의 평면도를 검사하려고 한다. 필요한 어태치먼트(attachment)는?

① 다이얼 게이지
② 게이지 블록
③ 오프셋형 스크라이버
④ 깊이 바

해설 HM형 높이 게이지를 사용하여 공작물의 평면도를 검사하는 어태치먼트는 다이얼 게이지이다.

5. 게이지 블록의 부속품이 아닌 것은?

① 홀더
② 스크라이버 포인트
③ 스크레이퍼
④ 베이스 블록

정답 1. ④　2. ④　3. ③　4. ①　5. ③

해설 게이지 블록의 부속품에는 둥근형 조(jaw)와 평행 조, 스크라이버 포인트, 홀더, 센터 포인트, 베이스 블록, 삼각 스트레이트 에지 등이 있다.

6. 직접 측정에 대한 설명으로 틀린 것은?
① 측정물의 실제 치수를 직접 읽을 수 있다.
② 게이지 블록을 기준으로 피측정물을 측정한다.
③ 수량이 적고, 많은 종류의 제품 측정에 적합하다.
④ 측정기의 측정 범위가 다른 측정법에 비하여 넓다.

해설 직접 측정은 측정기를 직접 제품에 접촉 또는 비접촉을 하는 방식으로 이루어지며, 바로 눈금을 읽음으로 측정값을 얻는 방법으로 절대 측정이라고도 한다.
※ ②는 비교 측정에 해당한다.

7. 도면을 작성할 때 다음 선들이 모두 겹쳤을 경우 가장 우선적으로 나타내야 하는 선은 어느 것인가?
① 절단선   ② 무게중심선
③ 치수 보조선   ④ 숨은선

해설 중복되는 선의 우선순위 : 외형선 → 숨은선(은선) → 절단선 → 중심선 → 무게중심선 → 치수 보조선

8. 다음 그림과 같이 표면의 결 도시 기호가 있을 때 이에 대한 설명으로 옳지 않은 것은 어느 것인가?

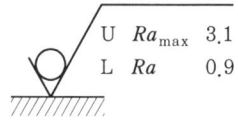

① 양측 상한 및 하한치를 적용한다.
② 재료 제거를 허용하지 않는 공정이다.
③ 10개의 샘플링 길이를 평가 길이로 적용한다.
④ 상한치는 산술평균편차에 max-규칙을 적용한다.

해설 표면 거칠기의 지시 방법은 지시하는 표면 거칠기의 파라미터에 따라 R_a, R_y, R_z를 사용하며, 단위는 μm이나 표면 거칠기의 지시값에는 단위 기호의 기입을 생략한다.

9. 다음 기하 공차 기호에 대한 설명으로 틀린 것은?

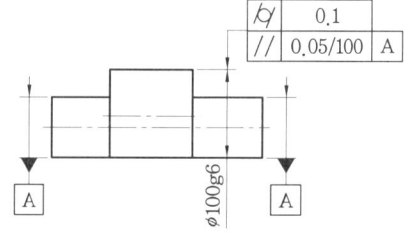

① 기하 공차값 0.1mm는 원통도 기하 공차가 적용된다.
② 평행도 기하 공차 데이텀 A는 양쪽 작은 원통 부위의 공통되는 축 직선을 말한다.
③ 지정 길이 100mm에 대한 평행도 공차값은 0.05mm이다.
④ 적용하는 형상은 2개의 기하 공차 중 한 개만 만족하면 된다.

해설 도시된 기하 공차는 모두 적용되어야 한다.

10. 화살표 방향을 정면으로 하여 제3각법으로 투상하였을 때 가장 적합한 것은?

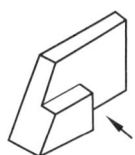

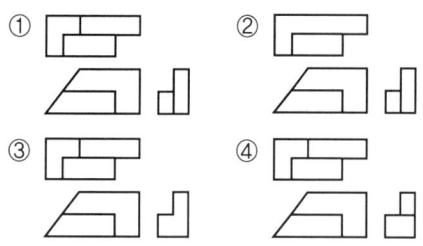

해설 제3각법 투상
- 정면도 : 화살표 방향의 투상도로 좌측 하단에 도시
- 평면도 : 위에서 내려본 투상도로 좌측 상단(정면도 위)에 도시
- 우측면도 : 우측에서 바라본 투상도로 우측 하단(정면도 오른쪽)에 도시

11. 표면의 결을 도시할 때 제거가공을 허용하지 않는다는 것을 지시한 것은?

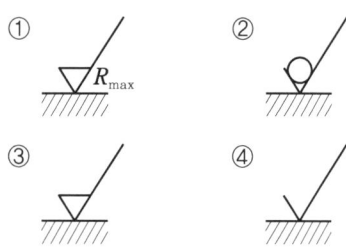

해설 표면의 결 도시

기본 기호 제거가공 필요 제거가공 불필요

12. 가공 모양의 기호에 대한 설명으로 잘못된 것은?

① = : 가공에 의한 컷의 줄무늬 방향이 기호를 기입한 그림의 투영한 면에 평행
② × : 가공에 의한 컷의 줄무늬 방향이 기호를 기입한 그림의 투영면에 비스듬하게 2방향으로 교차
③ M : 가공에 의한 컷의 줄무늬가 여러 방향

④ R : 가공에 의한 컷의 줄무늬가 기호를 기입한 면의 중심에 대하여 거의 동심원 모양

해설 R : 가공에 의한 컷의 줄무늬가 기호를 기입한 면의 중심에 대하여 거의 반지름 모양

13. 스퍼 기어를 제도할 경우 스퍼 기어 요목표에 일반적으로 기입하는 항목으로 거리가 먼 것은?

① 기준 피치원 지름
② 모듈
③ 압력각
④ 기어의 이폭

해설 스퍼 기어 요목표의 예

기어 치형		표준
공구	치형	보통 이
	모듈	2
	압력각	20°
잇수		28
피치원 지름		P.C.D. 56
전체 이 높이		4.5
다듬질 방법		호브 절삭
정밀도		KS B 1405, 5급

14. 축의 홈 속에서 자유로이 기울어질 수 있어 키가 자동적으로 축과 보스에 조정되는 장점이 있지만, 키 홈의 깊이가 커서 축의 강도가 약해지는 단점이 있는 키는?

① 반달 키   ② 원뿔 키
③ 묻힘 키   ④ 평행 키

해설
- 원뿔 키 : 축과 보스에 홈을 파지 않고 갈라진 원뿔통의 마찰력으로 고정한다.
- 묻힘 키, 평행 키 : 축과 보스에 다 같이 홈을 파는 것으로, 가장 많이 사용된다.
- 반달 키 : 축의 원호상에 홈을 파고, 키를

정답 11. ② 12. ④ 13. ④ 14. ①

끼워 넣은 다음 보스를 밀어 넣는다. 축이 약해지는 단점이 있다.

15. 기어에서 이의 크기를 나타내는 방법이 아닌 것은?

① 피치원 지름
② 원주 피치
③ 모듈
④ 지름 피치

해설 이의 크기

모듈(m)	지름 피치(p_d)	원주 피치(p)
$m = \dfrac{D}{Z}$	$p_d = \dfrac{Z}{D}$	$p = \dfrac{\pi D}{Z}$

16. 원동축에서 종동축에 동력을 연결하거나 동력 전달 중에 동력을 끊을 필요가 있을 때 사용되는 기계요소에 속하는 것은?

① 원심 클러치
② 플렉시블 커플링
③ 셀러 커플링
④ 유니버설 조인트

해설 축이 회전하는 상태에서 원동축과 종동축의 연결을 수시로 끊거나 연결하기를 반복할 때 사용하는 축이음을 클러치라 한다.

17. 주로 운동용으로 사용되는 나사에 속하지 않는 것은?

① 사각 나사
② 미터 나사
③ 톱니 나사
④ 사다리꼴 나사

해설 미터 나사는 체결용 나사이다.

18. 다른 기어장치와 비교하여 웜 기어 장치의 특징에 대한 설명으로 옳지 않은 것은?

① 소음과 진동이 적다.
② 큰 감속비를 얻을 수 있다.
③ 미끄럼이 적고 효율이 높다.
④ 역회전을 방지할 수 있다.

해설 웜 기어는 감속비가 8~140까지 가능하며, 소음과 진동이 적고 역회전을 방지할 수 있다.

19. 정(chilsel) 등의 공구를 사용하여 리벳머리의 주위와 강판의 가장자리를 두드리는 작업을 코킹(caulking)이라 하는데, 이러한 작업을 실시하는 목적으로 적절한 것은?

① 리베팅 작업에 있어서 강판의 강도를 크게 하기 위하여
② 리베팅 작업에 있어서 기밀을 유지하기 위하여
③ 리베팅 작업 중 파손된 부분을 수정하기 위하여
④ 리벳이 들어갈 구멍을 뚫기 위하여

해설 리벳 이음 작업 시 유체의 누설을 막기 위해 코킹이나 풀러링을 한다. 이때 판재의 두께 5 mm 이상에서 행하며, 판 끝은 75~85°로 깎아준다.

20. 평벨트 전동장치와 비교하여 V 벨트 전동장치에 대한 설명으로 옳지 않은 것은?

① 접촉 면적이 넓으므로 비교적 큰 동력을 전달한다.
② 장력이 커서 베어링에 걸리는 하중이 큰 편이다.
③ 미끄럼이 작고 속도비가 크다.
④ 바로 걸기로만 사용이 가능하다.

해설 평벨트 전동장치와 비교하여 V 벨트 전동장치는 동력 전달 상태가 원활하고 정숙하며, 베어링에 걸리는 하중도 작다.

정답 15. ① 16. ① 17. ② 18. ③ 19. ② 20. ②

2과목 CAM 프로그래밍

21. 컴퓨터에서 자료 표현의 최소 단위는?
① bit ② byte
③ field ④ word

해설 bit : 0 또는 1을 나타내는 정보 표현의 최소 단위

22. 그림에서와 같이 P₁ → P₂로 절삭하고자 할 때 옳은 것은?

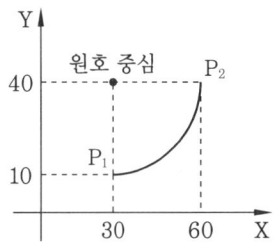

① G90 G02 X60. Y40. I10. J40 ;
② G90 G02 X30. Y10. I10. J40 ;
③ G90 G03 X60. Y40. I10. J40 ;
④ G90 G03 X60. Y40. I0. J30 ;

해설 원호 보간의 I, J, K값은 시작점에서 중심까지의 X, Y, Z 방향 벡터량이며, I는 X축, J는 Y축, K는 Z축 보간을 말한다. 그림에서와 같이 P₁ → P₂로 절삭할 때 프로그램 명령은 G90 G03 X60. Y40. I0. J30 ;이다.

23. CAD 용어에 대한 설명 중 틀린 것은?
① 표시하고자 하는 화면상의 영역을 벗어나는 선들을 잘라버리는 것을 트리밍(trimming)이라고 한다.
② 물체를 완전히 관통하지 않는 홈을 형성하는 특징 형상을 포켓(pocket)이라고 한다.
③ 명령의 실행 또는 마우스 클릭 시마다 On 또는 Off가 번갈아 나타나는 세팅을 토글(toggle)이라고 한다.
④ 모델을 명암으로 포함된 색상으로 처리한 솔리드로 표시하는 작업을 셰이딩(shading)이라 한다.

해설 트리밍 : 화면상의 영역을 벗어나는 선들을 잘라버리는 것이 아니라 기준이 되는 선이나 원, 호로 인해 생기는 교차점을 기준으로 객체를 자르는 것이다.

24. 공간상의 한 점을 표시하기 위해 사용되는 좌표계이며 거리(r), 각도(θ), 높이(z)로 나타내는 좌표계는?
① 직교 좌표계 ② 극좌표계
③ 원통 좌표계 ④ 구면 좌표계

해설 원통 좌표계 : x, y평면에서 원점부터 한 점까지의 거리, 이 거리가 x축과 이루는 각도, 높이에 의해 표시되는 좌표계이다.

25. 곡면 모델링에 관련된 기하학적 요소 (geometric entity)와 관련이 없는 것은?
① 점(point) ② 픽셀(pixel)
③ 곡선(curve) ④ 곡면(surface)

해설 픽셀 : LCD 화면의 그래픽 처리 디스플레이 장치에 의해 화면을 구성하는 가장 최소 단위이다.

26. CAD/CAM의 도입 효과와 가장 거리가 먼 것은?
① 설계 생산성 향상 및 설계 변경 용이
② 회계, 고객 관리 업무의 통합적 수행
③ 도면의 품질 향상
④ 제품의 개발 기간 단축

정답 21.① 22.④ 23.① 24.③ 25.② 26.②

해설 CAD/CAM 시스템의 효과 : 품질 향상, 원가 절감, 납기 단축, 신뢰성 향상, 표준화, 경쟁력 강화, 정보화, 제품 개발 기간 단축, 설계 변경 용이

27. 원뿔에 의한 원뿔 곡선이 아닌 것은?

① 3차 스플라인 곡선
② 쌍곡선
③ 포물선
④ 타원

해설 원뿔 곡선은 평면과 교차하는 방향에 따라 원, 타원, 쌍곡선, 포물선 등을 생성하는 곡선이다.

28. 두 점 (1, 1), (3, 4)를 잇는 선분을 원점 기준으로 X 방향으로 2배, Y 방향으로 0.5배 확대(축소)하였을 때 선분 양 끝점의 좌표를 구한 것은?

① (1, 1), (1.5, 2)
② (1, 1), (6, 2)
③ (2, 0.5), (6, 2)
④ (2, 2), (1.5, 2)

해설 $\begin{bmatrix} x' & y' \end{bmatrix} = \begin{bmatrix} 1 & 1 \\ 3 & 4 \end{bmatrix} \begin{bmatrix} 2 & 0 \\ 0 & 0.5 \end{bmatrix} = \begin{bmatrix} 2 & 0.5 \\ 6 & 2 \end{bmatrix}$
$= (2, 0.5), (6, 2)$

29. CAD/CAM 시스템에서 4개의 점의 위치 벡터와 4개의 경계 곡선으로부터 그 경계 조건을 만족하는 내부를 연결한 곡면은?

① Coons 곡면   ② Bezier 곡면
③ NURBS 곡면   ④ B-Spline 곡면

해설 쿤스 곡면은 곡면을 변형시키지 않고 펼쳐서 평면으로 전개하는 표현에는 적합하지 않다.

30. 물리적 성질(체적, 관성, 무게, 모멘트 등) 제공이 가능한 방법은?

① 스플라인 모델링(spline modeling)
② 시뮬레이션 모델링(simulationmodeling)
③ 곡면 모델링(surface modeling)
④ 솔리드 모델링(solid modeling)

해설 솔리드 모델링은 물리적 성질(체적, 관성, 모멘트 등)의 제공이 가능하며, boolean 연산(합, 차, 적)에 의하여 복잡한 형상을 표현할 수 있다.

31. 직육면체를 8개의 정점의 좌표(V_1~V_8)와 각 정점을 연결하는 모서리들(e_1~e_{12})에 관한 정보로만 표현하는 모델은?

① solid model
② surface model
③ wire frame model
④ system model

해설 와이어 프레임 모델링
• 직육면체를 8개의 정점의 좌표와 각 정점을 연결하는 모서리들에 관한 정보로만 표현한다.
• 데이터 구성이 단순하다.
• 모델 작성을 쉽게 할 수 있다.
• 3면 투시도의 작성이 용이하다.

32. 솔리드 모델링의 오일러 작업에 관한 설명 중 틀린 것은?

① 오일러 관계식을 만족한다.
② 오일러 작업 후에는 항상 합당한 형상으로의 변화를 보장한다.
③ 토폴로지 요소들은 서로 독립적으로 만들고 없앨 수 있다.
④ 토폴로지 요소에는 꼭짓점, 모서리, 면, 루프, 셀이 있다.

정답 27.① 28.③ 29.① 30.④ 31.③ 32.③

해설 솔리드 모델링 작업에서 토폴로지 요소들은 서로 연계되어 있어 독립적으로 만들 수 없다.

33. 액상의 광경화수지에 레이저를 조사하여 굳힌 후 적층하는 방식의 RP(Rapid Prototyping) 공정은?

① SLS(Selective Laser Sintering)
② FDM(Fused-Deposition Modeling)
③ SLA(Stereo Lithography Apparatus)
④ LOM(Laminated-ObjectManufacturing)

해설
- SLS : 한 층씩 기능성 고분자 또는 금속 분말을 도포하고 레이저 광선을 주사하여 소결 성형하는 원리이다.
- FDM : 3μm 지름의 필라멘트선으로 된 열가소성 소재를 노즐 안에서 가열하여 용해한 후, 이를 짜내고 조형 면에 쌓아올려 만드는 원리이다.
- LOM : 종이 뒷면의 접착 재료를 고열의 롤러로 압착시킨 후 CAD 데이터로부터 입력된 정보에 따라 종이를 레이저로 절단하여 한 층씩 적층하는 원리이다.

34. CAM 시스템을 이용하여 NC 데이터 생성 시 계산된 공구 경로를 각 기계 컨트롤러에 맞게 NC 데이터를 만들어주는 작업은 어느 것인가?

① post processing ② part program
③ CNC   ④ DNC

해설 포스트 프로세서 : NC 데이터를 읽고 특정 CNC 공작 기계의 컨트롤러에 맞게 NC 데이터를 생성한다.

35. 2차원에서의 변환 행렬 $T_H(3 \times 3)$에 대한 설명 중 틀린 것은?

$$[x^* \ y^* \ 1] = [x \ y \ 1][T_H]$$

$$[T_H] = \begin{bmatrix} a & b & p \\ c & d & q \\ m & n & s \end{bmatrix}$$

① m, n은 이동(translation)에 관계된다.
② p, q는 대칭 변환(reflection)에 관계된다.
③ a, b, c, d는 회전(rotation), 스케일링(scaling) 등에 관계된다.
④ s는 전체적인 스케일링(overall scaling)에 영향을 미친다.

해설 $T_H = \begin{bmatrix} a & b & p \\ c & d & q \\ m & n & s \end{bmatrix}$

여기서, a, b, c, d : 스케일링, 회전, 전단, 대칭
m, n : 평행이동
p, q : 투영(투사)
s : 전체적인 스케일링

36. CAD 시스템에서 사용되는 곡면 모델링에 대한 설명으로 틀린 것은?

① 스윕(sweep) 곡면 : 안내 곡선을 따라 이동 곡선이 이동하면서 생성되는 곡면
② 그리드(grid) 곡면 : 측정기 등에서 얻은 점을 근사적으로 연결하는 곡면
③ 블렌딩(blending) 곡면 : 두 곡면이 만나는 부분을 부드럽게 만들 때 생성하는 곡면
④ 회전(revolve) 곡면 : 하나의 곡선을 축을 따라 평행이동시켜 모델링한 곡면

해설 회전 곡면 : 회전축을 중심으로 곡선을 회전할 때 생성되는 곡면

37. CNC 프로그램의 보조 기능에 해당되지 않는 것은?

① 절삭유 공급 여부
② 프로그램 시작 지령

정답 33. ③ 34. ① 35. ② 36. ④ 37. ②

③ 주축 회전 방향 결정
④ 보조 프로그램 호출

해설 • 절삭유 ON : M08, OFF : M09
• 주축 정회전 : M03, 역회전 : M04
• 보조 프로그램 호출 : M98, 종료 : M99

38. 머시닝센터에서 $\phi 20$, 4날 엔드밀을 사용하여 SM45C 가공 시 프로그램에서 지령해야 할 이송량(mm/min)은 약 얼마인가? (단, SM45C의 절삭 속도는 100m/min, 공구의 날당 이송량은 0.05mm/tooth이다.)

① 118　　② 218
③ 268　　④ 318

해설 $N = \dfrac{1000V}{\pi D} = \dfrac{1000 \times 100}{\pi \times 20} ≒ 1592\,\text{rpm}$

∴ $f = f_z \times Z \times N = 0.05 \times 4 \times 1592$
　　≒ 318 mm/min

39. CNC 선반 프로그램 중 다음의 복합 고정형 나사 절삭 사이클에 대한 설명으로 틀린 것은?

```
G76 P010060 Q50 R30
G76 X27.62 Z-25.0 P1190 Q350 F2.0
```

① Q50은 정삭 여유값이다.
② Q350은 첫 번째 절입량이다.
③ P1190은 나사산의 높이값이다.
④ P010060의 01은 다듬질 횟수다.

해설 • Q50 : 첫 번째 절입 깊이(0.05mm-소수점 사용 불가)
• R30 : 다듬질 여유(0.03mm)

40. CNC 공작 기계에서 작업을 수행하기 위한 제어 방식 중 틀린 것은?

① 위치 결정 제어
② 직선 절삭 제어
③ 평면 절삭 제어
④ 윤곽 절삭(연속 절삭) 제어

해설 • 위치 결정 제어 : 가장 간단한 제어 방식으로 PTP 제어라고도 한다.
• 직선 절삭 제어 : 절삭 공구가 현재의 위치에서 지정한 다른 위치로 직선 이동하면서 동시에 절삭하도록 제어하는 기능
• 윤곽 절삭 제어 : 곡선 등의 복잡한 형상을 연속적으로 윤곽 제어할 수 있는 시스템

3과목 컴퓨터 수치 제어(CNC) 절삭 가공

41. 선반용 부속품 및 부속장치에 대한 설명이 틀린 것은?

① 단동척은 편심, 불규칙한 가공물을 고정할 때 사용한다.
② 방진구는 주축의 회전력을 가공물에 전달하기 위하여 사용한다.
③ 면판은 척에 고정할 수 없는 불규칙하거나 대형의 가공물 또는 복잡한 가공물을 고정할 때 사용한다.
④ 콜릿 척은 지름이 작은 가공물이나 각봉재를 가공할 때 사용되며 터릿 선반이나 자동 선반에 주로 사용한다.

해설 방진구(work rest)
• 선반에서 가늘고 긴 가공물을 절삭할 때 사용하는 부품이다.
• 가공물의 길이가 지름의 20배가 넘으면 절삭력과 자체 무게에 의하여 가공물에 진동이 발생하여 절삭에 방해가 되므로 방진구를 설치한다.

정답 38. ④　39. ①　40. ③　41. ②

- 고정식 : 베드에 설치한다.
- 이동식 : 왕복대의 새들 부분에 설치한다.

42. 밀링 머신에서 테이블의 백래시(back lash) 제거장치의 설치 위치는?

① 변속 기어
② 자동 이송 레버
③ 테이블 이송 나사
④ 테이블 이송 핸들

해설 백래시 제거장치는 테이블 이송 나사에 설치한다.

43. 상향 절삭과 하향 절삭에 대한 설명으로 틀린 것은?

① 하향 절삭은 상향 절삭보다 표면 거칠기가 우수하다.
② 상향 절삭은 하향 절삭에 비해 공구의 수명이 짧다.
③ 상향 절삭은 하향 절삭과는 달리 백래시 제거장치가 필요하다.
④ 상향 절삭은 하향 절삭할 때보다 가공물을 견고하게 고정해야 한다.

해설 상향 절삭과 하향 절삭

상향 절삭	하향 절삭
• 백래시 제거 불필요 • 공작물 고정이 불리 • 공구 수명이 짧다. • 소비 동력이 크다. • 가공면이 거칠다. • 기계 강성이 낮아도 된다.	• 백래시 제거 필요 • 공작물 고정이 유리 • 공구 수명이 길다. • 소비 동력이 작다. • 가공면이 깨끗하다. • 기계 강성이 높아야 한다.

44. 다음 중 연삭숫돌의 표시에 대한 설명으로 옳은 것은?

① 연삭입자 C는 갈색 알루미나를 의미한다.
② 결합제 R은 레지노이드 결합제를 의미한다.
③ 연삭숫돌의 입도 #100이 #300보다 입자의 크기가 크다.
④ 결합도 K 이하는 경한 숫돌, L~O는 중간 정도, P 이상은 연한 숫돌이다.

해설
- 연삭입자 C는 흑색 탄화규소질(SiC)을 의미한다.
- 결합제 R은 러버 결합제를 의미한다.
- 결합도 K 이하는 연한 숫돌, L~O는 중간 정도, P 이상은 단단한 숫돌이다.

45. 풀리(pulley)의 보스(boss)에 키 홈을 가공하려 할 때 사용되는 공작 기계는?

① 보링 머신
② 호빙 머신
③ 드릴링 머신
④ 브로칭 머신

해설 브로칭 머신 : 키 홈, 스플라인 구멍, 다각형 구멍 등의 작업을 한다.

46. 브로칭 머신에 사용하는 절삭 공구 브로치의 피치 간격을 일정하게 하지 않는 이유로 옳은 것은?

① 난삭재 가공
② 칩 처리 용이
③ 가공시간 단축
④ 떨림 발생 방지

해설
- 브로칭 머신에 사용하는 절삭 공구 브로치의 피치 간격을 다르게 하는 이유는 절삭 시 발생하는 떨림을 방지하기 위함이다.
- 피치의 간격을 다소(0.1~0.5mm 정도) 다르게 하면 가공면의 표면 거칠기가 좋아진다.

47. 다음 중 초경합금을 제작할 때 사용되는 결합제는?

정답 42. ③ 43. ③ 44. ③ 45. ④ 46. ④ 47. ③

① F　　　　　② Cl
③ Co　　　　④ CH₄

해설 초경합금(소결 초경합금)
- W, Ti, Ta, Mo, Zr 등을 주원료로 한다.
- Co, Ni을 결합제로 사용한다.
- 주원료와 결합제를 1400℃ 이상의 고온으로 가열하여 프레스로 소결 성형한 절삭 공구이다.

48. 일반적으로 센터 드릴에서 사용되는 각도가 아닌 것은?
① 45°　　　② 60°
③ 75°　　　④ 90°

해설 일반적으로 센터 드릴 각도는 60°이며, 중량물 지지 시 75°, 90°가 사용된다.

49. 윤활제의 윤활 방법 중 슬라이딩 면이 유막에 의해 완전히 분리되어 균형을 이루게 되는 윤활 상태는?
① 고체 윤활
② 경계 윤활
③ 극압 윤활
④ 유체 윤활

해설 유체 윤활 상태는 접촉면 사이에 윤활제 유막이 형성되어 있으며, 유막의 점성이 충분할 때는 접촉면의 마찰계수가 작아서 잘 미끄러진다.

50. 드릴의 웨브(web)에 관한 설명 중 옳은 것은?
① 절삭을 하는 실제 부분이다.
② 두께가 두꺼우면 절삭 저항이 크다.
③ 드릴의 굵기를 나타내는 기준이 된다.
④ 절삭 구멍과 드릴의 크기와의 차이이다.

해설 웨브는 홈과 홈 사이의 두께를 말하며, 두께는 지름의 12~15%로 날끝이 받는 저항력을 지지한다.

51. 공작물이 매분 100회전하고 0.2mm/rev의 조건으로 공구가 이송하여 선반 가공할 때 공작물의 가공 길이가 100mm일 경우 가공 시간은 몇 초인가? (단, 1회 가공이다.)
① 200　　　② 300
③ 400　　　④ 500

해설 $T = \dfrac{L}{Nf} = \dfrac{100}{100 \times 0.2} = 5$분 $= 300$초

52. 주조 경질 합금 중에서 스텔라이트(stellite)의 주성분은?
① W, Cr, V
② W, C, Ti, Co
③ Co, W, Cr, Fe
④ W, Ti, Ta, Mo

해설 주조 경질 합금은 C-Co-Cr-W을 주성분으로 하며 스텔라이트라고도 한다.

53. 평면이나 원통면을 더욱 정밀하게 다듬질 가공을 하는 것으로, 소량의 금속 표면을 국부적으로 깎아내는 작업은?
① 밀링(milling)
② 연삭(grinding)
③ 줄 작업(file work)
④ 스크레이핑(scraping)

해설 스크레이핑은 스크레이퍼를 사용하여 평면이나 원통면 등 끼워맞춤면을 더욱 정밀하게 다듬질 가공하는 작업이다.

정답 48. ①　49. ④　50. ②　51. ②　52. ③　53. ④

54. 밀링 작업에서 분할 작업의 종류가 아닌 것은?

① 단식 분할법　② 연동 분할법
③ 직접 분할법　④ 차동 분할법

해설 • 직접 분할법 : 주축 앞부분에 있는 24개의 구멍을 이용하여 분할하는 방법
• 간접 분할법 : 단식 분할법, 차동 분할법, 각도 분할법

55. 탭으로 암나사 가공 작업 시 탭의 파손 원인으로 적절하지 않은 것은?

① 탭이 경사지게 들어간 경우
② 탭 재질의 경도가 높은 경우
③ 탭의 가공 속도가 빠른 경우
④ 탭이 구멍 바닥에 부딪혔을 경우

해설 탭 작업 시 탭이 부러지는 이유
• 구멍이 작거나 바르지 못할 때
• 탭이 구멍 바닥에 부딪혔을 때
• 칩의 배출이 원활하지 못할 때
• 핸들에 무리한 힘을 주었을 때
• 소재보다 탭의 경도가 낮을 때

56. W, Cr, V, Co들의 원소를 함유하는 합금강으로 600℃까지 고온 경도를 유지하는 공구 재료는?

① 고속도강
② 초경합금
③ 탄소 공구강
④ 합금 공구강

해설 • 초경합금 : W, Ti, Ta, Mo, Co가 주성분이며 고속 절삭에 널리 쓰인다.
• 탄소 공구강 : 탄소량이 0.6~1.5% 정도이고 탄소량에 따라 1~7종으로 분류한다.
• 합금 공구강 : 탄소강에 합금 성분인 W, Cr, W-Cr 등을 1종 또는 2종을 첨가한 것으로 STS 3, STS 5, STS 11이 많이 사용된다.

57. 절삭 공구 수명을 판정하는 방법으로 틀린 것은?

① 공구 인선의 마모가 일정량에 달했을 경우
② 완성 가공된 치수의 변화가 일정량에 달했을 경우
③ 절삭 저항의 주분력이 절삭을 시작했을 때와 비교하여 동일할 경우
④ 완성 가공면 또는 절삭 가공한 직후 가공 표면에 광택이 있는 색조 또는 반점이 생길 경우

해설 절삭 저항의 주분력, 배분력, 이송 분력이 절삭을 시작했을 때와 비교하여 변화할 경우이어야 한다.

58. 선반 작업에서 구성 인선(built-up edge)의 발생 원인에 해당하는 것은?

① 절삭 깊이를 적게 할 때
② 절삭 속도를 느리게 할 때
③ 바이트의 윗면 경사각이 클 때
④ 윤활성이 좋은 절삭유제를 사용할 때

해설 연강, 스테인리스강, 알루미늄처럼 바이트 재료와 친화성이 강한 재료를 절삭할 경우, 절삭된 칩의 일부가 날 끝부분에 부착하여 대단히 굳은 퇴적물로 되어 절삭날 구실을 하는 것을 구성 인선이라 하며, 방지책은 다음과 같다.
• 공구의 윗면 경사각을 크게 한다.
• 절삭 속도를 크게 한다.
• 윤활성이 좋은 윤활제를 사용한다.
• 절삭 깊이를 작게 한다.
• 절삭 공구의 인선을 예리하게 한다.
• 이송 속도를 줄인다.

정답 54. ②　55. ②　56. ①　57. ③　58. ②

59. 도금을 응용한 방법으로 모델을 음극에 전착시킨 금속을 양극에 설치하고, 전해액 속에서 전기를 통전하여 적당한 두께로 금속을 입히는 가공 방법은?

① 전주 가공　　② 전해 연삭
③ 레이저 가공　④ 초음파 가공

해설
- 전해 연삭 : 전해 연마에서 나타난 양극의 생성물을 연삭 작업으로 갈아 없애는 가공법
- 레이저 가공 : 레이저 빛을 한 점에 집중시켜 고도의 에너지 밀도로 가공하는 방법
- 초음파 가공 : 초음파 진동수로 기계적 진동을 하는 공구와 공작물 사이에 숫돌 입자, 물 또는 기름을 주입하면 숫돌 입자가 일감을 때려 표면을 다듬는 방법

60. 윤활제의 구비 조건으로 틀린 것은?

① 사용 상태에 따라 점도가 변할 것
② 산화나 열에 대하여 안정성이 높을 것
③ 화학적으로 불활성이며 깨끗하고 균질할 것
④ 한계 윤활 상태에서 견딜 수 있는 유성이 있을 것

해설 윤활제의 구비 조건
- 열이나 산에 강해야 한다.
- 금속의 부식성이 적어야 한다.
- 열전도가 좋고 내하중성이 커야 한다.
- 가격이 저렴하고 적당한 점성이 있어야 한다.
- 온도 변화에 따른 점도 변화가 작아야 한다.
- 양호한 유성을 가진 것으로 카본 생성이 적어야 한다.

정답 59. ① 60. ①

2023년 제2회 CBT 복원문제

1과목 도면 해독 및 측정

1. 그림과 같이 암나사를 단면으로 표시할 때, 가는 실선으로 도시하는 부분은?

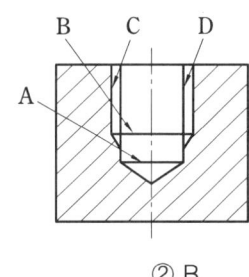

① A ② B
③ C ④ D

해설 암나사의 골지름, 완전 나사부와 불완전 나사부의 경계선은 굵은 실선으로, 암나사의 바깥지름, 불완전 나사부의 골은 가는 실선으로 그린다.

2. 축에 풀리, 기어, 플라이 휠, 커플링 등의 회전체를 고정시켜 원주 방향의 상대적인 운동을 방지하면서 회전력을 전달시키는 기계요소는?

① 볼트 ② 코터
③ 리벳 ④ 키

해설 키는 풀리, 기어, 커플링 등의 회전체를 축과 고정시켜서 축과 회전체를 일체로 하여 회전력을 전달하는 기계요소이다.

3. 버니어 캘리퍼스의 0점 설정에 대한 설명으로 틀린 것은?

① 깊이 바의 무딘 상태와 휨의 발생이 없는지 확인한다.
② 슬라이드를 이송시켰을 때 지나치게 헐겁거나 타이트한 느낌이 나지 않는지 확인한다.
③ 0점에 위치시켰을 때 눈금의 정확도를 확인하고 값에 차이가 나면 훅 렌치를 이용하여 기선을 맞춘 후 사용한다.
④ 조의 상태가 양호한지 0점에 위치하도록 밀착시켜 밝은 빛에서 서로 다른 조 사이로 미세한 빛이 고르게 들어오는지 확인한다.

해설 0점에 위치시켰을 때의 상태가 양호하면 게이지 블록을 이용하여 최소한 버니어 캘리퍼스의 처음, 중간, 끝부분에 해당되는 눈금의 정확도를 확인하고, 값에 차이가 나면 보정값을 적용한다.

4. 측정 오차에 관한 설명으로 틀린 것은?

① 계통 오차는 측정값에 일정한 영향을 주는 원인에 의해 발생하는 오차이다.
② 우연 오차는 측정자와 관계없이 발생하며, 반복적이고 정확한 측정으로 오차 보정이 가능하다.
③ 개인 오차는 측정자의 부주의로 발생하는 오차이며, 주의하여 측정하고 결과를 보정하면 줄일 수 있다.
④ 계기 오차는 측정 압력, 측정 온도, 측정기 마모 등으로 발생하는 오차이다.

해설 우연 오차
• 측정자가 파악할 수 없는 변화에 의해 발생

정답 1. ③ 2. ④ 3. ③ 4. ②

하는 오차이다.
- 완전히 없앨 수는 없지만 반복 측정하여 오차를 줄일 수는 있다.

5. 선반이나 원통 연삭 작업에서 봉재의 중심을 구하기 위한 금긋기 작업에 사용되는 공구가 아닌 것은?

① V 블록 ② 마이크로미터
③ 서피스 게이지 ④ 버니어 캘리퍼스

해설 마이크로미터는 정확한 피치를 가진 나사를 이용한 길이 측정기이다.

6. 그림과 같은 입체도를 화살표 방향에서 보았을 때 가장 적합한 투상도는?

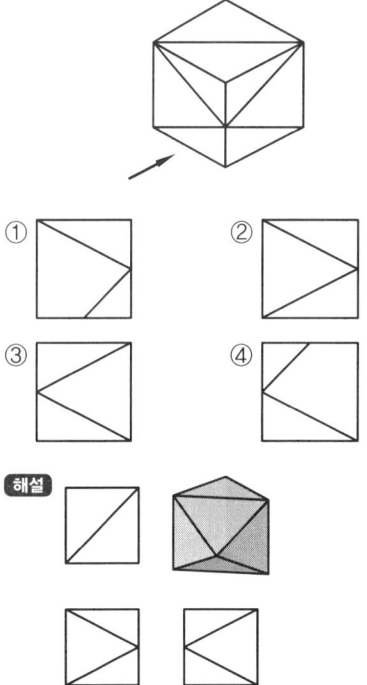

7. 다음에서 치수 기입의 원칙에 대한 설명 중 옳은 것을 모두 고른 것은?

㉠ 숫자로 기입된 치수는 mm 단위이다.
㉡ 도면의 치수는 특별히 명시하지 않는 한 다듬질 치수를 기입한다.
㉢ 치수 중 참고 치수는 치수 수치를 □ 안에 기입한다.

① ㉠, ㉡ ② ㉡, ㉢
③ ㉠, ㉢ ④ ㉠, ㉡, ㉢

해설 참고 치수는 치수 수치를 ( ) 안에 기입한다.

8. 공구, 지그 등의 위치를 참고로 나타내는 데 사용되는 선의 명칭은?

① 가상선 ② 지시선
③ 피치선 ④ 해칭선

해설
- 가상선: 공구나 지그 등의 위치를 참고로 나타내는 데 사용되며, 가는 2점 쇄선으로 표시한다.
- 지시선: 기술·기호를 표시하기 위해 끌어내는 경우에 사용되며, 가는 실선으로 표시한다.
- 피치선: 되풀이하는 도형의 피치를 취하는 기준 표시에 사용되며, 가는 1점 쇄선으로 표시한다.
- 해칭선: 도형의 한정된 특정 부분을 다른 부분과 구별할 경우에 사용되며, 가는 실선으로 표시한다.

9. 표면 거칠기의 측정법으로 틀린 것은?

① NPL식 측정
② 촉침식 측정
③ 광절단식 측정
④ 현미 간섭식 측정

해설 NPL식 측정은 각도 게이지를 이용한 측정법이다.

정답 5. ② 6. ② 7. ① 8. ① 9. ①

10. 가공 방법의 약호에 대한 설명 중 옳지 않는 것은?

① FB : 브러싱
② GH : 호닝가공
③ BR : 래핑
④ CD : 다이캐스팅

해설 • BR : 브로칭(broaching)
• FL : 래핑(lapping)

11. 그림과 같이 나사 표시가 있을 때 옳은 설명은?

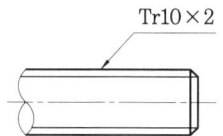

① 볼나사 호칭 지름 10인치
② 둥근 나사 호칭 지름 10mm
③ 미터 사다리꼴 나사 호칭 지름 10mm
④ 관용 테이터 수나사 호칭 지름 10mm

해설 • Tr : 미터 사다리꼴 나사
• 10×2 : 나사의 호칭 지름 10mm, 나사의 피치 2mm

12. V 벨트 풀리의 도시에 관한 설명으로 옳지 않은 것은?

① V 벨트 풀리의 홈 부분의 치수는 형별과 호칭 지름에 따라 결정된다.
② V 벨트 풀리는 축 직각 방향의 투상을 정면도(주투상도)로 할 수 있다.
③ 암(arm)은 길이 방향으로 절단하여 도시한다.
④ V 벨트 풀리에 적용하는 일반용 V 고무벨트는 단면 치수에 따라 6가지 종류가 있다.

해설 암은 회전 도시 단면도로 도시한다.

13. 자동 하중 브레이크에 속하지 않는 것은?

① 나사 브레이크   ② 웜 브레이크
③ 폴 브레이크   ④ 원심 브레이크

해설 자동 하중 브레이크 : 나사 브레이크, 웜 브레이크, 캠 브레이크, 원심 브레이크, 코일 브레이크, 체인 브레이크

14. 구름 베어링에서 실링(sealing)의 주목적으로 가장 적합한 것은?

① 구름 베어링에 주유를 주입하는 것을 돕는다.
② 구름 베어링의 발열을 방지한다.
③ 윤활유의 유출 방지와 유해물의 침입을 방지한다.
④ 축에 구름 베어링을 끼울 때 삽입을 돕는다.

해설 실링의 베어링 내부에 있는 윤활유의 유출과 유해 물질의 침입을 방지하기 위해 실링 처리를 한다.

15. 다음 중 억지 끼워맞춤에 해당하는 것은?

① H7/g6   ② H7/s6
③ H7/k6   ④ H7/m6

해설 구멍 기준식 끼워맞춤

기준 구멍	구멍 공차역 클래스									
	헐거운 끼워맞춤			중간 끼워맞춤			억지 끼워맞춤			
H7	f6	g6	h6	js6	k6	m6	n6	p6	r6	s6
	f7		h7	js7						

16. 다음은 치수 공차와 끼워맞춤 공차에 사용하는 용어를 설명한 것이다. 잘못된 것은 어느 것인가?

① 틈새 : 구멍의 치수가 축의 치수보다 클

때 구멍과 축의 치수 차
② 위 치수 허용차 : 최대 허용 치수에서 기준 치수를 뺀 값
③ 헐거운 끼워맞춤 : 항상 틈새가 있는 끼워맞춤
④ 치수 공차 : 기준 치수에서 아래 치수 허용차를 뺀 값

해설 치수 공차=최대 허용 한계 치수−최소 허용 한계 치수

17. 기하 공차의 기호에서 원주 흔들림 공차의 기호는?

① ↗ ② ↙ ③ ↗↗ ④ ↗↗

해설 온 흔들림 공차 : ↗↗

18. 그림과 같이 나타난 단면도의 명칭은?

① 온 단면도   ② 회전 도시 단면도
③ 한쪽 단면도 ④ 부분 단면도

해설 온 단면도는 물체의 기본 중심선에서 반으로 절단하여 물체의 특징을 가장 잘 나타낼 수 있도록 단면의 모양을 그리는 투상도로, 전 단면도라고도 한다.

19. 다음과 같은 기하 공차에 대한 설명으로 틀린 것은?

| ◎ | φ0.01 | A |

① 동심도의 허용 공차가 0.01 이내이다.
② 데이텀 A에 대한 기하 공차를 나타낸다.
③ 데이텀 A는 생략할 수 있다.
④ 데이텀 A에 대한 중심의 편차가 최대 0.01 이내로 제한된다.

해설 동심도는 위치 공차이며, 위치 공차는 관련 형체이므로 데이텀을 생략할 수 없다.

20. 핸들이나 바퀴 등의 암 및 림, 리브 등 절단선의 연장선 위에 90° 회전하여 실선으로 그리는 단면도는?

① 온 단면도   ② 한쪽 단면도
③ 조합 단면도 ④ 회전 도시 단면도

해설
• 전 단면도(온 단면도) : 물체 전체를 직선으로 절단하여 앞부분을 잘라내고 남은 뒷부분의 단면 모양을 그린 것이다.
• 한쪽(반) 단면도 : 상하 또는 좌우가 각각 대칭인 물체의 중심선을 기준으로 내부 모양과 외부 모양을 동시에 그린 것이다.
• 조합 단면도 : 2개 이상의 절단면에 의한 단면도를 조합하여 단면도를 투상할 경우에 사용한다.

2과목 CAM 프로그래밍

21. CAD 용어에 대한 설명 중 틀린 것은?
① Pan : 도면의 다른 영역을 보기 위해 디스플레이 윈도를 이동시키는 행위
② Zoom : 화면상의 이미지를 실제 사이즈를 포함하여 확대 또는 축소
③ Clipping : 필요 없는 요소를 제거하는 방법, 주로 그래픽에서 클리핑 윈도로 정의된 영역 밖에 존재하는 요소들을 제거하는 것을 의미

④ Toggle : 명령의 실행 또는 마우스 클릭 시마다 On 또는 Off가 번갈아 나타나는 세팅

[해설] Zoom : 화면상의 이미지를 확대 또는 축소하는 작업으로 이미지의 실제 사이즈는 바뀌지 않는다.

22. 좌표계에 관한 설명으로 잘못된 것은?

① 실세계에서 모든 점들은 3차원 좌표계로 표현된다.
② x, y, z축의 방향에 따라 오른손 좌표계와 왼손 좌표계가 있다.
③ 모델링에서는 직교 좌표계가 사용되지만 원통 좌표계나 구면 좌표계가 사용되기도 한다.
④ 좌표계의 변환에는 행렬 계산의 편리성으로 동차 좌표계 대신 직교 좌표계가 주로 사용된다.

[해설] 좌표계의 변환에는 계산의 편리성을 위해 직교 좌표계 대신 동차 좌표계를 사용한다.

23. CAD 시스템의 입력 장치가 아닌 것은?

① 트랙볼(track ball) ② 스캐너(scanner)
③ 태블릿(tablet) ④ 래스터(raster)

[해설] 트랙볼, 스캐너, 태블릿은 입력 장치이고 래스터는 출력 장치이다.

24. surface modeling의 특징 중 잘못 설명된 것은?

① 은선 제거가 가능하다.
② NC data를 생성할 수 있다.
③ 유한 요소법의 적용을 위한 요소 분할이 쉽다.
④ 솔리드와 같이 명암 알고리즘을 제공할 수 있다.

[해설] 서피스 모델링은 유한 요소법의 적용을 위한 요소 분할이 곤란하다.

25. 지령된 블록에서만 유효한(one shot) G 코드는?

① G00 ② G04
③ G41 ④ G96

[해설] G 코드

구분	의미
one shot G-code (1회 유효 G 코드)	지령된 블록에서만 유효한 기능
modal G-code (연속 유효 G 코드)	동일 그룹의 다른 G 코드가 나올 때까지 유효한 기능

26. CNC 선반에서 지령값 X60.0으로 소재를 가공한 후 측정한 결과 지름이 59.94mm 이었다. 기존의 X축 보정값이 0.005mm라 하면 보정값을 얼마로 수정해야 하는가?

① 0.065 ② 0.055
③ 0.06 ④ 0.01

[해설] 가공 후 X축 보정값 = 60 - 59.94
       = 0.06
기존의 X축 보정값 = 0.005
∴ 공구의 X축 보정값 = 0.06 + 0.005
       = 0.065

27. 머시닝센터로 태핑 사이클 G84를 이용하여 피치가 1.25mm인 나사를 가공하려고 한다. G99 G84 X20. Y20. Z-30. R5 F_ ;로 가공할 때 주축 회전수가 200rpm이면 이송 속도 F[mm/min]는 얼마로 해야 하는가?

정답 22. ④ 23. ④ 24. ③ 25. ② 26. ① 27. ③

① 150   ② 200
③ 250   ④ 300

해설 $F = np = 200 \times 1.25 = 250 \, \text{mm/min}$

28. CAD/CAM 프로그램을 이용한 모델링에 대한 일반적인 설명으로 잘못된 것은?

① 와이어 프레임 모델링은 부피를 구할 수 있다.
② 곡면 모델링(서피스 모델링)은 3차원 가공용 곡면 작업이 용이하다.
③ 솔리드 모델링에서는 물리적 계산 및 시뮬레이션 작업이 가능하다.
④ 솔리드 모델링은 다른 방법에 비해 상대적으로 큰 저장 용량이 요구된다.

해설 와이어 프레임 모델링에서는 물리적 성질의 계산이 불가능하다.

29. 물리적인 모델 또는 제품으로부터 측정 작업을 수행하여 3차원 형상 데이터를 얻어내는 방법을 가리키는 용어는?

① 형상 역공학(RE)   ② FMS
③ RP   ④ PDM

해설 역설계(reverse engineering) : 실제 부품의 표면에 대한 3차원 측정 정보로 부품 형상 데이터를 얻어 모델을 만드는 방법이다.

30. CNC 공작 기계로 자동운전 중 이송만 멈추게 하려면 어느 버튼을 누르는가?

① FEED HOLD
② SINGLE BLOCK
③ DRY RUN
④ Z AXIS LOCK

해설 • SINGLE BLOCK : 한 블록씩 가공
• DRY RUN : 수동으로 절삭 이송 속도 설정
• Z AXIS LOCK : 수동으로 Z축을 클램프할 때 사용

31. CNC 선반에서 공구 보정(offset) 번호 6번을 선택하여, 1번 공구를 사용하려고 할 때 공구 지령으로 옳은 것은?

① T0601   ② T0106
③ T1060   ④ T6010

해설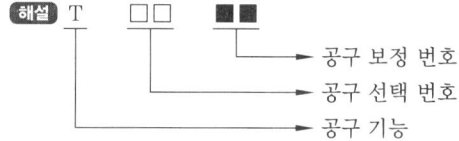

32. 자유 곡면의 NC 가공을 계획하는 과정에서 가공 영역을 지정하는 방식 중 지정된 폐곡선 영역의 외부를 일정 오프셋(offset) 양을 주어 가공하는 지정 방식은?

① area 지정   ② trimming 지정
③ island 지정   ④ blending 지정

해설 island 지정 : NC 가공 영역을 지정하는 방식 중 지정된 폐곡선 영역의 일부를 일정 오프셋 양을 주어 가공하는 방식이다.

33. 다음 그림의 도형이 갖는 독립된 셀(shell)의 수와 모서리 수의 합은?

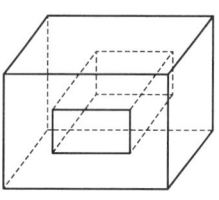

① 25   ② 26
③ 27   ④ 28

해설 독립된 셀의 수 : 1, 모서리의 수 : 24
∴ 1+24=25

34. B-rep 모델의 기본 요소가 아닌 것은?

① 면(face)　　② 모서리(edge)
③ 꼭짓점(vertex)　　④ 좌표(coordinates)

해설 B-rep 방식은 형상을 구성하고 있는 꼭짓점, 모서리, 면이 어떤 관계를 가지는지에 따라 표현하는 방법이다.

35. 다음은 CNC 선반 프로그램의 일부분이다. N3 블록에서 주축 회전수는 몇 rpm인가?

```
N1 G50 X200. Z100. S3000 T0100 ;
N2 G96 S200 M03 ;
N3 G00 X12. Z2. T0101 M08 ;
N4 G01 Z-25. F0.25 ;
N5 M09 ;
```

① 200　　② 3000
③ 5305　　④ 6000

해설 ・주축 최고 회전수 : 3000 rpm
・주속 일정 제어 : $V = 200 \, \text{m/min}$

$$N = \frac{1000V}{\pi D} = \frac{1000 \times 200}{\pi \times 12} \fallingdotseq 5308 \, \text{rpm}$$

∴ 주축 최고 회전수를 넘을 수 없으므로 3000 rpm으로 회전한다.

36. 준비 기능 중에서 공구 지름 보정과 관련된 기능만을 묶어 놓은 것은?

① G41, G42, G43　　② G40, G41, G42
③ G43, G44, G49　　④ G40, G43, G49

해설 공구 지름 보정 G-code

G-code	기능
G40	공구 지름 보정 해제
G41	공구 지름 보정(좌측 보정)
G42	공구 지름 보정(우측 보정)

37. 다음 2차원 변환 행렬에서 축소, 확대(scaling)에 관련되는 행렬 요소는?

$$\begin{bmatrix} x' & y' & 1 \end{bmatrix} = \begin{bmatrix} x & y & 1 \end{bmatrix} \begin{bmatrix} a & b & 0 \\ c & d & 0 \\ e & f & 1 \end{bmatrix}$$

① a, b　　② b, c
③ e, f　　④ a, d

해설 축소, 확대와 관련된 행렬 요소는 a, d이므로 주어진 행렬 변환식은 한 점 (x, y)를 x 방향으로 a의 비율로, y 방향으로 d의 비율로 확대 및 축소시킨다.

38. 서로 다른 CAD/CAM 시스템 사이에서 데이터를 상호 교환하기 위한 데이터 포맷 방식이 아닌 것은?

① IGES　　② DWG
③ STEP　　④ DXF

해설 CAD/CAM 시스템의 인터페이스
・IGES : CAD/CAM 시스템 간의 형상 데이터 교환을 위한 수단으로 널리 사용되고 있으며, 실질적인 세계 표준이라 할 수 있다.
・STEP : 교환하는 데이터에 대한 사양을 모두 지칭하는 것으로, 프로그래밍 언어와 같은 방법으로 데이터를 표현하며 교환할 수 있다.
・DXF : CAD 데이터와의 호환성을 위해 제정한 ASCII 형식으로 ASCII 문자로 구성되어 있어 text editor에 의해 편집이 가능하다.
※ DWG는 도면 저장용 파일 형식으로 데이터 상호 교환을 위한 용도는 아니다.

39. 솔리드 모델링에서 CSG(Constructive Solid Geometry) 표현 방식에 대한 설명으로 옳은 것은?

정답 34. ④　35. ②　36. ②　37. ④　38. ②　39. ④

① 데이터 구조가 복잡하다.
② 데이터 관리가 곤란하다.
③ 데이터 수정이 곤란하다.
④ 체적 및 면적 계산에 처리 시간이 오래 걸린다.

해설
- 솔리드 모델링에는 CSG 방식과 B-rep 방식이 있다.
- CSG 방식은 서피스 모델링보다 체적 및 면적 계산에 처리 시간이 많이 걸린다.

40. 다음 중 2차원 데이터 변환 행렬로서 X축에 대한 대칭 결과를 얻기 위한 변환으로 옳은 것은?

① $\begin{bmatrix} 1 & 0 & 0 \\ 0 & 1 & 0 \\ 0 & 1 & 0 \end{bmatrix}$ ② $\begin{bmatrix} 1 & 0 & 0 \\ 0 & -1 & 0 \\ 0 & 0 & 1 \end{bmatrix}$

③ $\begin{bmatrix} -1 & 0 & 0 \\ 0 & 1 & 0 \\ 0 & 0 & 1 \end{bmatrix}$ ④ $\begin{bmatrix} -1 & 0 & 0 \\ 0 & 1 & 0 \\ 0 & 1 & 0 \end{bmatrix}$

해설 반전 변환 또는 대칭 변환

- X축 : $\begin{bmatrix} x' & y' & 1 \end{bmatrix} = \begin{bmatrix} x & y & 1 \end{bmatrix} \begin{bmatrix} 1 & 0 & 0 \\ 0 & -1 & 0 \\ 0 & 0 & 1 \end{bmatrix}$

- Y축 : $\begin{bmatrix} x' & y' & 1 \end{bmatrix} = \begin{bmatrix} x & y & 1 \end{bmatrix} \begin{bmatrix} -1 & 0 & 0 \\ 0 & 1 & 0 \\ 0 & 0 & 1 \end{bmatrix}$

3과목 컴퓨터 수치 제어(CNC) 절삭 가공

41. 밀링 가공에서 분할대를 사용하여 원주를 6°30′씩 분할하고자 할 때 옳은 방법은?

① 분할 크랭크를 18공열에서 13구멍씩 회전시킨다.
② 분할 크랭크를 26공열에서 18구멍씩 회전시킨다.
③ 분할 크랭크를 36공열에서 13구멍씩 회전시킨다.
④ 분할 크랭크를 13공열에서 1회전하고 5구멍씩 회전시킨다.

해설 $n = \dfrac{\theta}{9°} = \dfrac{6}{9} = \dfrac{12}{18}$

$n = \dfrac{\theta}{540'} = \dfrac{30}{540} = \dfrac{1}{18}$

∴ 분할 크랭크를 18공열에서 13(=12+1)구멍씩 회전시킨다.

42. 공작물을 센터에 지지하지 않고 연삭하며, 가늘고 긴 가공물의 연삭에 적합한 특징을 가진 연삭기는?

① 나사 연삭기   ② 내경 연삭기
③ 외경 연삭기   ④ 센터리스 연삭기

해설 센터리스 연삭기는 원통 연삭기의 일종으로, 센터 없이 연삭숫돌과 조정 숫돌 사이를 지지판으로 지지하면서 연삭하는 것이다. 주로 원통면의 바깥면에 회전과 이송을 주어 연삭하며 통과·전후·접선 이용법이 있다.

43. 가늘고 긴 일정한 단면 모양을 가진 공구를 사용하여 가공물의 내면에 키 홈, 스플라인 홈, 원형이나 다각형의 구멍 형상과 외면에 세그먼트 기어, 홈, 특수한 외면 형상을 가공하는 공작 기계는?

① 기어 셰이퍼(gear shaper)
② 호닝 머신(honing machine)
③ 호빙 머신(hobbing machine)
④ 브로칭 머신(broaching machine)

정답 40. ② 41. ① 42. ④ 43. ④

해설 브로칭 머신 : 브로치 공구를 사용하여 표면 또는 내면을 필요한 모양으로 절삭 가공하는 기계로 키 홈, 스플라인 구멍, 다각형 구멍 등을 작업한다.

44. 안전·보건 표지의 색채와 사용 예의 연결이 틀린 것은?

① 노란색 : 비상구 및 피난처
② 흰색 : 파란색 또는 녹색에 대한 보조색
③ 빨간색 : 정지신호, 소화설비 및 그 장소
④ 파란색 : 특정 행위의 지시 및 사실의 고지

해설 안전·보건 표지의 색채
• 노란색 : 경고 표시
• 녹색 : 비상구 및 피난처

45. 터릿 선반에 대한 설명으로 옳은 것은?

① 다수의 공구를 조합하여 동시에 순차적으로 작업이 가능한 선반이다.
② 지름이 큰 공작물을 정면 가공하기 위해 스윙을 크게 만든 선반이다.
③ 작업대 위에 설치하고 시계 부속 등 작고 정밀한 가공물을 가공하기 위한 선반이다.
④ 가공하고자 하는 공작물과 같은 실물이나 모형을 따라 공구대가 자동으로 모형과 같은 윤곽을 깎아내는 선반이다.

해설 ② 정면 선반
③ 탁상 선반
④ 모방 선반

46. 넓은 평면을 가공하기 위한 밀링 공구로 적합한 것은?

① T홈 커터
② 볼 엔드밀
③ 정면 밀링 커터
④ 더브테일 밀링 커터

해설 • 엔드밀 : 좁은 평면, 구멍, 홈 등의 가공
• 더브테일 커터 : 더브테일 홈 가공
• 정면 커터 : 넓은 평면 가공
• T홈 커터 : T홈 가공

47. 수직 밀링 머신에서 가능한 작업이 아닌 것은?

① 홈 가공   ② 전조 가공
③ 평면 가공   ④ 더브테일 가공

해설 전조 가공은 전조 다이스 사이에 소재를 끼우고 소성 변형시켜 원하는 모양으로 만드는 가공법으로, 상온에서 나사나 기어를 만드는 데 이용된다.

48. 미끄러짐을 방지하기 위한 손잡이나 외관을 좋게 하기 위해 사용하는 다음 그림과 같은 선반 가공법은?

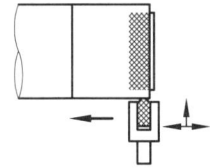

① 나사 가공   ② 널링 가공
③ 총형 가공   ④ 다듬질 가공

해설 널링 가공은 공구나 기계류 등에서 손가락으로 잡는 부분이 미끄러지지 않도록 하기 위한 가공이다.

49. 선반에서 할 수 없는 작업은?

① 나사 가공   ② 널링 가공
③ 테이퍼 가공   ④ 스플라인 홈 가공

해설 선반에서는 바깥지름 절삭, 안지름 절삭, 테이퍼 절삭, 단면 절삭, 총형 절삭, 드릴링, 절단, 나사 절삭, 측면 절삭, 널링 작업 등을 할 수 있다.

정답 44. ① 45. ① 46. ③ 47. ② 48. ② 49. ④

50. 드릴 머신으로 할 수 없는 작업은?

① 널링　　② 스폿 페이싱
③ 카운터 보링　　④ 카운터 싱킹

해설 널링은 선반 작업이며, 드릴링 머신으로는 드릴링, 리밍, 보링, 카운터 보링, 카운터 싱킹, 스폿 페이싱, 태핑이 가능하다.

51. 절삭 공구의 절삭면에 평행하게 마모되는 현상은?

① 치핑(chiping)
② 플랭크 마모(flank wear)
③ 크레이터 마모(creat wear)
④ 온도 파손(temperature failure)

해설 플랭크 마모는 주철과 같이 분말상 칩이 생길 때 주로 발생하며, 소리가 나고 진동이 생길 수 있다.

52. 일감에 회전 운동과 이송을 주며, 숫돌을 일감 표면에 약한 압력으로 눌러 대고 다듬질할 면에 따라 매우 작고 빠른 진동을 주어 가공하는 방법은?

① 래핑　　② 드레싱
③ 드릴링　　④ 슈퍼 피니싱

해설 슈퍼 피니싱은 입자가 작은 숫돌로 일감을 가볍게 누르면서 축 방향으로 진동을 주어 다듬질하는 가공이다.

53. 드릴의 연삭 방법에 관한 설명 중 틀린 것은?

① 절삭 날의 좌우 길이를 같게 한다.
② 절삭 날이 중심선과 이루는 날끝 반각을 같게 한다.
③ 표준 드릴의 경우 날끝 각은 90° 이하로 연삭한다.
④ 절삭 날의 여유각은 일감의 재질에 맞게 하고 좌우를 같게 한다.

해설 표준 드릴의 경우 날끝각은 118°, 여유각은 12°로 연삭한다.

54. 나사산의 각도를 측정하는 기기가 아닌 것은?

① 투영기　　② 공구 현미경
③ 오토콜리메이터　　④ 만능 측정 현미경

해설 오토콜리메이터 : 진직도, 평면도 측정

55. 기계 가공 방법의 설명으로 틀린 것은?

① 리밍 작업은 뚫려 있는 구멍을 높은 정밀도로, 가공 표면의 거칠기를 우수하게 하기 위한 가공이다.
② 보링 작업은 이미 뚫어져 있는 구멍을 필요한 크기로 넓히거나 정밀도를 높이기 위한 가공이다.
③ 카운터 보링 작업은 나사머리가 접시 모양일 때 테이퍼 원통형으로 절삭하는 가공이다.
④ 스폿 페이싱 작업은 단조나 주조품 등의 볼트나 너트를 체결하기 곤란한 경우 구멍 주위에 체결이 잘 되도록 한 부분만 평탄하게 하는 가공이다.

해설 카운터 보링 작업은 주로 육각 구멍붙이 볼트, 작은 나사머리, 렌치 볼트 등이 완전히 묻힐 수 있도록 체결 시 적용하는 가공 방법이다.

56. 결합도가 높은 숫돌에서 구리와 같이 연한 금속을 연삭할 경우 숫돌 기능이 저하되는 현상은?

① 채터링　　② 트루잉
③ 눈메움　　④ 입자 탈락

정답 50. ①　51. ②　52. ④　53. ③　54. ③　55. ③　56. ③

해설 눈메움(로딩) : 숫돌 표면의 기공에 칩이 메워져서 연삭성이 나빠지는 현상

57. 다음 중 초음파 가공으로 가공하기 어려운 것은?

① 구리   ② 유리
③ 보석   ④ 세라믹

해설 구리, 알루미늄, 금, 은 등과 같은 연질 재료는 초음파 가공이 어렵다.

58. 그림과 같이 더브테일 홈 가공을 하려고 할 때 X의 값은 약 얼마인가? (단, tan60°=1.7321, tan30°=0.5774이다.)

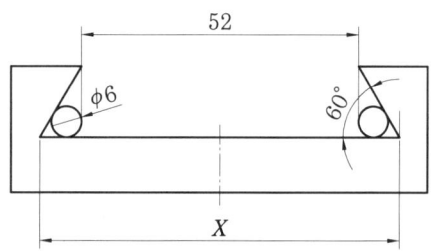

① 60.26   ② 68.39
③ 82.04   ④ 84.86

해설 $X = 52 + 2\left(\dfrac{r}{\tan 30°} + r\right)$

$= 52 + 2\left(\dfrac{3}{0.5774} + 3\right) \fallingdotseq 68.39$

59. 피복 초경합금으로 만들어진 절삭 공구의 피복 처리 방법은?

① 탈탄법
② 경납땜법
③ 점용접법
④ 화학증착법

해설 피복 초경합금은 초경합금의 모재 위에 내마모성이 우수한 물질을 5~10μm 얇게 피복한 것으로, 물리적 증착법(PVD)과 화학적 증착법(CVD)을 행하여 고온에서 증착된다.

60. 다음 중 칩 브레이커에 대한 설명으로 옳은 것은?

① 칩의 한 종류로 조각난 칩의 형태를 말한다.
② 스로 어웨이(throw away) 바이트의 일종이다.
③ 연속적인 칩의 발생을 억제하기 위한 칩 절단장치이다.
④ 인서트 팁 모양의 일종으로 가공 정밀도를 위한 장치이다.

해설 칩 브레이커는 유동형 칩이 공구, 공작물, 공작 기계(척) 등과 서로 엉키는 것을 방지하기 위해 칩이 짧게 끊어지도록 만든 안전장치이다.

정답 57. ① 58. ② 59. ④ 60. ③

2024년 제1회 CBT 복원문제

1과목 도면 해독 및 측정

1. 아래는 KS 제도 통칙에 따른 재료 기호이다. 보기의 기호에 대한 설명 중 옳은 것을 모두 고르면?

> KS D 3752 SM 45C

┤보기├
ㄱ. KS D는 KS 분류 기호 중 금속 부문에 대한 설명이다.
ㄴ. S는 재질을 나타내는 기호로 강을 의미한다.
ㄷ. M은 기계 구조용을 의미한다.
ㄹ. 45C는 재료의 최저 인장 강도가 45 kgf/mm^{2}를 의미한다.

① ㄱ, ㄴ
② ㄱ, ㄹ
③ ㄱ, ㄴ, ㄷ
④ ㄴ, ㄷ, ㄹ

해설 45C는 탄소 함유량 중간값의 100배로 C 0.42~0.48%를 의미한다.

2. 보기와 같이 대상물의 구멍, 홈 등 일부분의 모양을 도시하는 것으로 충분한 경우 사용되는 투상도는?

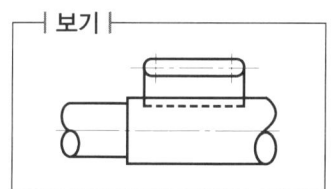

① 보조 투상도
② 국부 투상도
③ 회전 투상도
④ 부분 투상도

해설
- 보조 투상도 : 경사면부가 있는 물체는 정투상도로 그리면 그 물체의 실형을 나타낼 수가 없으므로 그 경사면과 맞서는 위치에 보조 투상도를 그려 경사면의 실형을 나타낸다.
- 회전 투상도 : 투상면이 어느 각도를 가지고 있기 때문에 그 실형을 표시하지 못할 때에는 그 부분을 회전해서 실형을 도시한다.
- 부분 투상도 : 그림의 일부를 도시하는 것으로 충분한 경우에는 그 필요 부분만을 표시한다.

3. 게이지 블록 구조 형상의 종류에 해당되지 않는 것은?

① 호크형
② 캐리형
③ 레버형
④ 요한슨형

해설 게이지 블록은 단면을 기준으로 한 길이 측정기로 게이지 블록의 종류는 다음과 같다.
- 호크형 : 중앙에 구멍이 뚫린 정사각형의 단면을 가진다.
- 캐리형 : 중앙에 구멍이 뚫린 모양이며, 원형이다.
- 요한슨형 : 직사각형의 단면을 가진다.

4. KS 기계 제도에서 특수한 용도의 선으로 가는 실선을 사용하는 경우가 아닌 것은?

① 위치를 명시하는 데 사용한다.

정답 1. ③ 2. ② 3. ③ 4. ②

② 얇은 부분의 단면 도시를 명시하는 데 사용한다.
③ 평면이라는 것을 나타내는 데 사용한다.
④ 외형선 및 숨은선의 연장을 표시하는 데 사용한다.

해설 얇은 부분의 단면 도시를 명시하기 위한 선은 아주 굵은 실선이다.

5. 줄무늬 방향의 기호에 대한 설명으로 틀린 것은?
① = : 가공에 의한 컷의 줄무늬 방향이 기호를 기입한 그림의 투영면에 평행
② X : 가공에 의한 컷의 줄무늬 방향이 다방면으로 교차 또는 무방향
③ C : 가공에 의한 컷의 줄무늬가 기호를 기입한 면의 중심에 대하여 거의 동심원 모양
④ R : 가공에 의한 컷의 줄무늬가 기호를 기입한 면의 중심에 대하여 거의 방사 모양

해설
• X : 기호가 사용되는 투상면에 대해 2개의 경사면에 수직
• M : 여러 방향으로 교차 또는 무방향
• ⊥ : 기호가 사용되는 투상면에 수직

6. 가공 방법의 표시 기호에서 "SPBR"은 무슨 가공인가?
① 기어 셰이빙
② 액체 호닝
③ 배럴 연마
④ 쇼트 블라스팅

해설 가공 방법의 표시 기호

가공 방법	약호
기어 셰이빙	TCSV
액체 호닝 가공	SPLH
배럴 연마 가공	SPBR
쇼트 블라스팅	SBSH

7. 구멍의 치수가 $\phi 50^{+0.05}_{0}$이고, 축의 치수가 $\phi 50^{0}_{-0.02}$일 때, 최대 틈새는?
① 0.02   ② 0.03
③ 0.05   ④ 0.07

해설 최대 틈새
=구멍의 최대 허용 치수-축의 최소 허용 치수
=50.05-49.98=0.07

8. 공구, 지그 등의 위치를 참고로 나타내는 데 사용되는 선의 명칭은?
① 가상선   ② 지시선
③ 피치선   ④ 해칭선

해설
• 가상선 : 공구나 지그 등의 위치를 참고로 나타내는 데 사용되며, 가는 2점 쇄선으로 표시한다.
• 지시선 : 기술·기호를 표시하기 위해 끌어내는 경우에 사용되며, 가는 실선으로 표시한다.
• 피치선 : 되풀이하는 도형의 피치를 취하는 기준 표시에 사용되며, 가는 1점 쇄선으로 표시한다.
• 해칭선 : 도형의 한정된 특정 부분을 다른 부분과 구별할 경우에 사용되며, 가는 실선으로 표시한다.

9. 게이지 블록과 함께 사용하여 삼각함수 계산식을 이용하여 각도를 구하는 것은?
① 수준기
② 사인 바
③ 요한슨식 각도 게이지
④ 콤비네이션 세트

해설
• 수준기 : 수평 또는 수직을 측정
• 요한슨식 각도 게이지 : 지그, 공구, 측정 기구 등의 검사
• 콤비네이션 세트 : 각도 측정, 중심내기 등에 사용

정답 5.② 6.③ 7.④ 8.① 9.②

10. 길이 측정에서 사용하고 있는 게이지 블록과 같이 습동 기구가 없는 구조로 일정한 길이나 각도 등을 면이나 눈금으로 구체화한 측정기는?

① 게이지　　　　② 도기
③ 지시 측정기　　④ 시준기

해설　도기 : 길이 측정에서 사용하고 있는 게이지 블록과 같이 습동 기구가 없는 구조로 일정한 길이나 각도 등을 눈금 또는 면으로 구체화한 측정기로 선도기와 단도기가 있다.

11. 치수 보조 기호의 설명으로 틀린 것은?

① R15 : 반지름 15
② t=15 : 판의 두께 15
③ (15) : 비례척이 아닌 치수 15
④ SR15 : 구의 반지름 15

해설　(15)는 참고 치수이다.

12. 가공 모양의 기호에 대한 설명으로 잘못된 것은?

① = : 가공에 의한 컷의 줄무늬 방향이 기호를 기입한 그림의 투영한 면에 평행
② × : 가공에 의한 컷의 줄무늬 방향이 기호를 기입한 그림의 투영면에 비스듬하게 2방향으로 교차
③ M : 가공에 의한 컷의 줄무늬가 여러 방향
④ R : 가공에 의한 컷의 줄무늬가 기호를 기입한 면의 중심에 대하여 거의 동심원 모양

해설　R : 가공에 의한 컷의 줄무늬가 기호를 기입한 면의 중심에 대하여 거의 반지름 모양

13. 틈새 게이지(간격 게이지)의 1조는 보통 몇 장인가?

① 9~22장
② 10~33장
③ 15~25장
④ 18~33장

해설　틈새 게이지는 mm식과 in식이 있으며, 제일 얇은 판의 두께가 0.04 mm(0.015″)에서 1/100~1/10 mm 간격으로 9~22장이 묶여 있다.

14. 모듈이 2인 한 쌍의 외접하는 표준 스퍼 기어 잇수가 각각 20과 40으로 맞물려 회전할 때 두 축 간의 중심 거리는 척도 1:1 도면에는 몇 mm로 그려야 하는가?

① 40 mm　　　② 60 mm
③ 80 mm　　　④ 100 mm

해설　$C = \dfrac{(20+40) \times 2}{2} = 60\,\text{mm}$

15. 스퍼 기어에서 피치원의 지름이 150 mm이고, 잇수가 50일 때 모듈은?

① 2　　　② 3
③ 4　　　④ 5

해설　$m = \dfrac{D}{Z} = \dfrac{150}{50} = 3$

16. 다음은 치수 공차와 끼워맞춤 공차에 사용하는 용어를 설명한 것이다. 잘못된 것은 어느 것인가?

① 틈새 : 구멍의 치수가 축의 치수보다 클 때 구멍과 축의 치수 차
② 위 치수 허용차 : 최대 허용 치수에서 기준 치수를 뺀 값
③ 헐거운 끼워맞춤 : 항상 틈새가 있는 끼워맞춤
④ 치수 공차 : 기준 치수에서 아래 치수 허용차를 뺀 값

정답　10. ②　11. ③　12. ④　13. ①　14. ②　15. ②　16. ④

해설 치수 공차 = 최대 허용 한계 치수 − 최소 허용 한계 치수

17. 다음 나사를 나타낸 도면 중 미터 가는 나사를 나타낸 것은?

① 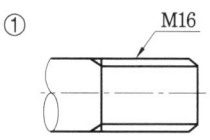 M16

② 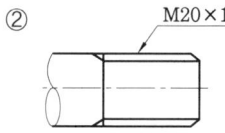 M20×1

③ 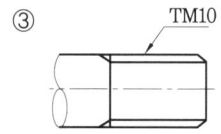 TM10

④ 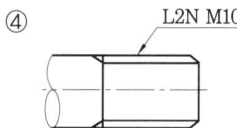 L2N M10

해설 미터 가는 나사를 표시할 때는 호칭 지름에 피치값을 곱하여 나타낸다.

18. 기어 제도에 관한 설명으로 틀린 것은?
① 잇봉우리원은 굵은 실선으로, 피치원은 가는 1점 쇄선으로 표시한다.
② 이뿌리원은 가는 실선으로 표시한다. 단, 축에 직각인 방향에서 본 그림을 단면으로 도시할 때는 이뿌리선을 굵은 실선으로 표시한다.
③ 잇줄 방향은 통상 3개의 가는 실선으로 표시한다. 단, 주투영도를 단면으로 도시할 때 외접 헬리컬 기어의 잇줄 방향은 지면에서 앞의 이의 잇줄 방향을 3개의 가는 2점 쇄선으로 표시한다.
④ 맞물리는 기어에서 주투영도를 단면으로 도시할 때는 맞물림부의 한쪽 잇봉우리원을 나타내는 선을 가는 1점 쇄선 또는 굵은 1점 쇄선으로 표시한다.

해설 맞물리는 기어에서 맞물림부는 굵은 실선으로 표시한다.

19. 사인 바(sine bar)의 호칭 치수는 무엇으로 표시하는가?
① 롤러 사이의 중심 거리
② 사인 바의 전체 길이
③ 사인 바의 중량
④ 롤러의 지름

해설 사인 바
· 삼각함수의 사인(sine)을 이용하여 각도를 측정하고 설정하는 측정기이다.
· 크기는 롤러 중심 간의 거리로 표시하며 호칭 치수는 100 mm, 200 mm이다.

20. 3차원 측정기에서 사용되는 프로브 중 광학계를 이용하여 얇거나 연한 재질의 피측정물을 측정하기 위한 것으로 심출 현미경, CMM 계측용 TV 시스템에 사용되는 것은?
① 전자식 프로브   ② 접촉식 프로브
③ 터치식 프로브   ④ 비접촉식 프로브

해설 3차원 측정기
· 프로브가 직접 닿는 접촉식과 레이저를 이용하는 비접촉식이 있다.
· 접촉식은 정밀도가 높고 비접촉식은 측정 속도가 빠르다는 장점이 있다.

2과목 CAM 프로그래밍

21. NC 가공에 필요한 정보, 생산 및 검사를

위한 계획 등의 리스트를 작성하는 것을 무엇이라 하는가?

① CAM
② CIM
③ CAE
④ CAP

해설 • CAM : 생산 계획, 제품 생산 등 생산에 관련된 일련의 작업을 컴퓨터를 통하여 직접적, 간접적으로 제어하는 것이다.
• CIM : 제품의 사양 입력만으로 최종 제품이 완성되는 자동화 시스템의 CAD/CAM/CAE에 관리 업무를 합한 통합 시스템(유연 생산 시스템)이다.
• CAE : 컴퓨터를 통하여 엔지니어링 부분, 즉 기본 설계, 상세 설계에 대한 해석이나 시뮬레이션 등을 하는 것이다.

22. CAM으로 3차원 자유 곡면을 가공할 때 가장 많이 사용되는 공구는?

① 볼(ball) 엔드밀
② 필릿(fillet) 엔드밀
③ 더브테일 커터
④ 플랫(flat) 엔드밀

해설 볼 엔드밀은 끝부분이 동그랗게 되어 있어서 곡면 가공(3D)에 많이 사용된다.

23. 꼭짓점 개수 v, 모서리 개수 e, 면 또는 외부 루프의 개수 f, 면상에 있는 구멍 루프의 개수 h, 독립된 셸의 개수 s, 입체를 관통하는 구멍(passage)의 개수가 p인 B-rep 모델에서 이들 요소 간의 관계를 나타내는 오일러-포앙카레 공식으로 옳은 것은?

① $v-e+f-h=(s-p)$
② $v-e+f-h=2(s-p)$
③ $v-e+f-2h=(s-p)$
④ $v-e+f-2h=2(s-p)$

해설 오일러-포앙카레 공식 : 꼭짓점의 개수+면의 개수-모서리의 개수=2의 식을 만족하며 $v-e+f-h=2(s-p)$로 나타낸다.

24. 공간상의 한 점을 표시하기 위해 사용되는 좌표계이며 거리(r), 각도(θ), 높이(z)로 나타내는 좌표계는?

① 직교 좌표계
② 극좌표계
③ 원통 좌표계
④ 구면 좌표계

해설 원통 좌표계 : x, y평면에서 원점부터 한 점까지의 거리, 이 거리가 x축과 이루는 각도, 높이에 의해 표시되는 좌표계이다.

25. 일반적인 CAD 시스템의 2차원 평면에서 정해진 하나의 원을 그리는 방법으로 알맞지 않은 것은?

① 원주상의 세 점을 알 경우
② 원의 반지름과 중심점을 알 경우
③ 원주상의 한 점과 원의 반지름을 알 경우
④ 원의 반지름과 2개의 접선을 알 경우

해설 ①, ②, ④ 외에 원을 그리는 방법
• 중심과 원주상의 한 점으로 표시
• 세 개의 직선에 접하는 원
• 두 개의 점(지름) 지정

26. B-Spline 곡선이 Bezier 곡선에 비해 갖는 특징을 설명한 것으로 옳은 것은?

① 곡선을 국소적으로 변형할 수 있다.
② 한 조정점을 이동하면 모든 곡선의 형상에 영향을 준다.
③ 자유 곡선을 표현할 수 있다.
④ 곡선은 반드시 첫 번째 조정점과 마지막 조정점을 통과한다.

해설 B-Spline 곡선 : 곡선식의 차수가 조정점의 개수와 관계없이 연속성에 따라 결정되며, 국부적으로 변형 가능하다.

27. 베지어 곡면의 특징이 아닌 것은?

정답 22. ① 23. ② 24. ③ 25. ③ 26. ① 27. ①

① 곡면을 부분적으로 수정할 수 있다.
② 곡면의 코너와 코너 조정점이 일치한다.
③ 곡면이 조정점들의 볼록 껍질(convex hull)의 내부에 포함된다.
④ 곡면이 일반적인 조정점의 형상을 따른다.

해설 베지어 곡면은 베지어 곡선에서 발전한 것으로, 1개의 정점의 변화가 곡면 전체에 영향을 미친다.

28. CAD/CAM 프로그램을 이용한 모델링에 대한 일반적인 설명으로 잘못된 것은?

① 와이어 프레임 모델링은 부피를 구할 수 있다.
② 곡면 모델링(서피스 모델링)은 3차원 가공용 곡면 작업이 용이하다.
③ 솔리드 모델링에서는 물리적 계산 및 시뮬레이션 작업이 가능하다.
④ 솔리드 모델링은 다른 방법에 비해 상대적으로 큰 저장 용량이 요구된다.

해설 와이어 프레임 모델링에서는 물리적 성질의 계산이 불가능하다.

29. 다음 식으로 표현된 도형을 무엇이라고 하는가? (단, x_c와 y_c는 임의의 좌푯값이고 r은 x_c와 y_c에서 떨어진 직선의 거리이다.)

$$f_x = x_c + r\cos\theta$$
$$f_y = y_c + r\sin\theta$$
$$(0 \leq \theta \leq 2\pi)$$

① 타원　　② 포물선
③ 쌍곡선　④ 원

해설 도형의 방정식

• 타원 : $\dfrac{x^2}{a^2} + \dfrac{y^2}{b^2} = 1$

• 포물선 : $y^2 - 4ax = 0$

• 쌍곡선 : $\dfrac{x^2}{a^2} - \dfrac{y^2}{b^2} = 1$

• 원 : $x^2 + y^2 = r^2$

30. CAD-CAM 시스템에서 컵 또는 병 등의 형상을 만들 경우 회전 곡면(revolution surface)을 이용한다. 회전 곡면을 만들 때 반드시 필요한 자료로 거리가 먼 것은?

① 회전 각도　　② 중심축
③ 단면 곡선　　④ 옵셋(offset)량

해설 모델링한 물체를 회전할 경우 선을 일정한 양만큼 떨어뜨리는 옵셋(offset) 명령은 사용하지 않는다.

31. 일반적인 3차원 표현 방법 중에서 와이어 프레임 모델의 특징을 설명한 것으로 틀린 것은?

① 은선 제거가 불가능하다.
② 유한 요소법에 의한 해석이 가능하다.
③ 저장되는 정보의 양이 적다.
④ 3면 투시도 작성이 용이하다.

해설 유한 요소법에 의한 해석은 솔리드 모델링에서 가능하다.

32. 솔리드 모델링의 오일러 작업에 관한 설명 중 틀린 것은?

① 오일러 관계식을 만족한다.
② 오일러 작업 후에는 항상 합당한 형상으로의 변화를 보장한다.
③ 토폴로지 요소들은 서로 독립적으로 만들고 없앨 수 있다.
④ 토폴로지 요소에는 꼭짓점, 모서리, 면, 루프, 셀이 있다.

정답 28. ①　29. ④　30. ④　31. ②　32. ③

해설 솔리드 모델링 작업에서 토폴로지 요소들은 서로 연계되어 있어 독립적으로 만들 수 없다.

33. CAM 절삭 방법에서 3차원 입체 조형으로 복잡한 형상을 유기적으로 절삭하는 방법은?

① Pocket Milling   ② Ramping
③ 3D Profile Milling   ④ Slot Milling

해설 CAM 절삭 방법
• Pocket Milling : 대상물에 깊은 구멍을 생성하여 단차를 형성하는 방법
• Ramping : 경사면을 생성하며 깎아내는 방법
• Slot Milling : 긴 직선의 단차를 깎아 조형하는 방법

34. 평면상에서 기준 직교축의 원점에서부터 점 P까지의 직선 거리(r)와 기준 직교축과 그 직선이 이루는 각도(θ)로 표시되는 2차원 좌표계는?

① 구좌표계   ② 극좌표계
③ 원주 좌표계   ④ 직교 좌표계

해설 극좌표계 : r, θ로 표시

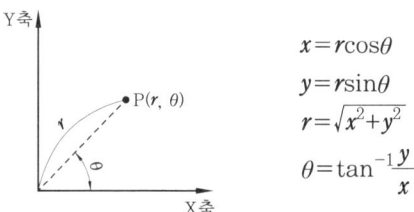

$x = r\cos\theta$
$y = r\sin\theta$
$r = \sqrt{x^2 + y^2}$
$\theta = \tan^{-1}\dfrac{y}{x}$

35. NC 시스템을 동작 제어 측면에서 보면 3가지로 구분할 수 있다. 여기에 포함되지 않는 것은?

① 2차원 윤곽 제어(2D contouring)
② 3차원 곡면 제어(3D sculpturing)
③ 4차원 볼륨 제어(4D volume control)
④ 2차원 위치 제어(point-to-point control)

해설 NC 시스템 동작 제어
• 2차원 윤곽 제어
• 2차원 위치 제어(PTP 제어)
• 3차원 곡면 제어

36. 준비 기능 중에서 공구 지름 보정과 관련된 기능만을 묶어 놓은 것은?

① G41, G42, G43   ② G40, G41, G42
③ G43, G44, G49   ④ G40, G43, G49

해설 공구 지름 보정 G-code

G-code	기능
G40	공구 지름 보정 해제
G41	공구 지름 보정(좌측 보정)
G42	공구 지름 보정(우측 보정)

37. 다음은 CNC 선반의 프로그램이다. N02 블록 수행 시 주축의 회전수(rpm)는 얼마인가? (단, 지름 지령이며 소수점 이하에서 반올림한다.)

```
N01 G50 X100. Z200. S1000 T0100 M42 ;
N02 G96 S400 M03 ;
N03 G00 X50. Z0. T0101 M08 ;
```

① 127   ② 1000
③ 1273   ④ 12732

해설 • 주축 최고 회전수 : 1000 rpm
• 주속 일정 제어 : $V = 400 \, \text{m/min}$
$N = \dfrac{1000V}{\pi D} = \dfrac{1000 \times 400}{\pi \times 100} ≒ 1273 \, \text{rpm}$
∴ 주축의 회전수는 주축 최고 회전수를 넘을 수 없으므로 1000 rpm으로 회전한다.

정답 33. ③ 34. ② 35. ③ 36. ② 37. ②

38. 가상 시작품(virtual prototype)에 대한 설명으로 가장 거리가 먼 것은?

① 설계 시 문제점을 사전에 검증하고 수정하는 데 도움을 준다.
② 가상 시작품을 사용하여 제품의 조립 가능성을 미리 검사해 볼 수 있다.
③ NC 공구 경로를 미리 시뮬레이션함으로써, 가공 기계의 문제점을 미리 확인할 수 있다.
④ 각 부품의 형상 모델을 컴퓨터 내에서 가상으로 조립한 시작품 조립체 모델을 말한다.

해설 NC 공구 경로를 시뮬레이션하여 가공 기계의 문제점을 미리 확인하는 것은 NC 설비 자체의 시뮬레이션 기능이다.

39. 볼 엔드밀로 곡면을 가공할 때 가공 경로 사이에 남는 공구의 흔적은?

① undercut ② overcut
③ chatter   ④ cusp

해설
- 언더컷(undercut) : 기어에서 이의 간섭에 의해 이뿌리 부분을 깎아내어 이뿌리가 가느다란 이가 되는 현상이다.
- 채터링(chattering) : 공구의 떨림 현상이다.
- 커습(cusp) : 곡면을 가공할 때 볼 엔드밀이 지나가고 남은 흔적으로, 골 사이의 간격(피치)에 따라 높이가 달라진다.

40. 다음 머시닝센터 프로그램에서 N05 블록의 가공시간(min)은 약 얼마인가?

```
N01 G80 G40 G49 G17 ;
N02 T01 M06 ;
N03 G00 G90 X100. Y100. ;
N04 G01 X200. F150 ;
N05 X300. Y200. ;
```

① 0.94
② 1.49
③ 2.35
④ 3.72

해설 • N05 블록의 가공시간 : T
- X200. → X300. : X 방향 100 mm 이동
- Y100. → Y200. : Y 방향 100 mm 이동
- XY 방향 이동량 : $l=\sqrt{100^2+100^2}$
  $≒141.42\,\text{mm}$
- F150 : 1분간 테이블 이동량($f=150\,\text{mm/min}$)

$\therefore T = \dfrac{l}{f} = \dfrac{141.42}{150} ≒ 0.94\,\text{min}$

3과목 컴퓨터 수치 제어(CNC) 절삭 가공

41. 피치 3mm의 3줄 나사가 2회전했을 때의 전진 거리는?

① 8 mm   ② 9 mm
③ 11 mm ④ 18 mm

해설 $l = np = 3 \times 3 = 9\,\text{mm}$
$L = l \times 회전수 = 9 \times 2 = 18\,\text{mm}$

42. 공작물을 센터에 지지하지 않고 연삭하며, 가늘고 긴 가공물의 연삭에 적합한 특징을 가진 연삭기는?

① 나사 연삭기 ② 내경 연삭기
③ 외경 연삭기 ④ 센터리스 연삭기

해설 센터리스 연삭기는 원통 연삭기의 일종으로, 센터 없이 연삭숫돌과 조정 숫돌 사이를 지지판으로 지지하면서 연삭하는 것이다.

정답 38. ③ 39. ④ 40. ① 41. ④ 42. ④

주로 원통면의 바깥면에 회전과 이송을 주어 연삭하며 통과·전후·접선 이용법이 있다.

43. 절삭 속도 150m/min, 절삭 깊이 8mm, 이송 0.25mm/rev로 75mm 지름의 원형 단면봉을 선삭할 때 주축 회전수(rpm)는?

① 160
② 320
③ 640
④ 1280

해설 $N = \dfrac{1000V}{\pi D} = \dfrac{1000 \times 150}{\pi \times 75} ≒ 640\,\text{rpm}$

44. 구멍 가공을 하기 위해 가공물을 고정시키고 드릴이 가공 위치로 이동할 수 있도록 제작된 드릴링 머신은?

① 다두 드릴링 머신
② 다축 드릴링 머신
③ 탁상 드릴링 머신
④ 레이디얼 드릴링 머신

해설 레이디얼 드릴링 머신은 비교적 큰 공작물의 구멍을 뚫을 때 사용하고, 다두 드릴링 머신은 각각의 스핀들에 여러 종류의 공구를 고정하여 드릴 가공, 리머 가공, 탭 가공 등을 순서에 따라 연속적으로 작업할 수 있다.

45. 지름 10mm, 원뿔 높이 3mm인 고속도강 드릴로 두께가 30mm인 경강판을 가공할 때 소요시간은 약 몇 분인가? (단, 이송은 0.3mm/rev, 드릴의 회전수는 667rpm이다.)

① 6
② 2
③ 1.2
④ 0.16

해설 $T = \dfrac{t+h}{Nf} = \dfrac{30+3}{667 \times 0.3} ≒ 0.16\,\text{분}$

46. 브로칭 머신에 사용하는 절삭 공구 브로치의 피치 간격을 일정하게 하지 않는 이유로 옳은 것은?

① 난삭재 가공
② 칩 처리 용이
③ 가공시간 단축
④ 떨림 발생 방지

해설 • 브로칭 머신에 사용하는 절삭 공구 브로치의 피치 간격을 다르게 하는 이유는 절삭 시 발생하는 떨림을 방지하기 위함이다.
• 피치의 간격을 다소(0.1~0.5mm 정도) 다르게 하면 가공면의 표면 거칠기가 좋아진다.

47. 브로칭(broaching)에 관한 설명 중 틀린 것은?

① 제작과 설계에 시간이 소요되며 공구의 값이 고가이다.
② 각 제품에 따라 브로치의 제작이 불편하다.
③ 키 홈, 스플라인 홈 등을 가공하는 데 사용한다.
④ 브로치 압입 방법에는 나사식, 기어식, 공압식이 있다.

해설 브로치 압입 방법에는 나사식, 기어식, 유압식이 있다.

48. 전기도금과 반대 현상을 이용한 가공으로, 알루미늄 소재 등 거울과 같이 광택이 있는 가공면을 비교적 쉽게 가공할 수 있는 것은?

① 방전 가공
② 전해 연마
③ 액체 호닝
④ 레이저 가공

해설 전해 연마는 전해액에 일감을 양극으로 하여 전기를 통하면 표면이 용해 석출되어 공작물의 표면이 매끈하도록 다듬질하는 가공법이다.

정답 43. ③ 44. ④ 45. ④ 46. ④ 47. ④ 48. ②

49. 일반적으로 머시닝센터 가공을 한 후 일감에 거스러미를 제거할 때 사용하는 공구는?
① 바이트 ② 줄
③ 스크라이버 ④ 하이트 게이지

해설 머시닝센터나 밀링 가공을 한 후 거스러미는 보통 줄로 제거한다.

50. 드릴 머신으로 할 수 없는 작업은?
① 널링 ② 스폿 페이싱
③ 카운터 보링 ④ 카운터 싱킹

해설 널링은 선반 작업이며, 드릴링 머신으로는 드릴링, 리밍, 보링, 카운터 보링, 카운터 싱킹, 스폿 페이싱, 태핑이 가능하다.

51. CNC 기계의 일상 점검 중 매일 점검해야 할 사항은?
① 유량 점검
② 각부의 필터(filter) 점검
③ 기계 정도 검사
④ 기계 레벨(수평) 점검

해설 유량은 매일 점검하여 부족하면 보충해야 한다.

52. 다음 중 CNC 선반 작업의 안전에 대한 설명으로 틀린 것은?
① CNC 선반 공작물은 무게중심을 맞춰야 안전하다.
② CNC 선반에서 나사 가공 시 feed override를 100%로 해야 한다.
③ 바이트 자루는 가능한 굵고 짧은 것을 사용한다.
④ 드릴은 chip 배출이 어려우므로 가능한 절삭 속도를 크게 해야 한다.

해설 드릴 가공 시 chip 배출을 위해 절삭 속도를 천천히 한다.

53. 센터리스 연삭의 장점 중 거리가 먼 것은 어느 것인가?
① 숙련을 요구하지 않는다.
② 가늘고 긴 가공물의 연삭에 적합하다.
③ 중공(中空)의 가공물을 연삭할 때 편리하다.
④ 대형이나 중량물의 연삭이 가능하다.

해설 센터리스 연삭기의 장점
• 연속 작업이 가능하다.
• 공작물의 해체·고정이 필요 없다.
• 대량 생산에 적합하다.
• 기계의 조정이 끝나면 초보자도 작업을 할 수 있다.
• 고정에 따른 변형이 적고 연삭 여유가 작아도 된다.
• 가늘고 긴 핀, 원통, 중공 등을 연삭하기 쉽다.
• 센터나 척에 고정하기 힘든 것을 쉽게 연삭할 수 있다.

54. 밀링 작업에서 분할 작업의 종류가 아닌 것은?
① 단식 분할법 ② 연동 분할법
③ 직접 분할법 ④ 차동 분할법

해설 • 직접 분할법 : 주축 앞부분에 있는 24개의 구멍을 이용하여 분할하는 방법
• 간접 분할법 : 단식 분할법, 차동 분할법, 각도 분할법

55. 드릴을 시닝(thinning)하는 주목적은?
① 절삭 저항을 증대시킨다.

② 날의 강도를 보강해 준다.
③ 절삭 효율을 증대시킨다.
④ 드릴의 굽힘을 증대시킨다.

해설 드릴이 커지면 웨브가 두꺼워져서 절삭성이 나빠지게 되면 치즐포인트를 연삭할 때 절삭성이 좋아지는데, 이를 시닝이라 한다.

56. 다음 그림과 같은 요령으로 절삭하는 방법은 무엇인가?

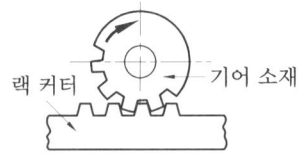

① 창성법
② 형판법
③ 성형법
④ 선반 가공법

해설 창성법(generating process)은 인벌류트 곡선의 성질을 이용하여 행하며, 거의 모든 기어가 이 방법으로 절삭한다.

57. 노즈 반경이 크면 다음 중 어떤 현상이 일어나는가?

① 떨림 발생
② 절삭 저항 감소
③ 절삭 깊이 증가
④ 날의 수명 감소

해설 노즈 반경은 다듬질면의 거칠기를 결정하며, 날 끝의 강도를 좌우한다.

58. 그림과 같이 더브테일 홈 가공을 하려고 할 때 X의 값은 약 얼마인가? (단, tan60°=1.7321, tan30°=0.5774이다.)

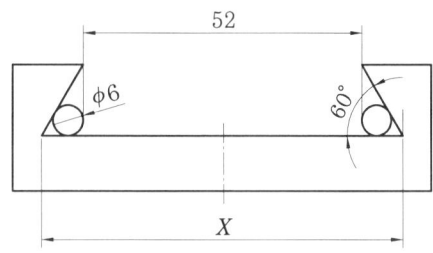

① 60.26
② 68.39
③ 82.04
④ 84.86

해설 $X = 52 + 2\left(\dfrac{r}{\tan 30°} + r\right)$
$= 52 + 2\left(\dfrac{3}{0.5774} + 3\right) ≒ 68.39$

59. 연삭숫돌 바퀴의 구성 3요소에 속하지 않는 것은?

① 숫돌 입자
② 결합제
③ 조직
④ 기공

해설
• 연삭숫돌의 3요소 : 숫돌 입자, 결합제, 기공
• 연삭숫돌의 5요소 : 입자, 입도, 결합도, 조직, 결합제

60. 다음 중 수용성 절삭유에 속하는 것은?

① 유화유
② 혼성유
③ 광유
④ 동식물유

해설
• 수용성 절삭유 : 유화유, 알칼리성 수용액(원액과 물을 1 : 10~20으로 혼합)
• 비(불)수용성 절삭유 : 혼성유, 광유, 동식물유

2024년 제2회 CBT 복원문제

1과목 도면 해독 및 측정

1. 단면도의 절단된 부분을 나타내는 해칭선을 그리는 선은?

① 가는 2점 쇄선   ② 가는 실선
③ 가는 파선   ④ 가는 1점 쇄선

해설 해칭선은 가는 실선을 규칙적으로 늘어놓은 것으로 도형의 한정된 특정 부분을 다른 부분과 구별할 경우에 사용한다.

2. 한계 게이지에 속하지 않는 것은?

① 플러그 게이지   ② 테보 게이지
③ 스냅 게이지   ④ 하이트 게이지

해설 한계 게이지의 종류에는 스냅 게이지, 플러그 게이지, 봉 게이지, 링 게이지, 테보 게이지 등이 있다.

3. 보기 도면에서 괄호 안에 들어갈 치수는 얼마인가?

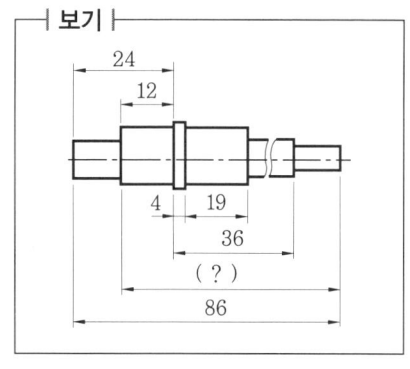

① 74   ② 70

③ 62   ④ 60

해설 86−(24−12)=74

4. 측정 오차에 관한 설명으로 틀린 것은?

① 계통 오차는 측정값에 일정한 영향을 주는 원인에 의해 발생하는 오차이다.
② 우연 오차는 측정자와 관계없이 발생하며, 반복적이고 정확한 측정으로 오차 보정이 가능하다.
③ 개인 오차는 측정자의 부주의로 발생하는 오차이며, 주의하여 측정하고 결과를 보정하면 줄일 수 있다.
④ 계기 오차는 측정 압력, 측정 온도, 측정기 마모 등으로 발생하는 오차이다.

해설 우연 오차
• 측정자가 파악할 수 없는 변화에 의해 발생하는 오차이다.
• 완전히 없앨 수는 없지만 반복 측정하여 오차를 줄일 수는 있다.

5. 다음 중 래핑 다듬질면 등에 나타나는 줄무늬로 가공에 의한 커터의 줄무늬가 여러 방향으로 교차 또는 무방향일 때 줄무늬 방향 기호는?

① R   ② C
③ X   ④ M

해설 • R : 중심에 대해 대략 방사 모양
• C : 중심에 대해 대략 동심원 모양
• X : 2개의 경사면에 수직
• M : 여러 방향으로 교차 또는 무방향

정답 1.② 2.④ 3.① 4.② 5.④

6. 도면에 다음과 같은 기하 공차가 도시되어 있을 경우, 이에 대한 설명으로 알맞은 것은 어느 것인가?

| // | 0.1 | A |
| | 0.05/100 | |

① 경사도 공차를 나타낸다.
② 전체 길이에 대한 허용값은 0.1mm이다.
③ 지정 길이에 대한 허용값은 $\dfrac{0.05}{100}$ mm이다.
④ 위의 기하 공차는 데이텀 A를 기준으로 100mm 이내의 공간을 대상으로 한다.

해설 //는 평행도 공차를 나타내며, 전체 길이에 대한 허용값은 0.1mm이고, 지정 길이 100mm에 대한 허용값은 0.05m이다.

7. 끼워맞춤 관계에 있어서 헐거운 끼워맞춤에 해당하는 것은?

① $\dfrac{H7}{g6}$ ② $\dfrac{H7}{n6}$
③ $\dfrac{P6}{h6}$ ④ $\dfrac{N6}{h6}$

해설 • 구멍 기준식 : H   • 축 기준식 : h
A(a)에 가까울수록 헐거운 끼워맞춤, Z(z)에 가까울수록 억지 끼워맞춤이다.

8. 다음 그림과 같이 표면의 결 도시 기호가 있을 때 이에 대한 설명으로 옳지 않은 것은 어느 것인가?

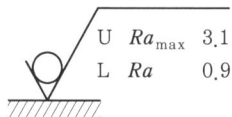

① 양측 상한 및 하한치를 적용한다.
② 재료 제거를 허용하지 않는 공정이다.
③ 10개의 샘플링 길이를 평가 길이로 적용

한다.
④ 상한치는 산술평균편차에 max-규칙을 적용한다.

해설 표면 거칠기의 지시 방법은 지시하는 표면 거칠기의 파라미터에 따라 R_a, R_y, R_z를 사용하며, 단위는 μm이나 표면 거칠기의 지시값에는 단위 기호의 기입을 생략한다.

9. 다음은 어떤 측정기의 특징들에 대한 설명인가?

> ㉠ 소형, 경량으로 취급이 용이하다.
> ㉡ 다이얼 테스트 인디케이터와 비교할 때, 측정 범위가 넓다.
> ㉢ 눈금과 지침에 의해서 읽기 때문에 읽음 오차가 적다.
> ㉣ 연속된 변위량의 측정이 가능하다.

① 버니어 캘리퍼스
② 마이크로미터
③ 한계 게이지
④ 다이얼 게이지

해설 다이얼 게이지는 기어장치로 미소한 변위를 확대하여 길이 또는 변위를 정밀 측정하는 비교 측정기이다.

10. 길이 측정의 경우 측정 오차를 피할 수 있는 사용 방법은?

① 치환법   ② 보상법
③ 영위법   ④ 편위법

해설 치환법은 지시량의 크기를 미리 얻고, 동일한 측정기로부터 그 크기와 동일한 기준량을 얻어서 측정하거나, 기준량과 측정량을 측정한 결과로 측정값을 알아내는 방법이다.

11. 다음 중 측정의 목적에 대한 설명으로 틀린 것은?

① 동일 부품은 다른 제작자, 다른 시점에 제작된 것으로 각자 고유의 특성을 갖게 한다.
② 성능과 품질의 우수성이 확보되어 제품 수명을 길게 한다.
③ 국제 표준 규격화와 호환성으로 수출을 할 수 있다.
④ 우수한 공작 기계, 치구 및 공구, 적절한 측정기 및 측정 방법이 필요하며, 단위 통일이 필요하다.

[해설] 동일 부품은 다른 제작자, 다른 시점에 제작된 것이라도 호환성을 갖게 한다.

12. V 벨트 풀리의 도시에 관한 설명으로 옳지 않은 것은?

① V 벨트 풀리의 홈 부분의 치수는 형별과 호칭 지름에 따라 결정된다.
② V 벨트 풀리는 축 직각 방향의 투상을 정면도(주투상도)로 할 수 있다.
③ 암(arm)은 길이 방향으로 절단하여 도시한다.
④ V 벨트 풀리에 적용하는 일반용 V 고무벨트는 단면 치수에 따라 6가지 종류가 있다.

[해설] 암은 회전 도시 단면도로 도시한다.

13. 마이크로미터의 구조에서 부품에 속하지 않는 것은?

① 앤빌　　　② 스핀들
③ 슬리브　　④ 스크라이버

[해설] 스크라이버는 재료 표면에 임의의 간격의 평행선을 먹 펜이나 연필보다 정확히 긋고자 할 경우에 사용되는 공구이다.

14. 다음 중 단열 앵귤러 볼 베어링 간략 도시 기호는?

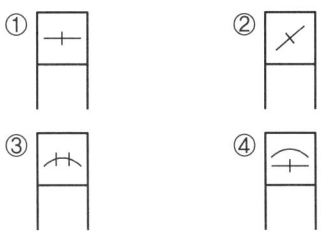

[해설] ① 단열 깊은 홈 볼 베어링
③ 복렬 자동 조심 볼 베어링
④ 자동 조심 니들 롤러 베어링

15. 호칭 지름 6mm, 호칭 길이 30mm, 공차 m6인 비경화강 평행 핀의 호칭 방법이 옳게 표현된 것은?

① 평행 핀-6×30-m6-St
② 평행 핀-6×30-m6-A1
③ 평행 핀-6m6×30-St
④ 평행 핀-6m6×30-A1

[해설] 평행 핀의 호칭 방법
평행 핀 - 호칭 지름 공차 × 호칭 길이 - 재질

16. 원동축에서 종동축에 동력을 연결하거나 동력 전달 중에 동력을 끊을 필요가 있을 때 사용되는 기계요소에 속하는 것은?

① 원심 클러치　　② 플렉시블 커플링
③ 셀러 커플링　　④ 유니버설 조인트

[해설] 축이 회전하는 상태에서 원동축과 종동축의 연결을 수시로 끊거나 연결하기를 반복할 때 사용하는 축이음을 클러치라 한다.

17. 나사의 도시에 관한 내용 중 나사 각부를 표시하는 선의 종류가 틀린 것은?

정답 11. ①　12. ③　13. ④　14. ②　15. ③　16. ①　17. ③

① 수나사의 골지름과 암나사의 골지름은 가는 실선으로 그린다.
② 가려서 보이지 않은 나사부는 파선으로 그린다.
③ 완전 나사부와 불완전 나사부의 경계는 가는 실선으로 그린다.
④ 수나사의 바깥지름과 암나사의 안지름은 굵은 실선으로 그린다.

해설 완전 나사부와 불완전 나사부의 경계는 굵은 실선으로 그린다.

18. ϕ100e7인 축에서 치수 공차 0.035, 위 치수 허용차 −0.072라면 최소 허용 치수는?

① 99.893 ② 99.928
③ 99.965 ④ 100.035

해설 아래 치수 허용차
＝위 치수 허용차−치수 공차
＝−0.072−0.035＝−0.107
∴ 최소 허용 치수
＝기준 치수+아래 치수 허용차
＝100−0.107
＝99.893

19. 나사 표기가 TM18이라 되어 있을 때, 이는 무슨 나사인가?

① 관용 평행 나사 ② 29° 사다리꼴 나사
③ 관용 테이퍼 나사 ④ 30° 사다리꼴 나사

해설 • 관용 평행 나사 : G
• 29° 사다리꼴 나사 : TW
• 관용 테이퍼 수나사 : R
• 관용 테이퍼 암나사 : Rc
• 30° 사다리꼴 나사 : TM

20. 핸들이나 바퀴 등의 암 및 림, 리브 등 절단선의 연장선 위에 90° 회전하여 실선으로 그리는 단면도는?

① 온 단면도 ② 한쪽 단면도
③ 조합 단면도 ④ 회전 도시 단면도

해설 • 전 단면도(온 단면도) : 물체 전체를 직선으로 절단하여 앞부분을 잘라내고 남은 뒷부분의 단면 모양을 그린 것이다.
• 한쪽(반) 단면도 : 상하 또는 좌우가 각각 대칭인 물체의 중심선을 기준으로 내부 모양과 외부 모양을 동시에 그린 것이다.
• 조합 단면도 : 2개 이상의 절단면에 의한 단면도를 조합하여 단면도를 투상할 경우에 사용한다.

2과목 CAM 프로그래밍

21. 컴퓨터에서 자료 표현의 최소 단위는?

① bit ② byte
③ field ④ word

해설 bit : 0 또는 1을 나타내는 정보 표현의 최소 단위

22. CAM system에서 후처리(post processing)의 설명으로 맞는 것은?

① 곡선 또는 곡면을 형상 모델링하는 것을 말한다.
② 곡선 또는 곡면을 형상 모델링한 후 CL 데이터를 생성하는 것을 말한다.
③ 곡선 또는 곡면의 CL 데이터를 공작 기계가 인식할 수 있는 NC 코드로 변환시키는 것을 말한다.
④ 곡선 또는 곡면의 NC 코드를 CL 데이터로 변환시키는 것을 말한다.

정답 18. ① 19. ④ 20. ④ 21. ① 22. ③

해설 후처리는 CL 데이터를 이용하여 CNC 공작 기계의 제어부에 맞게 NC 데이터를 생성하는 과정이다.

23. 컴퓨터에서 최소의 입출력 단위로, 물리적으로 읽기를 할 수 있는 레코드에 해당하는 것은?
① block ② field
③ word ④ bit

해설 • block : 최소의 입출력 단위이며, 레코드들의 집합이다.
• field : 파일을 구성하는 기억 영역의 최소 단위이다.
• word : 몇 개의 바이트가 모인 데이터의 단위이다.
• bit : 정보량의 최소 기본 단위로 1비트는 이진수 체계(0, 1)의 한 자리를 뜻하며, 8비트는 1바이트이다.

24. 속도가 빠른 중앙처리장치(CPU)와 이에 비해 상대적으로 속도가 느린 주기억장치 사이에서 원활한 정보 교환을 위해 주기억장치의 정보를 일시적으로 저장하는 기능을 가진 것은?
① cache memory
② coprocessor
③ BIOS(Basic Input Output System)
④ channel

해설 cache memory는 CPU가 데이터를 빨리 처리할 수 있도록 자주 사용되는 명령이나 데이터를 일시적으로 저장하는 고속기억장치로, 버퍼 메모리, 로컬 메모리라고도 한다.

25. 벡터 리프레시(vector refresh) 그래픽 장치의 단점으로 화면이 껌벅거리는 현상은?

① 플리커링(flickering)
② 섀도 마스크(shadow mask)
③ 직선을 항상 직선으로 나타내는 기능
④ 동적 디스플레이

해설 플리커링(flickering)은 시간 영역에서의 대표적인 부호화 잡음으로서 부호화 비트율을 제어하기 위해 양자화 파라미터를 변동하는 과정에서 연속되는 프레임들의 화질이 일정치 않음으로 인해 발생하는 현상이다.

26. 다음과 같은 3차원 모델링 중 은선 처리가 가능하고 면의 구분이 가능하여 일반적인 NC 가공에 가장 적합한 모델링은?

① 이미지 모델링
② 솔리드 모델링
③ 서피스 모델링
④ 와이어 프레임 모델링

해설 서피스 모델링 : 와이어 프레임의 모서리 선으로 둘러싸인 면을 곡면의 방정식으로 표현한 것으로, 모서리 대신 면을 사용한다.

27. 다음 중 CAD 시스템에서 점을 정의하기 위해 r, θ, h로 표시하는 좌표계는?
① 직교 좌표계 ② 원통 좌표계
③ 구면 좌표계 ④ 동차 좌표계

해설 원통 좌표계는 r, θ, h로 표시하고 구면 좌표계는 ρ, ϕ, θ로 표시한다.

28. 3차원 형상의 모델링 방식에서 B-rep 방식과 비교한 CSG 방식의 장점은?

① 중량 계산이 용이하다.
② 표면적 계산이 용이하다.
③ 전개도 작성이 용이하다.
④ B-rep 방식보다 복잡한 형상을 나타내는 데 유리하다.

해설 CSG 방식
- 전개도 작성이나 표면적 계산이 곤란하다.
- 데이터 작성이나 수정이 용이하다.
- 데이터의 구조가 간단하며 필요한 메모리 용량이 적다.

29. CAD 시스템을 이용하여 제품에 대한 기하학적 모델링 후 체적, 무게중심, 관성 모멘트 등의 물리적 성질을 알아보려고 한다면 필요한 모델링은?

① 와이어 프레임 모델링
② 서피스 모델링
③ 솔리드 모델링
④ 시스템 모델링

해설 솔리드 모델링 : 질량이나 무게중심과 같은 기계적인 특성을 표현할 수 있어 3차원 모델 작업에 가장 많이 사용한다. 그러나 파일 용량이 커서 고성능 컴퓨터가 필요하다는 단점이 있다.

30. 물리적 성질(체적, 관성, 무게, 모멘트 등) 제공이 가능한 방법은?

① 스플라인 모델링(spline modeling)
② 시뮬레이션 모델링(simulation modeling)
③ 곡면 모델링(surface modeling)
④ 솔리드 모델링(solid modeling)

해설 솔리드 모델링은 물리적 성질(체적, 관성, 모멘트 등)의 제공이 가능하며, boolean 연산(합, 차, 적)에 의하여 복잡한 형상을 표현할 수 있다.

31. CNC 선반에서 공구 보정(offset) 번호 6번을 선택하여, 1번 공구를 사용하려고 할 때 공구 지령으로 옳은 것은?

① T0601   ② T0106
③ T1060   ④ T6010

해설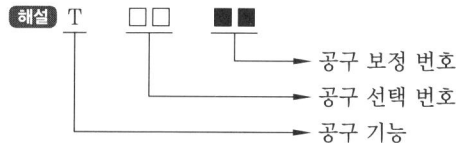

32. 구멍이 없는 간단한 다면체의 경계를 표현하는 오일러 공식은? (단, V는 꼭짓점의 수, E는 모서리의 수, F는 면의 수를 의미한다.)

① $V-E-F=2$ ② $V+E-F=2$
③ $V-E+F=2$ ④ $V+E+F=2$

해설 오일러 공식
꼭짓점의 수(V)-모서리의 수(E)+면의 수$(F)=2$
예) 육면체 : $V-E+F=8-12+6=2$

33. XY 평면에 사각형 격자를 규칙적으로 형성하고 모든 격자에서 Z값을 저장하여 형상을 표현하는 방법은?

① A-map   ② X-map
③ Y-map   ④ Z-map

해설 Z-map은 XY 평면에 사각형 격자를 규칙적으로 형성하고 모든 격자에서 Z값을 저장하여 형상을 표현하는 방법으로 데이터의 사용과 조작이 편리하고, 2D 배열 형태의

정답 28. ① 29. ③ 30. ④ 31. ② 32. ③ 33. ④

매우 간단한 데이터 구조를 가지므로 가공 시 뮬레이션에서 널리 사용된다.

34. CAD 시스템에서 원추 곡선이 아닌 것은?
① 타원   ② 쌍곡선
③ 포물선   ④ 스플라인 곡선

해설 스플라인 곡선(spline curve)은 주어진 복수의 제어점을 통과하는 부드러운 곡선이다.

35. 그림과 같이 구에서 원통과 직육면체를 빼냄(subtraction)으로써 원하는 형상을 모델링하였다. 이와 같은 모델링 방법을 무엇이라고 하는가?

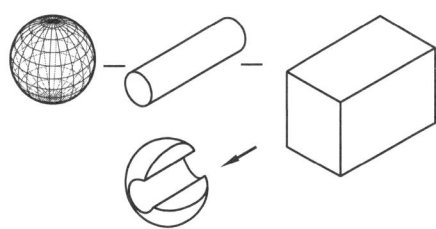

① CSG 방식   ② B-rep 방식
③ Trust 방식   ④ NURBS 방식

해설 CSG 방식의 장단점
(1) 장점
• 명확한 모델을 만든다.
• 메모리가 적다.
• 데이터 수정이 용이하다.
• 중량 계산이 가능하다.
(2) 단점
• 디스플레이 시간이 길다.
• 3면도, 투시도, 전개도 작성이 곤란하다.
• 표면적 계산이 곤란하다.

36. 아래에서 공구 간섭(overcut, undercut)에 대하여 틀리게 설명한 것은?

① 볼록한 모양을 가공할 시에는 별로 문제되지 않는다.
② overcut을 방지하려면 사용하는 공구의 반경이 곡면의 최소 곡률 반경보다 커야 한다.
③ undercut을 방지하려면 사용하는 공구의 반경이 곡면의 최소 곡률 반경보다 작아야 한다.
④ 여러 개의 곡면이 모여 복합 곡면을 이루면 공구 간섭을 체계적으로 해결하기가 힘들다.

해설 overcut을 방지하려면 사용하는 공구의 반경이 곡면의 최소 곡률 반경보다 작아야 한다. 공구 간섭에서 오목 간섭은 오목한 곡면 부위의 곡률 반경이 공구 반경보다 작을 경우 생기는 것이고, 볼록 간섭은 곡면의 경계에 라운딩 없이 각진 부분이 있을 때 과절삭이 생기는 것이다.

37. 면 위의 점에서 법선 벡터를 N, 면 위의 점으로부터 관찰자 눈으로 향하는 벡터를 M이라고 할 때, 관찰자의 눈에 보이지 않는 면에 대한 표현으로 알맞은 것은?

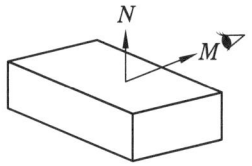

① $M \cdot N > 0$ ② $M \cdot N < 0$
③ $M \cdot N = 0$ ④ $M = N$

해설 $M \cdot N$은 0보다 작아야 한다.

38. 실루엣(silhouette)을 구할 수 없는 모델링 방법은?
① CSG 방식

② B-rep 방식
③ surface model 방식
④ wire frame model 방식

해설 실루엣 처리는 면의 정보가 있는 솔리드 모델링과 서피스 모델링으로 가능하다.

39. 곡면 모델(surface model)의 특징으로 틀린 것은?

① 은선 제거가 가능하다.
② CAM 가공을 위한 모델로 사용이 가능하다.
③ 생성된 모델의 체적을 계산하기가 용이하다.
④ 3차원 유한 요소를 사용하기에 부적절한 모델이다.

해설 서피스 모델링은 부피, 무게중심, 관성 모멘트 등 물리적 성질을 계산하기 곤란하다.

40. 점을 표현하기 위해 사용되는 좌표계 중에서 기준축과 벌어진 각도 값을 사용하지 않는 좌표계는?

① 직교 좌표계
② 극좌표계
③ 원통 좌표계
④ 구면 좌표계

해설
- 극좌표계 : 평면 위의 위치를 각도와 거리를 써서 나타내는 2차원 좌표계로 두 점 사이의 관계가 각이나 거리로 쉽게 표현되는 경우에 가장 유용하다.
- 원통 좌표계 : 3차원 공간을 나타내기 위해, 평면 극좌표계에 평면에서부터의 높이 z를 더해 (r, θ, h)로 이루어지는 좌표계로 한 축을 중심으로 대칭성을 갖는 경우에 유용하며, 직교 좌표로 표현하면 $x=r\cos\theta$, $y=r\sin\theta$, $z=h$이다.
- 구면 좌표계 : 3차원 공간상의 점들을 나타내는 좌표계의 하나로, 보통 (r, θ, ϕ)로 나타낸다.

3과목 컴퓨터 수치 제어(CNC) 절삭 가공

41. 선반용 부속품 및 부속장치에 대한 설명이 틀린 것은?

① 단동척은 편심, 불규칙한 가공물을 고정할 때 사용한다.
② 방진구는 주축의 회전력을 가공물에 전달하기 위하여 사용한다.
③ 면판은 척에 고정할 수 없는 불규칙하거나 대형의 가공물 또는 복잡한 가공물을 고정할 때 사용한다.
④ 콜릿 척은 지름이 작은 가공물이나 각봉재를 가공할 때 사용되며 터릿 선반이나 자동 선반에 주로 사용한다.

해설 방진구(work rest)
- 선반에서 가늘고 긴 가공물을 절삭할 때 사용하는 부품이다.
- 가공물의 길이가 지름의 20배가 넘으면 절삭력과 자체 무게에 의하여 가공물에 진동이 발생하여 절삭에 방해가 되므로 방진구를 설치한다.
- 고정식 : 베드에 설치한다.
- 이동식 : 왕복대의 새들 부분에 설치한다.

42. 브라운 샤프 분할판의 구멍열을 나열한 것으로 틀린 것은?

① No. 1-15, 16, 17, 18, 19, 20
② No. 2-21, 23, 27, 29, 31, 33

정답 39.③ 40.① 41.② 42.④

③ No. 3 - 37, 39, 41, 43, 47, 49
④ No. 4 - 12, 13, 15, 16, 17, 18

해설 브라운 샤프형 분할판의 구멍수
- No. 1 : 15, 16, 17, 18, 19, 20
- No. 2 : 21, 23, 27, 29, 31, 33
- No. 3 : 37, 39, 41, 43, 47, 49

43. 밀링 머신에서 단식 분할법을 사용하여 원주를 5등분하려면 분할 크랭크를 몇 회전씩 돌려가면서 가공하면 되는가?

① 4 ② 8
③ 9 ④ 16

해설 $n = \dfrac{40}{N} = \dfrac{40}{5} = 8$회전

44. 기계 가공법에서 리밍 작업 시 가장 옳은 방법은?

① 드릴 작업과 같은 속도와 같은 이송으로 한다.
② 드릴 작업보다 고속에서 작업하고 이송을 작게 한다.
③ 드릴 작업보다 저속에서 작업하고 이송을 크게 한다.
④ 드릴 작업보다 이송만 작게 하고 같은 속도로 작업한다.

해설 리밍 작업은 구멍의 정밀도를 높이기 위한 작업으로, 드릴 작업 rpm의 2/3~3/4으로 하며 이송은 같거나 빠르게 한다.

45. 브로칭 머신을 이용한 가공 방법으로 틀린 것은?

① 키 홈 ② 평면 가공
③ 다각형 구멍 ④ 스플라인 홈

해설 가늘고 긴 일정한 단면 모양을 가진 공구에 많은 날을 가진 브로치라는 절삭 공구를 사용하여 가공물의 내면에 키 홈, 스플라인 홈, 다각형 구멍 등을 가공한다.

46. 연삭숫돌 입자에 무딤(glazing)이나 눈메움(loading) 현상으로 연삭성이 떨어졌을때 하는 작업은?

① 드레싱(dressing)
② 드릴링(drilling)
③ 리밍(reamming)
④ 시닝(thining)

해설 드레싱(dressing)은 절삭성이 나빠진 숫돌의 면에 새롭고 날카로운 입자를 발생시키는 것이다.

47. 미립자를 사용하여 초정밀 가공을 하는 방법으로 습식법과 건식법이 있는 절삭 가공 방법은?

① 보링(boring)
② 연삭(grinding)
③ 태핑(tapping)
④ 래핑(lapping)

해설
- 습식법 : 경유나 그리스, 기계유 등에 랩제를 혼합하여 사용하며, 다듬질면은 매끈하지 못하다.
- 건식법 : 랩제가 묻은 랩을 건조한 상태에서 사용하며, 다듬질면이 좋다.

48. 버니싱(burnishing) 작업의 특징으로 틀린 것은?

① 표면 거칠기가 우수하다.
② 피로 한도를 높일 수 있다.
③ 정밀도가 높아 스프링 백을 고려하지 않아도 된다.
④ 1차 가공에서 발생한 자국, 긁힘 등을 제거할 수 있다.

정답 43. ② 44. ③ 45. ② 46. ① 47. ④ 48. ③

해설 버니싱(burnishing)은 1차로 가공된 가공물의 안지름보다 다소 큰 강구(steel ball)를 압입하여 통과시켜서 가공물의 표면을 소성변형시켜 가공하는 방법이다.

49. 회전하는 통 속에 가공물과 숫돌 입자, 가공액, 콤파운드 등을 함께 넣어 가공물이 입자와 충돌하는 동안 표면의 요철(凹凸)을 제거하여 매끈한 가공면을 얻는 가공법은?
① 쇼트 피닝   ② 롤러 가공
③ 배럴 가공   ④ 슈퍼 피니싱

해설 • 쇼트 피닝 : 쇼트 볼을 가공면에 고속으로 강하게 두드려 표면층의 경도와 강도 증가로 피로 한계를 높여 기계적 성질을 향상시킨다.
• 롤러 가공 : 회전하는 롤 사이에 금속 재료를 통과시켜 단면적, 두께를 감소시킨다.
• 슈퍼 피니싱 : 입자가 작은 숫돌로 일감을 가볍게 누르면서 축 방향으로 진동을 준다.

50. 현장에서 매일 기계 설비를 가동하기 전 또는 가동 중에는 물론이고 작업의 종료 시에 행하는 점검은?
① 일상 점검   ② 특별 점검
③ 정기 점검   ④ 월간 점검

해설 정기 점검은 6개월, 1년 등 일정한 기간을 정해서 행하는 점검이고, 특별 점검은 점검 주기에 의한 것이 아닌 수시 점검 또는 부정기적인 점검이다.

51. 다음 중 머시닝센터의 기계 일상 점검에 있어 매일 점검 사항과 가장 거리가 먼 것은 어느 것인가?
① 각부의 유량 점검
② 각부의 압력 점검
③ 각부의 필터 점검
④ 각부의 작동 상태 점검

해설 각부의 필터 점검은 매일 행하지 않고 일정한 주기를 정하여 한다.

52. 전기 스위치를 취급할 때 틀린 것은?
① 정전 시에는 반드시 끈다.
② 스위치가 습한 곳에 설비되지 않도록 한다.
③ 기계 운전 시 작업자에게 연락 후 시동한다.
④ 스위치를 뺄 때는 부하를 크게 한다.

해설 스위치를 뺄 때는 부하가 걸리지 않도록 한다.

53. 평면이나 원통면을 더욱 정밀하게 다듬질 가공을 하는 것으로, 소량의 금속 표면을 국부적으로 깎아내는 작업은?
① 밀링(milling)
② 연삭(grinding)
③ 줄 작업(file work)
④ 스크레이핑(scraping)

해설 스크레이핑은 스크레이퍼를 사용하여 평면이나 원통면 등 끼워맞춤면을 더욱 정밀하게 다듬질 가공하는 작업이다.

54. 나사산의 각도를 측정하는 기기가 아닌 것은?
① 투영기   ② 공구 현미경
③ 오토콜리메이터   ④ 만능 측정 현미경

해설 오토콜리메이터 : 진직도, 평면도 측정

55. 탭으로 암나사 가공 작업 시 탭의 파손 원인으로 적절하지 않은 것은?
① 탭이 경사지게 들어간 경우
② 탭 재질의 경도가 높은 경우

③ 탭의 가공 속도가 빠른 경우
④ 탭이 구멍 바닥에 부딪혔을 경우

해설 탭 작업 시 탭이 부러지는 이유
- 구멍이 작거나 바르지 못할 때
- 탭이 구멍 바닥에 부딪혔을 때
- 칩의 배출이 원활하지 못할 때
- 핸들에 무리한 힘을 주었을 때
- 소재보다 탭의 경도가 낮을 때

56. 칩을 발생시켜 불필요한 부분을 제거하여 필요한 제품의 형상으로 가공하는 방법은?

① 소성 가공법
② 절삭 가공법
③ 접합 가공법
④ 탄성 가공법

해설 절삭 가공법은 소재의 불필요한 부분을 칩의 형태로 제거하여 원하는 최종 형상을 만드는 가공법으로 선반, 밀링, 연삭기, 드릴링 머신 등이 사용된다.

57. 다음 절삭 공구 중 주조 합금인 것은?

① 초경합금
② 세라믹
③ 텅갈로이
④ 스텔라이트

해설 스텔라이트의 주성분은 C 2~3%, Co 40~50%, Cr 25~30%, W 12~20%, Fe <6%로서 고속도강보다 20~30%로 고속 절삭할 수 있다.

58. 절삭 속도 $V=\dfrac{\pi dN}{1000}$에서 d를 사용하는 기계에 따라 표시한 것 중 잘못된 것은?

① 드릴-공작물 지름
② 선반-공작물 지름
③ 밀링-커터의 지름
④ 리밍-리머 지름

해설 드릴에서 d는 공구의 지름이다.

59. 다음 중 연동 척에 대한 설명으로 틀린 것은?

① 스크롤 척이라고도 한다.
② 3개의 조가 동시에 움직인다.
③ 고정력이 단동 척보다 강하다.
④ 원형이나 정삼각형 일감을 고정하기 편리하다.

해설 (1) 단동 척(independent chuck)
- 강력 조임에 사용하며, 조가 4개 있어 4번 척이라고도 한다.
- 원, 사각, 팔각 조임 시에 용이하다.
- 조가 각자 움직이며, 중심 잡는 데 시간이 걸린다.
- 편심 가공 시 편리하다.
- 가장 많이 사용한다.

(2) 연동 척(universal chuck : 만능 척)
- 조가 3개이며, 3번 척 또는 스크롤 척이라 한다.
- 조 3개가 동시에 움직인다.
- 조임이 약하다.
- 원, 3각, 6각봉 가공에 사용한다.
- 중심을 잡기 편리하다.

60. 다음 중 절삭 공구의 절삭면과 평행한 여유면에 가공물의 마찰에 의해 발생하는 마모는?

① 크레이터 마모
② 플랭크 마모
③ 온도 파손
④ 치핑

해설 플랭크 마모는 측면(flank)과 절삭면과의 마찰에 의해 발생하는데, 주철과 같이 메진 재료를 절삭할 때나 분말상 칩이 발생할 때는 다른 재료를 절삭하는 경우보다 뚜렷하게 나타난다.

정답 56.② 57.④ 58.① 59.③ 60.②

컴퓨터응용가공 산업기사 필기

2024년 5월 20일 1판 1쇄
2025년 3월 25일 2판 1쇄

저자 : 국가기술자격시험연구회
펴낸이 : 이정일

펴낸곳 : 도서출판 **일진사**
www.iljinsa.com

(우)04317 서울시 용산구 효창원로 64길 6
대표전화 : 704-1616, 팩스 : 715-3536
이메일 : webmaster@iljinsa.com
등록번호 : 제1979-000009호(1979.4.2)

값 28,000원

ISBN : 978-89-429-2004-4

* 이 책에 실린 글이나 사진은 문서에 의한 출판사의 동의 없이 무단 전재·복제를 금합니다.